雷达与电子战译丛

波达方向估计进展

ADVANCES IN DIRECTION – OF – ARRIVAL ESTIMATION

[英]Sathish Chandran　编著

周亚建　董春曦　闫书芳　译

国防工业出版社

·北京·

著作权合同登记　图字:军－2012－065号

图书在版编目(CIP)数据

波达方向估计进展/(美)钱德兰(Chandran,S.)编著;
周亚建,董春曦,闫书芳译.—北京:国防工业出版社,
2015.10
(雷达与电子战译丛)
书名原文:Advances in direction－of－arrival estimation
ISBN 978－7－118－09736－8

Ⅰ.①波… Ⅱ.①钱… ②周… ③董… ④闫…
Ⅲ.①DOA估计—研究 Ⅳ.①TN911.7

中国版本图书馆CIP数据核字(2014)第201841号

Advanced in direction－of－arrival estimation/[edited by]Sathish Chandran.
p. cm. －(Artech House radar library)
ISBN 1－59693－004－7(alk. paper)

※

国防工業出版社出版发行
(北京市海淀区紫竹院南路23号　邮政编码100048)
三河市众誉天成印务有限公司印刷
新华书店经售
*
开本 710×1000　1/16　**印张** 26　**字数** 504千字
2015年10月第1版第1次印刷　**印数** 1—2000册　**定价** 138.00元

(本书如有印装错误,我社负责调换)

国防书店:(010)88540777　　发行邮购:(010)88540776
发行传真:(010)88540755　　发行业务:(010)88540717

Knowledge is your best defense,
and most powerful weapon!

———引自 JED 2006 No1,代译者序

谨以此书献给

我的妻子 Priya 和我的孩子 Uma、Shankar

前　言

对信号的来波方向(DOA)进行估计在研究领域具有重要的意义,通常需要在一定的范围内搜索入射信号的DOA,在军用和民用领域具有重要的作用。目标的方向通常用信源发射信号的DOA来表示。相关文献给出了一些DOA估计的模型。

若期望信号的DOA已知,则可以利用自适应波束形成算法来使得干扰信号功率达到最小,从而使得期望信号的功率达到最大。在未来移动和保密通信系统的测向智能天线中,DOA估计是基本功能需求之一。

本书反映了近期DOA估计相关算法方面的工作,并举例说明了其优缺点。

本书融合了一些科学家和工程师对来波方向估计问题的见解和经验。本书可以作为工程师、研究人员、高年级本科生和研究生的参考书。

本书的章节安排如下:

- 第一部分:纵览;
- 第二部分:DOA估计方法;
- 第三部分:辐射源定位问题;
- 第四部分:DOA估计的特定应用;
- 第五部分:试验组织及结果。

致 谢

本人对所有参与本书编写的作者表示深深的谢意,并坚信本书将达到其预期宗旨。

Sathish Chandran

Malaysia

目　录

第一部分　纵览

第二部分　DOA 方法

第三部分 辐射源定位问题

第五部分 试验设置及结果

第一部分

纵览

第 1 章　用于来波方向估计的天线阵列

1.1 引　言

测向(Direction Finding,DF)是通过观察波到达方向和信号的其他一些特征来确定辐射源方位的过程。一个测向系统包括图 1.1 中的几部分。测向系统的第一部分是天线阵列,本章对其进行了描述。经过天线单元到达该系统的其他部分会引入一些误差。经过天线引入的误差体现在信号的幅度和相位上,导致天线的相位中心改变。如果天线发射信号,天线的相位中心是天线的辐射点。相位中心的改变导致各天线单元接收的合成信号的改变,进而导致输出结果出现误差。由天线引入的误差包括布阵误差、交叉极化误差、噪声、互耦、多径、人为误差,测向天线的重要性质包括增益、旁瓣特性、频率范围、极化方式、带宽和尺寸。

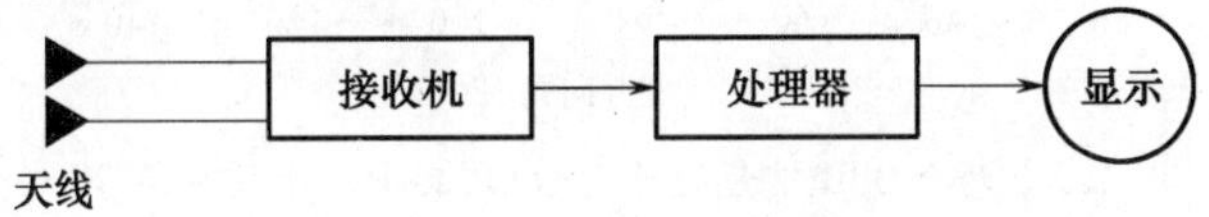

图 1.1　测向系统方框图

天线的有向性是天线对辐射源定位的一个重要指标。天线的方向性和天线的波束宽度成反比,波束宽度决定了测向的不确定性。用天线波束进行测向是比较基础的,本章从这一点开始讨论。机械扫描测向限制了测向的精度,采用和差波束则改善了测向精度,采用相控阵天线可能会极大地改善测向精度。因此,本章的重点是介绍天线阵列。

1.2 旋转测向天线

在方位上旋转天线,通过最大功率输出点确定电磁辐射源位置是最基本的方法。一波束宽度是26.2°的天线在方位上旋转,天线输出是方位角的函数,如图 1.2 所示,其中存在两个 0dB 的信号源。如果两个信号都在90°,则输出是角度的函数,其和天线方向图成比例,两个信号都出现在主波束的峰值处。固定一个信号源在90°处,另外一个信号源在100°,则产生图中虚线所示方向图。因为两个信号源距离很近,所以方向图中不能区分出来。事实上,输出结果显示只存在一个信号,在95°上。当这两个信号相距3dB波束宽度时,则产生图中点虚线所示波束图,有两个峰值,且两个信号源之间至少相距3dB波束宽度才可在波束图中区分出来。将另外一个信号移到130°上,则产生两个非常明显的峰值,如图中点线所示。

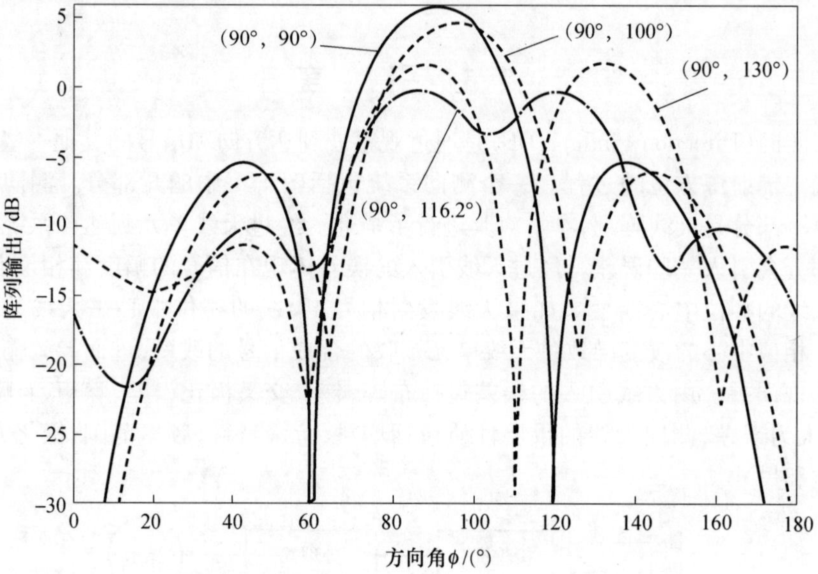

图1.2 两个0dB信号的阵列输出,其中一个信号在90°,另外一个信号在90°、100°、116.2°和130°

到达天线单元的信号源功率不同,使得信号源来波方向的估计变得更复杂。如果一0dB的信号源在90°上,另一个信号是10dB,结果就会有很大的不同,如图1.3所示。这时,只有第二个信号能容易地侦察出来。甚至当第二个信号移到了130°上时,第一个信号的增益也只比旁瓣高一点,所以还是不容易被侦察到。这时可以利用一低旁瓣的天线来帮助解决这个问题,如图1.4所示。这样,当第二个信号出现在130°时,第一个信号明显比阵列的旁瓣高,所以就能被侦察出来。当另一个信号出现在100°和116.2°时,由于控制低旁瓣会导致主波束展宽,这时两个信号源之间间隔小于3dB波束宽度,也就不能区分出来了。间隔较近的目标可以通过减小波束宽度来进行区分。天线的波束宽度正比于天线的孔径。

图1.5给出了三种不同孔径尺寸天线的3dB波束宽度,增加天线孔径可以提高天线分辨多信号的能力。

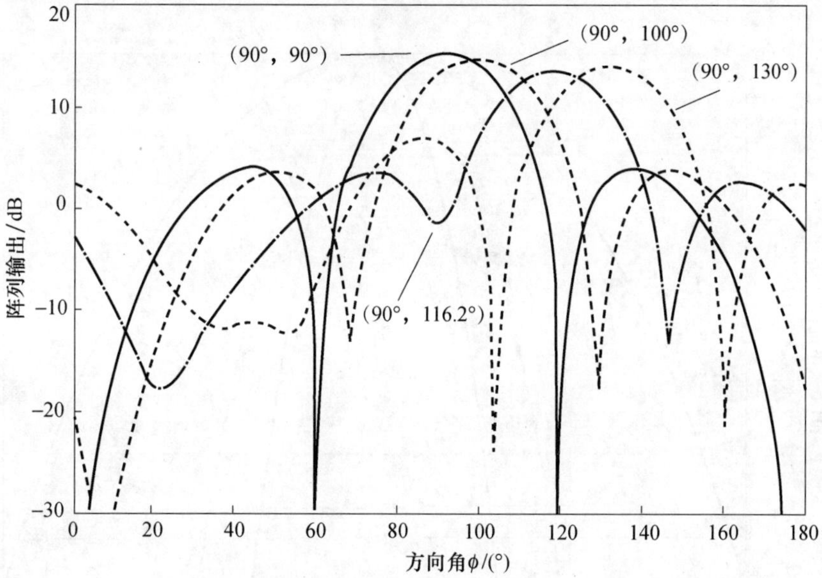

图 1.3　0dB 的信号在 90 °,另外一个 10dB 的信号在 90 °、100 °、116.2 °和 130 °时的功率输出

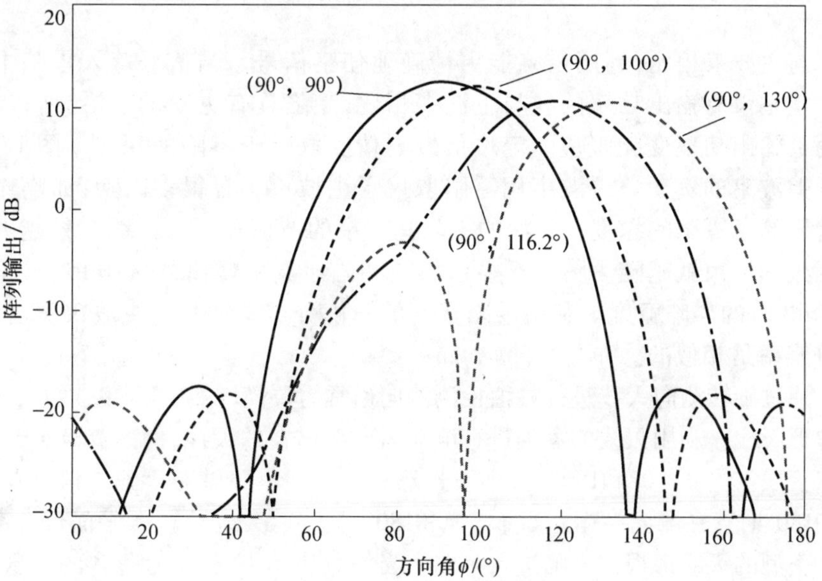

图 1.4　0dB 的信号在 90 °,另外一个 10dB 的信号在 90 °、100 °、116.2 °和 130 °时的功率输出,此时天线具有 -30dB 的旁瓣抑制

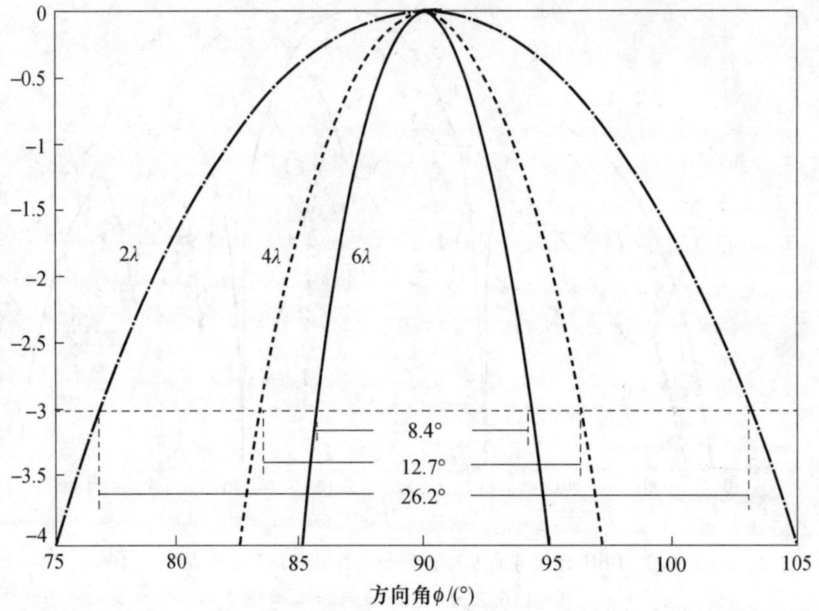

图 1.5 天线的 3dB 波束宽度是孔径尺寸的函数

与主波束相比,利用零陷能更精确地侦察信号。当信号落入零陷中时,基本上是没有输出功率的。与主波束相比,零陷具有更陡的边沿,所以在零陷附近输出功率变化很快。定位信号的精度取决于零陷的深度。图 1.6 是天线差波束的例子。差波束用零陷取代了主波束。有很多因素,如噪声、误差等限制了零陷的深度。一深的零陷具有窄的波束宽度。天线孔径越大,零陷附近的波束就越陡。图 1.6 显示了当零陷比波束峰值低 -10dB、-20dB、-30dB 时的零陷宽度。利用零陷宽度的角度分辨率和利用主波束宽度的角度分辨率是相似的。

通过旋转测向天线进行峰值检测测向通常需要高增益(窄波束)的天线,例如碟形天线。利用天线的零陷进行测向需要低增益的天线,例如双极子天线或环状天线。当 $\phi=0°$ 和180°时,半波长双极子天线沿 x 轴有零陷。信号在 $\phi=0°$ 和180°时存在测向模糊。当 $\phi=0°$ 和180°时,环状天线沿 $y-z$ 平面也有零陷。两种类型的天线都根据零陷进行测向。当信号功率小,且信号包含的信息重要时,更倾向于利用主波束峰值进行测向,此时要求天线具有低旁瓣的大天线(几倍波长)。否则,利用零陷测向精度会更高。

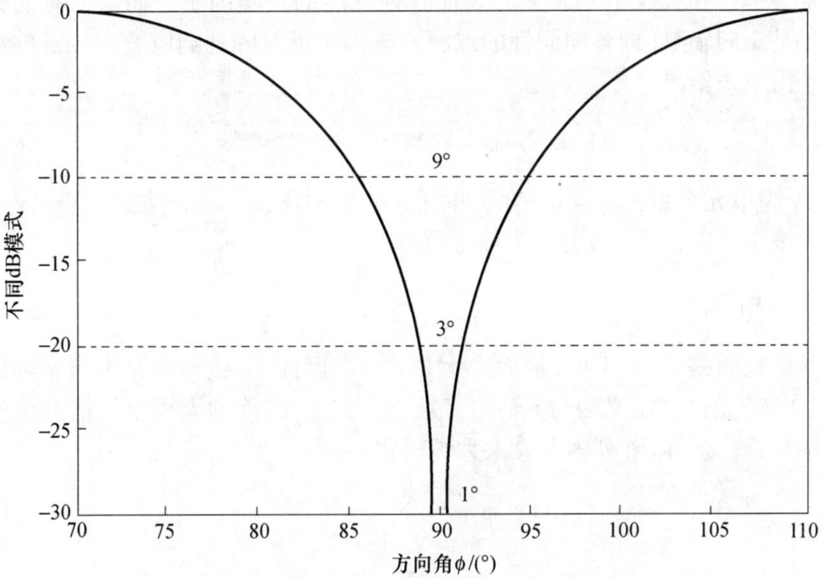

图 1.6　天线方向图的零陷宽度是零陷深度的函数

1.3　常规测向天线

除了双极子天线、单极子天线和环状天线外，其他用来测向的常规天线包括反射面天线、喇叭天线和螺旋天线。一个反射面天线包括一个大的导体界面，反射或散播来自馈源的电磁辐射。其结构简单，增益高，使其应用广泛，尤其适用于旋转测向的应用。通过使用宽带馈源，例如对数周期天线，反射面也可用于宽带。喇叭天线具有高增益，可以用于宽带的情况。此外，多峰喇叭天线有对应的和波束和差波束的端口。螺旋天线又称为频率独立天线，可以接收垂直极化和水平极化的信号。平面螺旋天线在每个面上都进行反射。为了使波束仅指向一个方向，通常在一边的腔中置入吸收体。另一种限制螺旋天线仅向一个方向辐射的方法是用锥形物包住它，这样天线只在锥形物的顶点处进行辐射。四臂或多臂螺旋天线的辐射形式包括和波束和差波束。

1.4　天线阵

天线阵包括两个或更多的单元或天线，它们将输出进行加权并将结果求和。它们将电子波束扫描、和波束和差波束、多波束结合起来进行测向，提高了多信号定位的能力。阵列中天线单元的安装对于阵列如何接收某个方向的信号非常关键。和天线单元无关的表征阵列性能的是阵因子。如果所有的天线单元都是全向辐射(即各向同性的点源),阵因子就是阵列响应。一任意阵列的阵因子由下式给出:

$$\mathrm{AF} = \sum_{n=1}^{N} w_n \mathrm{e}^{\mathrm{j}k(x_n \sin\theta\cos\phi + y_n \sin\theta\sin\phi + z_n\cos\theta)} \tag{1.1}$$

式中:N 为单元个数; $w_n = a_n \mathrm{e}^{\mathrm{j}\delta_n}$ 为单元 n 的复加权; $k = 2\pi/$ 波长; (x_n, y_n, z_n) 为第 n 个单元的位置; (θ,ϕ) 为信号位置。

1.4.1 线阵

假设地面是 $x-y$ 平面,地面之上是 z 轴。因此,方位角定义为与 x 轴的夹角,记作 ϕ ;俯仰角定义为与 z 轴的夹角,记为 θ 。线阵的天线单元沿其中一个坐标轴放置。这样,阵列因子就大大被简化:

$$\mathrm{AF}_x(\phi) = \sum_{n=1}^{N} w_n \mathrm{e}^{\mathrm{j}kx_n\cos\phi} \tag{1.2}$$

$$\mathrm{AF}_y(\phi) = \sum_{n=1}^{N} w_n \mathrm{e}^{\mathrm{j}kx_n\sin\phi} \tag{1.3}$$

$$\mathrm{AF}_z(\phi) = \sum_{n=1}^{N} w_n \mathrm{e}^{\mathrm{j}kx_n\cos\theta} \tag{1.4}$$

如果只测信号的方位角,则需要 AF_x 或 AF_y ,因为它们和地面平行,因此只是 ϕ 的函数。相反,测量信号的俯仰角需要在垂直方向上具有多个天线单元,或 AF_z 。如果天线单元等间距放置,则

$$\begin{aligned}\mathrm{AF}_x &= 1 + w_1\mathrm{e}^{\mathrm{j}kd_x\cos\phi} + w_2\mathrm{e}^{\mathrm{j}2kd_x\cos\phi} + \cdots + w(N_x - 1)\mathrm{e}^{\mathrm{j}(N_x-1)kd_x\cos\phi} \\ &= 1 + w_1\mathrm{e}^{\mathrm{j}\psi_x} + w_2\mathrm{e}^{\mathrm{j}2\psi_x} + \cdots \\ &= 1 + w_z z_x + w_x z_x^2 + \cdots\end{aligned} \tag{1.5}$$

如果所有的幅度加权都为 1,并且阵元间距相等,此时阵列称为均匀线阵(ULA),阵列因子定义为

$$\mathrm{AF}_x = 1 + 1 + w_1\mathrm{e}^{\mathrm{j}\psi_x} + w_2\mathrm{e}^{\mathrm{j}2\psi_x} + \cdots + w(N_x - 1)\mathrm{e}^{\mathrm{j}(N_x-1)\psi_x} = \frac{\sin\left(\frac{N\psi_x}{2}\right)}{\sin\left(\frac{\psi_x}{2}\right)} \tag{1.6}$$

均匀线阵的波束可以通过补偿下面的移相值实现电扫描:

$$\psi_x = kd\cos\phi + \beta = kd(\cos\phi - \cos\phi_0) \tag{1.7}$$

式中: ϕ_0 为期望的波束指向。

1.4.2 阿德考克阵列

1907 年,Bellini 和 Tosi 利用两个正交的环状天线对信号进行测向,而不需

要旋转天线。环状天线可以接收水平极化和垂直极化的两种信号,所以它们容易受到天波噪声的影响。阿德考克阵列通过在方阵的边缘放置四个单极天线(图1.7)来解决这个问题。如果 y 轴上北边的和南边的天线是异相的,则它们的方向图和 $x-z$ 平面上的环形天线的方向图相似。同样,如果 x 轴上东边的和西边的天线是异相的,则它们的方向图和 $y-z$ 平面上的环形天线的方向图相似。因为使用了单极天线,阿德考克天线只接收垂直极化信号。

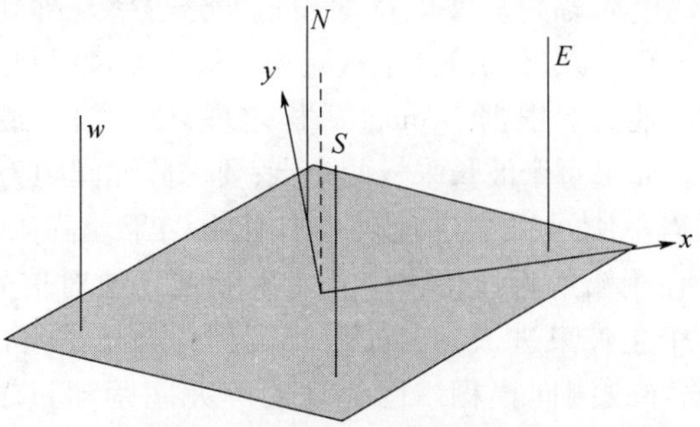

图1.7 四阵元阿德考克天线,第五个可选择的天线单元在中心

Watson - Watt 进一步完善了该理论,使得在阿德考克阵列上可以测得信号的俯仰角和方位角。N - S 阵的阵列因子可以写成

$$AF_{NS} = 2j\sin\left(k\frac{d}{2}\sin\theta\cos\phi\right) \tag{1.8}$$

类似地,E - W 阵的阵列因子可以写成

$$AF_{EW} = 2j\sin\left(k\frac{d}{2}\sin\theta\sin\phi\right) \tag{1.9}$$

方位角的正切值是 E - W 阵的输出值和 N - S 阵输出值的比值。因此有

$$\tan\hat{\phi} = \frac{AF_{EW}}{AF_{NS}} = \frac{\sin\left(k\frac{d}{2}\sin\theta\sin\phi\right)}{\sin\left(k\frac{d}{2}\sin\theta\cos\phi\right)} \tag{1.10}$$

俯仰角利用下式进行估计:

$$\cos\hat{\theta} = \frac{1}{kd}\sqrt[4]{AF_{EW}^2 + AF_{NS}^2} \tag{1.11}$$

阿德考克天线的方位角测量是模糊的,只有在阵列的中心另外加一个单元(图1.7中虚线所示)才可避免方位角的测向模糊,或者所有天线单元的输出相加建立一个相位参考点。通过在四阵元阿德考克天线阵对应的圆周上添加成对的天线单元,在 $x-y$ 轴的原点设置中心天线,可以获得更精确的测向精度。

只有当测向天线必须非常密集地布置时,通常才使用环状天线。环状天线比阿德考克天线更敏感,即使在接收的信号中包含很微弱的水平极化分量也会导致很严重的错误,该错误随着发射信号俯仰角的增加而增加。

1.4.3 阵元间距

均匀线阵的阵因子由阵元个数和阵元间距决定。一个大的阵列比小的阵列能够接收更多的电磁辐射。波束宽度和角度分辨率是阵列尺寸的函数。如果阵元间距是 $d = 0.5\lambda$,增加阵元个数减小了波束宽度,可以提高阵列分辨不同方向两个信号的能力。根据 Nyquist 采样定理,要求信号最高频率分量每个周期采样两个点。如果每个波长采样两个点,要求阵元间距为 $d = 0.5\lambda$ 。

图1.8 表明当不满足采样定理时会有什么结果。降采样导致混叠或栅瓣。如果利用存在栅瓣的天线接收信号就不能唯一地对信号定位,因为不能确定信号是从哪个主波束进入的。如果阵元间距大于 Nyquist 采样速率 $d = 0.5\lambda$,栅瓣/零陷导致测向模糊。已经证明阵元间距超过了半波长,利用测向算法(如 MUSIC, Min - Norm, JoDeG, ESPIRIT, 和 SAGE)进行测向会导致测向模糊。

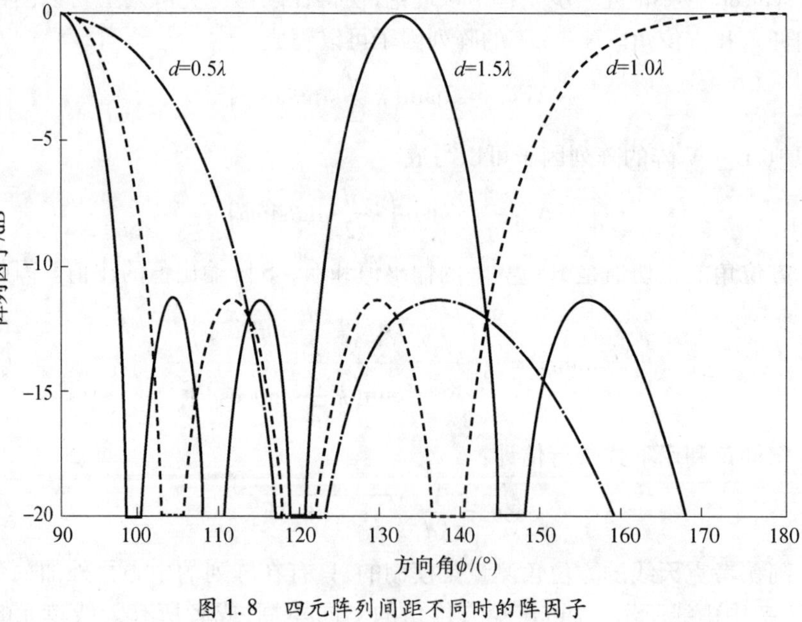

图 1.8 四元阵列间距不同时的阵因子

无线电学者经常需要高分辨率孔径的天线接收来自太空的信号,这些天线有几英里长。如果在孔径中全部填充天线代价会很高,所以通常使用稀疏阵，称为最小冗余阵列。一个最小冗余阵列的栅瓣间距最大，栅瓣之间的旁瓣大致相等。因此，当栅瓣控制在侦察区域以外时，利用窄波束可以扫描太空中很远的区域。图 1.9 是一种最佳布阵方式，栅瓣在主波束扫描的区域以外。阵元间距是最小阵元间距的整数倍。图 1.10 是一个四单元的最小冗余阵列，当 $d = 1.5\lambda$ 时，第一栅瓣出现在 48.2° 上。阵列中任意两个单元的间距是 d 的整数倍，d、$2d$、… 、$6d$，且只出现一次，包含更多天线单元的阵列采样点将更多。

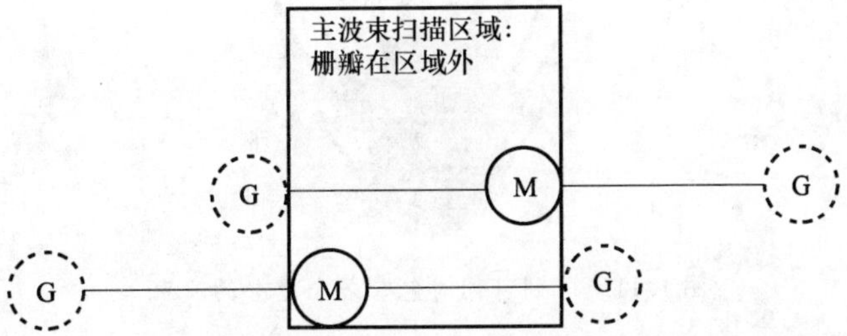

图 1.9　阵列利用主波束对矩形区域扫描，栅瓣控制在区域外面

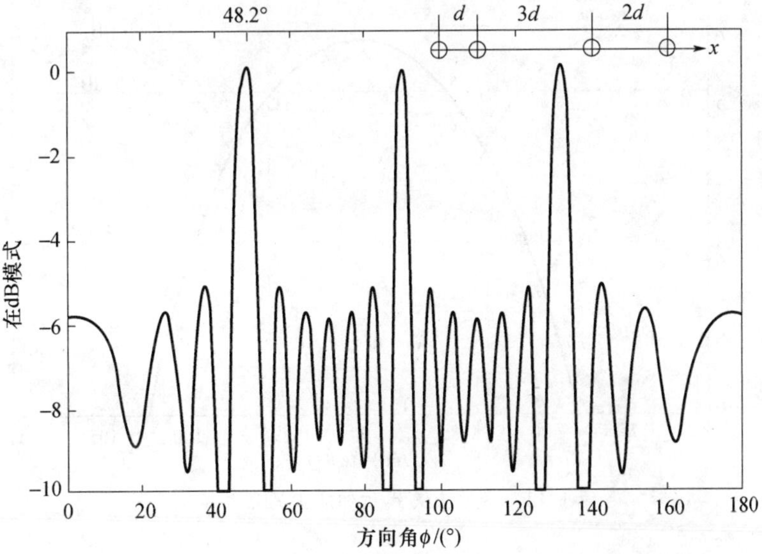

图 1.10　四单元最小冗余阵的阵列因子，阵间距在上面显示

用主波束对信号定位时，精度受阵列 3dB 波束宽度的限制。利用多波束能明显提高阵列对信号定位的能力。Rotman 透镜、Butler 矩阵或神经网络波束形成器可以控制波束在 ϕ 上等间隔地扫描，见图 1.11。信号的精确定位通过在相邻的波束中插入角度响应获得。如图 1.12 中天线的多波束图，在 $\phi = 95°$ 的

信号,比波束峰值低 -1.34dB 的是波束 A,比波束峰值低 -5.45dB 的是波束 B。波束 C 比这两个波束低更多,所以不能确定其响应。如果给出了这两个波束的响应,信号的来波方向就可以精确地估计出来,其过程是进行幅度比较。

图 1.11 阵列可同时包含多个重叠的波束

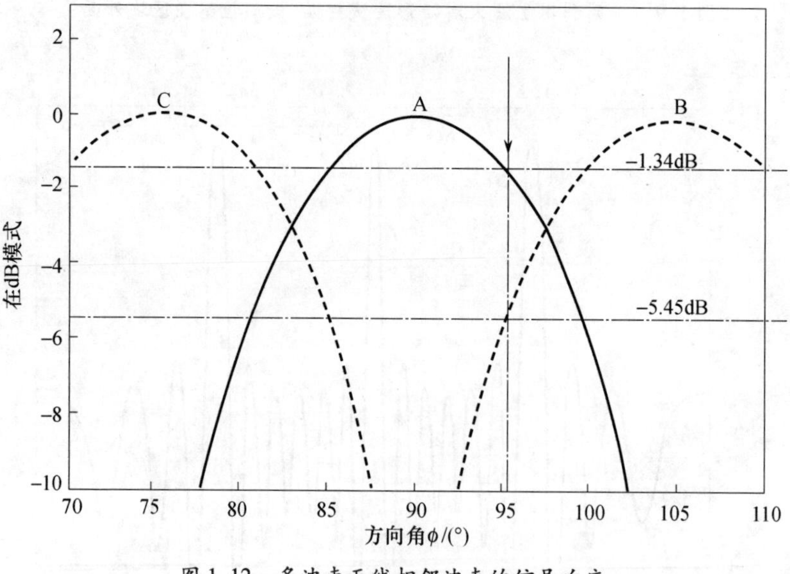

图 1.12 多波束天线相邻波束的信号响应

1.4.4 Butler 矩阵

Butler 矩阵波束形成器是一个多波束阵列的例子[9]。Butler 矩阵被事先定义好了,线阵各单元之间具有线性相位。Butler 矩阵是一系列 3dB 混合积分耦合器和相移器/时延单元。3dB 混合积分耦合器有两个输入(I1,I2)和两个输出(O1,O2)。一个信号从 I1 进入,被等分至两个输出 O1 和 O2。但是,在两个输出之间具有90°相移。相移可以是移相器产生的，或者，矩阵是电路板，相移可以由一段线产生，导致相位发生45°变化。

为了说明这个问题，四阵元Butler矩阵的示意图见图1.13。图中被圈的数字跟踪了每个输入1R、2L、2R、1L的相位变化情况。

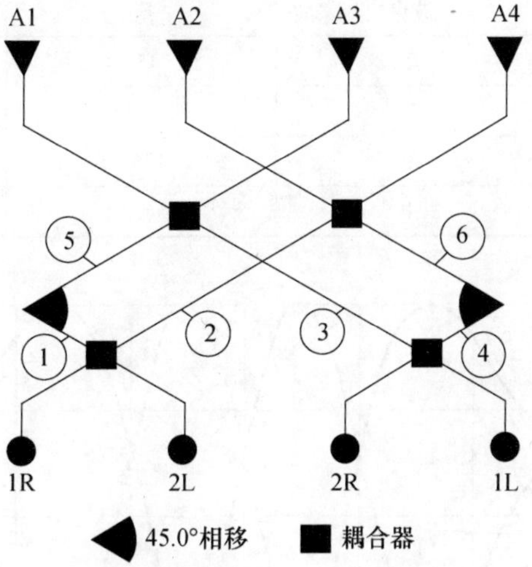

图1.13　四阵元Butler阵电路原理图

在输入端1R上加一个相位是0电压为1V的信号，第一个耦合器输出端标示1和标示2处信号的电压都是0.5V，相位分别是0°和－90°。标示3和标示4处没有信号。来自标示1的信号相位延迟45°，于是标示5处的信号电压是0.5V，相位是－45°。标示5处的信号进入另外一个耦合器，结果在天线单元A1和A3处信号的电压是0.25V，相位分别是－45°和－135°。标示2处的信号通过另一个不同的耦合器，结果在天线单元A2和A4处信号的电压是0.25V，相位分别是－90°和－180°。这就成为一等幅阵列，相邻天线单元的相位是以－45°线性递增的。每个标示处信号电压0.5V，天线单元接收到的信号电压是0.25V。注意到相位在－180°和＋180°之间变化。

如下所示，Butler矩阵允许信号相位按固定值线性变化，固定值β由式(1.12)给出：

$$\beta_i = 2\pi i/N \text{for} i = \pm 1/2,\ \pm 3/2,\cdots,(N-1)/2 \tag{1.12}$$

因此，当式(1.13)成立时，出现波束峰值：

$$\psi_x = 0 \text{或} \phi_i = \arccos\left(-\frac{\beta_i}{kd}\right) = \arccos\left(-\frac{2i}{N}\right) \text{for } i = \pm 1/2,\ \pm 3/2,\cdots,(N-1)/2 \tag{1.13}$$

四个波束的位置如表1.1所示。四个可能的阵列因子如图1.14所示。

Butler 矩阵结构需要 2^n 个阵元。随着阵元数目的增加,矩阵复杂性也增加。图 1.15 显示了一个八阵元结构(2^3)Butler 矩阵的示意图。得到线性相位 ±22.5°, ±67.5°, ±112.5°, ±157.5°,阵列形成八个独立的波束。

表 1.1 四阵元 Butler 矩阵相位偏移及其波束位置

i	波束	β_i	波束位置
1/2	2	45°	75.5°
−1/2	3	−45°	104.5°
3/2	1	135°	41.4°
−3/2	4	−135°	138.6°

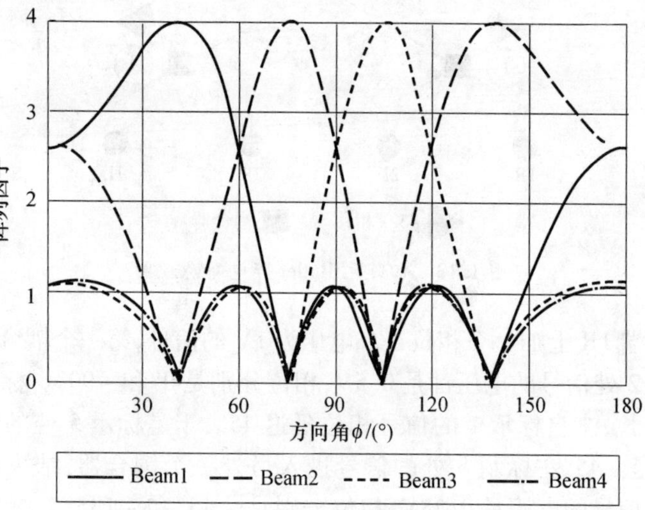

图 1.14 Butler 矩阵馈电阵列的波束位置

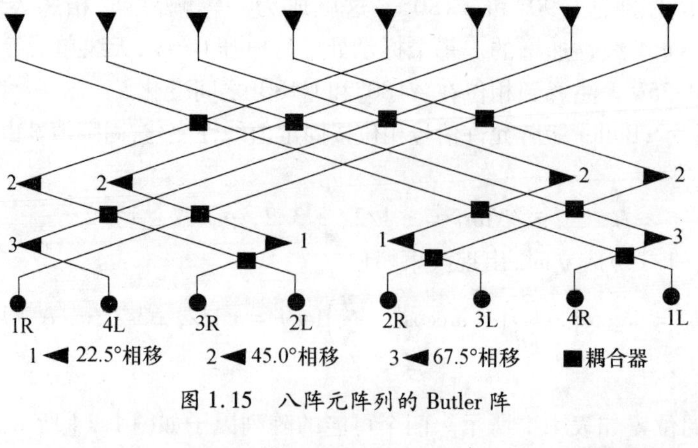

图 1.15 八阵元阵列的 Butler 阵

1.4.5 单脉冲

单脉冲测向是一个比较通用的多波束方位角估计方法。该方法同时利用了和波束和差波束。利用差波束,将孔径中一半的阵元加到另一半阵元之前,要进行180°相移。

差波束输出与和波束输出的比值即单脉冲幅度,该比值与角度联系起来。图1.16中单脉冲阵列上的信号振幅比值是-6.65-(-1.35)=-5.30dB。由于左边差波束的主波束及右边差波束的主波束与和波束的主波束相比相位相差180°,接收机可以判断信号来自于哪个方向。如果知道接收信号的振幅比值和相对相位,就可以精确估计信号的来波方向。

1.4.6 乌兰韦伯阵列

乌兰韦伯天线是一个圆阵,每次只使用该圆阵中一个天线单元彼此相邻的子阵(图1.17)[12]。对天线单元接收的信号进行相位补偿,相当于接收信号平行于有效阵元的半径入射,所有信号都有零相位。一个整流反馈把有效阵元连接到输出。当整流反馈工作时,主波束点在方位上等间隔分布。圆阵的阵列因子如下所示:

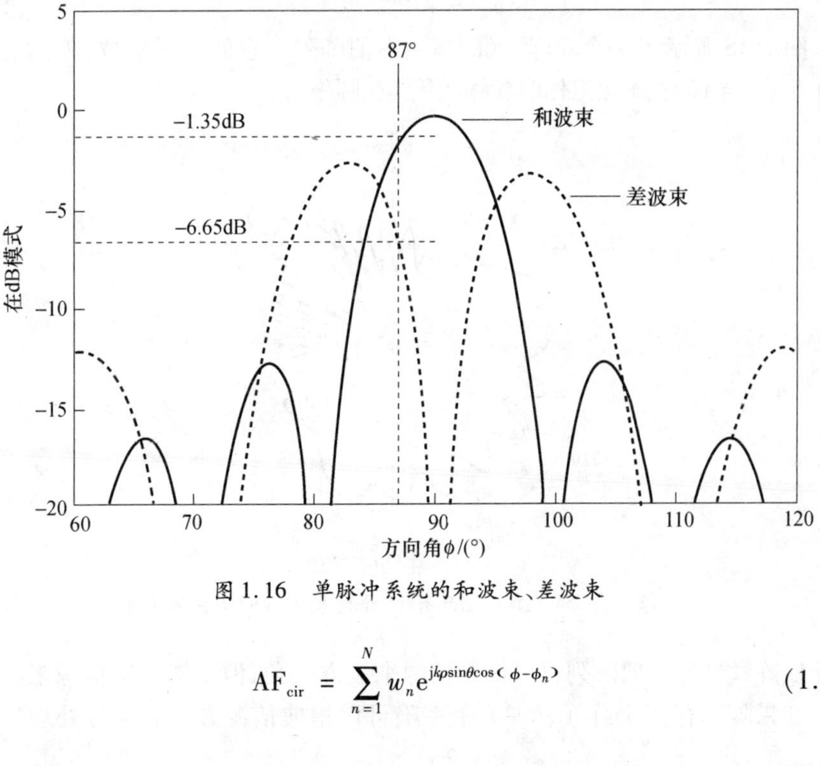

图1.16 单脉冲系统的和波束、差波束

$$AF_{cir} = \sum_{n=1}^{N} w_n e^{jk\rho\sin\theta\cos(\phi-\phi_n)} \tag{1.14}$$

式中：ρ 为圆阵的半径；ϕ_n 为每个阵元的来波方位。乌兰韦伯阵列一次仅有 M 个阵元有效，这里 $M < N$。

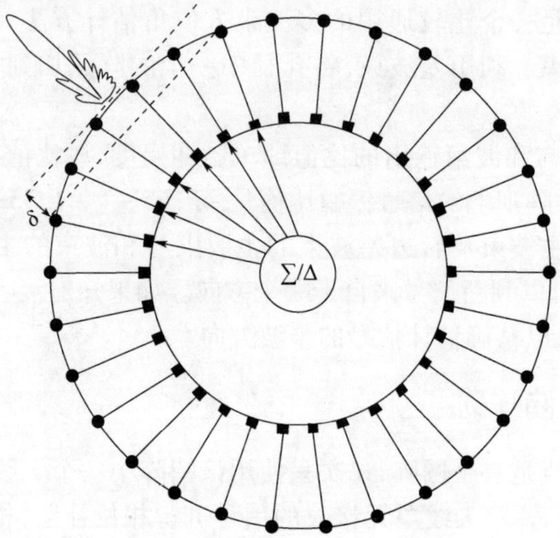

图 1.17 乌兰韦伯阵列示意图

为了在期望的方向 ϕ_0 形成一致的波束，阵元权值必须按下式给出：

$$w_n = e^{-k\rho\cos(\phi_0-\phi_n)} \tag{1.15}$$

图 1.18 显示了一个 60 阵元的乌兰韦伯阵列和它的阵元参数，阵元之间间隔 0.5 λ，当 15 个阵元工作时（大的黑点在圆中心）。

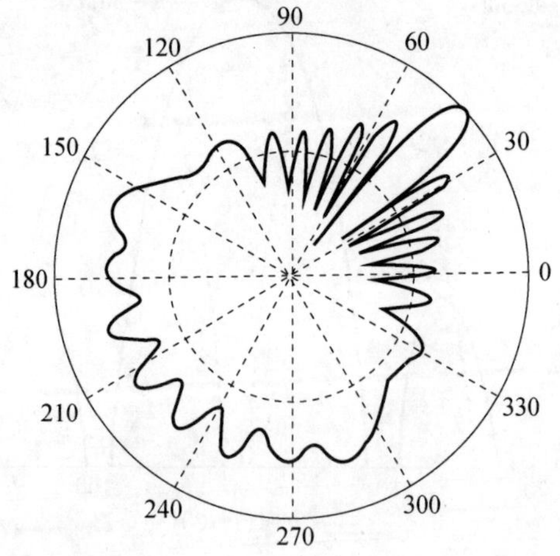

图 1.18 包含 60 个阵元只有 15 个阵元工作的乌兰韦伯阵列

线阵和乌兰韦伯阵列可以辨别信源来波方位角，但不能辨别信源来波俯仰角。如果阵列有 N 个阵元，$N-1$ 个零陷可以指向信源方位。信号处理技术根据阵列加权值将信号方向设置为零陷。线阵测向,在各方位的测向精度是不一样的;但是乌兰韦伯阵列测向,在各个方向的测向精度是一样的。

1.4.7 平面阵

平面阵可以测量信号的方位角和俯仰角。增加阵列阵元的数量,相应地增加了成本和信号处理算法的计算复杂度。结果,DOA 阵列只有足够的阵元才可以对多个信号进行测向。通常,不会采用密集阵,而是采用具有一定覆盖范围的平面阵,而且不是密集阵[13-17]。

线阵沿着 y 轴的阵列因子也可以写成

$$\mathrm{AF}_y = 1 + w_{y1}z_y + w_{y2}z_y^2 + \cdots \tag{1.16}$$

式(1.16)中 $z_y = \mathrm{e}^{\mathrm{j}\phi y}$ 。沿着 x 轴设置 N_x 个阵元的阵列和沿着 y 轴设置 N_y 个阵元的阵列的多项式可以分解成下式,以便找到零点:

$$(z_x - z_{x1})(z_x - z_{x1})\cdots(z_x - z_{x(N_x-1)}) = 0 \tag{1.17}$$

$$(z_y - z_{y1})(z_y - z_{y1})\cdots(z_y - z_{y(N_y-1)}) = 0 \tag{1.18}$$

信号处理技术可以找到这些多项式的零点。假定每一个源都有一个零点,则信源的方向通过式(1.19)或式(1.20)可以得到。

$$\frac{\psi_{x1}}{\psi_{y1}} = \frac{kd_x\sin\theta_1\cos\phi_1}{kd_y\sin\theta_1\sin\phi_1} = \frac{d_x}{d_y}\tan\phi_1 \tag{1.19}$$

或

$$\phi_1 = \arctan\left(\frac{d_y\psi_{x1}}{d_x\psi_{y1}}\right) \tag{1.20}$$

俯仰角通过式(1.21)计算:

$$\begin{aligned}\psi_{x1}^2 + \psi_{y1}^2 &= (kd_x\sin\theta_1\cos\phi_1)^2 + (kd_y\sin\theta_1\sin\phi_1)^2 \\ &= (k\sin\theta_1)^2(d_x^2\cos^2\phi_1 + d_y^2\sin^2\phi) \\ &= (k\sin\theta_1)2c_1^2\end{aligned} \tag{1.21}$$

由式(1.22)计算 θ :

$$\theta_1 = \arcsin\left(\frac{\sqrt{\psi_{x1}^2 + \psi_{y1}^2}}{kc_1}\right) \tag{1.22}$$

从而,如果计算出阵列多项式的零点,可以得到信源的方位角和俯仰角(θ , ϕ)。

测向阵列有时安装在移动的平台上,阵元位置确定信号处理所需的相位之间的关系。在文献[18]中,作者模拟了阵列结构,测量期间阵列的阵元之间是随意移动的,但是阵元的移动方式是已知的。他们发现这些阵列对测向模糊和信源的相关性足够稳健。

1.5 测向算法和阵列

本书大部分内容描述基于天线阵列的不同的测向算法。本章介绍了多种信号方位角估计算法、信源确认问题、来波方位角估计的明确应用和试验设置与结果。

方位角估计算法的目标是设置合适的阵列加权在信号方向上设置零点。信号方向从阵元加权中提取。这些信号处理算法经常与信号信噪比、接收信号功率的动态范围、天线的位置、传播信道响应和天线误差息息相关。接收机每个阵元的精确校准是算法性能成功实现的基本条件。如这一章提到的信号方位角和俯仰角的估计需要一个非线性阵列。联合方位角估计算法有更好的性能。有关天线阵列的更详细内容在文献[9]中可以找到。

参考文献

[1] IRE Standards on Navigation Aids: Direction Finder Measurements. 1959 IEEE Std. 59IRE 12, S1,1959.

[2] Lipsky S E. Microwave Passive Direction Finding. New York: John Wiley & Sons,1987.

[3] Introduction into Theory of Direction Finding. http://www. rohde - schwarz. com.

[4] Adcock F. Improvement in Means for Determining the Direction of a Distant Source of Electromagnetic Radiation. British Patent 1304901919,1917.

[5] Baghdady E J. New Developments in Direction - of - Arrival Measurement Based on Adcock Antenna Clusters. Proc. of the IEEE Aerospace and Electronics Conference,Dayton,OH,1989,pp. 1873 - 1879.

[6] Basics of the Watson - Watt Radio Direction Finding Technique. WN,002 Web Note,RF Products,1998.

[7] Tan C M,M A Beach,A R Nix. Problems with Direction Finding Using Linear Array with Element Spacing More Than Half Wavelength. First Annual COST 273 Workshop,Expoo,Finland,2002,pp. 1 - 6.

[8] Moffet A. Minimum - Redundancy Linear Arrays. IEEE Trans. on Antennas and Propagation Society, vol - 16,No. 2,1968,pp. 172 - 175.

[9] Mailloux R J. Phased Array Antenna Handbook. 2nd ed. ,Norwood,MA: Artech House,2005.

[10] Chan Y T, et al. Direction Finding with a Four - Element Adcock - Butler Matrix Antenna Array, IEEE Trans. on Aerospace and Electronic Systems,vol - 37,No. 4,2001,pp. 1155 - 1162.

[11] Southall H L,Simmers J A,T H. O'Donnell. Direction Finding in Phased Arrays with a Neural Network Beamformer. IEEE Trans. on Antennas and Propagation Society,vol - 43,No. 12,1995,pp. 1369 - 1374.

[12] Frater M R,Ryan M. Electronic Warfare for the Digitized Battlefield. Norwood,MA: Artech House,2001.

[13] DuFort E C. High - Resolution Emitter Direction Finding Using a Phased Array Antenna. IEEE Trans. on Acousties,Speech,and Signal Processing Newsletter,vol - 31,No. 6,1983,pp. 1409 - 1416.

[14] Manikas A, A Alexiou, Karimi H R. Comparison of the Ultimate Direction Finding Capabilities of a Number of Planar Array Geometries. IEE Proc. Radar,Sonar Navig vol - 144,No. 6,December 1997, pp. 321 - 329.

[15] Hua Y, T K Sarkar, Weiner D D. An L – Shaped Array for Estimating 2 – D Directions of Wave Arrival. IEEE Trans. On Antennas and Propagation Society, vol – 39, No. 2, 1991, pp. 143 – 146.

[16] Swindlehurst A, Kailath T. Azimuth/Elevation Direction Finding Using Regular Array Geometries. IEEE Trans. On Aeropace and Electronic Systems, vol. 29, No. 1, 1993, pp. 145 – 156.

[17] Liu T H, Mendel J M. Azimuth and Elevation Direction Finding Using Arbitrary Array Geometries. IEEE Trans. On Antennas and Propagation Society. vol. 46, No. 7, 1998, pp. 2061 – 2065.

[18] Zeira A, B Frielander. Direction Finding with Time – Varying Array. IEEE Trans. On Antennas and Propagation Society. vol. 43, No. 4, 1995, pp. 927 – 937.

第2章　非均匀线阵对高斯信源的方位估计：广义似然比测试方法概述

Yuri L. Abramovich, Nicholas K. Spencer, and Alexei Y. Gorokhov

2.1 引　言

非均匀线性阵列(NLAS)很多年前就被提出[1-4]，至今仍吸引着人们的注意力，主要是因为与均匀线性阵列相比，对于给定数量的传感器，此类阵列可以布设更大的孔径。此外，在某些条件下，不均匀线性阵列可以估计更多的信号 m 的来波方向，即

$$m \geqslant M \tag{2.1}$$

实际上，Pillai 等人已经论证当信号数量接近阵列阵元数量时，最小冗余稀疏天线阵列无模糊估计不相关信号参数的能力[5]（协阵可宽松定义为所有不同交互传感器距离的集合）。该理论被证明以后，更多的注意力集中在如文献[6,7]中的这种阵列的方位角估计的不同方面。

起初，对给定数量的不相关信号源的方位角估计算法在文献[8-11]中进行了介绍，同时介绍的还有不同于非均匀线阵的阵列结构（例如，“部分增加”非整数设置，等等）的方位角估计算法，用于估计信号精度的克拉美罗(CRB)界算法，在文献[5]中介绍的直接增加(DAA)算法不满足文献[12,13]中的这些必要条件。

这些研究因此认为不相关信号数目要么是已知的，要么是采用某种方法可以精确估计的。显然，在实际应用中，信号环境的先验知识是未知的，这一步是不容易做到的。因此一般认为

$$m < M \tag{2.2}$$

众所周知[14]，在统计学估计理论中，同时解决阵列信号处理中的检测和方位估计问题的最佳方法是广义似然比(GLRT)算法[15,16]。广义似然比算法是基于最大似然 ML 估计算法的[17]。由于最大似然 ML 估计经常要求多维非线性最优化，因此经常被一些非最佳的算法替代，如广义似然比 GLRT 技术。

一般情况下，信号方位估计按惯例可以分为检测（估计信号数量）和信号方

位估计两个问题。信号数量检测一般采用传统的信息论(ITC)标准,如 AIC 或 MDL[5],或其推广结论[18]。这些技术讨论的检测不涉及任何特殊天线阵几何关系或者信号参数,因为这些技术,通过计算输入信号协方差矩阵的最小均方特征值,解决了估计信号数目的问题。子空间技术经常应用到估计信号来波方向中。这些技术中的一个例子是多信号分离算法(MUSIC),如文献[15,16]中所描述的。

这两种方法应用于任意几何设置的天线阵列中,当应用到不均匀(稀疏的)阵列时,这些技术的特性显示出它们的弱点。当我们考虑按照惯例的 ITC + MUSIC 不变几何学方法的检测估计性能一致性时,与最佳的(GLRT)联合检测估计方法相比,这些弱点显示出来,联合检测估计方法利用所有的可用的先验信息,包括信号模型和阵列几何结构。NLA 明确指定的方位来自于下面的事实:对一系列特殊的方向,传统的 ITC 和 MUSIC 算法即使对任意大样本尺寸都不能提供正确的(无模糊的)解决方法。这是由于每一个 NLA[22] 的模糊特性。借以已经存在的一系列线性相关的阵列信号向量的方向。显然,如果 m 个信号是线性相关向量时,ITC 方法(协方差矩阵最小的特征值的向量等式($M<m$))的基本思想是无效的。基于同样的原因,MUSIC 不能够提供正确的 $m_1<m$ 峰值,如果存在($m-m_1$)个方向向量与 m_1 个信号是线性相关的。在多种情况下的阵列信号中绝对的线性相关仅仅出现在方位是零这样一系列特殊的情况下,因此实际中出现这种情况的可能性是很小的。然而,在文献[23,24]中我们已经证明任何有限的采样快拍,存在一个(令人惊讶)连续的接近模糊值的方位范围,当利用 MUSIC 算法时,这导致模糊的方位估计。我们想明白是否这些推测可以被别的算法很好地解决了。具体地,对任何给定的 NLA 几何关系,我们调查这些不能识别的情况,并且比较用 ITC + MUSIC 估计时出现的这些有多方面的模糊情况。对仅仅估计的信号源(当 m 已知时),该研究[23,25,26]规定了不能明确识别的条件,并且,对于检测估计显而易见具有更灵活的条件。

对于高斯源唯估计(m 已知)问题,该研究[23,25,26]定义了不能明确辨识的条件,以及对于检测估计(m 未知,根据错误源数目混合体提出可能引起歧义的模型)显然更具灵活性的不能明确辨识的条件。导出的不可辨识条件包含常规和非常规情况,实际上对前者而言,最具多样歧义性情况下检测估计也是可以辨识的。

该对比的重要意义还表现在传统技术,如 ITC、MUSIC 的预渐近特性,它适用于任意天线几何结构。Stoica[27]等人证明了 MUSIC 的渐近有效性,这意味着当采样长度 N 和/或 SNR 趋于无穷大时,DOA 估计接近 CRB。但是,长久以来,子空间技术(如 MUSIC)具有如下缺点:当快拍数目 N 和/或 SNR 降至门限数值以下时,其性能会迅速恶化[28-31],这是该类方法特有的参数估计不连续性引起的。对于所有子空间方法,产生不连续性的唯一可能原因是估计信号子空间和噪声子空间的特征向量互换导致("子空间互换")[31]。重要问题——检测估计问题的真正最优解是否可以忍受性能转折,还并未提及。显然,一种积极的答案是定义终极极限(对于 N 和/或 SNR),超过极限则无法保证算法精度。但是,如果这一条件与 MUSIC 的性能转折条件明显不同,那么该极限值就定义了一个区域,假定其中存在能够克服 ITC + MUSIC 局限性的最优检测估计技术,这些重要问题在文献 [32,33] 已有提及。

相对常规情况($m < M$),非常规情况($m \geqslant M$)难度更大,因为现有文献缺乏利用稀疏线阵处理更多数量独立高斯源的检测或检测估计技术,但是我们仍然一直专注于该问题的研究[34,35]。

本章概述了利用非均匀(稀疏)线性天线阵处理高斯源检测估计的近期成果,2.2 节介绍了 GLRT 技术,适用于任意天线阵的参数化高斯模型。正如所期望的,对于所有重要的实际情况,基于 GLRT 的技术可产生似然比(LR)函数的非凸最优化。由于无法辨识错误局部极值点,这类方法曾被认为是不切实际的,为了支持 GLRT 检测估计方法,我们引入文献[32,33,36]最优化 LR 想定独立的、非渐近统计下限,它为 LR 最大意义上的最优性能解决方法提供有效的"性能评估"。2.2 节讨论了均匀线阵,尤其是非均匀线阵的下限分析。2.3 节给出通过下限分析证明 GLRT 方法的实例。2.4 节给出总结与结论,并提及一些相关问题,这也是 GLRT 检测估计技术所关注的[36-38]。

2.2 检测估计问题的 GLRT 基本原理

对于任何可辨识的由 μ 个源组成的场景,参数集合 $\boldsymbol{\Psi}_\mu$ 唯一确定协方差矩阵 $\boldsymbol{R}_\mu$,而且在高斯模型假设下,$\boldsymbol{R}_\mu$ 详尽描述输入数据观测集合 $y(t)$, $t=1,2,\cdots,N$ 的统计特性。对于独立点(理想连续)高斯源的简单模型,每个源用参数 DOA θ_j 和功率 p_j 表示,因此协方差矩阵由 2μ 个源参数和加性白噪声的一个参数——功率 p_0 确定。

对于更加复杂的模型,例如散布(分布、散射)源[36,39],参数数目将增加,但是其重要特性在参数集合 $\boldsymbol{\Psi}_\mu$ 与协方差矩阵 $\boldsymbol{R}_\mu$ 之间仍然一一对应。这表明高斯源的检测估计问题可以转化为在某种意义上,为观察训练数据选择最优协方差矩阵模型 $\boldsymbol{R}_\mu$。

利用直接数据协方差(DDC)矩阵的充分统计量,为 $\boldsymbol{R}_\mu$ 创建试验假设:

$$\hat{R} \equiv \sum_{t=1}^{N} y(t)\boldsymbol{y}^{\mathrm{H}}(t) \tag{2.3}$$

例如,修正的 LR 试验[40]为

$$
\begin{aligned}
H_0:\wp\{\boldsymbol{R}_{\mu}^{-1/2}\hat{R}\boldsymbol{R}_{\mu}^{-1/2}\} &= I_M N \\
H_1:\wp\{\boldsymbol{R}_{\mu}^{-1/2}\hat{R}\boldsymbol{R}_{\mu}^{-1/2}\} &\neq I_M N
\end{aligned}
\tag{2.4}
$$

它测试模型 $\boldsymbol{R}_{\mu}$ 是否等于输入数据精确(真实)的协方差矩阵,在文献[40],LR 试验实现如下:

$$
\gamma(\boldsymbol{R}_{\mu}) \underset{H_0}{\overset{H_1}{\lessgtr}} \beta_0 \tag{2.5}
$$

其中

$$
\gamma(\boldsymbol{R}_{\mu}) \equiv \left(\frac{e}{N}\right)^{MN}[\det(\boldsymbol{R}_{\mu}^{-1}\hat{\boldsymbol{R}})]^N \exp[-\mathrm{tr}(\boldsymbol{R}_{\mu}^{-1}\hat{\boldsymbol{R}})] \tag{2.6}
$$

注意,此处 *LR* $\gamma(\boldsymbol{R}_{\mu})$ 只是标准化的似然函数。

$$
\delta(\boldsymbol{R}_{\mu}) \equiv \frac{1}{(\det \boldsymbol{R}_{\mu})^N}\exp[-\mathrm{tr}(\boldsymbol{R}_{\mu}^{-1}\hat{\boldsymbol{R}})] \tag{2.7}
$$

因此,对于给定源数目 μ 的 *ML* 估计:

$$
\hat{\boldsymbol{\Psi}}_{\mu}^{ML} = \arg\max_{\boldsymbol{\Psi}_{\mu}} \delta(\boldsymbol{R}_{\mu}) \tag{2.8}
$$

与 LR 的最大值相同:

$$
\hat{\boldsymbol{\Psi}}_{\mu}^{ML} = \arg\max_{\boldsymbol{\Psi}_{\mu}} \gamma(\boldsymbol{R}_{\mu}) \tag{2.9}
$$

检测估计问题,即同时估计源数目 $\hat{m}$ 及其参数 $\hat{\boldsymbol{\Psi}}_{\mu}^{ML}$,无法通过 LR 按照 μ 和 $\boldsymbol{\Psi}_{\mu}$ 的最大化简单求解,这是因为众所周知的 LR“嵌套”特性

$$
\gamma(\boldsymbol{R}_1^{ML}) < \cdots \leqslant \gamma(\boldsymbol{R}_{m_{\max}}^{ML}) \tag{2.10}
$$

其中,$\gamma(\boldsymbol{R}_{m_{\max}}^{ML})$ 是基于 μ 个源 ML 估计 $\hat{\boldsymbol{\Psi}}_{\mu}^{ML}$ 的协方差矩阵模型。这种嵌套性意味着我们可以依次按照 $\mu=0,\cdots,m_{\max}$ 的顺序对 $\boldsymbol{R}_{\mu}^{ML}$ 进行试验,并且按照传统的检测理论[14],通过试验的 μ 的最小值(即超过 LR 门限)作为 $\hat{m}$ 的估计值。利用 ITC 或贝叶斯准则选取处理门限(即虚警概率),定义了 $\boldsymbol{R}_{\mu}$ 的最优模型

$$
\hat{m} = \arg\min_{\mu}\{-\ln \mathrm{LR}[\boldsymbol{R}(\hat{\boldsymbol{\Psi}}_{\mu}^{ML}] + \nu_{\mu}\} \tag{2.11}
$$

其中,ν_{μ} 为惩罚函数

$$
\nu_{\mu} > \nu'_{\mu}, \mu > \mu' \tag{2.12}
$$

有三种不同的 ITC 定义[18]:

$$\nu_{\mu} = \begin{cases} \nu_{\mathrm{AIC}} \equiv d_{\mu} \\ \nu_{\mathrm{MDL}} \equiv \dfrac{1}{2} d_{\mu} \lg N \\ \nu_{\mathrm{MAP}} \equiv \dfrac{5}{6} d_{\mu} \lg N \end{cases} \tag{2.13}$$

式中，d_{μ} 为实值参数的个数，它可以充分表征简单点源模型的协方差矩阵 $\boldsymbol{R}_{\mu}$：

$$d_{\mu} = 2\mu \tag{2.14}$$

由于可能未知的白噪声功率 p_0 参与所有试验模型，它不影响惩罚函数。

由此我们可以看出，一般 GLRT 框架提供了一种简单易懂的方法，对于任何可以接受的源数目 μ，需要寻找对应于 ML 估计且表征协方差矩阵 $\boldsymbol{R}_{\mu}^{ML}$ 的参数集合。根据模型集合 $\boldsymbol{R}_{\mu}^{ML}$（$\mu = 0,\cdots,m_{\max}$），我们利用式(2.11)从中选择最优，该框架自然包含所有可识别的高斯参数情况（包括非常规或多种不确定情况）。这种方法需要利用精确 LR 最优化实现计算。如果我们得到的非最优估计不满足嵌套特性式(2.10)，最优源个数的选取规则将没有意义。许多情况下，精确的 LR 最优化与非凸最优相关联，显然这种检测估计方法依赖于有效的优化规则，更重要的是它依赖于能辨识并忽略不恰当解的工具。

有效优化问题包括不同的方面，其中只有一个是以实时实现为目的的纯计算速度问题。在文献[34,35]中，根据最优化结果与最优解的接近程度，我们主要考虑了具有最高“成功速度”的设计程序。为了达到该成功速度，可以根据精确已知的情况进行蒙特卡罗仿真，但是任何给定的解都不可能达到 ML 解。

与 CRB 比较精度，传统方法不允许识别特殊的优化分离器，更重要的是，不能分析“门限区域”内的优化效率，在此区域，CRB 会由于没有足够样本或信噪比 SNR 而不够准确。在实际应用中，由于不存在精确假设，按照其与最优方法的接近程度，对给定方法的性能评估更加困难。

文献[32,33]提到成功实现 GLRT 的两个重要问题，并介绍了统计最大化 LR 下限。下限技术源自以下观察：对于任何可以接受的模型 $\boldsymbol{R}_{\mu \geqslant m}$，由同样充分统计协方差矩阵 $\hat{\boldsymbol{R}}$ 得到的 LR $\gamma(\boldsymbol{R}_{\mu}^{\mathrm{ML}})$ 不可能小于由精确协方差矩阵 $\boldsymbol{R}_m$ 得到的 LR $\gamma(R_m)$：

$$\gamma(\boldsymbol{R}_{\mu}^{\mathrm{ML}}) \geqslant \gamma(\boldsymbol{R}_m), \mu \geqslant m \tag{2.15}$$

确实如此，因为 $\mu \geqslant m$ 时，潜在协方差矩阵 $\boldsymbol{R}_{\mu}$ 可以接受的集合包括准确协方差矩阵 $\boldsymbol{R}_m$。这种观测结果同样适用于似然函数 $\boldsymbol{\delta}(\boldsymbol{R}_{\mu})$ 式(2.7)，关键差别在于 LR$\gamma(\boldsymbol{R}_m)$ 的统计特性与假设 $\boldsymbol{R}_m$ 不相关。事实上，LR $\gamma(\boldsymbol{R}_m)$ 式(2.6)是由如下矩阵的性质表征：

$$\hat{C} \equiv \boldsymbol{R}_{\mu}^{-1/2} \hat{\boldsymbol{R}} \boldsymbol{R}_{\mu}^{-1/2} \tag{2.16}$$

其中,$\hat{\boldsymbol{R}} \sim LW(N \geqslant M, M, \boldsymbol{R}_m)$,当 $\boldsymbol{R}_\mu = \boldsymbol{R}_m$,有[41]

$$\hat{C} \sim LW(N \geqslant M, M, I_M) \tag{2.17}$$

式中,$LW(N,M,R)$ 为中心复 Wishart 分布,当 $R = I_M$ 时由传感器数目 M 和样本大小 $N(N > M)$ 确定。基于 $\gamma(\boldsymbol{R}_m)$ 这些与假设无关的特性,得出如下命题。

命题 1

对任意 $N \geqslant M$ 及充分统计矩阵 $\hat{\boldsymbol{R}}$,如果

$$\gamma(\boldsymbol{R}_\mu) < \alpha \tag{2.18}$$

则唯一定义协方差矩阵 $\boldsymbol{R}_\mu$ 的参数集合 $\boldsymbol{\Psi}_\mu$ 可以归为非 ML 最优,其中

$$\int_\alpha^\infty f[\gamma(\boldsymbol{R}_\mu)]\mathrm{d}\gamma = P \tag{2.19}$$

$(1 - P)$ 为错误识别或虚警概率,准确 ML 估计归为非最优。

与 CRB 仅能计算已知参数不同,式(2.18)中界限适用于估计性能评估,这在实际应用中十分重要。

注意,$\boldsymbol{\Psi}_\mu$ 是表征协方差矩阵 $\boldsymbol{R}_\mu$ 的任意(完备)参数集合。例如,$\boldsymbol{\Theta}_\mu$ 是 MUSIC 得出的 DOA 估计,那么为了使参数集合完备,我们需要找到适当的功率估计集合 $\hat{p}_j(u = 0,2,\cdots,\mu)$,然后利用不等式(2.18)检验 LR $\gamma(\boldsymbol{R}_\mu)$。

第一个命题引出了实际检测估计给定解的"性能评估"问题,接下来的命题是评估式(2.9)中 LR 最大化给定优化方法的"成功率"。

命题 2

对于真实参数集合 $\boldsymbol{\Psi}_\mu$ 已知的蒙特卡罗仿真,可以通过直接比较 LRs 来评估任何 $\boldsymbol{\Psi}_\mu$ 集合的 LR 优化效率,如果

$$\gamma(\boldsymbol{R}_\mu) \leqslant \gamma(\boldsymbol{R}_m) \tag{2.20}$$

那么 $\boldsymbol{\Psi}_\mu$ 集合不是 ML 集合。

再次,这里没有对参数估计 $\boldsymbol{\Psi}_\mu$ 做出任何假设,也没有对渐近门限做出任何假设。

该不等式代表 $\hat{\boldsymbol{\Psi}}_\mu$ 的严格非 ML 最优化,反之则有

$$\gamma(\boldsymbol{R}_\mu) > \gamma(\boldsymbol{R}_\mu^1) \leqslant \gamma(\boldsymbol{R}_m) \tag{2.21}$$

事实上,任何给定 $\hat{\boldsymbol{\Psi}}_\mu^1$ 集合(与 $\boldsymbol{R}_\mu{}^1$ 相对应)的 LR,已经超出真实参数 $\boldsymbol{\Psi}_\mathrm{m}$ 的 LR 了,因此还不能确定是否有必要进一步搜索全局最优解 $\boldsymbol{R}_\mu^{ML}$,如

$$\gamma(\boldsymbol{R}_\mu^{ML}) > \gamma(\boldsymbol{R}_\mu^1) \geqslant \gamma(\boldsymbol{R}_m) \tag{2.22}$$

在参数空间会更加准确,也就是说,不确定式(2.21)是否意味着更高的估计精度

$$\| \hat{\boldsymbol{\Psi}}_\mu^{ML} - \boldsymbol{\Psi}_m \| < \| \hat{\boldsymbol{\Psi}}_\mu^1 - \boldsymbol{\Psi}_m \| \tag{2.23}$$

需要注意,现有的 ML 估计渐近理论都忽略了这样一个问题,即假设在 $\boldsymbol{\Psi}_m$ 真实解附近存在唯一的全局似然函数极值。实际上,在有限样本和/或信噪比的条件下,存在满足式(2.21)中第一个不等式的解,但该解并非全局最优。更重要的是,从参数估计准确性角度出发,所有这些方法似乎都是统计等效的。这意味着可以认为任何满足式(2.21)给定解的 LR 优化程序都是适当的。

不等式(2.21)的另外一个重要问题是对"ML 性能转折"现象[42,43]的预测。我们必须考虑可能存在解 $\hat{\boldsymbol{\Psi}}_\mu$,在 LR 意义上(式(2.21)所示)它"比真实解还要好",同时根据 $\|\hat{\boldsymbol{\Psi}}_\mu - \boldsymbol{\Psi}_m\|$ 又与真实解 $\boldsymbol{\Psi}_m$ 相差甚远。显然,这种"转折"解在 ML 范例中既不可识别也不可校正(即不能"预知"且"修正")。出现转折解的概率超过给定标准时,足够样本和/或 SNR 条件决定了 GLRT 范例中任何检测估计方案的终极极限。然而在相同条件下,这些终极 ML 转折条件必然不会像 MUSIC 那样严格,因此,类似 MUSIC 这样的特定技术可产生式(2.18)可识别的解,然后对 $\mu \geqslant m$ 应用"适当的"优化程序得到超过式(2.18)所示下限的解。这样一个"校正"解确实具有期望的高精度,或者当 ML 发生转折时,可以通过现有的优化高 LR 将"MUSIC 分离输出"转化为"ML 分离输出"。

最后,既然可以得到与 $\gamma(\boldsymbol{R}_m)$ 无关的概率密度函数(PDF),其具有更高精度的检测准则并且包含惩罚函数的 ITC(式(2.11)),通常后者由渐近理论证明。

$$\hat{m} = \arg\min_{\mu}[\mathrm{LR}(\boldsymbol{R}_\mu^{\mathrm{ML}}) \geqslant \alpha] \tag{2.24}$$

其中,与式(2.19)相同,门限 a 由下式定义:

$$\int_{\alpha}^{\infty} f[\mathrm{LR}(\boldsymbol{R}_m)]\,\mathrm{dLR} = P \tag{2.25}$$

$(1-P)$ 为源数目过估计的概率上限。给定"下限" $\mathrm{LR}(\boldsymbol{R}_m)$ 的准确(非渐近性)PDF,这种方法将更适用于实际应用。

为了代替式(2.4)中协方差矩阵严格相等的一般试验,我们使用球形试验

$$\begin{cases} H_0: \wp\{\boldsymbol{R}_\mu^{-1/2}\hat{\boldsymbol{R}}\boldsymbol{R}_\mu^{-1/2}\} = c_0 \boldsymbol{I}_M \\ H_1: \wp\{\boldsymbol{R}_\mu^{-1/2}\hat{\boldsymbol{R}}\boldsymbol{R}_\mu^{-1/2}\} \neq c_0 \boldsymbol{I}_M, c_0 > 0 \end{cases} \tag{2.26}$$

得到球形 LR

$$\gamma_{\mathrm{sph}}(\boldsymbol{R}_\mu) = \left\{\frac{\det(\boldsymbol{R}_\mu^{-1}\hat{\boldsymbol{R}})}{\left[\frac{1}{M}\mathrm{tr}(\boldsymbol{R}_\mu^{-1}\hat{\boldsymbol{R}})\right]^M}\right\}^N \tag{2.27}$$

对于涉及完全对称 Himitian 矩阵 $\boldsymbol{R}_\mu$(例如非均匀线性天线阵)的应用,我们使用完全对称球形试验

$$\gamma_{\text{persph}}(\boldsymbol{R}_{\mu}) = \left\{ \frac{\det(\boldsymbol{R}_{\mu}^{-1}\hat{\boldsymbol{R}})}{\left[\frac{1}{M}\text{tr}(\boldsymbol{R}_{\mu}^{-1}\hat{\boldsymbol{R}})\right]^{M}} \right\}^{N} \tag{2.28}$$

其中,

$$\hat{\boldsymbol{R}}_{P} \equiv \frac{1}{2}(\hat{\boldsymbol{R}} + \boldsymbol{J}\hat{\boldsymbol{R}}\boldsymbol{J}) \tag{2.29}$$

$$\boldsymbol{J} = \begin{bmatrix} & & 1 \\ & \iddots & \\ 1 & & \end{bmatrix} \tag{2.30}$$

$\boldsymbol{J}$ 为交换矩阵,"^"表示复共轭。

文献[33,36,38]对 $\gamma_{\text{sph}}(\boldsymbol{R}_{m})$ 和 $\gamma_{\text{persph}}(\boldsymbol{R}_{m})$ 的准确(非渐近)分布进行了详细推导,并引入非常复杂的 Mejjer's G 函数[44]。然而,尽管所有的 LR[式(2.6)~式(2.28)]场景无关且由矩阵 $\hat{\boldsymbol{C}} \sim LW(N \geqslant M, M, I_{M})$ 的特性表征,可以利用蒙特卡罗仿真预先计算需要的 PDF,它可以满足门限计算所需的任何预期精度。

因此,极值 LR 下限分析为选择适当的 LR 优化程序及实际解的"性能评估"提供了有效工具,而且促进了一般基于 GLRT 检测估计技术的实用化。

2.3　均匀和稀疏天线阵列的 GLRT 检测估计结果

2.3.1　非常规情况

文献[34,35]详细阐述了存在 $m \geqslant M$ 个非相关高斯源时,应用"完全或部分可扩展的"NLA 的基于 GLRT 检测估计这一新问题,这些文献对前面提及的非常复杂的 LR 最大化程序进行了详尽描述,其主要思想在于从 DDC 矩阵 $\hat{\boldsymbol{R}}$ 最大可能 LR 的单位阵出发,逐渐向增广 M_{α} 变量正定 Toeplitz 矩阵集合产生的可以接受的集合进展。这些矩阵对应于由 M 元 NLA 协阵表征的虚拟 ULA 的协方差矩阵,并通过 M - 变量 NLA 协方差矩阵 $\boldsymbol{R}_{\mu}$ 的线性"压缩"转换相互关联,即

$$\boldsymbol{R}_{\mu} = \boldsymbol{L}\boldsymbol{T}_{\mu}\boldsymbol{L}^{\text{T}} \tag{2.31}$$

其中,$\boldsymbol{L}$ 为 $M \times M_{\alpha}$ 二元选择(关联)矩阵,$k = d_{j}$ 时元素 L_{jk} 等于1,否则为0(d_{j} 是 NLA 中第 j 个传感器的位置,在 $0 \sim M_{\alpha}$ 之间取值)。

"完全可增广的"NLA 具有如下特性:所有传感器间的距离是完备的集合

$$\text{D} \equiv \{d_{j} - d_{k} \mid, j, k = 1, 2, \cdots, M; j \geqslant k\} \tag{2.32}$$

即 $D \equiv \{0, \cdots, d_{M}\}$。对于"完全可增广的"NLA,由 Pillai 等人的 DAA 技术获取增

广 M_α - 变量 Toeplitz 矩阵 $\boldsymbol{T}_\mu$ 的初始(不可接受的)近似值。采用迭代线性规划(ILP)技术实现该 Toeplitz 矩阵(通常是非正定的)向 $(M_\alpha - \mu)$ 个最小特征值相等的正定 Toeplitz 矩阵的逐渐转化,它开始于源数目最多模型,$\mu_{\max} = M_\alpha - 1$。

该模型必然存在超过下限阈值式(2.18)的解,除去这个实际阈值,在蒙特卡罗仿真中,每一次迭代都应检查不等式(2.21),以评估该优化技术的计算效率。给定更合适的 $\hat{\boldsymbol{T}}_{M_\alpha-1}$ 矩阵,对其迭代修正以补偿每次特征值数量的增加引起的 LR 额外降低,从而维持解 $\boldsymbol{T}_\mu$ 的"嵌套"特性式(2.10)。

$$\overline{\boldsymbol{R}} \rightarrow \overline{\boldsymbol{T}} \equiv \overline{\boldsymbol{T}}_{M_\alpha-1} > 0 \rightarrow \overline{\boldsymbol{T}}_{M_\alpha-2} > 0 \rightarrow \overline{\boldsymbol{T}}_{M_\alpha-3} \tag{2.33}$$

对于"部分增大的"非均匀线阵,需要包含半定 Toeplitz 矩阵[35]完备这一附加步骤。在文献[34,35]中的例子,仿真结果说明了正确分辨的高概率(检测估计不存在野值)特性。

现在我们集中于最大化 LR 下限分析的仿真结果,它不依赖于一个具体的 LR 优化程序,因此可以应用在其他问题。

考虑充分增大的五个传感器组成的非线性阵列

$$d_9 = [0,2,5,8,9] \tag{2.34}$$

它具有 $M_\alpha = 10$ 阵元的均匀协同阵列,五个源信号在 $w = \sin\theta$ 意义上等间隔分开的非常规情况

$$w_5 = [-0.9, -0.68, -0.46, -0.24, -0.02] \tag{2.35}$$

具有相同的信噪比 SNR = 20dB 和 $N = 100$ 快拍数,利用球形测试(2.27),即

$$\boldsymbol{\gamma}_{\text{spb}}(\boldsymbol{R}_m) = [\boldsymbol{\gamma}_0(\hat{\boldsymbol{C}})]^N \tag{2.36}$$

图 2.1 给出超过 1000 次蒙特卡罗试验的 LR 分布分析,其中包含精确的 M_α 变量 Toeplitz 矩阵 $\boldsymbol{T}$,简写为 $\boldsymbol{R}$。如文献[34、35]中描述,虚线表示随意设定分布 $\gamma_0(\hat{C})$ 的一个样本分布,实线表示局部 ML 实现 $\boldsymbol{T}^{\text{ML}}$。

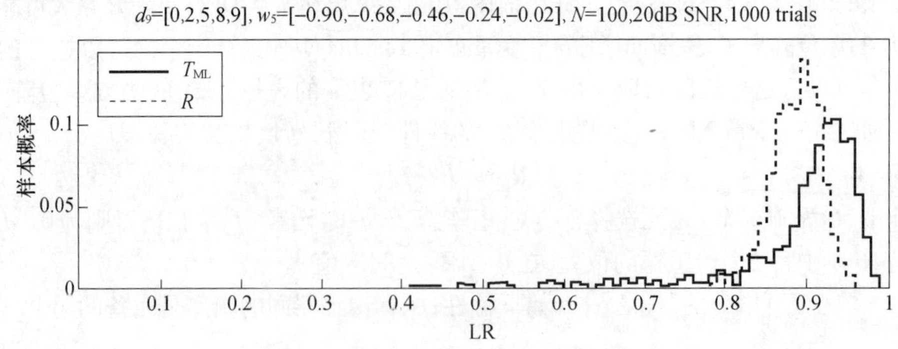

图 2.1 充分增大阵列的样本 LR 分布

由结果可以看出,这种情况下得到的下限相当苛刻,事实上,按照文献[33]中的式(28)

$$\xi\{\gamma_0(\hat{C})\} = \{0.7819,0.8856,0.9414,0.9606,0.9762,0.9881,0.9988\} \quad (2.37)$$

分别对应于 $N = \{50,100,200,300,500,1000,10000\}$,尽管限制如此严格,我们的优化还是有74.9%的试验结果超过了下限,从而满足了最优化的必要条件。虽然不能说这些试验的任何一次都达到全局最优,但是如此高的成功率是接近最佳结果的统计依据。

第二个例子包含由五个传感器组成的部分增大阵列

$$d_{11} = [0,1,4,9,11] \quad (2.38)$$

仅丢失其协阵的第六个延时,考虑2种7源情况

$$w_7 = [-0.9,\ -0.7-0.5,\ -0.3-0.1,\ -0.1,w_7] \quad (2.39)$$

在 SNR = 20dB、快拍数 $N=300$ 的条件下,我们研究第7个源,它按照 $w_7 = \{0.12,0.20\}$ 变化,图2.2说明了按照文献[35]计算 TML 和 R 似然比结果分布,对照这些分布可得到十分重要结论。

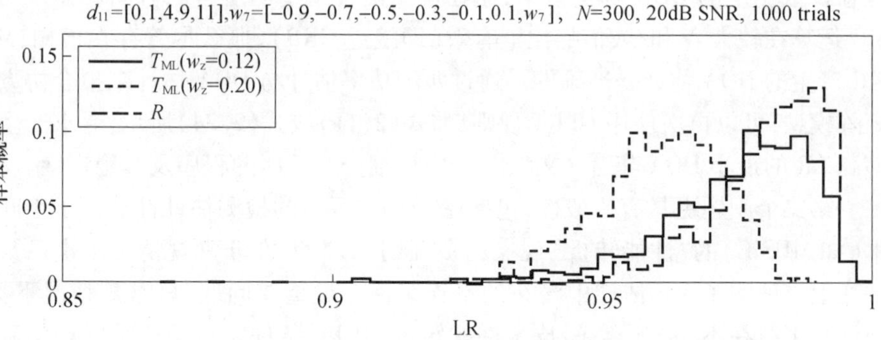

图2.2　部分增大阵列的局部最优 ML 和最大 LR 下限分布图

(来自:文献[33] 2004,IEEE。已获授权出版)

第一,在以下两种情况下 LR 最大化的成功比相当大:对于较小的间隔为88.2%,大一些的间隔为98.0%。尽管性能很高(在 LR 的意义上),这些不同间隔的情况说明了完全不同的检测估计性能。对于大的间隔,获取了较高的正确检测样本概率(大于0.9),所有到达方向估计依据 CRB 接近真实 DOA。相反,对于较小的间隔,单次试验不能成功确定信号,但是正确估计了(大约为50%)试验的源数目($m=7$),第7个估计 DOA 分布于可能数值的全部间隔,其他试验的 LR 即使非常高,但也少估计了信号源个数,超过了真实协方差矩阵的 LR。LR 分析证明了野值的存在,这些值尽管从 LR 的角度看比真实解"还好",换句话说,证明了 ML 估计的不连续特性,类似的基于子空间估计技术的"性能

转折”现象已经在文献[28,29]描述,这归结为“子空间交换”现象,原因是测量空间分解为信号子空间和正交子空间。现在证明非常规情况下成功 LR 最大化的性能转折,$\boldsymbol{R}$ 中没有噪声子空间。

注意在常规情况下,ML 估计的门限条件通常依据 SNR 指定,该 SNR 在给定情况和样本时足以避免不连续性;但在非常规情况下,门限条件定义应当在给定情况下依据样本支撑和 SNR 定义,以避免不连续特性。

2.3.2 常规情况

前面提及的两个分离问题,源自关于常规 ($m < M$) 不相关高斯源数目的稀疏矩阵。第一个是特定 NLA,对于设定条件太接近流形模糊以至于标准检测估计技术(例如,ITC 和 MUSIC)难以成功,文献[34,35]中作用于增广 M_α 变量 Toeplitz 矩阵集合的非常规特定方法可以应付这个问题,还有另一个“捷径”方法[23]。对于流形模糊情况,根据输入数据协方差矩阵的$(M-\mu)$个最小特征值进行假设检验的 ITC 往往低估信源数目;另一方面,子空间技术,如 MUSIC,往往忽视数据中的 DOA 真实子集,而在模糊集合中指明所有的方向。如果 MUSIC 运算在较大 N 和/或信噪比下有效(即接近 CRB),那么尽管存在模糊,MUSIC 产生的 DOA 估计是准确的。通过匹配功率估计与 DOA 估计来拟合协方差矩阵模型,可以再次使用 GLRT 规则,如式(2.11)或式(2.24)所示,寻求产生足够高 LR 的最小 DOA 集合,文献[24]中详细介绍了匹配程序及其稳定性。

第二个问题更具有一般性,包括在“门限”区域的检测估计性能。子空间技术(如 MUSIC)的“性能转折”现象已被证明和理解,在非常规情况下也已预测并在上文证明了 ML 估计中潜在的不连续性。最重要问题是,常规情况下 ML 估计是否存在不同于子空间技术性能转折的门限条件。对于这个问题的确切回答是子空间特定的转折可以通过精确 LR 最大化“校正”,直到 ML 极限条件阻碍所有类似的尝试。

ML 估计具体的 SNR 和采样点数 N 门限依靠 DOA 的情况决定,这由野值产生的 LR 超过真实协方差矩阵 LR 的条件定义,因此,如果在特定子空间和特定 ML 门限条件之间存在实质的“差距”,那么,将反映在特定子空间野值产生的 LR 和最优 LR 之间实质的“差距”,(统计上)由最大 LR 下限式(2.18)得到。反之,它允许使用最大 LR 下限分析作为一个简单的基于数据的指示,来决定是否发生“子空间交换”,也就是说它能够预测子空间 DOA 估计技术的性能转折。

为了证明这种性能,在三源、五单元均匀阵列情况下,其下限分布与前面部分稀疏矩阵列情况 d_9 一样(见图 2.1)。这里只考虑 $N=100$、SNR $=20$dB 的相对高样本、高信噪比情况,改变第三个来波方向间隔:

$$w_3 = [-0.40, 0, w_3] \tag{2.40}$$

其中,$w_3 = \{0.03, 0.04, 0.05, 0.06, 0.08, 0.10\}$,使其极其接近向充足分离变化。特意选择跨越 MUSIC 性能转折范围的 DOA 场景:$w_3 = 0.03$ 时,1000 次蒙特卡罗试验中有 981 次出现野值,$w_3 = 0.10$ 时,只出现 2 次野值。这里我们只关注于 DOA 估计转折,所以 LR 极大值指引的源实际数目 $m=3$, 5×5 Toeplitz 协方差矩阵中最小的两个特征值保持相等,应用迭代 Gohberg－Semencul 程序对 ML 最优化处理进行初始化,在文献[8]中 MMEE 算法的步骤 4 中描述每一次迭代。

对于每一种分离情况,计算:

(1) MUSIC 派生的 LR 协方差矩阵,从传统的 DOA 估计 $\boldsymbol{R}$ 中计算源功率估计 $\hat{p}$ 、白噪声功率估计 $\hat{p}_0$。

(2) $\gamma_0\{\boldsymbol{R}\}$,其中 $\boldsymbol{R}$ 是精确的协方差矩阵。

(3) $\gamma_0\{\boldsymbol{R}^{\mathrm{ML}}\}$,其中 $\boldsymbol{R}^{\mathrm{ML}}$ 是 M 维变量正定 Toeplitz 协方差矩阵的(局部)ML 估计,有$(M-m)=2$ 个相等的最小特征值(LR 最大化的计算细节见文献[34,35])。

另外,在 1000 次蒙特卡罗试验的每一次试验中,确定以下两个估计量:

(1) 根据任何特定 DOA 估计 $\hat{w}_j$ 是否位于界限区域以外,判断是正常 DOA 估计还是野值:

$$w_j \pm \frac{1}{2}\min(w_j - w_{j-1}, w_{j+1} - w_j)$$

(“正确识别”);

(2) ML 优化成功与否。

因为 LR 最大化算法不能保证获得全局极值并依赖于成功的初始化,按照条件 $\gamma_0\{\boldsymbol{R}^{\mathrm{ML}}\} \geqslant \gamma_0\{\boldsymbol{R}\}$ 定义 ML 的成功。如果没有满足这个条件,该估计不是 ML 估计,将从试验统计中排除这些试验。在实际情况中,具体的的 $\gamma_0\{\boldsymbol{R}\}$ 数值明显未知,因此得到关于 ML 最优化的总成功率。对于失败的 ML 最优化,基于 $\boldsymbol{R}^{\mathrm{ML}}$ 我们识别出不正确 DOA 估计的试验,最后确定最坏 DOA 估计的误差,以便与 CRB 相比较。

图 2.3～图 2.5 给出了上文中的源分离典型子集的 LR 和误差分布,图 2.3 中首先是 $w_3 = 0.1$ 的宽间隔情况,可以看出 $\boldsymbol{R}_{\mathrm{MUSIC}}$ 、$\boldsymbol{R}$ 和 $\boldsymbol{R}^{\mathrm{ML}}$ 的 LR 从统计上说是相似的,如上文论述,尽管在统计意义上说 LR 最大化解 $\boldsymbol{R}^{\mathrm{ML}}$ 比真实协方差矩阵“更好”(在 LR 的意义上),注意这种“改进”不能提高 DOA 估计的精度。具有极低 LR 的两次 MUSIC 估计被分类看作野值,再次注意 $\gamma_0\{\boldsymbol{R}\}$ 状态分布与场景无关。

图 2.4 是 $w_3 = 0.06$ 时的分离结果，选择一个试验证明 MUSIC 正确识别概率是 1/2 左右。实际上，采样 MUSIC 性能转折比率是 0.541。正如所期望的，$\boldsymbol{R}_{\text{MUSIC}}$ 的 LR 分布有两个明显分开的峰值，具有极低 LR 的峰值应归于野值，而具有最优化高 LR 的峰值归于 459 次正确识别的试验。对于 ML 估计，$\boldsymbol{R}^{\text{ML}}$ 仍具有高于 $\gamma_0(\boldsymbol{R})$ 的高 LR 值，特别地，$\gamma_0(\boldsymbol{R}^{\text{ML}})$ 仅在 45 次试验中比 $\gamma_0(\boldsymbol{R})$ 小。令人感兴趣的是，在第三个图中仅仅有 7 个野值的 LR 非常低，余下的 57 个野值具有相对高一些的 LR，因此在实践中无法利用式(2.18)确定不适当的估计。实际上，64 个野值中的 30 个属于失败的最优化解，其他 34 个野值的 LR 超过了真实协方差矩阵的 LR，该试验证明具有可靠确定特殊子空间野值的能力，以及通过精确 ML 最优化有效校正错误估计的能力，MUSIC 门限条件和 ML 估计门限条件之间可以预测的"差距"使之成为可能。由于纠正了野值，与 MUSIC 算法相比，通过 LR 最大化可以大大改进 DOA 估计精度。

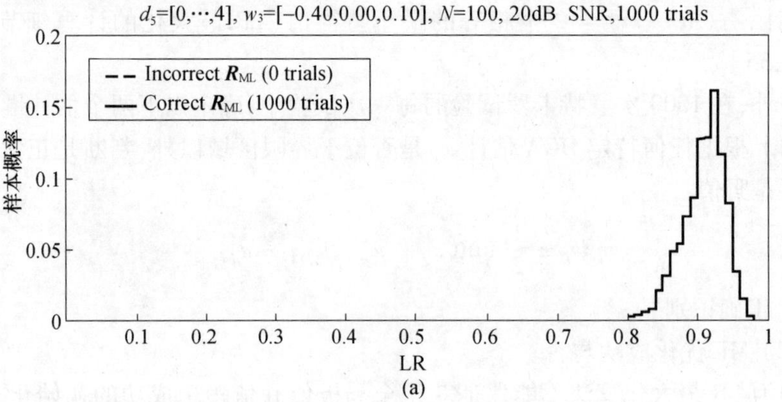

(a)

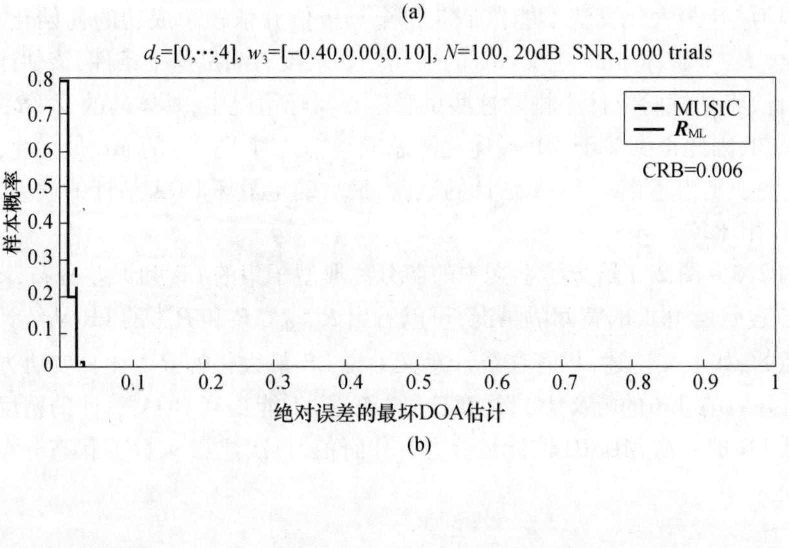

(b)

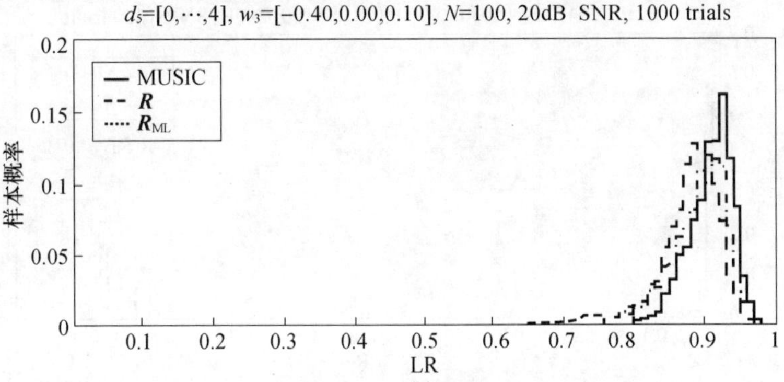

(c)

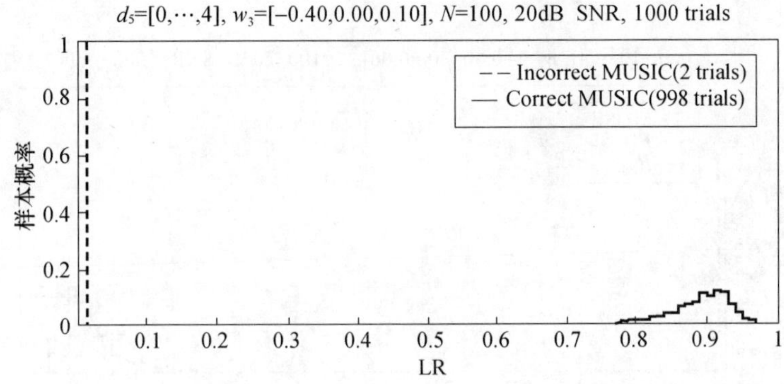

(d)

图 2.3　$w_3 = 0.1$ 时的 LR 和精度分析结果

(来自:文献[33] 2004,IEEE。已获授权出版)

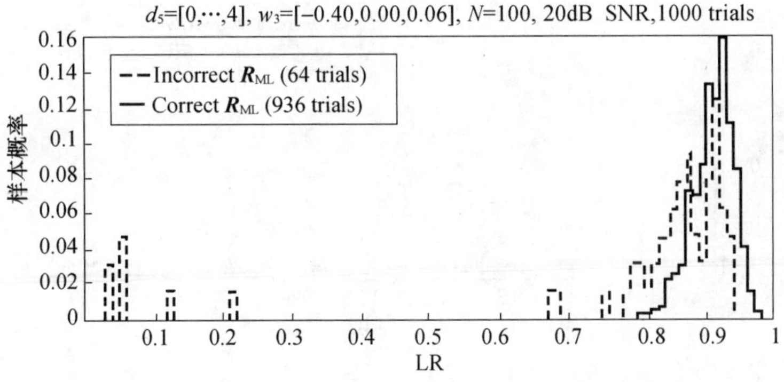

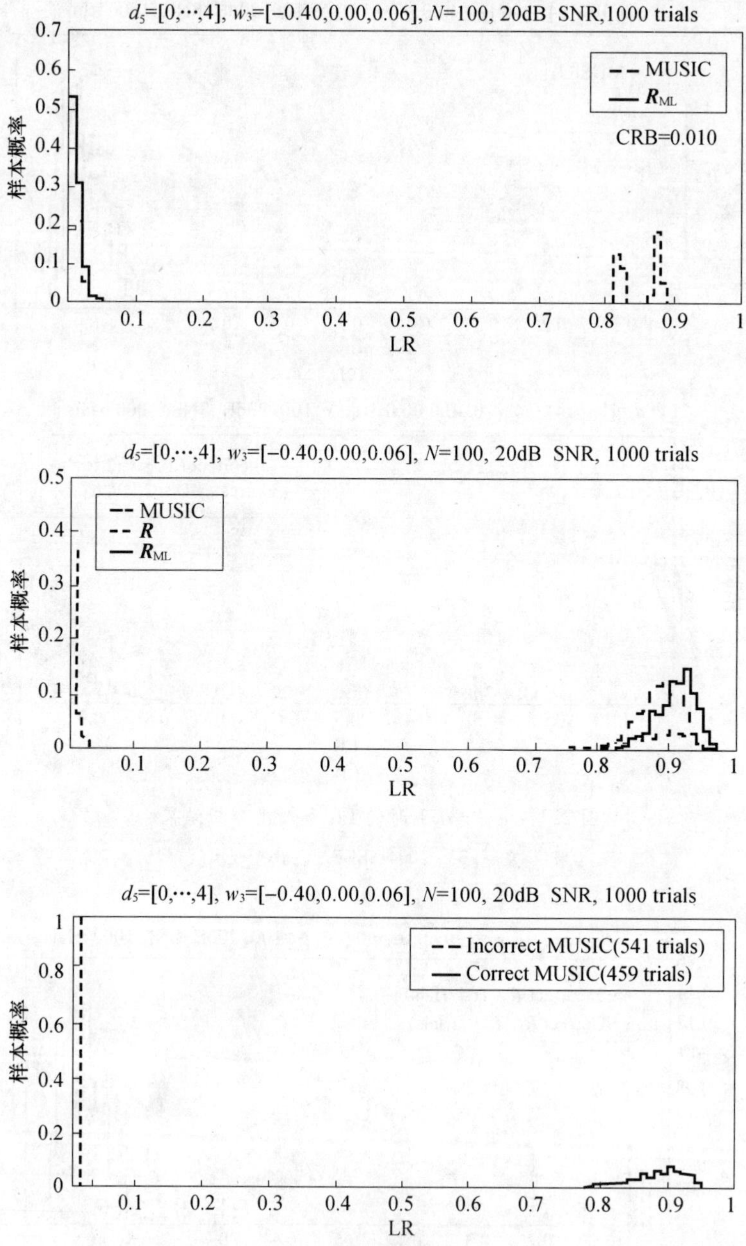

图 2.4 $w_3 = 0.06$ 时 LR 和精度分析结果

（来自：文献[33] 2004，IEEE。已获授权出版）

最后一个例子 $w_3 = 0.03$（见图2.5），用来说明 ML 估计的门限条件，其中，MUSIC 完全失效，正确识别的样本概率仅为 0.005。第二个图说明大多数不正确识别试验具有低 LR，因此能够可靠地确定那些不正确的估计，$\boldsymbol{R}^{ML}$ 解具有 0.408 的正确识别概率。着重指出，ML 最优化的成功概率高达 0.893，592 次错误 $\boldsymbol{R}^{ML}$ 试验中，只有 17.6% 的 LR 低于 $\boldsymbol{R}$ 的 LR（即失败最优化），绝大多数野值的 LR 大于 $\boldsymbol{R}$ 的 LR。第三个图留下那些比精确 DOA"更好"的野值，不能被确定也不能被调整。我们已经逼近 ML 参数估计的连续极限，可以确定大部分 MUSIC 野值，其中的一半以上能够得到校正。

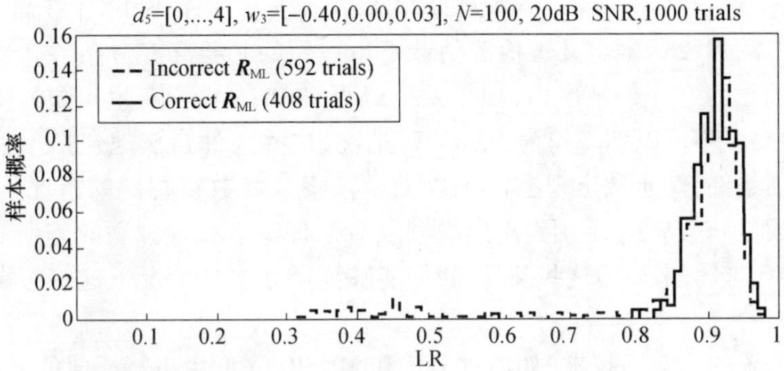

(a)

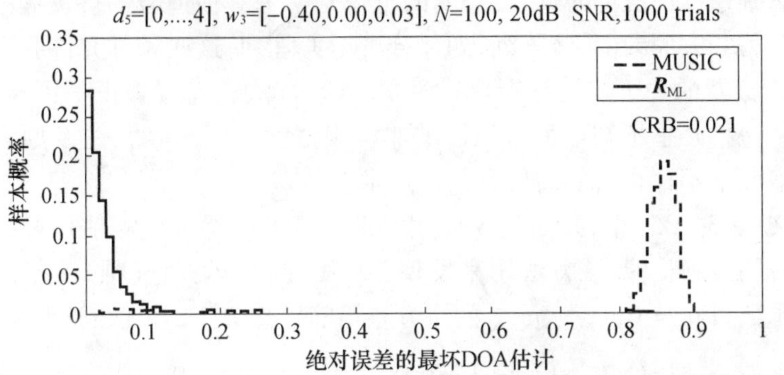

(b)

图 2.5 $w_3 = 0.03$ 时 LR 和精度分析结果

（来自：文献[33] 2004，IEEE。已获授权出版）

尽管 $\gamma\{\boldsymbol{T}^{ML}\}$ 正确定位于下限 $\gamma_0(\boldsymbol{T})$ 之上，当 $w_3 \to 0$ 时可以进行合理预测，在 ML 估计野值的概率接近 1 的情况下能够接近这种情况。这是物理可以理解的，因为两源模型下三源情况的 LR 最大化会带来与三源模型本质相同的 LR 分布。值得提及的是，0.03 的最小源间隔接近想定 CRB(0.021)，ML 准则"看不见"第三个源被分开，而且应用附加的自由度来"补偿一个虚构的源"，该源由随机噪声数据创建。

首先,证明通过 LR 分析和最大化可以“预测并修正”基于子空间 DOA 估计的性能转折;第二,证明 ML 最优化存在固有的性能转折,这是无法克服的。

2.4 结论

自 1985 年文献[5]首次提出可能估计出“比传感器更多的源”以来,在利用非均匀(稀疏)线阵对不相关(独立)高斯源进行检测估计领域,近期在理论上和实践上都得到了很重要的发展。

首先,对于协阵具有 L 个阵元的 NLA,存在 $m \leqslant L$ 个不相关高斯信号源时,在文献[23,24,25]中定义了检测估计不可识别的必要和充分条件。当不相关高斯源的数目在允许范围内,如果两个或更多 DOA 集合产生相同的协方差矩阵,就会发生不可识别。作为一种特殊情况,这些条件自然地包括单独估计的不可识别条件,这通常出现在两个以上模糊集合源数目相同的情况下[26]。当常规源数目 $m < M$ 时,利用“流形模糊”情况,即具有线性独立的阵列信号流形(“导向”)向量,来检验这些条件,我们能够证明在多数情况下这些假设条件是可以辨识的。

当传统的子空间技术(如通过 ITC 和 MUSIC 测试最小特征值的多样性)无法明确识别这样情况的时候,已证明的可识别性为其他适合的待发展技术清除了道路。另一方面,在某些阵列,如部分可增大阵列,这些条件允许我们利用文献[22]中提及的关于识别流形模糊性的 AGS 方法去发现真正不可辨识情况,这些条件包括几乎不知道可辨识性的非常规情况($m \geqslant M$),主要原因是当时非常规情况下不存在可靠的检测估计技术。

在文献[34,35]中,我们建议应用一般 GLRT 框架来检测估计稀疏阵列中允许数目的可确认源,该方法用来发现 ML 估计的全集,它(唯一)指定每种可能信号源数目 $\mu = 0, 1, \cdots, m_{\max}$ 的协方差矩阵模型 $\boldsymbol{R}_{\mu}^{\mathrm{ML}}$,并比较这些矩阵的 LR 值来给出充分统计的 $\hat{\boldsymbol{R}}$,从中选择最优,选择后完成辨识。可以举一些例子说明,比如,常规多样性不明确的条件下,可以直接用这种方法,在有足够的样本点和/或信噪比足够大时,产生精确而不明确的 ML,由 MUSIC 得到的 DOA 估计集。这种情况下,LR 分析不明确 DOA 集的不同子集可以选出真的(相似的)特定解。

对于更一般的情况,$m \gtrless M$,样本点和/或信噪比不够大时,需要精确计算 LR(或似然函数 LF)优化方法,而不是用依赖于渐近线修正的替代方法。因为 LR(或 LF)最大值通常是一个非凸面问题,存在几个局部极值,以前认为这种方法不实际。为了使这个基于 GLRT 的方法容易些,我们寻找一种能够评估足够接近 ML 解的任意优化解的方式。其中一种方法基于的事实是,假设源的数目 $\mu \geqslant m$,则优化的 LR 必然超过由真(精确的)协方差矩阵得到的 LR。因为后者的 PDF 不依赖于条件,只由 M 和 N 指定。我们可以提出一个统计测试,对模型 $\boldsymbol{R}_{\mu}(\mu > m)$ 进行“性能评估”,在不知道协方差矩阵的情况下,假设可接受的最大源数 $m_{\max}$,如果需要的话,可以用不同的程序进行 LR 优化,直至找到一个在 LR 角度的统计意义上与真解“一样好的”解。从这个解开始,用优化高的 LR,继续模拟越来越少的源,每次都要引入可接受的 LR 递减。这样,我们就得到检测估计问题的“嵌套”特性,虽然具体的解集不是 ML 优化解集的全集。

除了它在统计下限中的重要应用之外,比较一下优化的 LR 与由真协方差矩阵 $\boldsymbol{R}_0$ 用蒙特卡罗仿真得到的解,可以让我们看清在没有足够的样本和信噪比支持的情况下 ML 估计门限域的本质。这个分析说明所有满足 LR 超过 LR($\boldsymbol{R}_0$)的解从参数估计精度角度上是对等的,全局 LR 最大值从参数估计精度上看有时不如局部 LR 极大值,虽然通常在由 $\boldsymbol{R}_0$ 设置的 LR 门限上。从这种观察看出,如果用 LR 方法的某个特定的优化程序可以稳定产生比真解更好的解,那么寻找真的全局 ML 解就不实际了。如果一个特定的 LR 优化程序在蒙特卡罗足够多样的感兴趣的条件下有一个足够高的成功率,那么可以认为它在实际应用中是合理和合适的。

该比较显示出一个更基本的问题:ML 估计固有的不连续性的预测,这与 LR 优化程序无关。实际上,如果存在无法用 LR 大于 LR($\boldsymbol{R}_0$)予以排除的完全错误解(在参数空间),那么该现象重复发生的条件是 ML 性能区域在特定情况下发生性能转折。显然,如果一个错误解比真值“还好”,ML 准则就不再适用。我们证明该性能转折的发生规定了完整 ML 范例的限制,包括 GLRT 方法。在有利方面,这些条件比 MUSIC 性能转折条件更苛刻。业已证明,当 MUSIC 或其他野值的 LR 低于 LR($\boldsymbol{R}_0$)门限时,能够可靠找到上述条件。我们还提出预测不合适解的实际技巧,然后通过增加它的 LR 达到一个允许的值。

引入最大 LR 下限,可以证明 GLRT 检测估计技术在非常规条件下具有较好的性能,而且在门限域中,其能力较常规条件下标准技术的性能明显提高。

我们的技巧基本上是由稀疏阵列的较高条件发展的,其中,协方差矩阵不需要一个噪声子空间,它可以导出到一个分布的源产生一个全阶的协方差矩阵。这使得标准的子空间技巧不适用。在文献[36,39]里,我们给出了好的检测估计性能。

对于任意阵列,特定条件下 MUSIC 可能会发生性能转折。不仅稀疏线性阵列可以提取比感应器数目更多的独立高斯源,而且预测均匀圆形天线阵列也具有这一潜质。在文献[38,43]中,考虑到圆形的几何特性,我们针对该阵列利用特定的优化策略调整了 GLRT 技术。

最后,我们的方法扩展到几种协方差矩阵的仿真测试问题。一个典型例子是测试一些直接的和训练过的数据,来抽取在两个集内都存在的公共源,如果有新的,就找到新的,在文献[37,45]中均提及该问题。

显然,GLRT 技术已广泛用于对现有方法的"性能评估",可扩展到需要门限域里,并作为现有方法很少涉及的任意参数化高斯模型检测估计的框架。我们的方法涉及优化过程,计算量大,在很多实际应用中已经研究并证明其优点。

参考文献

[1] Barber N. Optimum Array for Direction Finding. NZ J. Science, vol - 1, 1958, pp. 35 - 51.

[2] Moffet A. Minimum - Redundancy Linear Arrays. IEEE Trans. on Antennas and Propagation, vol - 16, No. 2, 1968, pp. 172 - 175.

[3] Bracewell R. The Stanford - Five - Element Radio Telescope. IEEE Proc., vol - 61, No. 9, 1973, pp. 1249 - 1257.

[4] Lang S, G Duckworth, McClellan J. Array Design for MEM and MLM Array Processing. in Proc. ICASSP - 81, 1981, pp. 145 - 148.

[5] Pillai S, Y Bar - Ness, F Haber. A New Approach to Array Geometry for Improved Spatial Spectrum Estimation. IEEE Proc., vol - 73, No. 10, 1985, pp. 1522 - 1524.

[6] Haykin, et al. Sone Aspects of Array Signal Processing. IEE Proc. Part F: Radar, Sonar Navig., vol - 139, No. 1, 1992, pp. 1 - 26.

[7] Chambers C, et al. Temporal and Spatial Sampling Influence on the Estimates of Superimposed Narrowband Signals: When Less Can Mean More. IEEE Trans. on Signal Processing, vol - 44, No. 12, 1996, pp. 3085 - 3098.

[8] Abramovich Y, et al. Positive - Definite Toeplitz Completion in DOA Estimation for Nonuniformlinear Antenna Arrays - Part L Fully Augmentable Arrays. IEEE Trans. on Signal Processing, vol - 46, No. 9, 1998, pp. 2458 - 2471.

[9] Abramovich Y, N Spencer, A Gorokhov. Positive - Definite Toeplitz Completion in DOA Estimation for Nonuniform Linear Antenna Arrays - Part Ⅱ: Partially Augmentable Arrays. IEEE Trans. on Signal Processing, vol - 47, No. 6, 1999, pp. 1502 - 1521.

[10] Abramovich Y, N Spencer, A Gorokhov. DOA Estimation for Noninteger Linear Antenna Arrays with More Uncorrelated Sources Than Sensors. IEEE Trans. on Signal Processing, vol - 48, No. 4, 2000, pp. 943 - 955.

[11] Abramovich Y, N. Spencer. Design of Nonuniform Linear Antenna Array Geometry and Signal Processing Algorithm for DOA Estimation of Gaussian Sources. Digital signal Processing, vol - 10, No. 4, 2000, pp. 340 - 354.

[12] Abramovich Y, A Gorokhov. Improved Analysis of High Resolution Spatial Spectrum Estimators in Minimum Redundancy Linear Arrays. Proc. RADAR - 94, Paris, 1994, pp. 127 - 132.

[13] Gorokhov A,Y Abramovich,J Bohme. Unified Analysis of DOA Estimation Algorithms for Covariance Matrix Transforms. Signal Processing, vol – 55, No. 1, 1996, pp. 107 – 115.

[14] Ottersten B, et al. Exact and Large Sample Maximum Likehood Techniques for Parameter Estimation and Detection in Array Processing, in Radar Away Processing. Ch. 4, Springer Series in Information Sciences, vol – 25, S. Haykin, J. Litva, and T. Shepherd, (eds) Berlin, Germany: Springer – Verlag, 1993, pp. 99 – 151.

[15] Silvey S. Statistical Inference. London, England: Penguin, 1970.

[16] Kay S. Fundamentals of Statistical Signal Processing. Detection Theory, Volume Ⅱ, Upper Saddle River, NJ: Prentice Hall, 1998.

[17] Anderson T. An Introduction to Multivariate Statistical Analysis. New York: John Wiley & Sons, 1958.

[18] Djuric P. A Model Selection Rule for Sinusoids in White Gaussian Noise. IEEE Trans. on Signal Processing, vol – 44, No. 7, 1996, pp. 1744 – 1757.

[19] Schmidt R. A Signal subspace Approach to Multiple Emitter Location and Spectral Estimation. Ph. D. dissertation. Stanford University, CA, Dept. of Electrical Engineering, 1981.

[20] Bienvenu G, L Kopp. Optimality of High Resolution Array Processing. IEEE Trans. on Acoustics, Speech, and Signal Processing, vol. 31, 1983, pp. 1235 – 1248.

[21] Viberg M, B. Ottersten, "Sensor Array Processing Based on Subspace Fitting," IEEE Trd175. 011Signal Processing, vol – 39, 1991, pp. 1110 – 1121.

[22] Manikas A, C Proukakis. Modeling and Estimation of Ambiguities in Lineal – Arrays. IEEE Trans. On Signal Processing, vol. 46, No. 8, 1998, pp. 2166 – 2179.

[23] Abramovich Y, N Spencer, A Gorokhov. Resolving Manifold Ambiguities in Direction – of – Arrival Estimation for Nonuniform Linear Antenna Arrays. IEEE Trans. On Signal processing, vol – 47, No. 10, 1999, pp. 2629 – 2643.

[24] Abramovich Y, V Gaitsgory, N Spencer. Stabiiity of Manifold Ambiguity Resolution in DOA Estimation with Nonuniform Antenna Arrays. AE U Int. J. Electron. Commun., vol. 53, No. 6, 1999, pp. 364 – 370.

[25] Abramovich Y, N Spencer. Detection Nonidentifiability for Independent Gaussian Sources in Nonuniform Linear Antenna Arrays. Proc. ISSPA – 2001, vol. 1, Kuala Lumpur, Malaysia, 2001, pp. 116 – 119.

[26] Abramovich Y, N Spencer, A Gorokhov. Detection – Estimation of More Uncorrelated Gaussian Sources than Sensors in Nonuniform Linear Antenna Arrays – Part Ⅲ: Detection Nonidentifiability. IEEE Trans. On Signal Processing, vol. 51, No. 10, October 2003, pp. 2483 – 2494.

[27] Stoica P, A Nehorai. MUSIC, Maximum Likelihood and Cramer – Rao Bound. IEEE Trans. On Acoustics, Speech, and Signal Processing, vol. 37, No. 5, 1989, pp. 720 – 741.

[28] Tufts D, A Kot, R Vaccaro. The Threshold Effect in Signal Processing Algorithms which Use an Estimated Subspace. in SVD and Signal Processing Ⅱ: Algoritbms, Analysis and Applications, R. Vaccaro. 9de.), New York: Elsevier, 1991, pp. 301 – 320.

[29] Thomas J, L Scharf, D Tufts. The Probability of a Subspace Swap in the SVD. IEEE Trans. On Signal Processing, vol. 43, No. 3, March 1995, pp. 730 – 736.

[30] Stoica P, V Simonyte, T Soderstrom. On the Resolution Performance of Spectral Analysis, Signal Processing. vol. 44, No. 6, 1995, pp. 153 – 161.

[31] Hawkes M, A Nehorai, P Stoica. Performance Breakdown of Subspace – Based Methods: Predication and Cure. Proc. ICASSP – 2001, vol. 6, Salt Lake City, UT, 2001, pp. 405 – 408.

[32] Abramovich Y,N Spencer,A Gorokhov. A Lower Bound for the Maximum Likelihood Ratio: Sparse Antenna Array Applications. Proc. ICASSP – 2002,vol. 2,Orlando,FL,2002,pp. 1145 – 1148.

[33] Abramovich Y,N Spencer,A Gorokho. Bounds on Maximum Likelihood Ratio Part Ⅰ: Application to Antenna Array Detection – Estimation with Perfect Wavefront Coherence. IEEE Trans. On Signal Processing,vol. 52,No. 6,2004,pp. 1524 – 1536.

[34] Abramovich Y,N Spencer,A Gorokhov. Detection – Estimation of More Uncorrelated Gaussian Sources than Sensors in Nonuniform Linear Antenna Arrays – Part Ⅰ: Fully Augmentable Arrays. IEEE trans. On Signal Processing,vol. 49,No. 5,2001,pp. 959 – 971.

[35] Abramovich Y,N Spencer,A Gorokhov. Detection – Estimation of More Uncorrelated Gaussian Soures than Sensors in Nonuniform Linear Antenna Arrays – Part Ⅱ: Partially Augmentable Arrays. IEEE trans. On signal Processing,vol. 51,No. 6,2003,pp. 1490 – 1507.

[36] Abrmovich Y,N Spencer,A Gorokhov. Bounds on Maximum Likelihood Ratio Part Ⅱ: Application to Antenna Array Detection – Estimation with Imperfect Wavefront Coherence. IEEE Trans. On Signal Processing,vol. 53,No. 6,2005,pp. 2046 – 2058.

[37] Abramovich Y,N Spencer,P Turcaj. Two – Set Adaptive Detection – Estimation of Gaussian Sources in Gaussian Noise. Signal Processing,vol. 84,No. 9,2004,pp. 1537 – 1560.

[38] Abramovich Y,N Spencer,A Gorokhov. GLAT – Based Detection Estimation of Independent Gaussian Sources Using Uniform Circular Antenna Arrays. IEEE Trans. Sig. Proc.,submitted,2004.

[39] Abramovich Y,N Spencer,A Gorokhov. Detection – Estimation of Distributed Gaussian Sources. Proc. SAM – 2002,Washington D. C.,2002,pp. 513 – 517.

[40] Muirhead R,Aspects of Multivariate Statistical Theory. New York: John Wiley & Sons,1982.

[41] Siotani M,T Hayakawa,Y Fujikoshi. Modern Multivariate Statistical Analysis. Columbus,OH: American Sciences Press,1985.

[42] Abramovich Y,N Spencer. Performance Breakdown of Subspace – Based Methods in Arbitrary Antenna Arrays: GLRT – Based Prediction and Cure. Proc,ICASSP – 2004,vol. 2,Montreal,Canada,2004, pp. 117 – 120.

[43] Spencer N,Y Abramovich. Performance Analysis of DOA Estimation Using Uniform Circular Antenna Arrays in the Threshold Region. Proc,ICASSP – 2004,vol. 2,Montreal,Canada,2004,pp. 233 – 236.

[44] Gradshteyn I,I Ryzhik. Tables of Integrals,Series,and Products,6th ed. New York: Academic Press,2000.

[45] Abramovich Y,N Spencer,P Turcaj. GLRT – Based Adaptive Detection – Estimation of Gaussian Sources in Coloured Noise Fieds. Proc,ISSPIT – 2002,CD,Darmastadt,Germany,2003.

第二部分

DOA 方法

第3章 宽带信号的DOA估计

在许多应用中,需要用宽带信号来定位。宽带信号是能量分布在与信号中心频率相比较宽频带内的信号。比如,超宽带(UWB)噪声雷达利用宽带提供低检测概率(LPD),同时可达到好的目标检测和高分辨率[1]。在水声交通工具跟踪应用里,目标发射一系列的窄带谐波[2]。

直接利用传统的窄带技术处理原始的宽带信号,定位将完全失败,它的缺点是窄带信号方法将时间延迟直接转变成频域的相移[3]:

$$s(t-\tau)\leftrightarrow S(f)\mathrm{e}^{-\mathrm{j}2\pi f\tau} \tag{3.1}$$

对于窄带信号,它的带宽相对于中心频率 f_c 小,相移在带宽内近似为常数,时域延迟信号是

$$S(f)\mathrm{e}^{-\mathrm{j}2\pi f\tau} \approx S(f)\mathrm{e}^{-\mathrm{j}2\pi f_c\tau}\leftrightarrow s(t)\mathrm{e}^{-\mathrm{j}2\pi f_c\tau} \tag{3.2}$$

相移独立于时间,而时间延迟 τ 是信号源相对于阵列单元位置的函数,当信号与中心频率处的单音(也就是基带变换)混合时,P 个远场源在线阵上的输出可以近似看作是常量信号,广为公认的线阵输出模型是包含噪声的导向向量的加权和

$$x(t) = [a(\theta_0)\cdots a(\theta_{P-1})]s(t) + n(t) \tag{3.3}$$

其中,$a(\theta_i)$ 为一个对于第 i 个源的 $M\times1$ 导向向量或阵列流形。

$$\boldsymbol{a}(\theta_i) = [1\ \mathrm{e}^{-\mathrm{j}2\pi f_c(d_1/c)\sin\theta_i}\cdots\mathrm{e}^{-\mathrm{j}2\pi f_c(d_{M-1}/c)\sin\theta_i}]^{\mathrm{T}} \tag{3.4}$$

阵列输出、信号幅度和残留噪声分别用 $M\times1$ 向量 $\boldsymbol{x}$、$P\times1$ 向量 $\boldsymbol{s}$ 和 $M\times1$ 向量 $\boldsymbol{n}$ 表示。通常认为传感器数目 M 大于源数目 P。在方向向量的表达式中,d_m 是第 m 个阵元相对于第一个阵元的传感器偏移位置,c 是传输速度,θ_i 是指向第 i 个源的方位角。对于线性阵列几何,仰角 ϕ_i 是完全不明确的。

另一方面,对于宽带源,基带变换后的阵列输出不再是常数,在宽带情况下,阵列输出建模如下:

$$x(t) = \int X(f)\mathrm{e}^{-\mathrm{j}2\pi(f-f_c)\tau}\mathrm{d}f \tag{3.5}$$

其中

$$X(f) = [a(f,\theta_0)\cdots a(f,\theta_{p-1})]S(f) + N(f) \tag{3.6}$$

$$\boldsymbol{a}(f,\theta_i) = [1\quad \mathrm{e}^{-\mathrm{j}2\pi f(d_1/c)\sin\theta_i}\cdots\mathrm{e}^{-\mathrm{j}2\pi f(d_{M-1}/c)\sin\theta_i}]^{\mathrm{T}} \tag{3.7}$$

从某种意义上说,窄带信号源代表了式(3.5)的一个特例,其中,$S(f) = S(f)\delta(f-f_c)$。对于一个 ULA 的特例,导向向量的 Vandermonde 形式为

$$a(f,\theta_i) = [1 \quad e^{-2\pi f v \sin\theta_i} \cdots e^{-2\pi f v (M-1)\sin\theta_i}]^{\mathrm{T}} \tag{3.8}$$

其中，$v = d/c$；d 为阵元间距。图 3.1 证实了存在两个源时，进行时域和空域傅里叶变换后的 ULA 输出。对于窄带信号见图 3.1(a)，两个源通过空间频率很好地分开，对于没有通过带通滤波器的宽带源见图 3.1(b)，两个源的空间带宽重叠，以至很难分开两个目标。

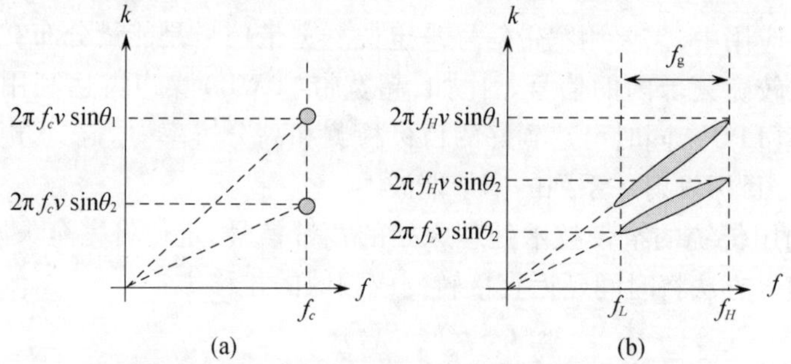

图 3.1 阵列输出的频率证实，水平和垂直轴分别代表时间和空间频率
(a)两个窄带源；(b)两个宽带源。

通常，阵列输出用快拍序列表示，快拍的时间间隔要足够大，以使信号幅度 $\boldsymbol{S}(f)$ 在时间上不相关。因此，阵列输出在频率 f 上的协方差，即 $\boldsymbol{X}(f)\exp\{-\mathrm{j}2\pi(f-f_c)t\}$，建模如下：

$$\boldsymbol{R}(f) = \boldsymbol{A}(f,\theta)\boldsymbol{R}_s(f)\boldsymbol{A}^{\mathrm{H}}(f,\theta) + \boldsymbol{\sigma}^2(f)\boldsymbol{I} \tag{3.9}$$

其中

$$\boldsymbol{A}(f_i,\theta) = [\boldsymbol{a}(f,\theta_0)\cdots\boldsymbol{a}(f,\theta_{P-1})] \tag{3.10}$$

$\boldsymbol{R}_s(f)$ 是 $\boldsymbol{S}(f)$ 的协方差矩阵，$\boldsymbol{\sigma}^2(f)$ 是噪声方差。阵列输出 $\boldsymbol{X}(f)$ 的复合协方差矩阵是

$$\boldsymbol{R} = \int \boldsymbol{R}(f)\,\mathrm{d}f \tag{3.11}$$

对于窄带信号源，$\boldsymbol{R} = \boldsymbol{R}(f_c)$，矩阵 $\boldsymbol{R}(f)$ 有 P 个主特征值，它们对应的特征向量代表信号子空间，P 个导向向量 $\boldsymbol{a}(f,\theta_i)$ 也扩展成信号子空间，剩下的 $M-P$ 个特征向量扩展成噪声子空间。窄带信号的复合协方差矩阵与此类似。许多 DOA 估计方法(如，MUSIC[4] 和 ESPRIT[5])利用了 DOA 定义信号子空间这一事实。然而，当源是宽带信号时，由于不同频率分量的混合[6]，协方差矩阵的主特征值数目大于 P，因此，当源带宽增加时，由混合协方差矩阵区分信号子空间和噪声子空间将变得更加困难。

可以把每个天线单元的输出通过窄带带通滤波器，复合矩阵在 $f = f_i$ 处满足式(3.9)，这样就可以应用窄带 DOA 估计方法了。然而，这种方法忽略了其

他频率上的有效信息,这些信息可以改进估计性能。研究人员提出多种方法[7-9]来利用宽带信号源天线阵元输出的丰富结构。比如,Su 和 Morf 将宽带源建模为白噪声的有理传输函数输出,用模式分解来估计每种模式下的延迟[7]。Agrawal 和 Prasad 用宽带信号源阵列流形向量代替传统的窄带阵列流形,并假设信号的功率普密度函数是平坦的[9]。

另一种方法是把阵列输出用滤波器组分解成许多窄带频率分量,通常用快速傅里叶变换(FFT)。本章将重点介绍这些方法。首先,每个天线的输出在时间上分段,得到 J 个快拍,对每个快拍利用时间 FFT 确定 K 个频率分量,用 $x_{j,i}$ 表示阵列输出的第 j 个快拍、第 i 个频率分量,计算 $i=0,\cdots,K-1$ 的采样协方差矩阵

$$\hat{\boldsymbol{R}}_i = \frac{1}{J}\sum_{j=0}^{J-1} \boldsymbol{x}_{j,i}\,\boldsymbol{x}_{j,i}^{\mathrm{H}} \tag{3.12}$$

作为式(3.9)给出的频率 $f=f_i$ 处协方差矩阵的估计。本章中分别用 M、P、K 表示阵元、源和频率集的数目。

根据如何使用从协方差矩阵得到的信息,这里讨论的宽带 DOA 估计可分为两大类:非相干和相干的。以后两节将分别讨论每一类;接下来引入一种新的宽带方法——投影信号正交性测试(TOPS)子空间;此后一小节通过仿真比较不同的宽带方法的性能。然后,简要介绍 TOPS 在更一般定位问题上的应用,最后给出结论。

3.1　非相干宽带 DOA 估计

非相干方法独立处理每个频率元,并对所有频率元的 DOA 估计进行平均。因为每个分解后的信号近似为一个窄带信号,可以应用任何窄带信号的 DOA 估计方法,如窄带方法 MUSIC[4],对 K 个频率元进行非相干求和

$$\hat{\theta} = \arg\min_{\theta}\sum_{i=0}^{K-1} \boldsymbol{a}^{\mathrm{H}}(f_i,\theta)\,\boldsymbol{W}_i\boldsymbol{W}_i^{\mathrm{H}}\boldsymbol{a}(f_i,\theta) \tag{3.13}$$

式中,$\boldsymbol{W}_i$ 为噪声子空间;$\boldsymbol{a}(f_i,\theta)$ 是频率 f_i 处的阵列流形。通常无法得到噪声子空间,因此通过式(3.12)给出的采样协方差矩阵进行估计。

非相干方法的例子见文献[11,12],不同频带上的信息非相干组合,在有利情况下 DOA 估计性能很好,如高 SNR 和源位置分开较好时。然而,当 SNR 低或者噪声电平在频率集上不一致时,非相干方法输出比单频率元输出还要差,而且,当两个信号很接近时,平均处理会使估计变得更差[13]。在这种情况下,高 SNR 并不总是一个有利的条件,既然 MUSIC 似然表面的峰值宽度狭窄,那么不同频率元的似然表面一起平均时,会在源位置周围出现多个峰值。

3.2 相干宽带 DOA 估计

相干方法试图排列所有频率元上与源 DOA 关联的信号子空间，该排列通过变换每个频率对应的协方差矩阵来完成。变换后信号和噪声子空间在频率元上是相干的，因此，复合协方差矩阵的构造有意义。本节回顾相干信号子空间法（CSSM）[13] 和信号子空间加权平均（WAVES）方法[14]。

3.2.1 相干信号子空间方法

Wang 和 Kavel 引入 CSSM[13]，该方法对复协方差矩阵的估计表示如下：

$$\boldsymbol{R}_{\mathrm{com}} = \sum_{i=0}^{K-1} \boldsymbol{\alpha}_i \boldsymbol{T}_i \boldsymbol{R}_i \boldsymbol{T}_i^{\mathrm{H}} \tag{3.14}$$

其中，$\boldsymbol{\alpha}_i$ 为加权向量；$\boldsymbol{T}_i$ 为频率 f_i 的聚焦矩阵，有

$$\min_{T_i} \| \boldsymbol{A}(f_r, \theta_f) - \boldsymbol{T}_i \boldsymbol{A}(f_i, \theta_f) \|_F \tag{3.15}$$

其中，f_r 为参考频率；θ_f 为聚焦角集合；$\|.\|_F$ 为 F 范数。参考频率可以在信号频带内，一旦构造了复矩阵，可以用任意窄带方法通过矩阵 $\boldsymbol{R}_{\mathrm{com}}$ 产生 DOA 估计。

当 $\alpha_i = 1$ 时

$$\begin{aligned} \boldsymbol{R}_{\mathrm{com}} &= \sum_{i=0}^{K-1} \boldsymbol{T}_i \boldsymbol{R}_i T_i^{\mathrm{H}} \\ &= \sum_{i=0}^{K-1} \boldsymbol{T}_i \{ \boldsymbol{A}(f_i, \theta_f) \boldsymbol{R}_s(f_i) \boldsymbol{A}^{\mathrm{H}}(f_i, \theta_f) + \boldsymbol{\sigma}^2(f_i) \boldsymbol{I} \} \boldsymbol{T}_i^{\mathrm{H}} \\ &\approx \boldsymbol{A}(f_r, \theta_f) \sum_{i=0}^{K-1} \boldsymbol{R}_s(f_i) \boldsymbol{A}^{\mathrm{H}}(f_i, \theta_f) + \sum_{i=0}^{K-1} \boldsymbol{\sigma}^2(f_i) \boldsymbol{T}_i \boldsymbol{T}^{\mathrm{H}} \end{aligned} \tag{3.16}$$

换言之，CSSM 通过平均所有频率元的变换协方差矩阵来产生与频率 f_r 对应的协方差矩阵。该方法认为频率 f_i 处的阵列响应矩阵由对应用于聚焦角（也就是 $\boldsymbol{A}(f_i, \theta_f)$）的阵列流形构造而成，因此，通用协方差矩阵的有效性取决于 $\boldsymbol{A}(f_i, \theta_f)$ 与传感器输出阵列响应矩阵（也就是 $\boldsymbol{A}(f_i, \theta_f)$）相匹配的接近程度。同样地，CSSM 的成功依赖于聚焦角 θ_f 与 DOA 真值的接近程度。然而，DOA 是需要求得的参数，可以认为 CSSM 是以低分辨率 DOA 估计作为聚焦角的精确测量方法，如文献[13]所示，用这样方式确定聚焦角的 CSSM 估计器可以提供令人满意的估计。

同聚焦角一样，聚焦矩阵 $\boldsymbol{T}_i$ 是决定 CSSM 估计器性能的一个重要因素。信号子空间变换（SST）矩阵[15] 是一种众所周知的聚焦矩阵，从聚焦损失的角度看，SST 矩阵是最优的，聚焦损失的定义是变换后 SNR 与变换前 SNR 之比，特别地，聚焦矩阵 $\boldsymbol{g}$ 是[16]

$$g = \frac{\mathrm{tr}\left\{ \boldsymbol{R}_n^{-1} \sum_{i=0}^{K-1} \boldsymbol{T}_i \{ \boldsymbol{A}(f_i,\theta) \boldsymbol{R}_s(f_i) \boldsymbol{A}^{\mathrm{H}}(f_i,\theta) \boldsymbol{T}_i^{\mathrm{H}} \right\}}{\mathrm{tr}\left\{ \sum_{i=0}^{K-1} \boldsymbol{A}(f_i,\theta) \boldsymbol{R}_s(f_i) \boldsymbol{A}^{\mathrm{H}}(f_i,\theta) \right\}} \tag{3.17}$$

其中，tr{ • }代表迹；$\boldsymbol{R}_n$ 为聚焦后的噪声协方差矩阵关系，由下式得出：

$$\boldsymbol{R}_n = \frac{\sum_{i=0}^{K-1} \sigma^2(f_i) \boldsymbol{T}_i \boldsymbol{T}_i^{\mathrm{H}}}{\sum_{i=0}^{K-1} \sigma^2(f_i)} \tag{3.18}$$

容易看出，当 $\boldsymbol{T}_i \boldsymbol{T}_i^{\mathrm{H}}$ 独立于第 i 个频率元[15]时得到最大值 $g = 1$ 。因为 $\boldsymbol{T}_i \boldsymbol{T}_i^{\mathrm{H}} = \boldsymbol{I}$ [15]，文献[16]中提出的旋转信号子空间(RSS)聚焦矩阵是SST矩阵的一个特例。因此，一旦确定了聚焦角 θ_f ，RSS聚焦矩阵可以通过下式得到：

$$\min_{T_i} \| \boldsymbol{A}(f_r,\theta_f) - \boldsymbol{T}_i \boldsymbol{A}(f_i,\theta_f) \|_F \tag{3.19}$$

以 $\boldsymbol{T}_i \boldsymbol{T}_i^{\mathrm{H}} = \boldsymbol{I}$, $i = 0, \cdots, k-1$ 为条件。上述最优化问题的解为

$$\boldsymbol{T}_i = \boldsymbol{V}_i \boldsymbol{U}_i^{\mathrm{H}} \tag{3.20}$$

其中，$\boldsymbol{V}_i$ 和 $\boldsymbol{U}_i$ 是 $\boldsymbol{A}(f_r,\theta_f) \boldsymbol{A}^{\mathrm{H}}(f_i,\theta_f)$ 的左、右奇异向量[16]。

对于低SNR，CSSM具有鲁棒性，而且显示出比非相干方法[13]更高的分辨率，然而其全部性能似乎取决于聚焦角度的质量[10]，而且，聚焦角度误差可能使CSSM估计产生偏差[17]。

3.2.2 BICSSM

文献[18]介绍了波束指向不变相干信号子空间方法(BICSSM)，与CSSM方法一样，它利用变换矩阵来构造协方差矩阵并在此基础上应用子空间方法。与CSSM不同的是，BICSSM中的变换矩阵实际上是波束形成器调整到某一特定观察方向的数据存储。考虑 $\hat{M}$ 个观察方向，则对于第 $\hat{m}$ 个观察方向，最小化不同频率的波束响应差异。令 $\boldsymbol{t}_{r,\hat{m}}$ 为一个 $M \times 1$ 的矩阵，表示对于第 $\hat{m}$ 个观察方向联合参考频率的波束形成权值。那么，对于第 $\hat{m}$ 个观察方向其他频率的波束形成权值由下式确定：

$$\boldsymbol{t}_i, \hat{m} = \arg\min_c \int_\Omega \rho(\theta) \mid \boldsymbol{t}_{r,\hat{m}}^{\mathrm{H}} \boldsymbol{a}(f_r,\theta) - \boldsymbol{c}^{\mathrm{H}} \boldsymbol{a}(f_i,\theta) \mid^2 \mathrm{d}\theta \tag{3.21}$$

其中，Ω 为观测区(FOV)；$\boldsymbol{\beta}$ 为一个向量表示DOA；$\rho(\theta)$ 为加权函数。通常，$\rho(\theta) = 1$ 。参考波束形成权值 $\boldsymbol{t}_{r,\hat{m}}$ 应当有一种波束模式在FOV以外表现较低的旁瓣，而且，$\boldsymbol{t}_{r,\hat{m}}$ 波束模式对于不同的频率分量应当是不变的。最后，第 i 个频率的变换为

$$\boldsymbol{T}_i = [\boldsymbol{t}_{i,0} \cdots \boldsymbol{t}_{i,M-1}]^{\mathrm{H}} \tag{3.22}$$

BICSSM 不需要通过试图变换调整矩阵和 FOV 相干来估计聚焦角度。一旦求得 $\boldsymbol{T}_i$，它将通过式(3.14)求得合成相关矩阵。由于在 FOV 区域 $\boldsymbol{T}_r a\langle f_r, \theta\rangle \approx \boldsymbol{T}_i a(f_i, \theta)$，因此合成相关矩阵为

$$\boldsymbol{R}_{gen} \approx \boldsymbol{B}_r \left(\sum_{i=0}^{K-1} w_i \boldsymbol{R}_s(f_i) \right) \boldsymbol{B}_r^{\mathrm{H}} \tag{3.23}$$

其中，$\boldsymbol{B}_r = \boldsymbol{T}_r \boldsymbol{A}(f_r, \theta)$，通过阵列流形 $\boldsymbol{T}_r \boldsymbol{a}(f_r, \theta)$，可以对该一般相关矩阵应用窄带 MUSIC。

参考波束加权 $\boldsymbol{T}_r$ 的设计对于获得 BICSSM 的优良性能是至关重要的。为了减小聚焦误差，通过一系列更为复杂的方式来确定参考波束形成的加权[14]。虽然 BICSSM 能够避免初始 DOA 估计，但是对于某些阵列几何形式，可能不存在 FOV 区外表现较低旁瓣和对于不同频率元的一致波束响应的参考波束形成器，而且，处理器可能不知道 FOV。

3.2.3 WAVES

最近，文献[14]提出了 WAVES 方法，利用由加权子空间测向算法（WSF）产生的伪数据矩阵。特别的，WAVES 方法在某一个参考频率通过对伪数据矩阵 $\boldsymbol{Z}$ 的奇异值分解来估计噪声子空间。

$$\boldsymbol{Z} = [\boldsymbol{T}_0 \boldsymbol{F}_0 \boldsymbol{P}_0 \quad \boldsymbol{T}_1 \boldsymbol{F}_1 \boldsymbol{P}_1 \cdots \boldsymbol{T}_{K-1} \boldsymbol{F}_{K-1} \boldsymbol{P}_{K-1}] \tag{3.24}$$

其中，$\boldsymbol{T}_i$ 为聚焦矩阵；$\boldsymbol{F}_i$ 为频率 f_i 处的信号子空间；聚焦矩阵 $\boldsymbol{T}_i$ 可以用聚焦角度或者 BICSSM 求得[18]；$\boldsymbol{P}_i$ 是对角加权矩阵，加权矩阵 $\boldsymbol{P}_i$ 的第 k 个对角元素为

$$[\boldsymbol{P}_i]_{(k,k)} = \frac{\lambda_{i,k-\sigma_n^2}}{\sqrt{\lambda_{i,k}\sigma_n^2}} \tag{3.25}$$

其中，$\lambda_{i,k}$ 为 R_i 的第 k 个最大奇异值；σ_n^2 为噪声功率，设其在所有的频点处为常量。如文献[19]所示，当信号和噪声为高斯分布时加权矩阵式最优。WAVES 通过对 $M \times kP$ 伪数据矩阵的奇异值分解求得 $M \times (k-1)P$ 噪声子空间 $\boldsymbol{U}_N$：

$$\boldsymbol{Z} = [\boldsymbol{U}_S \quad \boldsymbol{U}_N] \begin{bmatrix} \boldsymbol{\Sigma}_S & 0 \\ 0 & \boldsymbol{\Sigma}_N \end{bmatrix} \begin{bmatrix} \boldsymbol{V}_S^{\mathrm{H}} \\ \boldsymbol{V}_N^{\mathrm{H}} \end{bmatrix} \tag{3.26}$$

最终，将 MUSIC 算法用于噪声子空间 $\boldsymbol{U}_N$。

从概念上，WAVES 与 CSSM 相似，它们都使用了类似复相关矩阵的噪声子空间

$$\boldsymbol{R}_{gen} = \sum_{i=0}^{K-1} \boldsymbol{T}_i (\boldsymbol{F}_i \boldsymbol{P}_i \boldsymbol{P}_i^{\mathrm{H}} \boldsymbol{F}_i^{\mathrm{H}}) \boldsymbol{T}_i^{\mathrm{H}} \tag{3.27}$$

但是，在 WAVES 中，在构造合成矩阵前每个频点的协方差矩阵被滤波。例如，设定噪声子空间的特征值为 0，加权矩阵 $\boldsymbol{P}_i$ 变换信号特征值以突出能量显

著高于背景噪声的子空间，WAVES 中奇异值的非线性变换使它比 CSSM 受噪声的影响更小。

WAVES 的主要缺点就是它依然需要变换矩阵。如果变换矩阵像 CSSM 中一样构造，那么 DOA 估计的精度依赖于聚焦角度的初始 DOA 估计。另一方面，变换矩阵可通过 BICSSM 方法求得而不需要任何初始 DOA 估计，但是，其估计性能不如通过 CSSM 方法利用变换矩阵好，尤其是在低信噪比情况下[18]。

3.3　TOPS

最近，文献[10,20]提出新的宽带 DOA 估计方法 TOPS。不同于相干方法，新方法不需要带来估计误差的初始聚焦角；不同于非相干方法，TOPS 估计 DOA 之前集成所有频率元的信息。本节介绍 TOPS 理论，然后给出仿真结果。

3.3.1　理论

本节假设任意的阵列几何是一维或二维的。对于一个二维阵列，DOA 包括方位角 θ 和俯仰角 Φ 。对于一个线阵，俯仰角是模糊的，所以可以忽略。对于一个在 $x-z$ 平面的二维阵列，角度 (θ,Φ) 和 $(\theta,\pi-\Phi)$ 是模糊的[21]。对于 M 元阵列，以下理论假设对应于 M 个非模糊 DOA 的任何阵列流形集合线性无关。这个假设对于 ULA 是正确的，因为阵列流形具有 Vandermonde 结构。但是，对于其他的阵列几何可能是不正确的。在这些情况，所有的子空间方法将会出现伪峰值，原因是出现了不期望的模糊 DOA。

第 m 个元素的阵列流形为

$$[\boldsymbol{a}(f,\overleftarrow{\alpha})]_m = \exp\{-\mathrm{j}2\pi f(\boldsymbol{r}_m\cdot\boldsymbol{\alpha})\} \tag{3.28}$$

其中，$\boldsymbol{r}_m=(x_m,y_m,z_m)$ 是第 m 个传感器的位置向量；DOA 由缓变向量 $\boldsymbol{\alpha}$ 表示为[21]：

$$\boldsymbol{\alpha}=\frac{1}{c}(\sin\theta\sin\phi,\cos\theta\sin\phi,\cos\phi) \tag{3.29}$$

注意，缓变向量的幅度是传输速度 c 的倒数。如果不同频率的两个阵列流形的第 m 个元素相乘，会得到

$$[\boldsymbol{a}(f_1,\boldsymbol{\alpha}_1)]_m[\boldsymbol{a}(f_2,\boldsymbol{\alpha}_2)]_m = \exp\{-2\pi(f_1+f_2)(\xi\boldsymbol{r}_m\cdot\boldsymbol{\alpha}_1+(1-\xi)\boldsymbol{r}_m\cdot\boldsymbol{\alpha}_2)\} \tag{3.30}$$

其中，$\xi=f_1/(f_1+f_2)$ 。如果两个阵列流形的缓变向量相同 $(\boldsymbol{\alpha}_1=\boldsymbol{\alpha}_2)$ ，那么式(3.30)变为

$$\begin{aligned}[\boldsymbol{a}(f_1,\boldsymbol{\alpha}_1)]_m[\boldsymbol{a}(f_2,\boldsymbol{\alpha}_2)]_m &= \exp\{-2\pi(f_1+f_2)(\boldsymbol{r}_m\cdot\boldsymbol{\alpha}_1)\}\\ &= [\boldsymbol{a}(f_1+f_2,\boldsymbol{\alpha}_1)]_m\end{aligned} \tag{3.31}$$

其中,在频率 (f_1+f_2) 处的阵列流形对应于缓变向量 $\boldsymbol{\alpha}_1$ 。以下的理论说明只要阵列元素位于一个平面或者一条线,那么式(3.30)也是一个有效的阵列流形。

引理 3.1

令 $a(f_i,\boldsymbol{\alpha})$ 为任意一维或二维阵列的阵列流形向量,并定义变换矩阵 $\boldsymbol{\Phi}$ 为

$$\boldsymbol{\Phi}(f_i,\boldsymbol{\alpha}) = \mathrm{diag}\{\boldsymbol{a}(f,\boldsymbol{\alpha})\} \tag{3.32}$$

那么

$$\boldsymbol{\Phi}(f_2,\boldsymbol{\alpha}_2)\boldsymbol{a}(f_1,\boldsymbol{\alpha}_1) = \boldsymbol{a}(f_3,\boldsymbol{\alpha}_3) \tag{3.33}$$

其中,$f_3=f_1+f_2$;$\boldsymbol{\alpha}_3$ 为一个缓变向量。

证明:式(3.33)左边第 m 个元素的相位为

$$2\pi f_1(\boldsymbol{r}_m\cdot\boldsymbol{\alpha}_1)+2\pi f_2(\boldsymbol{r}_m\cdot\boldsymbol{\alpha}_2) = 2\pi f_3[\boldsymbol{r}_m\cdot\{\xi\boldsymbol{\alpha}_1+(1-\xi)\boldsymbol{\alpha}_2\}] \tag{3.34}$$

定义向量 $\boldsymbol{\beta}$

$$\boldsymbol{\beta} = \xi\boldsymbol{\alpha}_1+(1-\xi)\boldsymbol{\alpha}_2 \tag{3.35}$$

如果 $\boldsymbol{\alpha}_1=\boldsymbol{\alpha}_2$,那么 $\boldsymbol{\beta}=\boldsymbol{\alpha}_1$,所以理论是正确的。当 $\boldsymbol{\alpha}_1\neq\boldsymbol{\alpha}_2$,$\boldsymbol{\beta}$ 不是一个有效的缓变向量,根据三角不等式,其幅度小于 $1/c$

$$|\boldsymbol{\beta}| < \xi|\boldsymbol{\alpha}_1|+(1-\xi)|\boldsymbol{a}_2| = \frac{1}{c} \tag{3.36}$$

但是,如果对于任意的 $\boldsymbol{\beta}$ 存在一个有效的缓变向量 $\boldsymbol{\alpha}_3$,使

$$\boldsymbol{r}_m\cdot\boldsymbol{\alpha}_3 = \boldsymbol{r}_m\cdot\boldsymbol{\beta} \tag{3.37}$$

$a(f_3,\boldsymbol{\beta})$ 是阵列流形向量。定义向量 $\boldsymbol{x}$,其元素为传感器位置的 x 个元素

$$\boldsymbol{x} = [x_0\cdots x_{M-1}]^{\mathrm{T}} \tag{3.38}$$

用同样的方式定义 $\boldsymbol{y}$ 和 $\boldsymbol{z}$。令 $\boldsymbol{\alpha}_3=(\alpha_{3,x},\alpha_{3,y},\alpha_{3,z})$,$\boldsymbol{\beta}=(\beta_x,\beta_y,\beta_z)$。那么,式(3.37)可以重新写为

$$\alpha_{3,x}\boldsymbol{x}+\alpha_{3,y}\boldsymbol{y}+\alpha_{3,z}\boldsymbol{z} = \beta_x\boldsymbol{x}+\beta_y\boldsymbol{y}+\beta_z\boldsymbol{z} \tag{3.39}$$

如果阵列几何结构不能分解为更低维,则 x、y 和 z 是独立的,那么 $\boldsymbol{\alpha}_3$ 和 $\boldsymbol{\beta}$ 的每一个元素必须相同。当阵列是一维或二维时,总存在一个向量 $\boldsymbol{\alpha}_3$ 满足式(3.37)并受缓变向量的限制,即 $|\boldsymbol{\alpha}_3|=1/c$。事实上,在标准 DOA 模糊空间中存在多重缓变向量[21]。

引理说明由式(3.32)给出的变换矩阵能够将对应于某一频率的阵列流形变换到对应于另一个频率的另一个阵列流形。而且,如果变换矩阵的 DOA 与原始阵列流形的 DOA 相匹配,那么变换也保留了该 DOA。注意 STCM 中的变换矩阵式(3.32)和聚焦矩阵的相似性[22]。事实上,$\boldsymbol{\Phi}(f,\boldsymbol{\alpha})$ 为 STCM 矩阵的共轭转置。虽然这两个矩阵非常相似,但是它们有着完全不同的作用。当 STCM 调整传感器输出趋近于 $\boldsymbol{\alpha}$ 时,变换矩阵(3.32)保留了阵列流形中的 $\boldsymbol{\alpha}$,这就产

生了不同的方法。在后续的讨论中,假设为一维阵列,缓变向量 $\boldsymbol{\alpha}$ 被方位角 θ 所代替,通常情况下这可以直接扩展到二维的情况。注意信号子空间与组成阵列响应矩阵的导向向量张成相同的空间

$$\boldsymbol{F}_i = \boldsymbol{A}(f_i,\hat{\theta}_i)\,\boldsymbol{G}_i \tag{3.40}$$

其中,$\boldsymbol{G}_i$ 为 $P \times P$ 非奇异矩阵。由引理3.1可以得到下一个定理,该定理是TOPS算法的基础。算法的思想是通过 $\boldsymbol{\Phi}(\Delta f_i,\tilde{\theta})$ 将参考频率 f_0 的阵列流形变换为另一频率 f_i 的阵列流形,注意现在的参考频率为 f_0 而不是 f_r,需要强调和前面章节的方法不同,参考频率是可分解频率元之一。如果参数 $\tilde{\theta}$ 对应于实际DOA,那么在频率 f_i 处该DOA的变换阵列流形与噪声子空间正交,通过以下定理,这种正交性的试验引出一种DOA估计技术。

定理3.1

假设 $2P < M+1$,$K > P$,令 $\boldsymbol{U}_i(\tilde{\theta})\ (i = 1,2,\cdots,K-1)$ 为一个 $M \times P$ 矩阵,使

$$\boldsymbol{U}_i(\tilde{\theta}) = \boldsymbol{\Phi}(\Delta f_i,\tilde{\theta})\,\boldsymbol{F}_0 \tag{3.41}$$

其中,$\Delta f_i = f_i - f_0$,定义 $P \times (K-1)(M-P)$ 矩阵

$$\boldsymbol{D}(\tilde{\theta}) = [\boldsymbol{U}_1^{\mathrm{H}}(\tilde{\theta})\,\boldsymbol{W}_1 \quad \boldsymbol{U}_2^{\mathrm{H}}(\tilde{\theta})\,\boldsymbol{W}_2 \cdots \boldsymbol{U}_{K-1}^{\mathrm{H}}(\tilde{\theta})\,\boldsymbol{W}_{K-1}] \tag{3.42}$$

其中,$\boldsymbol{W}_i$ 为频率 f_i 处的噪声子空间。那么

(1) 如果对于某些 l,有 $\tilde{\theta} = \theta_l$,那么 $\boldsymbol{D}(\tilde{\theta})$ 为非满秩阵。

(2) 如果 $\boldsymbol{D}(\tilde{\theta})$ 是非满秩阵,那么对于某些 l,有 $\tilde{\theta} = \theta_l$。

证明:定理说明当且仅当 $\boldsymbol{D}(\tilde{\theta})$ 为非满秩阵时,对于某些 l 有 $\tilde{\theta} = \theta_l$。为了表述方便,用 $A_i(\theta)$ 和 $a_i(\theta)$ 分别代替 $A(f_i,\theta)$ 和 $a(f_i,\theta)$。

证明1:令 $\tilde{\theta}$ 等于第 l 个DOA,θ_l,由于 $\boldsymbol{W}_i$ 为噪声子空间 $\boldsymbol{A}_i^{\mathrm{H}}\boldsymbol{W}_i = 0$,可得

$$\boldsymbol{a}_i^{\mathrm{H}}(\theta_l)\,\boldsymbol{W}_i = \boldsymbol{0}^{\mathrm{T}} \tag{3.43}$$

对于所有的 $l = 0,1,\cdots,P-1$,及 $i = 0,1,\cdots,K-1$,已知

$$\boldsymbol{U}_i(\tilde{\theta}) = \boldsymbol{\Phi}(\Delta f_i,\tilde{\theta})\,\boldsymbol{A}_0(\theta)\,\boldsymbol{G}_0 = \boldsymbol{A}_i(\hat{\theta}_i)\,\boldsymbol{G}_0 \tag{3.44}$$

其中,$\boldsymbol{G}_0$ 为非奇异的 $P \times P$ 矩阵,并且有

$$\sin[\hat{\theta}_i]_l = \frac{f_0}{f_i}\sin\theta_l + \frac{\Delta f_i}{f_i}\sin\tilde{\theta} \tag{3.45}$$

对于所有的 $l = 0,1,\cdots,P-1$，由于 $\tilde{\theta} = \theta_l$，有

$$[\hat{\theta}_0]_l = \cdots = [\hat{\theta}_{k-1}]_l = \theta_l \tag{3.46}$$

因此

$$\boldsymbol{U}_i^{\mathrm{H}}(\tilde{\theta})\boldsymbol{W}_i = \boldsymbol{G}_0^{\mathrm{H}}\begin{bmatrix} \boldsymbol{a}_i^{\mathrm{H}}([\tilde{\theta}_i]_0)\boldsymbol{W}_i \\ \vdots \\ \boldsymbol{a}_i^{\mathrm{H}}(\theta_l)\boldsymbol{W}_i \\ \vdots \\ \boldsymbol{a}_i^{\mathrm{H}}([\tilde{\theta}_i]_{P-1})\boldsymbol{W}_i \end{bmatrix} \tag{3.47}$$

$$= \boldsymbol{G}_0^{\mathrm{H}}\begin{bmatrix} * \\ \mathbf{0}^{\mathrm{T}} \\ * \end{bmatrix} \leftarrow \text{第 1 行}$$

那么，$\boldsymbol{D}(\tilde{\theta})$ 矩阵变为

$$\boldsymbol{D}(\tilde{\theta}) = [\boldsymbol{U}_1^{\mathrm{H}}\boldsymbol{W}_1 \cdots \boldsymbol{U}_{K-1}^{\mathrm{H}}\boldsymbol{W}_{K-1}] = \boldsymbol{G}_0^{\mathrm{H}}\begin{bmatrix} * & * & * \\ \mathbf{0}^{\mathrm{T}} & \mathbf{0}^{\mathrm{T}} & \mathbf{0}^{\mathrm{T}} \\ * & * & * \end{bmatrix} \tag{3.48}$$

它是非满秩的。这就证明了 $\tilde{\theta} = \theta_l$ 是 $\boldsymbol{D}(\tilde{\theta})$ 是非满秩的充分条件。

证明 2：假设没有一个 DOA 等于 $\tilde{\theta}$，我们需要证明 $\boldsymbol{D}(\tilde{\theta})$ 是满秩的。因为 G_0 是非奇异方阵，所以当且仅当下列矩阵不满秩时，矩阵 $\boldsymbol{D}(\tilde{\theta})$ 为不满秩矩阵：

$$\boldsymbol{L} = [\boldsymbol{L}_1 \cdots \boldsymbol{L}_{K-1}] \tag{3.49}$$

其中

$$\boldsymbol{L}_i = \boldsymbol{A}_i^{\mathrm{H}}(\hat{\theta}_i)\boldsymbol{W}_i \tag{3.50}$$

由于 $\boldsymbol{L}$ 的列数大于行数，当且仅当左零空间非空时该矩阵是不满秩矩阵；即 $\mathscr{LN}\{\boldsymbol{L}\} \neq \varnothing$，其中 $\mathscr{LN}$ 表示左零空间，等价于

$$\bigcap_{i=1}^{K-1} \mathscr{LN}\{\boldsymbol{L}_i\} \neq \varnothing \tag{3.51}$$

$\boldsymbol{L}_i$ 的左零空间大小依赖于对应于真实 DOA 变换阵列响应矩阵 $\boldsymbol{A}_i(\theta_i)$ 的列数。令 s 表示该列数，符号稍微混用，令 $\hat{\boldsymbol{A}}_i = \boldsymbol{A}(\hat{\theta}_i)$ 和 $\boldsymbol{A}_i = \boldsymbol{A}(\theta_i)$。定义 $\boldsymbol{B}$ 和 $\boldsymbol{C}$ 为

$$\boldsymbol{B} = [\boldsymbol{A}_i \quad \hat{\boldsymbol{A}}_i] \tag{3.52}$$

$$\boldsymbol{C} = [\boldsymbol{A}_i \quad \boldsymbol{W}_i] \tag{3.53}$$

由于 $2P < M+1$，$M \times 2P$ 矩阵 $\boldsymbol{B}$ 的秩由 $\boldsymbol{B}$ 的线性独立列确定。由于 $\hat{\boldsymbol{A}}_i$ 的 s 列等于 $\boldsymbol{A}_i$ 的 s 个对应列，这些列表示阵列流形，$\boldsymbol{B}$ 的秩为 $2P-s$，$\boldsymbol{B}^{\mathrm{H}}$ 乘以 $\boldsymbol{C}$

$$\boldsymbol{B}^{\mathrm{H}}\boldsymbol{C} = \begin{bmatrix} \boldsymbol{A}_i^{\mathrm{H}} \\ \hat{\boldsymbol{A}}_i^{\mathrm{H}} \end{bmatrix} [\boldsymbol{A}_i \quad \boldsymbol{W}_i] = \begin{bmatrix} \boldsymbol{A}_i^{\mathrm{H}}\boldsymbol{A}_i & 0 \\ \hat{\boldsymbol{A}}_i^{\mathrm{H}}\boldsymbol{A}_i & \boldsymbol{L}_i \end{bmatrix} \tag{3.54}$$

Sylvester 不等式表明 $\boldsymbol{B}^{\mathrm{H}}\boldsymbol{C}$ 的秩由下式限定：

$$\gamma(\boldsymbol{B}) + \gamma(\boldsymbol{C}) - M \leqslant \gamma(\boldsymbol{B}^{\mathrm{H}}\boldsymbol{C}) \leqslant \min\{\gamma(\boldsymbol{B}), \gamma(\boldsymbol{C})\} \tag{3.55}$$

其中，γ 表示矩阵的秩，因此有：

$$\begin{aligned} 2P - s + M - M \leqslant \gamma(\boldsymbol{B}^{\mathrm{H}}\boldsymbol{C}) \leqslant \min(2P-s, M) \\ \Rightarrow \gamma(\boldsymbol{B}^{\mathrm{H}}\boldsymbol{C}) \leqslant 2P - s \end{aligned} \tag{3.56}$$

由于右上区域为零矩阵，左上矩阵为满秩阵，所以 $\boldsymbol{L}_i$ 的秩为 $2P-s$。换句话说，$\boldsymbol{L}_i$ 左零空间的维数为 s。对应于真实 DOA $\hat{\boldsymbol{A}}_i$ 的 s 列正交于 $\boldsymbol{W}_i$ 的所有列，因此矩阵 $\boldsymbol{L}_i$ 有 s 行全零。这就是说 s 个基向量可以扩展为 $\boldsymbol{L}_i$ 的整个左零空间，基向量就是有一个元素为1，其余的元素都为零的向量。为了使式(3.51)的条件为真，一个或多个基向量必须能够形成 $\boldsymbol{L}_i$（$i = 1,2,\cdots,K-1$）的左零空间。为了满足这个条件，$\hat{\boldsymbol{A}}_i$ 相同的列必须对应于真实 DOA，$i = 1,2,\cdots,K-1$。如果用 l 表示一个这样的列，那么变换角由式(3.45)给出。当 f_i 增加时，变换角的单调增加或者单调减小依赖于 $\tilde{\theta} > \theta_l$ 还是 $\tilde{\theta} < \theta_l$。对于 $P-1$ 频率元变换角最多可以对应于真实的 DOA。换言之，多数情况下，对于 $P-1$ 频率元最多对应的初等向量位于 L_i 的左零空间。因此，为了使式(3.51)为真，$K-1 < P$。一旦已知 $K > P$，那么 $\boldsymbol{L}$ 和 $\boldsymbol{D}(\tilde{\theta})$ 满秩，这就证明了对于 $l = 0,1,\cdots,P-1$，如果 $\tilde{\theta} \neq \theta_l$，则 $\boldsymbol{D}(\tilde{\theta})$ 满秩。因此，情况2为真。

以上定理给出的矩阵 $\boldsymbol{D}(\tilde{\theta})$ 的性质引导出了 TOPS 算法。简言之，当且仅当 $\tilde{\theta}$ 为真实 DOA 时，$\boldsymbol{D}(\tilde{\theta})$ 为不满秩。

3.3.2　信号子空间投影

在实际应用中，必须要用估计协方差矩阵代替真实协方差。利用式(3.12)计算的样本协方差，可以通过对 $\hat{\boldsymbol{R}}_i$ 的特征值分解确定 $\hat{\boldsymbol{F}}_1$ 和 $\hat{\boldsymbol{W}}_i$，$i = 1,2,\cdots,K-1$，估计性能依赖于协方差矩阵的估计精度，估计协方差矩阵的质量完全依赖于快拍数和信噪比。通过子空间映射来减小矩阵 $\widehat{\boldsymbol{D}}(\tilde{\theta})$ 的误差项成为可能，为了减小估计误差，定义映射矩阵

$$\boldsymbol{P}_i(\tilde{\theta}) = \boldsymbol{I} - \boldsymbol{a}_i(\tilde{\theta})\boldsymbol{a}_i^{\mathrm{H}}(\tilde{\theta})\{\boldsymbol{a}_i^{\mathrm{H}}(\tilde{\theta})\boldsymbol{a}_i(\tilde{\theta})\}^{-1} \tag{3.57}$$

映射到$\boldsymbol{a}_i(\tilde{\theta})$的零空间。更有效的矩阵$\hat{\boldsymbol{D}}(\tilde{\theta})$可以通过用下式代替$\boldsymbol{U}_i(\tilde{\theta})$来构造：

$$\boldsymbol{U}'_i(\tilde{\theta}) = \boldsymbol{P}_i(\tilde{\theta})\boldsymbol{U}_i(\tilde{\theta}) \tag{3.58}$$

通过这种修正，消除了可能影响$\boldsymbol{D}(\tilde{\theta})$秩的一个估计误差项。假设频率$f_0$处目标空间的估计误差和其他频点处噪声子空间的估计误差不相关是合理的，所以计入投影矩阵后减小了总的噪声[24]。因此，我们期望投影方法的引入会改进 TOPS 算法的鲁棒性，它利用了当$\tilde{\theta}$对应于真实 DOA 时$\boldsymbol{D}(\tilde{\theta})$矩阵的不满秩性，证明参见文献[10,20]。

由于信号子空间和噪声子空间由样本协方差矩阵估计得到，所以$\boldsymbol{D}(\tilde{\theta})$基本满秩。然而，我们期望当$\tilde{\theta}$对应于一个 DOA 时，$\boldsymbol{D}(\tilde{\theta})$的最小奇异值将接近于零，$\boldsymbol{D}(\tilde{\theta})$的条件数会很高[25]。经验表明，最小奇异值是近似不满秩的较好指示，因此，我们用它来指示源 DOA 对应于$\tilde{\theta}$的可能性，似然函数为

$$f(\tilde{\theta}) = \frac{1}{\sigma_{\min}(\tilde{\theta})} \tag{3.59}$$

其中，$\sigma_{\min}(\tilde{\theta})$为$\boldsymbol{D}(\tilde{\theta})$的最小奇异值。在式(3.59)峰值点处得到 DOA 估计值$\tilde{\theta}$。

3.3.3　性能评估

通过计算机仿真，本节对四种宽带 DOA 估计算法进行了性能评估。在这些测试中，CSSM 和 WAVES 为相干方法，IMUSIC 为非相干方法，第四种方法为 TOPS。在文献[20]中可以得到附加的仿真结果。试验信号是由复指数之和产生的宽带信号：

$$s_i(t) = b_i(t)\sum_{n=0}^{N_f-1}\exp\{\mathrm{j}2\pi f_n t + \mu_n\} \tag{3.60}$$

式中，$b_i(t)$为复周期高斯随机变量；μ_n为均匀分布于$[0,2\pi)$的随机变量。信号$s_i(t)$表示一组具有随机相位的正弦信号之和，即代表N_f个不同频率。假设幅度$b_i(t)$随时间缓慢变化，可以用 DFT 得到采样复协方差矩阵，同时式(3.12)成立。

图3.2给出了一维和二维阵列 TOPS 似然曲面的例子。图3.2(a)给出了一维阵列的情况,利用10单元均匀线阵搜索目标源的方位角,三个信源方向为8°、33°、37°。很明显,TOPS 可以分辨两个很近的空间源。对于二维阵列,利用7单元圆阵搜索方位角 θ 和俯仰角 ϕ,DOA 对为 (θ,ϕ),如图3.2(b)所示的似然曲面是以 (θ,ϕ) 为参数的。两个源以角度(10°,20°)和(19°,15°)入射到二维阵列上。从图3.2(b)中可以明显地看出 TOPS 能够精确地估计出方位角和俯仰角。

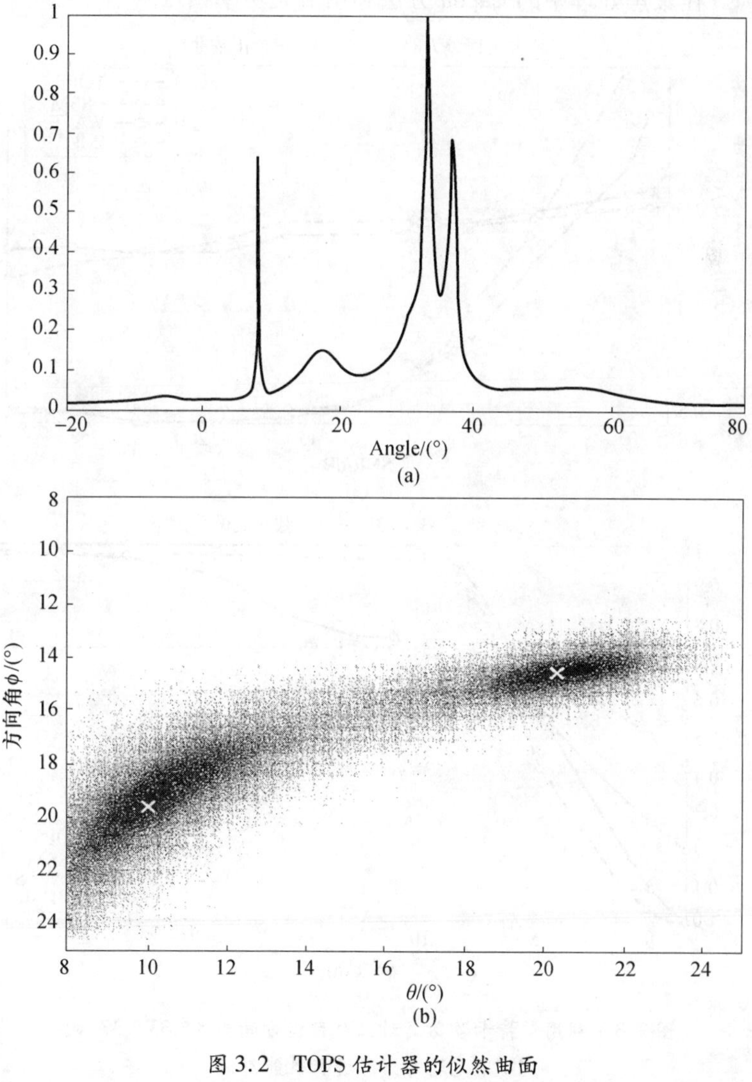

图3.2　TOPS 估计器的似然曲面

(a)三个入射方向为8°、33°、37°的10单元均匀线阵;(b)两个入射信号为(10°,20°)和(19°,15°)的7单元二维圆阵,注意二维阵列可以同时估计方位角(θ)和俯仰角(ϕ)。

利用 10 元均匀线阵进一步对三种宽带方法和 TOPS 方法的一维情况进行了比较。三个源的入射方向为 8°、33°、37°，通过 200 次蒙特卡罗试验得到其有意义的统计性能(见图 3.3)。对于相干方法,使用了 RSS 聚焦矩阵。聚焦角度由文献[16]给出的方法来确定,其中使用了 Capon 方法作为初始估计器[21]。IMUSIC 和 TOPS 使用了 5 个频率集,相干方法使用 13 个频点。最小信号特征值和最大噪声特征值的最大差值对应的频点作为 TOPS 的参考频点 f_1，CSSM 和 WAVES 在聚焦处理中的 Capon 方法利用最大功率频点。

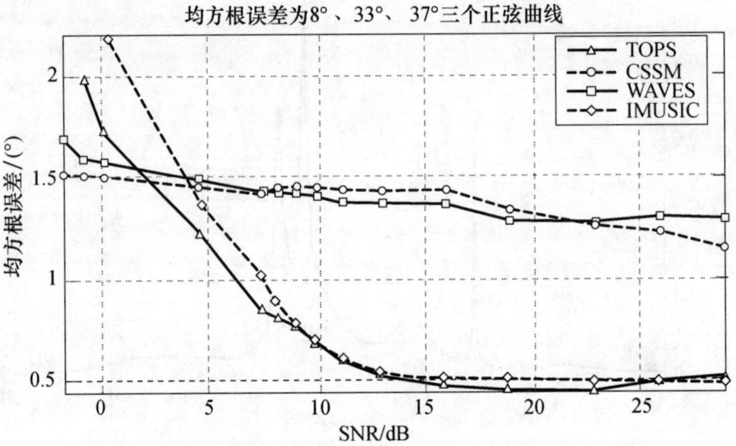

(a)

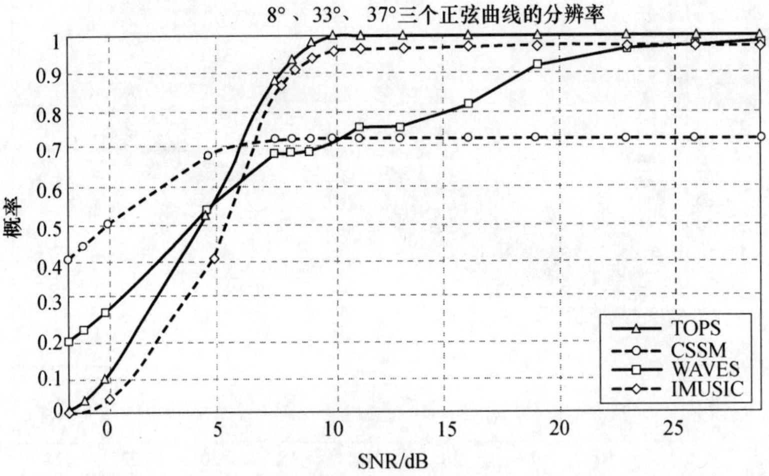

(b)

图 3.3 利用蒙特卡罗仿真对三个目标方向为 8°、33°、37°的 10 单元均匀线阵进行性能对比

(a) RMS 误差随信噪比变化曲线；(b) 分辨率随信噪比变化曲线。

图 3.3 总结了仿真结果,图 3.3(a)绘制了三个信号的均方根误差(RMS)之和随信噪比(SNR)变化的关系曲线,图 3.3(b)给出了分辨率随信噪比变化的关系曲线。分辨率表示能够分开两个离得最近的源(如在这些仿真中的 33°和37°)的概率。需要注意,RMS 误差是在三个信号能够分辨的情况下计算出来的。也就是说,由于不同方法具有不同的分辨率,在计算 RMS 误差时使用的结果数量不同。两种相干方法的性能基本一致。在高信噪比情况下,IMUSIC 和 TOPS 的 RMS 误差和分辨率均优于相干方法。但是,随着信噪比的下降,TOPS 和 IMUSIC 的分辨率急剧下降,RMS 误差呈指数增大。当信噪比低于 0dB 时,两种相干方法优于 TOPS 和 IMUSIC。尽管在高信噪比时 TOPS 和 IMUSIC 的性能相差不大,但随着信噪比降低,IMUSIC 的性能下降得比 TOPS 快。总而言之,当信噪比在中间范围(3 ~ 10dB)时,TOPS 性能最好。

3.3.4　定位用 TOPS 的改进

改进宽带 DOA 估计方法,应用于定位等其他问题中。本节我们讨论地震传感器在地雷探测和定位中的应用[3,25]。地震传感器组成阵列,既作为激励地面的发射机,又作为测量地雷等目标反射地震波的接收机。在此应用中,利用子空间 DOA 估计方法来估计地雷的位置,因为接收信号模型是依赖于地雷位置的阵列流形。在下面的试验组织中,发射源产生感兴趣的微分高斯宽带信号。在以往的研究中,只将窄带估计技术应用到单频率数据上[3,25]。因此,利用宽带定位技术来提高对地雷位置的估计性能成为可能。本节将讨论如何将 TOPS 和 IMUSIC 应用到此问题中。

MUSIC 和 TOPS 都建立在精确已知阵列流形向量的基础上。对于定位,地震信号在频率 f 处的阵列流形向量为

$$g(f,\boldsymbol{r}) = [G(f,z_0) \quad \cdots \quad G(f,z_{M-1})]^{\mathrm{T}} \tag{3.61}$$

式中,$\boldsymbol{r} = (x,y)$ 为目标位置;z_i 为 $\boldsymbol{r}$ 与第 i 个接收机之间的距离;$G(\cdot)$ 为中值 Green 函数。简化的阵列流形近似为

$$g(f,\boldsymbol{r}) \cong \left[\frac{1}{k(f)z_0}\mathrm{e}^{\mathrm{j}k(f)z_0} \quad \cdots \quad \frac{1}{k(f)z_{M-1}}\mathrm{e}^{\mathrm{j}k(f)z_{M-1}}\right]^{\mathrm{T}} \tag{3.62}$$

式中,$k(f)$ 为与频率有关的波数。这种形式仍然包含有指数部分,因此将 TOPS 和 IMUSIC 加以改进来利用这种形式的阵列流形。文献[14]给出了 TOPS 更加详细的定位方式。

图 3.4 给出了 TOPS 和 IMUSIC 的计算似然曲面(相对 $x-y$ 坐标位置),包含埋于 2cm 深度、直径 9cm 的地雷。利用 15 个接收机和 6 个发射机来收集原

始数据。

比较 TOPS 和 IMUSIC 法，不论是纵向分辨率还是横向分辨率都是 TOPS 高。

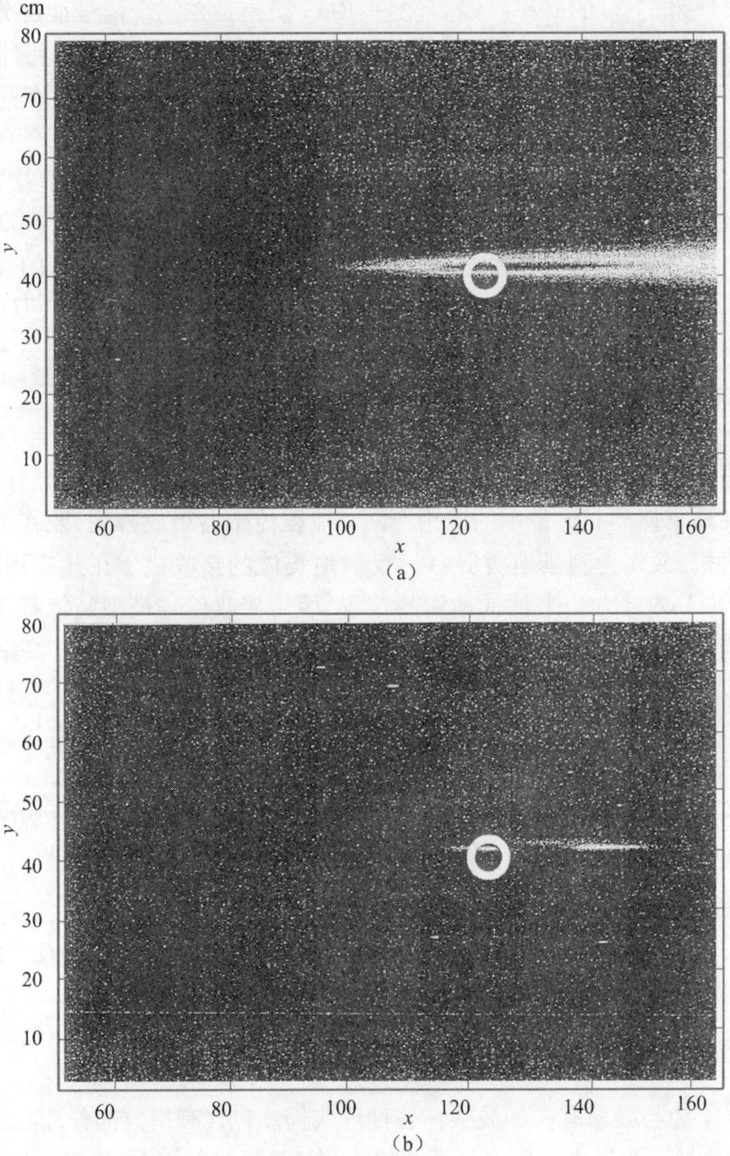

图 3.4 用两种宽带 DOA 方法进行地雷探测的相对于(x,y)的可能地面位置
(a) IMUSIC；(b) TOPS。白圈表示埋藏地雷的真正位置和尺寸。

3.4 结　论

本章讨论了宽带源的DOA估计方法。宽带信号与窄带信号的不同在于方向上的时间延迟不再近似于相移。这使DOA估计方法变得复杂,因为多数窄带技术使用相移来估计DOA。许多宽带估计方法是将宽带源分解成窄带。独立地利用分解信号的方法称之为非相干方法。由于分解后的信号被认为是窄带信号,任何窄带技术都可以应用。另一方面,也有在所有分解信号中寻找相干统计的方法。虽然在低信噪比情况下这些相干方法优于非相干方法,但它们需要被称为聚焦角的初始DOA。

我们提出了一种可以被归类为非相干方法的新方法[10,20,26,27]。这种方法同时使用所有的分解信号。不像非相干方法,这种新方法并不是每个频带的窄带估计的简单平均。也不像相干方法,这种新方法并不打算排列每个频段的采样协方差矩阵,它并不需要先验知识来初始化聚焦矩阵。它对不同的频带寻找信号子空间和噪声子空间之间的一致性。仿真结果表明这种新方法比以前的中高信噪比条件下的方法具有更高的性能。地震数据处理已经显示了这种方法的一个可能的应用方向。

致　谢

本章是由先进传感器、通信和网络合作技术联盟合作参与准备的,它们是由合作联盟下的美军研究试验室DAAD19－01－2－008和DAAD19－01－2－0011分别发起的。美国政府为了政府目的批准复制、分发再版,尽管上面并没有版权号。本章中的观点和结论仅代表作者个人,不能认为提出的是美军研究试验室或美国政府明确的或暗指的官方意见。

参考文献

[1] Garmatyuk D, Narayanan R. ECCM Capabilities of Aa Ultrawide－Band Band－ limited Random Noise Imaging Radar. IEEE Trans. Aerosp. Electron. Syst., vol. 38, No. 4, 2002, pp. 1243－1255.

[2] Lake D. Harmonic Phase Coupling for Battlefield Acoustic Target Identification. PTOC. IEEE Acoustics, speed, and Signal processing (ICASSP98j, Seattle, WA, 1998.

[3] Stoica P, Moses R. Introduction to Spectral Analysis, Upper Saddle River, NJ: Prentice Hall, 1997.

[4] Schmidt R. Multiple Emitter Location and Signal parameter Estimation. IEEE Trans. on Antennas and Propagation, vol－AP－34, No. 3, 1986, pp. 276－280.

[5] Roy R, Kailath T. ESPRIT－Estimation of Signal Parameters Via Rotational Invariance Techniques. IEEE Trans. on Signal Processing, vol－37, No. 7, 1989, pp. 984－995.

[6] Zatman M. How Narrow Is Narrowband? IEE Proc. – Radar ,Sonar Navig. ,vol. 145 ,N0. 2 ,1998 ,pp. 85 – 91.

[7] Su G, Morf M. The Signal Subspace Approach for Multiple Wideband Emitter Location. IEEE Trans. on Acoustics, Speech, and Signal Processing, vol – ASSP – 31 , No. 6 ,1983 , pp. 1502 – 1522.

[8] Buckley K, Griffiths L. Broad – Band Signal – Subspace Spatial – Spectrum (BASS – ALE) Estimation. IEEE Trans. on Acoustics, Speech, and Signal Processing, vol. 36 , No. 7 ,1988 , pp. 953 – 964.

[9] Agrawal M, Prasad S. Broadband DOA Estimation Using Spatial – Only Modeling of Array Data. IEEE Trans. on Signal Processing, vol – 48 , No. 3 ,2000 , pp. 663 – 670.

[10] Yoon Y – S, Kaplan L, J McClellan. TOPS: A New DOA Estimation Method for Wideband Sources. IEEE Trans. on Signal Processing, submitted.

[11] Chandran S, Ibrahim M K. DOA Estimation of Wide – Band Signals Based on Time – Frequency Analysis. IEEE J. of Oceanic Engineering, vol – 24 , No. 13 ,1999 , pp. 116 – 121.

[12] Wax M, Kailath T. Spatio – Temporal Spectral Analysis by Eigen – Structure Methods. IEEE Trans. on Acoustics, speech, and Signal Processing, vol – ASSP – 32 , No. 4 ,1984 , pp. 817 – 827.

[13] Wang H, Kaveh M. Coherent Signal – Subspace Processing for the Detection and Estimation of Angles Arrival of Multiple Wide – Band Sources. IEEE Trans. On Acoustics, Speech, and Signal Processing, vol – ASSP – 33 ,1985 , pp. 823 – 831.

[14] Di Claudio E D, Parisi R. WAVES: Weighted Average of Signal Subspaces for Robust Wideband Direction Finding. IEEE Trans. on Signal Processing, vol – 49 , No. 10 ,2001 , pp. 2179 – 2190.

[15] Doron, Weiss A. On Focusing Matrices for Wide – Band Array Processing. IEEE Trans. on Signal Processing, vol. 40 , No. 6 ,1992 , pp. 1295 – 1302.

[16] Hung H, Kaveh M. Focusing Matrices for Coherent Signal – Subspace Processing. IEEE Trans. on . Acoustics, Speech and Signal processing, vol – ASSP – 36 , No. 8 ,1988 , pp. 1272 – 1282.

[17] Swingler D N, Kroiik J. Source Location Bias in the Coherently Focused High – Resolution Broad – Band Beamformer. IEEE Trans. on Acoustics, Speech, and Signal Processing, vol – 37 , No. 1 ,1989 , pp. 143 – 145.

[18] Lee T – S. Efficient Wide – Band Source Localization Using Beamforming Invariance Technique. IEEE Trans. on Signal Processing, vol. 42 ,1994 , pp. 1376 – 1387.

[19] Viberg M, Ottersten B, Kailat T. Detection and Estimation in Sensor Arrays Using Weighted Subspace Fitting. IEEE Trans. 011Signal Processing, vol. 39 ,1991 , pp. 2436 – 2449.

[20] Yoon Y – S. Direction – of – Arrival Estimation for Wideband Sources Using Sensor Arrays. Ph – D. thesis, Georgia Institute of Technology, Atlanta, GA,2004.

[21] Johnson D. Dudgeon D. Array Signal Processing: Concepts and Techniques, Englewood Cliffs. Nj: Prentice Hall,1993.

[22] Krolik J. Focused wideband Array Processing for Spatial Spectral Estimation. Ch. 6 in Advances in spectrum Analysis and Processings vol – 2, S. Haykin, (ed.), Upper Saddle River, NJ: Prentice Hall,1991.

[23] Chen C T. Lincar System Theory and Design. New York: Holt, Rinehart, and Winston,1984.

[24] Kaveil M, Barabell A. The Statistical Performance of the MUSIC and the Minimum – Norm Algorithms in Resolving Plane Waves in Noise. IEEE Trans. on Acoustics, Speech, and Signal Processing, vol. ASSP – 34 , No. 2 ,1986 , pp. 331 – 341.

[25] Golub G, Van Loan C. Matrix Computations, Baltimore. MD: Johns Hopkins University Press, 1996.

[26] Alam M, et a1. Time – Reverse Imaging for the Detection of Landmines. Proc. of SPIE Defense and security Symposium, Orlando FL, 2004.

[27] Yoon Y – S, L Kaplan, J McClellan. Direction – of – Arrival Estimation of Wideband Signal Sources Using Arbitrary Shaped Multidimensional Arrays. IEEE Int. Conf Acoustics, Speech and Signal Processing, Montreal, Canada, 2004.

第4章 使用模型空间处理的相干宽带 DOA 估计

4.1 引 言

相干宽带源的 DOA 估计问题在无线通信系统中得到了应用，尤其是在智能天线系统中[1]。DOA 估计和自适应波束形成是智能天线系统中的主要问题。但是，在一个复杂的多径环境中，从不同方向接收的信号可能是相关的，这就阻碍了窄带 DOA 估计技术在宽带辐射源 DOA 估计中的应用。本章介绍了一种新颖的基于波场模型分解的宽带 DOA 估计技术。

Wang 和 Kaveh 介绍了聚焦矩阵在远场宽带辐射源 DOA 估计的 CSS 处理中的应用。这种方法首先将宽带阵列数据分解成几个窄带部分，聚焦矩阵用来排列信号带宽内的窄带部分的信号子空间，随后将窄带阵列数据协方差矩阵平均成一个单一的协方差矩阵。因此，任何信号子空间测向程序，例如 MUSIC 或它的派生算法、最大似然(ML)或最小协方差(MV)都可以用这个平均协方差矩阵来获得期望的参数估计。CSS 方法中的聚焦矩阵的设计需要波达方向的预估计，而且这种方法仅能在一对辐射源中应用。之后的几年里，用 CSS 技术解决多辐射源问题有了长足的发展和改进，但是依旧存在需要 DOA 的先验信息的问题。本章中，我们使用波场的空间分解来产生一种新颖的聚焦矩阵，它不需要预先的 DOA 估计，并且完全独立于信号环境。

空间重采样方法是一种不需要先验 DOA 知识的宽带源定位技术。它最早由 Krolik 和 Swingler 提出，是通过将一个离散阵列输出看成是空间采样一个连续线阵的结果来推动的。同样的概念在文献[7]中作为插补矩阵方法为大家所知。Krolik 和 Swingler[6]用数字插补的方法来重采样阵列数据。对于不同的视场或区域，空间重采样方法需要构不止一个的重采样矩阵。本章提出了一种可选择的利用波场空间分解的技术，在这种技术中提出了一组重采样矩阵，它对全视场内的阵列数据都一样，这和文献[7]中的情形不同。

波场模型分解的应用能够洞察聚焦矩阵和空间重采样矩阵的结构。能够观察到，通过将聚焦和空间重采样矩阵联合起来构成模型协方差矩阵，CSS 和空间重采样计算的复杂性将会有所简化。在任何阵列信号处理应用中，波场模型分解的用途 2 被定义成模型空间处理(MSP),因为它将测量的阵列数据转换到模型空间中。模型空间可以被看作一个预先确定一个正交基集的向量空间,该基集是波场的一个普通基集。

4.2　系统模型

我们考虑一个 $2Q+1$ 维传感器的双边线阵,位于距离 x_q , $q=-Q,\cdots,0,1,\cdots,Q$ 从阵列原点起,传感器从空间中的 V 个源接收信号。若 $\boldsymbol{\Theta}=[\theta_1,\theta_2,\cdots,\theta_v,\cdots,\theta_V]$ 为一个包含每个源方向且参考于阵列轴的向量, θ_v 是第 v 个源的方向。我们假定源信号和噪声被限制在带宽 $k\in[k_l;k_u]$ 以内, k_l 和 k_u 分别是频段的下边带和上边带。我们在本章中使用波数 $k=2\pi f/c$ 来表示频率,f 是频率,单位为 Hz,c 是波传播的速度。每个传感器接收的信号通过离散傅里叶变换(DFT)转换为设计带宽内的 M 个不同的频点。第 m 个频点内的阵列输出可以表示如下:

$$z(k_m)=\sum_{v=1}^{V}a(\theta_v;k_m)s_v(k_m)+n(k_m) \tag{4.1}$$

其中, $s_v(\cdot)$ 为在原点处从第 v 个源接收到的信号; $n(\cdot)$ 为不相关噪声数据,且

$$a(\theta;k)=[\mathrm{e}^{-\mathrm{i}kx_{-Q}\cos\theta},\cdots,\mathrm{e}^{-\mathrm{i}kx_{-Q}\cos\theta}]' \tag{4.2}$$

其中, $[\cdot]'$ 表示转置操作, $\mathrm{i}=\sqrt{-1}$ 。我们将式(4.1)写成矩阵形式为

$$z(k_m)=A(\Theta;k_m)s(k_m)+n(k_m) \tag{4.3}$$

$m=1,2,\cdots,M$,这里

$$A(\Theta;k)=[a(\theta_1;k),\cdots,a(\theta_V;k)] \tag{4.4}$$

$$s(k)=[s_1(k),\cdots,s_V(k)]' \tag{4.5}$$

任何 DOA 技术的目的都是从观测数据 $z(k_m)$, $m=1,2,\cdots,M$ 中得到波达方向 DOA。

大多数 DOA 技术在它们的 DOA 算法中使用接收数据的相关矩阵。第 m 个频点观测数据的相关矩阵定义为

$$\boldsymbol{R}_z(k_m)\triangleq E\{\boldsymbol{z}(k_m)\boldsymbol{z}(k_m)^{\mathrm{H}}\} \tag{4.6}$$

这里, $[\cdot]^{\mathrm{H}}$ 表示共扼转置; $E\{\cdot\}$ 为数学期望。将式(4.3)代入式(4.6),可得

$$\boldsymbol{R}_z(k_m)=\boldsymbol{A}(\Theta;k_m)R_s(k_m)\boldsymbol{A}^{\mathrm{H}}(\Theta;k_m)+\boldsymbol{E}\{\boldsymbol{n}(k_m)\boldsymbol{n}(k_m)^{\mathrm{H}}\} \tag{4.7}$$

其中

$$\boldsymbol{R}_s(k_m)\triangleq\boldsymbol{E}\{\boldsymbol{s}(k_m)\boldsymbol{s}(k_m)^{\mathrm{H}}\} \tag{4.8}$$

它是辐射源的相关矩阵。这里我们假定源信号与噪声不相关。

4.3　相干宽带处理中的聚焦矩阵

本节,我们简要介绍聚焦的方法。阵列数据向量的频率分解后的第一步是

通过满足式(4.9)的聚焦矩阵 $\boldsymbol{T}(k_m)$,将所有频点的信号空间排列或聚焦为一个在某一参考频率的公共频点。

$$\boldsymbol{T}(k_m)\boldsymbol{A}(\Theta;k_m) = \boldsymbol{A}(\Theta;k_0) \quad m = 1,2,\cdots,M \tag{4.9}$$

这里, $k_0 \in [k_l;k_u]$ 是一些参考频率, $\boldsymbol{A}(\Theta;k)$ 是由式(4.4)定义的方向矩阵。将 M 个聚焦矩阵应用于各自的阵列数据向量(4.3),给出了下面的聚焦阵列数据向量:

$$\boldsymbol{T}(k_m)\boldsymbol{z}(k_m) = \boldsymbol{A}(\Theta;k_0)\boldsymbol{s}(k_m) + \boldsymbol{T}(k_m)\boldsymbol{n}(k_m) \quad m = 1,2,\cdots,M$$

因此聚焦频率平均的数据协方差矩阵可定义为下式:

$$\begin{aligned}\boldsymbol{R} &\triangleq \sum_{m=1}^{M} \boldsymbol{E}\{\boldsymbol{T}(k_m)\boldsymbol{z}(k_m)\,[\boldsymbol{T}(k_m)\boldsymbol{z}(k_m)]^{\mathrm{H}}\} \\ &= \sum_{m=1}^{M} \boldsymbol{T}(k_m)\boldsymbol{E}\{\boldsymbol{z}(k_m)\boldsymbol{z}^{\mathrm{H}}(k_m)\}\boldsymbol{T}^{\mathrm{H}}(k_m)\end{aligned} \tag{4.10}$$

由式(4.6)、式(4.7)、式(4.9)可得

$$\boldsymbol{R} = \boldsymbol{A}(\Theta;k_0)\,\overline{\boldsymbol{R}}_s\boldsymbol{A}^{\mathrm{H}}(\Theta;k_0) + \boldsymbol{R}_{\mathrm{noise}} \tag{4.11}$$

这里

$$\overline{\boldsymbol{R}}_s \triangleq \sum_{m=1}^{M} \boldsymbol{R}_s(k_m) \tag{4.12}$$

变换后的噪声协方差矩阵为

$$\boldsymbol{R}_{\mathrm{noise}} \triangleq \sum_{m=1}^{M} \boldsymbol{T}(k_m)\boldsymbol{E}\{\boldsymbol{n}(k_m)\boldsymbol{n}^{\mathrm{H}}(k_m)\}\boldsymbol{T}^{\mathrm{H}}(k_m) \tag{4.13}$$

现在聚焦数据协方差矩阵(4.11)是一种几乎所有窄带测向程序都可以应用的形式,这里我们将空间谱估计的 MV 方法[8]应用到频率平均数据协方差矩阵 $\boldsymbol{R}$ 中。

在文献中已经提出了几种构成聚焦矩阵的方法。文献[2,4,5,9]中的聚焦方法需要预先的 DOA 估计来构造聚焦矩阵。在实际应用中这是一个严重的缺点,因为它会导致一个有偏的 DOA 估计。在 4.5 节中,我们说明了如何利用波场模型分解来设计不需要预先 DOA 估计的聚焦矩阵。

4.4 空间重采样方法

空间重采样[6]是另一种用来聚焦宽带阵列数据为单一频率的方法,这样一来,现在的窄带技术都可以用来估计 DOA。下面简要给出空间重采样的基本概念。

假设对于每个在波长方面有相同的有效阵列孔径的频点,都有一个单独的间距为半波长的均匀阵列,那么,对于 M 个频率,就有 M 个阵列,第 m 个阵列的传感器的间距是 $\lambda_m/2$, $\lambda_m = 2\pi/k_m$ 。如果每个阵列有 $2Q+1$ 个传感器,那么孔径长度对所有的频率在相应波长上是相同的。则对于远场源的 m 阶阵列方向向量如下所示:

$$\begin{aligned}\boldsymbol{a}(\theta;k_m) &= [\mathrm{e}^{\mathrm{i}\pi Q\cos\theta},\cdots,\mathrm{e}^{\mathrm{i}\pi\cos\theta},1,\mathrm{e}^{-\mathrm{i}\pi\cos\theta},\cdots,\mathrm{e}^{-\mathrm{i}\pi Q\cos\theta}] \\ &= \boldsymbol{a}(\theta),m = 1,2,\cdots,M\end{aligned}$$

所有阵列的方向向量是相等的,因此,根据式(4.4),所有阵列的 DOA 矩阵是相同的:

$$\boldsymbol{A}^{(m)}(\boldsymbol{\Theta};k_m) = \boldsymbol{A}(\boldsymbol{\Theta}),m = 1,2,\cdots,M \tag{4.14}$$

$\boldsymbol{A}^{(m)}(\boldsymbol{\Theta};k_m)$ 是 m 阶子阵列的 DOA 矩阵。因此,如果我们对每个有相同孔径的频点都有 M 个阵列,那么,它们的协方差矩阵就可以在频率上平均而不丢失 DOA 信息。平均协方差矩阵就可以用现有的窄带 DOA 技术来估计 DOA 角度。

但是,每个频率都有一个单独阵列实际上并不实用。通过一个单一的阵列,根据接收到的阵列数据,对接收到的阵列数据进行插补/外推来构成 M 个虚拟阵列的阵列数据,就可以克服这个问题。它等价于用接收到的阵列数据构造一个连续的传感器并对其重采样。文献中报道了几种方法。文献[7]中阵列的视场被分成几部分,对每一部分用最小二乘法来计算一个不同的插补矩阵。

4.5 模型分解

在物理层面上,传感器的阵列信号处理是由古典的波动方程定义的。波动方程的一般解可以分解成正交空间坐标的基本方程的模式。这些模式存在着引人注意的数学特性,构成了一个有用的基集来分析和合成一个任意的波场、一个阵列传感器的响应或一个空间孔径。两维/三维的波场模式分别被称为柱/球谐波。在本节中,我们说明了如何分解任何对应于远场源的波场。

在关于天线的文献中,这些模式被用于分析天线的形状[10,11],描绘圆天线辐射的电磁场[12],计算天线耦合[13]。最近,这些模式还被用来进行近场宽带天线设计[14,15]、定向的声场记录[16]与再现[17]、空间无线信道描述[18,19]、多输入多输出(MIMO)信道的容量计算[20]。

4.5.1 线性阵列

式子 $\mathrm{e}^{-\mathrm{i}kx\cos\theta}$ 表示从一个距原点 x 远、方向为 θ 的信号处接收到的相位延迟。这个式子是任何阵列处理算法的一个积分部分。在此,我们将距离相关和角度相关分成两项。在任何算法中这种分解都非常有用,因为它能根据信号方向有效地分开传感器的几何关系。

用 Jacobi - Anger 展开[21],该式可写成

$$\mathrm{e}^{-\mathrm{i}kx\cos\theta} = \sum_{n=0}^{\infty}\mathrm{i}^n(2n+1)j_n(kx)P_n(\cos\theta) \tag{4.15}$$

式中，n 为索引模式的一个非负整数；$j_n(\cdot)$ 为球面贝赛尔函数；$P_n(\cdot)$ 为勒让德函数。在这个展开上我们有下面的意见：

(1) 式(4.15)的级数展开在一个线性阵列上给出了对空间波场的表示。

(2) 方程式(4.15)可以看成是一个函数的傅里叶级数展开，$P_n(\cos\theta), n = 0,\cdots,\infty$是正交基集。

(3) 观察在每一项级数中，到达角 θ 是和传感器的位置 x 及频率 k 是无关的。因此，我们可以用上面的展开来将阵列 DOA 矩阵 $\boldsymbol{A}(\Theta;k)$ 写为两个矩阵的乘积，一个矩阵依赖于 DOA 角，另一个依赖于频率和传感器的位置。

(4) 注意式(4.15)有无穷多项，因此式(4.15)的有效性依赖于在任何数学评价中都需要的有效项数。

4.5.2 模型截断

对一个在有限带宽信号环境下的有限孔径阵列，式(4.15)可以由有限项数(如 N)截断而不产生大的模型误差，如下所示。图 4.1 显示了几个球形贝赛尔函数 $j_n(\cdot)$ 图以对照它的论点。从图 4.1 中我们可以观察到，对一个给定的 kx，当 n 变大时，函数 $j_n(kx) \to 0$ 。这个观察可以从下面的渐近线形状得到支持[22]。

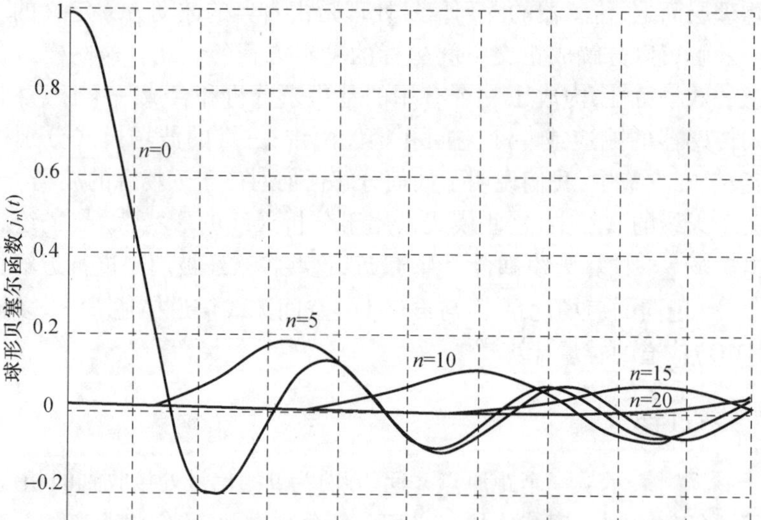

图 4.1 阶数 $n=0,5,10,15,20$ 的球形贝赛尔函数

$$j_n(kx) \approx \frac{(kx)^n}{1\cdot 3\cdot 5\cdots(2n+1)}, \quad kx \ll n \tag{4.16}$$

我们注意到,当 n 超过 $n = kx_q$ 变得更大时,式(4.15)中的因子 $(2n+1)j_n(kx_q)$ 衰减。假定信号频段内的最小频率是 k_l,那么如果 $N > k_l x_Q$,我们就可以将式(4.15)截断到 N 项, x_Q 是到第 Q 个传感器(最大阵列维数)的距离。对于 N 要导出一个解析表达式是很困难的,但有一个方便的经验法则是 $N \sim 2k_l x_Q$。很多最近的工作[18]表明,式(4.15)能够以可忽略的误差用 $N = [kex/2]$ 项截断。

4.6 模型空间处理

本节中,我们利用前面章节展开的模型分解来:①设计聚焦矩阵;②空间重采样矩阵;③介绍一种新颖的模型空间处理 DOA 技术。

4.6.1 聚焦矩阵

我们用模型分解技术来提出一种新颖的聚焦矩阵,它不需要先验 DOA 估计,完全独立于信号环境。这里我们仅考虑一个线性(可能是非均匀)阵列,但它可以推广到任意阵列结构。

将式(4.15)中的前 $N+1$ 项代入式(4.2),可将远场源的阵列方向向量写为

$$\boldsymbol{a}(\theta;k) = \boldsymbol{J}(k)\begin{bmatrix} P_0(\cos\theta) \\ \vdots \\ P_N(\cos\theta) \end{bmatrix} \tag{4.17}$$

其中

$$\boldsymbol{J}(k) = \begin{bmatrix} i^0(2\cdot 0+1)j_0 kx_{\_Q} & \cdots & i^N(2N+1)j_N kx_{\_Q} \\ \vdots & \ddots & \vdots \\ i^0(2\cdot 0+1)j_0 kx_Q & & i^N(2N+1)j_N kx_Q \end{bmatrix} \tag{4.18}$$

将式(4.17)代入式(4.4)中,则远场信号环境的阵列 DOA 矩阵可写成

$$\boldsymbol{A}(\boldsymbol{\Theta};k) = \boldsymbol{J}(k)\boldsymbol{P}(\boldsymbol{\Theta}) \tag{4.19}$$

这里,$(N+1)\times V$ 矩阵

$$\boldsymbol{P}(\boldsymbol{\Theta}) = \begin{bmatrix} P_0(\cos\theta_1) & \cdots & P_0(\cos\theta_V) \\ \vdots & \ddots & \vdots \\ P_N(\cos\theta_1) & \cdots & P_N(\cos\theta_V) \end{bmatrix} \tag{4.20}$$

$(2Q+1)\times(N+1)$ 矩阵 $\boldsymbol{J}(k)$ 依赖于频率 k 和传感器位置,和信号的 DOA 无关。假定 $(2Q+1) > (N+1)$,如果选择适当的传感器位置,$\boldsymbol{J}(k)$ 为 $N+1$ 阶满秩阵。根据这个假设,利用式(4.19),我们可以提出一套聚焦矩阵 $\boldsymbol{T}(k_m)$。

$$\boldsymbol{T}(k_m) = \boldsymbol{J}(k_0)\left[\boldsymbol{J}^{\mathrm{H}}(k_m)\boldsymbol{J}(k_m)\right]^{-1}\boldsymbol{J}^{\mathrm{H}}(k_m), m = 1,\cdots,M \tag{4.21}$$

它满足聚焦要求式(4.9);记 k_0 为参考频率。

相对于现有方法,聚焦矩阵(4.21)的主要优点是这些矩阵不需要先验的DOA估计和来自所有方向的精确的聚焦信号。注意对于一个给定的阵列形式和感兴趣的频带,这些矩阵是固定的,因此,它们可以在时间临界的应用(如智能天线)中预先计算,从而节省计算时间。

4.6.2 空间重采样矩阵

本节,对于 M 个虚拟阵列利用4.4节描述的空间重采样的方法,我们给出了如何利用模型分解得到一个转换矩阵来计算阵列数据。对这样的实阵列的传感器的位置可以是一条线的任意位置,并不要求它是一个均匀间距阵列。根据式(4.19),第 m 个频点内的实阵列DOA矩阵如下所示:

$$\boldsymbol{A}(\boldsymbol{\Theta};k_m) = \boldsymbol{J}(k_m)\boldsymbol{P}(\boldsymbol{\Theta}) \tag{4.22}$$

频率 k_m 上的第 m 个虚拟阵列的DOA矩阵是

$$\boldsymbol{A}^{(m)}(\boldsymbol{\Theta};k_m) = \boldsymbol{J}^{(m)}(k_m)\boldsymbol{P}(\boldsymbol{\Theta}) \tag{4.23}$$

根据式(4.18),且 $k_m x_q = q\pi$,有

$$\boldsymbol{J}^{(m)}(k_m) = \begin{bmatrix} \mathrm{i}^0(2\cdot 0+1)j_0(-\pi Q) & \cdots & \mathrm{i}^N(2N+1)j_N(-\pi Q) \\ \vdots & \ddots & \vdots \\ \mathrm{i}^0(2\cdot 0+1)j_0(\pi Q) & \cdots & \mathrm{i}^N(2N+1)j_N(\pi Q) \end{bmatrix} = \bar{\boldsymbol{J}}, m = 1,\cdots,M$$

上式是一个独立于 m 和 k_m 的常数矩阵,因此,可将其写为

$$\begin{aligned} \boldsymbol{A}^{(m)}(\boldsymbol{\Theta};k_m) &= \bar{\boldsymbol{J}}\boldsymbol{P}(\boldsymbol{\Theta}) \\ &= \boldsymbol{A}(\boldsymbol{\Theta}), m = 1,\cdots,M \end{aligned} \tag{4.24}$$

上式对所有的频点都相同。我们需要设计空间重采样矩阵 $\boldsymbol{T}(k_m), m = 1,\cdots, M$,如

$$\boldsymbol{A}^{(m)}(\boldsymbol{\Theta};k_m) = \boldsymbol{T}(k_m)\boldsymbol{A}(\boldsymbol{\Theta};k_m), m = 1,\cdots,M \tag{4.25}$$

把式(4.22)和式(4.24)代入式(4.25)中,然后利用 $\boldsymbol{J}(k_m)$ 的伪逆,可以得到最小二乘解为

$$\boldsymbol{T}(k_m) = \bar{\boldsymbol{J}}[\boldsymbol{J}^{\mathrm{H}}(k_m)\boldsymbol{J}(k_m)]^{-1}\boldsymbol{J}^{\mathrm{H}}(k_m), m = 1,\cdots,M \tag{4.26}$$

这些用作聚焦矩阵的空间重采样矩阵,可以用来在不同的频点上排列阵列数据,因此就可以使用窄带DOA估计技术。和式(4.21)的聚焦矩阵类似,这些空间重采样矩阵(4.26)不需要预先的DOA估计,仅仅依赖于阵列形式和频率,它们独立于到达角并且在整个视场内是固定的。

4.7 模型空间算法

我们观察到提出的聚焦矩阵(4.21)和空间重采样矩阵(4.26)有一个公共的(广义逆)矩阵因子,即

$$\boldsymbol{G}(k_m) \triangleq [\boldsymbol{J}^{\mathrm{H}}(k_m)\boldsymbol{J}(k_m)]^{-1}\boldsymbol{J}^{\mathrm{H}}(k_m)\ ,\ m = 1,\cdots,M \tag{4.27}$$

它仅在频率无关项 $\boldsymbol{J}_0(k_0)$ 和 $\bar{\boldsymbol{J}}$ 不同。请注意,由式(4.19)可得

$$\boldsymbol{G}(k_m)\boldsymbol{A}(\boldsymbol{\Theta};k) = \boldsymbol{P}(\boldsymbol{\Theta}),m = 1,\cdots,M \tag{4.28}$$

$\boldsymbol{G}(k_m)$ 把阵列 DOA 矩阵变换成一个频率不变 DOA 矩阵。于是,我们用 $\boldsymbol{G}(k_m)$ 替换 $\boldsymbol{T}(k_m)$ 来排列宽带阵列数据,以建立一个频率平均协方差矩阵。直观地可以这样认为,$\boldsymbol{G}(k_m)$ 把 $2Q+1$ 阶的阵列数据向量 $\boldsymbol{z}(k_m)$ 变换成一个模型空间内的 $N+1$ 阶的模型数据向量。现在可以估计出频率平均模型协方差矩阵

$$\hat{\boldsymbol{R}} = \sum_{m=1}^{M}\boldsymbol{G}(k_m)\boldsymbol{z}(k_m)\boldsymbol{z}^{\mathrm{H}}(k_m)\boldsymbol{G}^{\mathrm{H}}(k_m) \tag{4.29}$$

且 MV 谱估计为

$$\hat{Z}(\theta) = \frac{1}{\begin{bmatrix} P_0(\cos\theta) \\ \vdots \\ P_N(\cos\theta) \end{bmatrix}\hat{R}^{-1}[P_0(\cos\theta),\cdots,P_N(\cos\theta)]} \tag{4.30}$$

注释:

(1) MSP 方法和其他两种方法相比具有较小的运算量,这是由于模型空间维数$(N+1)$小于信号子空间维数$(2Q+1)$。

(2) 和其他两种方法相比,模型空间法不需要预先的 DOA 估计。

(3) 可以认为模型空间法是聚焦矩阵法和空间重采样法的超集。

(4) 有了频率平均模型协方差矩阵(4.29)后,窄带 DOA 估计算法都可以使用了,比如 MUSIC 算法或它的派生算法、ML 算法等。

(5) 通过球形波面的模型扩展[21],这种方法可扩展来获取近场辐射源的距离和角度,可参阅文献[15]得到详细信息。

4.8 仿　真

在本节中,我们通过仿真结果来证明 MSP 算法的有效性。基于 19 阵元非均匀线阵的 MSP 算法已经获得了应用,文献[14]讨论了非均匀线阵在宽带中的应用。文献[2,4]所提出的算法例子的仿真仍然采用了均匀线阵,在本节中为了进行结果对比也给出了这些仿真。源信号和噪声都为平稳的零均值白色高

斯过程,不同阵元接收到的噪声彼此不相关,每个阵元的接收信号通过傅里叶变换得到期望带宽内的33个均匀间距的窄带频点。在每次试验中,每个频点产生64个独立的快拍。频率平均模型协方差矩阵可以通过式(4.29)计算得到,辐射源的位置可以由用于窄带辐射源定位的MV测向算法式(4.30)来得到。

4.8.1 两个信号源一组

在角度 $\Theta = [38°, 43°]$ 的方向上有两个完全相关的信号,令 $s_1(t)$ 为38°上的辐射源,43°上的辐射源为延迟一段时间的 $s_1(t)$,即 $s_2(t) = s_1(t - t_0)$,其中 $t_0 = 0.125s$,或等价地在频域上表示为 $s_2(f) = s_1(f)e^{-jft_0}$,其中 $s_1(f)$ 为 $s_1(t)$ 的傅里叶变换信号。信噪比为10dB。$s_1(t)$ 和 $s_2(t)$ 可以看成同一个辐射源的多径信号。

使用的信号位于中心频率100Hz、带宽40Hz的频带内,下边带(f_l = 80 Hz)和上边带(f_l = 120 Hz)之比为2∶3。所有的信号参数和文献[2]中描述的一样,信号通过19个阵元的线阵来接收。图4.2给出了MSP算法的谱估计结果。竖线表示DOA的正确方向。为了比较,用文献[2]描述的方法得到的结果如图4.3所示。使用后面的技术来正确估计到达方向需要一个40.4°的最初角度估计,而MSP技术并不需要角度信息的先验知识。这些图表明两种方法都可以精确地对辐射源进行定位。然而,从图4.4可知,文献[2]中的例子会得到一个的53°的聚焦角,它没能给出正确的到达角。

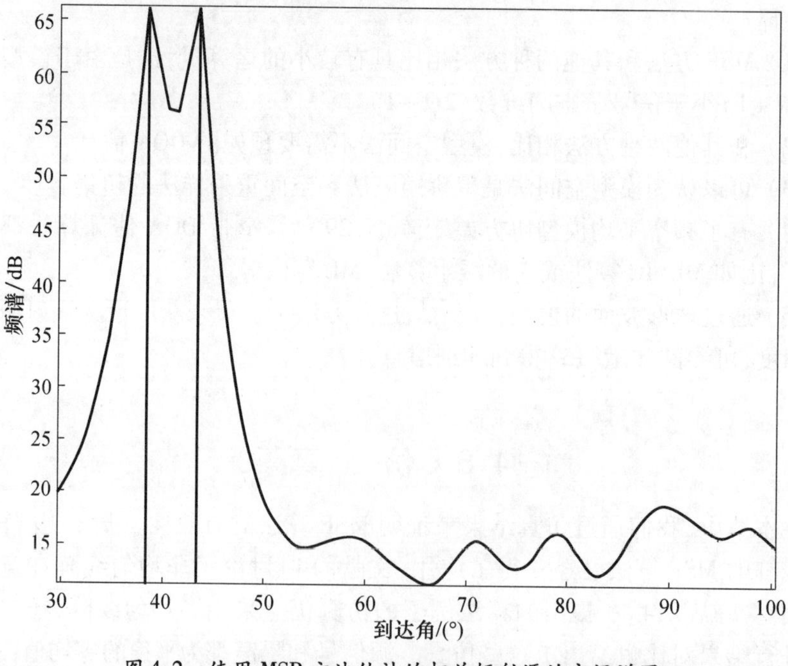

图4.2 使用MSP方法估计的相关辐射源的空间谱图

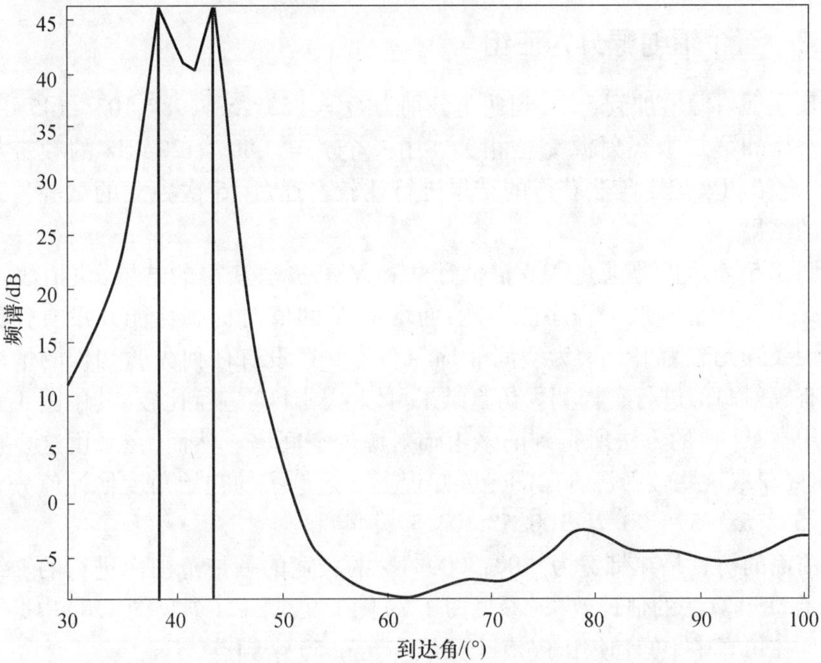

图4.3　采用文献[2]中的算法估计的相关辐射源的空间谱图

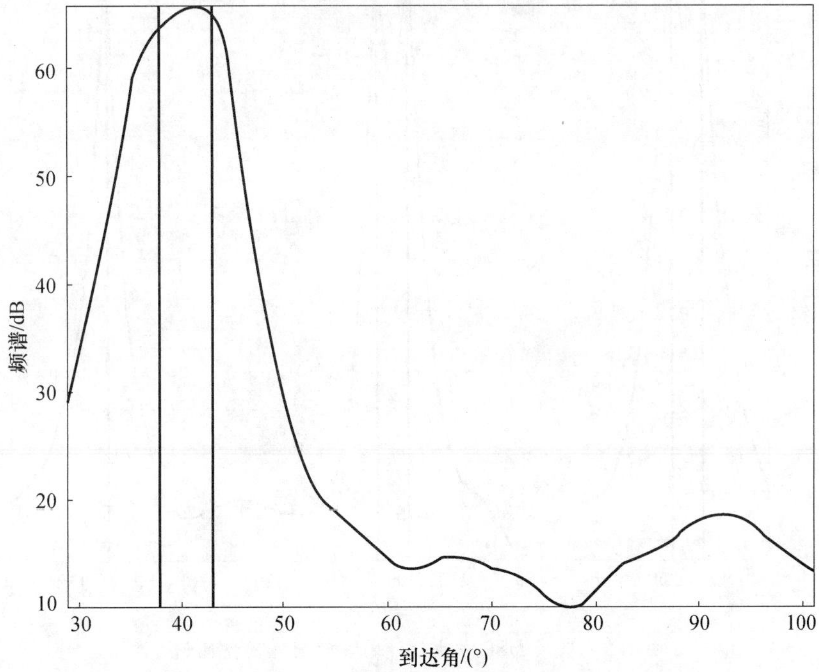

图4.4　采用53°的先验角度估计的相关辐射源空间谱

4.8.2 五个辐射源分为三组

现在辐射源增加到5个,到达角分别为$\Theta = [53°,58°,98°,103°,145°]$,其中第一个和第二个辐射源完全相关。用一个$f = [80:120]$Hz的频带与文献[4]介绍的聚焦矩阵法获得的结果进行比较。通过15次独立的试验得到了相似的结果。

图4.5表示的是通过MV谱估计法和MSP方法获得的结果,快拍数N取15。减小N的值降低了程序的性能,而增加N的值对提高性能并没有什么影响。天线阵元数为19个,为空间非均匀布阵。在没有任何先验知识的情况下对所有辐射源都进行了探测。仿真结果可以和图4.6进行比较,其中图4.6表示采用文献[4]的方法所得到的多组辐射源的空间谱。然而,在采用这一技术时,需要获取这些辐射源方向的先验知识。上述例子的初始角度估计值分别为$\beta = [53°,55°,59°,96.7°,100.5°,104.3°,144°]$。

前面的仿真是在带宽为[300:3000]Hz的较宽的频带范围内进行的。结果表明了MSP算法的估计效果(参见图4.7)优于文献[4](参见图4.8)中提及的方法。在仿真中,总计使用了45个天线阵元和55个频点。

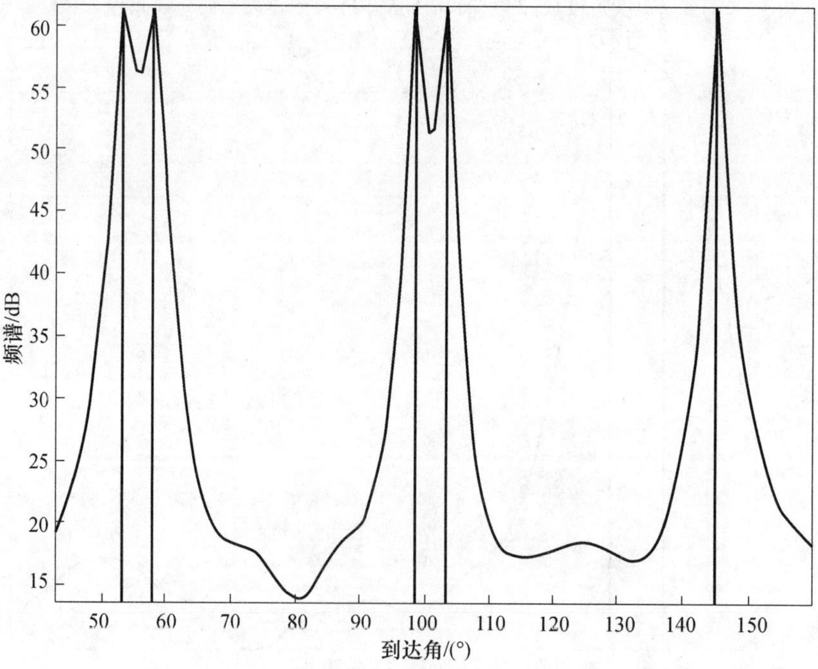

图4.5 采用MSP方法估计的多辐射源的空间谱

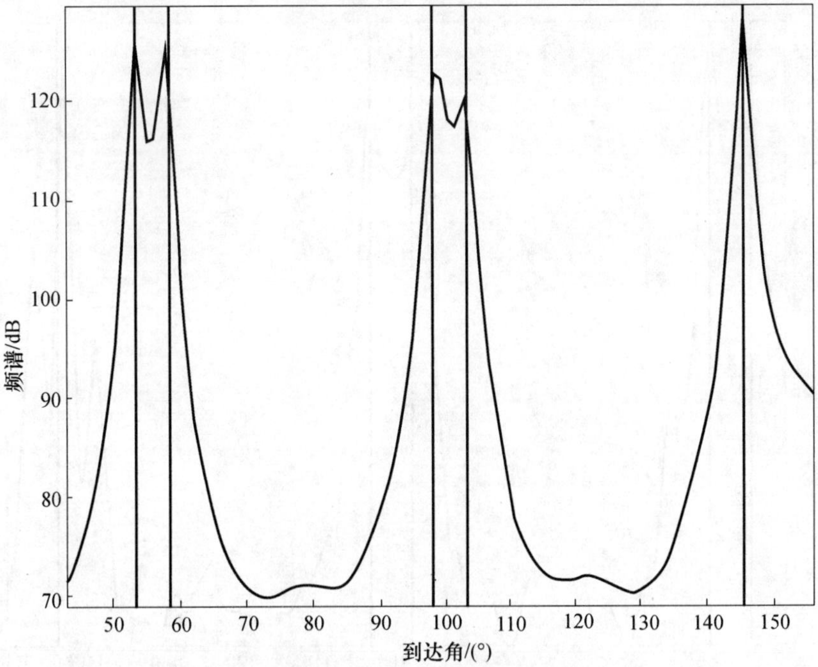

图 4.6　采用文献[4]中的算法估计的多组辐射源的空间谱

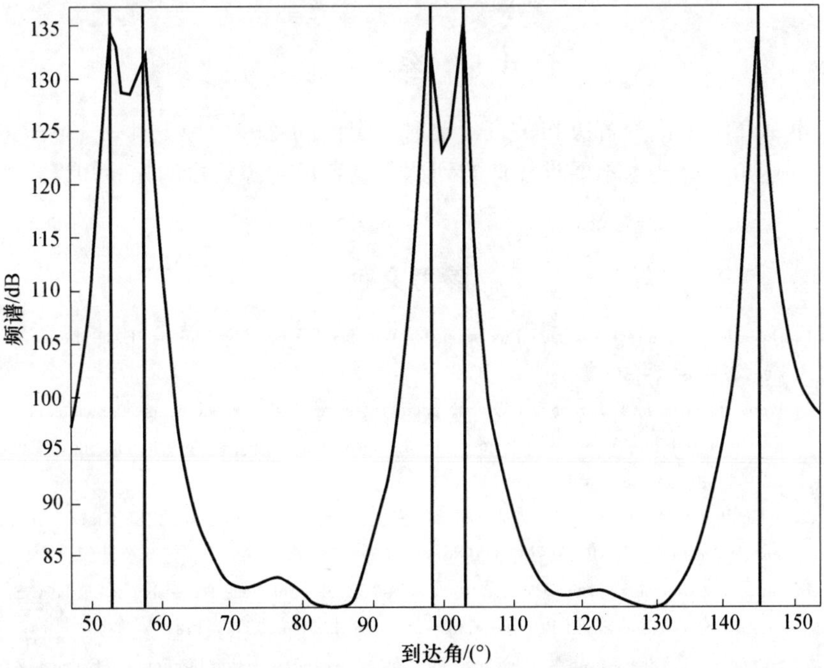

图 4.7　采用 MSP 方法,在[300 : 3000]Hz 频带宽度内估计的多辐射源的空间谱

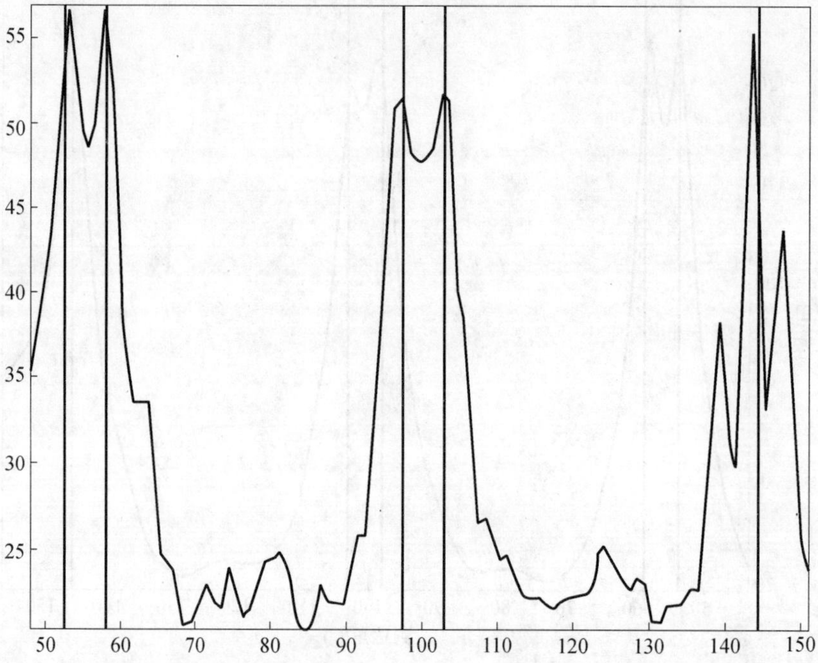

图 4.8 采用文献[4]中的算法,在[300:3000]Hz 频带宽度内估计多辐射源的空间谱

4.9 结论

本章介绍了作为解决相关宽带辐射源定位问题的一种工具——MSP 算法。MSP 到达角估计技术不要求任何的到达角或者辐射源数目的先验知识。

参考文献

[1] Do - Hong T, Russer P. Signal Processing for Wideband Array Applications. IEEE Microwave Magazine, 2004, pp. 54 - 67.

[2] Wang H, Kaveh M. Coherent Signal - Subspace Processing for the Detection and Estimation of Angles of Arrival of Multiple Wide - Band Sources. IEEE Trans. On Acoustics, Speech, and Signal Processing, vol - ASSP - 33, No. 4, 1985, pp. 823 - 831.

[3] Schmidt R O. Multiple Emitter Location and Signal Parameter Estimation. IEEE Trans. on Antennas and Propagation, vol. AP - 34, No. 3, 1986, pp. 276 - 280.

[4] Hung H, Kaveh M. Focusing Matrices for Coherent Signal - Subspace Processing. IEEE TRANS. on Acoustics, Speech, and Signal Processing, vol - 36, No. 8, 1988, pp. 1272 - 1281.

[5] Sivanand S, J Yang, Kaveh M. Focusing Filters for Wideband Direction Finding. IEEE Trans. on Signal Processing, vol - 39, 1991, pp. 437 - 445.

[6] Krolik J, Swingler D. Focused Wide - Band Array Processing by Spatial Resampling. IEEE Trans. on Acoustics, Speech, and Signal Processing, vol. 38, No. 2, 1990, pp. 356 - 360.

[7] Friedlander B, Weiss A. Direction Finding for Wide - Band Signals Using an Interpolated Array. IEEE Trans - on Signal Processing, vol - 41, No. 4, 1993, pp. 1618 - 1634.

[8] Owsley N L. Sonar Array Processing. in Army Signal Processing, S. Haykin, (ed), Upper Saddle River, NJ: Prentice Hall, 1985.

[9] Doron M A, Weiss A J. On Focusing Matrices for - Wideband Array Processing. IEEE Trans. on Signal Processing, vol - 40, No. 16, 1992, pp. 1295 - 1302.

[10] Garbacz R J, Pozar D M. Antenna Shape Synthesis Using Characteristic Modes. IEEE Trans. on Antennas and Propagation, vol - 30, 1982, pp. 340 - 350.

[11] Harackiewicz F J, Pozar D M. Optimum Shape Synthesis of Maximum Gain Omnidirectional Antennas. IEEE Trans. on Antennas and Propagation, vol - AP - 34, 1986, pp. 254 - 258.

[12] Liand L W, et al. Exact Solutions of Electromagnetic Fields in Both Near and Far Zones Radiated by Thin Circular - Loop Antennas: A General Representation. IEEE Trans - on Antennas and Propagation, vol - 45, No. 12, 1997, pp. 1741 - 1748.

[13] Yaghjian A D. Efficient Computation of Antenna Coupling and Fields Within the Nearfield Region. IEEE Trans. on Antennas and Propagation, vol - AP - 30, No. 1, 1982, pp. 113 - 128.

[14] Abhayapala T D, Kennedy R A, Williamson R C. Nearfield Broadband Array Design Using a Radially Invariant Modal Expansion. J. Acoust. Soc. Amer. , vol - 107, 2000, pp. 392 - 403.

[15] Ward D B , Abhayapala T D. Range and Bearing Estimation of Wideband Sources Using an Orthogonal Beamspace Processing Structure. Proc. IEEE Int. Conf. Acoust - , Speech, Signal Processing, ICASSP 2004, vol - 2, 2004, pp. 109 - 112.

[16] Abhayapala T D, Ward D B. Theory and Design of Higher Order Sound Field Microphones Using Spherical Microphone Array. Proc. IEEE Int. Conf. Acoust, Speech Signal Processing, ICASSP 2002, vol - 2, 2002, pp. 1949 - 1952.

[17] Ward D B, Abhayapal a T D. Reproduction of a Plane - Wave Sound Field Using an Array of Loudspeakers. IEEE Trans. speech and Audio Proc. , vol. 9, No. 6, 2001, pp. 697 - 707.

[18] Jones H M, Kennedy R A, T D Abhayapala. On Dimensionality of Multipath Fields: Spatial Extent and Richness. Proc. IEEE Int. Conf Acoustics, Speech, and Signal Frocessing, ICASSP 2002, vol. 3, Orlando, FL, 2002, pp. 2837 - 4840.

[19] Abhayapala T D, Pollock T S, Kennedy R A. Spatial Decomposition of MIMO Wireless Channels. Proc. IEEE 7th International symposium on Signal Processing and Its Applications, vol - 1, 2003, pp. 309 - 312.

[20] Pollock T S, Abhayapala T D, Kennedy R A. Introducing Space into Space - Time MIMO Capacity Calculation: A New Closed Form Upper Bound. Proc. Int. Conf Telecommunications, ICT 2003, Papeete, Tahiti, 2003, pp. 1536 - 1541.

[21] Colton D, Kress R. Inverse Acoustic and Electromagnetic Scattering Theory, 2nd ed. New York: Springer, 1998.

[22] Skudrzyk E. The Foundations of Acoustics. New York: Springer - Veriag, 1971.

[23] Abhayapala T. Modal Analysis and Synthesis of Broadband Nearfield Beamforming Arrays. Ph - D. Dissertation, Research School of Information Sciences and Engineering, Australian National University, Canberra ACT, 1999.

第5章 三维目标定位

Santana Burintramart and Tapan K. Sarkar

在很多应用中,作为一种智能天线的自适应天线阵列,是一项现代发展的在军用和民用中都很有前途的技术。智能天线的一个主要用途是估计辐射源的来波方向,这一过程称为DOA估计。在一些应用如移动通信中,可应用基于统计的DOA估计。然而,在一些特殊的应用如雷达中,基于统计的到达角估计没有意义,因为环境变化是很快的。例如,对机载雷达探测干扰机的方向而言,提高接收信噪比和提高探测或跟踪的性能是一种挑战。因为安装雷达的平台移动非常快,其他的不基于统计方式的方法将具有更高的灵敏度。

在这一节,主要针对于雷达的应用进行仿真设计。因此,在一些特殊的位置上既有发射天线也有接收天线。用参考文献[1]中提及的基于数据的单快拍数方法,确定接收机收到的回波信号的方向。除DOA估计外,我们利用相同的概念对目标间的空间距离进行测量。将DOA和距离结合起来,就可以获得目标的位置了。

本章的具体内容为:5.1节介绍了在数字仿真中要用的DOA估计方法。5.2节讨论了确定传播时延的技术,得到延时后,就可以获得两目标间的距离。而在5.3节中,通过一些仿真结果描述了到达角和距离估计的性能。最后一节对前文进行了总结。

5.1 DOA估计方法

在这一节,介绍了一种在仿真中经常使用的二维DOA估计方法。它是文献[2]中描述方法的一种改进方法,降低了算法的运算复杂度。对于无噪声污染的二维测量数据,由位于$x-y$平面的单元(m,n)的理想辐射点源组成的二维平面阵列感应的电压可用公式表示为

$$x(m;n) = \sum_{i=1}^{I} A_i \exp(\mathrm{j}\gamma_i + \mathrm{j}2\pi m\Delta_y \sin\theta_i \sin\phi_i + \mathrm{j}2\pi n\Delta_x \sin\theta_i \cos\phi_i) \quad (5.1)$$

式中,$0 \leqslant m \leqslant M-1$,$0 \leqslant n \leqslant N-1$。$A_i$和$\gamma_i$为第$i$个阵元信号的幅度和相位;$\phi_i$和$\theta_i$分别为到达方向的方位角和俯仰角;$I$为来波信号的个数。阵列沿$x$

和 y 方向、阵元间距 Δ_x 和 Δ_y 划分成 $M\times N$ 维。为了估计信号的个数 I 和 DOA，即 ϕ_i 及 θ_i，可将式(5.1)化简为

$$x(m;n)=\sum_{i=1}^{I}c_i y_i^m z_i^n \tag{5.2}$$

式中

$$c_i=A_i\exp(\mathrm{j}\gamma_i) \tag{5.3}$$

$$y_i=\exp(\mathrm{j}2\pi m\Delta_y\sin\theta_i\sin\phi_i) \tag{5.4}$$

$$z_i=\exp(\mathrm{j}2\pi n\Delta_x\sin\theta_i\cos\phi_i) \tag{5.5}$$

如果 y_i 和 z_i 已知，则角 (ϕ_i,θ_i) 可由下式得到[1]：

$$\phi_i=\arctan\left[\left(\frac{\ln y_i}{\ln x_i}\right)\frac{\Delta_x}{\Delta_y}\right] \tag{5.6}$$

$$\theta_i=\arcsin\left[\left(\frac{1}{\mathrm{j}2\pi\Delta x}\right)\sqrt{\left(\frac{\Delta_x}{\Delta_y}\ln y_i\right)^2+(\ln z_i)^2}\right] \tag{5.7}$$

下一步，接收信号 $x(m;n)$ 可以排列成一个秩为信号个数的特殊矩阵。首先，定义一个如下的 $(B\times L)$ 维的块 Hankel 矩阵：

$$\boldsymbol{X}_{m,n}=\begin{bmatrix} x(m;n) & x(m;n+1) & \cdots & x(m;n+L-1)\\ x(m;n+1) & x(m;n+2) & \cdots & x(m;n+L)\\ \vdots & \vdots & \ddots & \vdots\\ x(m;n+B-1) & x(m;n+B) & \cdots & x(m;n+B+L-2)\end{bmatrix}_{(B\times L)} \tag{5.8}$$

这个矩阵的第一个元素可以为原始的二维阵列数据的任意元素，其他的都和文献[2]中的矩阵类似。可以证明矩阵 $\boldsymbol{X}_{m,n}$ 的秩为 I，当 B 和 L 大于 I 时，I 就是 DOA 的个数。然而，如果信号包含噪声，则矩阵的秩不能如此简单地确定，需要通过介绍的一种新的、使用划分和堆叠处理方法的矩阵来估计矩阵的秩。因此，通过该方法可以快速确定矩阵的秩。确定秩的标准稍后将在本节进行讨论。通过对数据进行划分和堆叠处理，B 和 L 没必要必须大于 I。然而，为了保证新矩阵的秩等于 DOA 的个数，必须满足一些约束条件。我们稍后将考虑这些条件。使用式(5.8)中的分块矩阵，可以建立一个如下的新矩阵 $\boldsymbol{X}_{\text{diag}}$：

$$\boldsymbol{X}_{\text{diag}}=\begin{bmatrix} X_{0,0} & X_{0,1} & \cdots & X_{0,Q}\\ X_{1,0} & X_{1,1} & \cdots & X_{1,Q}\\ \vdots & \vdots & \ddots & \vdots\\ X_{P,0} & X_{P,1} & \cdots & X_{P,Q}\end{bmatrix}_{B(P+1)\times L(Q+1)} \tag{5.9}$$

$\boldsymbol{X}_{\text{diag}}$ 为一个 $B(P+1)\times L(Q+1)$ 的矩阵；P 和 Q 分别为分块的行和列的最大值。一旦选择了这些参数，则 P 和 Q 可通过下式得到：

$$P=M-1,\ Q=N-L-B+1 \tag{5.10}$$

请注意 $\boldsymbol{X}_{m,n}$ 是由接收阵列的第 m 行感应的电压构成的，因此，P 和接收阵列的行数相等。

极点 (y_i, z_i) 可由 $\boldsymbol{X}_{\text{diag}}$ 矩阵得到。首先，将矩阵 $\boldsymbol{X}_{m,n}$ 分解为

$$\boldsymbol{X}_{m,n} = \boldsymbol{Z}_L \boldsymbol{C} \boldsymbol{Y}_d^m \boldsymbol{Z}_d^n \boldsymbol{Z}_R \tag{5.11}$$

式中

$$\boldsymbol{Z}_L = \begin{bmatrix} 1 & 1 & \cdots & 1 \\ z_1 & z_2 & \cdots & z_I \\ \vdots & \vdots & \ddots & \vdots \\ z_1^{B-1} & z_2^{B-1} & \cdots & z_I^{B-1} \end{bmatrix} \tag{5.12}$$

$$\boldsymbol{Z}_R = \begin{bmatrix} 1 & z_1 & \cdots & z_1^{L-1} \\ 1 & z_2 & \cdots & z_2^{L-1} \\ \vdots & \vdots & \ddots & \vdots \\ 1 & z_I & \cdots & z_I^{L-1} \end{bmatrix} \tag{5.13}$$

$\boldsymbol{Y}_d = \text{diag}(y_1, y_2, \cdots, y_I)$，$\boldsymbol{Z}_d = \text{diag}(z_1, z_2, \cdots, z_I)$，$\boldsymbol{C} = \text{diag}(c_1, c_2, \cdots, c_I)$。这些公式中的 diag 代表非零元素在对角线上的对角矩阵。将式(5.11)代入式(5.9)，$\boldsymbol{X}_{\text{diag}}$ 变为

$$\boldsymbol{X}_{\text{diag}} = \boldsymbol{E}_L \boldsymbol{C} \boldsymbol{E}_R \tag{5.14}$$

式中

$$\boldsymbol{E}_L = \begin{bmatrix} Z_L \\ Z_L Y_d \\ \cdots \\ Z_L Y_d^P \end{bmatrix} \tag{5.15}$$

$$\boldsymbol{E}_R = [Z_R, Z_d Z_R, \cdots, Z_d^Q Z_R] \tag{5.16}$$

下面确定保证 $\boldsymbol{X}_{\text{diag}}$ 的秩和 DOA 的个数相等的准则。从式(5.14)可得，当且仅当 $\text{rank}(E_L) = \text{rank}(E_R) = I$ 时，$\boldsymbol{X}_{\text{diag}}$ 的秩才为 I。所以准则主要集中在矩阵 $\boldsymbol{E}_L$ 和 $\boldsymbol{E}_R$ 上。对于 $\boldsymbol{E}_L$，如文献[2]中所示，矩阵 $\boldsymbol{E}_L$ 的秩等于 I 的唯一条件是

$$B(P+1) \geqslant 1 \tag{5.17}$$

类似的，在 $\boldsymbol{E}_R$ 的情况中，也可以证明矩阵 $\boldsymbol{E}_R$ 的秩等于 I 的唯一条件是

$$L + Q \geqslant 1 \tag{5.18}$$

结合这两个准则和 $L + B - 1 \leqslant N$，可以得到使 $\text{rank}\{\boldsymbol{X}_{\text{diag}}\} = I$ 的条件，如下所示：

$$\begin{cases} N - B + 1 \geqslant I \\ B(P+1) \geqslant I \end{cases} \tag{5.19}$$

请注意,一旦将矩阵束(MP)方法用于 X_{diag} ,可估计的最大秩为 $\text{rank}\{X_{diag}\} = 1$,因为 MP 方法将矩阵分成两个子矩阵,这些将在下文进行解释。接着将详细讨论提取极点 (y_i, z_i) 的过程。为了提取极点,将 MP 方法应用于 X_{diag} 中,这样和每一维相联合的极点都能提取到。这里,MP 方法直接对数据进行处理,它可以区分相干信号。ESPRIT 不能进行类试的处理,因为它处理的是数据的协方差矩阵。

5.1.1 提取 y_i

为了提取 y_i ,先构造两个子矩阵 A_1 、B_1 ,它们分别由矩阵 X_{diag} 通过删除其第一个 B 行和最后一个 B 行获得。此时,矩阵束配对定义如下:

$$A_1 - \lambda_1 B_1 = 0 \tag{5.20}$$

这个公式可以写成另外的形式:

$$\begin{cases} E_{L1} C E_R - \lambda_1 E_{L2} C E_R = 0 \\ E_{L1} C (Y_d - \lambda_1 I) E_R = 0 \end{cases} \tag{5.21}$$

式中,E_{L1} 和 E_{L2} 分别是删除前 B 行和后 B 行的矩阵 E_L 。现在,式(5.21)就转变为一般特征值问题[3]。它的相伴特征值 $\{y_i; i = 1, \cdots, I\}$ 可以由矩阵 $B_1^+ A_1$ 得到,式中,X^+ 表示矩阵 X 的 Moore－Penrose 伪逆[4]。

5.1.2 提取 z_i

与前文相似,通过产生一对矩阵束来提取特征值 $\{z_i; i = 1, \cdots, I\}$ 。

$$A_2 - \lambda_2 B_2 = 0 \tag{5.22}$$

A_2 、B_2 分别由矩阵 X_{diag} 通过删除其前 L 列和后 L 列获得。和前面一样,将式(5.22)写成如下公式:

$$\begin{cases} E_{L1} C E_{R1} - \lambda_2 E_L C E_{R2} = 0 \\ E_L C (Z_d - \lambda_2 I) E_{R2} = 0 \end{cases} \tag{5.23}$$

式中,E_{R1} 和 E_{R2} 分别为删除了前 L 列和后 L 列的矩阵 E_R 。和式(5.21)的推导方法类似,通过求解对应于 $B_2^+ A_2$ 的特征值问题可得到 z_i 。尽管我们已经获取了两对极点,但是每个极点对中的次序并不一定是正确极点对。换句话说,y_i 可能没和极点 z_i 关联在一起。如果将错误的极点对代入式(5.6)和式(5.7),那么将得不到一个正确的 DOA 估计。因此,需要寻找一种将这些极点重新排列为正确的极点对的方法。

5.1.3 提取 d_i

在得到两个极点 y_i 和 z_i 之后,定义对角线矩阵束对为

$$\boldsymbol{D}_1 - \beta\boldsymbol{D}_2 = 0 \tag{5.24}$$

式中，$\boldsymbol{D}_1$ 是首 B 行和尾 L 列被删除的矩阵 $\boldsymbol{X}_{\text{diag}}$。$\boldsymbol{D}_2$ 是首 B 列和尾 L 列被删除的矩阵 $\boldsymbol{X}_{\text{diag}}$。式(5.24)也可被分解为

$$\begin{cases} \boldsymbol{E}_{L1}\boldsymbol{C}\boldsymbol{E}_{R1} - \beta\boldsymbol{E}_{L2}\boldsymbol{C}\boldsymbol{E}_{R2} = 0 \\ \boldsymbol{C}(Y_d Z_d - \beta I)\boldsymbol{E}_{L2}\boldsymbol{E}_{R2} = 0 \end{cases} \tag{5.25}$$

一旦解决了矩阵 $\boldsymbol{D}_2^+\boldsymbol{D}_1$ 的特征值问题，则可得到另一组极点 $\{d_i; i = 1,\cdots,I\}$。因为 $\boldsymbol{D}_1 - \beta\boldsymbol{D}_2$ 在矩阵 $\boldsymbol{X}_{\text{diag}}$ 的对角线上是不同的，这种方法被称为对角矩阵束方法。下面将举例说明如何进行极点配对。

5.1.4 配对 y_i、z_i、d_i

一旦求解出这三种极点对，通过将每个极点 y_i、z_i 相乘可以很容易实现配对。所有可能结合的乘法将等于一个极点 d_i：

$$\{(y_i, z_i) \mid y_i z_i = d_k : i = 1,\cdots,I; j = 1,\cdots,I; k = 1,\cdots,I\} \tag{5.26}$$

这种简单的配对步骤降低了文献[2]中配对步骤的计算复杂度。然而，由于极点是复数，必须很谨慎地进行配对。将正确的极点对代入式(5.6)和式(5.7)，就可以进行 DOA 估计了。

5.1.5 复幅值估计

当极点 (y_i, z_i) 正确配对后，下一步就是估计来波信号的复幅值 c_i，如式(5.3)所示。一种可能的估计 c_i 的方法是解决下面的最小二乘问题[1]：

$$\begin{bmatrix} 1 & 1 & \cdots & 1 \\ z_1 & z_2 & \cdots & z_I \\ \vdots & \vdots & \ddots & \vdots \\ z_1^{N-1} & z_2^{N-1} & \cdots & z_I^{N-1} \\ y_1 & y_2 & \cdots & y_I \\ y_1 z_1 & y_2 z_2 & \cdots & y_I z_I \\ \vdots & \vdots & \ddots & \vdots \\ y_1 z_1^{N-1} & y_2 z_2^{N-1} & \cdots & y_I z_I^{N-1} \\ \vdots & \vdots & \vdots & \vdots \\ y_1^{M-1} & y_2^{M-1} & \cdots & y_I^{M-1} \\ y_1^{M-1} z_1 & y_2^{M-1} z_2 & \cdots & y_I^{M-1} z_I \\ \vdots & \vdots & \ddots & \vdots \\ y_1^{M-1} z_1^{N-1} & y_2^{M-1} z_2^{N-1} & \cdots & y_I^{M-1} z_I^{N-1} \end{bmatrix} \begin{bmatrix} c_1 \\ c_2 \\ \vdots \\ c_I \end{bmatrix} = \begin{bmatrix} x(0;0) \\ x(0;1) \\ \vdots \\ x(0;N-1) \\ x(1;0) \\ x(1;1) \\ \vdots \\ x(1;N-1) \\ \vdots \\ x(M-1;0) \\ x(M-1;1) \\ \vdots \\ x(M-1;N-1) \end{bmatrix} \tag{5.27}$$

5.1.6 带噪信号

到目前为止，信号的数目 I 假定可从矩阵 $\boldsymbol{X}_{\text{diag}}$ 中得到。然而，如果信号中包含噪声，则 $\text{rank}\{\boldsymbol{X}_{\text{diag}}\}$ 将不等于 I。$\boldsymbol{X}_{\text{diag}}$ 的秩将大于 I 。DOA 估计将被矩阵 $\boldsymbol{X}_{\text{diag}}$ 中的噪声破坏。可以由 SVD 得出 I 的估计值并降低噪声[4]。我们先用 SVD 分解 $\boldsymbol{X}_{\text{diag}}$，如下式所示：

$$\boldsymbol{X}_{\text{diag}} = \boldsymbol{U\Sigma V}^{\text{H}} \tag{5.28}$$

其中，$\boldsymbol{U}$ 和 $\boldsymbol{V}$ 是酉矩阵，它们的列分别为 $\boldsymbol{X}_{\text{diag}}\boldsymbol{X}_{\text{diag}}^{\text{H}}$ 、$\boldsymbol{X}_{\text{diag}}^{\text{H}}\boldsymbol{X}_{\text{diag}}$ 的特征向量。$\boldsymbol{X}_{\text{diag}}$ 表示 X 的复转置，$\boldsymbol{\Sigma}$ 是包含 $\boldsymbol{X}_{\text{diag}}$ 的奇异值的对角矩阵。这意味着 $\boldsymbol{\Sigma}$ 中的奇异值个数与信号个数通过 I 相对应[1]。也可以通过观察第 n 个奇异值和最大奇异值的比率来确定：

$$\frac{\sigma_n}{\sigma_{\max}} \approx 10^{-w} \tag{5.29}$$

w 为数据 $x(m;n)$ 的精确的有效十进制数。通过指定的精确度，就可以确定信号 I 的个数。假设剩余的奇异值及其对应的特征向量对应于数据中的噪声和模型误差。一旦 I 确定，就可以产生一个非满秩矩阵 $\widehat{\boldsymbol{X}}_{\text{diag}}$，如下所示：

$$\widehat{\boldsymbol{X}}_{\text{diag}} = \widehat{\boldsymbol{U}}\widehat{\boldsymbol{\Sigma}}\widehat{\boldsymbol{V}}^{\text{H}} \tag{5.30}$$

其中，$\widehat{\boldsymbol{U}}$ 和 $\widehat{\boldsymbol{V}}$ 分别为只选择第一个 I 列的 $\boldsymbol{U}$ 和 $\boldsymbol{V}$；$\widehat{\boldsymbol{\Sigma}}$ 为一个含有 I 个主奇异值的对角矩阵。最后在极点提取的过程中，将用 $\widehat{\boldsymbol{X}}_{\text{diag}}$ 代替 $\boldsymbol{X}_{\text{diag}}$ 。在此要注意，因为要用计算出的极点代替实际极点进行估计，在配对步骤中我们不得不放宽式(5.26)中等号的要求。因此，选择给出了最接近于 d_i 值的极点对 (y_i, z_i) 为一个正确的极点对：

$$\{(y_i, z_j) \mid y_i z_j \approx d_k; i = 1,\cdots,I; j = 1,\cdots,I; k = 1,\cdots,I\} \tag{5.31}$$

迄今为止，我们已经讨论了一种用一个平面阵列来估计二维空间 DOA 和其复振幅的方法。下一节中将讨论估计目标距离的方法。

5.2 距离估计法

本节介绍了基于 MP 方法、使用天线阵列来估计目标距离的方法。此方法利用返回信号的频域信息来估计间隔距离。由于频率的相移和时间延迟有关，如果知道了相移，就能估计出返回信号的时延。换句话说，我们就能知道与目标的距离了。因此，我们将注意力集中在估计频域的相移上。接收到的信号是在一个频率步进为 ΔfHz 的频域内。假设已知每个发射信号频率的初始相位，接收信号在频域内的频率 $(f_0, f_1, \cdots, f_K)$ 上的采样可由下式表示：

$$S(f_k) = \sum_{p=1}^{P} A_p(f_k) \exp\{j2\pi[f_0 + k\Delta f](\tau_{Sp} + \tau_{Rp}) + j\delta_p\} \tag{5.32}$$

其中，P 为接收到的信号数；A_p 为第 p 个信号的复振幅；δ_p 为由于第 p 个目标反射造成的相移；τ_{Sp} 和 τ_{Rp} 分别为对应于目标 p 的沿发送和接收路径的传播延迟。

假设接收信号可以分成 P 个独立的信号。对于一个独立的信号，可得到

$$S_p(f_k) = A_p(f_k) \exp\{j2\pi[f_0 + k\Delta f](\tau_{Sp} + \tau_{Rp}) + j\delta_p\} \tag{5.33}$$

接下来，定义

$$z_p = \exp\left[j2\pi \frac{\Delta f}{c}(R_{Sp} + R_{Rp})\right] \tag{5.34}$$

其中，R_{Sp} 和 R_{Rp} 分别为对应发射和接收路径的距离；c 为信号传播速度。通过规一化每一个频率成分的振幅，$S_p(f_k)$ 和 $S_p(f_{k+1})$ 的关系可以仅通过由传播延时造成的相移来决定。因而，可得到

$$S_p(f_{k+1}) = z_p S_p(f_k) \tag{5.35}$$

接下来，用 MP 法[3] 求解式(5.35)来得到 z_p。规一化的频域数据可组成下面的 Hankel 矩阵：

$$[\boldsymbol{S}_p] = \begin{bmatrix} S_p(0) & S_p(1) & \cdots & S_p(K-L+1) \\ S_p(1) & S_p(2) & \cdots & S_p(L) \\ \vdots & \vdots & & \vdots \\ S_p(L-1) & S_p(L) & \cdots & S_p(K) \end{bmatrix} \tag{5.36}$$

其中，L 称为束参量。于是我们可以求解广义特征值问题：

$$[\boldsymbol{S}]_2 - \eta[\boldsymbol{S}]_1 = 0 \tag{5.37}$$

其中，$[\boldsymbol{S}]_1$ 和 $[\boldsymbol{S}]_2$ 分别为式(5.36)中删除最后一行和第一行的 $[\boldsymbol{S}_p]$。我们提到式(5.36)中的信号信息仅包含一个来自式(5.32)的独立信号。因此，$[\boldsymbol{S}_p]$ 的秩为一阶，且只有一个特征值 η 是解。一旦得到 z_p，信号的传播距离就可以由下式计算：

$$R_{Sp} + R_{Rp} = \frac{cIM(\ln z_p)}{2\pi\Delta f} \tag{5.38}$$

其中，Im(x)表示 x 的虚部。现在已经知道了每个信号的传播距离。如果结合它相应方向的信息，就能估计出目标位置。然而，请注意所有的信息都包含在 z_p 的相位中。因此，如果 z_p 的相位大于 2π，估计将有不确定性。为了防止估计中的错误，可以由下式估计间隔距离的限制：

$$0 \leqslant \frac{\Delta f}{c}(R_{Sp} + R_{Rp}) \leqslant 1$$

或

$$0 \leqslant R_{Sp} + R_{Rp} \leqslant \frac{c}{\Delta f} \tag{5.39}$$

可见估计距离取决于使用的频率步进,频率步进越小,能估计的间距越大。

迄今为止的讨论中,应用于式(5.36)的频域数据没有额外的噪声,并且只对应于一个信号。然而,即使式(5.33)中的信号 S_p 独立于其他接收到的信号,仍然会使信号或接收机中的噪声恶化,使得秩 $[\boldsymbol{S}_p]$ 大于1。因此,当式(5.37)中的问题解决时,就将得到一个以上的特征值 η 。那些额外的特征值将对应于估计中的噪声。为了克服这个问题,SVD 可应用于式(5.36),得到

$$[\boldsymbol{S}_p] = \boldsymbol{U}_p \boldsymbol{\Sigma}_p \boldsymbol{V}_p^{\mathrm{H}} \tag{5.40}$$

其中, $\boldsymbol{U}_p$ 和 $\boldsymbol{V}_p$ 为一维矩阵; $\boldsymbol{\Sigma}_p$ 为有一个沿对角线的主奇异值的对角矩阵。因为 $[\boldsymbol{S}_p]$ 只包含一个信号的信息,只有对应于所关心信号的 $\boldsymbol{U}_p$ 的第一列被选中,其他属于接收信号的噪声空间。于是, $\boldsymbol{U}_1$ 和 $\boldsymbol{U}_2$ 由 $\boldsymbol{U}_p$ 的第一列删除最后一个和第一个元素确定。z_p 的值同样可以通过用前一节的提取极点的方法求解 $\boldsymbol{U}_1$、$\boldsymbol{U}_2$ 的特征值来得到。注意 $[\boldsymbol{S}_p]$ 中的噪声已经通过 SVD 滤出。因此,我们正在找的是滤波数据的特征值。如果 $\boldsymbol{U}_1$ 和 $\boldsymbol{U}_2$ 的元素个数更多, z_p 的估计将更精确。因此,推荐在可用数据的 2/3 附近选择束参量 L。

下一节,用二维 DOA 和距离估计相结合来对空间目标定位。当二维 DOA 估计完成后,就将说明 $\boldsymbol{S}_p$ 的分离。下一节还将显示一些仿真结果。

5.3　目标位置估计和仿真结果

在本节中,将对角矩阵束方法应用于二维 DOA 的估计。目标间的距离通过在5.2节中描述的技术来估计。为了更好地理解,还说明了在讨论估计时使用的仿真假设。我们假设发射天线放置在自由空间坐标为 $(x,y,z) = (0, -100, 0)$ m 处,如图5.1所示。在含坐标系原点的单元($\Delta y =$ 和 Δz)之间,间距为1m的 10×10 的点辐射源阵列位于中心。阵列方向沿着 $y-z$ 平面。

每个天线单元接收到的信号将在频域而不是在时域内进行考虑。频域信息可以简单地使接收信号通过一个由软件或硬件实现的 FFT 得到。一旦每一个天线单元的频域数据都可用,就开始进行 DOA 估计。来自每个天线单元的同频数据 $x(m;n)$ 将代入式(5.9)所示的矩阵 $\boldsymbol{X}_{\text{diag}}$ 中。矩阵 $\boldsymbol{X}_{\text{diag}}$ 将经历得到极点和配对的过程。一旦得到正确的极点对,DOA $(\theta,\phi)_i$ 和它们对应的复振幅 c_i 就可以确定。

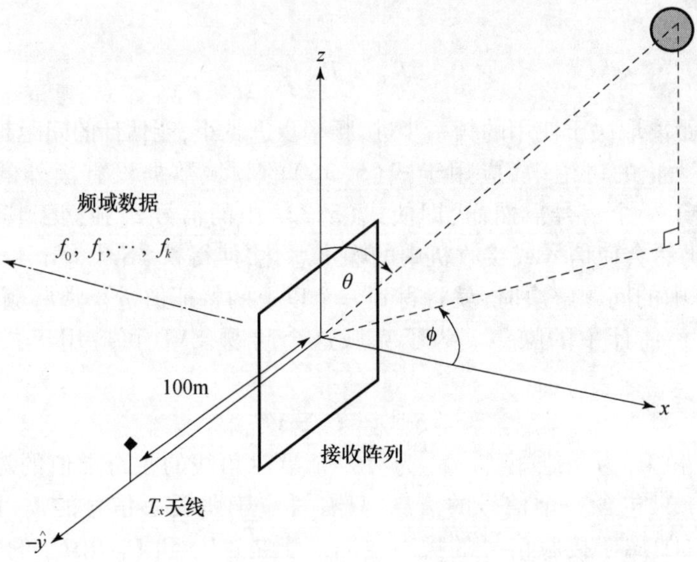

图 5.1 发送和接收天线的配置,天线在频域内接收信号,且有一个球目标位于空间内

对从 f_0 到 f_k 步进为 Δf 的所有频率采样执行 DOA 和复振幅估计。一旦估计结束,对每个目标的 DOA 进行平均得到最后的结果。于是,下一步就是估计出距离。由于已经估计了入射信号的复振幅,我们将用对应于一个方向 $(\theta,\phi)_i$ 的特定目标的所有频率($f_0, f_1, \cdots, f_k$)的振幅来估计间隔距离。式(5.32)中的信号将会自动分成 P 个独立的信号。换句话说,我们通过使用从频率 f_0 到 f_k 相应的复振幅来一个接一个地确定每个目标的间隔距离。尤其值得注意的是,为了满足式(5.35),复振幅必须在它们的幅度上规一化。因此,附加项就是对应于传播延时的相移。在 5.2 节中介绍的 MP 方法现在就可用来得到目标的间隔距离。

由于得到的距离为信号传播的总的距离,在发射机和阵列基准单元间的偏移量修正值可以由下式得出:

$$R_i = \frac{T_i^2 - d^2}{2(T_i + d\sin\theta_i\sin\phi_i)} \tag{5.41}$$

其中

$$T_i = R_{Si} + R_{Ri} \tag{5.42}$$

d 为发射机到阵列基准间的距离(本例中 $d = 100$)。R_i 是第 i 个目标到原点的距离。如果天线的几何形状不同,式(5.41)必须相应变化。最后,目标位置可以用球坐标系 $(R,\theta,\phi)_i$ 来绘制。下面将详细讨论仿真的种类。

为了检验上面叙述的方法,仿真中使用了电磁建模软件(即 WIPL - D[7])。它已经考虑了所有的散射体的影响,包括天线单元间的相互耦合。仿真在自由空间中进行,因此,传播速度等于光速 $c \approx 3 \times 10^8 \text{m/s}$ 。为简单起见,目标为放置在自由空间任意需要估计位置的理想导体球。总的传播距离必须满足具有特定频率步进 Δf 的公式(5.39)。球的半径为0.5m。因为用PEC球做目标,在式(5.32)中由于目标反射造成的相移是180°。发射天线为一个细的偶极子,长1.2m,半径为1mm。在仿真中使用的频率范围为100~102MHz, $\Delta f = 50\text{kHz}$。应用于间距估计的信号的复振幅可用20次DOA估计得到,DOA求平均后得到最后的结果。仿真结果显示之前,定义沿 k 方向的估计误差为

$$e_k \triangleq \left| \frac{\eta_{\text{exact}} - \eta_{\text{est}}}{\eta_{\text{exact}}} \right| \times 100\% \tag{5.43}$$

其中, η_{exact} 和 η_{est} 分别为精确值和估计值。图5.2显示了估计的无噪声两目标定位结果,表5.1包括结果的详细内容。

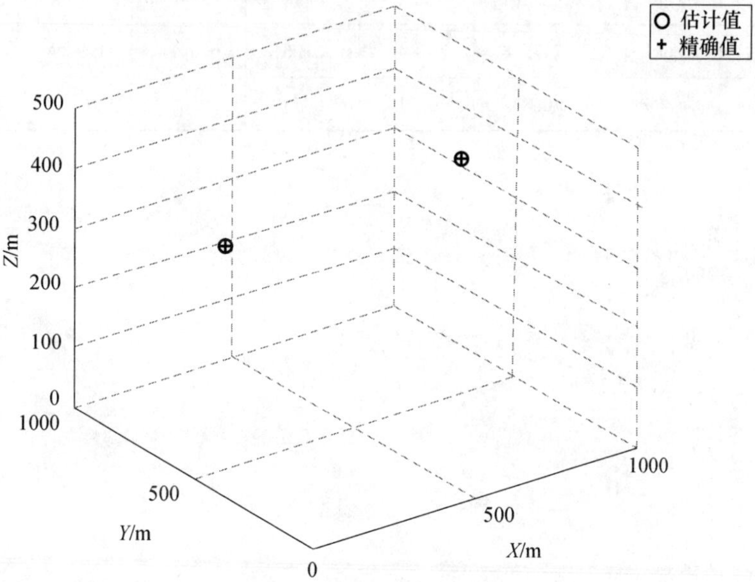

图5.2　两个位于球(250,700,300)和(600,200,500)时,
无噪声但具有非模型互耦的结果

需要注意的是,即使接收到的信号没有加入噪声,信号中仍有干扰。这种干扰是由球与球、球与发射天线间的互耦造成的。因此不能期望 $\boldsymbol{X}_{\text{diag}}$ 的秩精确地等于入射信号或目标的个数。从奇异值中选择目标个数时必须小心。

在仿真中，还有一个到阵列的直达波需要从发射天线中移除。在一个真实系统中这个直达波可以很容易地用防止直达波通过接收机的 T – R 开关抑制住。

从表 5.1 可以看出，两球的真实位置分别为(250,700,300)和(600,200,500)，仿真的估计误差都小于 1%。

图 5.3、图 5.4、表 5.2 和表 5.3 显示了噪声污染信号的其他结果，每个天线单元的信噪比为 30dB。

图 5.3 和表 5.2 中，两个球位于(300,600,200)和(700,500,200)。图 5.4 和表 5.3 中，第一个球位于(300,600,200)，第二个球位于(700,500,100)，第三个球位于(900,100,450)。

表 5.1 真实位置、估计位置和误差

坐标	目标 1			目标 2		
	x	y	z	x	y	z
真实位置/m	250	700	300	600	200	500
估计位置/m	247.88	701.46	301.64	600.11	199.26	501.35
误差 e_x,e_y,e_z /%	0.84	0.21	0.55	0.02	0.37	0.27

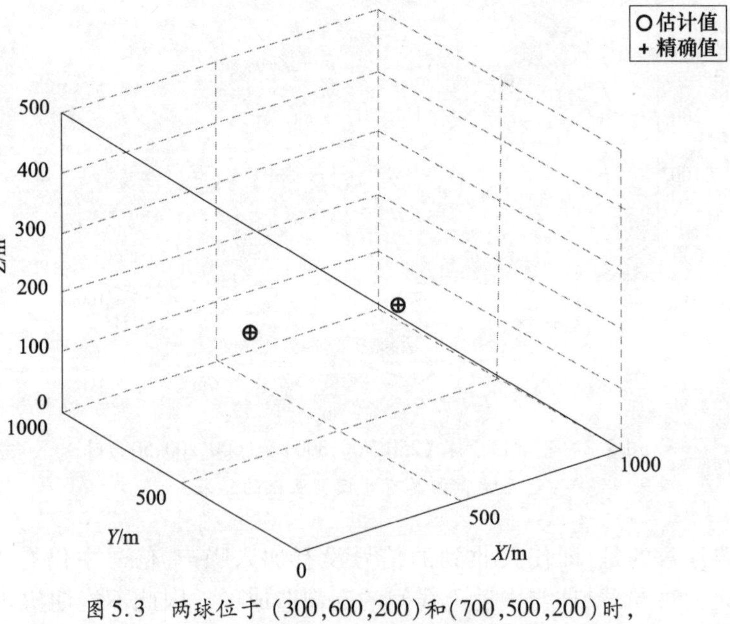

图 5.3 两球位于 (300,600,200)和(700,500,200)时，信噪比为 30dB 的结果

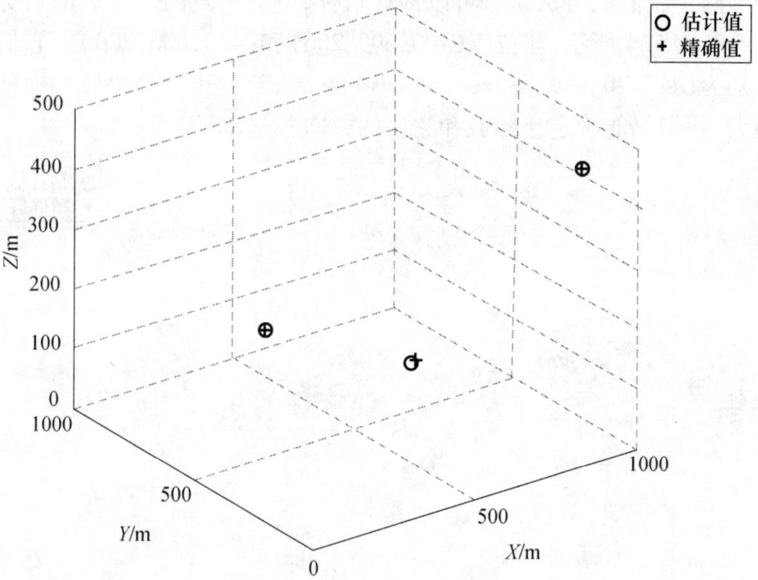

图5.4 三球位于(300,600,200)、(700,500,100)和(900,100,450)时,信噪比30dB的结果

表5.2 信噪比为30dB,两个球的结果

坐标	目标1			目标2		
	x	y	z	x	y	z
真实位置/m	300	600	200	700	500	200
估计位置/m	297.82	603.06	201.78	708.49	505.40	198.79
误差 e_x,e_y,e_z/%	0.73	0.51	0.89	1.21	1.08	0.61

表5.3 信噪比为30dB,三个球的估计结果

坐标	目标1			目标2			目标3		
	x	y	z	x	y	z	x	y	z
真实位置/m	300	600	200	700	500	100	900	100	450
估计位置/m	297.48	601.84	201.88	685.49	508.37	96.03	896.86	101.04	456.84
误差 e_x,e_y,e_z/%	0.84	0.31	0.94	2.07	1.67	3.97	0.35	1.04	1.52

文献[5]提到,如果有很多入射信号时,对角矩阵束方法在高信噪比时表现很好。如果有三个来自目标的信号,球之间存在互耦,信噪比为30dB时估计误差非常大。增加阵列中天线单元的数量可以减少误差。在某些情况下,需要探测靠近的目标。例如,在监视雷达系统中,探测靠近的飞行器是必需的能力之

一。为了确定我们的方法是否可以估计目标,下面仿真两个靠近的目标。结果如图5.5和表5.4所示,球位于(400,600,200)和(450,600,200)。它们的估计位置分别为(415.70,613.08,204.48)、(444.56,577.76,199.88)。即使估计的误差很大,我们仍能确定目标数和它们的方向。

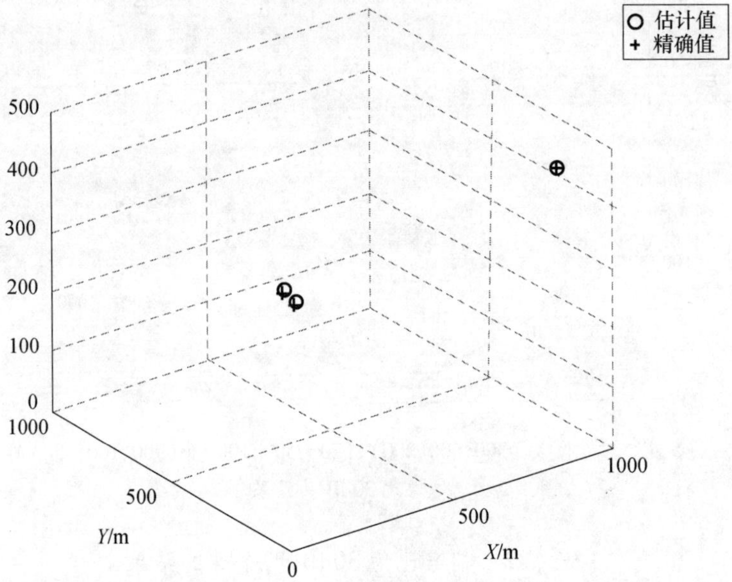

图5.5 两个球位于(400,600,200)和(450,600,200),相距50m时,信噪比为30dB的结果

表5.4 信噪比为30dB,两个距离较近球的估计结果

坐标	目标1			目标2		
	x	y	z	x	y	z
真实位置/m	400	600	200	450	600	200
估计位置/m	415.70	613.08	204.48	444.56	577.76	199.88
误差 e_x, e_y, e_z (%)	3.92	2.18	2.24	1.21	3.71	0.06

5.4 结论

迄今为止,我们显示了用DOA估计方法确定目标位置的仿真结果。为了定位一个空间中的目标,需要估计指向目标的方向和到目标的距离。由于在仿真中应用的DOA估计方法也可以估计信号的复振幅,利用这些信息就可以确定到目标的距离,或者我们可以通过波传播的时间延迟确定距离。结合DOA

和距离,就可以定位目标。由于此方法对噪声很敏感,只好增加阵列单元数来降低估计误差。目标间的互耦同样可以认为是到天线的另一个入射信号。因此,在此方法中选择目标数和其他参数时必须慎重。即使可估计的最大距离受到式(5.39)提到的z_p的相位信息的限制,这种方法也可以用作额外的信息来增加任何目标截获系统的精确性,系统的距离信息可以通过其他方法得到。

最后,在本节中,利用两种修正矩阵束方法来确定目标在自由空间中的位置,并介绍了基于电磁软件模型的一些仿真结果。

参考文献

[1] Sarkar T K, et al. Smart Antennas. New York: John Wiley & Sons, 2003.

[2] Hua Y. Estimating Two – Dimensional Frequencies by Matrix Enhancement and Matrix Pencil. IEEE Trans. on Signal Processing, vol – 40, No. 92, 1992, pp. 2267 – 2280.

[3] Hua Y, Sarkar T K. Matrix Pencil Method for Estimating Parameters for Exponentially Damped/Undamped Sinusoids in Noise. IEEE Trans. on Acoustics, Speech, and Signal Processing, vol – 36, No. 5, 1990, pp. 814 – 824.

[4] Golub G H, Van Loan C F. Matrix Computations, 3ed. Baltimore, MD: Johns Hopkins University Press, 1996.

[5] Burintramart S. Estimation of the Two – Dimensional Direction of Arrival by The Diagonal Matrix Pencil Method. ACES Conference, Syracuse, NY, 2004.

[6] Sarkar T K, Pereira O. Using the Matrix Pencil Method to Estimate the Parameters of a Sum of Complex Exponentials. IEEE Antennas and Propagation Magazine, vol – 37, No. 1, February 1995.

[7] Kolundzija B M, Ognjanovic J S, T K Sarkar. WIPL – D: Electromagnetic Modeling of Composite Metallic and Dielectric Structures. Norwood, MA: Artech House, 2000, http://wipl – d. com.

第6章 时变极化移动源测向的极化时频 MUSIC 法

Yimin Zhang, Baha A. Obeidat, and Moeness G. Amin

在多单元双极化双馈电天线的极化非平稳信号入射的处理中,提出了用空间极化时频分布(SPTFD)作为平台。基于此平台,在含有明显极化特征的非平稳源的DOA估计中,发展了极化时频MUSIC(PTF-MUSIC)方法。在本章中,我们验证了PTF-MUSIC方法在跟踪带有时变极化特征的运动源时的可行性。证明了当源间距很近时,极化分集在测向问题中的重要性,并且讨论了有关利用极化分集的重大问题。SPTFD有合并瞬时极化信息和视场内不同源的时频特征的能力。存在一个或多个信号的特定时频点或区域的合并提高了信噪比,并且可进行辐射源的辨别和排除。在必需的阵列传感器的数量上它依次导致了DOA性能的提高和降低。PTF-MUSIC远远胜过现有的时频MUSIC、极化MUSIC和传统的MUSIC测向技术。

6.1 引 言

时频分布(TFDs)已经应用于不同领域的非平稳信号分析和合成中,包括语音、生物医学、汽车工业和机器监控[1-3]。在过去的几年里,空间维已经随同时间和频率变量一起合成二次和更高次的TFDs,并且导致引入的空间时频分布成为了非平稳阵列信号处理的一种有力工具[4-7]。方向和混合矩阵定义了从传感器数据的TFDs到单独的源波形的TFDs的关系。我们发现它和传统的阵列处理中的数据协方差矩阵相似。这种相似性允许将基于子空间的估计方法应用到时频信号表示中,利用源的瞬时频率来测向。当源具有瞬时非平稳的特性时,已经显示了MUSIC[8,9]、最大似然法[10]和基于SPTFDs的ESPRIT[11]技术胜过它们相应的基于协方差矩阵的方法。

另一方面,极化和极化分集一般应用于无线通信和多种类型的雷达系统中[12,13]。天线和目标极化特性广泛应用于遥感和合成孔径雷达(SAR)中[14-16]。航空航天平台如气象雷达一样包括极化信息[17,18]。极化在存在杂波的目标识别中扮演着重要角色，且已经合并在天线阵列中以提高信号参数估计，包括 DOA 和到达时间（TOA）[21,22]。

为了结合时频（$t-f$）信号表示和极化信号处理，介绍了双馈电双极化的 SPTFDs，允许利用在视场内源的 $t-f$ 和极化特征[23-25]。我们已经应用 SPTFD 来发展 PTF-MUSIC 技术，该技术用基于辐射源的 $t-f$ 和极化特性来表达。这项新技术应用于极化非平稳信号的 DOA 估计，并且显示了它优于只合并 $t-f$ 或极化源特性的 MUSIC 技术[24]。在文献[23,26]中介绍了 SPTFDs 在类似于 ESPRIT 方法中的应用。

在本章中，我们检查了 PTF-MUSIC 方法在跟踪带有时变极化特性的运动源中的可行性。证明了极化分集在辐射源非常接近的测向问题中的重大意义，讨论了为了有效利用极化分集对数据样本的必需的处理。SPTFD 在选择的自项 $t-f$ 点上合并了瞬时极化信息，在这些点上想得到的辐射源信号的能量被聚集。构建 SPTFD 矩阵的 $t-f$ 区域的选择不仅降低了噪声，还能从特征分解和子空间估计中将辐射源排除。辐射源数量的减少降低了对阵列传感器数量的需求，提高了性能。结果就是 PTF-MUSIC 优于现有的极化 MUSIC 技术。

本章结构如下：6.2 节讨论了信号模型，简要回顾了 TFDs 和 STFDs；6.3 节考虑了双极化天线阵列，并介绍了 SPTFDs 的概念；6.4 节提出了 PIF-MUSIC 算法；6.5 节介绍了空间-极化相关，它是一个测量在联合空间和极化域内的两辐射源之间狭小距离的有用参数；6.6 节讲述了跟踪带有时变极化特性运动源的 DOA 方法；6.7 节给出了计算机仿真，证明了提出方法的有效性。

本章中，小写粗体字母表示向量，大写粗体字母表示矩阵。操作 $E[\cdot]$ 表示数学期望，$(\cdot)^*$ 表示复共轭，$(\cdot)^{\mathrm{T}}$ 表示转置，$(\cdot)^{\mathrm{H}}$ 表示共轭转置（Hermitia），$(\cdot)^{[j]}$ 表示极化，$\|\cdot\|$ 表示向量范数，$\otimes$ 表示 Kronecker 乘积算子，$\bigcirc$表示 Hadamard 乘积算子。

6.2 信号模型

6.2.1 时频分布

信号 $x(t)$ 的时频分布（TFD）的科恩类定义如下[1]：

$$D_{xx}(t,f) = \iint \phi(t-u,\tau)\, x\left(u+\frac{\tau}{2}\right) x^*\left(u-\frac{\tau}{2}\right) \mathrm{e}^{-\mathrm{j}2\pi f\tau} \mathrm{d}u \, \mathrm{d}\tau \tag{6.1}$$

其中,t 和 f 分别为时间和频率指数; $\phi(t,\tau)$ 为 $t-f$ 核; τ 为时间滞后变量。在本章中,所有的积分都是从 $-\infty$到 $+\infty$。

两个信号 $x_i(t)$ 和 $x_k(t)$ 的交叉项 TFD 由下式定义:

$$D_{x_ix_k}(t,f) = \iint\phi(t-u,\tau)x_i\left(u+\frac{\tau}{2}\right)x_k^*\left(u-\frac{\tau}{2}\right)\mathrm{e}^{-\mathrm{j}2\pi f\tau}\mathrm{d}u\ \mathrm{d}\tau \quad (6.2)$$

6.2.2 空间时频分布

空间时频分布(STFD)已经发展应用于单极化天线阵[4-6]。考虑 n 个窄带信号入射到一个天线阵列,阵列有 m 个单极化天线单元。假设有下面的线性数据模型

$$\boldsymbol{x}(t) = \boldsymbol{y}(t) + \boldsymbol{n}(t) = \boldsymbol{A}(\boldsymbol{\Phi})\boldsymbol{s}(t) + \boldsymbol{n}(t) \quad (6.3)$$

其中, $m\times n$ 维矩阵 $\boldsymbol{A}(\boldsymbol{\Phi}) = [\boldsymbol{a}(\phi_1),\boldsymbol{a}(\phi_2),\cdots,\boldsymbol{a}(\phi_n)]$ 是含有 n 个信号的空间信息的混合矩阵; $\boldsymbol{\Phi} = [\phi_1,\phi_2,\cdots,\phi_n]$; $\boldsymbol{a}(\phi_1)$ 是辐射源 i 的空间特征; $n\times 1$ 维向量 $\boldsymbol{s}(t) = [s_1(t),s_2(t),\cdots,s_n(t)]^{\mathrm{T}}$ 的每一个元素是单一成分信号。由于每个传感器上都会发生信号混叠, $m\times 1$ 维的传感器数据向量 $\boldsymbol{x}(t)$ 的元素为多元信号。$\boldsymbol{n}(t)$ 为 $m\times 1$ 维的附加噪声向量,为独立的零均值、白噪声且服从高斯分布。

数据向量 $\boldsymbol{x}(t)$ 的 STFD 由下式表示[4]:

$$\boldsymbol{D}_{xx}(t,f) = \iint\phi(t-u,\tau)\boldsymbol{x}\left(u+\frac{\tau}{2}\right)\boldsymbol{x}^{\mathrm{H}}\left(u-\frac{\tau}{2}\right)\mathrm{e}^{-\mathrm{j}2\pi f\tau}\mathrm{d}u\mathrm{d}\tau \quad (6.4)$$

其中, $\boldsymbol{D}_{xx}(t,f)$ 的第(i,k)个元素由式(6.2)得到$(i,k=1,2,\cdots,m)$。将式(6.3)代入式(6.4)中,可得到无噪声的 STFD,结果为

$$\boldsymbol{D}_{xx}(t,f) = \boldsymbol{A}(\boldsymbol{\Phi})\,\boldsymbol{D}_{ss}(t,f)\,\boldsymbol{A}^{\mathrm{H}}(\boldsymbol{\Phi}) \quad (6.5)$$

其中, $\boldsymbol{D}_{xx}(t,f)$ 为 $s(t)$ 的 TFD 矩阵,由自源和交叉源 TFDs 组成。当存在与信号无关的噪声时, $\boldsymbol{D}_{xx}(t,f)$ 的期望值为

$$E[\boldsymbol{D}_{xx}(t,f)] = \boldsymbol{A}(\boldsymbol{\Phi})E[\boldsymbol{D}_{xx}(t,f)]\,\boldsymbol{A}^{\mathrm{H}}(\boldsymbol{\Phi}) + \sigma^2\boldsymbol{I} \quad (6.6)$$

其中, σ^2 为噪声功率;$\boldsymbol{I}$ 为单位阵。

式(6.6)使 STFD 矩阵和辐射源的 TFD 矩阵相关联。和普遍用于窄带阵列处理问题的公式相似,使辐射源的协方差矩阵与传感器的协方差矩阵相关联。因此,很明显,由 $\boldsymbol{D}_{xx}(t,f)$ 的主要特征向量和 $\boldsymbol{A}(\boldsymbol{\Phi})$ 的列生成的两个子空间是相同的。通过由高局部化信号能量的 $t-f$ 点构造 STFD 矩阵,相对于其通过协方差矩阵得到的配对,相应的信号和噪声子空间估计对于噪声变得有更强的鲁棒性[5,9,10]。而且,通过特殊 $t-f$ 区域的选择实现的辐射源的排除提高了 DOA 的估计性能。

6.3 空间极化时频分布

6.3.1 极化模型

对于一个入射到阵列的远场 TEM 波,如图 6.1 所示,电场可由下式描述:

$$\begin{aligned}\boldsymbol{E}(t) &= \boldsymbol{E}_{\theta}(t)\hat{\boldsymbol{\theta}} + \boldsymbol{E}_{\phi}(t)\hat{\boldsymbol{\phi}} \\ &= [\boldsymbol{E}_{\theta}(t)\cos(\theta)\cos(\phi) - \boldsymbol{E}_{\phi}(t)\sin(\phi)]\hat{\boldsymbol{x}} \\ &\quad + [\boldsymbol{E}_{\theta}(t)\cos(\theta)\sin(\phi) - \boldsymbol{E}_{\phi}(t)\cos(\phi)]\hat{\boldsymbol{y}} + E_{\theta}(t)\sin(\theta)\hat{\boldsymbol{z}}\end{aligned} \tag{6.7}$$

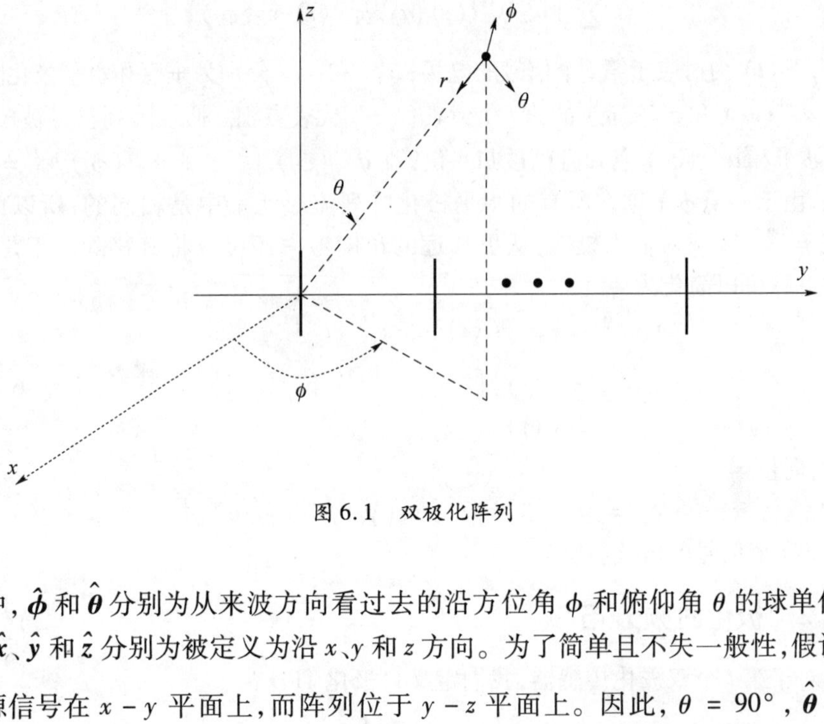

图 6.1　双极化阵列

其中, $\hat{\boldsymbol{\phi}}$ 和 $\hat{\boldsymbol{\theta}}$ 分别为从来波方向看过去的沿方位角 ϕ 和俯仰角 θ 的球单位向量; $\hat{\boldsymbol{x}}$、$\hat{\boldsymbol{y}}$ 和 $\hat{\boldsymbol{z}}$ 分别为被定义为沿 x、y 和 z 方向。为了简单且不失一般性,假设辐射源信号在 $x-y$ 平面上,而阵列位于 $y-z$ 平面上。因此, $\theta = 90°$, $\hat{\boldsymbol{\theta}} = -\hat{z}$,并且

$$\boldsymbol{E} = -\boldsymbol{E}_{\phi}(t)\sin(\phi)\hat{\boldsymbol{x}} + \boldsymbol{E}_{\phi}(t)\cos(\phi)\hat{\boldsymbol{y}} + \boldsymbol{E}_{\theta}(t)\hat{\boldsymbol{z}} \tag{6.8}$$

我们用 $s(t)$ 表示由参考传感器接收机测量的辐射源信号幅度,极化角 $\gamma \in [0°,90°]$,极化相位差 $\eta \in (-180°,180°]$ 。辐射源垂直和水平极化成分 $s^{[v]}(t)$ 和 $s^{[h]}(t)$ 可以在各自的球形域内表示成 $E_{\theta}(t)$ 和 $E_{\phi}(t)$:

$$E_{\theta}(t) = s^{[v]}(t) = s(t)\cos(\gamma), E_{\phi}(t) = s^{[h]}(t) = s(t)\sin(\gamma)e^{j\eta} \tag{6.9}$$

如果 $\eta = 0°$ 或 $\eta = 180°$,信号可以认为是线极化。将式(6.9)代入式(6.8)得

$$\boldsymbol{E}(t) = s(t)[-\cos(\gamma)\sin(\phi)\hat{\boldsymbol{x}} + \cos(\phi)\sin(\gamma)\, e^{j\eta}\hat{\boldsymbol{y}} + \cos(\gamma)\,\hat{\boldsymbol{z}}] \tag{6.10}$$

现在我们考虑有 n 个信号入射到由 m 个双极性天线组成的天线阵上。第 i 个辐射源的垂直和水平成分可表示为

$$s_i^{[v]}(t) = s_i(t)\cos(\gamma_i) = c_{i1}s_i(t), s_i^{[h]}(t) = s_i(t)\sin(\gamma_i)e^{j\eta i} = c_{i2}s_i(t) \quad (6.11)$$

其中,参数 $c_{i1} = \cos(\gamma_i)$ 和 $c_{i2} = \sin(\gamma_i)e^{j\eta i}$ 分别表示垂直和水平极化系数。垂直和水平天线位于 $\hat{z}$ 和 $\hat{y}$ 方向上的第 l 个双极化天线接收到的信号表示为

$$\begin{aligned}\underline{\boldsymbol{y}}_l(t) &= [y_l^{[v]}(t), y_l^{[h]}(t)]^{\mathrm{T}} \\ &= \sum_{i=1}^{n} [\boldsymbol{a}_{il}^{[v]}\boldsymbol{E}_i(t)\cdot\hat{\boldsymbol{z}}, \boldsymbol{a}_{il}^{[v]}\boldsymbol{E}_i(t)\cdot\hat{\boldsymbol{y}}]^{\mathrm{T}} \\ &= \sum_{i=1}^{n} [a_{il}^{[v]}s_i^{[v]}(t), a_{il}^{[h]}s_i^{[h]}(t)\cos(\phi_i)]^{\mathrm{T}}\end{aligned} \quad (6.12)$$

其中,$\boldsymbol{E}_i(t)$ 为对应于第 i 个信号的电场; $a_{il}^{[v]}$ 和 $a_{il}^{[h]}$ 分别为垂直和水平极化阵列向量 $\boldsymbol{a}^{[v]}(\phi_i)$ 和 $\boldsymbol{a}^{[h]}(\phi_i)$ 的第 l 个元素;"·"代表点积。假设阵列已经被校准,$\boldsymbol{a}^{[v]}(\phi_i)$ 和 $\boldsymbol{a}^{[h]}(\phi_i)$ 已知且已被归一化; $\|\boldsymbol{a}^{[v]}(\phi_i)\|^2 = \|\boldsymbol{a}^{[h]}(\phi_i)\|^2 = m$。注意,由于 $\cos(\phi_i)$ 项在所有的水平极化阵列流形元素中是相同的,所以可以专注于关心区域的矩阵校准,从更长远的角度考虑还可以将其移除。于是,上面的方程可以简化为

$$\begin{aligned}\underline{\boldsymbol{y}}_l(t) &= [a_{il}^{[v]}s_i^{v}(t), a_{il}^{[h]}s_i^{[h]}(t)]^{\mathrm{T}} \\ &= s_i(t)([a_{il}^{[v]}, a_{il}^{[h]}]^{\mathrm{T}} \circ [c_{i1}, c_{i2}]^{\mathrm{T}}) \\ &= s_i(t)\,\boldsymbol{a}_{il} \circ \boldsymbol{c}_i\end{aligned} \quad (6.13)$$

其中,向量

$$\boldsymbol{c}_i = [c_{i1}, c_{i2}]^{\mathrm{T}} = [\cos(\gamma_i), \sin(\gamma_i)e^{j\eta i}]^{\mathrm{T}} \quad (6.14)$$

表示第 i 个信号的极化特征。

6.3.2 极化时频分布

对于第 l 个双极化传感器,我们定义自极化 TFD 为

$$D_{x_l^{[i]}x_L^{[i]}}(t,f) = \iint \phi(t-u,\tau)x_l^{[i]}\left(u+\frac{\tau}{2}\right)\left[x_l^{[i]}\left(u-\frac{\tau}{2}\right)\right]^* e^{-j2\pi f\tau}\,du\,d\tau \quad (6.15)$$

交叉极化 TFD 为

$$D_{x_l^{[i]}x_l^{[k]}}(t,f) = \iint \phi(t-u,\tau)x_l^{[i]}\left(u+\frac{\tau}{2}\right)\left[x_l^{[k]}\left(u-\frac{\tau}{2}\right)\right]^* e^{-j2\pi f\tau}\,du\,d\tau \quad (6.16)$$

其中,上标 i 和 k 表示 v 或 h 中的任何一个。定义

$$\underline{\boldsymbol{x}}_l(t) = [x_l^{[v]}, x_l^{[h]}]^{\mathrm{T}} \quad (6.17)$$

它包含一个双极化天线接收的两个极化成分。于是,自极化 TFD 和交叉极化 TFD 组成 2×2 维的极化 TFD(PTFD)矩阵

$$\boldsymbol{D}_{\underline{x}_l\underline{x}_l}(t,f)=\iint\phi(t-u,\tau)\underline{\boldsymbol{x}}_l\left(u+\frac{\tau}{2}\right)\underline{\boldsymbol{x}}_l^{\mathrm{H}}\left(u-\frac{\tau}{2}\right)\mathrm{e}^{-\mathrm{j}2\pi f\tau}\mathrm{d}u\mathrm{d}\tau \tag{6.18}$$

$\boldsymbol{D}_{\underline{x}_l\underline{x}_l}(t,f)$ 的对角线元素为自极化 TFD$D_{x_l^{[i]}x_l^{[k]}}(t,f)$，而非对角线元素为交叉极化项 $D_{x_l^{[i]}x_l^{[k]}}(t,f)$，$i\neq k$。

6.3.3 空间极化时频分布

式(6.12)~式(6.18)对应于一个单一的双极化传感器的情况。对一个由 m 个双极化天线组成的阵列，每一个极化 i 的数据向量可由下式表示，其中 $i=v$ 或 $i=h$：

$$\begin{aligned}\boldsymbol{x}^{[i]}(t)&=[x_1^{[i]}(t),x_2^{[i]}(t),\cdots,x_m^{[i]}(t)]^{\mathrm{T}}=\boldsymbol{y}^{[i]}(t)+\boldsymbol{n}^{[i]}(t)\\&=\boldsymbol{A}^{[i]}(\boldsymbol{\Phi})\boldsymbol{s}^{[i]}(t)+\boldsymbol{n}^{[i]}(t)\end{aligned}\tag{6.19}$$

将 PTFDs 推广到多传感器接收机应用中。基于式(6.19)，可构造下面的两种极化的扩展数据向量：

$$\begin{aligned}\boldsymbol{x}(t)&=\begin{bmatrix}\boldsymbol{x}^{[v]}(t)\\\boldsymbol{x}^{[h]}(t)\end{bmatrix}=\begin{bmatrix}\boldsymbol{A}^{[v]}(\boldsymbol{\Phi})&0\\0&\boldsymbol{A}^{[h]}(\boldsymbol{\Phi})\end{bmatrix}\begin{bmatrix}\boldsymbol{s}^{[v]}(t)\\\boldsymbol{s}^{[h]}(t)\end{bmatrix}+\begin{bmatrix}\boldsymbol{n}^{[v]}(t)\\\boldsymbol{n}^{[h]}(t)\end{bmatrix}\\&=\begin{bmatrix}\boldsymbol{A}^{[v]}(\boldsymbol{\Phi})&0\\0&\boldsymbol{A}^{[h]}(\boldsymbol{\Phi})\end{bmatrix}\begin{bmatrix}\boldsymbol{Q}^{[v]}\\\boldsymbol{Q}^{[h]}\end{bmatrix}+\begin{bmatrix}\boldsymbol{n}^{[v]}(t)\\\boldsymbol{n}^{[h]}(t)\end{bmatrix}\\&=\boldsymbol{B}(\boldsymbol{\Phi})\boldsymbol{Q}\boldsymbol{s}(t)+\boldsymbol{n}(t)\end{aligned}\tag{6.20}$$

其中

$$\boldsymbol{B}(\boldsymbol{\Phi})=\begin{bmatrix}\boldsymbol{A}^{[v]}(\boldsymbol{\Phi})&0\\0&\boldsymbol{A}^{[h]}(\Phi)\end{bmatrix}\tag{6.21}$$

是块对角阵，且

$$\boldsymbol{Q}=\begin{bmatrix}\boldsymbol{Q}^{[v]}\\\boldsymbol{Q}^{[h]}\end{bmatrix}\tag{6.22}$$

是辐射源的极化特征向量，其中

$$\boldsymbol{q}^{[v]}=[\cos(\gamma_1),\cdots,\cos(\gamma_n)]^{\mathrm{T}},\boldsymbol{Q}^{[v]}=\mathrm{diag}(\boldsymbol{q}^{[v]})\tag{6.23}$$

$$\boldsymbol{q}^{[h]}=[\sin(\gamma_1)\mathrm{e}^{\mathrm{j}\eta_1},\cdots,\sin(\gamma_n)\mathrm{e}^{\mathrm{j}\eta_n}]^{\mathrm{T}},\boldsymbol{Q}^{[h]}=\mathrm{diag}(\boldsymbol{q}^{[h]})\tag{6.24}$$

因此

$$\begin{aligned}\boldsymbol{B}(\boldsymbol{\Phi})\boldsymbol{Q}&=\begin{bmatrix}\boldsymbol{a}^{[v]}(\phi_1)\cos(\gamma_1)&\cdots&\boldsymbol{a}^{[v]}(\phi_n)\cos(\gamma_n)\\\boldsymbol{a}^{[h]}(\phi_1)\sin(\gamma_1)\mathrm{e}^{\mathrm{j}\eta_1}&\cdots&\boldsymbol{a}^{[h]}(\phi_n)\sin(\gamma_n)\mathrm{e}^{\mathrm{j}\eta_n}\end{bmatrix}\\&=[\tilde{a}(\phi_1)\cdots\tilde{a}(\phi_n)]\end{aligned}\tag{6.25}$$

上面的矩阵可视为一个扩展混叠矩阵，其中

$$\tilde{\boldsymbol{a}}(\phi_k) = \begin{bmatrix} \boldsymbol{a}^{[v]}(\phi_k)\cos(\gamma_k) \\ \boldsymbol{a}^{[h]}(\phi_k)\sin(\gamma_k)e^{j\eta k} \end{bmatrix} \tag{6.26}$$

表示辐射源 k 的联合空间 - 极化特征。

很明显,双极化阵列相对于单极化情况而言,向量空间维数增加一倍。特别是当 $\boldsymbol{a}^{[v]}(\phi_k) = \boldsymbol{a}^{[h]}(\phi_k) = \boldsymbol{a}(\phi_k)$ 时,上面的等式可简化为

$$\tilde{\boldsymbol{a}}(\phi_k) = \boldsymbol{a}^{[h]}(\phi_k) \otimes \boldsymbol{c}_k \tag{6.27}$$

现在有可能合并入射到接收阵列的辐射源信号的极化、空间和 $t-f$ 特性。双极化数据向量 $\boldsymbol{x}(t)$ 可用来表示下面的 STFD 矩阵:

$$\boldsymbol{D}_{xx}(t,f) = \iint \phi(t-u,\tau)\boldsymbol{x}\left(u+\frac{\tau}{2}\right)\boldsymbol{x}^{\mathrm{H}}\left(u-\frac{\tau}{2}\right)e^{-j2\pi f\tau}\mathrm{d}u\mathrm{d}\tau \tag{6.28}$$

这种 SPTFD 矩阵包含需要将典型问题变为阵列处理的信息,包括测向,将在下一节进行说明。

当可以忽略噪声的影响时,SPTFD 矩阵通过如下的方程和辐射源 TFD 矩阵发生联系:

$$\boldsymbol{D}_{xx}(t,f) = \boldsymbol{B}(\boldsymbol{\Phi})\boldsymbol{Q}\,\boldsymbol{D}_{ss}(t,f)\,\boldsymbol{Q}^{\mathrm{H}}\,\boldsymbol{B}^{\mathrm{H}}(\boldsymbol{\Phi}) \tag{6.29}$$

6.4 极化时频 MUSIC 算法

文献[8]介绍了时频 MUSIC 算法(TF - MUSIC),该算法可提高有清楚的 $t-f$ 特性信号的空间分辨率。它基于 STFD 矩阵的特征值。PTF - MUSIC 是 TF - MUSIC 算法的重要推广,它可以处理分集的极化信号和极化阵列。它是基于式(6.28)的 SPTFD 矩阵。

考虑到如下的空间特征矩阵:

$$\boldsymbol{F}(\phi) = \frac{1}{\sqrt{m}}\begin{bmatrix} \boldsymbol{a}^{[v]}(\phi) & 0 \\ 0 & \boldsymbol{a}^{[h]}(\phi) \end{bmatrix} \tag{6.30}$$

其相应于DOA ϕ 。由于 $\|\boldsymbol{a}^{[i]}(\phi)\|^2 = m$, $\boldsymbol{F}^{\mathrm{H}}(\phi)\boldsymbol{F}(\phi)$ 是一个 2×2 的单位阵。

为了在联合空间和极化域中进行搜索,定义下面的的空间 - 极化搜索向量:

$$\boldsymbol{f}(\phi,\boldsymbol{c}) = \frac{\boldsymbol{F}(\phi)\boldsymbol{c}}{\|\boldsymbol{F}(\phi)\boldsymbol{c}\|}\boldsymbol{F}(\phi)\boldsymbol{c} \tag{6.31}$$

向量 $\boldsymbol{c} = [c_1, c_2]^{\mathrm{T}}$ 是未知极化系数 c_1 和 c_2 的单位范数向量。在式(6.31)中,使用了下面的知识:

$$\|\boldsymbol{F}(\phi)\boldsymbol{c}\| = [\boldsymbol{c}^{\mathrm{H}}\,\boldsymbol{F}^{\mathrm{H}}(\phi)\boldsymbol{F}(\phi)\boldsymbol{c}]^{1/2} = (\boldsymbol{c}^{\mathrm{H}}\boldsymbol{c})^{1/2} = 1$$

PTF - MUSIC 谱可以由以下公式得到[23,24]:

$$P(\phi) = [\min_c \boldsymbol{f}^{\mathrm{H}}(\phi,\boldsymbol{c}) \boldsymbol{U}_n \boldsymbol{U}_n^{\mathrm{H}} \boldsymbol{f}(\phi,\boldsymbol{c})]^{-1} = [\min_c \boldsymbol{c}^{\mathrm{H}} \boldsymbol{F}^{\mathrm{H}}(\phi) \boldsymbol{U}_n \boldsymbol{U}_n^{\mathrm{H}} \boldsymbol{F}(\phi)\boldsymbol{c}]^{-1} \quad (6.32)$$

其中，$\boldsymbol{U}_n$ 为用所选的 $t-f$ 点从 SPTFD 矩阵得到的噪声子空间。时频平均和联合块对角化两种方法可以用来结合由多个 $t-f$ 点构成的不同的 STFD 和 SPTFD 矩阵[5,8,27]。通过从所有或一些辐射源的高能量集合区域选择这些点可以提高 SNR，并且可以使基于 $t-f$ 的 MUSIC 算法比传统的 MUSIC 算法有更好的鲁棒性[5]。

在式(6.32)中，括号中的项可以通过寻找 2×2 阶矩阵 $\boldsymbol{F}^{\mathrm{H}}(\phi) \boldsymbol{U}_n \boldsymbol{U}_n^{\mathrm{H}} \boldsymbol{F}(\phi)$ 的最小特征值来最小化。这样，通过一个简单的 2×2 阶矩阵的特征分解就可以避免极化域中的大运算量搜索。PTF – MUSIC 谱可以表示为

$$P(\phi) = \lambda_{\min}^{-1}[\boldsymbol{F}^{\mathrm{H}}(\phi) \boldsymbol{U}_n \boldsymbol{U}_n^{\mathrm{H}} \boldsymbol{F}(\phi)] \quad (6.33)$$

其中，$\lambda_{\min}^{-1}[\cdot]$ 表示求最小特征值操作。辐射源的 DOA 可从 PTF – MUSIC 谱的最高谱峰位置估计出来。对应于 n 个到达信号的每个角度 ϕ_k ，$k = 1,2,\cdots,n$ ，每个信号的极化参数可以由下式估计出：

$$\hat{\boldsymbol{c}}(\phi_k) = \boldsymbol{v}_{\min}[\boldsymbol{F}^{\mathrm{H}}(\phi_k) \boldsymbol{U}_n \boldsymbol{U}_n^{\mathrm{H}} \boldsymbol{F}(\phi_k)] \quad (6.34)$$

其中，$\boldsymbol{v}_{\min}[\cdot]$ 为最小特征值 $\lambda_{\min}^{-1}[\cdot]$ 对应的特征向量。

6.5　空间—极化相关

在一个常规的单极化阵列中，阵列的空间分辨率能力很大程度上取决于到达辐射源的传播信号的相关性[5,28]，这是由相应的阵列流形向量的标准化内积决定的。在下面包含空间和极化维的问题中，运用扩展的阵列流形 $\tilde{a}(\phi)$ ，辐射源 l 和 k 的联合空间 – 极化相关系数为

$$\begin{aligned}\beta_{l,k} &= \frac{1}{m} \tilde{\boldsymbol{a}}^{\mathrm{H}}(\phi_k) \tilde{\boldsymbol{a}}(\phi_l) \\ &= \frac{1}{m}\{c_{k1}^* c_{l1}[\boldsymbol{a}^{[v]}(\phi_k)]^{\mathrm{H}} \boldsymbol{a}^{[v]}(\phi_l) + c_{k2}^* c_{l2}[\boldsymbol{a}^{[h]}(\phi_k)]^{\mathrm{H}} \boldsymbol{a}^{[h]}(\phi_l)\} \\ &= c_{k1}^* c_{l1}\beta_{l,k}^{[v]} + c_{k2}^* c_{l2}\beta_{l,k}^{[h]}\end{aligned} \quad (6.35)$$

其中

$$\beta_{l,k}^{[i]} = \frac{1}{m}[a^{[i]}(\phi_k)]^{\mathrm{H}} a[i](\phi_l)$$

它是辐射源 l 和 k 间的对于极化 i 的相关系数，i 表示 v 或者 h 。

一种比较令人感兴趣的情况是水平和垂直极化的阵列流形相等，即 $\boldsymbol{a}^{[v]}(\phi) = \boldsymbol{a}^{[h]}(\phi)$ 。在这种情况下 $\beta_{l,k}^{[v]} = \beta_{l,k}^{[h]}$ ，联合空间 – 极化相关系数变为单独的空间和极化相关系数的积，即

$$\beta_{l,k} = \beta_{l,k}^{[v]}\rho_{l,k} \quad (6.36)$$

其中

$$\rho_{l,k} = \boldsymbol{c}_k^{\mathrm{H}}\boldsymbol{c}_l = \cos(\gamma_l)\cos(\gamma_k)\mathrm{e}^{\mathrm{j}(\eta_l-\eta_k)} + \sin(\gamma_l)\sin(\gamma_k) \tag{6.37}$$

表示极化相关系数。特别是对于线极化，$\eta_l = \eta_k = 0$，式(6.37)简化为

$$\rho_{l,k} = \cos(\gamma_l - \gamma_k) \tag{6.38}$$

由于$|\rho_{l,k}| \leqslant 1$，并且只在两个辐射源具有相同的极化状态时等号才成立，所以空间－极化相关系数等于或小于单独的空间相关系数。通过引入$\rho_{l,k}$，对应于极化分集相关值的减小可转变为辐射源间差别的提高。比如，两个用单极化空间阵列流形$\boldsymbol{a}^{[v]}(\phi)$或者$\boldsymbol{a}^{[h]}(\phi)$难以分辨的辐射源，可以很容易地用扩展空间－极化阵列流形$\tilde{\boldsymbol{a}}(\phi)$分开。这种优点在辐射源高空间相关、低极化相关的情况下更突出。

6.6 具有时变极化特性的移动辐射源

本节讨论对具有时变极化特性的运动目标的跟踪性能。当主动或被动辐射源移动或改变方向时经常会出现时变极化现象[29]。讨论并比较了极化 MUSIC(P－MUSIC)和 PTF－MUSIC 的性能。SPTFD 在自项$t-f$点上保持着瞬时极化信息，而想得到的源信号的功率被局域化。为了有效利用极化分集，需要谨慎对待数据样本，因为用所有可用的数据样本来构造协方差和 SPTFD 矩阵可能会损害辐射源之间的极化差别。

因为用多传感器$t-f$处理提高信噪比很好证明[5,6,10]，为了简化符号，本节我们考虑无噪声情况。这种情况下，接收的信号向量是

$$\boldsymbol{x}(t) = \begin{bmatrix} \boldsymbol{A}^{[v]}[\boldsymbol{\Phi}(t)][\boldsymbol{q}^{[v]}(t)\circ\boldsymbol{s}(t) \\ \boldsymbol{A}^{[h]}[\boldsymbol{\Phi}(t)][\boldsymbol{q}^{[h]}(t)\circ\boldsymbol{s}(t) \end{bmatrix} \tag{6.39}$$

其中，$\boldsymbol{A}^{[i]}[\boldsymbol{\Phi}(t)] = \{\boldsymbol{a}^{[i]}\phi_1(t)],\cdots,\boldsymbol{a}^{[i]}[\phi_n(t)]\}$，$i = v, \boldsymbol{h}$是时变阵列响应矩阵。注意我们用$\boldsymbol{\Phi}(t) = [\phi_1(t)],\cdots,\phi_n(t)]$来强调 DOA 现在是时变的。

6.6.1 极化分集和数据样本的选择

为了适当利用极化分集，需要注意数据样本的选择，以 P－MUSIC 为例。

给出了源信号极化的时变特性，接收信号的协方差矩阵是

$$\begin{aligned} R_{XX}(t) &= E[x(t)\boldsymbol{x}^{\mathrm{H}}(t)] \qquad (6.40)\\ &= E\left(\begin{Bmatrix} \boldsymbol{A}^{[v]}[\boldsymbol{\Phi}(t)][\boldsymbol{q}^{[v]}(t)\circ\boldsymbol{s}(t)] \\ \boldsymbol{A}^{[h]}[\boldsymbol{\Phi}(t)][\boldsymbol{q}^{[h]}(t)\circ\boldsymbol{s}(t)] \end{Bmatrix}\begin{Bmatrix} \boldsymbol{A}^{[v]}[\boldsymbol{\Phi}(t)][\boldsymbol{q}^{[v]}(t)\circ\boldsymbol{s}(t)] \\ \boldsymbol{A}^{[h]}[\boldsymbol{\Phi}(t)][\boldsymbol{q}^{[h]}(t)\circ\boldsymbol{s}(t)] \end{Bmatrix}^{\mathrm{H}}\right) \end{aligned}$$

当用一个在整个数据样本上的时间平均来取代协方差矩阵，且考虑空间、

时间和极化特征能够解耦的特殊情形,上式变为

$$\begin{aligned}\overline{\boldsymbol{R}}_{XX} &= \overline{\boldsymbol{B}}\begin{Bmatrix}\overline{\boldsymbol{q}^{[v]}(t)\,[\boldsymbol{q}^{[v]}(t)]^{\mathrm{H}}}\circ\overline{\boldsymbol{R}}_{SS} & \overline{\boldsymbol{q}^{[v]}(t)\,[\boldsymbol{q}^{[h]}(t)]^{\mathrm{H}}}\circ\overline{\boldsymbol{R}}_{SS}\\ \overline{\boldsymbol{q}^{[h]}(t)\,[\boldsymbol{q}^{[v]}(t)]^{\mathrm{H}}}\circ\overline{\boldsymbol{R}}_{SS} & \overline{\boldsymbol{q}^{[h]}(t)\,[\boldsymbol{q}^{[h]}(t)]^{\mathrm{H}}}\circ\overline{\boldsymbol{R}}_{SS}\end{Bmatrix}\overline{\boldsymbol{B}}^{\mathrm{H}}\\ &= \overline{\boldsymbol{B}}\left(\begin{Bmatrix}\overline{\boldsymbol{q}^{[v]}(t)\,[\boldsymbol{q}^{[v]}(t)]^{\mathrm{H}}} & \overline{\boldsymbol{q}^{[v]}(t)\,[\boldsymbol{q}^{[h]}(t)]^{\mathrm{H}}}\\ \overline{\boldsymbol{q}^{[h]}(t)\,[\boldsymbol{q}^{[v]}(t)]^{\mathrm{H}}} & \overline{\boldsymbol{q}^{[h]}(t)\,[\boldsymbol{q}^{[h]}(t)]^{\mathrm{H}}}\end{Bmatrix}\circ\begin{Bmatrix}\overline{\boldsymbol{R}}_{SS} & \overline{\boldsymbol{R}}_{SS}\\ \overline{\boldsymbol{R}}_{SS} & \overline{\boldsymbol{R}}_{SS}\end{Bmatrix}\right)\overline{\boldsymbol{B}}^{\mathrm{H}}\end{aligned} \tag{6.41}$$

式中,$\overline{\boldsymbol{R}}_{SS} = \overline{\boldsymbol{s}(t)\,\boldsymbol{s}^{\mathrm{H}}(t)}$,且

$$\overline{\boldsymbol{B}} = \begin{bmatrix}\overline{\boldsymbol{A}^{[v]}[\boldsymbol{\Phi}(t)]} & 0\\ 0 & \overline{\boldsymbol{A}^{[h]}[\boldsymbol{\Phi}(t)]}\end{bmatrix}$$

和式(6.23)与式(6.24)相似,时变辐射源信号的极化向量定义为

$$\boldsymbol{q}^{[v]}(t) = \{\cos[\gamma_1(t)],\cdots,\cos[\gamma_n(t)]\}^{\mathrm{T}}$$

$$\boldsymbol{q}^{[h]}(t) = \{\sin[\gamma_1(t)]\mathrm{e}^{\mathrm{j}\eta_1(t)},\cdots,\sin[\gamma_n(t)]\mathrm{e}^{\mathrm{j}\eta_n(t)}\}^{\mathrm{T}}$$

考虑另一种极化特征是时变的情形,协方差矩阵可表示为

$$\boldsymbol{R}'_{XX} = \overline{\boldsymbol{B}}\begin{bmatrix}\boldsymbol{q}^{[v]}\,(\boldsymbol{q}^{[v]})^{\mathrm{H}} & \boldsymbol{q}^{[v]}\,(\boldsymbol{q}^{[h]})^{\mathrm{H}}\\ \boldsymbol{q}^{[h]}\,(\boldsymbol{q}^{[v]})^{\mathrm{H}} & \boldsymbol{q}^{[h]}\,(\boldsymbol{q}^{[h]})^{\mathrm{H}}\end{bmatrix}\circ\begin{bmatrix}\overline{\boldsymbol{R}}_{SS} & \overline{\boldsymbol{R}}_{SS}\\ \overline{\boldsymbol{R}}_{SS} & \overline{\boldsymbol{R}}_{SS}\end{bmatrix}\overline{\boldsymbol{B}}^{\mathrm{H}} \tag{6.42}$$

从式(6.41)和式(6.42)可清楚地看到信号时变极化在协方差矩阵中的影响。当 $\overline{\boldsymbol{q}^{[i]}(t)\,[\boldsymbol{q}^{[k]}(t)]^{\mathrm{H}}} = \boldsymbol{q}^{[i]}(t)\,[\boldsymbol{q}^{[k]}]^{\mathrm{H}}$, $i,k = v,h$ 时,相应的协方差矩阵是相等的,这两个时变和时不变极化辐射源的例子将导致相同的性能。例如,考虑一下两个线性极化辐射源,它们的极化角对 γ_1 在[0°,90°],γ_2 在[90°,0°]线性变化。假设 DOA 是时不变的,假设对固定的时不变极化 $\gamma = 45°$,对两种辐射源这种情形是相等的,因此用 P－MUSIC 进行 DOA 估计不能利用辐射源的极化分集。

为了利用辐射源信号的极化分集,应该用选择的一组数据样本（如接收数据样本的滑动平均）构造式(6.41)中的接收数据协方差矩阵,这样即使在观测期间辐射源的 DOA 表现出一些小变化,也依然保持着辐射源之间的极化差别。一般而言,对动目标跟踪问题,应确定滑动平均协方差矩阵的数据窗选择,这样在窗口的 DOA 变化是很小的。

然而,我们认为数据样本的减少会损害子空间估计和随后的 DOA 估计性能,尤其是当 SNR 相对较低和/或辐射源靠得比较近时。$t-f$ 表示法的应用会克服这个缺点并在快速时变极化环境中给出鲁棒的子空间估计。

6.6.2　PTF－MUSIC 中的极化分集考虑

现在说明瞬时极化信息是合成在 SPTFD 中的。因此,当需要提高信噪比和

辐射源分辨率时 PTF - MUSIC 法主张用极化分集。

在时变极化源中，自极化和交叉极化 SPTFD 可表示为

$$\begin{aligned}
\boldsymbol{D}_{\boldsymbol{x}^{[i]}\boldsymbol{x}^{[k]}}(t,f) &= \iint \phi(t-u,\tau)\boldsymbol{x}^{[i]}\left(u+\frac{\tau}{2}\right)\left[\boldsymbol{x}^{[k]}\left(u-\frac{\tau}{2}\right)\right]^{\mathrm{H}} \mathrm{e}^{-\mathrm{j}2\pi f\tau}\mathrm{d}u\mathrm{d}\tau \\
&= \iint \phi(t-u,\tau)\boldsymbol{A}^{[i]}\left[\boldsymbol{\Phi}\left(t+\frac{\tau}{2}\right)\right]\left(\left\{\boldsymbol{q}^{[i]}\left(u+\frac{\tau}{2}\right)\left[\boldsymbol{q}^{[k]}\left(u-\frac{\tau}{2}\right)\right]^{\mathrm{H}}\right\}\circ\right. \\
&\quad \left.\left\{\boldsymbol{s}\left(u+\frac{\tau}{2}\right)\left[\boldsymbol{s}\left(u-\frac{\tau}{2}\right)\right]^{\mathrm{H}}\right\}\right)\left\{\boldsymbol{A}^{[k]}\left[\boldsymbol{\Phi}\left(t-\frac{\tau}{2}\right)\right]\right\}^{\mathrm{H}} \mathrm{e}^{-\mathrm{j}2\pi f\tau}\mathrm{d}u\mathrm{d}\tau \\
&= \iint \phi(t-u,\tau)\boldsymbol{A}^{[i]}\left[\boldsymbol{\Phi}\left(t+\frac{\tau}{2}\right)\right]\left[\boldsymbol{G}^{[ik]}(u,\tau)\circ\boldsymbol{K}(u,\tau)\right] \\
&\quad \left\{\boldsymbol{A}^{[k]}\left[\boldsymbol{\Phi}\left(t-\frac{\tau}{2}\right)\right]\right\}^{\mathrm{H}} \mathrm{e}^{-\mathrm{j}2\pi f\tau}\mathrm{d}u\mathrm{d}\tau
\end{aligned} \tag{6.43}$$

其中

$$\boldsymbol{G}^{[ik]}(t,\tau) = \boldsymbol{q}^{[i]}\left(t+\frac{\tau}{2}\right)\left[\boldsymbol{q}^{[k]}\left(t-\frac{\tau}{2}\right)\right]^{\mathrm{H}}$$

$$\boldsymbol{K}(t,\tau) = \boldsymbol{s}\left(t+\frac{\tau}{2}\right)\boldsymbol{s}^{\mathrm{H}}\left(t-\frac{\tau}{2}\right)$$

当应用于 $t-f$ 的窗长度较小时

$$\boldsymbol{D}_{\boldsymbol{x}^{[i]}\boldsymbol{x}^{[k]}}(t,f) \approx \boldsymbol{A}^{[i]}[\phi(t)]\,\boldsymbol{D}_{\boldsymbol{s}^{[i]}\boldsymbol{s}^{[k]}}(t,f)\{\boldsymbol{A}^{[k]}\ [\boldsymbol{\Phi}(t)]^{\mathrm{H}} \tag{6.44}$$

其中

$$\boldsymbol{D}_{\boldsymbol{s}^{[i]}\boldsymbol{s}^{[k]}}(t,f) = \iint \phi(t-u,\tau)\,\boldsymbol{G}^{[ik]}(u,\tau)\circ\boldsymbol{K}(u,\tau)\mathrm{e}^{-\mathrm{j}2\pi f\tau}\mathrm{d}u\mathrm{d}\tau \tag{6.45}$$

我们假定频率和辐射源的极化特征在 $t-f$ 核的时间跨度内几乎是线性的。那么，使用一阶泰勒级数展开，极化相关项可近似为

$$\gamma_i\left(t+\frac{\tau}{2}\right) = \gamma_i(t) + \frac{\tau}{2}\dot{\gamma}_i(t)$$

其中

$$\dot{\gamma}_i(t) = \frac{\mathrm{d}}{\mathrm{d}t}\gamma_i(t)$$

位于 $\boldsymbol{G}^{[vv]}(t,\tau)$、$\boldsymbol{G}^{[vh]}(t,\tau)$，$\boldsymbol{G}^{[hv]}(t,\tau)$ 和 $\boldsymbol{G}^{[vv]}(t,\tau)$ 的对角线的辐射源极化信息的自项分别由下面给出：

$$[\boldsymbol{G}^{[vv]}(t,\tau)]_{ii} = \frac{1}{2}\{\cos[2\gamma_i(t) + \cos[\tau\dot{\gamma}_i(t)]\} \tag{6.46}$$

$$[\boldsymbol{G}^{[vh]}(t,\tau)]_{ii} = \frac{1}{2}\{\sin[2\gamma_i(t) - \sin[\tau\dot{\gamma}_i(t)]\} \tag{6.47}$$

$$[\boldsymbol{G}^{[hv]}(t,\tau)]_{ii} = \frac{1}{2}\{\sin[2\gamma_i(t) + \sin[\tau\dot{\gamma}_i(t)]\} \tag{6.48}$$

$$[\boldsymbol{G}^{[vv]}(t,\tau)]_{ii} = \frac{1}{2}\{-\cos[2\gamma_i(t)] + \cos[\tau\dot{\gamma}_i(t)]\} \tag{6.49}$$

对于对称的 $t-f$ 核,式(6.47)和式(6.48)中的第二个正弦曲线项会导致 $\boldsymbol{D}_{s^{[i]}s^{[k]}}(t,f)$ 的零值,因此,在自项点 $\boldsymbol{D}_{s^{[i]}s^{[k]}}(t,f)$ 可表示为

$$\boldsymbol{D}_{s_i^{[v]}s_i^{[v]}}(t,f) = \frac{1}{2}\cos[2\gamma_i(t)D_{s_is_i}(t,f) + c_{ii}(t,f)] \tag{6.50}$$

$$\boldsymbol{D}_{s_I^{[h]}s_I^{[h]}}(t,f) = -\frac{1}{2}\cos[2\gamma_i(t)]D_{s_is_i}(t,f) + c_{ii}(t,f)] \tag{6.51}$$

$$\boldsymbol{D}_{s_i^{[v]}s_i^{[v]}}(t,f) = \boldsymbol{D}_{s_i^{[h]}s_i^{[v]}}(t,f) = \frac{1}{2}\sin[2\gamma_i(t)]\boldsymbol{D}_{s_is_i}(t,f)] \tag{6.52}$$

其中

$$c_{ii}(f,t) = \frac{1}{2}\iint\phi(t-u,\tau)\cos[\tau\dot{\gamma}_i(t)][\boldsymbol{K}(t,\tau)]_{ii}\mathrm{e}^{-\mathrm{j}2\pi f\tau}\mathrm{d}u\mathrm{d}\tau \tag{6.53}$$

当不同的辐射源为非相关时,它们的 $t-f$ 特征没有有效交叠。如果用位于第 i 个辐射源自项区域的 $t-f$ 点构造 SPTFD 矩阵,则

$$\boldsymbol{D}_{xx}(t,f) = \begin{bmatrix} \boldsymbol{a}^{[v]}[\phi_i(t)] & 0 \\ 0 & \boldsymbol{a}^{[h]}[\phi_i(t)] \end{bmatrix}\boldsymbol{M}_i\begin{bmatrix} \boldsymbol{a}^{[v]}[\phi_i(t)] & 0 \\ 0 & \boldsymbol{a}^{[h]}[\phi_i(t)] \end{bmatrix}^{\mathrm{H}} \tag{6.54}$$

其中

$$\boldsymbol{M}_i = \frac{1}{2}\boldsymbol{D}_{s_is_i}(t,f)\begin{bmatrix} \cos[2\gamma_i(t)] & \sin[2\gamma_i(t)] \\ \sin[2\gamma_i(t)] & -\cos[2\gamma_i(t)] \end{bmatrix} + \begin{bmatrix} c_{ii}(t,f) & 0 \\ 0 & c_{ii}(t,f) \end{bmatrix} \tag{6.55}$$

在式(6.54)中 SPTFD 矩阵的新结构中,辐射源的时变极点具有用 $c_{ii}(t,f)$ 填充对角元素的作用,并且同样可改变高于 2×2 阶矩阵的特征向量。可是,$\boldsymbol{M}_i$ 的特征向量并未改变。新的特征值是

$$\lambda_{i,1,2} = c_{ii}(t,f) \pm \frac{1}{2}D_{s_is_i}(t,f)$$

信号的极化特征(即对应于矩阵特征值的特性向量)是 $\boldsymbol{v}_{i,mx} = \{\cos[\gamma_i(t)],\sin[g_i(t)]\}^{\mathrm{T}}$。因此,在 PTF-MUSIC 的内容中,瞬时极化特征可以用来进行辐射源的辨别。

6.7　仿真结果

假设有两个 Chirp 信号,表 6.1 列出了它们的参数。这两个辐射源入射到一个由五阵元交叉偶极子组成的均匀线阵上,阵元间距为 1/2 波长。天线阵在水平极化和垂直极化方向上的响应都是相同的。输入信噪比为 5dB。在 $T=256$ 个采样点的观测时间内,辐射源信号的极化角[$\gamma_i(t), i=1,2$]随时间线性变化,如图 6.2所示。注意极化角为 0°和 180°的辐射源都是水平极化,而极化角为 90°的辐射源是垂直极化。图 6.3 表明了在窗口长度为 65 的参考传感器上的接收数据

是平均极化伪 Wigner - Ville 分布(PWVD)。当辐射源是低极化相关时,对应于水平和垂直极化信号成分的交叉项被抵消,导致了低平均极化交叉项值。

在移动源 DOA 的跟踪过程中,构建了不同的 SPTFD 矩阵集。每种集都使用两个辐射源自项的 P 个连续(相邻)的 $t-f$ 点,将中间的 $t-f$ 点表示为 t_i。目的是检验提出的算法在不同辐射源极化状态下的性能,并验证算法的跟踪精度。这些都是通过对每个 SPTFD 矩阵分别使用 PTF - MUSIC 算法来实现的。

表 6.1 具有时变极化运动辐射源的信号参数

信号参数 / 辐射源	起始频率	终止频率	DOA	γ	η
源 1	0	0.2	−15° ~ +5°	0° ~180°	0°
源 2	0.2	0.4	−10° ~ +10°	−180° ~0°	0°

图 6.4(a)是 $P=31$ 时 PTF - MUSIC 算法对两辐射源 DOA 估计的跟踪精度,该算法使用了窗口长度 $L=65$ 的 PWVD。图 6.4(b)是 $P=31$ 时 P - MUSIC 算法的性能,图 6.4(c)是 $P=95$ 时的性能。我们在 49 个时间点来评估算法的跟踪精度,每 5 个抽样点为一个时间点(即 $t_1=8, t_{49}=248$)。我们注意到两种方法都使用了同样的数据样本。从图 6.4 可以看出,PTF - MUSIC 算法一般比 P - MUSIC 算法好。在信号能量高度局限于 $t-f$ 域内和两辐射源极化差别很高的区域内,PTF - MUSIC 算法的性能尤其令人印象深刻。在低极化差别两辐射源的中心和边界区域,PTF - MUSIC 算法和 P - MUSIC 算法性能都变坏,从而强调了极化差别的重要性。

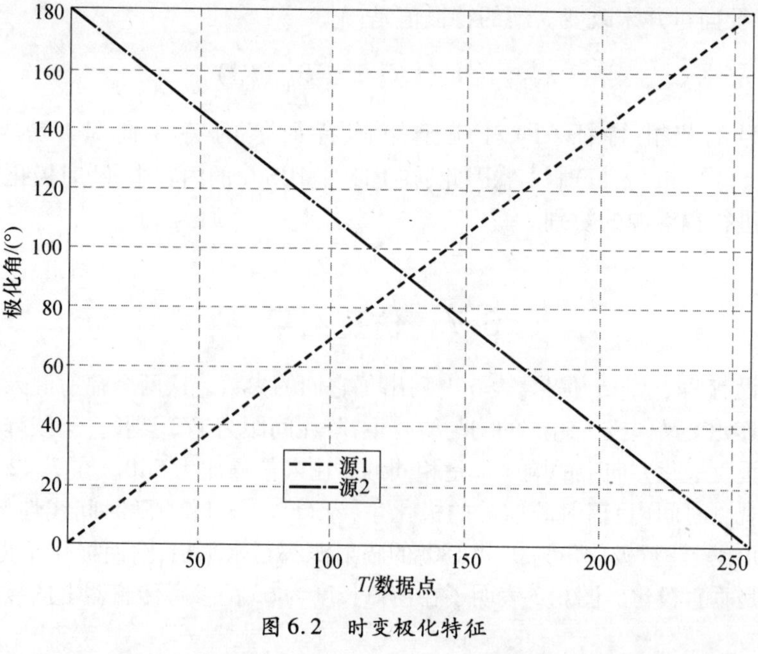

图 6.2 时变极化特征

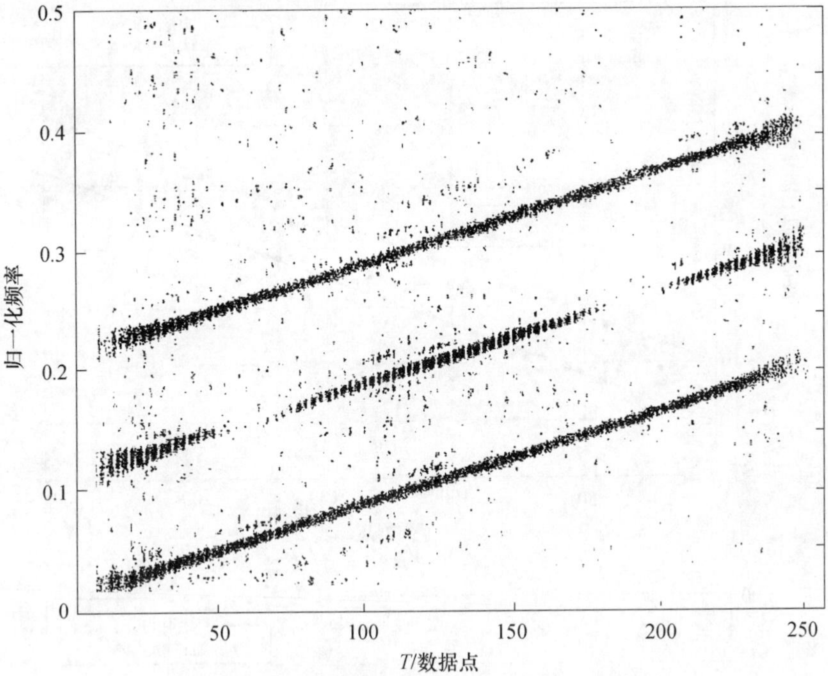

图 6.3　参考传感器接收数据的平均极化 PWVD

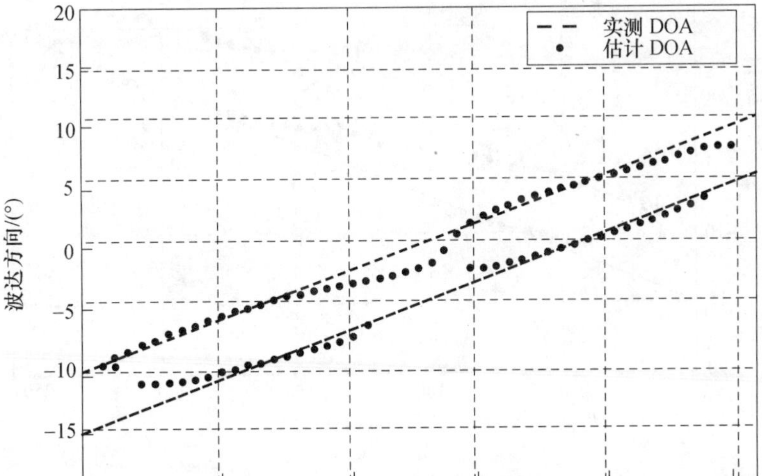

(a)

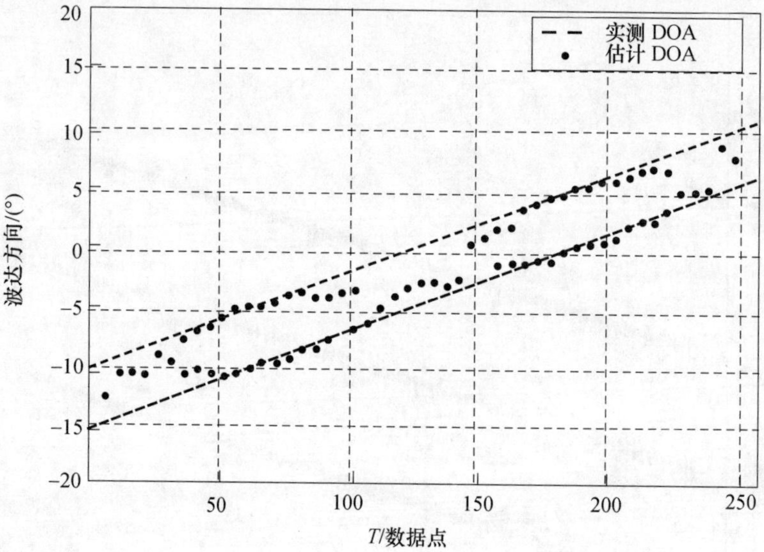

(b)

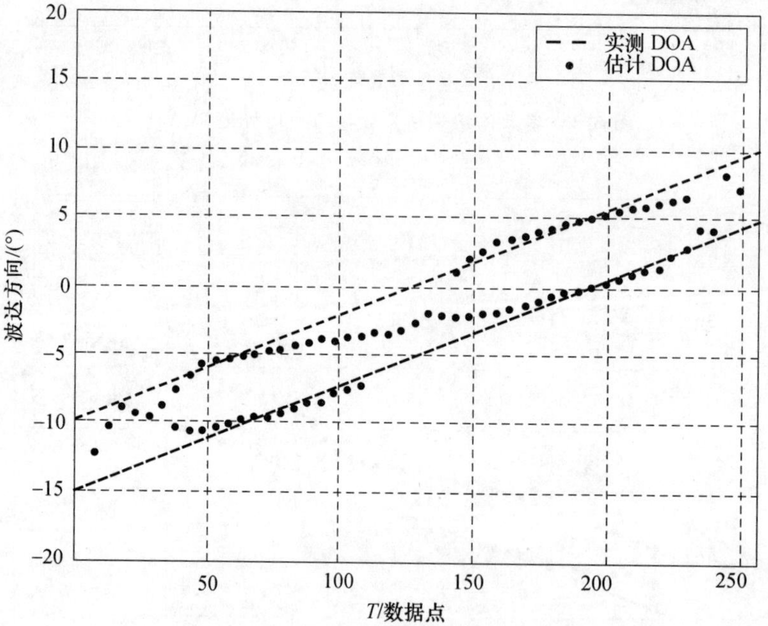

(c)

图 6.4 PTF－MUSIC 和 P－MUSIC 算法的跟踪性能

(a) PTF－MUSIC 算法,使用 31 个时频点;(b) P－MUSIC 算法,使用 31 个数据样点;(c) P－MUSIC 算法,使用 95 个数据样点。

6.8 结 论

本章考虑了 PTF－MUSIC 算法在跟踪时变极化的移动辐射源中的应用。从中可以看出，为了保持极化分集，辐射源的瞬时极化差异只能利用前面提出的方法。此外还可以看出，PTF－MUSIC 算法优于基于接收数据滑动窗的协方差矩阵法。我们提出的方法同样也考虑到了基于时频信号特征的源的辨别。

参考文献

[1] Cohen L. Time－Frequency Distributions－A Review. IEEE Proc.，vol－77，No. 7，1989，pp. 941－981.

[2] Qian S，Chen D. Joint Time－Frequency Analysis－Methods and Applications Engle－ wood Cliffs. NJ：Prentice Hall，1996.

[3] Boasthash B，ed. Time－Frequency Signal Analysis and Processing. New York：Elsevier，2003.

[4] Belouchrani A，Amin M G. Blind Source Separation Based on Time－Frequency Signal Representations. IEEE Tram. on Signal processing，vol－46，No. 11，1998，pp. 2888－2897.

[5] Zhang Y，Mu W，Amin M G. Subspace Analysis of Spatial Time－Frequency Distribution Matrices. IEEE Trans. on Signal－Processing，vol－49，No. 4，2001，pp. 747－759.

[6] Amin M G，et al. Spatial Time－Frequency Distributions：Theory and Applications. in Wavelets and Signal Processing，L Debnath，(ed.)，Boston，MK Birkhauser，2003.

[7] Mu W，Amin M G，Zhang Y. Bilinear Signal Synthesis in Array Processing. IEEE Trans. on signal Processing，vol－51，2003，pp. 90－100.

[8] Belouchrani A，Amin M G. Time－Frequency MUSIC. IEEE Signal processing Letters，vol. 6，1999，pp. 109－110.

[9] Amin M G，Zhang Y. Direction Finding Based on Spatial Time－Frequency Distribution Matrices. Digital Signal Processing，vol－10，No. 4，2000，pp. 325－339.

[10] Zhang Y，Mu W，Amin M G. Time－Frequency Maximum Likelihood Methods for Direction Finding. Franklin Inst.，vol－337，No. 4，2000，pp. 483497.

[11] Hassanien UA，Gershman A B，Amin M G. Time－Frequency ESPRIT for Direction－ of－Arrival Estimation of Chirp Signals. IEEE Sensor Array and Multichanel Signal Processing Workshop，Rosslyn，VA，2002，pp. 337－341.

[12] Lee W C Y，Yeh Y S. Polarization Diversity for Mobile Radio. IEEE Trans. on Communications，vol. COM · 20，1972，pp. 912－923.

[13] D Giuli. Polarization Diversity in Radars. Proc. IEEE，vol－742，No. 2，1986，pp. 245－269.

[14] Kozlov A I，Ligthart L P，Logvin A I. Mathematical and Physical Modelling of Microwave Scattering and Polarmetric Remote Sensing，Boston，MA：Kluwer Academic，2001.

[15] McLaughlin D J，et al. Fully Polarimetric Bistatic Radar Scattering Behavior of Forested Hills. IEEE Trans. on Antennas and Propagation，vol－50，No. 2，2002，pp. 101－110.

[16] Sadjadi F. Improved Target Classification Using Optimum Polarimetric SAR Signatures. IEEE Trans. on Aerospace and Electronic Systems，vol. 38，No. 1，2002，pp. 3849.

[17] Pazmany A L, et al. An Airborne 95GHz Dual – Polarized Radar for Cloud Studies. IEEE Trans. on Geoscience and Remote Sensing, vol. 32, No. 4, 1994, pp. 731 – 739.

[18] Yueh S H, Wilson W J, Dinardo S. Polarimetric Radar Remote Sensing of Ocean Surface Wind. IEEE Trans. on Geoscience and Remote Sensing, vol – 40, No. 42, 2002, pp. 793 – 800.

[19] Ioannidids G A, Hammers D E. Optimum Antenna Polarizations for Target Discrimination in Clutter. IEEE Trans. on Antennas and Propagation, vol. AP – 27, 1979, pp. 357 – 363.

[20] Garren D A, et al. Full Polarization Matched – Illumination for Target Detection and Identification. IEEE Trans. on Aerospace and Electronic Systems, vol – 38, No. 3, 2002, pp. 824 – 837.

[21] Ferrara E R, Parks T M. Direction Finding with an Array of Antennas Having Diverse Polarizations. IEEE Trans. on Antennas and propagation, vol. 31, 19832 pp. 231 – 236.

[22] Li J, Compton R J. Angle and Polarization Estimation Using ESPRIT with a Polarization Sensitive Array. IEEE Trans. on Antennasandpropagatioyh, vol. 39, 1991, pp. 1376 – 1383.

[23] Zhang Y, Amin M G, Obeidat B A. Polarimetric Array Processing for Nonstationary Signals, in Adaptive Antenna Arrays: Trends and Applications. S. Chandran, (ed.), Berlin, Germany: Sringer – Verlag, 2004.

[24] Zhang Y, Obeidat B A, Arain M G. Spatial Polarimetric Time – Frequency Distributions for Direction – of – Arrival Estimations. IEEE Trans. on Signal Processing (in press).

[25] Amin M G, Zhang Y. Bilinear Signal Synthesis Using Polarization Diversity. IEEE Signal Processing Letters, vol – 11, No. 3, 2004, pp. 338 – 340.

[26] Obeidat B A, Zhang Y, Amin M G. Polarimetric Time – Frequency ESPRIT. Annual Asilomar Conf. on Signals, Systems, and Computers, Pacific Grove, CA, 2003.

[27] Belouchrani A, Amin M. G, Abed – Meraim K. Direction Finding in Correlated Noise Fields Based on Joint Block – Diagonalization of Spatio – Temporal Correlation Matrices. IEEE Signal Processing Letters, vol – 4, No. 9, 1997, pp. 266 – 268.

[28] Stoica P, Nehorai A. MUSIC, Maximum Likelihood and Cramer – Rao Bound. IEEE Trans. on Acoustics, Speech, sand Signal Processing, vol – 37, No. 5, 1989, pp. 720 – 741.

[29] Zhang Y, Amin M G. Joint Doppler and Polarization Characterization of Moving Targets. IEEE AP – S Int. Symp., Monterey, CA, 2004.

第 7 章 DOA - 时延联合估计的一维树状结构算法

Yung - Yi Wang, Jiunn - Tsair Chen, and Wen - Hsien Fang

7.1 引 言

DOA - 时延估计是一个在雷达、声纳及地球物理学中都会遇到的典型问题。这个问题也在很多实际应用中出现,如辐射源定位、故障报告、货物跟踪及智能交通[1]。此外,在多路无线通信系统中,通过联合探测来波的 DOA 及其传播时延,能够得到更好的信道估计,并显著提高系统的性能[2,3]。

近来,人们提出了一些 DOA 和多路径传播时延的联合估计算法。例如,Swindlehurst 等人在文献[4 - 6]中提出了几种针对多路径信号延迟估计的高效计算算法,这些算法将空间特征(或 DOA)当成最小二乘问题来处理。Clark 等人在文献[7]中提出了一种二维 IQML 算法,该算法可扩展来联合估计信道参数。在文献[4 - 7]中提出的所有算法都利用了 Vandermonde 结构,这种结构用于在频域中估计信道的脉冲响应。然而,如果两路或多路来波的时延近似,那么其数据协方差矩阵就是病态的,这样即使这些来波有不同的 DOAs,这些算法也可能无法正常工作。此外,基于 IQML 的算法会受到初值问题的困扰。基于传输信号的知识,Bertaux 等人[8]提出了一种 PML 技术,该技术使用迭代的 Gausss - Newton 过程来估计多径信道的空—时参数。然而,将观测到的数据矩阵堆叠成一个高维向量所带来的结果,就是文献[8]中的 PML 技术需要庞大的超负荷的计算。

另一种选择是基于子空间的算法。Ogawa 等人在文献[9]中提出了一种利用未调制载波的信道探测法。该方法通过调用一个二维加窗的 ESPRIT 算法来提取参数对。Vanderveen 等人提出了 JADE - ESPRIT[10]算法,该算法通过堆叠接收数据来利用空—时结构的特性。当对协方差矩阵完成高维特征分解后,就可以通过一个在 DOA - 时延平面的二维搜索来估计信道参数。然而,其所需要的计算量使得 JADE - ESPRIT 同样不适于实时运行。为了降低计算负荷,又提出了 SI - JADE 和 JADE - ESPRIT 算法[11 - 13],这两种方法利用了估计信道矩阵的平移不变特性。通过堆叠估计信道矩阵的子矩阵,SI－JADE 将联合估计问题转换成为矩阵束问题。这样得到的矩阵束的降秩数就是相应的 DOA/延迟。JADE－ESPRIT 算法同 SI－JADE 算法相似,只是前者使用多路信道估计,而后者仅使用一路信道估计。结果,JADE－ESPRIT 算法性能在精度上通常远优于 SI－JADE 算法。

在本章中,我们提出了一种低复杂度、高精度、基于 ESPRIT 的算法[14]——TST－ESPRIT 算法,该算法结合了时域滤波技术和空间波束形成技术,用三个一维 ESPRIT 算法(也就是一个 S－ESPRIT 和两个 T－ESPRIT 算法)来联合估计需要的 DOA－时延,该算法基于从天线阵接收到的数据样本。我们所提出的这种方法的基本思想就是用多路无线信道的空—时特征来分组及分离每个来波信号。为了实现这个目的,首先要用 T－ESPTIT 和 S－ESPRIT 算法来估计群时延和 DOA,它们分别用来在第一个 T－ESTRIT 算法后进行时域滤波、在 S－ESPRIT 算法后进行空间波束形成。然后,再用其他的 T－ESPRIT 算法估计来波延迟。

我们提出的这种方法具有一些与众不同的特点。首先,与文献[4－7]中所提及的算法相比,此树结构的 TST－ESPRIT 算法不仅能够解决 DOA 非常接近或时延非常接近的来波信号,而且还能够自动将估计的 DOA 和时延进行配对。此外,由于采用了时域滤波处理,TST－ESPRIT 算法所需天线的数量可以小于来波信号的数量。第二,和 JADE－ESPRIT 算法相比[10],TST－ESPRIT 算法需要对更小的协方差矩阵进行特征分解。因此,它要求的计算复杂度更低。第三,与 SI－JADE 算法和 JADE－ESPRIT 算法[11,12]相比,这里提出的方法在估计精度上性能更好,尤其是在低信噪比环境中。

本章的组织结构如下:7.2 节介绍了多径衰落信道的系统模型,这里我们假设传播波将被反射。在 7.3 节中,我们回顾了 S－ESPRIT 算法[14]和 T－ESPRIT 算法[5],接着提出了 TST－ESPRIT 算法,同时提出的还有计算复杂度问题。7.4 节给出了仿真结果,验证了提出方法的性能。7.5 节给出结论,对本章进行了总结。

7.2 系统模型

在本章中,假设一个 TDMA 无线系统如 IS－136[15]和 GSM[16]来作为目标应用系统。在无线通信系统中,我们通常都用多径传输模型来描述无线电信道。在基站天线平台较高的大型蜂窝系统中,传输环境适合用几个主要的反射波来建模——典型的是 2～6 个。在这种情况下,在第 n 个用户时天线阵接收到的基带信号可用下式来表示[17]:

$$\boldsymbol{x}^{(n)}(t) = \sum_{k=1}^{Q} \boldsymbol{a}(\theta_k)\beta_k^{(n)} \tilde{s}(t-\tau_k) + \boldsymbol{n}(t) \tag{7.1}$$

其中，$\boldsymbol{x}^{(n)}(t)$ 为在第 n 个猝发时间接收到的基带信号；$\boldsymbol{n}(t)$ 为零均值、方差为 ${\sigma_n}^2$ 的空时加性高斯白噪声；$\boldsymbol{a}(\theta_k)$ 为来自于 θ_k 方向的信号的归一化方向向量（对于全部 θ 有 $\|\boldsymbol{a}(\theta)\| = 1$）；$\beta_k^{(n)}$ 为一个复高斯随机过程信号的幅度；$\tilde{s}(\cdot)$ 为发射的复基带信号；τ_k 为第 k 路信号的传播时延；Q 为系统中出现的信号的总数。

在一个线性时不变系统中，发射信号 $\tilde{s}(t)$ 可以用数据位 $s_l^{(n)}$ 与脉冲成形函数 $g(t)$ 的卷积来表示：

$$\tilde{s}(t) = \sum_{l} s_l^{(n)} \cdot g(t - lT)$$

其中，T 为符号周期。因此，当以 T/P 的速率进行采样后，在第 n 个时刻接收到的信号可以表示为

$$\begin{aligned}\boldsymbol{X}^{(n)} &= \left\{\boldsymbol{x}^{(t)}(t_0), \boldsymbol{x}^{(n)}\left(t_0 - \frac{T}{P}\right), \cdots, \boldsymbol{x}^{(n)}\left[t_0 - \left(N - \frac{1}{P}\right)T\right]\right\} \\ &= \underbrace{\boldsymbol{A}(\theta)}_{M\times Q} \underbrace{\boldsymbol{B}^{(n)}}_{Q\times Q} \underbrace{\boldsymbol{G}^{\mathrm{T}}(\tau)}_{Q\times LP} \underbrace{\boldsymbol{S}^{(n)}}_{LP\times NP} + \underbrace{\boldsymbol{N}^{(n)}}_{M\times NP}\end{aligned} \tag{7.2}$$

其中，t_0 为第 n 个数据时刻的采样参考时间；上标 $(\cdot)^{\mathrm{T}}$ 表示矩阵的转置运算。在式(7.2)中，考虑了在时间上的 NP 个连续采样，M 为天线的数目，L 为信道最长脉冲响应与符号周期 T 的比值，P 为过采样系数。阵列响应矩阵 $\boldsymbol{A}(\theta) = [\boldsymbol{a}(\theta_1), \boldsymbol{a}(\theta_2), \cdots, \boldsymbol{a}(\theta_Q)]$，其中 $\boldsymbol{a}(\theta_i)$ 为第 i 个信号的阵列响应向量；$\boldsymbol{B}^{(n)} = \mathrm{diag}(\beta_1^{(n)}, \cdots, \beta_Q^{(n)})$，$\beta_i^{(n)}$ 为第 i 个信号在第 n 个时刻的复衰落幅度；$\boldsymbol{G}(\tau) = [\boldsymbol{g}(\tau_1), \boldsymbol{g}(\tau_2), \cdots, \boldsymbol{g}(\tau_Q)]$，其中

$$\boldsymbol{g}(\tau_i) = \left[g(t_0 - \tau_i), g\left(t_0 - \frac{T}{P} - \tau_i\right), \cdots, g\left(t_0 - \frac{(LP-1)T}{P} - \tau_i\right)\right]^{\mathrm{T}}$$

其中，τ_i 为第 i 个到达信号的时间延迟。作为数据位与脉冲成形函数卷积的结果，数据矩阵 $\boldsymbol{S}^{(n)}$ 是一个 Toeplitz 矩阵，$[s_k^{(n)}, 0, s_{k-1}^{(n)}, 0, \cdots, s_{k-L+1}^{(n)}, 0]^{\mathrm{T}}$ 为矩阵的第一列，$[s_k^{(n)}, 0, s_{k-1}^{(n)}, 0, \cdots, s_{k+N-1}^{(n)}, 0]$ 为矩阵的第一行，其中 $\{s_i^{(n)}\}$ 为第 n 个时刻发送的数据位，0 为一个 $1\times(P\times 1)$ 维的零向量。假设第 n 个猝发时刻的噪声矩阵 $\boldsymbol{N}^{(n)}$ 是功率为 σ_n^2 的空时高斯白噪声。注意，我们假设在猝发数据包中，$\boldsymbol{A}(\theta)$ 和 $\boldsymbol{G}(\tau)$ 都是常数。

在一个 TDMA 系统中，通常都在每次猝发的发射信号中加入一个已知的训练序列。我们把这种由训练序列形成的数据矩阵表示为 $\boldsymbol{S}^{(n)} = \boldsymbol{S}_t$，该矩阵与 n 无关。特别要说明的是，在已提出的估计信道参数的方法中，$\boldsymbol{S}_t$ 被作为先验信息。从式(7.2)中提取训练部分，得到

$$X_t^{(n)} = A(\theta)\,B^{(n)}\,\widetilde{G}^{\mathrm{T}}(\tau) + N \tag{7.3}$$

其中，$\widetilde{G}^{\mathrm{T}}(\tau) = S_t^{\mathrm{T}} \cdot G = [\widetilde{g}(\tau_1),\cdots,\widetilde{g}(\tau_Q)]$，且式$\widetilde{g}(\tau_i) = S_t^{\mathrm{T}} \cdot g(\tau_i)$是训练序列与时移脉冲成形函数的卷积。与阵列方向向量的归一化类似，假设通过调整$B^{(n)}$与$\widetilde{G}(\tau)$间的功率，使得对所有的τ有$\|g(\tau)\| = 1$。定义$\widetilde{g}(\tau)$为归一化的时间阵列向量。$X_t^{(n)}$的维数是$M \times N_t$，其中N_t是提取的训练序列的长度。

在无线通信应用中，通常假设Q路衰落信号是互不相关的，假设它们的衰落幅度服从零均值的复高斯分布[18]。因此，衰落向量$\boldsymbol{\beta}^{(n)} = [\beta_1^{(n)},\cdots,\beta_Q^{(n)}]^{\mathrm{T}}$的协方差矩阵为

$$E[\boldsymbol{\beta}^{(n)} \cdot (\boldsymbol{\beta}^{(n)})^{\mathrm{H}}] = \mathrm{diag}(\sigma_1^2,\cdots,\sigma_Q^2) \underline{\underline{\Delta}} P \tag{7.4}$$

且

$$E[\boldsymbol{\beta}^{(n)} \cdot \boldsymbol{\beta}^{(n)\mathrm{T}}] = 0 \tag{7.5}$$

其中，$E[\cdot]$表示统计平均运算；上标$(\cdot)^{\mathrm{H}}$表示厄米特算子；σ_i^2为第i路信号的平均功率。由于S_t是一个已知的Toepliz矩阵，式(7.3)中的唯一随机项就是衰落矩阵$B^{(n)}$。我们称$X_t^{(n)}$的列的协方差矩阵为空间协方差矩阵R^s，由下式给出：

$$R^s = E[X_t^{(n)}(X_t^{(n)})^{\mathrm{H}}] = APA^{\mathrm{H}} + \sigma_n^2 \cdot I \tag{7.6}$$

为了简化表达式，用A代替$A(\theta)$。从式(7.6)可以得出，去除噪声子空间后，空间的协方差矩阵R^s和空间特征矩阵A具有相同的列空间。

类似的，$X_t^{(n)}$的行是接收信号的时间采样向量。可以用下式来表示这个时间协方差矩阵R^t：

$$R^t = E[(X_t^{(n)})^{\mathrm{T}}(X_t^{(n)})^*] = \widetilde{G}P\widetilde{G}^{\mathrm{H}} + \sigma_n^2 \cdot I \tag{7.7}$$

在这里，上标$(\cdot)^*$表示复共轭操作。由式(7.7)可知，排除噪声子空间后，时间协方差矩阵R^t和时间特征矩阵$\widetilde{G}$具有同样的列空间。

入射波的个数Q可以由AIC或MLD方法得到[19]。假设Q已经预先得到，则协方差矩阵(7.6)和矩阵(7.7)的特征分解可分别表示为

$$R^s = V_s^s \Lambda_s^s (V_s^s)^{\mathrm{H}} + V_n^s \Lambda_n^s (V_n^s)^{\mathrm{H}} \tag{7.8}$$

$$R^t = V_s^t \Lambda_s^t (V_s^t)^{\mathrm{H}} + V_n^t \Lambda_n^t (V_n^t)^{\mathrm{H}} \tag{7.9}$$

其中，V_s^t和V_s^s的列向量分别为张成R^t和R^s信号子空间的特征向量，对应于Q个最大特征值；由其余的R^t和R^s的$M-Q$和N_t-Q个特征向量扩展而成的V_n^s、V_n^t的列空间，分别是V_s^t、V_s^s的列空间的正交补；$(\Lambda_s^s,\Lambda_n^s)$和$(\Lambda_s^t,\Lambda_n^t)$为对角阵对，对角元素为相应的特征值。

由于接收信号的协方差矩阵一般情况下并不能得到，在 ESPRIT 算法运行中用采样值的协方差矩阵来代替。比如，如果已经观测到了 K 个突发的数据，则采样值的空间协方差矩阵 $\hat{\boldsymbol{R}}^s$ 和时间协方差矩阵 $\hat{\boldsymbol{R}}^t$ 可分别估计为[20]

$$\hat{\boldsymbol{R}}^s = \frac{1}{N_t K}\sum_{n=1}^{K}\boldsymbol{X}_t^{(n)} \cdot (\boldsymbol{X}_t^{(n)})^{\mathrm{H}} \tag{7.10}$$

$$\hat{\boldsymbol{R}}^t = \frac{1}{MK}\sum_{n=1}^{K} (\boldsymbol{X}_t^{(n)})^{\mathrm{T}} \cdot (\boldsymbol{X}_t^{(n)})^{*} \tag{7.11}$$

为了简单表示，在这之后省略掉 $\boldsymbol{X}_t^{(n)}$ 中的猝发索引上标 $(\cdot)^{(n)}$ 。

7.3 提出的算法

在本节中，我们首先大致回顾了 S－ESPRIT 算法和 T－ESPRIT 算法在 DOA 估计和时延估计中的应用。然后提出了 TST－ESPRIT 算法，并且用一个三个入射波的例子来说明提出的算法。

7.3.1 S－ESPRIT

S－ESPRIT 算法是一种基于子空间理论的 DOA 估计算法，它利用了具有平移不变性天线阵列的几何对称性。由于空间信号子空间 $\boldsymbol{V}_s^s$ 和空间特征矩阵 $\boldsymbol{A}$ 的列空间有相同的向量空间，这意味着存在一个 $M \times M$ 阶非奇异转换矩阵 $\boldsymbol{T}$，使得

$$\boldsymbol{A} = \boldsymbol{V}_s^s \cdot \boldsymbol{T} \tag{7.12}$$

定义两个选择矩阵为

$$\boldsymbol{J}_1 \underline{\Delta} [I_{M-1} \quad \boldsymbol{0}],\ \boldsymbol{J}_2 \underline{\Delta} [\boldsymbol{0} \quad I_{M-1}] \tag{7.13}$$

其中，$\boldsymbol{0}$ 为一个 $N \times 1$ 零向量。于是，从信号子空间矩阵可以得到如下两个子矩阵：

$$\boldsymbol{V}_1^s = \boldsymbol{J}_1 \cdot \boldsymbol{V}_s^s = \boldsymbol{A}_1 \cdot \boldsymbol{T} \tag{7.14}$$

$$\boldsymbol{V}_2^s = \boldsymbol{J}_2 \cdot \boldsymbol{V}_s^s = \boldsymbol{A}_2 \cdot \boldsymbol{T} \tag{7.15}$$

其中，$\boldsymbol{A}_1 = \boldsymbol{J}_1 \cdot \boldsymbol{A}$ ，$\boldsymbol{A}_2 = \boldsymbol{J}_2 \cdot \boldsymbol{A}$ ，$\boldsymbol{A}_1$ 和 $\boldsymbol{A}_2$ 为 $(M-1) \times Q$ 维矩阵。比如，一个具有平移不变性的均匀线阵，阵元间距 $d = \lambda/2$ ，$\boldsymbol{A}_1$ 和 $\boldsymbol{A}_2$ 具有以下关系：

$$\boldsymbol{A}_1 = \boldsymbol{A}_2 \cdot \boldsymbol{\Phi} \tag{7.16}$$

$$\boldsymbol{\Phi} = \mathrm{diag}\{\phi_1, \cdots, \phi_Q\} \tag{7.17}$$

其中，$\phi_k = \mathrm{e}^{-\mathrm{j}\pi\sin\theta_k}$ 。将式(7.16)代入式(7.14)和式(7.15)，可以得到

$$\boldsymbol{V}_1^s = \boldsymbol{V}_2^s \cdot \boldsymbol{\Gamma} \tag{7.18}$$

其中，$\boldsymbol{\Gamma} = \boldsymbol{T}^{-1}\boldsymbol{\Phi}\boldsymbol{T}$ 。$\boldsymbol{\Phi}$ 的对角元素即为所要估计的 DOA，可以对 $\boldsymbol{\Gamma}$ 进行特征分

解而得到。

7.3.2 T – ESPRIT

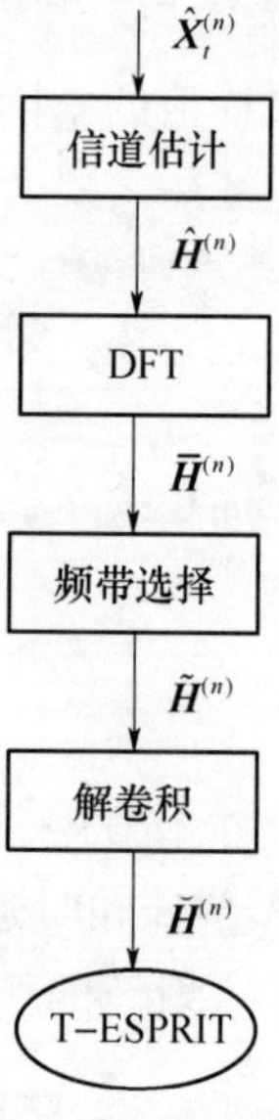

图 7.1 T – ESPRIT 算法的预处理

S – ESPRIT 算法利用入射波的空间采样来估计入射波的 DOA，和其相似，T – ESPRIT 算法利用接收信号的时间采样来估计入射波的时延。然而，由于时域并不具有平移不变的结构，所以需要做一些信号处理，把时域上的采样信号转换成一系列的指数正弦函数的和，每个函数的指数部分代表了该路径的时延信息。图 7.1 说明了在运用 T – ESPRIT算法之前对 $\boldsymbol{X}_t$ 所进行的预处理。其步骤将在下文详细说明。

1. 信道估计

如图 7.1 所示，训练矩阵的伪逆 $\boldsymbol{S}_t^{\dagger}$ 自右乘 $\boldsymbol{X}_t$，则可以得到最小二乘意义上的信道估计值 $\hat{\boldsymbol{H}}$。在不考虑噪声的情况下 $\hat{\boldsymbol{H}}$ 可以更明确地表示成

$$\hat{\boldsymbol{H}} = \boldsymbol{X}_t \boldsymbol{S}_t^{\dagger} = \boldsymbol{AB}\,\boldsymbol{G}^{\mathrm{T}}(\boldsymbol{\tau}) \tag{7.19}$$

2. 离散傅里叶变换(DFT)

注意到 $\boldsymbol{G}^{\mathrm{T}}(\boldsymbol{\tau})$ 的每一行为已知信号波形 $g(t-\boldsymbol{\tau})$ 经过延时，以 $\dfrac{T}{P}$ 速率进行采样的采样值。对 $\boldsymbol{g}(\tau_i)$ 作 LP 点 DFT，第 k 个元素 $g_{\tau_i}(k)$ 可以表示为

$$g_{\tau_i}(k) = \boldsymbol{g}^{\mathrm{T}}(\tau_i)\begin{bmatrix} 1 \\ \phi^{k-1} \\ \vdots \\ \phi^{(k-1)(LP-1)} \end{bmatrix} = g_0(k)\cdot \mathrm{e}^{-\mathrm{j}\frac{2\pi\tau_i}{L}}$$

其中，$g_0(k)$ 为 $\boldsymbol{g}(0)$ 的第 k 个 DFT 变换值，且 $\phi \triangleq \mathrm{e}^{-\mathrm{j}\frac{2\pi}{LP}}$。因此对 $\hat{\boldsymbol{H}}$ 进行 DFT 变换后可以得到

$$\begin{aligned}\overline{\boldsymbol{H}} &= \hat{\boldsymbol{H}}\cdot \boldsymbol{W}_{LP} \\ &= \boldsymbol{ABV}^{\mathrm{T}}(\boldsymbol{\tau})\cdot \mathrm{diag}\{g_0(0),\ \cdots,\ g_0(LP-1)\}\end{aligned} \tag{7.20}$$

其中，$\boldsymbol{W}_{LP}$ 为 DFT 矩阵

$$\boldsymbol{W}_{LP} = \begin{bmatrix} 1 & 1 & \cdots & 1 \\ 1 & \phi & \cdots & \phi^{LP-1} \\ \vdots & \vdots & \ddots & \vdots \\ 1 & \phi^{LP-1} & \cdots & \phi^{(LP-1)^2} \end{bmatrix} \tag{7.21}$$

且

$$V(\tau) = [\,v(\tau_1),\ \cdots,\ v(\tau_Q)\,]$$

其中

$$v(\tau_k) = \begin{cases} [1,\ \phi_k,\ \cdots,\ \phi_k^{\frac{LP-1}{2}},\ \phi_k^{-\frac{LP-1}{2}},\ \cdots,\ \phi_k^{-1}]^{\mathrm{T}}, & \text{如果}\ LP\ \text{为奇数} \\ [1,\ \phi_k,\ \cdots,\ \phi_k^{\frac{LP}{2}-1},\ \phi_k^{-\frac{LP}{2}},\ \phi_k^{-\frac{LP}{2}+1},\ \cdots,\ \phi_k^{-1}]^{\mathrm{T}}, & \text{如果}\ LP\ \text{为偶数} \end{cases}$$

且 $\phi_k = \mathrm{e}^{-j\frac{2\pi}{L}\tau_k}$。显然,当右半部分循环移动到左半部分时,$v(\tau_k)$ 具有平移不变性。

3. 频带选择和解卷积

调用信号解卷积的目的是为了去掉 $\mathrm{diag}[g_0(0),\cdots,g_0(LP-1)]$,然而由于使用的脉冲成形函数具有有限的带宽,所以 $\mathrm{diag}\{g_0(0),\cdots,g_0(LP-1)\}$ 中的平凡元素会使噪声增强,因此在解卷积之前把这些平凡元素舍掉。利用上面提到的循环移位操作,频带选择矩阵 J_i 可以定义为

$$J_t = \begin{bmatrix} \mathbf{0}_{\frac{LW}{2}\times\frac{LW}{2}} & I_{\frac{LW}{2}} \\ \mathbf{0}_{(LP-LW)\times\frac{LW}{2}} & \mathbf{0}_{(LP-LW)\times\frac{LW}{2}} \\ I_{\frac{LW}{2}} & \mathbf{0}_{\frac{LW}{2}\times\frac{LW}{2}} \end{bmatrix}$$

其中,LW 是 $\mathrm{diag}\{g_0(0),\cdots,g_0(LP-1)\}$ 中非平凡元素个数,则 $\hat{H} = \bar{H}\cdot J_t$ 变为

$$\widetilde{H} = AB\,\widehat{V}^{\mathrm{T}}(\tau)S_J \tag{7.22}$$

其中,$S_J = \mathrm{diag}\{g_0(0),\cdots,g_0(LP-1)\}\cdot J_t$ 为对角矩阵,对角线单元为 LW 个 $\{g_0(0),\cdots,g_0(LP-1)\}$ 的非平凡元素;$\widetilde{V}_T(\tau) = \widehat{V}(\tau)\cdot J_i$ 为 $Q\times LW$ 阶矩阵,$\widehat{V}^{\mathrm{T}}(\tau)$ 的行向量具有平移不变性。

最后,用 S_J^{-1} 右乘 $\widetilde{H}$ 进行解卷积运算,可得到

$$\breve{H} = \widetilde{H}S_J^{-1} = AB\,\widehat{V}^{\mathrm{T}}(\tau) \tag{7.23}$$

则 T－ESPRIT 算法把 ESPRIT 算法用到了 $\breve{H}$ 的行向量上用来估计路径时延。图 7.2 说明了 T－ESPRIT 算法的整个步骤。

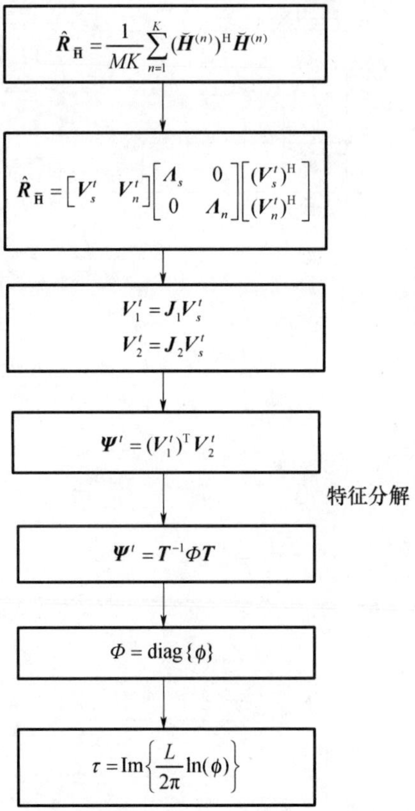

图 7.2　T－ESPRIT 算法

7.3.3 TST – ESPRIT

TST – ESPRIT 算法的原理是用波束形成和滤波技术将三个一维的 ESPRIT (S – ESPRIT 和 T – ESPRIT)算法合并,进行分组、隔离、估计,然后对一个衰落信道的二维参数进行配对。为了简化算法描述,假设系统中只有三个入射波。TST – ESPRIT 算法的一般过程在本节末进行了总结。

如图 7.3 所示,三个辐射波可以由它们的 DOA – 时延平面的时空坐标来描述。注意,辐射波 1 和 2 具有比较相近的时延($\tau_1 \approx \tau_2$)和不同的到达角($\theta_1 < \theta_2$),辐射波 1 和 3 在到达角上比较相近($\theta_1 \approx \theta_3$),但是时延相差较大($\tau_1 < \tau_3$)。这种情况下 TST – ESPRIT 算法的树结构在图 7.4 中给出。和图 7.4对应的,图 7.3 也说明了辐射波 1 的参数在树结构的估计中数据的演化过程。

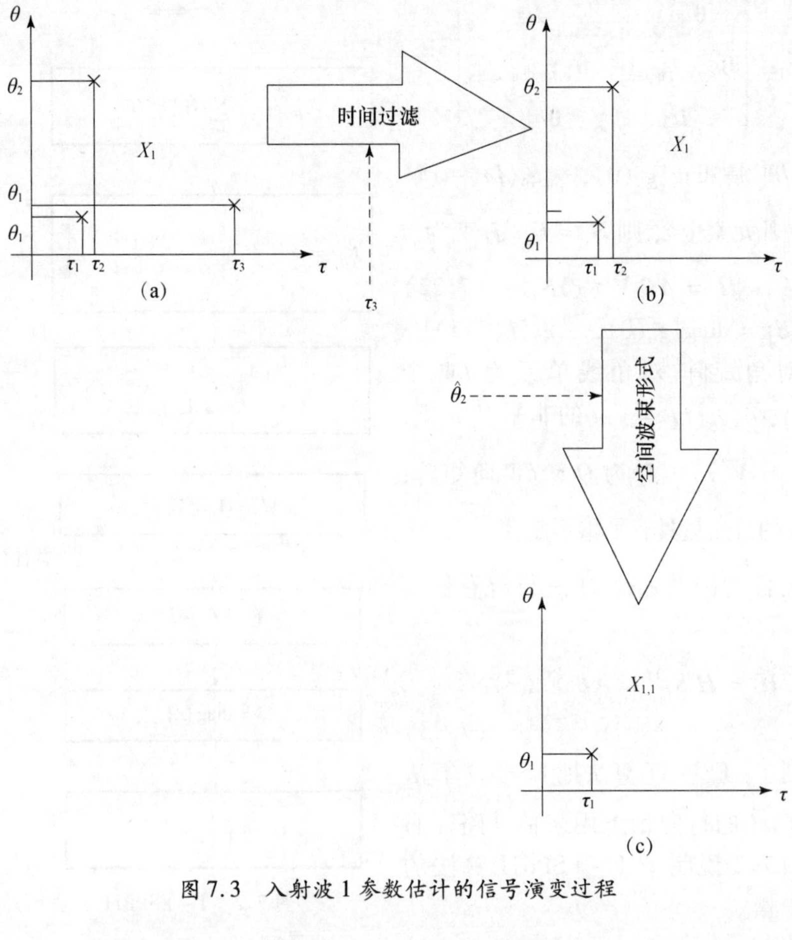

图 7.3 入射波 1 参数估计的信号演变过程

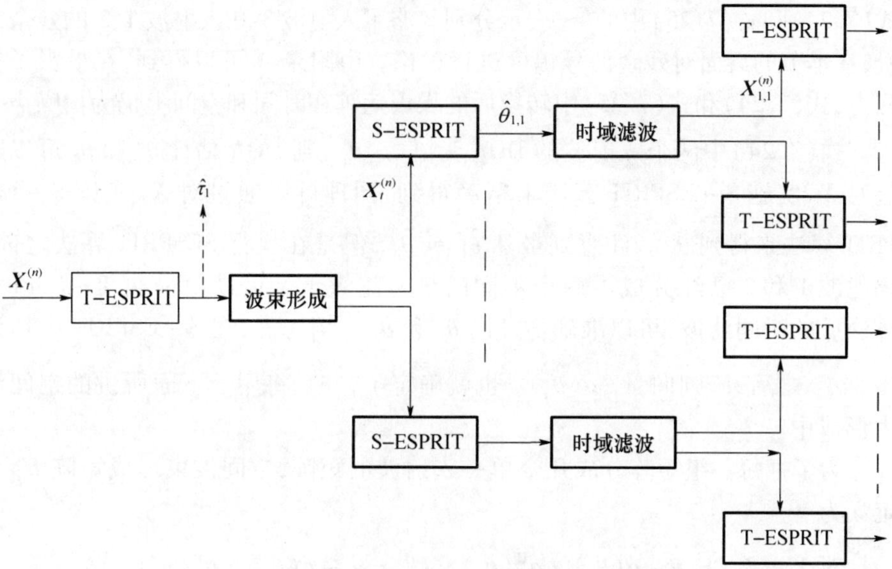

图7.4　TST－ESPRIT算法的树结构

TST－ESPRIT算法把时间上比较相近的辐射波当成一组，因此，图7.3中的辐射波1和2被看作一组，辐射波3被当成另一组。通过对 $\boldsymbol{X}_t$ 的行向量实施T－ESPRIT算法，可以估计出两组的时延，分别记为 $\hat{t}_1$ 和 $\hat{t}_2$。基于 $\hat{t}_1$ 和 $\hat{t}_2$，可以定义时间滤波矩阵 $\boldsymbol{U}_i^t$ 为

$$\boldsymbol{U}_1^t = \boldsymbol{I} - \tilde{\boldsymbol{g}}(t_1)\tilde{\boldsymbol{g}}^{\mathrm{H}}(t_1)\ ,\ \boldsymbol{U}_2^t = \boldsymbol{I} - \tilde{\boldsymbol{g}}(t_2)\tilde{\boldsymbol{g}}^{\mathrm{H}}(t_2)$$

注意，$\boldsymbol{U}_1^t$（或者 $\boldsymbol{U}_2^t$）是 $\tilde{\boldsymbol{g}}(\hat{t}_1)$（或者 $\tilde{\boldsymbol{g}}(\hat{t}_2)$）的补投影矩阵，有 $\tilde{\boldsymbol{g}}^{\mathrm{H}}(\hat{t}_1)\cdot\boldsymbol{U}_1^t = \boldsymbol{0}^{\mathrm{T}}$ 和 $\tilde{\boldsymbol{g}}^{\mathrm{H}}(\hat{t}_2)\cdot\boldsymbol{U}_2^t = \boldsymbol{0}^{\mathrm{T}}$。图7.3为3个入射波时的情形，有 $\tau_1 \approx \tau_2 \approx \hat{t}_1 < \tau_3 \approx \hat{t}_2$，这意味着

$$\|\tilde{\boldsymbol{g}}^{\mathrm{T}}(\tau_1)\cdot\boldsymbol{U}_1^t\| \approx \|\tilde{\boldsymbol{g}}^{\mathrm{T}}(\tau_2)\cdot\boldsymbol{U}_1^t\| \approx 0 \ll \|\tilde{\boldsymbol{g}}^{\mathrm{T}}(\tau_3)\cdot\boldsymbol{U}_1^t\|$$
$$\|\tilde{\boldsymbol{g}}^{\mathrm{T}}(\tau_1)\cdot\boldsymbol{U}_2^t\| \approx \|\tilde{\boldsymbol{g}}^{\mathrm{T}}(\tau_2)\cdot\boldsymbol{U}_2^t\| \gg \|\tilde{\boldsymbol{g}}^{\mathrm{T}}(\tau_3)\cdot\boldsymbol{U}_2^t\| \approx 0$$

其中，$\|\cdot\|$ 表示向量的2范数。这样，用 $\boldsymbol{U}_i^t$ 自右乘 $\boldsymbol{X}_t$ 就好比是用一个时间滤波的过程把延迟为 τ_1 或 τ_2 的入射波和延迟为 τ_3 的入射波分开。于是，可以得到两组矩阵 $\boldsymbol{X}_1$ 和 $\boldsymbol{X}_2$：

$$\begin{aligned}\boldsymbol{X}_1 &= \boldsymbol{X}_t\cdot\boldsymbol{U}_2^t\\ &\approx [\boldsymbol{a}(\theta_1),\boldsymbol{a}(\theta_1)]\begin{bmatrix}\beta_1 & 0\\ 0 & \beta_2\end{bmatrix}\begin{bmatrix}\tilde{\boldsymbol{g}}^{\mathrm{T}}(\tau_1)\boldsymbol{U}_2^t\\ \tilde{\boldsymbol{g}}^{\mathrm{T}}(\tau_2)\boldsymbol{U}_2^t\end{bmatrix} + \boldsymbol{N}\cdot\boldsymbol{U}_2^t\end{aligned} \tag{7.24}$$

$$\begin{aligned}\boldsymbol{X}_2 &= \boldsymbol{X}_t\cdot\boldsymbol{U}_1^t\\ &\approx \beta_3\boldsymbol{a}(\theta_3)\,\tilde{\boldsymbol{g}}^{\mathrm{T}}(\tau_3)\,\boldsymbol{U}_1^t + \boldsymbol{N}\cdot\boldsymbol{U}_1^t\end{aligned} \tag{7.25}$$

式(7.24)和式(7.25)中的 ≈ 表示分别忽略了入射波 3 和入射波 1、2 的残余信号,在本节的后面对残余信号幅度进行讨论。由附录 A 可以得到,在投影子空间内,式(7.24)和式(7.25)中转换后的噪声矩阵在时间和空间上仍为白噪声。

式(7.24)中两个入射波的 DOA 为 $\theta_2 > \theta_1$,则 DOA 估计 $\hat{\theta}_1$ 和 $\hat{\theta}_2$ 可以通过对 $\boldsymbol{X}_1$ 实施 S – ESPRIT 算法来精确得到,同理可以通过对 $\boldsymbol{X}_2$ 实施 S – ESPRIT 算法来得到 $\hat{\theta}_3$ 。注意到虽然 $\hat{\theta}_1 \approx \hat{\theta}_3$,但是在执行 SESPRIT 算法之前,辐射波 1 和 3 已经分成了两个不同的信号组。于是借助第一次 T – ESPRIT 算法后的时间滤波,可以准确估计出 θ_1 和 θ_3 。请注意,在 S – ESPRIT 中估计出 $\{\theta_k\}$ 之后,阵列向量 $\{\boldsymbol{a}(\hat{\theta}_k)\}$ 也就确定了,并且将用于下面所讲的空间波束形成中。

为了把每一组矩阵分成几个单一入射波的矩阵,空间波束形成矩阵 $\boldsymbol{U}_i^s$ 可定义为

对 $\boldsymbol{X}_1$: $\boldsymbol{U}_1^s = \boldsymbol{I} - \boldsymbol{a}(\hat{\theta}_1) \cdot \boldsymbol{a}^{\mathrm{H}}(\hat{\theta}_1)$, $\boldsymbol{U}_2^s = \boldsymbol{I} - \boldsymbol{a}(\hat{\theta}_2) \cdot \boldsymbol{a}^{\mathrm{H}}(\hat{\theta}_2)$

对 $\boldsymbol{X}_2$: $\boldsymbol{U}_3^s = \boldsymbol{I} - \boldsymbol{a}(\hat{\theta}_3) \cdot \boldsymbol{a}^{\mathrm{H}}(\hat{\theta}_3)$

注意有以下关系式成立:

$$\boldsymbol{U}_1^s \cdot \boldsymbol{a}(\hat{\theta}_1) = \boldsymbol{0}\ ,\ \boldsymbol{U}_2^s \cdot \boldsymbol{a}(\hat{\theta}_2) = \boldsymbol{0}\ ,\ \boldsymbol{U}_3^s \cdot \boldsymbol{a}(\hat{\theta}_3) = \boldsymbol{0}$$

和时间滤波过程类似,TST – ESPRIT 算法用 $\boldsymbol{U}_1^s$ 和 $\boldsymbol{U}_2^s$ 左乘 $\boldsymbol{X}_1$ 来使相应的入射波无效,这就是空间波束形成过程。于是可以分别构造单个入射波矩阵 $\boldsymbol{X}_{1,1}$ 和 $\boldsymbol{X}_{1,2}$:

$$\begin{aligned} \boldsymbol{X}_{1,1} &= \boldsymbol{U}_2^s \cdot \boldsymbol{X}_1 \\ &\approx \beta_1 \cdot \boldsymbol{U}_2^s \boldsymbol{a}(\theta_1) \cdot \tilde{\boldsymbol{g}}^{\mathrm{T}}(\tau_1)\, \boldsymbol{U}_2^t + \boldsymbol{U}_2^s \cdot \boldsymbol{N} \cdot \boldsymbol{U}_2^t \end{aligned} \tag{7.26}$$

$$\begin{aligned} \boldsymbol{X}_{1,2} &= \boldsymbol{U}_1^s \cdot \boldsymbol{X}_1 \\ &\approx \beta_2 \cdot \boldsymbol{U}_1^s \boldsymbol{a}(\theta_2) \cdot \tilde{\boldsymbol{g}}^{\mathrm{T}}(\tau_2)\, \boldsymbol{U}_2^t + \boldsymbol{U}_1^s \cdot \boldsymbol{N} \cdot \boldsymbol{U}_2^t \end{aligned} \tag{7.27}$$

式(7.26)和式(7.27)中的剩余量可以忽略,并且式中的噪声矩阵在投影子空间内为空间和时间上的白噪声。单入射波结构的 $\boldsymbol{X}_{1,1}$ 和 $\boldsymbol{X}_{1,2}$ 表明,时延非常接近的两个入射波通过空间波束形成过程分成了两个不同的子组。于是,通过对 $\boldsymbol{X}_{1,1}$ 和 $\boldsymbol{X}_{1,2}$ 使用 T – ESPRIT 算法,可以准确地估计出时延 $\hat{\tau}_1$ 和 $\hat{\tau}_2$,这样也自动得到了配对 $(\hat{\tau}_1, \hat{\theta}_1)$ 和 $(\hat{\tau}_2, \hat{\theta}_2)$ 。至于信号的另一个分支 $\boldsymbol{X}_2$,将只得到一个信号,所以不需要空间波束形成,于是有 $\boldsymbol{X}_{2,1} = \boldsymbol{X}_2$ 和 $\hat{\tau}_3 = \hat{t}_2$ 。

接下来,我们研究从式(7.24) ~ 式(7.27)中所忽略的残余信号的幅度,显然这些残余信号是滤波和波束形成过程的泄漏造成的。比如在式(7.24)中,忽略的 $\boldsymbol{X}_1$ 的残余信号等于 $\beta_3 \boldsymbol{a}(\theta_3) \tilde{\boldsymbol{g}}^{\mathrm{H}}(\tau_3) \boldsymbol{U}_2^t$,在 $\boldsymbol{X}_2$, $\boldsymbol{X}_{1,1}$ 和 $\boldsymbol{X}_{1,2}$ 中也具有类似

项。加上残余信号，X_k 的协方差矩阵可以表示为

$$R_{X_k} = [a(\theta_1),a(\theta_2),a(\theta_3)] \cdot \begin{bmatrix} \tilde{\sigma}_{1k}^2 & 0 & 0 \\ 0 & \tilde{\sigma}_{2k}^2 & 0 \\ 0 & 0 & \tilde{\sigma}_{3k}^2 \end{bmatrix} \cdot \begin{bmatrix} a^{\mathrm{H}}(\theta_1) \\ a^{\mathrm{H}}(\theta_2) \\ a^{\mathrm{H}}(\theta_3) \end{bmatrix} + \sigma_n^2 \frac{N_t - 1}{N_t} I \quad (7.28)$$

其中

$$\tilde{\sigma}_{mk}^2 \triangleq \sigma_m^2 \cdot \| \tilde{g}^{\mathrm{H}}(\tau_m) \cdot U_{3-k}^t \|^2 \quad (7.29)$$

式(7.29)为第 k 组的第 m 个入射波经过滤波后的平均信号功率，其中 $m=1,2,3$，$k=1,2$。假设三个衰落幅度变量在滤波前是相等的，则有 $\tilde{\sigma}_{11} \approx \tilde{\sigma}_{21} \gg \tilde{\sigma}_{31}$ 和 $\tilde{\sigma}_{32} \gg \tilde{\sigma}_{12} \approx \tilde{\sigma}_{22}$，这就解释了为什么在 X_1 中可以忽略入射波 3，在 X_2 中可以忽略入射波 1 和 2。类似地，$X_{1,1}$ 和 $X_{1,2}$ 的行的协方差矩阵为

$$R_{X_{1,k}^{\mathrm{T}}} = [\tilde{g}(\tau_1),\tilde{g}(\tau_2),\tilde{g}(\tau_3)] \cdot \begin{bmatrix} \tilde{\sigma}_{1k}^2 & 0 & 0 \\ 0 & \tilde{\sigma}_{2k}^2 & 0 \\ 0 & 0 & \tilde{\sigma}_{3k}^2 \end{bmatrix} \cdot \begin{bmatrix} \bar{g}^{\mathrm{H}}(\tau_1) \\ \bar{g}^{\mathrm{H}}(\tau_2) \\ \bar{g}^{\mathrm{H}}(\tau_3) \end{bmatrix} + \sigma_n^2 \frac{M-1}{M} U_2^t \quad (7.30)$$

其中，$k=1,2$。在式(7.30)中，修正时间阵列向量定义为

$$\bar{g}(\tau_m) \triangleq \frac{(U_2^t)^{\mathrm{T}} \cdot \tilde{g}(\tau_m)}{\| (U_2^t)^{\mathrm{T}} \cdot \tilde{g}(\tau_m) \|}$$

第 k 个子组内的第 m 个信号经过波束形成后的平均信号功率为

$$\bar{\sigma}_{mk}^2 \triangleq \tilde{\sigma}_{m1}^2 \cdot \| U_{3-k}^s \cdot a(\theta_m) \|^2 \quad (7.31)$$

其中，$m=1,2,3$，$k=1,2$。于是对于这种 3 个信号的情形有 $\bar{\sigma}_{11} \gg \bar{\sigma}_{21}$，$\bar{\sigma}_{11} \gg \bar{\sigma}_{31}$，$\bar{\sigma}_{22} \gg \bar{\sigma}_{12}$ 和 $\bar{\sigma}_{22} \gg \bar{\sigma}_{32}$。注意从入射波 1 和入射波 2 得到的信号是独立的，从入射波 3 得到的信号的协方差矩阵为

$$R_{X_{2,1}^{\mathrm{T}}} = [\breve{g}(\tau_1),\breve{g}(\tau_2),\breve{g}(\tau_3)] \cdot \begin{bmatrix} \tilde{\sigma}_{12}^2 & 0 & 0 \\ 0 & \tilde{\sigma}_{22}^2 & 0 \\ 0 & 0 & \tilde{\sigma}_{32}^2 \end{bmatrix} \cdot \begin{bmatrix} \breve{g}^{\mathrm{H}}(\tau_1) \\ \breve{g}^{\mathrm{H}}(\tau_2) \\ \breve{g}^{\mathrm{H}}(\tau_3) \end{bmatrix} + \sigma_{\mathrm{n}}^2 U_{\mathrm{t}}^1 \quad (7.32)$$

其中，$\breve{g}(\tau_m) \triangleq \dfrac{U_1^t \cdot \tilde{g}(\tau_m)}{\| U_1^t \cdot \tilde{g}(\tau_m) \|}$，$m=1,2,3$。由于 $\tilde{\sigma}_{32} \gg \tilde{\sigma}_{12} \approx \tilde{\sigma}_{22}$，如上所述，

经过时间滤波后,从入射波 3 得到的信号也是独立的。

以上的讨论可以扩展到更一般的情况。假设总共有 Q 个信号分布在 q 个时间组内,第 k 组所包含的信号个数为 $r(k)$,其中 Q 是预先知道的,假设这些信号在 DOA 和时延上都不接近。通用的 TST - ESPRIT 算法如下所示:

TST - ESPRIT 算法

步骤 1:分组

运用 T - ESPRIT 算法对接收到的 $\boldsymbol{X}_t$ 进行处理,获得时延估计 $\{\hat{t}_1,\cdots,\hat{t}_q\}$ 。

步骤 2:时域滤波

通过下式产生时间排除矩阵 $\boldsymbol{U}_n^t, n = 1,\cdots,q$:

$$\boldsymbol{U}_n^t = \{[\tilde{\boldsymbol{g}}^{\mathrm{T}}(\hat{t}_k)]_{k\neq n;k=1,\cdots,q}\} \tag{7.33}$$

第 k 个时间滤波的输出为

$$\boldsymbol{X}_k = \boldsymbol{X}_t \cdot (\boldsymbol{U}_n^t)^{\perp} \tag{7.34}$$

其中, $k = 1,2,\cdots,q$; 上标 $(\cdot)^{\perp}$ 表示包含矩阵的正交补投影。

步骤 3:DOA 估计

对每个 $\boldsymbol{X}_k$ 运用 S - ESPRIT 算法,估计第 k 组内信号的到达角。结果为 $\hat{\boldsymbol{\theta}}_k = [\hat{\theta}_{k,1},\cdots,\hat{\theta}_{k,r(k)}]$, $k = 1,2,\cdots,q$,其中 $r(k)$ 为第 k 组中的信号个数。

$$\sum_{k=1}^{q} r(k) = Q$$

步骤 4:空间波束形成

空间波束形成矩阵 $\boldsymbol{U}_{k,n}^s$ 可以写成

$$\boldsymbol{U}_{k,n}^s = \{[\boldsymbol{a}(\hat{\theta}_{k,m})]_{m\neq n;m=1,\cdots,r(k)}\} \tag{7.35}$$

而第 m 个空间波束合成器的输出信号由下式给出:

$$X_{k,m} = (\boldsymbol{U}_{k,n}^s)^{\perp} \cdot X_k \tag{7.36}$$

对于 $k=1,2,\cdots,q$,并且 $m=1,2,\cdots,r(k)$。

步骤 5:时延估计

对于每个 $X_{k,m}$,用不同的时间矩阵流形代入 T - ESPRIT:

$$\left(\prod_{n=1;n\neq k}^{q} \boldsymbol{U}_n^t\right)^{\mathrm{T}} \tilde{\boldsymbol{g}}(\tau)$$

如果单根射线出现在第 m 组里,并且 $\{\hat{\tau}_{k,m}\}$ 是已知的,那么把 $\{\hat{\tau}_{k,m}\}$ 与 $\{\hat{\theta}_{k,m}\}$ 配对;否则,把 $\hat{\tau}_k$ 与 $\hat{\theta}_{k,m}$ 配对。

注释:由于每个射线的 DOA 用组数据矩阵 $\boldsymbol{X}_k$ 来估计,那么在 TST - ESPRIT 中需要的天线数量应小于射线的数量。特别指出的是,在非相关传播环境中,S - ESPRIT 算法为了识别 $r(k)$ 个射线需要 $r(k)+1$ 个天线[21]。因此,在 TST -

ESPRIT 算法中，估计 Q 个射线需要的最少天线数量为

$$M_{\min} = \max_{k} r(k) + 1 \leqslant Q, \text{只要} N_t > Q \tag{7.37}$$

如果 Q 个射线都有确定的时延，那么对于所有的 ks 均有 $r(k)=1$。在这种情况下，TST－ESPRIT 算法只需要两个天线。另一方面，由于 T－ESPRIT 算法可以解决 (N_t-1) 个组，如果使用 M 个天线，那么 TST－ESPRIT 算法最多可以识别 $Q_{\max}=(N_t-1)(M-1)$ 个射线。

TST－ESPRIT 算法计算复杂度包括：① R^s 和 R^t 的特征分解，复杂度分别为 $O(M_3)$ 和 $O(N_t^3)$ 阶；②时域滤波矩阵和空间波束形成矩阵的表示，复杂度分别为 $O(M^2)$ 和 $O(N_t^2)$ 阶。一般来讲，时间矩阵的长度要大于所用天线数目（即，$N_t>M$）。我们因此得出结论：TST－ESPRIT 算法的计算复杂度是 $O(N_t^3)$ 阶。另一方面，JADE－ESPRIT 算法所需协方差矩阵特征分解的复杂度是 $O[(MN_t)^3]$ 阶。很显然，TST－ESPRIT 算法的计算量远远低于 JADE－ESPRIT 算法。

通常，无线通信信道比上面描述的 3 个射线的例子复杂的多。一维 S－ESPRIT 算法和一维 T－ESPRIT 算法分别受天线阵列几何图形、信号带宽的影响，DOA 和时延估计只能达到有限的分辨率。TST－ESPRIT 只能解算 DOA 或时延非常接近的射线，但这两个参数不能同时非常接近。对于两个参数同时都非常接近的情况，所提出的算法只能解算一条路径。在无线通信系统中，已经证明分离 DOA 和时延两个参数都非常近的射线并不能提高接收机的解调精度[22]。换句话说，为了实现无线信号的分离，我们必须区分：①DOA 非常相近但时延非常大的射线；或②时延非常相近但 DOA 差别非常大的射线。开发 TST－ESPRIT 算法的目的是为了实现通道的分离。

7.4　仿真和讨论

在这一节，我们通过几个仿真来评估 TST－ESPRIT 算法。我们假定窄带信号通过四条射线（$Q=4$）传输，用三单元均匀线阵（$M=3$）接收。天线单元等增益，间距为载波频率的半波长。假定使用 GSM 系统模型[16]，GMSK 调制信号进行测试。接收信号 $x(t)$ 的采样数据超过 20 个突发脉冲。在初始设置时，到达角设为［－43°，27°，－40°，30°］，传输时延为［0.03，0.1，0.86，094］Ts，Ts 是 GSM 系统的符号周期，为 3.68μs。过采样因子 $P=2$，为了防止由于数据位造成的信息损坏，对于每个突发信号，我们截取训练序列的第 6～21 个训练位。四个射线的平均衰落幅度是相等的，且归一化为 0dB，它们具有随机选取的恒衰落相位。通过调整加性高斯噪声的平均功率来达到需要

的 SNR。

图 7.5 比较了 TST – ESPRIT、JADE – ESPRIT 和 JADE – MUSIC 三种算法在信噪比 SNRs 在 0 ~ 27dB 变化时，DOA 和时延估计的均方根误差（RMSE）。在每一特定的信噪比 SNR 下，进行 200 次蒙特卡罗试验。如图 7.5 所示，与 JADE – ESPRIT 算法相比（二维 ESPRIT），TST – ESPRIT 算法在低信噪比的情况下，DOA 估计有较高的精度，时延估计性能相近。这是因为 JADE – ESPRIT 算法把 $M \times N_t$（3×32）数据矩阵转换为 $MN_t \times 1$ 快拍向量，这样 20 组观察的数据突发信号只能提供 20 个快拍向量。因此，JADE – ESPRIT 算法的采样协方差矩阵全是噪声。相比而言，20 组突发信号能为 S – ESPRIT 提供 $20 \cdot N_t = 640$ 个空间快拍向量，能为 T – ESPRIT 提供 $20 \cdot M = 60$ 个时间快拍向量，来估计相关的采样协方差矩阵。可是，TST – ESPRIT 的 RMSE 曲线在高信噪比的情况下变得平坦，在此区域由时间滤波和空间波束形成引起的残余信号对 TST – ESPRIT 的 RMSE 起主要作用。

图 7.6 为 JADE – ESPRIT、JADE – MUSIC 和 TST – ESPRIT 的参数估计。DOA – Delay 平面的每一点表示 $\sigma_n^2 = 0\text{dB}$ 情况下的一次独立试验。以上的仿真我们都假定为时变信道，这样会使时间矩阵向量变得不准确，从而造成比预计高的 RMSE。然而，仿真结果证明了提出的 EST – ESPRIT 算法的可分解性。

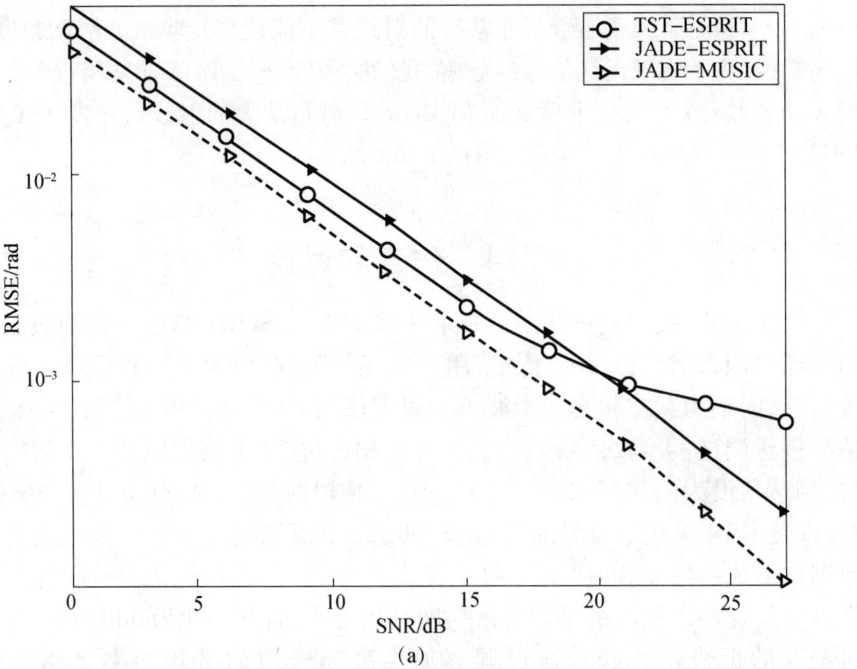

(a)

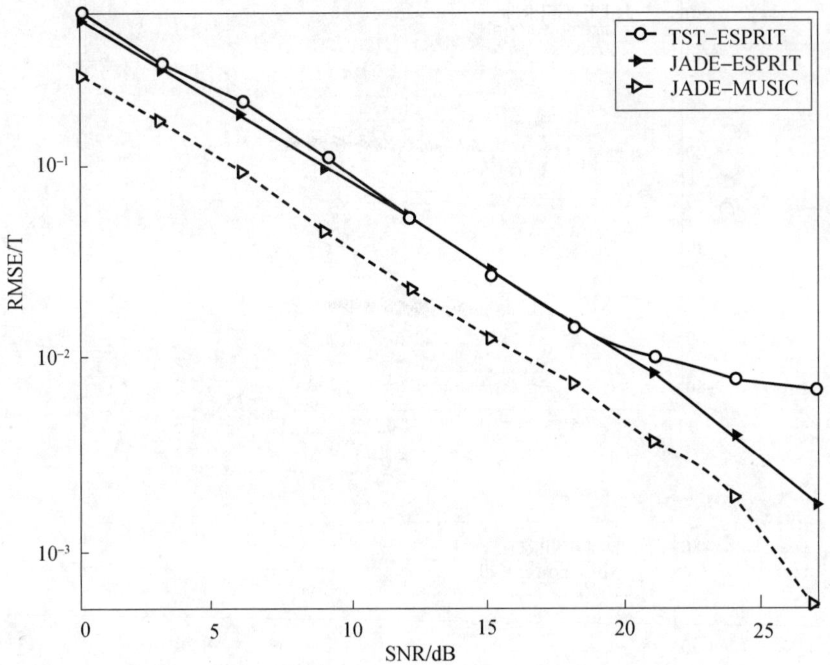

(b)

图7.5 (a)TST-ESPRIT、JADE-ESPRIT和JADE-MUSIC对DOAs估计的均方根误差比较；
(b)TST-ESPRIT、JADE-ESPRIT和JADE-MUSIC对时延估计的均方根误差比较

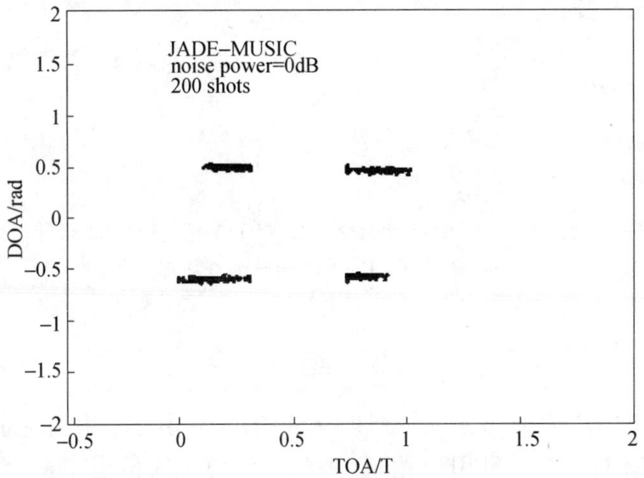

(a)

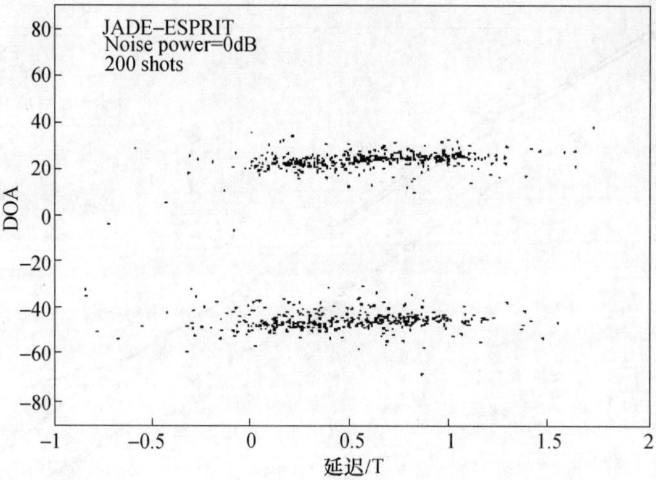

(b)

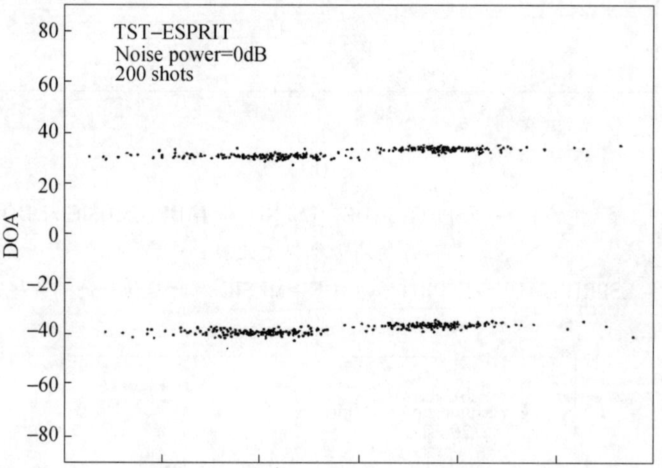

(c)

图 7.6 (a)JADE - MUSIC 估计的分布图;(b)JADE - ESPRIT 估计的分布图;(c)TST - ESPRIT 估计的分布图

7.5 结 论

本章提出了一种新方法——TST - ESPRIT。它由三个采用时间滤波和空间波束形成技术的一维 ESPRITs 组成,来联合估计无线信道中多个射线的 DOA 和时延。TST - ESPRIT 中的 S - ESPRIT 算法和 T - ESPRIT 算法分别用来估计 DOAs 和传播时延。由于空间波束形成和时域滤波处理过程中的残留信号的影响,TST-ESPRIT是有偏差的,偏差的程度取决于组时延和DOAs的估计精度。同JADE-MUSIC相比,TST-ESPRIT算法参数估计精度差,但是计算复杂度相对较低。

参考文献

[1] Rappaport T S, Reed J H, Woerner B D. Position Location Using Wireless Communications on Highways of the Future. IEEE Commun. Mag., 1996.

[2] Chen J T, Paulraj A, Reddy U. Multichannel MLSE Equalizer for GSM Using a Parametric Channel Model. IEEE Trans. on Communications, 1999, pp. 53-63.

[3] Chen J T, Kim J, Liang J. Multichannel MLSE Equalizer with Parametric FIR Channel Identification. IEEE T1pemu-on Vehicular Technology, 1999.

[4] Swindlehurst A L. Time Delay and Spatial Signature Estimation Using Known Asynchronous Signals. IEEE Trans. on Signal Processing, vol-46, 1998, pp. 449-461.

[5] Jakobsson A, Swindlehurst A L, Stoica P. Subspace-Based Estimation of Time Delays and Doppler Shifts. IEEE Trans. on Signal Processing, vo1. 46, 1998, pp. 2472-2483.

[6] Swindlehurst A L, Gunther J H. Methods for Blind Equalization and Resolution of Overlapping Echos of Unknown Shape. IEEE Trans-on Signal Processing, vol-47, 1999, pp. 1245-1254.

[7] Clark M P, Scharf L L. Two-Dimensional Modal Analysis Based on Maximum Likelihood. IEEE Trans. on Signal Processing, vol-42, 1994, pp. 1443-1452.

[8] Bertaux N, et al. A Parameterized Maximum Likeiihood Method for Multipaths Channels Estimation. Proc. Signal Processing Advances in Wireless Comm., 1999, pp. 391-394.

[9] Ogawa Y, et al. High-Resolution Analysis of Indoor Multipath propagation Structure. IEICE Trans. Communications, E78B, 1995, pp. 1450-1457.

[10] Vanderveen M C, Papadias C B, Paulraj A. Joint Angle and Delay Estimation (JADE) for Multipath Signals Arriving at an Antenna Array. IEEE Comm. Letters, vol-1, 1997, pp. 12-14.

[11] vanderveen A J, Vanderveen M C Paulraj A. Joint Angle and Delay Estimation (JADE) Using Shift-Invariance Techniques. IEEE Signal Processing Letters, vol-4, 1997, pp. 142-145.

[12] vanderveen M C, Vanderveen A J Paulraj A. Estimation of Multipath Parameters in Wireless Communications. IEEE Trans-on Signal Processing, vol-46, 1998, pp. 682-690.

[13] vanderVeen A J, Vanderveen M C Paulraj A. Joint Angle and Delay Estimation (JADE) Using Shift-Invariance Properties. IEEE Trans. on signal Processing, vol. 46, 1998, pp. 405-418.

[14] Roy R H, Kailath T. ESPRIT-Estimation of Signal Parameters Via Rotational Invariance Techniques. IEEE Trans. on Acoustics, speed, and Signal Processing, vol-37, 1989, pp. 984-995.

[15] EIA/TIA Interim-Standard IS 136, Telecommunication Association, 1994.

[16] European Telecommunication Standard Institute (ETSI), rec-ETSI/GSM 05.02, European Telecommunication Standard Institute, 1990.

[17] Raleighs G, et al. Characterization of Fast Fading Vector Channels for Multiantenna Communication Systems. 28th Asilomar Conference on Signals, Systems and Computers, 1994.

[18] Feher K. Wireless Digital Communications. Upper Saddle River, NJ: Prentice Hail, 1995.

[19] Wax M, Kailath T. Detection of Signals by Information Theoretic Criteria. IEEE Trans. on Acoustics, Speech, and Signal Processing, vol - 33, 1985, pp. 387 - 392.

[20] Stark H, Woods J - W. Probability, Random Process and Estimation Theory for Engineers. Prentice Hall, 1986.

[21] Breder Y, Macovski A. On the Number of Signals Resolvable by a Uniform Linear Array. IEEE Trans. on Acoustics, Speech, and Signal Processing, Vol - 34, 1986, pp. 1361 - 1375.

[22] Chen J - T. Robustness of the Parametric MLSE Algorithm Against Nonparametric Channels. Proc. GLOBECOM, Sydney, Australia, 1998.

附录7.A 式(7.24)中的噪声特性

在本附录中,将证明式(7.24)中的 $\boldsymbol{N}\cdot\boldsymbol{U}_2^t$ 在空间和时间上是白的,在 $\boldsymbol{U}_2^t$ 的行空间(即在投影子空间)具有不变的噪声功率。

证明:$\boldsymbol{N}=[n_1,\cdots,n_N]^{\mathrm{T}}$,这里 $\boldsymbol{n}_k^{\mathrm{T}}$ 是一个 $1\times N_t$ 噪声向量,并且 $\boldsymbol{U}_2^t=[u_1,\cdots,u_{N_t}]=[u_{qm}]$。那么 $\boldsymbol{N}\cdot\boldsymbol{U}_1^t=[\tilde{\boldsymbol{n}}_{lm}]_{M\times N_t}$,$\tilde{\boldsymbol{n}}_{lm}=\boldsymbol{n}_l^{\mathrm{T}}\cdot\boldsymbol{u}_m=\sum_{k=1}^{N}\boldsymbol{n}_{lk}\cdot\boldsymbol{u}_{km}$。

$\boldsymbol{n}_{lk}$ 与 $\boldsymbol{n}_{km}$ 的相关性由下式给出:

$$\begin{aligned}E\{\tilde{\boldsymbol{n}}_{lm}\cdot\tilde{\boldsymbol{n}}_{pq}^{\mathrm{H}}\}&=E\left\{\left(\sum_{k=1}^{N}\boldsymbol{n}_{lk}\cdot\boldsymbol{u}_{km}\right)\cdot\left(\sum_{i=1}^{N}\boldsymbol{n}_{pi}\cdot\boldsymbol{u}_{iq}\right)^{\mathrm{H}}\right\}\\&=\sum_{k=1}^{N}\sum_{i=1}^{N}\sigma_n^2\delta(l-p)\delta(k-i)\boldsymbol{u}_{km}\cdot\boldsymbol{u}_{iq}^{\mathrm{H}}\\&=\sigma_n^2\delta(l-p)\boldsymbol{u}_q^{\mathrm{H}}\cdot u_m\\&=\sigma_n^2\cdot\boldsymbol{u}_{qm}\cdot\delta(l-p)\end{aligned}$$

这里 $\delta(\cdot)$ 是 Kroneker 增量函数。因此证明了传输噪声矩阵在空间是白色的。此外,由于 $\boldsymbol{u}_{qm}$ 是投影矩阵 $\boldsymbol{U}_2^t$ 的 (q,m) 项,因此噪声在时间上也是白色的,并且具有与在投影子空间相同的功率。

第8章　基于开关无源阵列的DOA估计算法

本章主要论述两种估计DOA的方法。第一种方法在于,以遗传算法(GA)和开关的寄生阵列(SPA)为工具,估计接收天线的宽带环境中的两个最强信号的相关强度。该方法集中在两个主导路径,同时将其余部分纳入噪声模型中。它基于电子波束的概念,并且主要针对低流动性应用程序(如WLAN)。第二种方法将MUSIC算法应用于SPA,并进行了适当修改。其主要的变化在于转向矩阵,对应于不同电压模式的SPA,具体方法结合可能的样本接收信号以及几种辐射模式生成的SPA的高MUSIC分辨能力。数值结果表明了这两种方法的性能。根据不同的信噪比喧杂SPA和DOA分布。

8.1 引　言

最新的研究表明,对3G和4G无线通信系统的研究需要具备移动无线信道基本传播机制的深入知识。研究最重要的方面之一是对感兴趣的信号传输的源估计。因此,已发展了众多的测向方法,用于各种雷达或声纳应用程序和基于位置的服务(LBS)[1]。测向算法被用于定位移动用户的位置,这种实时算法适用于大多数空分多址(SDMA)规划。此外,智能天线的分离信号来自多个信号源的能力可以提高全球定位系统(GPS)的性能[2]。DOA估计算法提供的数据具有入射信号的相对优势[3,4]。另一方面,在上行链路中传入信号的波达方向的知识可以用于有效中下行链路的发射分集。

SPA适合于电子波束[5-9]。选择合适的开关设置呈现每个元素的活动(电压驱动)或寄生(短路)。不同的输入配置改变元素中的电流,并产生一种完全不同的辐射模式。射频开关的速度设置在较低的限制上执行波束操作所需的时间。

使用SPA的测向方法已得到发展[1,9,10],其中一些基于对每个组合开关的位置总接收光功率的检测[9,10],单个源的角度位置可以用于测定总接收功率水平的顺序和相对大小。然而,当多个源存在时,这些方法还是不够的。

本章提出的第一种方法是能够可靠地找到DOAs和两个宽带信号的相对功率(例如,所需加上最强的多径分量,来自两个不同用户的传输信号)[11],它是主要适用于低流动性应用(如WLAN)。此方法利用波束形成的概念,但不能充分利用接收到的信号向量的模型或信号和噪声的统计特性[3,11]。采用GA方法可以解决方向发现问题，其中使用了遗传学的机制（如选择，交叉，变异），以生成全局搜索非线性和非连续的解空间[12]。本章中，通过遗传算法估计两个信号的角位置和相对强度。

第二种算法根据文献[1]讨论的思想，对在 SPA 中应用 MUSIC 算法进行了适度修改。MUSIC 算法是一中基于子空间算法的信号参数估计方法，提供有关事件信号数目的信息，每个信号的 DOA，，强度以及入射信号之间的互相关[3，13]。其主要的变化在于转向矩阵，对应于不同 SPA 的电压模式。与此相反，经典的 MUSIC 算法中，转向矩阵是与每个入射信号的转向向量相关联[3,13]。这种新方法在天线输入环路中通过插入一个"数字化单词"（对于特定的输入配置）利用了高辐射模式。这一概念通过插入一个新的转向矩阵，可以扩展到其他来自一般天线阵列的 DOA 估计方案。

8.2　开关的寄生阵列

在天馈电路中，开关的寄生阵列通过插入"数字化单词"，具有电子可控辐射模式的优势。术语"数字化单词"是相当于一个预定义的输入配置，数字化单词的长度等于数组元素的数目。那些"0"和"1"在数字化单词中分别代表活动的和寄生的数组的元素。

本章借助遗传算法和 EMF 方法，对七元素 SPA 进行了设计[8,14]。每个数组元素是一个有长度 $l=\lambda/2$ 和半径 $r_a=0.001\lambda$ 的偶极，其中 λ 为波长。每个偶极子轴都平行于 z 轴，其馈送点在 $x-y$ 平面。图 8.1 显示了在水平面上的 SPA 配置。表 8.1 显示坐标(x_m,y_m)方位平面，以及每个元素的电压相位值。移相器连接到每个数组元素。射频开关置于"开"时，输入的电压等于 $V_m=\exp(j.\sigma_m)$；，否则，等于 1。

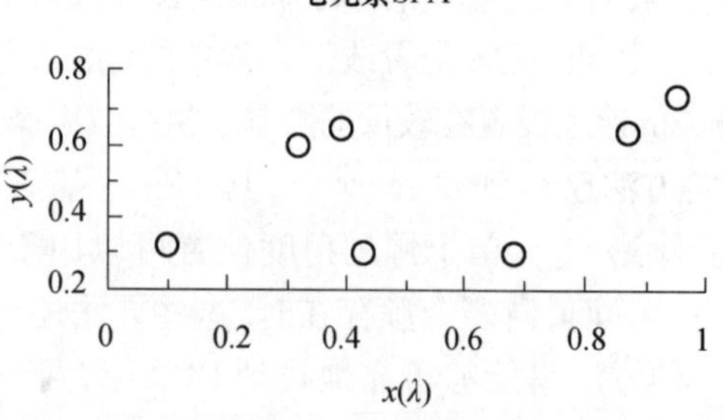

图 8.1　在 $x-y$ 平面上配置是 SPA 的 7 个相同的偶极子（$l=\lambda/2, r_a=0.001\lambda$），parallel to the z − axis.

（资料来源：[11]. ©2004 Springer Science and Business Media. 允许印刷）

表 8.1　在水平面上电压值和相位恒定的七元素 SPA 配置

$x_m(\lambda)$	$y_m(\lambda)$	δ_m(©)
0.683	0.291	24.26
0.875	0.640	149.80
0.950	0.743	20.47
0.433	0.299	272.15
0.101	0.317	154.17
0.395	0.646	253.12
0.323	0.603	327.94
资料来源:文献[11]		

图 8.2 所示为活动和寄生性元素组合在方位平面的归一化辐射模式。

GA 也被用于设计六元素的寄生圆形阵列(SPCA),其中一个元素用于驱动,另五个用于短路。其长度均为 $l=\lambda/2$。半径为 $r_a=0.001\lambda$ 偶极子平行于 z 轴,其馈入点位于半径为 $\lambda/2$ 的 $x-y$ 平面,每个电压相位值等于 0V(单一电压的驱动因素)。由于圆对称,SPAC 涵盖了方位平面及六个相同的辐射模式(图 8.3)。每个辐射模式有 3dB 波束宽度略高于 60°,最大相对副瓣电平约等于 -9dB。类似的 GA 用于设计 4,8,及 10 元素 SPAC,分别提供 4,8 和 10 个圆对称辐射模式。

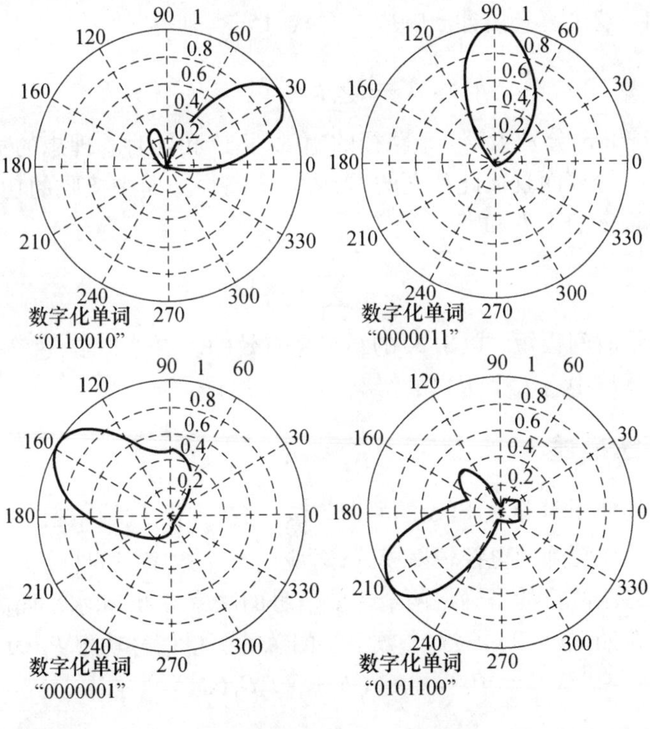

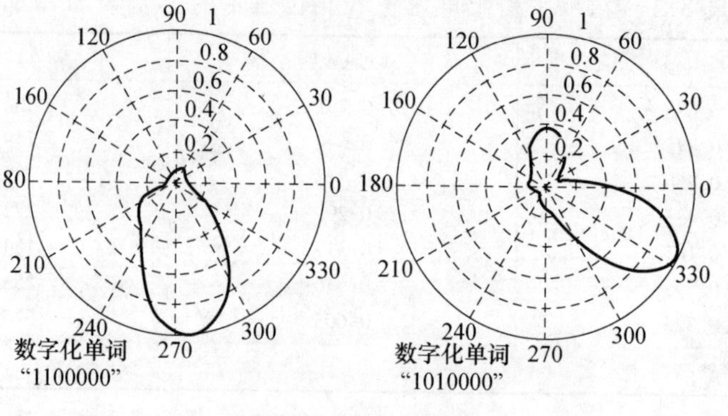

图 8.2 归一化辐射模式的七元素 SPA 方位平面

8.3 双路径模型的宽带测向方法

8.3.1 多径环境中的宽带信号

在宽带信号中,具有无限带宽的理想传输信号是冲激函数。在多径环境中,被传输的冲激函数 $\delta(t)$ 到达接收机,可以表示成多个不同幅度和相位的冲激函数之和。这个复杂的冲激响应在文献[15]得到

$$h(\tau,t) = \sum_{i=1}^{L} \beta_i e^{j\theta_i} \delta(t - \tau_i) \tag{8.1}$$

式中,β_i、θ_i 和 τ_i 分别为第 i 条路径的幅度、相位和延时。理想的宽带通信中,各路径假设是分离而且彼此独立的,则从 L 个路径方向中接收的功率能够表示成所有路径幅度的平方和[15]

$$P_r = \sum_{i=1}^{L} |\beta_i|^2 \tag{8.2}$$

假设脉冲持续时间很短,式(8.2)的结果是有效的。更进一步,这个式子可以扩展为多用户环境中有 L 个用户的情况。

8.3.2 方法描述

本节描述使用 M 阵元 SPA 的测向方法,它在方位平面中提供 N_{RP} 个辐射模式。利用开关无源阵的电控辐射模式,对应于每个数字字的总接收信号功率被顺序检测。方法的目的是确定两个主要信号的功率 s_1、s_2 和水平面内的 DOA 信息 ϕ_1、ϕ_2 。按照式(8.2),第 k 个数字字的总的测量信号功率 P_k 为

$$P_1 = s_1 G_1(\phi_1) + s_2 G_1(\phi_2) \tag{8.3a}$$

$$P_2 = s_1 G_2(\phi_1) + s_2 G_2(\phi_2) \tag{8.3b}$$

$$P_k = s_1 G_k(\phi_1) + s_2 G_k(\phi_2), k = 3, \cdots, N_{RP} \tag{8.3c}$$

式中，$G_k(\phi_1)$、$G_k(\phi_2)$ 是 ϕ_1、ϕ_2 时的第 k 个辐射模式的归一化值。两个主要路径以外的到达接收机的信号在模型中被作为噪声，相比于最弱的信号功率而言，其总的平均功率为 s_r。这可以通过在式(8.3a～c)中引入一个附加的噪声系数实现。

DOA 和两个最强信号相对强度的估计是基于遗传算法的最优化技术。在这种情况下，遗传算法总体中的每一个个体都代入其 DOA 估计值，即 $\hat{\phi}_1$、$\hat{\phi}_2$。用 ϕ_1、ϕ_2 的估计值代入，并解公式(8.4)得到 s_1、s_2 的估计值 $\hat{s}_1$、$\hat{s}_2$，输入信号功率由下式得到：

$$\begin{cases} P_1 = s_1 G_1(\hat{\phi}_1) + s_2 G_1(\hat{\phi}_2) \\ P_2 = s_1 G_2(\hat{\phi}_1) + s_2 G_2(\hat{\phi}_2) \end{cases} \tag{8.4}$$

这个方法是可行的，由于 P_1、P_2 是由式(8.3a)和式(8.3b)得到的信号总测量功率，$G_k(\hat{\phi}_1)$、$G_k(\hat{\phi}_2)$ 是 $\hat{\phi}_1$、$\hat{\phi}_2$ 处归一化的第 k 个辐射模式值（$k = 1,2$）。因此，使用 $\hat{\phi}_1$、$\hat{\phi}_2$ 和 $\hat{s}_1$、$\hat{s}_2$ 就可估计其余（$N_{RP} - 2$）个总测量功率电平：

$$\hat{P}_k = \hat{s}_1 G_k(\hat{\phi}_1) + \hat{s}_2 G_k(\hat{\phi}_2), k = 3, \cdots, N_{RP} \tag{8.5}$$

因此，当每一个由式(8.5)给出的估计值 $\hat{P}_k$ 分别等于式(8.3c)的测量值 P_k（$k = 3, \cdots, N_{RP}$）时，解 $\hat{\phi}_1$、$\hat{\phi}_2$ 和 $\hat{s}_1$、$\hat{s}_2$ 会中断算法。因此，一个合适的目标函数，被归一化为 0～1，可定义为

$$of = \frac{1}{1 + \sqrt{\text{rerr}}} \tag{8.6}$$

这里

$$\text{rerr} = \left[\frac{1}{N_{RP} - 2}\right] \sum_{k=3}^{N_{RP}} \left[\frac{P_k - \hat{P}_k}{P_k}\right]^2 \tag{8.7}$$

利用上述方法可以得到两个最强信号，其 DOA 的相关信息可以通过不同可行途径得到，例如：

(1) 在一个多径环境中，如果两个 DOA 估计属于开关无源阵的同一个波束，那么选择正确的数字字激活辐射模式，该模式从两个路径接收功率。如果两个 DOA 位于不同波束，那么就需要一个自适应的两波束天线，它的每一个波束指向一个对应的路径，且通过配置使接收功率最大化。在多用户环境中，使用窄波束来接收期望的用户，同时抑制不希望的用户。

(2) 由目前方法实现的 DOA 估计可用来在下行线路中进行选择性的传输，尤其是在移动性较差的应用中，这是因为角度参数相对是固定的。因此，上行线路的到达角度应该是下行线路传输的方向。在双径模型中，下行线路的波

形生成器应该覆盖两个主要的 DOA 方向[11]。

8.3.3 方法性能分析

这里给出的数字结果示出不同类型开关无源阵测向方法的可靠性。值得一提的是,对每一类型的接收天线都做了 500 次蒙特卡罗(MC)试验来分析方法的性能。每一次蒙特卡罗试验目的都是分辨出两个主要输入信号,这两个信号的功率均匀分布在0~7dB,而到达方向服从不同的分布。可以使用二元遗传算法,该算法包括 50 个体、400 代,参数为 $p_{\mathrm{crossover}}=0.8$ 和 $p_{\mathrm{mutation}}=0.1$,算法中还运用了归一化的几何阶、一点交越及二元突变的条件[12]。其余信号的总的平均功率 s_r 假设为低于最弱信号功率 20dB 或 50dB。

表 8.2 示出使用 8.2 节所述的 7 阵元开关无源阵和 6 阵元开关无源圆阵两种方法的分辨力($N_{RP}=6$)。到达方向假设服从 $(0,2\pi)$ 上的均匀分布。当到达方向与信号功率估计的最大偏差分别为 ±10° 和 ±0.2° 时,概率 p_{corr}($p_{\mathrm{corr}}=N_{\mathrm{corr}}/500$)隐含了试验次数 N_{corr},这里假设 $s_2=1$,s_1 服从 1~5 的均匀分布。此外,当波束中输入信号被正确检测时,p_{beam}($p_{\mathrm{beam}}=N_{\mathrm{beam}}/500$)隐含了试验次数 N_{beam}。进一步,在下文所有性能分析结果中出现的 σ_{ang} 和 σ_{str} 如下式:

$$\sigma_{\mathrm{ang}}=\sqrt{\left(\frac{1}{N_{\mathrm{corr}}}\right)\sum_{i_S=1}^{N_{\mathrm{corr}}}0.5\left[(\phi_{i_S,1}-\hat{\phi}_{i_S,1})^2+(\phi_{i_S,2}-\hat{\phi}_{i_S,2})^2\right]} \tag{8.8a}$$

$$\sigma_{\mathrm{str}}=\sqrt{\left(\frac{1}{N_{\mathrm{corr}}}\right)\sum_{i_s=1}^{N_{\mathrm{corr}}}0.5\left[(s_{i_s,1}-\hat{s}_{i_s,1})^2+(s_{i_s,2}-\hat{s}_{i_s,2})^2\right]} \tag{8.8b}$$

当 $s_r=-20$dB 时,根据 p_{corr}、p_{beam} 和 σ_{str},7 阵元开关无源阵的效果较好;当 $s_r=-50$dB 时,6 阵元开关无源圆阵可提供更好的 p_{corr}、σ_{ang} 和 σ_{str} 值。根据开关无源圆阵的圆周对称辐射模式,7 阵元开关无源阵具有较高的噪声水平。更进一步,这些对称性导致遗传算法有好的适配值,但也导致错误的信号功率值和 DOA 值。

表 8.2 基于遗传算法的性能分析(两种类型开关无源阵,到达方向均匀分布)

天线种类	s_r/dB	p_{corr}	σ_{ang}/(°)	σ_{str}	p_{beam}
7 单元 SPA($N_{RP}=6$)	-50	0.886	0.621	0.027	0.952
	-20	0.686	1.890	0.057	0.838
6 单元 SPCA($N_{RP}=6$)	-50	0.918	0.364	0.026	0.940
	-20	0.534	1.650	0.073	0.740

来源:文献[11]

表 8.3 列出 7 阵元开关无源阵和三种 DOA 分布的分辨能力。两个主要输入信号到达不同辐射模式的 3dB 波束宽度内,或者其 DOA 服从基于几何学的单反射椭圆模型(Geometrically - Based Single Bounce Elliptical Model,GBSBEM),其概率密度分布函数为[3]

$$f_{\phi}(\phi) = \frac{1}{2\pi\beta}\frac{(r_m^2 - 1)^2}{(r_m - \cos\phi)^2} \tag{8.9}$$

这里,$\beta = r_m\sqrt{r_m^2 - 1}$(其中 $r_m = 10^{(T-L_r)/(10n)}$)是最大的归一化延时。输入信号的功率余量是 $T = 7\text{dB}$,散射损失是 $L_r = 6\text{dB}$。路径损失指数 n 取 2 或 4。

表 8.3 基于遗传算法的性能分析(7 个阵元的开关无源阵,三个 DOA 分布)

DOA 分布	s_t/dB	p_{corr}	σ_{ang}/(°)	σ_{str}	p_{beam}
不同波束	-50	0.918	0.797	0.019	0.958
	-20	0.822	1.866	0.057	0.950
GBSBEM(n=2)	-50	0.864	0.593	0.040	0.878
GBSBEM(n=4)	-50	0.852	0.623	0.040	0.842
来源:文献[11]					

比较表 8.2 和表 8.3,很明显可以看出,相对于均匀的情况,在两个信号以不同波束到达时,7 阵元开关无源阵的 p_{corr}、p_{beam} 比较高。尤其是当 $s_r = -20\text{dB}$ 时,σ_{ang} 和 σ_{str} 有基本相同的数值。对于 GBSBEM 的情况,由于输入信号的角度分辨能力变得更小,因而此方法的可靠性稍稍下降,但结果仍令人满意。$n = 2$ 时的分辨能力要好于 $n = 4$,因为前者全部平均角度展开要更大一些(两者分别为 29.70 和 20.78)[3,11],因此,甚至当 DOA 分布非均匀时,此方法也能得到较好的精度,这一点是值得注意的。

更进一步,对均匀分布 DOA 使用附加辐射模式进行测试。当开关无源圆阵的辐射模式或总被测信号功率依次增加时,表 8.4 示出方法可靠性方面的改进。考虑式(8.7),很清楚地看到,通过增加 rerr,对不正确信号功率和角度产生好的适配值的概率减小了。当 $N_{RP} > 8$ 时,就 p_{corr} 而言,得不到更好的提高。要注意的是,当 $N_{RP} = 6$ 时,得到最好的 σ_{ang} 和 σ_{str} 值。

表 8.4 基于遗传算法的性能分析(NRP 个阵元的 SPCA,均匀分布 DOA,$s_r = -50\text{dB}$)

天线种类	p_{corr}	σ_{ang}/(°)	σ_{str}
4 单元 SPCA($N_{RP} = 4$)	0.470	1.021	0.036
6 单元 SPCA($N_{RP} = 6$)	0.918	0.364	0.026
8 单元 SPCA($N_{RP} = 8$)	0.934	0.681	0.033

（续）

天线种类	p_{corr}	$\sigma_{ang}/(°)$	σ_{str}
10 单元 SPCA(N_{RP} = 10)	0.884	0.679	0.034
来源:文献[11]			

8.4 开关无源阵的改进 MUSIC 算法

现有算法将 MUSIC 算法应用于 SPA,并加以适当改进。文献[1]介绍了 MUSIC 算法的概念,并将高分辨特性和 SPA 以不同辐射方式采样接收信号的优势相结合。如果控制开关无源阵的 RF 开关有足够高的速度(通常为几个纳秒的量级),后者看起来更具有现实意义。本节中,由文献[1]提出的改进 MUSIC 算法的思想以一种理解与分析的方式给出,并阐述了其在不同类型的开关无源阵和 DOA 分布下的性能。

经典的 MUSIC 是一种基于阵列的信号参数估计算法。它充分利用了输入数据矩阵的特征结构[3,13]。假设有 D 个信号隐藏在 M 阵元天线阵列中($D<M$)。输入数据向量 $\boldsymbol{u}(t)$ 可被表示为 D 个入射波和噪声的线性组合。更明确的有

$$\boldsymbol{u}(t) = \boldsymbol{A}\boldsymbol{b}(t) + \boldsymbol{n}_0(t) \tag{8.10}$$

这里,$\boldsymbol{A}$ 是一个 $M \times D$ 矩阵,包含对应于输入信号 DOA 的阵列导向向量($d = 1,\cdots,D$)。此外,$\boldsymbol{b}$ 是一个 $D \times 1$ 向量,是入射信号的基带复包络波形,$\boldsymbol{n}_0$ 是噪声向量。

在开关无源阵的 MUSIC 算法中,主要的变化是导向矩阵的公式。假设开关无源阵有 NRP 个辐射模式,式(8.10)除了矩阵 $\boldsymbol{A}$ 外,保持不变。$\boldsymbol{A}$ 包括 SPA 对应于入射信号 DOA 的电压模式($D < N_{RP}$),即

$$\boldsymbol{A} = \begin{bmatrix} g_1(\phi_1) & g_1(\phi_2) & \cdots & g_1(\phi_D) \\ \vdots & \vdots & \vdots & \vdots \\ gN_{RP}(\phi_1) & gN_{RP}(\phi_2) & \cdots & gN_{RP}(\phi_D) \end{bmatrix} \tag{8.11}$$

这里,$g_k(\phi)(k = 1,\cdots,N_{RP})$ 是 SPA 归一化的方位电压模式。

考虑由式(8.11)引入新的导向矩阵,改进的 MUSIC 算法总结如下[3]:

(1) 输入协方差矩阵 $\boldsymbol{R}_{uu}$ 可以通过 N_S 个输入采样点估计。输入数据向量 $\boldsymbol{u}(t)$ 表示当 N_{RP} 数字字插入天线馈电系统中时,总的被测信号和噪声水平。假设信号与噪声是不相关的,$\boldsymbol{R}_{uu}$ 可被表示为

$$\boldsymbol{R}_{uu} = E[\boldsymbol{u}\,\boldsymbol{u}^{\mathrm{H}}] = AE[\boldsymbol{b}\,\boldsymbol{b}^{\mathrm{H}}]\boldsymbol{A}^{\mathrm{H}} + E[\boldsymbol{n}_0\,\boldsymbol{n}_0^{\mathrm{H}}] \tag{8.12}$$

式中，$[\ ]^{\mathrm{H}}$ 表示复共轭变换。

（2）估计协方差矩阵 $\hat{\boldsymbol{R}}_{uu}$ 的特征分解为

$$\hat{\boldsymbol{R}}_{uu}\boldsymbol{V} = \boldsymbol{V}\boldsymbol{\Lambda} \tag{8.13}$$

这里，$\boldsymbol{\Lambda} = \mathrm{diag}\{\lambda_1, \lambda_2, \cdots, \lambda_{N_{RP}}\}$，$\lambda_1 \geqslant \lambda_2 \geqslant \lambda_{N_{RP}}$ 为特征值；$\boldsymbol{V}$ 为包含 $\hat{\boldsymbol{R}}_{uu}$ 相应特征向量构成的矩阵。估计协方差矩阵的精度依赖于输入采样点数。

（3）入射信号的数目估计 $\hat{D}$ 来自于最小特征值 $\lambda_{\min}$ 的阶数 K，表示为

$$\hat{D} = N_{RP} - K \tag{8.14}$$

由于实际上 $\hat{\boldsymbol{R}}_{uu}$ 是由有限个采样点组成的，因此 K 个最小特征值不完全相等。为了测试特征值的封闭性，使用 Rissanen 最小描述长度（MDL）准则。在这个准则中，信号个数由下面的最小化准则得到[3]：

$$\mathrm{MDL}(\hat{D}) = -\lg\left\{\frac{\prod\limits_{k=\hat{D}+1}^{N_{RP}} \lambda_k^{1/(N_{RP}-\hat{D})}}{\dfrac{1}{N_{RP}-\hat{D}}\sum\limits_{k=\hat{D}+1}^{N_{RP}} \lambda_k}\right\}^{(N_{RP}-\hat{D})N_S} + \frac{1}{2}\hat{D}(2N_{RP}-\hat{D})\lg N_S \tag{8.15}$$

式中，$\hat{D} \in \{0, 1, \cdots, N_{RP-1}\}$。

（4）MUSIC 谱的计算为

$$P_{\mathrm{MUSIC}}(\phi) = \frac{\boldsymbol{\alpha}^{\mathrm{H}}(\phi)\boldsymbol{\alpha}(\phi)}{\boldsymbol{\alpha}^{\mathrm{H}}(\phi)\,\boldsymbol{V}_n\,\boldsymbol{V}_n^{\mathrm{H}}\boldsymbol{\alpha}(\phi)} \tag{8.16}$$

这里，$\boldsymbol{\alpha}(\phi) = [g_1(\phi)\quad g_2(\phi)\cdots g_{N_{RP}}(\phi)]^{\mathrm{T}}$；$[\ ]^{\mathrm{T}}$ 表示矩阵转置；$\boldsymbol{V}_n$为矩阵，包含 K 个噪声特征值。

（5）DOA 估计是 PMUSIC 的 $\hat{D}$ 个最大峰值。

本节的数字结果给出了改进 MUSIC 算法应用于不同类型 SPA 的算法性能和分辨力。对每一种类型的接收天线，采用和遗传算法（$D=2$）一样的试验方法，都做了 500 次蒙特卡罗（MC）试验。基带复包络向量 $\boldsymbol{b}$ 被假设为瞬态圆对称高斯分布白噪声分布，即有 $\boldsymbol{b}(t) \in N(0, \boldsymbol{R}_{bb})$，这里 $\boldsymbol{R}_{bb}$ 是信号相关矩阵。空间上，假设瞬态圆对称高斯分布噪声，并设相对于最弱信号平均功率，噪声平均功率 s_n 等于 $-10 \sim -20$dB。每一个蒙特卡罗试验做 4 次，依次增加采样点的数目：

$$N_S = 500 \cdot i_{N_S}, i_{N_S} = 1, \cdots, 4 \tag{8.17}$$

使用 8.2 节所述的 7 阵元 SPA 和 6 阵元 SPCA（$N_{RP} = 6$），DOA 假设服从 $(0, 2\pi)$ 上的均匀分布，图 8.4 示出算法的分辨能力。概率 p_{corr} 隐含了试验次数

N_{corr}，当两个 DOA 估计最大偏差为 ± 10° 时，入射信号被准确检测（$\hat{D}=D$）。对两种 SPA，可得到类似的 p_{corr}，尤其是当采样点较大时。随着 s_n 减小，N_s 增加，p_{corr} 渐近趋于一致。7 阵元 SPA 的 σ_{ang} 会稍好一些，其结果见表 8.5。在以下的叙述中，σ_{ang} 是由式(8.8a)给出的，N_{corr} 如上述。

进一步，对均匀分布的 DOA，试验了增加 SPCA 辐射模式的数目 N_{RP} 对算法可靠性的影响。对相同的采样点 N_s 和噪声功率 s_n，随着 N_{RP} 增加 p_{corr} 也增大，如图 8.5 所示。就 σ_{ang} 而言，表 8.6 给出其类似的提高。

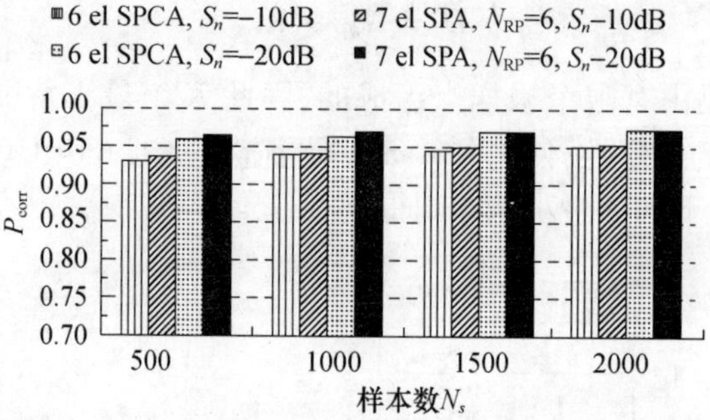

图 8.4　连续蒙特卡罗试验概率与 N_s 的函数关系
（MUSIC 算法、两种类型 SPA、DOA 均匀分布）

表 8.5　MUSIC 算法的性能分析
（两种类型的 SPA，DOA 为均匀分布，N_s =2000）

天线类型	s_n = −10dB		s_n = −20dB	
	p_{corr}	σ_{ang}/(°)	p_{corr}	σ_{ang}/(°)
7 单元 SPA(N_{RP} = 6)	0.954	0.289	0.974	0.111
6 单元 SPCA(N_{RP} = 6)	0.950	0.473	0.974	0.211

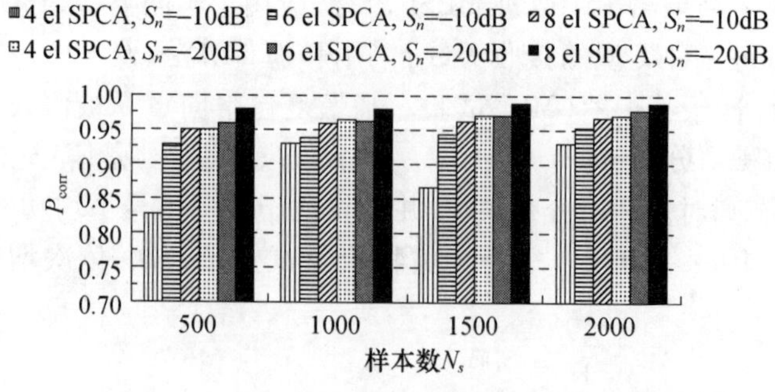

图 8.5　连续 MC 试验概率与 N_s 的函数关系
（MUSIC 算法、三种类型 SPA、DOA 均匀分布）

表8.6 MUSIC算法的性能分析
(三种类型的SPA,DOA为均匀分布,$N_s=2000$)

天线类型	$s_n=-10$dB		$s_n=-20$dB	
	p_{corr}	$\sigma_{ang}/(°)$	p_{corr}	$\sigma_{ang}/(°)$
4单元SPCA($N_{RP}=4$)	0.866	0.960	0.970	0.422
6单元SPCA($N_{RP}=6$)	0.950	0.473	0.974	0.211
8单元SPCA($N_{RP}=8$)	0.966	0.393	0.986	0.096

再进一步,应用8阵元SPCA估计服从GBSBEM概率密度函数(见式(8.9))的DOA。选择与8.3.3节相同的T、L_r和n值,所得结果示于图8.6和表8.7。结果证实,随着全体平均角度展宽的减小,算法的分析能力变差。这归因于一个事实:当两个信号从空间距离很近的两个方向到达时(例如,甚至小于5°,这是在有许多MC试验时的一种情况),MUSIC谱只能给出一个峰而不是两个。在高噪声水平下,以较小的角度分辨能力来区分两个信号的困难是显而易见的。

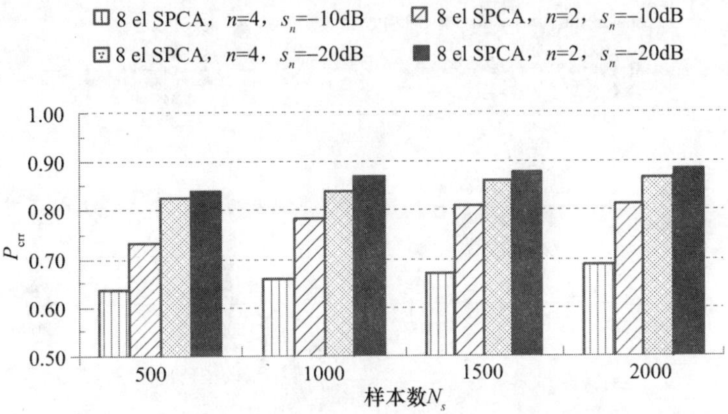

图8.6 连续MC试验概率与N_s的函数关系
(MUSIC算法、8阵元SPCA、DOA符合两种GBSBEM分布)

表8.7 MUSIC算法的性能分析(8阵元SPCA,三种DOA分布,$N_s=2000$)

DOA分布	$s_n=-10$dB		$s_n=-20$dB	
	p_{corr}	$\sigma_{ang}/(°)$	p_{corr}	$\sigma_{ang}/(°)$
均匀	0.966	0.393	0.986	0.096
GBSBEM($n=2$)	0.808	0.647	0.880	0.327
GBSBEM($n=4$)	0.686	0.848	0.862	0.448

此外,通过做 100 次连续 MC 试验来研究方法中角度离散值 $\Delta\phi$ 对可靠性的影响。在这些试验中,对下述每一种情况,两个信号被正确估计($p_{corr}=1$):

(1) 具有不同 $\Delta\phi$ 且均匀分布,平均功率比例在 0 ~ 7dB 之间的三对输入信号由 4、6 和 8 阵元 SPA 解出, $s_n=-10$dB 且输入采样点可变。从图 8.7 可明显得到,随着 $\Delta\phi$ 变大, σ_{ang} 变差。对于相同采样点数目 N_s 和模式数目 N_{RP} ,如期望一样,采样点数较大且辐射模式较多时, σ_{ang} 会减小。

(2) 两个功率相等的输入信号,假设 $\phi_1=30°$, $\phi_2=\phi_1+\Delta\phi$ ($\Delta\phi=6°$, $8°,\cdots,30°$, $2°$ 步进) 由 6 阵元和 8 阵元 SPCA ($s_n=-20$dB, $N_s=1000$) 解出。图 8.8 中,第一个到达角 ϕ_1 的 RMSE 结果可由下式得到:

$$\text{RMSE}=\sqrt{\frac{1}{100}\sum_{i_S=1}^{100}(\phi_{i_S,1}-\hat{\phi}_{i_S,1})^2} \tag{8.18}$$

假设 $\Delta\phi\geqslant 8°$ (当 $\Delta\phi=8°$ 时, RMSE = 0.36°),6 阵元 SPCA 得到 $p_{corr}=1$ (即在所有 MC 试验中均解出两个信号)。另一方面,8 阵元 SPCA 提高了解析能力,甚至当 $\Delta\phi=6°$ (此时 RMSE = 0.48°)能得到 $p_{corr}=1$ 。对较高的角度离散值,RMSE 逐渐减小,达到近似为 0.08° 的下限值。

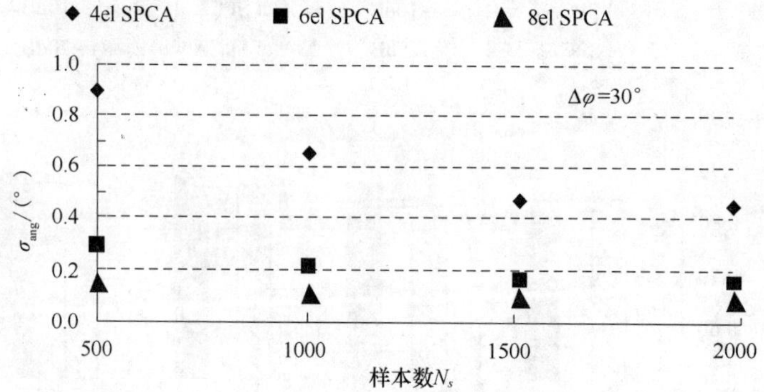

(a)

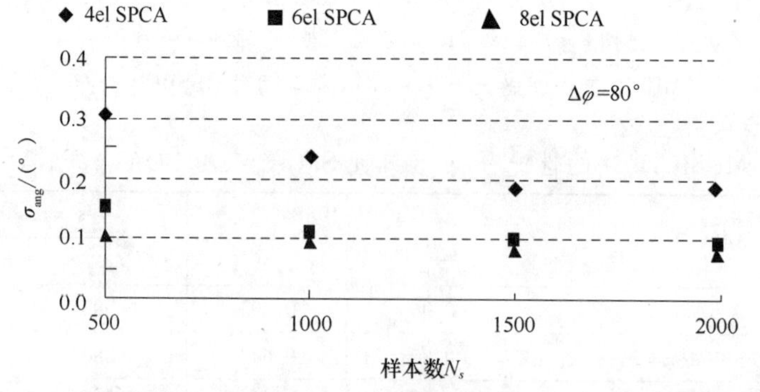

(b)

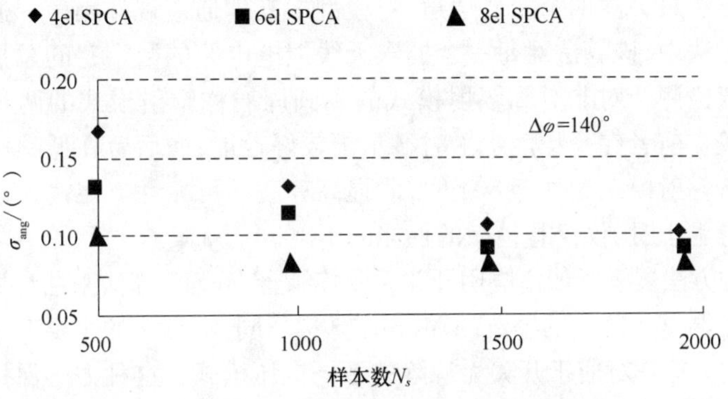

(c)

图 8.7　σ_{ang} 与 N_s 的函数关系图(100 次 MC 试验、MUSIC 算法、三种类型的 SPCA、SNR = −10dB)
(a)$\Delta\phi = 30°$，$\phi_1 = 10°$，$\phi_2 = 40°$；(b)$\Delta\phi = 80°$，$\phi_1 = 40°$，$\phi_2 = 120°$；(c)$\Delta\phi = 140°$，$\phi_1 = 20°$，$\phi_2 = 160°$。

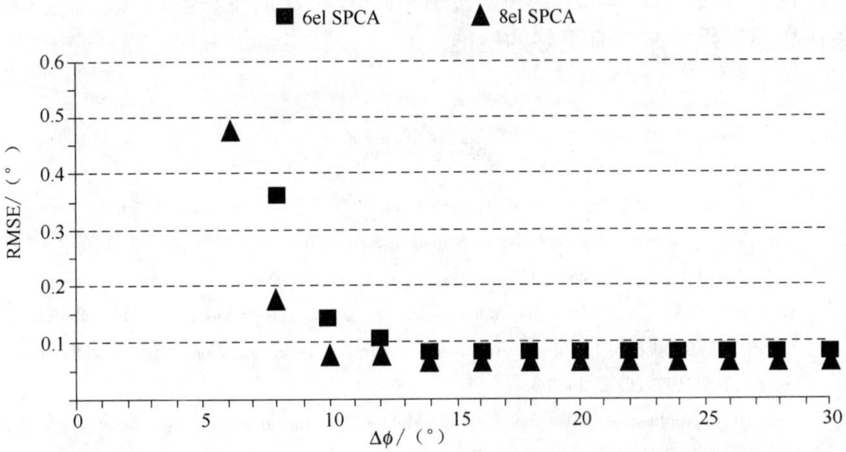

图 8.8　RMSE 和$\Delta\phi$ 的函数关系图(100 次 MC 试验、MUSIC 算法、两种类型的 SPCA，s_n = −20dB，N_s = 1000，$\phi_1 = 30°$，$\phi_2 = \phi_1 + \Delta\phi$)

8.5　结　论

基于电子波束控制,提出了两种针对开关无源阵列的测向算法,SPA 的辐射模式由数字字或专用馈电配置控制。

第一个方法使用 SPA 在宽带环境下来确定两个最强信号的方位角和相对

功率。此方法只关注两个主要通道,将模型中其他通道视作噪声。遗传算法被应用于该方法中,该算法对每一个插入天线馈电电路的数字字的总接收信号功率进行连续检测。对非对称辐射模式的和圆周对称辐射模式的两种开关无源阵做了比较。前者在高噪声水平时显示出较好性能;而后者在低噪声水平下性能更好。将辐射模式增加至 8 个时,能提高算法的可靠性。在输入信号角度分辨能力变得更小时,仅仅有稍微的性能的下降。

第二种方法展示了如何应用开关无源阵结合 MUSIC 算法来估计两个输入信号的 DOA。与基于阵列的经典的 MUSIC 算法不同,本算法的主要改进在于导向矩阵上。这个矩阵对应于开关无源阵的不同电压模式。这种方法保持了 MUSIC 算法的高分辨能力和基本特性,即对大的采样点、更多的辐射模式和更高的信噪比,其可靠性也增强。距离很近的两个信号区分要更困难一些。通过开关无源阵,MUSIC 算法和不同辐射模式采样接收信号结合在一起。通过在通常的天线阵列前插入一个新的导向矩阵,这种概念可以扩展至其他 DOA 估计方案。

在较低信噪声水平下,基于遗传的算法和 MUSIC 算法有相当的性能,以灵活的方式结合使用 GA 算法与 SPA 使用 MUSIC 算法简单一些,但改进的 MUSIC 算法在高噪声水平时具有更好的性能。

参考文献

[1] Svantesson T, Wennström M. High – Resolution Direction Finding Using a Switched Parasitic Antenna. Proc. 11th IEEE Signal Processing Workshop on Statistical Signal Processing, Singapore, 2001, pp. 508 – 511.

[2] El Zooghby A H, Christodoulou C C, Georgiopoulos M. A Neural Network – Based Smart Antenna for Multiple Source Tracking. IEEE Trans. on Antennas and Propagation, vol. 48, No. 5, 2000, pp. 768 – 775.

[3] Liberti J C, Rappaport T S. Smart Antennas for Wireless Communications. Upper Saddle River, NJ: Prentice Hail, 1999, Chs. 7and 9.

[4] Godara L C. Application of Antenna Arrays to Mobile Communications, Part Ⅱ: Beam – Forming and Direction – of – Arrival Considerations. IEEE Proc., vol – 85, No. 8, 1997, pp. 1195 – 1245.

[5] Thiel D V, O' keefe S G, Lu J W. Electronic Beam Steering in Wire and Patch Antenna Systems Using Switched Parasitic Elements. Proc. IEEE Antennas Propagation Society URSI Radio Science Meeting, Baltimore, MD, 1996, pp. 534 – 537.

[6] Schlub R, et al. Dual – Band Six – Element Switched Parasitic Array for Smart Antenna Cellular Communications Systems. Electronics Letters, vol. 36, No. 16, 2000, pp. 1342 – 1343.

[7] Varlamos P K. Capsalis C M. Electronic Beam Steering Using Switched Parasitic Smart Antenna Arrays. Progress in Electromagnetics Research, PIER 36, 2002, pp. 101 – 119.

[8] Varlamos P K. Capsalis C N. Design of a Six – Sector Switched Parasitic Planar Array Using the Method of Genetic Algorithms. Wireless Personal Communications Journal, vol – 26, No. 1, 2003, pp. 77 – 88.

[9] Preston S L, et al. Base – Station Tracking in Mobile Communications Using a Switched Parasitic Anten-

na Array. IEEE Trans. on Antennas and Propagation, vol. 46, No. 6, 1998, pp. 841 - 844.

[10] Preston S L, Thiel D V. Direction Finding Using a Switched Parasitic Antenna Array. Proc. IEEE Antennas Propagation Society URSI Radio Science Meeting, Montreal, Canada, 1997, pp. 1024 - 1027.

[11] Varlamos P K, Capsalis C N. Direction - of - Arrival Estimation (DOA) Using Switched Parasitic Planar Arrays and the Method of Genetic Algorithms. Wireless Personal Communications Journal, vol - 28, No. 1, 2004, pp. 59 - 75.

[12] Goldberg D E. Genetic Algorithms in Search, Optimization, and Machine Learning, Reading. MA: Addison - Wesley, 1989.

[13] Schmidt R O. Mulitipie Emitter Location and Signal Parameter Estimation. IEEE Trans. on Antennas and Propagation, vol - AP - 34, No. 3, 1986, pp. 276 - 280.

[14] Balanis C A. Antenna Theory, Analysis and Design, 2nd ed. New York: John Wiley & Sons, 1997, Ch. 8.

[15] Pahlavan K, Levesque A. Wireless Information Networks. New York: John Wiley & Sons, 1995, pp. 50 - 56.

第9章 非圆信号的DOA估计:性能下界和算法

9.1 引 言

目前有大量文献论述通过传感器阵列接收窄带信号并估计DOA的二阶统计算法。算法的前提是复数圆形高斯信号假设。对这些算法的研究源于广泛的应用背景,比如移动通信系统[1]。在移动通信系统中,当传感器信号下变频到基带后,同相和正交分量匹配形成复信号。常见的复数非圆信号有二进制相移键控信号(BPSK)以及偏移四相键控信号(OQPSK)。自然可以理解,用于复数圆形信号的二阶算法均依赖于正定哈密特协方差矩阵 $\boldsymbol{E}(\boldsymbol{y}_t\boldsymbol{y}_t^{\mathrm{H}})$。对于非圆信号,复数对称非共轭空域协方差矩阵 $\boldsymbol{E}(\boldsymbol{y}_t\boldsymbol{y}_t^{\mathrm{T}})$仍然具有二阶统计特征,因此,如果同时利用两个协方差矩阵的性质就可以提高算法性能。然而,在最近10年,仅仅有很少的论文[3-5]涉及到非圆信号的DOA估计。

本章的目的是提供非圆信号DOA估计的算法归纳和性能下界分析。本章组织方式如下:9.2节给出阵列信号模型和一些符号说明,并对问题做出陈述。非圆带来的潜在优势借助于基于子空间的算法得到加强,该算法的基础仅仅是非共轭空域协方差矩阵。9.3节给出建立在两个协方差矩阵之上的三种类MUSIC类算法的很有吸引力的算法以及一种最优加权MUSIC算法,并提供各算法渐近性能分析。为了估计这些算法的性能和效率,9.4节描述了渐近(随测量次数)最小方差(AMV)算法,AMV算法的基础是两个协方差矩阵或者是两矩阵的正交投影以及AMV界。因为一般情况下,高斯随机CRB矩阵是给定均值方差的所有分布样式的CRB矩阵中值最大的一个[6,p.293]。9.5节给出非圆高斯随机CRB,相当于离散分布下随机CRB的严格上限。9.6节专门针对BPSK信号展开讨论。最后本章通过实例和结论结束。

9.2 阵列信号模型

假设共有K个窄带信号源,被M个传感器构成的阵列所接收。观测矩阵可以建模为

$$\boldsymbol{y}_t=\boldsymbol{A}\cdot\boldsymbol{x}_t+\boldsymbol{n}_t,t=1,\cdots,T$$

其中,$(\boldsymbol{y}_t)_{t=1,\cdots,T}$满足独立同分布的条件。$\boldsymbol{A}(\theta)=[a_1,\cdots,a_K]$是导向矩阵,其中每个向量$\boldsymbol{a}_k=\boldsymbol{a}(\theta_k)$通过实标量参数$\theta_k$表征,以免引起不必要的符号重复,但是

推导的结果能够应用到一般情况。$\boldsymbol{x}_t=(x_{t,1},\cdots,x_{t,K})^{\mathrm{T}}$ 以及 $\boldsymbol{n}_t$ 分别用来表示信号和加性测量噪声。$\boldsymbol{x}_t$ 和 $\boldsymbol{n}_t$ 是多维零均值独立向量。$\boldsymbol{n}_t$ 具有高斯复数圆形特征,要么空域均匀分布互不相关且有 $\boldsymbol{E}(\boldsymbol{n}_t\boldsymbol{n}_t^{\mathrm{H}})=\boldsymbol{\sigma}_n^2\boldsymbol{I}_M$,要么空域相关协方差矩阵 $\boldsymbol{E}(\boldsymbol{n}_t\boldsymbol{n}_t^{\mathrm{H}})=\boldsymbol{Q}_n(\boldsymbol{\sigma})$未知,其中 $\boldsymbol{\sigma}=(\sigma_1,\cdots,\sigma_N)^{\mathrm{T}}$ 表示取值未知的实向量。这里的通用噪声模型在文献[7]中提出来,并在文献[8,9]中有所引用。$\boldsymbol{x}_t$ 具有复数非圆特征,不一定是高斯分布,要么是空域相关,协方差矩阵表示为 $\boldsymbol{R}_x\overset{\text{def}}{=}\boldsymbol{E}(\boldsymbol{x}_t\boldsymbol{x}_t^{\mathrm{H}})$,要么空域相干,协方差矩阵表示为 $\boldsymbol{R}_x\overset{\text{def}}{=}\boldsymbol{E}(\boldsymbol{x}_t\boldsymbol{x}_T^{\mathrm{H}})$。从而得到两个关于 y_t 的协方差矩阵,其中包含了 $\boldsymbol{\theta}\overset{\text{def}}{=}(\theta_1,\cdots,\theta_K)^{\mathrm{T}}$ 的信息:

$$\boldsymbol{R}_y=\boldsymbol{A}\boldsymbol{R}_x\boldsymbol{A}^{\mathrm{H}}+\boldsymbol{Q}_n,\boldsymbol{R}'_y=\boldsymbol{A}\boldsymbol{R}'_x\boldsymbol{A}^{\mathrm{T}}\neq\mathbf{O} \tag{9.1}$$

如果关于辐射源的空域协方差矩阵无任何先验信息可利用,则 $\boldsymbol{R}_x$ 和 $\boldsymbol{R}'_x$ 可以根据实参数建模:

$$\begin{aligned}\boldsymbol{\rho}=(&((\Re(\boldsymbol{R}_x]_{i,j}),\Im(\boldsymbol{R}_x]_{i,j}),\Re(\boldsymbol{R}'_x]_{i,j}))_{1\leqslant j<i\leqslant K},\\&([\boldsymbol{R}_x]_{i,i,},\Re(\boldsymbol{R}'_x]_{i,i}),\Im(\boldsymbol{R}'_x]_{i,i}))_{i=1,\cdots,K})^{\mathrm{T}}\end{aligned}$$

因此$(\boldsymbol{R}_y,\boldsymbol{R}'_y)$对可以通过实参数 $\boldsymbol{\alpha}\overset{\text{def}}{=}(\boldsymbol{\theta}^{\mathrm{T}},\boldsymbol{\rho}^{\mathrm{T}},\boldsymbol{\sigma}^{\mathrm{T}})^{\mathrm{T}}\in\mathbb{R}^{\mathrm{L}}$ 参数化。这种参数化形式和$[\boldsymbol{R}_y(\alpha),\boldsymbol{R}'_y(\alpha)]$等效:

$$\boldsymbol{R}_y(\alpha)=\boldsymbol{R}_y(\alpha') \quad 且 \quad \boldsymbol{R}'_y(\alpha)=\boldsymbol{R}'_y(\alpha')\Rightarrow a=\alpha'$$

协方差矩阵分别估计方法为

$$\boldsymbol{R}_{y,T}=\frac{1}{T}\sum_{t=1}^{\mathrm{T}}\boldsymbol{y}_t\boldsymbol{y}_t^{\mathrm{H}}$$

$$\boldsymbol{R}'_{y,T}=\frac{1}{T}\sum_{t=1}^{\mathrm{T}}\boldsymbol{y}_t\boldsymbol{y}_t^{\mathrm{H}}$$

对于性能分析,需要额外的假设条件。我们假设信号波形源于 $\overline{K}$ 个独立的信号 $\overline{x}_{t,k}$,其中 $\overline{K}\leqslant K$,其中严格的不等隐含信号来自于多径反射或者灵巧干扰(通信应用)。我们假设信号波形具有有限四阶矩。第 k 个源的非圆率 ρ_k 定义为 $E(x_{t,k}^2)=\rho_k\mathrm{e}^{\mathrm{i}\phi_k}\boldsymbol{\sigma}_{s_k}^2$,其中 ϕ_k 表示圆相位,并满足 $0\leqslant\rho_k\leqslant1$ 和 $\boldsymbol{\sigma}_{s_k}^2\overset{\text{def}}{=}E|s_{t,k}^2|$。

现在感兴趣的问题就是如何从两个采样协方差矩阵$\boldsymbol{R}_{y,T}$和$\boldsymbol{R}'_{y,T}$中估计 θ,其中辐射源数目 K 已知。

9.3 MUSIC 类算法

这一节的前提是$\boldsymbol{Q}_n=\sigma_n^2\boldsymbol{I}_M$,$\boldsymbol{A}$ 是列满秩矩阵,而且$\boldsymbol{R}'_x$和$\boldsymbol{R}'_y$是非奇异矩阵。为了证明非圆性引入的潜在优势,我们首先提出仅仅建立在非共轭空域协方差矩阵之上的 MUSIC 类算法。

9.3.1 基于$\boldsymbol{R}'_{y,T}$的 MUSIC 类算法

因为$\boldsymbol{R}'_y$和$\boldsymbol{R}_y$具有共同的噪声子空间(见9.1节),联合正交投影$\boldsymbol{\Pi}'=\boldsymbol{\Pi}$,从$\boldsymbol{R}'_{y,T}$估计$\theta$的第一种思路采用如下步骤:通过对对称复数矩阵$\boldsymbol{R}'_{y,T}$进行奇异值分解,估计噪声子空间$\boldsymbol{R}'_{y,T}$对应的投影矩阵$\boldsymbol{\Pi}'_T$,然后基于$\boldsymbol{\Pi}'_T$采用标准 MUSIC 算法,其中 DOA $(\theta_{k,T})_{k=1,\cdots,K}$的估计值就是下式的$K$的最小值:

$$\theta_{k,T}^{\mathrm{Algo}}=\arg\min_{\theta}\boldsymbol{a}^{\mathrm{H}}(\theta)\boldsymbol{\Pi}'_T\boldsymbol{a}(\theta) \tag{9.2}$$

与基于噪声子空间$\boldsymbol{R}_{y,T}$和$\boldsymbol{\Pi}_T$的标准 MUSIC 算法做比较,我们在文献[10]中得到如下结论。

定理 9.1

给定序列$\sqrt{T}(\theta_T-\theta)$,其中$\theta_T$是由两种标准 MUSIC 算法给出的 DOA 估计值。该序列的分布会收敛为零均值的高斯分布,协方差矩阵具有如下结构:

$$(\boldsymbol{C}_\theta)_{k,l}=\frac{2}{\alpha_k\alpha_l}\Re[(\boldsymbol{a}_l^{\mathrm{H}}\boldsymbol{U}\boldsymbol{a}_k)(\boldsymbol{a}'^{\mathrm{H}}_k\boldsymbol{\Pi}\,\boldsymbol{a}'_l)] \tag{9.3}$$

其中

$$\boldsymbol{a}'_k\overset{\mathrm{def}}{=}\mathrm{d}\boldsymbol{a}_k/\mathrm{d}\theta_k,\alpha_k\overset{\mathrm{def}}{=}2\boldsymbol{a}'^{\mathrm{H}}_k\boldsymbol{\Pi}\,\boldsymbol{a}'_k$$

$$\boldsymbol{U}\overset{\mathrm{def}}{=}\sigma_n^2\boldsymbol{S}^{\#}\boldsymbol{R}_y\boldsymbol{S}^{\#},\boldsymbol{S}\overset{\mathrm{def}}{=}\boldsymbol{A}\boldsymbol{R}_x\boldsymbol{A}^{\mathrm{H}}$$

$$\boldsymbol{U}\overset{\mathrm{def}}{=}\sigma_n^2\boldsymbol{S}'^{\#}\boldsymbol{R}_y^{\mathrm{T}}\boldsymbol{S}'^{*\#},\boldsymbol{S}'\overset{\mathrm{def}}{=}\boldsymbol{A}\boldsymbol{R}'_x\boldsymbol{A}^{\mathrm{T}}$$

分别对应建立在$\boldsymbol{R}_{y,T}$和$\boldsymbol{R}'_{y,T}$之上的 MUSIC 算法。

相应的,上面两种标准 MUSIC 算法的渐近性能分析也会非常相似。特别当只有一个辐射源的时候,在文献[10]中已经给出渐近方差,分别如下:

$$C_{\theta_1}=\frac{1}{\alpha_1r_1}\left(1+\frac{1}{\|\boldsymbol{a}_1\|^2r_1}\right)\quad\text{和}\quad C_{\theta_1}=\frac{1}{\alpha_1r_1\rho_1^2}\left(1+\frac{1}{\|\boldsymbol{a}_1\|^2r_1}\right)$$

其中

$$r_1\overset{\mathrm{def}}{=}\frac{\sigma_{s_1}^2}{\sigma_n^2}$$

要注意的是,如果$\rho_1=1$(比如未滤波的 BPSK 调制信号),上面两个方程相等。当ρ_1接近0时,C_{θ_1}无穷大,非共轭空域协方差矩阵$\boldsymbol{R}'_y$不包含关于θ_1的任何信息。这一结果引起下面的问题:怎样将统计值$\boldsymbol{\Pi}_T$和$\boldsymbol{\Pi}'_T$联系起来改进对θ的估计? 下一节就这一问题给出解答。

9.3.2 基于$\boldsymbol{R}_{y,T}$和$\boldsymbol{R}'_{y,T}$的 MUSIC 类算法

基于$\boldsymbol{R}_{y,T}$和$\boldsymbol{R}'_{y,T}$构建的简单的子空间算法,我们考虑扩展协方差矩阵$\boldsymbol{R}_{\tilde{y}}\overset{\mathrm{def}}{=}$

$\boldsymbol{E}(\tilde{\boldsymbol{y}}_t\tilde{\boldsymbol{y}}_t^{\mathrm{H}})$,其中$\tilde{\boldsymbol{y}}_t \stackrel{\text{def}}{=} (\boldsymbol{y}_t^{\mathrm{T}},\boldsymbol{y}_t^{\mathrm{H}})^{\mathrm{T}}$,且有

$$\boldsymbol{R}_{\tilde{y}} = \tilde{\boldsymbol{A}}\boldsymbol{R}_{\tilde{x}}\tilde{\boldsymbol{A}}^{\mathrm{H}} + \sigma_n^2\boldsymbol{I}_{2M} \tag{9.4}$$

其中

$$\tilde{\boldsymbol{A}} \stackrel{\text{def}}{=} \begin{pmatrix} \boldsymbol{A} & \boldsymbol{O} \\ \boldsymbol{O} & \boldsymbol{A}^* \end{pmatrix}$$

$$\boldsymbol{R}_{\tilde{x}} \stackrel{\text{def}}{=} \begin{pmatrix} \boldsymbol{R}_x & \boldsymbol{R'}_x \\ \boldsymbol{R'}_x & \boldsymbol{R}_x^* \end{pmatrix}$$

从 9.3 节的假设可知,$K \leqslant \mathrm{rank}(\boldsymbol{R}_{\tilde{x}}) \leqslant 2K$,根据该矩阵的秩,就可以考虑很多种情况。我们首先考虑一种特殊情况(情况 1):辐射源互不相关,非圆率 ρ_k 等于 1。针对这种情况已经出现了非常有吸引力的算法[3,4]。这种情况对应于未作滤波的 BPSK 或 OQPSK 不相关的调制信号。在这种情况下,$\boldsymbol{R}_x = \boldsymbol{\Delta}_\sigma$ 并且 $\boldsymbol{R'}_x = \boldsymbol{\Delta}_\sigma\boldsymbol{\Delta}_\phi$,其中 $\boldsymbol{\Delta}_\sigma \stackrel{\text{def}}{=} \mathrm{diag}(\sigma_{s_1}^2,\cdots,\sigma_{s_k}^2)$,$\boldsymbol{\Delta}_\phi \stackrel{\text{def}}{=} \mathrm{diag}(\mathrm{e}^{\mathrm{i}\phi_1},\cdots,\mathrm{e}^{\mathrm{i}\phi K})$。

因此

$$\boldsymbol{R}_{\tilde{x}} = \begin{pmatrix} \boldsymbol{\Delta}_\sigma & \boldsymbol{\Delta}_\sigma\boldsymbol{\Delta}_\phi \\ \boldsymbol{\Delta}_\sigma\boldsymbol{\Delta}_\phi^* & \boldsymbol{\Delta}_\sigma \end{pmatrix} = \begin{pmatrix} \boldsymbol{I}_K \\ \boldsymbol{\Delta}_\phi^* \end{pmatrix}\boldsymbol{\Delta}_\sigma\begin{pmatrix} \boldsymbol{I}_K \\ \boldsymbol{\Delta}_\phi^* \end{pmatrix}^{\mathrm{H}}$$

且 $\boldsymbol{R}_{\tilde{x}}$ 的秩为 K。后面,我们考虑 $\boldsymbol{R}_{\tilde{x}}$ 的秩为 $2K$ 的一般情况(例 2)。这种情况类似于滤波后的 BPSK 或 OQPSK 调制信号。对于这两种信号,在噪声子空间上的正交投影以 $\tilde{\boldsymbol{A}}$ 和 $\boldsymbol{R}_{\tilde{x}}$ 进行表示。文献[10]对下面的定理进行了详尽的证明。

引理 9.1

在例 1 和例 2 中,正交投影矩阵 $\tilde{\boldsymbol{H}}$ 在噪声子空间上的投影可以表示为

$$\tilde{\boldsymbol{\Pi}} = \begin{pmatrix} \boldsymbol{\Pi}_1 & \boldsymbol{\Pi}_2 \\ \boldsymbol{\Pi}_2^* & \boldsymbol{\Pi}_1^* \end{pmatrix}$$

其中,$\boldsymbol{\Pi}_1$ 和 $\boldsymbol{\Pi}_2$ 分别为厄米共轭和复对称矩阵,$\boldsymbol{\Pi}_1$ 为矩阵 $\boldsymbol{A}$ 在列空间上的正交投影,在例 2 中,$\boldsymbol{\Pi}_2 = 0$。此外,噪声子空间 $\tilde{\boldsymbol{\pi}}\boldsymbol{T}$ 上的正交投影与 $\boldsymbol{R}_{\tilde{y}}$ 的抽样估计 $\boldsymbol{R}_{\tilde{y},T}$具有相同的结构:

$$\tilde{\boldsymbol{\Pi}}_T = \begin{pmatrix} \boldsymbol{\Pi}_{1,T} & \boldsymbol{\Pi}_{2,T} \\ \boldsymbol{\Pi}_{2,T}^* & \boldsymbol{\Pi}_{1,T}^* \end{pmatrix} \tag{9.5}$$

其中,$\boldsymbol{\Pi}_{1,T}$和 $\boldsymbol{\Pi}_{2,T}$分别为厄米共轭和复对称矩阵。

注 1:$\boldsymbol{\Pi}_1$ 在例 1 中不是射影矩阵。

例 1:不相关信号源,且 $\rho_k = 1$。

下面考虑三种 MUSIC 似然算法,式(9.4)表示为

$$\boldsymbol{R}_{\tilde{y}}=\begin{pmatrix}\boldsymbol{A}\\ \boldsymbol{A}^*\boldsymbol{\Delta}_\phi^*\end{pmatrix}\boldsymbol{\Delta}_\sigma\begin{pmatrix}\boldsymbol{A}\\ \boldsymbol{A}^*\boldsymbol{\Delta}_\phi^*\end{pmatrix}^{\mathrm{H}}+\sigma_n^2 I_{2M} \tag{9.6}$$

第一种算法，记为 $A\mathrm{lg}_1$，详细设计见文献[3]，其推导来源于标准的 MUSIC 算法。特别地，所估计的 $(\theta_{k,T})_{k=1,\cdots,K}$ 为下面函数的 K 个最小复数值：

$$\begin{aligned}\theta_{k,T}^{\mathrm{Alg}_1}&=\arg\min_\theta[\min_\phi\tilde{\boldsymbol{a}}^{\mathrm{H}}(\theta,\phi)\tilde{\Pi}_T\tilde{\boldsymbol{a}}(\theta,\phi)]\\&=\arg\min_\theta[\boldsymbol{a}^{\mathrm{H}}(\theta)\Pi_{1,T}\boldsymbol{a}(\theta)-|\boldsymbol{a}^{\mathrm{T}}(\theta)\Pi_{2,T}^*\boldsymbol{a}(\theta)|]\end{aligned} \tag{9.7}$$

其扩展的转向向量为

$$\tilde{\boldsymbol{a}}(\theta,\phi)\overset{\mathrm{def}}{=}\begin{pmatrix}\boldsymbol{a}(\theta)\\ \boldsymbol{a}^*(\theta)\mathrm{e}^{-\mathrm{i}\phi}\end{pmatrix}$$

因为

$$[\boldsymbol{a}^{\mathrm{H}}(\theta)\quad \mathrm{e}^{\mathrm{i}\phi}\boldsymbol{a}^{\mathrm{T}}(\theta)]\tilde{\Pi}\begin{pmatrix}\boldsymbol{a}(\theta)\\ \boldsymbol{a}^*(\theta)\mathrm{e}^{-\mathrm{i}\phi}\end{pmatrix}=(1\quad \mathrm{e}^{\mathrm{i}\phi})\boldsymbol{M}\begin{pmatrix}1\\ \mathrm{e}^{-\mathrm{i}\phi}\end{pmatrix}=0$$

其中

$$\boldsymbol{M}\overset{\mathrm{def}}{=}\begin{pmatrix}\boldsymbol{a}^{\mathrm{H}}(\theta) & \boldsymbol{0}^{\mathrm{T}}\\ \boldsymbol{0}^{\mathrm{T}} & \boldsymbol{a}^{\mathrm{H}}(\theta)\end{pmatrix}\tilde{\Pi}\begin{pmatrix}\boldsymbol{a}(\theta) & 0\\ 0 & \boldsymbol{a}^*(\theta)\end{pmatrix}$$

则矩阵

$$\boldsymbol{M}_T\overset{\mathrm{def}}{=}\begin{pmatrix}\boldsymbol{a}^{\mathrm{H}}(\theta) & 0^{\mathrm{T}}\\ \boldsymbol{0}^{\mathrm{T}} & \boldsymbol{a}^{\mathrm{H}}(\theta)\end{pmatrix}\tilde{\Pi}_T\begin{pmatrix}\boldsymbol{a}(\theta) & 0\\ 0 & \boldsymbol{a}^*(\theta)\end{pmatrix}$$

为正定矩阵，且为秩不足 2×2 的矩阵 $\boldsymbol{M}$ 的一致估计。应用这种性质，文献[10]中提出了一种基于子空间算法，记为 $A\mathrm{lg}_2$。该算法定义为

$$\theta_{k,T}^{\mathrm{Alg}_2}=\arg\min_\theta g_{2,T}(\theta)$$

其中

$$\begin{aligned}g_{2,T}(\theta)&\overset{\mathrm{def}}{=}\det(\boldsymbol{M}_T)\\&=[\boldsymbol{a}^{\mathrm{H}}(\theta)\Pi_{1,T}\boldsymbol{a}(\theta)]^2-[\boldsymbol{a}^{\mathrm{T}}(\theta)\Pi_{2,T}^*\boldsymbol{a}(\theta)][\boldsymbol{a}^{\mathrm{H}}(\theta)\Pi_{2,T}\boldsymbol{a}^*(\theta)]\end{aligned} \tag{9.8}$$

对于均匀线阵的特殊情况，式(9.8)中用 $\boldsymbol{a}(z)\overset{\mathrm{def}}{=}(1,z,\cdots,z^{M-1})^{\mathrm{T}}$ 代替方向向量 $\boldsymbol{a}(\theta)=(1,\mathrm{e}^{\mathrm{i}\theta},\cdots,\mathrm{e}^{\mathrm{i}(M-1)\theta})^{\mathrm{T}}$。文献[4]提出了根 MUSIC 似然算法（记为 $A\mathrm{lg}_3$），定义为

$$\theta_{k,T}^{\mathrm{Alg}_3}=\arg(z_k),z_k\text{ 为 }g_{3,T}(z)\text{最接近单位圆的 }K\text{ 个根 roost}_{|z|<1} \tag{9.9}$$

其中，$g_{3,T}(z)$ 为 $4(M-1)$ 次多项式，该多项式的根 z_k 和 $(z_k^*)^{-1}$ 呈倒数共轭关系：

$$g_{3,T}(z)\overset{\mathrm{def}}{=}[\boldsymbol{a}^{\mathrm{T}}(z^{-1})\Pi_{1,T}\boldsymbol{a}(z)]^2-[\boldsymbol{a}^{\mathrm{T}}(z)\Pi_{2,T}^*\boldsymbol{a}(z)][\boldsymbol{a}^{\mathrm{T}}(z^{-1})\Pi_{2,T}\boldsymbol{a}(z^{-1})]$$

后面文献[10]对这三种算法的性能进行了证明。

注 2:对于某些 DOA,可允许在 $2(M-1)$ 次多项式的情况下进行估计。

定理 9.2

序列$\sqrt{T}(\theta_T-\theta)$分布收敛于相同的零均值高斯分布,其协方差矩阵见式(9.10),其中 θ_T 为三种 MUSIC 似然估计算法给出的 DOA 估计值,这三种 MUSIC似然估计均适应于均匀线阵,而前两种 MUSIC 似然估计同样适用于随机阵列。

$$(\boldsymbol{C}_\theta)_{k,l}=\frac{1}{\gamma_k\gamma_l}(\alpha_{\phi,\phi}^{(k)}\quad-\alpha_{\theta,\phi}^{(k)})\boldsymbol{B}^{(k,l)}\begin{pmatrix}\alpha_{\phi,\phi}^{(l)}\\-\alpha_{\theta,\phi}^{(k)}\end{pmatrix}\tag{9.10}$$

这里

$$(\boldsymbol{B}^{(k,l)})_{i,j}\overset{\text{def}}{=}4\Re[(\tilde{\boldsymbol{a}}_k^{\mathrm{T}}\tilde{U}^*\tilde{\boldsymbol{a}}_l^*)(\tilde{\boldsymbol{a}}'^{\mathrm{H}}_{i,k}\tilde{\boldsymbol{\Pi}}\tilde{\boldsymbol{a}}'_{j,l})],i,j=\theta,\phi$$

其中

$$\tilde{\boldsymbol{a}}_k\overset{\text{def}}{=}\begin{pmatrix}\boldsymbol{a}_k\\\boldsymbol{a}_k^*\mathrm{e}^{-\mathrm{i}\phi_k}\end{pmatrix}$$

$$\tilde{\boldsymbol{a}}'_{\theta,k}\overset{\text{def}}{=}\frac{\mathrm{d}\tilde{\boldsymbol{a}}_k}{\mathrm{d}\theta_k}$$

$$\tilde{\boldsymbol{a}}'_{\phi,k}\overset{\text{def}}{=}\frac{\mathrm{d}\tilde{\boldsymbol{a}}_k}{\mathrm{d}\phi_k}$$

$$\tilde{\boldsymbol{U}}\overset{\text{def}}{=}\sigma_n^2\tilde{S}^{\#}R_{\tilde{y}}\tilde{S}^{\#}$$

其中,$\tilde{\boldsymbol{S}}\overset{\text{def}}{=}\tilde{\boldsymbol{A}}\boldsymbol{R}_{\tilde{x}}\tilde{\boldsymbol{A}}^{\mathrm{H}}$,$(\alpha_{i,j}^{(k)})_{i,j=\theta,\phi}$,$\gamma_k$ 为纯几何因子,$\alpha_{i,j}^{(k)}\overset{\text{def}}{=}\Re(\tilde{\boldsymbol{a}}'^{\mathrm{H}}_{i,k}\tilde{\boldsymbol{\Pi}}\tilde{\boldsymbol{a}}'_{j,k})$,$\gamma_k\overset{\text{def}}{=}\alpha_{\theta,\theta}^{(k)}\alpha_{\phi,\phi}^{(k)}-(\alpha_{\theta,\phi}^{(k)})^2$。特别地

$$(C_\theta)_{k,k}=\frac{2\alpha_{\phi,\phi}^{(k)}}{\gamma_k}(\tilde{\boldsymbol{a}}_k^{\mathrm{H}}\tilde{\boldsymbol{U}}\tilde{\boldsymbol{a}}_k),k=1,\cdots,K\tag{9.11}$$

在单信号源存在的条件下,有

$$C_{\theta_1}=\frac{1}{\alpha_1r_1}\left(1+\frac{1}{2\|\boldsymbol{a}_1\|^2r_1}\right)\tag{9.12}$$

注 3:这三种算法在渐近范围以外具有不同特性,在 9.7 节进行重点介绍。

注释 9.1

对于单个非环状复高斯分布信号源的情况,其最大环速率为($\rho_1=1$),渐近方差(9.12)可达非环状高斯 Cramer - Rao 界(式(9.23))。因此,前面讨论的这三种 MUSIC 似然算法对于单信号的情况都是有效的。

例 2:任意满秩空间拓展协方差矩阵。

这种情况下，基于

$$\tilde{\Pi}\tilde{A}=\begin{pmatrix}\Pi_1 & \Pi_2\\ \Pi_2^* & \Pi_1^*\end{pmatrix}\begin{pmatrix}A & O\\ O & A^*\end{pmatrix}=O$$

可以提出不同的 MUSIC 似然算法。令 $\Pi_2=0$，最简单的 MUSIC 似然算法[4]（记为Alg_4）如下所示：

$$\theta_{k,T}^{\mathrm{Alg}_4}=\arg\min_{\theta}\boldsymbol{a}^{\mathrm{H}}(\theta)\Pi_{1,T}\boldsymbol{a}(\theta) \tag{9.13}$$

基于$\boldsymbol{R}_{y,T}$的标准 MUSIC 似然算法总是优于该算法的，因此文献[10]中提出一种列加权 MUSIC（记为Alg_5）算法，该算法采用了加权 MUSIC 算法用于 DOA 估计，并将其应用于文献[12,13]中的频率估计。

$$\theta_{k,T}^{\mathrm{Alg}_5}=\arg\min_{\theta}g_{5,T}(\theta)\quad \text{with}\quad g_{5,T}(\theta)\overset{\mathrm{def}}{=}\mathrm{Tr}[\boldsymbol{W}\bar{\boldsymbol{A}}^{\mathrm{H}}(\theta)\tilde{\Pi}_T\bar{\boldsymbol{A}}(\theta)]$$

其中，$\boldsymbol{W}$ 为一个 2×2 非负定加权矩阵，$\bar{\boldsymbol{A}}(\theta)$为转向矩阵

$$\begin{pmatrix}\boldsymbol{a}(\theta) & 0\\ 0 & \boldsymbol{a}^*(\theta)\end{pmatrix}$$

为了得到下节中的最佳加权矩阵

$$\boldsymbol{W}=\begin{pmatrix}w_{1,1} & w_{1,2}\\ w_{1,2}^* & w_{2,2}\end{pmatrix}$$

加权 MUSIC 代价函数可以写成

$$g_{5,T}(\theta)=(w_{1,1}+w_{2,2})\{\boldsymbol{a}^{\mathrm{H}}(\theta)\Pi_{1,T}\boldsymbol{a}(\theta)+\Re[z\boldsymbol{a}^{\mathrm{T}}(\theta)\Pi_{2,T}\boldsymbol{a}(\theta)]\} \tag{9.14}$$

其中

$$z\overset{\mathrm{def}}{=}\frac{2w_{1,2}^*}{w_{1,1}+w_{2,2}}$$

因此，该算法的性能仅仅依赖于 z。通过选择 w 对角线，使得 $z=0$，此时该算法退化为 Alg_4。对于该算法的性能，文献[10]对此进行了证明。

注 4：与 Π_1 不同，$\Pi_{1,T}$不是射影矩阵。

注 5：因为 $\tilde{\Pi}_T$ 非正交正交投影，价值函数 $g_{5,T}(\theta)$简化为 $\|\tilde{\Pi}_T\tilde{A}(\theta)W^{1/2}\|_{Fro}^2$。

定理 9.3

序列$\sqrt{T}(\theta_T-\theta)$分布收敛于零均值高斯分布，协方差矩阵见式(9.15)，其中 θ_T 为加权 MUSIC 估计算法给出的 DOA 估计值。

$$\begin{aligned}(\boldsymbol{C}_\theta)_{k,l}=&\frac{1}{2\alpha_k\alpha_2}(1\quad z^*\quad z\quad 1)\\ &[(\bar{\boldsymbol{A}}_k^{\mathrm{T}}\tilde{\boldsymbol{U}}*\bar{\boldsymbol{A}}_l^*)\otimes(\bar{\boldsymbol{A}}'^{\mathrm{H}}_k\tilde{\Pi}\bar{\boldsymbol{A}}'_l)+(\bar{\boldsymbol{A}}'^{\mathrm{T}}_k\tilde{\Pi}*\bar{\boldsymbol{A}}'^*_l)\otimes(\bar{\boldsymbol{A}}_k^{\mathrm{H}}\tilde{\boldsymbol{U}}\bar{\boldsymbol{A}}_l)]\\ &(1\quad z^*\quad z\quad 1)^{\mathrm{H}}\end{aligned} \tag{9.15}$$

其中

$$\overline{A}_k \overset{\text{def}}{=} \overline{A}(\theta_k)$$

$$\overline{A}'_k \overset{\text{def}}{=} \frac{\mathrm{d}\,\overline{A}_k}{\mathrm{d}\theta_k}$$

另外,使得$(\boldsymbol{C}_\theta)_{k,k}$取值最小的 z_k^{opt} 由下式给出:

$$z_k^{\text{opt}} = \frac{\boldsymbol{a}_k^{\text{T}} \boldsymbol{U}_2^* \boldsymbol{a}_k}{\boldsymbol{a}_k^{\text{H}} \boldsymbol{U}_1 \boldsymbol{a}_k} \tag{9.16}$$

且

$$\tilde{\boldsymbol{U}} = \begin{pmatrix} \boldsymbol{U}_1 & \boldsymbol{U}_2 \\ \boldsymbol{U}_2^* & \boldsymbol{U}_1^* \end{pmatrix}$$

$(\boldsymbol{C}_\theta)_{k,k}$的最小值为

$$\min_z (\boldsymbol{C}_\theta)_{k,k} = \frac{\det(\overline{\boldsymbol{A}}_k^{\text{H}} \tilde{\boldsymbol{U}} \overline{\boldsymbol{A}}_k)}{2(\boldsymbol{a}_k^{\text{H}} \boldsymbol{U}_1 \boldsymbol{a}_k)(\boldsymbol{a}_k^{\text{H}} \boldsymbol{\Pi}_1 \boldsymbol{a}'_k)} \tag{9.17}$$

对于单信号的情况,我们可以得到下面的推论[10]。

推论 9.1

在单信号存在的条件下,对于所有非环状速率取值,这种最优加权 MUSIC 算法给出的 DOA 估计的渐近方差达到了非圆高斯 Cramer – Rao 界(式(9.22))。

注释 9.2

前面推导的最优加权值取决于使得 DOA 方差最小的 DOA 具体值,这意味着对于所有的 DOA 来说,权值并不是一样的。这也正是我们所期望的,因为 MUSIC 算法是逐个估计 DOA 的。另外,必须注意的是 z_k^{opt} 是与取样相关的。因此,在最优加权 MUSIC 算法实现过程中,应该用一个一致估计值来更新该值。正如文献[10]中所证明的那样,采用一致估计更新 z_k^{opt} 对于加权 MUSIC 算法的渐近方差毫无影响。

注释 9.3

对于圆阵分布的信号源来说,$\boldsymbol{R}_{\tilde{y}}$ 为块对角矩阵,这意味着 $\tilde{\boldsymbol{S}}$、$\tilde{\boldsymbol{S}}^{\#}$和 $\tilde{\boldsymbol{U}}$ 为对角矩阵。因此,$\boldsymbol{U}_2 = \mathbf{O}$,$z_k^{\text{opt}} = 0$,$W_{\text{opt}}$为对角矩阵,并且最优加权 MUSIC 算法退化为标准的 MUSIC 算法。式(9.17)变为

$$\min_z (\boldsymbol{C}_\theta)_{k,k} = \frac{\boldsymbol{a}_k^{\text{H}} \boldsymbol{U} \boldsymbol{a}_k}{2(\boldsymbol{a}'^{\text{H}}_k \boldsymbol{\Pi}_1 \boldsymbol{a}'_k)}$$

它为式(9.3)所给出的渐近方差。

注释 9.4

以上所介绍的算法性能结果取决于信号源的二阶矩分布,该结果是可以扩

展的[14]，通过函数分析，并假定一些规则性的条件，文献[10,15]对后续内容进行了证明。

定理 9.4

基于任意子空间算法给出的渐近性能仅仅取决于信号源的二阶矩的分布，子空间的构建源于与噪声子空间 $\boldsymbol{R}_{\tilde{y},T}[(\boldsymbol{R}_{y,T},\boldsymbol{R}'_{y,T})]$ 相关联的 $\tilde{\Pi}_T[(\Pi_T,\Pi'_T)]$。此外，使用相同的方法，信号源的非圆阵分布并不改变标准二阶矩算法的渐近性能，更精确的内容见定理 9.5。

定理 9.5

由二阶算法给出的仅依赖于 $\boldsymbol{R}_{y,T}$ 的所有 DOA 一致估计对于信号源的分布和非圆阵特性具有较好的鲁棒性，它并不明确要求信号源在空间上是不相关的，更确切地说，渐近性能为标准复数圆高斯情形的性能。

9.4 渐近最小方差估计

为了评估上述 MUSIC 似然算法的性能和效率，本节将这些算法的性能与 AMV 估计器的性能进行比较，这类一致估计器基于 $\boldsymbol{R}_{\tilde{y},T}-(\boldsymbol{R}_{y,T},\boldsymbol{R}'_{y,T})$[16]、$(\Pi_T,\Pi'_T)$ 和 $\tilde{\Pi}_T$[15]。鉴于 $(\boldsymbol{R}_{y,T},\boldsymbol{R}'_{y,T})$ 的统计特征，文献[15]对后续的定理进行了证明。

定理 9.6

渐近分布估计器 α 的协方差矩阵 $\boldsymbol{C}_\alpha$，它由基于 $(\boldsymbol{R}_{y,T},\boldsymbol{R}'_{y,T})$ 的任意一致算法给出，它的上限由实对称矩阵 $\boldsymbol{C}_\alpha^{\mathrm{AMV}(R,R')}=[S^{\mathrm{H}}\boldsymbol{C}_s^{-1}(\alpha)S]^{-1}$ 所界定。

$$\boldsymbol{C}_\alpha \geqslant [\boldsymbol{S}^{\mathrm{H}}\boldsymbol{C}_s^{-1}(\alpha)S]^{-1} \tag{9.18}$$

其中

$$\boldsymbol{S} \overset{\mathrm{def}}{=} \frac{\mathrm{d}\boldsymbol{s}(\alpha)}{\mathrm{d}\alpha}$$

$$\boldsymbol{s}(\alpha) \overset{\mathrm{def}}{=} \{\boldsymbol{vec}^{\mathrm{T}}[\boldsymbol{R}_y(\alpha)],\boldsymbol{v}^{\mathrm{T}}[\boldsymbol{R}'_y(\alpha)],\boldsymbol{v}^{\mathrm{H}}[\boldsymbol{R}'_y(\alpha)]\}^{\mathrm{T}}$$

且 $\boldsymbol{C}(\alpha)$ 为渐近分布 $\boldsymbol{s}_T \overset{\mathrm{def}}{=} \{\boldsymbol{vec}^{\mathrm{T}}[(\boldsymbol{R}_{y,T}),\boldsymbol{v}^{\mathrm{T}}(\boldsymbol{R}'_{y,T}),\boldsymbol{v}^{\mathrm{H}}(\boldsymbol{R}'_{y,T})]\}^{\mathrm{T}}$ 的第一协方差矩阵。

注：vec(·)为“向量化”操作符，表示将矩阵各列一列一列接起来使矩阵转成一向量。通过删除矩阵的上三角矩阵元素，可从 vec(·)获得操作符 v(·)。

注释 9.5

借助于自适应的 $\boldsymbol{R}_x$ 与 $\boldsymbol{R}'_x$ 参数设置，式(9.18)中可以引入一些关于信号源空间相关性的先验信息。例如，如果假定信号源是空间不相关的，则 $\boldsymbol{R}_x$ 可以由 $[(\boldsymbol{R}_x)_{k,k}]_{k=1,\cdots,K}$ 进行参数设定，如果信号源是相互独立的，则 $\boldsymbol{R}_x$ 与 $\boldsymbol{R}'_x$ 仅需用 $\{(\boldsymbol{R}_x)_{k,k},\Re[(\boldsymbol{R}'_x)_{k,k}],\Im[(\boldsymbol{R}'_x)_{k,k}]\}_{k=1,\cdots,K}$ 等进行设定。

此外,文献[15]中证明了最低下限是渐近紧致的;也就是说,存在某种算法使得 α_T 的渐近分布的方差满足式(9.18)。

定理9.7

下面的非线性最小均方算法为一种AMV二阶算法:

$$\boldsymbol{\alpha}_{\mathrm{T}}=\arg\min_{\alpha\in\mathbb{R}^L}[\boldsymbol{s}_T-\boldsymbol{s}(\alpha)]^{\mathrm{H}}\boldsymbol{C}_s^{-1}(\alpha)[\boldsymbol{s}_T-\boldsymbol{s}(\alpha)] \tag{9.19}$$

并且如果式(9.19)中 $\boldsymbol{C}_s(\alpha)$ 使用的是任意一致的估计 $\boldsymbol{C}_{s,T}$,那么同样可以获得最低下限(式(9.18))。

为了减小匹配该方法时非线性最小化所必需的计算复杂度,可以引入方差匹配估计技术(COMET),如果参数 Q_n 在 α 上是线性的,则可以简化该算法,因为在这种情况下,存在一个矩阵 $\boldsymbol{\Psi}(\theta)$ 使得 $\boldsymbol{s}(\alpha)=\boldsymbol{\Psi}(\theta)(\boldsymbol{\rho}^{\mathrm{T}},\boldsymbol{\sigma}^{\mathrm{T}})^{\mathrm{T}}$。使用文献[17]和[16]中介绍的方法以及下面 $\boldsymbol{C}_s(\alpha)$ 的一致估计:

$$\boldsymbol{W}\overset{\text{def}}{=}\frac{1}{T}\left[\left(\boldsymbol{s}(t)-\frac{1}{T}\sum_{t=1}^{T}\boldsymbol{s}(t)\right)\left(\boldsymbol{s}(t)-\frac{1}{T}\sum_{t=1}^{T}\boldsymbol{s}(t)\right)^{\mathrm{H}}\right]$$

其中

$$\boldsymbol{s}(t)\overset{\text{def}}{=}\begin{pmatrix}\boldsymbol{y}_t^*\otimes\boldsymbol{y}_t\\ \boldsymbol{y}_t\otimes\boldsymbol{y}_t\end{pmatrix}$$

文献[16]中的证明是可以扩展的,利用下式可以获得 θ_T:

$$\theta_T=\arg\min_{\theta\in\mathbb{R}^K}\boldsymbol{s}_T^{\mathrm{H}}\boldsymbol{W}\boldsymbol{\Psi}(\theta)[\boldsymbol{\Psi}^{\mathrm{H}}(\theta)\boldsymbol{W}\boldsymbol{\Psi}(\theta)]^{-1}\boldsymbol{\Psi}^{\mathrm{H}}(\theta)\boldsymbol{W}_{s_T} \tag{9.20}$$

此外,$\boldsymbol{C}_{\alpha}^{\mathrm{AMV}(R,R')}$ 的左上角 $K\times K$"DOA角"可以表示为

$$\boldsymbol{C}_{\theta}^{\mathrm{AMV}(R,R')}=[S_1^{\mathrm{H}}\boldsymbol{C}_s^{-1/2}(\alpha)\boldsymbol{\Pi}_{C_s^{-1/2}(\alpha)\Psi}^{\perp}\boldsymbol{C}_s^{-1/2}(\alpha)S_1]^{-1} \tag{9.21}$$

其中,$S=[S_1,\boldsymbol{\Psi}]$,$\boldsymbol{\Pi}_{C_s^{-1/2}(\alpha)\Psi}^{\perp}$表示 $\boldsymbol{C}_s^{-1/2}(\alpha)\boldsymbol{\Psi}$ 在列正交分量上的投影。

在 $Q_n=\sigma_n^2 I_M$ 的特殊情况下,文献[15]中定理9.6和9.7被扩展为统计值 $\boldsymbol{s}_T=(\boldsymbol{\Pi}_T,\boldsymbol{\Pi}'_T)$ 和 $\boldsymbol{s}_T=\tilde{\boldsymbol{\Pi}}_T$,其中 θ 可以从 $(\boldsymbol{\Pi}_T,\boldsymbol{\Pi}'_T)$ 和 $\tilde{\boldsymbol{\Pi}}_T$ 中进行确认,矩阵 $\boldsymbol{C}_s$(这里是单数)的逆被它的Moore Penrose逆所代替。此外,以下在文献[18]中得到了证明。

定理9.8

对于高斯分布信号,如果没有关于 $\boldsymbol{R}_x$ 与 $\boldsymbol{R}'_x$ 先验信息,前面的不同AMV界与定理9.9[例UW]给出的归一化高斯CRB是一致的:

$$\boldsymbol{C}_{\theta}^{\mathrm{AMV}(\Pi,\Pi')}=\boldsymbol{C}_{\theta}^{\mathrm{AMV}(\Pi')}=\boldsymbol{C}_{\theta}^{\mathrm{AMV}(R,R')}=\boldsymbol{CRB}_{\mathrm{AU}}^{\mathrm{NCG}}(\boldsymbol{\theta})$$

这就证明了基于正交投影的AMV估计器关于CRB的效率。自然地,所得结果可以推广到基于 $R_{y,T}$ 的圆形高斯信号的AMV估计器上,并且解释了标准DOA子空间算法的良好性能。

注:本章中 $T=1$。

9.5 非圆高斯信号的随机 Cramer – Rao 界

在这一节中，我们假设信号是高斯分布的。这种情况下，式(9.21)只给出了参数 θ 的随机 CR 界。这一表达式缺少工程考虑，只适用于线性参数化的噪声协方差矩阵 $\boldsymbol{Q}_n$。关于圆形高斯信号 CR 界的推导已经展开了广泛的研究。其中，Stoica 和 Nehorai[19]、Ottersten 等人[20]，以及 Weiss 和 Friedlander[21] 间接地推导出均匀白噪声环境下的 CR 界是 ML 估计量的渐近协方差矩阵。10 年后，Stoica 等人[22]、Pesavento 和 Gershman[23]，以及 Gershman 等人[8] 从 Slepian – Bangs 公式直接推导出均匀白噪声、非均匀白噪声和任意未知噪声环境下各自的 CR 界。使用这两种方法，这些结论在文献[9,26]中扩展到非圆高斯信号的情况。后续结论的证明请参考文献[9,26]。

定理 9.9

在任意未知(AU)噪声环境、非均匀分布白噪声环境(NU)、均匀白噪声(UW)环境下，估计非圆复高斯信号(NCG)DOA 的归一化 CR 界，由下式显式地给出：

$$\mathrm{CRB}_X^{\mathrm{NCG}}(\boldsymbol{\theta})=\frac{1}{2}\left\{\Re\left[(\check{\boldsymbol{D}}^{\mathrm{H}}\boldsymbol{\Pi}_{\check{A}}^{\perp}\check{\boldsymbol{D}})\cdot\left([\boldsymbol{R}_S\check{\boldsymbol{A}}^{\mathrm{H}},\boldsymbol{R}'_S\check{\boldsymbol{A}}^{\mathrm{T}}]\overline{\boldsymbol{R}}_{\tilde{y}}^{-1}\begin{bmatrix}\check{\boldsymbol{A}} & \boldsymbol{R}_S\\ \check{\boldsymbol{A}}*\boldsymbol{R}'^{*}_S\end{bmatrix}\right)^{\mathrm{T}}\right]-\boldsymbol{M}_X\boldsymbol{T}_X^{-1}\boldsymbol{M}_X^{\mathrm{T}}\right\}^{-1}$$

其中

$$\check{\boldsymbol{A}}\overset{\mathrm{def}}{=}\boldsymbol{Q}_n^{-1/2}\boldsymbol{A}$$

$$\check{\boldsymbol{D}}\overset{\mathrm{def}}{=}\frac{\mathrm{d}\check{\boldsymbol{A}}}{\mathrm{d}\theta}$$

$$\overline{\boldsymbol{R}}_{\tilde{y}}\overset{\mathrm{def}}{=}\boldsymbol{Q}_{\tilde{n}}^{-1/2}\boldsymbol{R}_{\tilde{y}}\boldsymbol{Q}_{\tilde{n}}^{-1/2}$$

有

$$\boldsymbol{Q}_{\tilde{n}}\overset{\mathrm{def}}{=}\begin{pmatrix}\boldsymbol{Q}_n & \boldsymbol{O}\\ \boldsymbol{O} & \boldsymbol{Q}_n^{*}\end{pmatrix}$$

其中，$\boldsymbol{M}_X$ 和 $\boldsymbol{T}_X$ 在($X=AU$)和($X=NU$)噪声环境下的表达式见文献[9]，$\boldsymbol{M}_{UW}=$ O 和 $\boldsymbol{T}_{UW}=$ O 时的表达式见文献[26]。

以下是单信源的特殊情况，证明见文献[9]。

定理 9.10

对于被均匀或非均匀白噪声污染的非圆复高斯信号，θ_1 的归一化 CR 界随着非圆率 ρ_1 的增大而单调减小，并有

$$\mathrm{CRB}_X^{\mathrm{NCC}}(\theta_1)=\frac{1}{\alpha_1}\left[\frac{2r_1^{-1}+\|\alpha_1\|^{-2}r_1^{-2}+\|\alpha_1\|^{2}-\|\alpha_1\|^{2}\rho_1^2}{\|\alpha_1\|^{2}r_1+1(1-\|\alpha_1\|^{2}r_1)\rho_1^2}\right]\quad(9.22)$$

其中,SNR 的定义如下:

$$r_1 \overset{\text{def}}{=} \frac{\sigma_{s_1}^2}{M}\sum_{m=1}^{M}\frac{1}{\sigma_m^2}$$

其中,$\sigma_m^2 \overset{\text{def}}{=} E\{n_{t,m}^2\}$,$m=1,\cdots,M$;$\alpha_1$ 为噪声相关因子

$$2M\left(\sum_{m=1}^{M}\frac{1}{\sigma_m^2}\right)^{-1}\boldsymbol{a}'^{\mathrm{H}}_1\Pi_{\check{a}_1}^{\perp}\check{\boldsymbol{a}}'_1$$

($2\boldsymbol{a}'^{\mathrm{H}}_1\Pi_{\check{a}_1}^{\perp}\boldsymbol{a}'_1$ 对于均匀白噪声,有 $\check{\boldsymbol{a}}_1 \overset{\text{def}}{=} \boldsymbol{Q}_n^{-1/2}\boldsymbol{a}_1$ 和$\check{\boldsymbol{a}}'_1 \overset{\text{def}}{=} (\mathrm{d}\check{\boldsymbol{a}}_1/\mathrm{d}\theta_1)$。
因此,对于单信源,CRB 从

$$\mathrm{CRB}_{\mathrm{NU}}^{\mathrm{CG}}(\theta_1)=\frac{1}{\alpha_1 r_1}\left(1+\frac{1}{\|\boldsymbol{a}_1\|^2 r_1}\right) \tag{9.23}$$

缩小为($\rho_1=0$,圆信号情况)

$$\mathrm{CRB}_{\mathrm{NU}}^{\mathrm{CG}}(\theta_1)=\frac{1}{\alpha_1 r_1}\left(1+\frac{1}{2\|\boldsymbol{a}_1\|^2 r_1}\right)(\rho=1)$$

而且,这个界也用来和圆高斯信号情况下的 CR 界以及确定性的 CR 界相比较,下面结论的证明见文献[9]。

定理 9.11

非圆复高斯信源与 DOA 有关的 Cramer - Rao 界块是与圆复高斯信源相应的 Cramer - Rao 界的上限,并且两信源具有相同的一阶协方差矩阵 $\boldsymbol{R}_s$ 和相同的随机噪声协方差矩阵 $\boldsymbol{Q}_n$。

$$\boldsymbol{CRB}_{Q_n}^{\mathrm{NCG}}(\theta)\leqslant\boldsymbol{CRB}_{Q_n}^{\mathrm{CG}}(\theta)$$

和渐近确定性的 CRB 相比:

$$\boldsymbol{CRB}_{Q_n}^{\mathrm{DET}}(\theta)=\frac{1}{2}\{\Re[\check{\boldsymbol{D}}^{\mathrm{H}}\Pi_{\check{\boldsymbol{A}}}^{\perp}\check{\boldsymbol{D}})\cdot\boldsymbol{R}_S^{\mathrm{T}}]\}^{-1}$$

对于圆信号的情况保持不变,

$$\boldsymbol{CRB}_{Q_n}^{\mathrm{DET}}(\theta)\leqslant\boldsymbol{CRB}_{Q_n}^{\mathrm{DCG}}(\theta)$$

这一结论证明,对于非圆信号,任何二阶算法的性能都有可能得到提高,考虑到二阶算法仅仅是基于标准协方差。而且,相比圆信号的情况,确定性的 CR 界接近随机非圆高斯信号的 CR 界。

9.6　BPSK 信号的随机 Cramer - Rao 界

在离散分布的非圆信源情况下,随机 Cramer - Rao 界看起来不可计算。但是,对于均匀或非均匀白噪声场($\|\boldsymbol{a}(\theta)\|^2=M$)中的独立的 BPSK 信源,随机 Cramer - Rao 界合理的闭式表达式可以被推导出来。相比 QPSK 调制信源的相关公式,文献[27]中给出了均匀白噪声情况的证明,文献[28]中通过对噪声协方差

矩阵简单的白化($\boldsymbol{\alpha}=(\theta_1,\phi_1,\sigma_{s_2},\boldsymbol{\sigma}^{\mathrm{T}})^{\mathrm{T}}$),将证明扩展到非均匀白噪声的情况。

定理 9.12

对于一个单独的 BPSK 或 QPSK 调制的信源,DOA 的归一化随机 Cramer - Rao 界由以下闭式表达式给出:

$$\mathrm{CRB}_{\mathrm{NU}}^{\mathrm{BPSK}}(\theta_1)=\frac{1}{\alpha_1 r_1}\left(\frac{1}{1-f(M_{r_1})}\right)\quad \mathrm{CRB}_{\mathrm{NU}}^{\mathrm{QPSK}}(\theta_1)=\frac{1}{\alpha_1 r_1}\left(\frac{1}{1-f\left(\frac{M_{r_1}}{2}\right)}\right)$$

这里,α_1 和 r_1 在定理 9.10 中给出,其中 $f(\rho)$ 是 ρ 的递减函数:

$$f(\rho)\overset{\mathrm{def}}{=}\frac{\mathrm{e}^{-\rho}}{\sqrt{2\pi}}\int_{-\infty}^{+\infty}\frac{\mathrm{e}^{-(u^2/2)}}{\cosh(u\sqrt{2\rho})}\mathrm{d}u$$

我们注意到 $\mathrm{CRB}_{\mathrm{NU}}^{\mathrm{BPSK}}(\theta_1)<\mathrm{CRB}_{\mathrm{NU}}^{\mathrm{QPSK}}(\theta_1)$,和拥有相同非圆率(对于 BPSK 调制信源是 1,对于 QPSK 调制信源是 0)的随机复高斯 Cramer - Rao 界(见定理 9.10)相比,有:

$$\frac{\mathrm{CRB}_{\mathrm{NU}}^{\mathrm{BPSK}}(\theta_1)}{\mathrm{CRB}_{\mathrm{NU}}^{\mathrm{NCG}}(\theta_1)}=\frac{1}{[1-f(M_{r_1})]\left(1+\frac{1}{2M_{r_1}}\right)}$$

和

$$\frac{\mathrm{CRB}_{\mathrm{NU}}^{\mathrm{QPSK}}(\theta_1)}{\mathrm{CRB}_{\mathrm{NU}}^{\mathrm{CG}}(\theta_1)}=\frac{1}{\left[1-f\left(\frac{M_{r_1}}{2}\right)\right]\left(1+\frac{1}{M_{r_1}}\right)}$$

我们注意到这些比值仅取决于 M_{r_1},当 M_{r_1} 趋近于无穷大时,比值趋近于 1。

对于两个独立的 BPSK 或 QPSK 信源,大信噪比下有如下结论,详细证明见文献[27,28]。

$$\sum_{m=1}^{M}\frac{\sigma_{s_1}^2}{\sigma_m^2}\ggg 1,\ \sum_{m=1}^{M}\frac{\sigma_{s_2}^2}{\sigma_m^2}\ggg 1$$

其中一个信源 DOA 的 Cramer - Rao 界和另一个信源的参数无关,且有

$$\mathrm{CRB}_{\mathrm{NU}}^{\mathrm{BPSK}}(\theta_1,\theta_2)\approx\mathrm{CRB}_{\mathrm{NU}}^{\mathrm{QPSK}}(\theta_1,\theta_2)\approx\begin{bmatrix}\frac{1}{\alpha_1 r_1} & 0\\ 0 & \frac{1}{\alpha_1 r_2}\end{bmatrix}\tag{9.24}$$

我们注意到这一性质和圆高斯分布信号的 Cramer - Rao 界以及确定性的 Cramer - Rao 界有很大不同,后两者中,其中一个信源 DOA 的标准化 Cramer - Rao 界取决于两个 DOA 的间距。更准确地,在文献[19]的结论 R9 中证明了后两者的 Cramer - Rao 界在所有的信噪比增加时趋近于同一个极限。对于独立的信源,由文献[19]式(2.13)给出:

$$\mathrm{CRB}_{\mathrm{UW}}^{\mathrm{DET}}(\theta_1,\theta_2)=\mathrm{CRB}_{\mathrm{UW}}^{\mathrm{CG}}(\theta_1,\theta_2)=\begin{bmatrix}\dfrac{1}{\beta_1 r_1} & 0\\ 0 & \dfrac{1}{\beta_1 r_2}\end{bmatrix}$$

其中,

$$\beta_k \overset{\mathrm{def}}{=} 2[\|\boldsymbol{a}'_k\|^2-\gamma_k(\theta_1,\theta_2)] \quad k=1,2$$

其中,$\gamma_k(\theta_1,\theta_2),k=1,2$ 取决于信源间距。独立 BPSK 信源随机 Cramer - Rao 界的这一特性在下一节中通过考察 EM 算法的性能加以证明。

因此,等功率($r\overset{\mathrm{def}}{=}r_1=r_2$ and $\alpha\overset{\mathrm{def}}{=}\alpha_1=\alpha_2$)的两个紧紧相邻的独立信源的分辨阈值的性质也有很大不同。尽管 Cramer - Rao 界没有直接给出一个无偏估计量所能达到的最好分辨力,它还是可以用来定义分辨力的一个绝对极限。根据文献[29]中描述的准则,如果估计的 DOA 间距($\theta_{1,T}-\theta_{2,T}$)的 Cramer - Rao 界的均方根小于 DOA 间距,那么两个信源可以被分开,相当于

$$\sqrt{\mathrm{CRB}_{\mathrm{PSK}}(\theta_1-\theta_2)}=\sqrt{\frac{2}{T}\frac{1}{\alpha r}}<\Delta\theta$$

因为 θ_1 和 θ_2 在式(9.24)中被独立开。在 SNR $\gg 1$ 情况下,这确定了所有无偏 DOA 估计的分辨力界限,这里满足 Cramer - Rao 界。对于一个均匀线阵,

$$\alpha r = 2\sigma^2\left[\sum_{m=1}^{M-1}\frac{m^2}{\sigma_m^2}-\left(\sum_{m=1}^{M-1}\frac{m}{\sigma_m^2}\right)^2\left(\sum_{m=1}^{M-1}\frac{1}{\sigma_m^2}\right)^{-1}\right]$$

广义 SNR 定义如下:

$$r_e=\frac{M(M^2-1)}{6}\frac{\sigma^2}{\sigma_n^2}$$

对于均匀白噪声的特殊情况,有

$$r_e>\frac{2}{T(\Delta\theta)^2}\text{and}\ \frac{\sigma^2}{\sigma_n^2}>\frac{12}{TM(M^2-1)(\Delta\theta)^2}$$

这和高斯分布的信源相比有很大不同,后者 SNR 阈值根据 T 的范围随 $(\Delta\theta)^{-4}$ 或者 $(\Delta\theta)^{-3}$ 而变。对于 MUSIC 算法参见文献[30,(35)],当 SNR 趋近于无穷时渐近有效。

9.7 仿真实例

这一节,我们会给出 9.3 节中提到的各种算法性能的定量说明以及蒙特卡罗仿真,并在 DOA 估计的方差和 AMV 估计的渐近方差之间做定量比较,其中 DOA 估计方法包括基于 $\boldsymbol{R}_{\tilde{y},T}$($\boldsymbol{R}_{y,T}$和 $\boldsymbol{R}'_{y,T}$)和只基于 $\boldsymbol{R}_{y,T}$的方法,还会给出在 9.5 和 9.6 节提出的 CR 界和 AMV 界的定量说明。最后,通过 EM 算法的蒙特

卡罗仿真说明了9.6节中的一些特性。

我们首先考查两个等功率($\sigma^2 \overset{\text{def}}{=} \sigma_{s_1}^2 = \sigma_{s_2}^2$)的BPSK信号(滤波或未滤波皆可),并假设两信号具有相同的非圆率($\rho_{nc} \overset{\text{def}}{=} \rho_1 = \rho_2$),圆相位分别用$\phi_1$和$\phi_2$表示。信号由两个等功率的来波方向分别为$\theta_1$和$\theta_2$的多径信号构成。参照第一个传感器,信号来波方向$\theta_1$,我们得到等式:$x_{t,1} = \bar{x}_{t,1}$和$x_{t,2} = \cos(\alpha)\bar{x}_{t,1} + \sin(\alpha)\bar{x}_{t,2}$,其中$\boldsymbol{R}_{\tilde{x}} = \sigma^2 \boldsymbol{I}_2$,且

$$\boldsymbol{R}'_{\tilde{x}} = \sigma^2 \rho_{nc} \begin{pmatrix} e^{i\phi_1} & 0 \\ 0 & e^{i\phi_2} \end{pmatrix}$$

于是,

$$\boldsymbol{R}_x = \sigma^2 \begin{pmatrix} 1 & \cos(\alpha) \\ \cos(\alpha) & 1 \end{pmatrix}$$

且

$$\boldsymbol{R}'_x = \sigma^2 \rho_{nc} \begin{pmatrix} e^{i\phi_1} & \cos(\alpha) e^{i\phi_1} \\ \cos(\alpha) e^{2i\phi_1} & \cos^2(\alpha) e^{i\phi_1} + \sin^2(\alpha) e^{i\phi_2} \end{pmatrix}$$

这些信号进入一个均匀线阵,阵中有6个传感器,相互间距等于1/2波长,其中$\boldsymbol{a}_k = (1, e^{i\theta_k}, \cdots, e^{i(M-1)\theta_k})^{\mathrm{T}}$,这里$\theta_k = \pi\sin(\psi_k)$,其中$\psi_k$是相对阵列法线方向的来波方向。经过1000次的独立仿真得到估计方差,独立快拍数$T = 500$(以后都如此,除非有特别说明)。

第一个试验验证了定理9.2,其中$\rho_{nc} = 1$,$\alpha = \pi/2$。图9.1、图9.2和图9.3所示是算法1、2、3和基于$\boldsymbol{R}_{\tilde{y},T}$(比如,$\boldsymbol{R}_{y,T}$和$\boldsymbol{R}'_{y,T}$)的AMV算法得到的$\mathrm{var}(\theta_{1,T})$随信噪比的变化曲线,其中DOA间距$\Delta\theta = \theta_2 - \theta_1$,圆相位差$\Delta\phi = \phi_2 - \phi_1$。

注:通过定量举例,有一个发现,对于两个等功率的具有相等非圆率的信源,其理论方差的不同在情况1下仅取决于$\Delta\theta = \theta_2 - \theta_1$和$\Delta\phi = \phi_2 - \phi_1$,在情况2下仅取决于$\Delta\theta = \theta_2 - \theta_1$。

我们依据算法进行渐近分析的有效性范围。在一个SNR阈值以下,它是与算法相关的,算法3(root-MUSIC-like算法)性能优于算法2,算法2性能优于算法1,很明显,这三个算法都优于标准MUSIC算法和仅基于$\boldsymbol{R}_{y,T}$的AMV算法。图9.2中,我们注意到当DOA间距减小到零时,算法1、2、3和AMV算法得到的渐近方差趋近于一个有限值。对于算法1、2和3,这一奇特的性质可以由$\tilde{\boldsymbol{S}}$的两个非零特征值$(\lambda_k)_{k=1,2}$解释,它在定理9.2中的式(9.11)$\tilde{\boldsymbol{U}} \overset{\text{def}}{=} \sigma_n^2 \boldsymbol{S}^{\#} \boldsymbol{R}_{\tilde{y}} \tilde{\boldsymbol{S}}^{\#}$中起作用。其中

$$\lambda_k = 2M\sigma_{s_1}^2 \left\{ 1 + (-1)^k \cos\left[(M-1)\frac{\Delta\theta}{2} - \Delta\phi \right] \frac{\sin\left(M\frac{\Delta\theta}{2}\right)}{M\sin\left(\frac{\Delta\theta}{2}\right)} \right\} \quad k = 1, 2$$

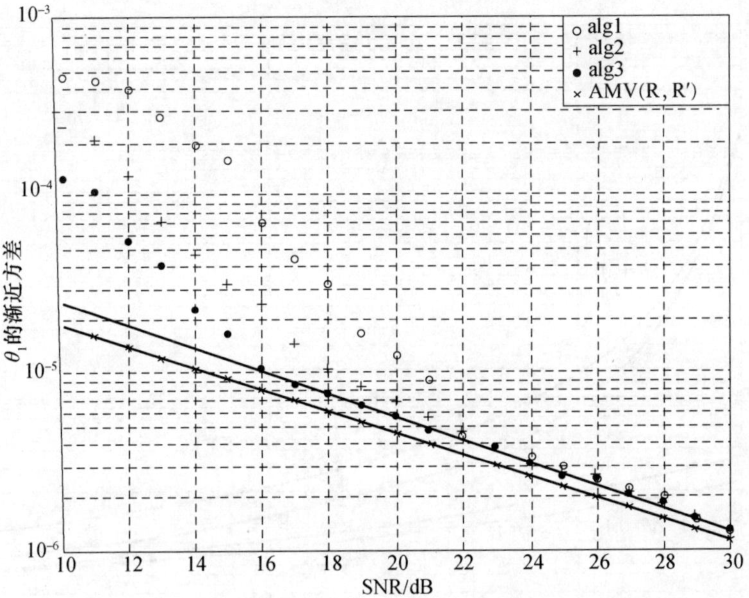

图9.1　算法1,2,3和基于($R_{Y,T}$和$R_{Y,T}{}'$)的AMV算法得到的理论的(实线表示)和经验的渐近方差随SNR变化的曲线,其中$\Delta\theta = 0.05$rd,$\Delta\phi = \pi/6$rd

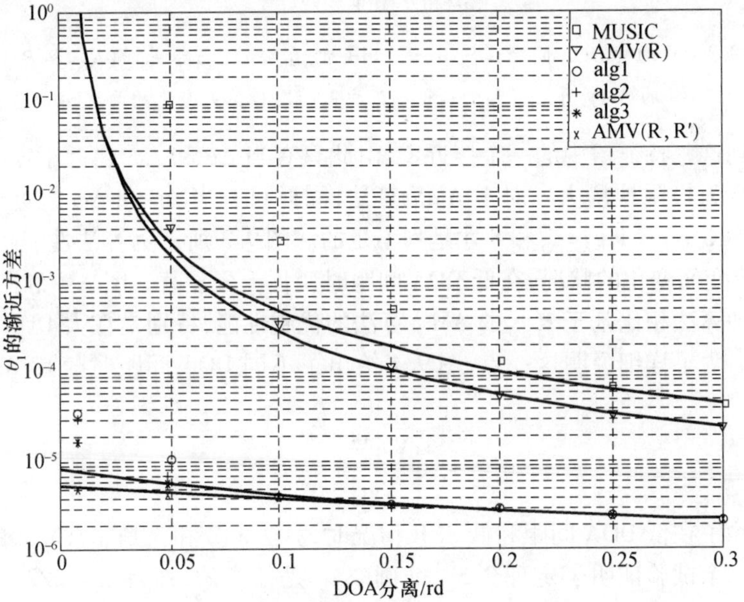

图9.2　算法1、2、3,标准MUSIC,仅基于$R_{Y,T}$和基于($R_{Y,T}$和$R_{Y,T}{}'$)的AMV算法得到的理论的(实线表示)和经验的渐近方差随DOA间距变化的曲线,其中SNR = 20dB,$\Delta\phi = \pi/6$rd

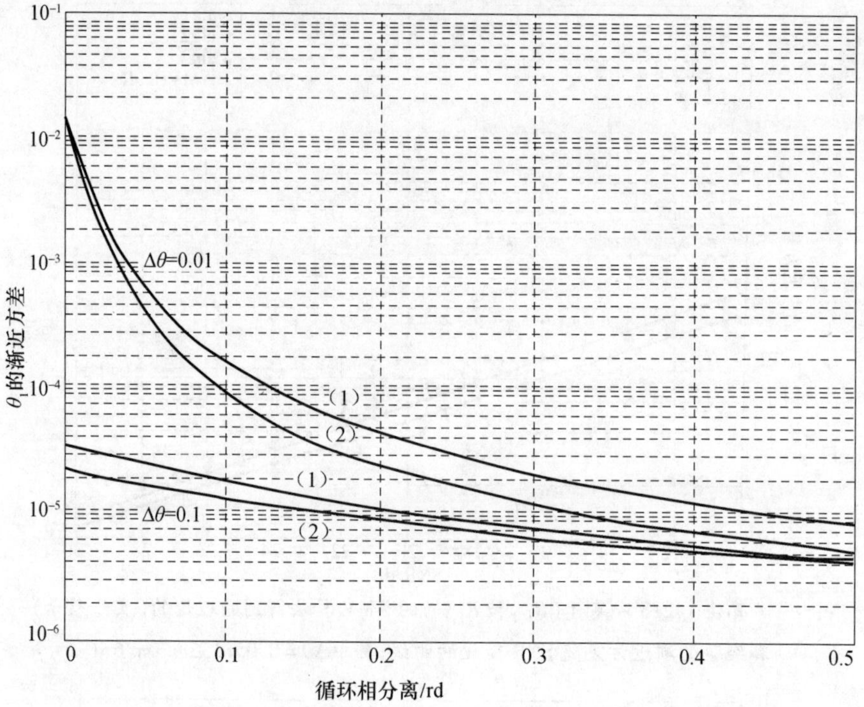

图 9.3　在两种 DOA 间距和 SNR = 20dB 时，算法 1、2、3 和基于($R_{Y,T}$和 $R_{Y,T}{}'$)的 AMV 算法得到的理论渐近方差随圆相位差变化的曲线

我们看到这些特征值中的一个接近零，由此只有当 $\Delta\theta$ 和 $\Delta\phi$ 趋近于零时，渐近方差才会无极限地增大。对于 AMV 算法，同样只有当 $\Delta\theta$ 和 $\Delta\phi$ 趋近于零时，$\boldsymbol{C}_{\theta}=[(S^{\mathrm{H}}\boldsymbol{C}_{s}^{\#}S)^{-1}]_{(1:K,1:K)}$ 和 S 才是列不足的。图 9.3 所示为算法性能随圆相位差 $\Delta\phi$ 改变而变化的状况，在低 DOA 间距时变化十分显著。图 9.1 和图 9.2 所示为三种算法相比基于 $\boldsymbol{R}_{\tilde{y},T}$的 AMV 算法的优越性能，特别是在大 DOA 间距的情况时。为了详细说明这一点，图 9.4 给出了不同 DOA 间距时随 SNR 而变的比值：

$$r_1 \stackrel{\text{def}}{=} \frac{\mathrm{Var}_{\theta_1}^{AMV(R,R')}}{\mathrm{Var}_{\theta_1}^{\mathrm{Alg}_{1,2,3}}}$$

这说明除了在低 DOA 间距和低 SNR 情况时，算法 1、2 和 3 是非常高效的。

第二个试验证明了定理 9.3。非圆率 ρ_{nc}是任意的，而且 $\alpha=\pi/2$。相比基于$\boldsymbol{R}_{y,T}$的标准 MUSIC 算法，图 9.5 和图 9.6 说明，当非圆率ρ 增加时算法 5 性能优于此 MUSIC 算法，特别是对于低 SNR 和低 DOA 间距情况下。

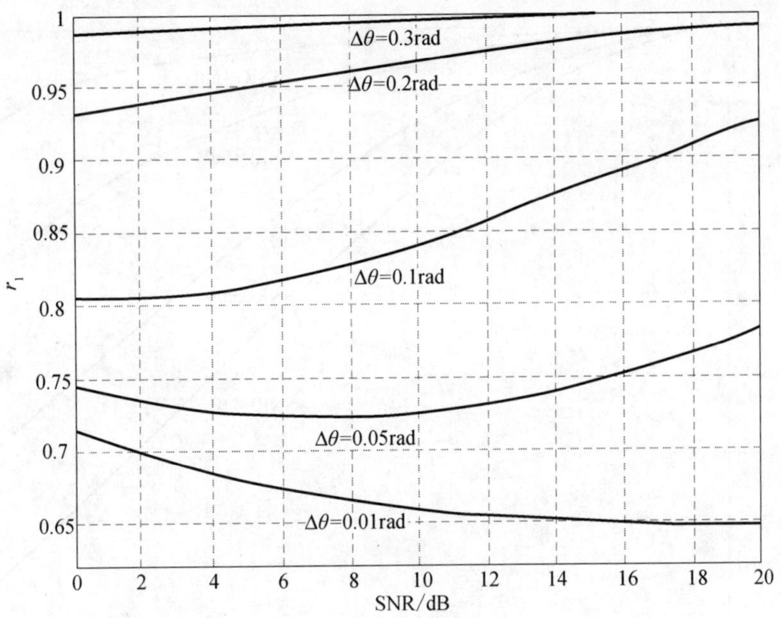

图9.4　比值 $r_1 \underline{\underline{\text{def}}} \text{Var}_{\theta_1}^{AMV(R,R')}/\text{Var}_{\theta_1}^{\text{Alg}1,2,3}$,当 $\Delta\phi=\pi/6$rd 时,对于不同的到达角间隔 $\Delta\theta$,r_1 作为信噪比 SNR 函数的比较

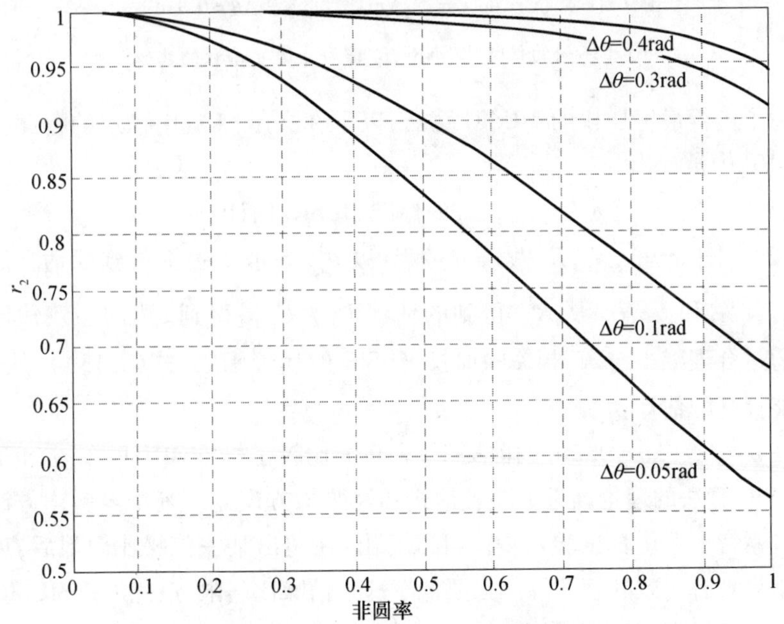

图9.5　比值 $r_2 \underline{\underline{\text{def}}} \text{Var}_{\theta_1}^{\text{Alg5}}/\text{Var}_{\theta_1}^{\text{MUSIC}(R)}$,当信噪比 SNR = 5dB 时,对于不同的到达角间隔 $\Delta\theta$,r_2 作为非圆率函数的比较

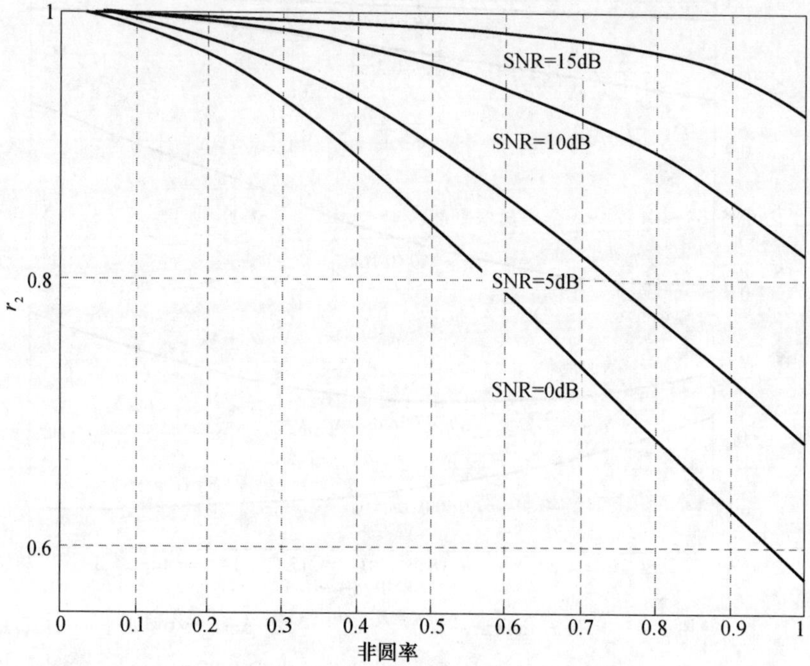

图 9.6　比值 $r_2 \underline{\underline{\mathrm{def}}} \mathrm{Var}_{\theta_1}^{\mathrm{Alg5}} / \mathrm{Var}_{\theta_1}^{\mathrm{MUSIC}(R)}$，当 $\Delta\theta = 0.1\mathrm{rd}$ 时，对于不同的信噪比 SNRs，r_2 作为非圆率函数的比较

为了进行最优加权的 MUSIC 算法，以下在文献[13]中描述的程序步骤在文献[10]中被提出：

(1) 从 $\boldsymbol{R}_{y,T}$ 中确定 $(\theta_k)_{k=1,\cdots,K}$ 的标准 MUSIC 估计。

(2) 对于 $k=1,\cdots,K$，做以下过程：以 $\theta_{k,T}^0$ 表示步骤 1 得到的估计。使用 $(\theta_{k,T}^0)_{k=1,\cdots,K}$ 和 U_1、U_2 从 $\tilde{\boldsymbol{R}}_{y,T}$ 得到的估计 $U_{1,T}$、$U_{2,T}$，得到 z_k^{opt} 的一致估计 $z_{k,T}$。然后通过合理减小与 $z_{k,T}$ 相关的加权 MUSIC 的代价函数（式(9.13)），从 $\theta_{k,T}^0$ 确定性能提高的估计 $\theta_{k,T}^1$。

在 $\rho=0.9$，$\Delta\theta=0.2\mathrm{rd}$ 的前提下，表 9.1 比较了标准 MUSIC 算法和最优加权 MUSIC 算法的理论渐近方差表达式和经验均方误差。其中经验均方误差可以通过蒙特卡罗仿真试验获得。可以看出：在超出某一信噪比门限后，理论和试验结果具有一致的规律性。只要低于这一信噪比门限，最优加权 MUSIC 算法将远远优于标准 MUSIC 算法。

表9.1 MUSIC算法的经验均方误差和理论方差

SNR/dB	标准 MUSIC 算法		最优加权 MUSIC 算法	
	经验均方误差	理论方差	经验均方误差	理论方差
6	4.452×10^{-3}	4.589×10^{-4}	3.154×10^{-3}	4.151×10^{-4}
8	1.600×10^{-3}	2.604×10^{-4}	2.344×10^{-3}	2.449×10^{-4}
10	2.899×10^{-3}	1.527×10^{-4}	1.561×10^{-3}	1.474×10^{-4}
20	1.338×10^{-3}	1.348×10^{-4}	1.337×10^{-3}	1.347×10^{-4}

第三个试验通过比较基于($\boldsymbol{R}_{y,T}, \boldsymbol{R}'_{y,T}$)的AMV界和仅基于($\boldsymbol{R}_{y,T}$)的AMV界,展示了第二个方差矩阵$\boldsymbol{R}'_{y,T}$的优越性。图9.7和图9.8显示了比值:

$$\frac{\mathrm{Var}_{\theta_1}^{\mathrm{AMV}(R,R')}}{\mathrm{Var}_{\theta_1}^{\mathrm{AMV}(R)}}$$

在没有任何先验信息的前提下,当$\alpha=\pi/2\mathrm{rd}[\Delta\theta=0.1\mathrm{rd}]$时,对于不同的$\Delta\theta[\alpha]$可以表示成关于非圆率的函数。

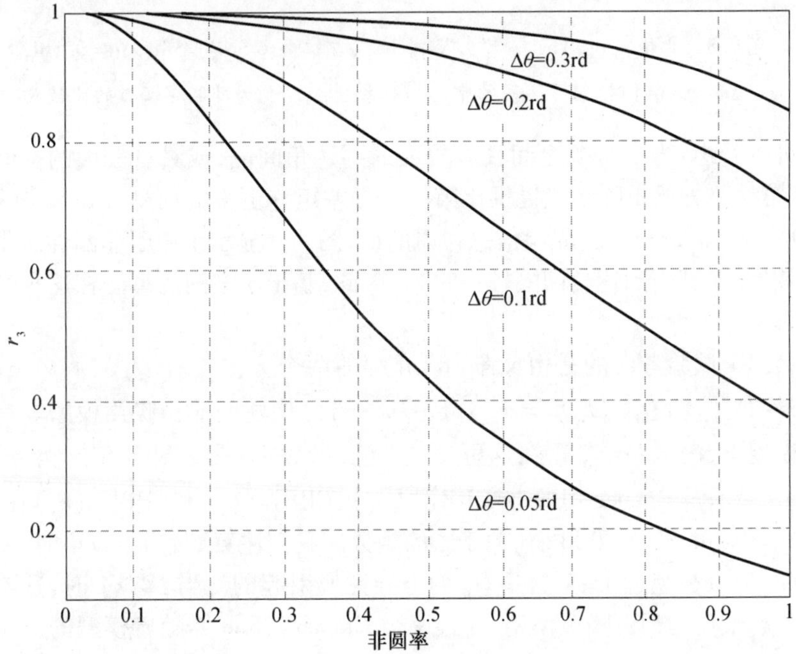

图9.7 比值 $r_3 \underline{\underline{\mathrm{def}}} \mathrm{Var}_{\theta_1}^{\mathrm{AMV}(R,R')}/\mathrm{Var}_{\theta_1}^{\mathrm{AMV}(R)}$,当信噪比SNR=5dB,$\alpha=\pi/2\mathrm{rd}$,$\Delta\phi=\pi/6\mathrm{rd}$时,对于不同的到达角间隔$\Delta\theta$,$r_3$作为非圆率函数的比较

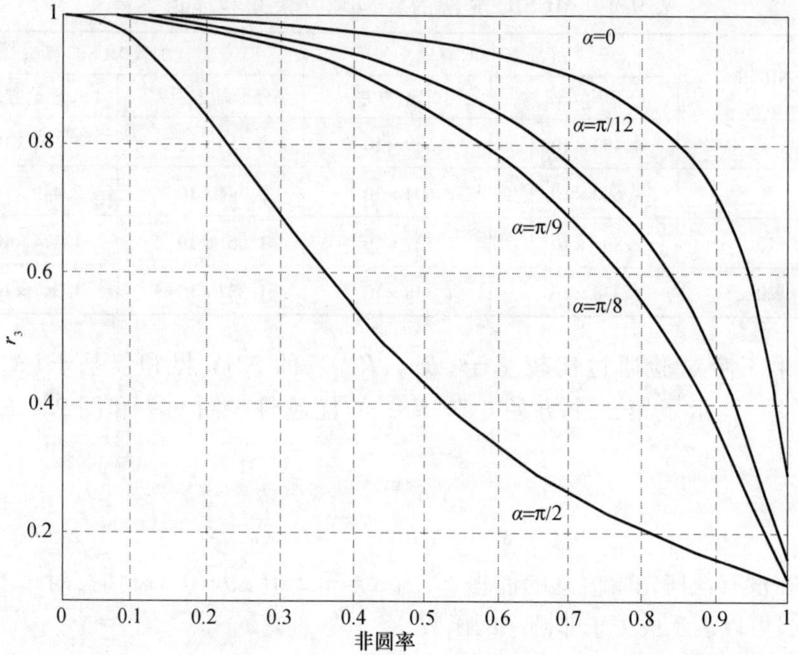

图 9.8 比值 $r_3 \underline{\underline{\mathrm{def}}} \mathrm{Var}_{\theta_1}^{\mathrm{AMV}(R,R')}/\mathrm{Var}_{\theta_1}^{\mathrm{AMV}(R)}$，当信噪比 SNR = 5dB，$\Delta\theta = 0.1\mathrm{rd}$，$\Delta\phi = \pi/6\mathrm{rd}$ 时，对于不同的空间相关系数 α，r_3 作为非圆率函数的比较

可以看出：当信号源之间具有较大的到达角间隔，或具有较大的空间相关性时，第二个方差矩阵不能提供比第一个方差矩阵更多的信息。如果空间的非相关性（$\alpha = \pi/2\mathrm{rd}$）作为先验信息考虑的话，图 9.9 显示了由于非圆性所带来的预期效果（尤其当到达角间隔较小时）。因此，基于子空间的算法在这种情况下将显得无能为力。

第四个试验考虑的是由文献[8]介绍的两个方差矩阵 $\boldsymbol{Q}_{\mathrm{n}}^{(1)}(k,l) = \boldsymbol{\sigma}_{\mathrm{n}}^2\exp[-(k-l)^2\zeta]$ 和 $\boldsymbol{Q}_{\mathrm{n}}^{(2)}(k,l) = \boldsymbol{\sigma}_{\mathrm{n}}^2\exp(-|k-l|\zeta)$ 构建的非白噪声模型。在这种噪声模型下，$\boldsymbol{\sigma}^{\mathrm{T}} = (\sigma_{\mathrm{n}}^2, \zeta)$，在这里，$\zeta$ 是“色”参数，信噪比 SNR 定义为 $\boldsymbol{\sigma}_{\mathrm{s}_1}^2/\boldsymbol{\sigma}_{\mathrm{n}}^2$。图 9.10 显示了 Cramer - Rao 界 $\mathrm{CRB}_{\mathrm{AU}}^{\mathrm{NCG}}(\theta_1)$、$\mathrm{CRB}_{\mathrm{AU}}^{\mathrm{CG}}(\theta_1)$ 和 $\mathrm{CRB}_{\mathrm{AU}}^{\mathrm{DET}}(\theta_1)$ 在 $\Delta\theta = \theta_2 - \theta_1 = 0.1\mathrm{rd}$，SNR = 0dB 时，关于 ζ 的函数。我们注意到，当 ζ 减小时，所有的 Cramer - Rao 界趋近于零，这是 $\boldsymbol{Q}_{\mathrm{n}}$ 的奇异性所引起的。当 $\zeta \gg 1$ 时，这两个噪声模型趋于均匀的白噪声模型，并且两个 Cramer - Rao 界随着模型的合并而统一起来。可以看出：复高斯分布的非圆信号的随机 Cramer - Rao 界比确定 Cramer - Rao 界要高。

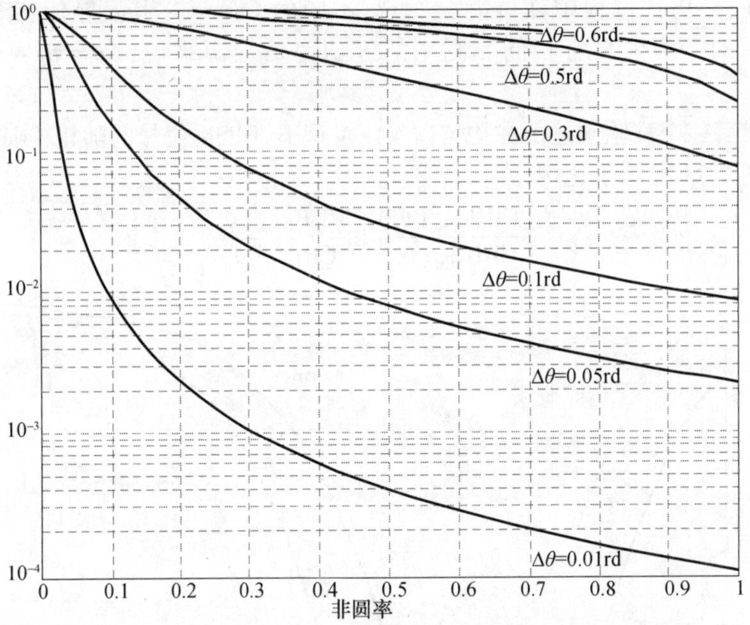

图 9.9　比值 $r_3 \underline{\underline{\text{def}}} \mathrm{Var}_{\theta_1}^{\mathrm{AMV}(R,R')}/\mathrm{Var}_{\theta_1}^{\mathrm{AMV}(R)}$，当信噪比 SNR = 5dB，$\Delta\phi=\pi/6$rd时，对于不同的到达角间隔 $\Delta\theta$，r_3 作为非圆率函数的比较

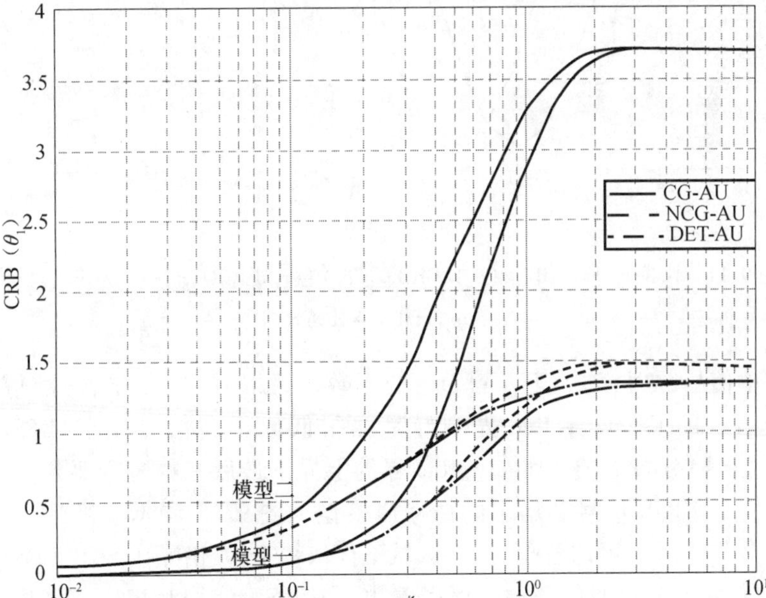

图 9.10　当 $\Delta\theta=0.2$rd，SNR = 0dB，$\Delta\phi=\pi/6$rd 时，对于第一和第二个模型，$\mathrm{CRB}_{\mathrm{AU}}^{\mathrm{NCG}}(\theta_1)$，$\mathrm{CRB}_{\mathrm{AU}}^{\mathrm{CG}}(\theta_1)$和$\mathrm{CRB}_{\mathrm{AU}}^{\mathrm{DET}}(\theta_1)$作为 ζ 函数的比较

注:在仿真过程中你可能会发现,不同的 Cramer - Rao 界依赖于 θ_1、θ_2、ϕ_1、ϕ_2,对于两个具有相同非圆率的等功率信号源来说,$\Delta\theta=\theta_1-\theta_2$,$\Delta\phi=\phi_1-\phi_2$。

最后一个试验阐述了在均匀白噪声模型下,BPSK 信号的随机 Cramer - Rao 界。图 9.11 显示了比例:

$$\frac{\mathrm{CRB}_{\mathrm{BPSK}}(\theta_1)}{\mathrm{CRB}_{\mathrm{NCG}}(\theta_1)}\text{和}\frac{\mathrm{CRB}_{\mathrm{QPSK}}(\theta_1)}{\mathrm{CRB}_{\mathrm{CG}}(\theta_1)}$$

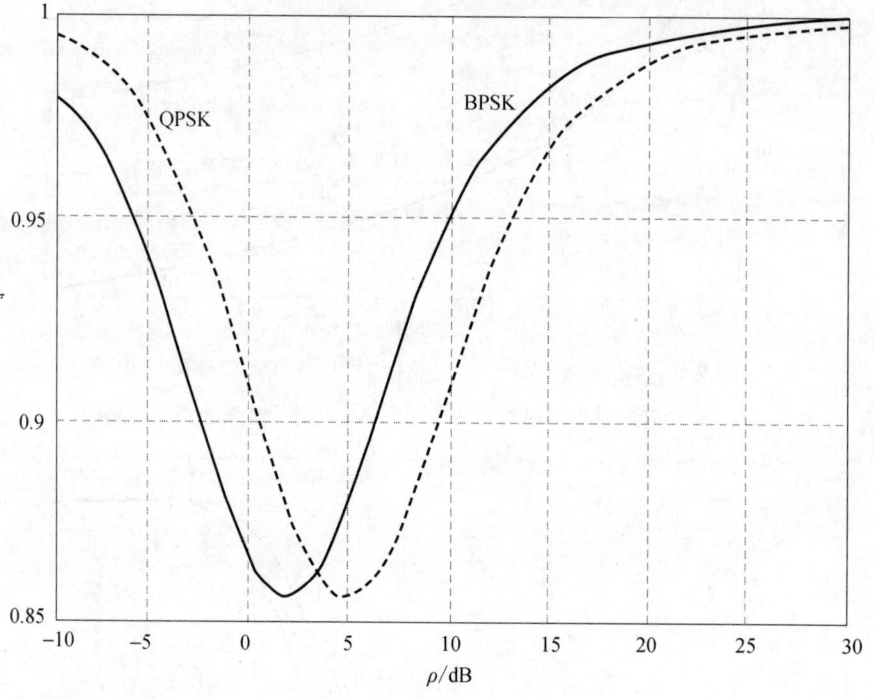

图 9.11 比值 $r_4 \underline{\underline{\mathrm{def}}}\mathrm{CRB}_{\mathrm{BPSK}}(\theta_1)/\mathrm{CRB}_{\mathrm{NCG}}(\theta_1)$ 和 $r_1 \underline{\underline{\mathrm{def}}}\mathrm{CRB}_{\mathrm{QPSK}}(\theta_1)/\mathrm{CRB}_{CG}(\theta_1)$ 作为 $\rho \underline{\underline{\mathrm{def}}} Mr_1$ 函数的比较

对单信号源而言,关于 $\rho \underline{\underline{\mathrm{def}}}\ Mr_1$ 的函数。可以看出:在非圆(圆信号)复高斯分布下的 Cramer - Rao 界刚好是在很低或很高信噪比下,BPSK 信号(QPSK 信号)分布下的 Cramer - Rao 界的上界。最后三幅图主要是关于两个相互独立的 BPSK 信号和均匀的白噪声模型。图 9.12 展示了高信噪比近似下的有效作用域。可以看出,这一区域不仅依赖于 M、信噪比 SNR 和到达角间隔,而且依赖于分布的信号源。可以看出,与 BPSK 信号源相比,QPSK 信号源的这一区域相对减少。如果到达角间隔或 M 变大,这一近似的有效区域也会变大。

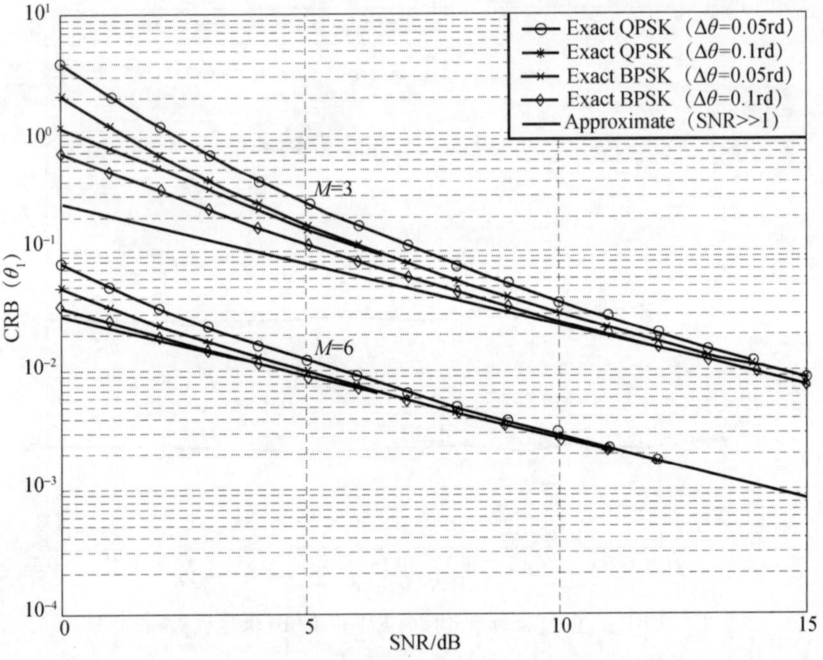

图 9.12　$CRB_{BPSk}(\theta_1)$ 和 $CRB_{QPSK}(\theta_1)$ 的近似值和精确值,对于不同的到达角间隔,作为信噪比 SNR 函数的比较

由于在非圆信号(圆信号)高斯分布下的 Cramer - Rao 界近似是在离散 BPSK 信号(QPSK 信号)分布下 Cramer - Rao 界的上界,尤其在到达角间隔或相位间隔较小的情况下。因此,考虑到这些离散分布的最大似然估计优于基于圆信号高斯分布的最大似然估计[19]和加权子空间拟和估计[20],后两者均达到了 Cramer - Rao 界 $CRB_{CG}(\theta_1)$。EM 算法[31]是一种迭代算法,它能够执行基于这些离散分布的随机最大似然估计,从而优于基于非圆信号或圆信号高斯分布的最大似然估计。

注:由于这个随机 Cramer - Rao 界的闭合表达式似乎是不可计算的,因此,由大量数据总结出来的 Fisher 信息矩阵的近似数学表示可以用来作为参考。

图 9.13 展示了 $CRB_{BPSK}(\theta_1)$ 和估计的均方误差 $E(\theta_{1,T}-\theta_1)^2$,在两种信噪比下,作为到达角间隔函数的比较。其中,$E(\theta_{1,T}-\theta_1)^2$ 由确定性的 EM 算法给出,初始估计由 9.3 节描述的 MUSIC - like 算法 1 给出。我们可以看出,与 $CRB_{NCG}(\theta_1)$(参见图 9.7 和图 9.9)相反,$CRB_{BPSK}(\theta_1)$ 并不随着到达角间隔的减小而显著增加。图 9.14 给出了由确定性的 EM 算法(初始化如图 9.13 所示)给出的均方误差 $E(\theta_{1,T}-\theta_1)^2$ 与 $CRB_{BPSK}(\theta_1)$、$CRB_{NCG}(\theta_1)$ 作为信噪比函数的比较结果。从中可以看出,EM 估计达到了 $CRB_{BPSK}(\theta_1)$,远远优于 $CRB_{NCG}(\theta_1)$。

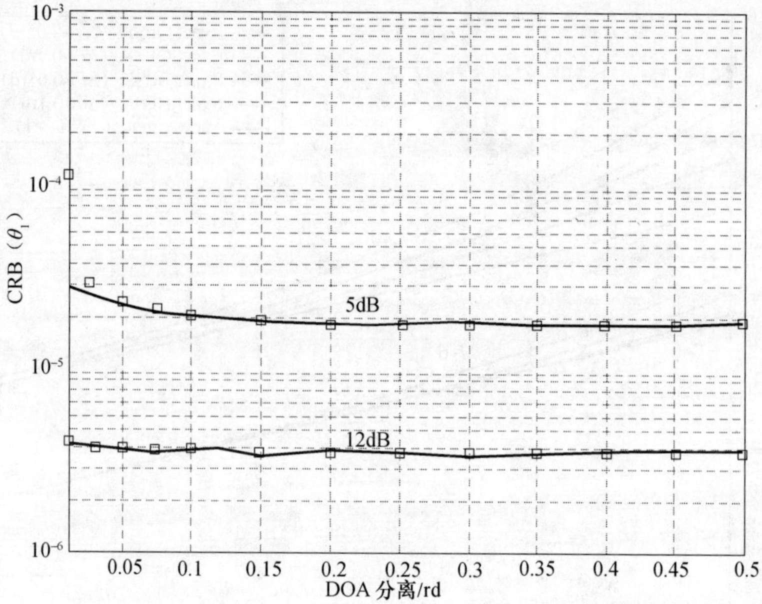

图 9.13 $CRB_{BPSK}(\theta_1)$和由确定性的 EM 算法(10 次迭代)给出的估计均方误差 $E(\theta_{1,T}-\theta_1)^2$,当 $\Delta\phi=0.1$rd 时,作为到达角间隔函数的比较

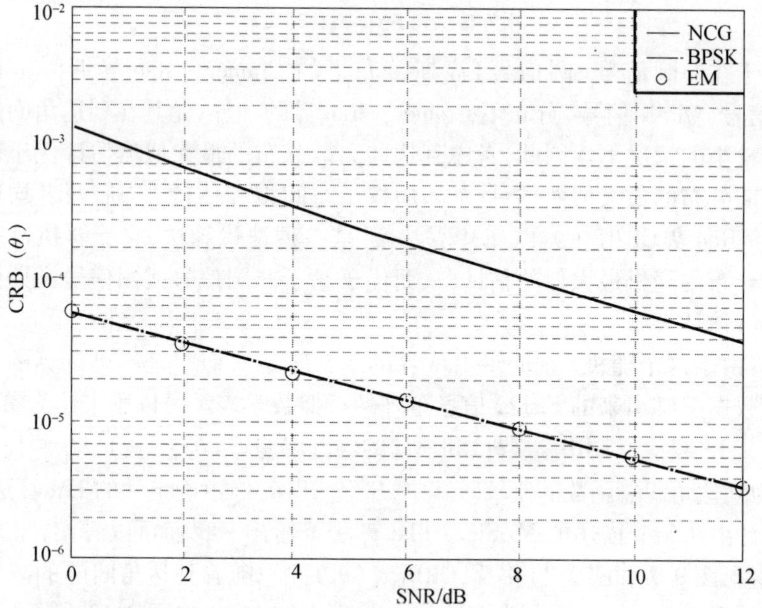

图 9.14 $CRB_{BPSK}(\theta_1)$、$CRB_{NCG}(\theta_1)$和由确定性的 EM 算法(5 次迭代)给出的估计均方误差 $E(\theta_{1,T}-\theta_1)^2$,当 $\Delta\theta=0.3$rd,$\Delta\phi=0.1$rd 时,作为信噪比函数的比较

9.8 结　论

本章从算法及边界性能的角度给出了非圆信号到达方向估计的概括介绍。从算法的角度来看,可以证明:基于具有最大非圆周率的非相关信号源的三种特定的 MUSIC - like 算法远远优于标准的 MUSIC 算法。一般情况下,对于信号源的非奇异扩展空间方差,我们介绍的最优加权 MUSIC 算法优于标准的MUSIC算法,但性能增益却仅在低信噪比和小的到达角间隔下才具有显著优势。另外,这种最优加权 MUSIC 算法与标准 MUSIC 算法相比,所需计算量更大。因此,从应用的角度来说,这点性能好处并不划算。一般来说,只有多维的非线性最优算法,例如 AMV 估计,总的来说才能从非圆特性中获得好处。从边界性能的角度来看,通过随机高斯 Cramer - Rao 界和 AMV 界可以证明,在信噪比较低、到达角间隔较小,尤其在信号源具有最大的非圆率且不相关的前提下,由第二个方差矩阵所带来的好处才会体现出来。对于特定的 BPSK 调制信号源,可以证明,在很宽的信噪比范围内,一个信号源到达角的随机 Cramer - Rao 界独立于其他信号源的参数。因此,最大似然法,例如 EM 方法优于基于圆信号高斯分布的最大似然估计,尤其当到达角间隔和相位间隔较小时。

参考文献

[1] Godara L C. Application of Antenna Arrays to Mobile Communications, Part Ⅱ: Beamforming and Direction of Arrival Considerations. Proc. of IEEE, vol. 85, 1997, pp. 1193 - 1245.

[2] Picinbono B. On Circularity. IEEE Trans. on Signal Processing, vol. 42, No. 12, 1994, pp. 3473 - 3482.

[3] Gounon P, Adnet C, Galy J. Angular Location for Noncircular Signals. Traitement du Signal, vol. 15, No. 1, 1998, pp. 17 - 23.

[4] Chargé P, Wang Y, Saillard J. A Noncircular Sources Direction Finding Method.

[5] Grellier O, et al. Analytical Blind Channel Identification. IEEE Trans. on Signal Precessing, vol. 50, No. 9, 2002, pp. 2196 - 2207.

[6] Stoica P, Moses R. Introduction to Spectral Analysis. Upper Saddle River, NJ: Prentice Hall, 1997.

[7] Ye H, Degroat R D. Maximum Likelihood DOA Estimation and Asymptotic Cramer - Rao Bounds for Additive Unknown Colored Noise. IEEE Trans. on Signal Processing, vol. 43, No. 4, 1995, pp. 938 - 949.

[8] Gershman A B, et al. Stochastic Cramer - Rao Bound for Direction Estimation in Unknown Noise Fields. IEEE Proc. - Radar Sonar Navig., vol. 149, No. 1, 2002, pp. 2 - 8.

[9] Abeida H, Delmas J P. Gaussian Cramer - Rao Bound for Direction Estimation of Noncircular Signals in Unknown Noise Fields. accepted to IEEE Trans. on Signal Processing, 2005.

[10] Abeida H, Delmas J P. DOA MUSIC - Like Estimation for Noncircular Sources. Submitted to IEEE Trans. on Signal Processing, 2005.

[11] Stoica P, Nehorai A. MUSIC, Maximum Likelihood, and Cramer – Rao Bound: Further Results and Comparisons. IEEE Trans. on Acoustics, Speech, and Signal Processing, vol. 38, No. 12, 1990, pp. 2140 – 2150.

[12] Stoica P, Eriksson A. MUSIC Estimation of Real – Valued Sine – Wave Frequencies. Signal Processing, vol. 42, 1995, pp. 139 – 146.

[13] Stoica P, Eriksson A, Soderstrom T. Optimally Weighted MUSIC for Frequency Estimation. SIAM J. Matrix Anal. Appl, vol. 16, No. 3, 1995, pp. 811 – 827.

[14] Delmas J P. Asymptotic Performance of Second – Order Algorithms. IEEE Trans. on Signal Processing, vol. 50, No. 1, 2002, pp. 49 – 57.

[15] Abeida H, Dekmas J P. Asymptotically Minimum Variance Estimator in the Singular Case. accepted to EUSIPCO, Antalya, 2005.

[16] Delmas J P. Asymptotically Minimum Variance Second – Order Estimation for Noncircular Signals with Application with Application to DOA Estimation. IEEE Trans. on Signal Processing, vol. 52, No. 5, 2004, pp. 1235 – 1241.

[17] Ottersten B, Stoica P, Roy R. Covariance Matching Estimation Techniques for Array Signal Processing. Digital Signal Processing, vol. 8, 1998, pp. 185 – 210.

[18] Abeida H, Delmas J P. Efficiency of Subspaced – Based DOA Estimation. submitted to the IEEE Signal Processing Letters, 2005.

[19] Stoica P, Nehorai A. Performance Study of Conditional and Unconditional Direction of Arrival Estimation. IEEE Trans. on Acoustics, Speech, and Signal Processing, vol. 38, No. 10, 1990, pp. 1783 – 1795.

[20] Ottersten B, Viberg M, Kailath T. Analysis of Subspace Fitting and ML Techniques for Parameter Estimation from Sensor Array Data. IEEE Trans. on Signal Processing, vol. 40, No. 3, 1992, pp. 590 – 600.

[21] Weiss A J, Friedlander B. on the Cramer – Rao Bound for Direction Finding of Correlated Sources. IEEE Trans. on Signal Processing, vol. 41, No. 1, 1993, pp. 495 – 499.

[22] Stoica P, Laarsson A G, Gershman A B. The Stochastic CRB for Array Processing: A Textbook Derivation. IEEE Signal Processing Letters, vol. 8, No. 5, 2001, pp. 148 – 150.

[23] Pesavento M, Gershman A B. Maximum – Likelihood Direction of Arrival Estimation in the Presence of Unknown Nonuniform Noise. IEEE Trans. on Signal Processing, vol. 49, No. 7, 2001, pp. 1310 – 1324.

[24] Slepian D. Estimation of Signal Parameters in the Presence of Noise. Trans. IRE Prof. Grop Inform. Theory PG IT – 3, 1954, pp. 68 – 69.

[25] Bangs W J. Array Processing with Generalized Beamformers. Ph. D. thesis, Yale University, New Haven, CT, 1971.

[26] Delmas J P, Abeida H. Stochastic Cramer – Rao Bound for Noncircular Signals with Application to DOA Estimation. IEEE Trans. on Signal Processing, vol. 52, No. 11, 2004, pp. 3192 – 3199.

[27] Delmas J P, Aberda H. Cramer – Rao Bounds of DOA Estimates for BPSK and QPSK Modulated Signals. accepted to IEEE Trans. on Signal Processing, 2005.

[28] Aberda H, Delmas J P. Bornes de Cramer Rao de DOA pour Signaux BPSK et QPSK en Presence de Bruit Non Uniforme. accepted to GRETSI, Louvain, 2005.

[29] Smith S T. Statistical Resolution Limits and the Complexified Cramer – Rao Bound. IEEE Trans. on Signal Processing, vol. 53, No. 5,2005, pp. 1597 – 1609.

[30] Kaveh M, Barabell A J. The Statistical Performance of MUSIC and the Minimum – Norm Algorithms in Resolving Plane Waves in Noise. IEEE Trans. on Acoustic, Speech, and Signal Processing, vol. 34, No. 2,1986, pp. 331 – 341.

[31] Lavielle M, Moulines E, Cardoso J F. A Maximum Likelihood Solution to DOA Estimation for Discrete Sources. Proc. 7th IEEE Workshop on Signal Processing, 1994, pp. 349 – 353.

第10章 散射源定位

10.1 引言

通过传感器阵列估计信号源的到达方向(DOA)是一个重要课题。到达方向信息可用于很多方面,例如远程移动通信的排序、越区切换管理、终端定位。

在通信系统阵列天线的设计中,选择一个好的传播模型(信源与基站之间)是至关重要的。在阵列信号处理方面的文献中经常采用的“点源”模型对于开放区域的环境是适用的,其间,信源与基站之间存在直接路径。然而,在许多实际应用中,信号散射现象会导致信源能量产生角度扩散[1]。实际上,对于现代无线通信,发射信号通常被建筑物、交通工具、树木所阻塞,或为粗糙海平面所反射。在如此复杂的传播环境中,采用分布源模型比点源模型要更为适合[1-3]。

实际中,取决于移动站环境、基站-移动站距离以及基站高度,信源能量扩散角度通常认为可达到10°[4,5]。另一方面,取决于通道相干时间和观测周期之间的关系,散射源既可被看作相干分布(CD),也可被看作非相干分布(ID)。对于一个CD源,从不同方向到达的信号分量被建模为同一个信号经过不同延时和衰减得到的复制。而对于ID源,通道相干时间比观测周期更短,在这种情况下,所有来自于不同方向的信号被认为是不相关的[6]。

一个散射源发出的信号通常被建模为一串来自于相近点源并具有随机复增益信号的叠加[7]。每串点源信号的时延差相比于源信号带宽倒数是很小的。因此,每个独立点源信号可看作是由发射源信号经随机衰减和随机相移得到的。文献[8]对空间信道建模进行了总结回顾。文献[9,10]介绍了另外的两种分布源建模方法。对于CD源情况,文献[9]提出了通过常规的导向向量及其导数的线性组合建立分布源模型的方法。文献[10]提出运用两个点源模型建立分布源模型。通过对两点源DOA(到达角)的平均得到(散射源)DOA的估值,而角度扩散通过查询表获得。

一些方法,尤其是基于到达信号空间特性的方法,已经被用于估计分布源参数。在复随机变量和信号方面已经开展了大量的研究,其中,非周期信号受到了广泛关注[11,12]。很多现代系统都能够处理非周期信号,如无线通信或卫星通信等,其中,幅度调制(AM)和BPSK调制信号被经常使用。最近,非周期性质已经被引入了传统的DOA估计方法中,其目的是为了提高点源情况下的估计性能[13,14]。

本章首先回顾 CD 源和 ID 源的数学模型,然后阐述了估计这两类源的几种技术。在 CD 源的情况下,我们分析了通过利用入射信号的非周期特性,传统方法如何提高其估计性能。在 ID 源情况下,我们指出了在估计这类源时遇到的一些问题,进而提出了解决这些问题的方法。最后,通过仿真试验比较了这些方法的性能。

10.2 阵列模型

考虑一个 m 阵元的 ULA(均匀线阵)。两个邻近单元的距离为 d。假定由多径引起的时延扩展相比于信号带宽倒数是小的。这样,窄带假设条件继续有效,即使存在散射。简单情况下,我们假定阵元和信源在同一个平面上。在天线阵列上接收到的基带信号观测向量 $\boldsymbol{x}(t)=[x_1(t),\cdots,x_m(t)]^{\mathrm{T}}$,可用下面的模型表示:

$$\boldsymbol{x}(t)=s(t)\sum_{n=1}^{N}\alpha_n(t)\boldsymbol{a}[\theta_0+\tilde{\theta}_n(t)]+\boldsymbol{n}(t) \tag{10.1}$$

这里,$\boldsymbol{s}(t)$是源信号。每条路径信号对应一个复随机增益因子 α_n 和一个随机角度偏差 $\tilde{\theta}_n$(相比于 DOA 角 θ_0)。$\tilde{\theta}_n$ 的概率密度函数定义为 $p(\tilde{\theta},\sigma_0)$,$\sigma_0$ 是 $\tilde{\theta}_n$ 的标准差。$\boldsymbol{n}(t)$是加性噪声向量,$\boldsymbol{a}(\theta)$是一个 DOA 角为 θ 的点源的导向向量:

$$\boldsymbol{a}(\theta)=\left[1,\mathrm{e}^{\mathrm{j}\frac{2\pi d}{\lambda}\sin\theta},\cdots,\mathrm{e}^{\mathrm{j}\frac{2\pi d}{\lambda}(m-1)\sin\theta}\right]^{\mathrm{T}} \tag{10.2}$$

$(\cdot)^{\mathrm{T}}$ 表示矩阵转置;λ 是入射信号波长。

如果 N 足够大且各路径足够紧凑,则式(10.1)中的输出信号可重写为

$$\boldsymbol{x}(t)=\int_{\theta\in\Theta}\boldsymbol{a}(\theta)s(\theta,t;\boldsymbol{\eta})\mathrm{d}\theta+\boldsymbol{n}(t) \tag{10.3}$$

其中,Θ 是观测角范围,$s(\theta,t;\boldsymbol{\eta})$是散射源角度信号的密度函数,$\boldsymbol{\eta}=[\theta_0\quad\sigma_0]^{\mathrm{T}}$ 是散射源的(未知)参数向量,θ_0 是它的 DOA 角,σ_0 是相应的角度扩散,等于式(10.1)中 $\tilde{\theta}_n$ 的标准差。q 个散射源的情况下,式(10.3)的连续模型变为

$$\boldsymbol{x}(t)=\sum_{i=1}^{q}\int_{\theta\in\Theta}\boldsymbol{a}(\theta)s_i(\theta,t;\boldsymbol{\eta}_i)\mathrm{d}\theta+\boldsymbol{n}(t) \tag{10.4}$$

假设散射源和噪声不相关,则协方差矩阵可以写为

$$\boldsymbol{R}=\mathrm{E}[\boldsymbol{x}(t)\boldsymbol{x}^{\mathrm{H}}(t)]=\sum_{i,j=1}^{q}\iint_{\theta,\theta'\in\Theta}p_{ij}(\theta,\theta';\boldsymbol{\eta}_i,\boldsymbol{\eta}_j)\boldsymbol{a}(\theta)\boldsymbol{a}^{\mathrm{H}}(\theta')\mathrm{d}\theta\mathrm{d}\theta'+\sigma_n{}^2\boldsymbol{I} \tag{10.5}$$

$\sigma_n{}^2\boldsymbol{I}$ 是噪声协方差矩阵;$\sigma_n{}^2$ 是噪声功率;$\mathrm{E}[\cdot]$表示数学期望;$(\cdot)^{\mathrm{H}}$ 表示共轭转置。函数

$$p_{ij}(\theta,\theta';\boldsymbol{\eta}_i,\boldsymbol{\eta}_j)=\mathrm{E}[s_i(\theta,t;\boldsymbol{\eta}_i)s_j^{\ *}(\theta',t;\boldsymbol{\eta}_j)] \tag{10.6}$$

被称为角度互相关核。

10.2.1 相干分布源模型

对于相干分布源,角度分布不会随时间而改变,来自不同方向源的接收信号分量是完全相关的。于是,第 i 个 CD 源的角度信号密度函数可表示为[6]

$$s_i(\theta,t;\boldsymbol{\eta}_i)=s_i(t)g_i(\theta;\boldsymbol{\eta}_i) \tag{10.7}$$

这里,$s_i(t)$是第 i 个复随机信号源;$g_i(\theta;\boldsymbol{\eta}_i)$是相应的确定性角度加权函数。假设源之间是互不相关的,确定性角度加权函数 $g_i(\theta;\boldsymbol{\eta}_i)$仅在 θ_i 附近非零。那么,式(10.4)中的分布源模型可重写为[15,16]

$$x(t)=\sum_{i=1}^{q}s_i(t)\int_{-\infty}^{+\infty}\boldsymbol{a}(\theta)g_i(\theta;\boldsymbol{\eta}_i)\mathrm{d}\theta+\boldsymbol{n}(t) \tag{10.8}$$

$$=\sum_{i=1}^{q}s_i(t)c(\boldsymbol{\eta}_i)+\boldsymbol{n}(t) \tag{10.9}$$

这里,

$$c(\boldsymbol{\eta}_i)=\int_{-\infty}^{+\infty}\boldsymbol{a}(\theta)g_i(\theta;\boldsymbol{\eta}_i)\mathrm{d}\theta \tag{10.10}$$

是第 i 个 CD 源的广义导向向量。在导向矩阵中,相干分布源模型式(10.9)为

$$\boldsymbol{x}(t)=\boldsymbol{C}\boldsymbol{s}(t)+\boldsymbol{n}(t) \tag{10.11}$$

其中向量 $\boldsymbol{s}(t)=[s_1(t),\cdots,s_q(t)]^{\mathrm{T}}$ 由分布源散射的时域信号组成。矩阵 $\boldsymbol{C}=[\boldsymbol{c}(\boldsymbol{\eta}_1),\cdots,\boldsymbol{c}(\boldsymbol{\eta}_q)]^{\mathrm{T}}$ 由入射信号的广义导向向量组成。

作为一个相干分布源的例子,假设确定性角度加权函数 $g_i(\theta;\boldsymbol{\eta}_i)$为高斯函数形状:

$$g_i(\theta;\boldsymbol{\eta}_i)=\frac{1}{\sigma_i\sqrt{2\pi}}\mathrm{e}^{-\frac{1}{2}\left(\frac{\theta-\theta_i}{\sigma_i}\right)^2} \tag{10.12}$$

令 $\tilde{\theta}=\theta-\theta_i$,第$(k+1)_{0\leqslant k\leqslant m-1}$个广义导向向量$\boldsymbol{c}(\boldsymbol{\eta}_i)$被写作

$$\begin{aligned}[\boldsymbol{c}(\boldsymbol{\eta}_i)]_{k+1}&=\frac{1}{\sigma_i\sqrt{2\pi}}\int_{-\infty}^{+\infty}\mathrm{e}^{\mathrm{j}\frac{2\pi d}{\lambda}k\sin\theta}\mathrm{e}^{-\frac{1}{2}\left(\frac{\theta-\theta_i}{\sigma_i}\right)^2}\mathrm{d}\theta\\&=\frac{1}{\sigma_i\sqrt{2\pi}}\int_{-\infty}^{+\infty}\mathrm{e}^{\mathrm{j}\frac{2\pi d}{\lambda}k\sin(\tilde{\theta}+\theta_i)}\mathrm{e}^{-\frac{1}{2}\left(\frac{\tilde{\theta}}{\sigma_i}\right)^2}\mathrm{d}\tilde{\theta}\end{aligned} \tag{10.13}$$

对于 $\tilde{\theta}$ 较小的情况,可以取一阶近似 $\sin(\tilde{\theta}+\theta_i)\approx\sin\theta_i+\tilde{\theta}\cos\theta_i$。于是,由文献[15,16],式(10.13)可近似为

$$[\boldsymbol{c}(\boldsymbol{\eta}_i)]_{k+1}\approx\mathrm{e}^{\mathrm{j}\frac{2\pi d}{\lambda}k\sin\theta_i}\mathrm{e}^{-\frac{1}{2}\left(\frac{2\pi d}{\lambda}k\sigma_i\cos\theta_i\right)^2}=[\boldsymbol{a}(\theta_i)]_{k+1}[\boldsymbol{\beta}(\boldsymbol{\eta}_i)]_{k+1} \tag{10.14}$$

其中，

$$[\boldsymbol{\beta}(\boldsymbol{\eta}_i)]_{k+1} = \mathrm{e}^{-\frac{1}{2}\left(\frac{2\pi d}{\lambda}k\sigma_i\cos\theta_i\right)^2}$$

广义导向向量式(10.10)可被写作下面的矩阵形式：

$$\boldsymbol{c}(\boldsymbol{\eta}_i) \approx \boldsymbol{\Phi}(\theta_i)\boldsymbol{\beta}(\boldsymbol{\eta}_i) \tag{10.15}$$

其中，$\boldsymbol{\Phi}(\theta_i) = \mathrm{diag}[\boldsymbol{a}(\theta_i)]$。

可以发现，实向量$\boldsymbol{\beta}(\boldsymbol{\eta}_i)$中的元素与角度加权函数$g_i(\theta;\boldsymbol{\eta}_i)$的形状有关。

注意到，在均匀形状的情况下，有

$$g_i(\theta;\boldsymbol{\eta}_i) = \frac{1}{2\sqrt{3}\sigma_i}\mathrm{rect}(\theta_i - \sqrt{3}\sigma_i, \theta_i + \sqrt{3}\sigma_i) \tag{10.16}$$

其中，$\boldsymbol{\beta}(\boldsymbol{\eta}_i)$的第$(k+1)_{0\leqslant k\leqslant m-1}$个元素可表示为

$$[\beta(\eta_i)]_{k+1} = \sin\mathrm{c}\left(\sqrt{3}\frac{2\pi d}{\boldsymbol{\lambda}}k\sigma_i\cos\theta_i\right)$$

假定噪声和信号不相关，噪声在空间和时间上均属于白噪声，则由式(10.11)的模型可得到阵列测量的协方差矩阵为

$$\boldsymbol{R}_{\mathrm{coh}} = E[\boldsymbol{x}(t)\boldsymbol{x}^{\mathrm{H}}(t)] = \boldsymbol{C}\Gamma_s\boldsymbol{C}^{\mathrm{H}} + \sigma_n^2\boldsymbol{I} \tag{10.17}$$

其中，

$$\Gamma_s = E[\boldsymbol{s}(t)\boldsymbol{s}^{\mathrm{H}}(t)] \tag{10.18}$$

是发射信号的协方差矩阵。

10.2.2　非相干分布源模型

如果从不同方向到达的信号源互不相关，则称这些信号源组成的分布源为非相干分布源。即对于第i个源，式(10.6)变为

$$p_{ii}(\theta,\theta';\boldsymbol{\eta}_i) = \sigma_{s_i}{}^2\rho_i(\theta;\boldsymbol{\eta}_i)\delta(\theta-\theta') \tag{10.19}$$

这里$\delta(\theta-\theta')$是 Dirac 冲激函数；$\boldsymbol{\sigma}_{s_i}^2$是第$i$个源的功率；$\rho_i(\theta;\boldsymbol{\eta}_i)$是对应的归一化角度功率谱。对于$i=1,\cdots,q$，

$$\int_{\theta\in\Theta}\rho_i(\theta;\boldsymbol{\eta}_i)\mathrm{d}\theta = 1 \tag{10.20}$$

假定所有的分布源彼此互不相关，那么，式(10.6)可重写如下：

$$p_{ij}(\theta,\theta';\boldsymbol{\eta}_i,\boldsymbol{\eta}_j) = \sigma_{s_i}{}^2\rho_i(\theta;\boldsymbol{\eta}_i)\delta(\theta-\theta')\delta_{ij} \tag{10.21}$$

这里δ_{ij}是 Kronecker delta 函数。将式(10.21)代入式(10.5)，能够得到

$$\boldsymbol{R}_{\mathrm{inc}} = \sum_{i=1}^{q}\int_{\theta\in\Theta}\sigma_{s_i}{}^2\rho_i(\theta;\boldsymbol{\eta}_i)\boldsymbol{a}(\theta)\boldsymbol{a}^{\mathrm{H}}(\theta)\mathrm{d}\theta + \sigma_{\mathrm{n}}^2\boldsymbol{I} \tag{10.22}$$

对于相干源的情况，角度功率谱$\rho_i(\theta;\boldsymbol{\eta}_i)$被看做是仅在到达角$\theta_i$附近非零。于是，协方差矩阵可写为

$$\boldsymbol{R}_{\text{inc}} = \sum_{i=1}^{q}\int_{-\infty}^{+\infty}\sigma_{s_i}{}^2\rho_i(\theta;\boldsymbol{\eta}_i)\boldsymbol{a}(\theta)\boldsymbol{a}^{\text{H}}(\theta)\mathrm{d}\theta + \sigma_{\text{n}}{}^2\boldsymbol{I} = \sum_{i=1}^{q}\sigma_{s_i}{}^2\boldsymbol{\Lambda}_i + \sigma_{\text{n}}{}^2\boldsymbol{I} \tag{10.23}$$

这里,

$$\boldsymbol{\Lambda}_i = \int_{-\infty}^{+\infty}\rho_i(\theta;\boldsymbol{\eta}_i)\boldsymbol{a}(\theta)\boldsymbol{a}^{\text{H}}(\theta)\mathrm{d}\theta$$

是第 i 个源的 $m\times m$ 归一化无噪声协方差矩阵。矩阵元素$[\boldsymbol{\Lambda}_i]_{kl}$由下式给出:

$$[\boldsymbol{\Lambda}_i]_{kl} = \int_{-\infty}^{+\infty}\rho_i(\theta;\boldsymbol{\eta}_i)\boldsymbol{a}_k(\theta)\boldsymbol{a}_l{}^{\text{H}}(\theta)\mathrm{d}\theta = \int_{-\infty}^{+\infty}\rho_i(\theta;\boldsymbol{\eta}_i)\mathrm{e}^{\mathrm{j}\frac{2\pi d}{\lambda}(k-l)\sin\theta}\mathrm{d}\theta \tag{10.24}$$

在前面的部分中,已经针对相干源的情况研究了两种分布类型,即高斯分布和均匀分布。之所以采用这两种分布模型,是为了得到矩阵$\boldsymbol{\Lambda}_i$ 的解析表达式。假定角度扩散是小的,那么式(10.24)中$\boldsymbol{\Lambda}_i$ 的元素可写作[10]

$$[\boldsymbol{\Lambda}_i]_{kl}\approx\begin{cases}\mathrm{e}^{\mathrm{j}\frac{2\pi d}{\lambda}(k-l)\sin\theta_i}\mathrm{e}^{-\frac{1}{2}\left[\frac{2\pi d}{\lambda}(k-l)\sigma_i\cos\theta_i\right]^2} & ,\text{高斯分布}\\ \mathrm{e}^{\mathrm{j}\frac{2\pi d}{\lambda}(k-l)\sin\theta_i}\mathrm{sinc}\left[\sqrt{3}\frac{2\pi d}{\lambda}(k-l)\boldsymbol{\sigma}_i\cos\theta_i\right] & ,\text{均匀分布}\end{cases} \tag{10.25}$$

为了方便,令矩阵$\boldsymbol{B}_i$ 有

$$[\boldsymbol{B}_i]_{kl}\approx\begin{cases}\mathrm{e}^{-\frac{1}{2}\left[\frac{2\pi d}{\lambda}(k-l)\sigma_i\cos\theta_i\right]^2} & ,\text{高斯分布}\\ \mathrm{sinc}\left[\sqrt{3}\frac{2\pi d}{\lambda}(k-l)\boldsymbol{\sigma}_i\cos\theta_i\right] & ,\text{均匀分布}\end{cases} \tag{10.26}$$

那么,假定角度扩散较小,则第 i 个源的无噪声归一化协方差矩阵可重写为

$$\boldsymbol{\Lambda}_i = \boldsymbol{\Phi}_i\boldsymbol{B}_i\boldsymbol{\Phi}_i^{\text{H}} \tag{10.27}$$

这里$\boldsymbol{\Phi}_i = \mathrm{diag}[\boldsymbol{a}(\theta_i)]$。显然,$\boldsymbol{B}_i$ 是一个实对称 Toeplitz 矩阵,由其第一列向量元素唯一确定,记$\boldsymbol{\beta}_i = [\beta_{i,0},\cdots,\beta_{i,m-1}]^{\text{T}}$,且$(\beta_{i,k})_{0\leqslant k\leqslant m-1} = [\boldsymbol{B}_i]_{k+1,1}$。

10.3 参数估计技术

10.3.1 相干源参数估计

本节中,我们将介绍两种基于子空间技术的 CD(相干)源参数估计方法。第一种方法被称作分布源参数估计方法(DSPE)[6],这种方法仅依赖入射信号的空间特性。第二种方法称作非循环分布源参数估计方法(NC-DSPE)[16],这种方法同时利用了信号的空间和统计特性。

根据子空间方法原理,利用式(10.15)中的广义导向向量$\boldsymbol{c}(\boldsymbol{\eta})$,文献[6]采

用 DSPE 算法建立了 q 点 CD 源的参数向量 $\boldsymbol{\eta}_1,\boldsymbol{\eta}_2,\cdots,\boldsymbol{\eta}_q$。这些参数向量通过对下面的代价函数求 q 个极小值得到：

$$P(\eta) = \| \hat{\boldsymbol{E}}_n^{\mathrm{H}}\boldsymbol{c}(\boldsymbol{\eta}) \|^2 \tag{10.28}$$

这里$\hat{\boldsymbol{E}}_n$ 是由对应于样本协方差矩阵$(m-q)$个最小特征值的$(m-q)$个正交特征向量扩展得到的噪声子空间，样本协方差矩阵为

$$\hat{\boldsymbol{R}} = \frac{1}{T}\sum_{t=1}^{T}\boldsymbol{x}(t)\boldsymbol{x}^{\mathrm{H}}(t) \tag{10.29}$$

为了利用入射信号的空间特性和非循环特性，观测向量和它的共轭向量构成了一个扩展向量[13,14]。这个扩展的观测向量表示如下：

$$\boldsymbol{x}_{nc}(t) = \begin{bmatrix} \boldsymbol{x}(t) \\ \boldsymbol{x}^*(t) \end{bmatrix} = \begin{bmatrix} \boldsymbol{C} & 0 \\ 0 & \boldsymbol{C}^* \end{bmatrix}\begin{bmatrix} \boldsymbol{s}(t) \\ \boldsymbol{s}^*(t) \end{bmatrix} + \begin{bmatrix} \boldsymbol{n}(t) \\ \boldsymbol{n}^*(t) \end{bmatrix} \tag{10.30}$$

如果源信号采用的是 AM 或 BPSK 调制信号，则 $\boldsymbol{s}(t)$是一个非循环复信号，它的椭圆协方差矩阵写为 $\mathrm{E}[\boldsymbol{s}(t)\boldsymbol{s}^{\mathrm{T}}(t)] = \boldsymbol{\Gamma}_s\boldsymbol{\Psi}$，$\boldsymbol{\Psi}$ 是对角阵，其每个对角线元素为对应于一个入射源的自然相位项 $\mathrm{e}^{\mathrm{j}\phi_k}$。对角矩阵 $\boldsymbol{\Gamma}_s$ 如式(10.18)所定义。那么，新观测向量的扩展协方差矩阵形式如下[16]：

$$\boldsymbol{R}_{\mathrm{nc}} = \mathrm{E}[\boldsymbol{x}_{\mathrm{nc}}(t)\boldsymbol{x}_{\mathrm{nc}}{}^{\mathrm{H}}(t)] = \begin{bmatrix} \boldsymbol{C} \\ \boldsymbol{C}^*\boldsymbol{\Psi}^* \end{bmatrix}\boldsymbol{\Gamma}_s\begin{bmatrix} \boldsymbol{C} \\ \boldsymbol{C}^*\boldsymbol{\Psi}^* \end{bmatrix} + \sigma_{\mathrm{n}}{}^2\boldsymbol{I} \tag{10.31}$$

对$\boldsymbol{R}_{\mathrm{nc}}$进行特征分解，得到其 q 维信号子空间和（正交的）$2m-q$ 维剩余子空间。这种扩展模型虽然增大了观测空间的维数，但信号子空间的维数没有变。

令矩阵$\boldsymbol{C}_{\mathrm{nc}}$由 q 点入射源的 q 个扩展导向向量组成：

$$\boldsymbol{C}_{\mathrm{nc}} = \begin{bmatrix} \boldsymbol{C} \\ \boldsymbol{C}^*\boldsymbol{\Psi}^* \end{bmatrix} \tag{10.32}$$

根据子空间处理的原理，利用扩展导向矩阵$\boldsymbol{C}_{\mathrm{nc}}$，散射源的到达角及角度扩散由下面的代价函数最小值得到：

$$P_{\mathrm{nc}}(\boldsymbol{\eta},\phi) = \boldsymbol{c}_{\mathrm{nc}}{}^{\mathrm{H}}(\boldsymbol{\eta},\phi)\hat{\boldsymbol{E}}_{\mathrm{nc}}\hat{\boldsymbol{E}}_{\mathrm{nc}}{}^{\mathrm{H}}\,\boldsymbol{c}_{\mathrm{nc}}(\boldsymbol{\eta},\phi) \tag{10.33}$$

其中，

$$\boldsymbol{c}_{\mathrm{nc}}(\boldsymbol{\eta},\phi) = \begin{bmatrix} \boldsymbol{c}(\boldsymbol{\eta}) \\ \boldsymbol{c}^*(\boldsymbol{\eta})\mathrm{e}^{-\mathrm{j}\phi} \end{bmatrix} \tag{10.34}$$

$\hat{\boldsymbol{E}}_{\mathrm{nc}}$表示通过对样本扩展协方差矩阵$\hat{\boldsymbol{R}}_{\mathrm{nc}}$进行特征分解后得到的样本噪声子空间。这样，一个多维最小化问题被转化为一个二维最小化问题。散射源的到达角及角度扩散的估计值为[16]

$$\hat{\boldsymbol{\eta}} = \arg\min_{\eta}\left[\boldsymbol{c}^{\mathrm{H}}(\boldsymbol{\eta})\hat{\boldsymbol{E}}_{\mathrm{nU}}\hat{\boldsymbol{E}}_{\mathrm{nU}}{}^{\mathrm{H}}\boldsymbol{c}(\boldsymbol{\eta}) - |\boldsymbol{c}^{\mathrm{T}}(\boldsymbol{\eta})\hat{\boldsymbol{E}}_{\mathrm{nL}}\hat{\boldsymbol{E}}_{\mathrm{nU}}{}^{\mathrm{H}}\boldsymbol{c}(\boldsymbol{\eta})|\right] \tag{10.35}$$

这里，$\hat{\boldsymbol{E}}_{nU}$和$\hat{\boldsymbol{E}}_{nL}$是$\hat{\boldsymbol{E}}_{nc}$的$m\times(m-q)$子矩阵，即$\hat{\boldsymbol{E}}_{nc}=\left[\hat{\boldsymbol{E}}_{nU}{}^{T}\quad \hat{\boldsymbol{E}}_{nL}^{T}\right]^{T}$。

数据实例

下面我们对 DSPE(式(10.28))方法和 NC－DSPE 方法(式(10.35))的性能进行评估。散射源发射 BPSK 调制信号，其频谱是滚转因子为 0.22 的升余弦形，传输速率为 3.84Mb/s。以 38.4MHz 的采样率对入射信号进行采样，那么在 8μs 的时间长度内，每个传感器上的采样数据数目为 300 点。角度加权函数 $g_i(\theta;\eta_i)$的形状可看做是式(10.12)的高斯型。

图 10.1 为通过 100 次独立仿真试验得到的传统 DSPE 方法和 NC－DSPE 方法的数据结果。仿真中，三个散射源分别位于－12°、0°、＋12°，其角度扩散标准差均为$\sigma=1°$，信噪比均为 SNR = 5dB。可以看出，NC－DSPE 方法的估计方差明显小于 DSPE 方法的估计方差。

下一组仿真试验计算 DOA 估计的 RMES(均方根误差)，蒙特卡罗仿真次数为 500 次。图 10.2 表示 NC－DSPE 方法、DSPE 方法的性能与源数目的关系。其中，源信号的信噪比是 15dB，源之间角度相差 15°。所有源的角扩散均为 1°。对于一个六元均匀线性阵，NC－DSPE 方法最多可处理 10 个源，且误差不大于 0.52°。在误差小于 0.12°的情况下，NC－DSPE 方法可处理 9 个源，而 DSPE 只能处理 5 个源。

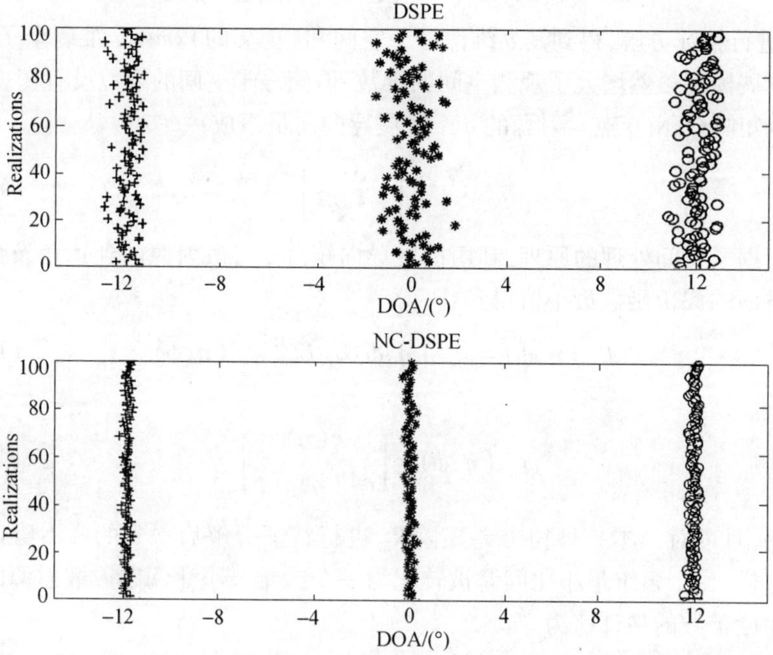

图 10.1 DOA 估计，六阵元，角度扩散标准差 1°，SNR = 5dB，$T=300$ 次快照

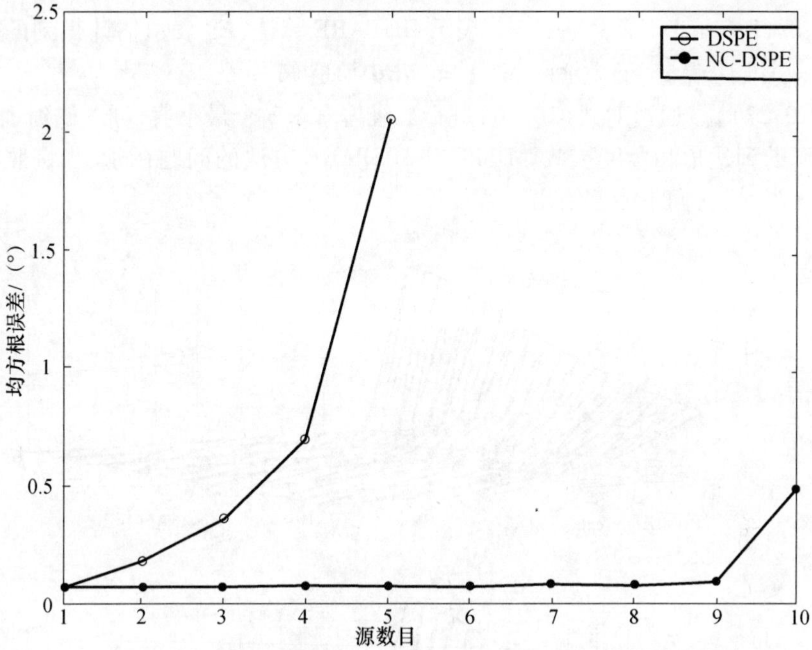

图 10.2 DOA 估计均方根误差与源数目的关系,六阵元,角度扩散标准差 1°, SNR = 15dB, $T = 300$ 次快照

10.3.2 非相干源估计技术

10.3.2.1 子空间方法

点源情况下,子空间方法的基本含义是信号分量对应于一个低维子空间。例如,MUSIC 算法[17]根据的是与信号子空间导向矩阵正交的向量属于噪声子空间。因此,求 q 个与信号到达角相对应的导向向量的问题,就归结为求范数 $\| \hat{\boldsymbol{E}}_n^{\mathrm{H}} \boldsymbol{a}(\theta) \|_2^2$ 的 q 个极小值的问题,这里 $\hat{\boldsymbol{E}}_n$ 是样本噪声子空间,$\boldsymbol{a}(\theta)$ 表示导向向量(式(10.2))。然而,在非相干源的情况下,这种方法的性能下降非常严重[18]。事实上,不可能直接用通常的子空间方法去解非相干源的问题。在单个非相干源的情况下,当角度扩散增大时,其无噪声协方差矩阵的秩也增大。然而,信号能量的大部分集中于无噪声协方差矩阵的前几个特征值(图 10.3),特征值的数目对应于信号子空间的有效维数 ε_{d},它通常要小于传感器的数目。

一些算法采用了伪子空间分解,包括 DSPE[6] 和分散信号参数估计(DISPARE)[19],它们可看作是 MUSIC 算法的扩展,参数向量估计公式为

$$\hat{\boldsymbol{\eta}} = \arg\min_{\eta} F_k(\boldsymbol{\eta}) = \arg\min_{\eta} \mathrm{Tr}[\hat{\boldsymbol{E}}_{\mathrm{pn}}{}^{\mathrm{H}} \boldsymbol{\Lambda}^k(\boldsymbol{\eta}) \hat{\boldsymbol{E}}_{\mathrm{pn}}] \tag{10.36}$$

这里,$k=1$ 表示 DSPE 算法,$k=2$ 表示 DISPARE 算法,$\hat{\boldsymbol{E}}_{\mathrm{pn}}$ 表示估计得到的 $m\times(m-\varepsilon_{\mathrm{d}})$ 维伪噪声子空间,而 $\boldsymbol{\Lambda}=\boldsymbol{\Phi}\boldsymbol{B}\boldsymbol{\Phi}^{\mathrm{H}}$ 是归一化无噪声协方差矩阵(式(10.27))。通过对式(10.36)进行二维搜索求 q 个最小值,可以得到 q 个非相干源的到达角和角度扩散。DSPE 和 DISPARE 方法的问题在于,当快照数目趋于无限时,它们不能够给出一致估计[10]。

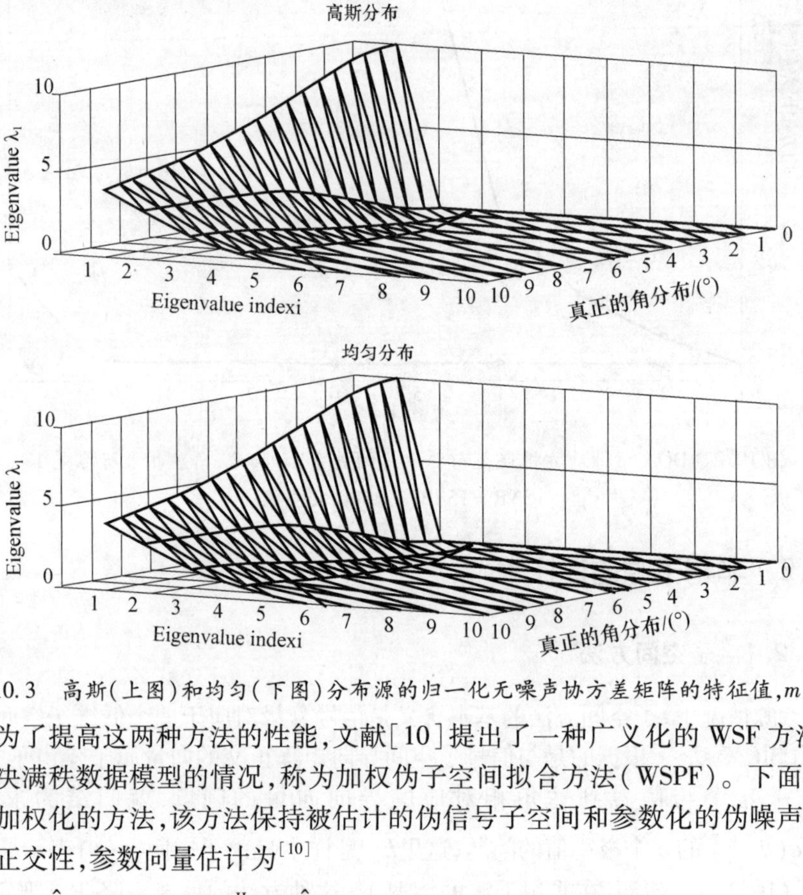

图 10.3 高斯(上图)和均匀(下图)分布源的归一化无噪声协方差矩阵的特征值,$m=6$

为了提高这两种方法的性能,文献[10]提出了一种广义化的 WSF 方法[20]以解决满秩数据模型的情况,称为加权伪子空间拟合方法(WSPF)。下面介绍一个加权化的方法,该方法保持被估计的伪信号子空间和参数化的伪噪声子空间的正交性,参数向量估计为[10]

$$\hat{\boldsymbol{\eta}}=\arg\min_{\eta}\|\boldsymbol{E}_{\mathrm{pn}}{}^{\mathrm{H}}(\boldsymbol{\eta})\hat{\boldsymbol{E}}_{\mathrm{ps}}\|_{\mathrm{W}}$$
$$\arg\min_{\eta}\mathrm{Vec}^{\mathrm{H}}[\boldsymbol{E}_{\mathrm{pn}}{}^{\mathrm{H}}(\boldsymbol{\eta})\hat{\boldsymbol{E}}_{\mathrm{ps}}]\cdot\boldsymbol{W}\cdot\mathrm{Vec}[\boldsymbol{E}_{\mathrm{pn}}{}^{\mathrm{H}}(\boldsymbol{\eta})\hat{\boldsymbol{E}}_{\mathrm{ps}}]\tag{10.37}$$

这里,$\hat{\boldsymbol{E}}_{\mathrm{ps}}$ 和 $\boldsymbol{E}_{\mathrm{pn}}$ 分别是伪信号子空间估计和伪噪声子空间估计的理论值。它表明存在最优 $\boldsymbol{W}$ 值,使上式表示为[10]

$$\hat{\boldsymbol{\eta}}=\arg\min_{\eta}\left\|\hat{\sum}_{\mathrm{pn}}{}^{-1/2}\left[\hat{\sum}_{\mathrm{pn}}\boldsymbol{E}_{\mathrm{pn}}{}^{\mathrm{H}}(\boldsymbol{\eta})\hat{\boldsymbol{E}}_{\mathrm{ps}}-\boldsymbol{E}_{\mathrm{pn}}{}^{\mathrm{H}}(\boldsymbol{\eta})\hat{\boldsymbol{E}}_{\mathrm{ps}}\sum_{\mathrm{ps}}\right]\hat{\sum}_{\mathrm{ps}}{}^{-1/2}\right\|_{\mathrm{F}}^{2}\tag{10.38}$$

这里，$\|\cdot\|_F$ 表示 Frobenius 范数；$\hat{\sum}_{pn}$ 和 $\hat{\sum}_{ps}$ 分别是伪噪声字空间估计和伪信号子空间估计的特征值对角矩阵。注意到，当采样数 T 趋于无穷大时，该方法给出了一致估计。

然而，由于计算复杂性很高，该方法并不实用。但它可以作为任何子空间方法的参考。值得注意的是，这些子空间方法（包括 DSPE、DISPARE 和 WPSF 方法）的主要问题是伪信号子空间有效维数 ε_d 的选择问题，因为最佳的选择是依赖于未知参数。由于在非相干源的情况下，这些子空间方法比较复杂，因此，一个令人感兴趣的做法是采用波束形成方法，该方法不需要已知 ε_d。此外，文献[21]中显示，一些自适应波束形成方法能够比子空间方法获得更好的效果。

10.3.2.2　波束形成方法

广义 Capon－1：最小方差信号无畸变响应（MVDR）谱估计方法是 Capon 提出的用于频率波数分析的方法[22]。在点源的到达角估计中，这种估计方法被看作是一种以输出功率最小为准则、且假定信号到达方向响应为单位值的空间滤波器。

为了估计非相干源的参数，MVDR 原理可扩宽如下[23]：

$$\min_{w} \boldsymbol{w}^{\mathrm{H}}\hat{\boldsymbol{R}}\boldsymbol{w} \quad 且\boldsymbol{w}^{\mathrm{H}}\boldsymbol{\Lambda}(\boldsymbol{\eta})\boldsymbol{w}=1 \tag{10.39}$$

上式的解由下面的二维搜索问题给出：

$$\hat{\boldsymbol{\eta}}=\arg\max_{\eta}\lambda_{\max}{}^{-1}[\hat{\boldsymbol{R}}^{-1}\boldsymbol{\Lambda}(\boldsymbol{\eta})] \tag{10.40}$$

这里，$\lambda_{\max}(\boldsymbol{A})$ 表示矩阵 $\boldsymbol{A}$ 的最大特征值。根据式（10.39），广义 Capon 空间滤波对于参数向量为 $\boldsymbol{\eta}$ 的假定源的增益为单位值。在点源情况下，矩阵 $\boldsymbol{\Lambda}(\boldsymbol{\eta})$ 为 $\boldsymbol{a}(\theta)\boldsymbol{a}^{\mathrm{H}}(\theta)$，广义 Capon（GC－1）方法式（10.40）与传统 Capon 方法一致：

$$\hat{\theta}=\arg\min_{\theta}\lambda_{\max}{}^{-1}[\boldsymbol{R}^{-1}\boldsymbol{a}(\theta)\boldsymbol{a}^{\mathrm{H}}(\theta)]=\arg\min_{\theta}\boldsymbol{a}^{\mathrm{H}}(\theta)\boldsymbol{R}^{-1}\boldsymbol{a}(\theta)$$

广义 Capon－2：在点源情况下，归一化无噪声协方差矩阵 $\boldsymbol{a}(\theta)\boldsymbol{a}^{\mathrm{H}}(\theta)$ 的秩为1。导向向量 $\boldsymbol{a}(\theta)$ 代表辐射源。在非相干源的情况下，该矩阵的秩随着源的角扩散而增长。因此，需要应用伪导向向量来更恰当地表示这种源。文献[24]提出的方法首先令样本协方差矩阵（式（10.29））为 Toeplitz 矩阵，则样本协方差矩阵的第一列就包含了所有的源信息；继而进行自适应处理，应用归一化无噪声协方差矩阵的第一列作为分布源的伪导向向量，即 $\boldsymbol{b}(\boldsymbol{\eta})=\boldsymbol{\Phi}(\theta)\boldsymbol{\beta}(\boldsymbol{\eta})$。MVDR 波束形成的广义化被认为是一个输出功率最小化的空间滤波器，且其约束是，对于参数向量 $\boldsymbol{\eta}$ 的假定分布源，其伪导向向量 $\boldsymbol{b}(\boldsymbol{\eta})$ 中的信息仍然是无失真的：

$$\min_{w} \boldsymbol{w}^{\mathrm{H}}\hat{\boldsymbol{R}}\boldsymbol{w} \quad \text{subject to } \boldsymbol{w}^{\mathrm{H}}\boldsymbol{b}(\boldsymbol{\eta})=\text{cst} \tag{10.41}$$

参数向量 $\hat{\boldsymbol{\eta}}$ 的估计通过下面的二维搜索得到[24]：

$$\hat{\boldsymbol{\eta}} = \arg\min_{\eta} \boldsymbol{b}^{\mathrm{H}}(\boldsymbol{\eta})\hat{\boldsymbol{R}}^{-1}\boldsymbol{b}(\boldsymbol{\eta}) \tag{10.42}$$

在点源的情况下，向量 $\boldsymbol{\beta} = [1,1,\cdots,1]^{\mathrm{T}}$，伪导向向量 $\boldsymbol{b}(\boldsymbol{\eta}) = \boldsymbol{a}(\theta)$，广义 Capon(GC－2)方法(式(10.42))简化为传统的 Capon 方法。式（10.42)的方法比式(10.40)的 GC－1 方法有一个更低的计算负担。

值得注意的是，上述所有参数化方法的主要缺陷在于，它们都假定角度分布是已知的，但实际上，由于传播环境未知，实际情况并不如此。

10.3.2.3 协方差匹配方法

我们简要介绍来自文献[25,26]的两种非参数化协方差匹配方法。第一种方法称为协方差匹配估计技术－扩展方差方法(COMET－EXIP)[25]，该方法是对单个源估计参数向量 $\xi = (\theta \quad \sigma \quad \sigma_{\mathrm{s}}{}^{2} \quad \sigma_{\mathrm{n}}{}^{2})^{\mathrm{T}}$。然而，我们关心的是到达角估计。为方便计，将该参数向量重写为 $\xi = [\theta \quad \beta^{\mathrm{T}}]^{\mathrm{T}}$。COMET 估计[27]通过下面的多维代价函数最小化获得：

$$C(\xi) = \| (\boldsymbol{W}^{1/2})^{\mathrm{H}}[\hat{\boldsymbol{R}} - \boldsymbol{R}(\xi)]\boldsymbol{W}^{1/2} \|_{\mathrm{F}}{}^{2} \tag{10.43}$$

这里，$\boldsymbol{W}$ 是正定加权矩阵；$\hat{\boldsymbol{R}}$ 和 $\boldsymbol{R}$ 是样本协方差矩阵和理论协方差矩阵。考虑式(10.43)中的 $\boldsymbol{\beta}$，对式(10.43)中的 $\boldsymbol{\beta}$ 求导，使代价函数 $C(\xi)$ 最小化的最优化真值向量是 $\hat{\boldsymbol{\beta}} = \boldsymbol{Y}^{-1}\boldsymbol{y}$，源的到达角为[25]

$$\hat{\theta} = \arg\min_{\theta} \boldsymbol{Vec}^{\mathrm{H}}(\hat{\boldsymbol{R}}) \cdot \check{\boldsymbol{W}} \cdot \boldsymbol{Vec}(\hat{\boldsymbol{R}}) - \boldsymbol{y}^{\mathrm{T}}\boldsymbol{Y}^{-1}\boldsymbol{y} \tag{10.44}$$

$$= \arg\max_{\theta} \boldsymbol{y}^{\mathrm{T}}\boldsymbol{Y}^{-1}\boldsymbol{y} \tag{10.45}$$

这里，$\check{\boldsymbol{W}} = \boldsymbol{W}^{\mathrm{T}} \otimes \boldsymbol{W}$，$\otimes$是 Kronecker 积。向量 $\boldsymbol{y}$ 和矩阵 $\boldsymbol{Y}$ 由下式得到：

$$\begin{cases} \boldsymbol{y} = \boldsymbol{J}^{\mathrm{T}} \cdot \check{\boldsymbol{\Psi}}^{\mathrm{H}} \cdot \check{\boldsymbol{W}} \cdot \boldsymbol{Vec}(\hat{\boldsymbol{R}}) \\ \boldsymbol{Y} = \boldsymbol{J}^{\mathrm{T}}\check{\boldsymbol{\Psi}}^{\mathrm{H}} \cdot \check{\boldsymbol{W}} \cdot \check{\boldsymbol{\Psi}}\boldsymbol{J} \end{cases} \tag{10.46}$$

这里，$\check{\boldsymbol{\Psi}} = \boldsymbol{\Phi}^{\mathrm{H}} \otimes \boldsymbol{\Phi}$；$\boldsymbol{J}$ 是一个 $m^2 \times m$ 的逻辑矩阵，例如，当 $|l-n| = k-1(1 \leqslant n, l, k \leqslant m)$ 时，$\boldsymbol{J}[(n-1)m+l, k] = 1$。该方法能有效地估计单个源的到达角。然而不幸的是，这种方法在实际应用中存在模糊的问题(图 10.4)。这个模糊问题在文献[28,29]中已经被指出并解决。图 10.5 显示了模糊的到达方向，可表示如下：

$$\theta_{\mathrm{amb}} = \begin{cases} \arcsin[\sin\theta - \mathrm{sgn}(\theta)] & ,\theta \neq 0 \\ \pm\dfrac{\pi}{2} & ,\theta = 0 \end{cases} \tag{10.47}$$

这里，$\mathrm{sgn}(\theta)$是符号函数；$\mathrm{sgn}(\theta) = \theta/|\theta|$。文献[28,29]提出的方法，首先对原始

的 COMET－EXIP 方法的代价函数(式(10.43))增加一个约束条件,然后通过采用一个惩罚函数的方法用无约束问题代替原先的约束问题。不管它的精度如何,这种方法相比于原始方法需要增加额外的计算负担。为了解决这个问题,作者提出了一个简单而快速的方法以消除模糊,到达角的估计采用下面的式子:

$$\hat{\theta} = \arg\min_{\theta} \mathbf{Vec}^{\mathrm{H}}(\hat{\boldsymbol{R}}) \cdot \check{\boldsymbol{W}} \cdot \mathbf{Vec}(\hat{\boldsymbol{R}}) - \mathrm{H}([\boldsymbol{Y}^{-1}\boldsymbol{y}]_2)\boldsymbol{y}^{\mathrm{T}}\boldsymbol{Y}^{-1}\boldsymbol{y} \quad (10.48)$$

这里,H(·)是 Heaviside 函数,定义为当 $x \geqslant 0$ 时,$\mathrm{H}(x) = 1$,其他情况 $\mathrm{H}(x) = 0$。$[\boldsymbol{Y}^{-1}\boldsymbol{y}]_2$ 是向量 $\boldsymbol{Y}^{-1}\boldsymbol{y}$ 的第 2 个元素。

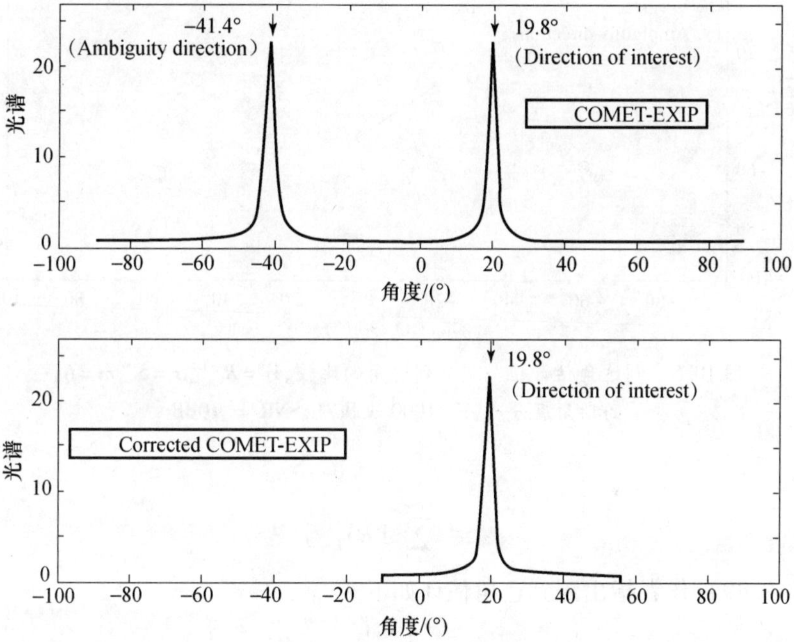

图 10.4　COMET－EXIP(式(10.44))和修正后的 COMET－EXIP(式(10.48)),$\boldsymbol{W} = \hat{\boldsymbol{R}}^{-1}$,$\theta = 20°$,$\sigma = 5°$,$m = 6$,高斯角度分布,$T = 1000$ 次快拍,SNR = 10dB

第二种方法(称为 Subdiag 方法)用于估计空间非完全相干情况下单个源的到达角,即信号波前的幅度和相位沿着阵列孔径随机变化的情况[26]。这种方法也可以用于单个非相干源的到达角估计。该方法将协方差估计矩阵的次对角线元素进行统计意义上的弱化。到达角 θ 和向量 $\bar{\boldsymbol{\beta}} = [\beta_1, \beta_2, \cdots, \beta_{m-1}]^{\mathrm{T}}$ 的联合估计如下:

$$\begin{aligned} \hat{\theta}, \hat{\boldsymbol{\beta}} &= \arg\min_{\theta, \bar{\beta}} \sum_{k=1}^{m-1} |\hat{z}_k - z_k|^2 \\ &= \arg\min_{\theta, \bar{\beta}} \sum_{k=1}^{m-1} |\hat{z}_k - \beta_k \mathrm{e}^{\mathrm{j}\frac{2\pi d}{\lambda} k \sin\theta}|^2 \end{aligned} \quad (10.49)$$

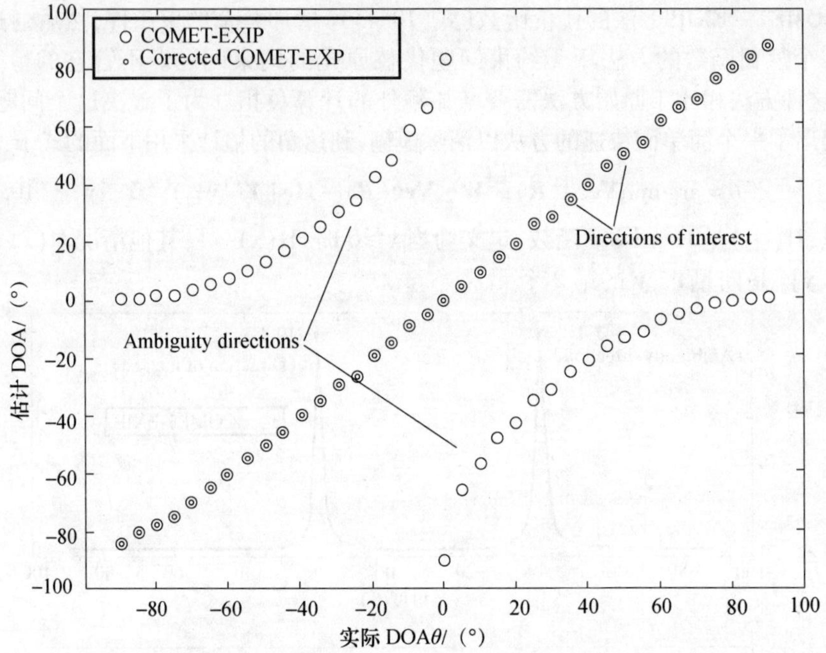

图 10.5　到达角估计值与实际到达角的比较,$\boldsymbol{W}=\hat{\boldsymbol{R}}^{-1}$,$\sigma=5°$,$m=6$,高斯角度分布,$T=1000$ 次快照,SNR = 10dB

这里,

$$\hat{z}_k = \sum_{l=1}^{m-k} [\hat{R}]_{k+l,l}$$

由式(10.49),作者指出源到达角估计如下式[26]:

$$\hat{\theta} = \arg\max_{\theta} \mathrm{Re}\left[\sum_{k=1}^{m-1} \hat{z}_k{}^2 \mathrm{e}^{-\mathrm{j}\frac{4\pi d}{\lambda}k\sin\theta}\right] \tag{10.50}$$

这种估计方法与 COMET - EXIP 类似,也存在模糊问题。为了避免这个问题,一个新的无模糊方法由文献[30]提出。该新方法对源到达角的估计如下式:

$$\hat{\theta} = \arg\max_{\theta} \mathrm{Re}\left[\sum_{k=1}^{m-1} (m-k)\hat{z}_k \mathrm{e}^{-\mathrm{j}\frac{2\pi d}{\lambda}k\sin\theta}\right] \tag{10.51}$$

这种方法能够无模糊地估计源的到达角。然而,相比于原始方法,其估计性能下降,尤其是在源的扩散比较大的时候。

10.3.2.4　数据实例

在这一部分中,我们比较 GC - 1(式(10.40))、GC - 2(式(10.42)),COMET - EXIP(式(10.45)),Subdiag - 1(式(10.50)),和 Subdiag - 2

(式(10.51))这几种方法的仿真结果。采用8阵元ULA和先前相干源估计试验时所使用的BPSK信号,样本协方差矩阵Toeplitz化,单个非相干源的到达方向在一个宽的范围内变化(例如,$\theta=0°$)。通过统计500次蒙特卡罗仿真试验到达角估计值的均方根误差,给出了这些方法的估计性能。

下面我们检验这些估计方法在角度扩散情况下的性能,SNR = 0dB,$T=100$次快照。图10.6显示了GC-2方法在源角度扩散比较大的情况下估计性能比其他方法更好。在源角度扩散比较小的情况下,各种方法的性能相差不大。

图10.7中表示了快照数T对估计性能的影响,SNR = 0dB,角度扩散为5°。由图可见,GC-2方法的估计性能更好,尤其是在采样数目较小的情况下。图10.8是估计性能随信噪比的变化,$T=100$次快照,角度扩散为5°。在低信噪比下,Subdiag-1方法的性能更好,而当信噪比增大时,GC-2和COMET-EXIP方法相比于其他方法有更好的估计性能。

最后,在两个分别位于-8°和+8°的非相干源的情况下,对GC-1和GC-2方法的角度单元功率进行了比较。其中,这两个源的信噪比均为10dB,角度扩散未知,且标准差为$\sigma=5°$。图10.9给出了这两种方法的角度功率谱。由图可见,GC-1方法可分辨出两个源,而GC-2方法不能。至于其他方法,因为它们只针对单个源的情况,因此没有涉及。

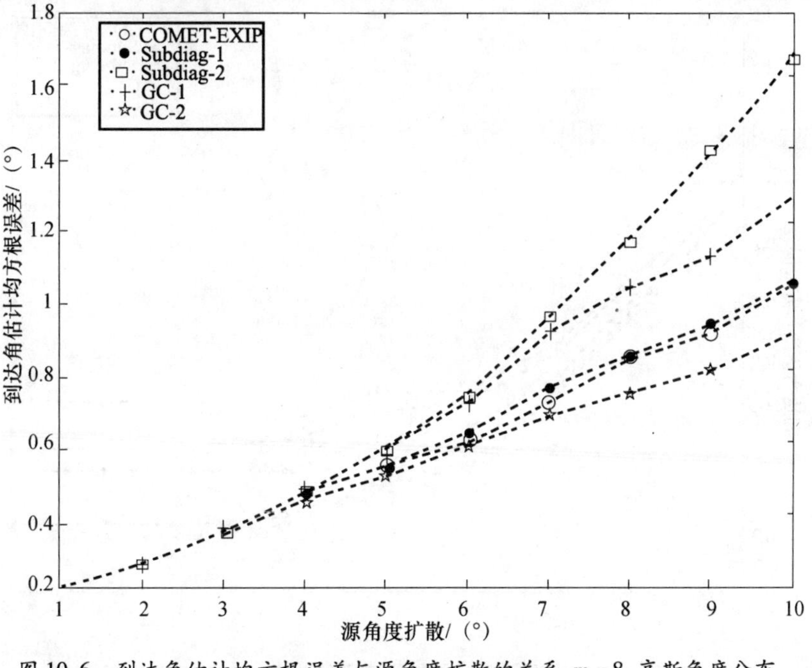

图10.6　到达角估计均方根误差与源角度扩散的关系,$m=8$,高斯角度分布,$T=100$次快照,SNR = 0dB

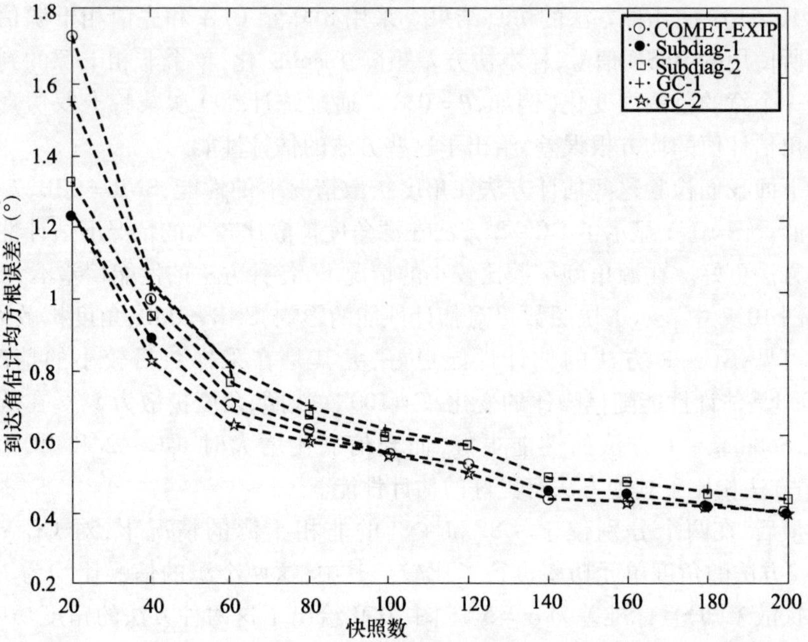

图 10.7 到达角估计均方根误差与快照数的关系，$m=8$，高斯角度分布，$\sigma=5°$，SNR = 0dB

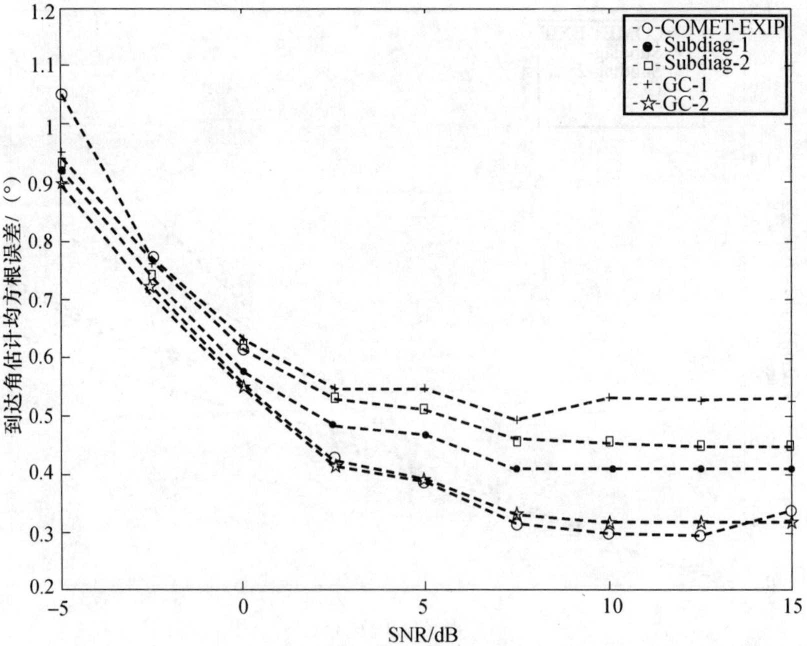

图 10.8 到达角估计均方根误差与信噪比的关系，$m=8$，高斯角度分布，$\sigma=5°$，$T=100$ 次快照

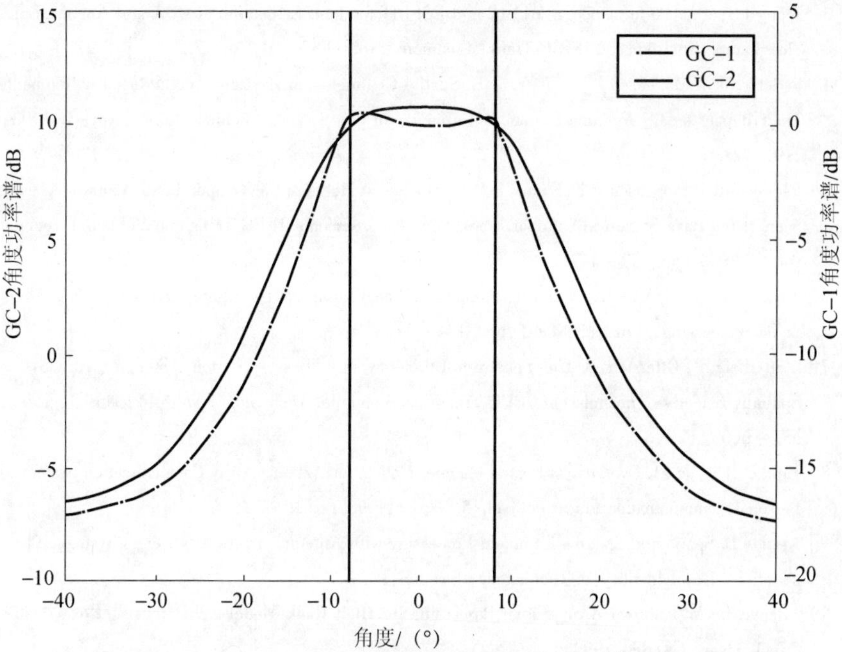

图 10.9 GC-1 与 GC-2 方法的角度功率谱，$\boldsymbol{\eta}_1 = [-8° \quad 5°]^T$，$\boldsymbol{\eta}_2 = [8° \quad 5°]^T$，$m = 8$，高斯角度分布，$T = 100$ 次快照

10.4 结 论

本章中，介绍了相干源和非相干源模型，以及针对这两种模型的几种估计方法。在相干源情况下，通过应用入射信号的非循环特性可以大大提高传统方法的性能。对于非相干源情况，子空间方法难以应用，而波束形成技术用于估计非相干源则是一个不错的选择。一些协方差匹配方法可以进行快速、一致的估计，但存在两个缺陷，即它们只适用于单个源的情况，且估计存在模糊。为了解决模糊问题，我们介绍了两种方法。需要说明的是，对于非相干源的情况，大多数方法是只针对单个源情况的，而多源情况下的定位仍然是一个待研究的课题。

参考文献

[1] Zetterberg P. Mobile Cellular Communications with Base Station Antenna Arrays: Spectrum, Algorithms and Propagation Models. Ph - D. thesis, Royal Institute of Technology, Sweden, 1997.

[2] Thull D, Fattouche M. Angle of Arrival Analysis of Indoor Radio Propagation Channel. Proc. Int. Conf. on Univ. Pers. Comm. , vol - 1, 1993, pp. 79 - 83.

[3] Jeong J S, et al. Performance of MUSIC and ESPRIT for Joint Estimation of DOA and Angular Spread in Slow Fading Environment. IEICE Trans. Commun., vol-E85 ·· B, No. 5, 2002, pp. 972-977.

[4] Pedersen k I, Mogensen P E, Fleury B H. Spatial Channel Characteristics in Outdoor Environments and Their Impact on BS Antenna System Performance. in proc - veh. Technol. Conf., vol-2, 1998, pp. 719-723.

[5] Pedersen K I, Mogensen P E, Fleury B H. A Stochastic Model of the Temporal and Azimuthal Dispersion Seen at the Base Station in Outdoor Propagation Environments. IEEE Trans. on Vehicular Technology, vol. 49, 2000, pp. 437-447.

[6] Valaee S, Champagne B, Kabal P. Parametric Localization of Distributed Sources. IEEE Trans. on Signal Processing, Vol. 43, 1995, pp. 2144-2153.

[7] Zetterberg P, Ottersten B. The Spectrum Efficiency of a Base - Station Antenna Array System for Spatially Selective Transmission. IEEE Trans. on Vehicular Technology, vol-44, No. 3, 1995, pp. 651-660.

[8] Ertel B R B, et al. Overview of Spatial channel Models for Antenna Array Communication Systems. IEEE Personal Communication Magazine, vol. 5, No. 1, 1998, pp. 10-22.

[9] Asztely D. Spatio and Spatio - Temporal Processing with Antenna Arrays in Wireless Systems. PhD. dissertation, Royal Institute of Technology, Sweden, 1999.

[10] Bengtsson M. Antenna Array Signal Processing for High Rank Models. PhD. thesis, Royal Institute of Technology, Sweden, 1999.

[11] Lacoume J L. Complex Random Variables and Signals. Traitemen d Signal, vol - 15, 1998, pp. 535-544.

[12] Picinbono B. On Circularity. IEEE Trans. on signal Processing, vol. 42, 1994, pp. 3473-3482.

[13] Charge. P. Traitement d'antenne pour les Telecommunications: Localisation de Sources et Autocalibration. Ph D. thesis, University of Nantes, France, 2001.

[14] Galy J. Localisation Angulaire de Signaux Noncirculaires. Revue Traitement Signal, 1997.

[15] Lee J, et al. Low - Complexity Estimation of ZD DOA for Coherently Distributed Sources. Elsevlier Signal Processing, vol-83, 2003, pp. 1789-1802.

[16] Zoubir A, Wang Y, Charge P. Coherently Distributed Noncircular Sources Estimation with DSPE. submitted to Annals of Telecommunications, 2004.

[17] Schmidt R O. Multiple Emitter Location And signal Parameter Estimation. IEEE Trans. on Antennas and Propagation, vol-AP-34, 1986, pp. 276-280.

[18] Aszttly D, Ottersten B. The Effect of Local Scattering on Direction of Arrival Estimation with MUSIC. IEEE Trans. on Signal Processing, vol. 47, NO · 12, 1999, pp. 3220-3234.

[19] Meng Y, Stoica P, Wong K. Estimation of the Directions of Arrival of Spatially Dispersed Signals in Array Processing. IEE Proc. -Radar, Sonar and Navigation, vol-143, No. 1, 1996, pp. 1-9.

[20] Viberg B, Ottersten B. Sensors Array Processing Based on Subspace Fitting. IEEE Trans. on Signal Processing, vol-39, No. 5, 1991, pp. 1110-1121.

[21] Tapio M. Channel Estimation inWireless Communication Systems Employing Multiple Antennas. PhD. thesis, Chalmers University of Technology, Sweden, 2004.

[22] Capon J. High Resolution Frequency - Wavenumber Spectrum Analysis. IEEE Proc., vol-57, 1969, pp. 1408-1418.

[23] Hassanien A, Shahbazpanahi S, Gershman A B. A Generalized Capon Estimator for Localization of Multiple Spread Sources. IEEE Trans. on Signal Processing, vol. 522, No. 1, 2004, pp. 280 - Z83.

[24] Zoubir A, Wang Y, Charge P. Robust Beamforming Method for Estimating the Incoherently Distributed Source. submitted to ECWT, 2005.

[25] Besson O, Stoica P. Decoupled Estimation of DOA and Angular Spread for a Spatially Distributed Source. IEEE Trans. on Signal Processing, vol - 48, No. 7, 2000, pp. 1872 - 1882.

[26] Besson O, Stoica P, Gershman A B. Simple and Accurate Direction of Arrival Estimator in the Case of Imperfect Spatial Coherence. IEEE Trans. on Signal Processing, vol - 49, No. 4, 2001, pp. 730 - 737.

[27] Ottersten B, Stoica P, Roy R. Covariance Matching Estimation Techniques for Array Signal Processing Applications. Digital Signal Processing, vol - 8, 1998, pp. 185 - 210.

[28] Zoubir A, Wang Y, Charge P. On the Ambiguity of COMET - EXIP Algorithm for Estimating a Scattered Source. Proc. of ICASSP, 2005.

[29] Zoubir A, Wang Y, Charge P. A Modified COMET - EXIP Method for Estimating a Scattered Source. submitted to Elsevier Signal Processing, 2004.

[30] Monakov A, Besson O. Direction Finding for an Extended Target with Possibly Nonsymmetric Spatial Spectrum. IEEE Trans. on Signal Processing, vol - 52, No · 1, 2004, pp. 283 - 287.

第三部分

辐射源定位问题

第11章　多部无线电发射机的直接定位法

定位无线电信号辐射源,如通信或雷达辐射源,最常用的方法一般基于具体参数测量,比如到达角或到达时间的测量。然后用测量结果估计辐射源的位置。每个基站独立完成测量,而没有考虑到一个限制条件:不同基站应该针对同一辐射源进行 AOA/TDOA 的估计。因此,传统方法并非最优的定位方法。而且,当每个基站的天线数目为 M,信号波形未知时,则通过 AOA 能够定位的同时刻同信道的辐射源个数上限为 $M-1$。当辐射源之间在角度上分离并不理想时,大多数 AOA 定位算法都会失效。

我们提出一种新的方法:采用的数据和传统 AOA 定位采用的数据完全相同,但是定位方法更加简洁。该方法能够对多于 $M-1$ 个同时共信道的辐射源进行定位。在野值较多的情况下,在平面的情况下仅仅需要做二维搜索。该方法为 AOA 定位中遇到的测量结果与辐射源的匹配问题提出了一种很自然的解决思路。除提出新方法外,我们还提供性能分析、Cramer - Rao 界以及蒙特卡罗随机试验。我们还会证明,在信号波形未知的情况下,新方法性能一般优于传统 AOA 定位方法。

11.1　引　言

辐射源定位问题在信号处理、通信、水声信号处理等领域引起了广泛的关注。自第一次世界大战开始,涌现出大量关于防御性定位系统的报告。民用定位系统主要用于定位手机用户、频谱监测以及实施法律制裁等方面。从 Stanfield[1] 发表第一篇关于 AOA 定位数学原理的论文之后,后续出现了大量的相关文献,包括 Torrieri[2] 发表的一篇优秀的评论性文章。Krim、Viberg[3] 和 Wax[4] 就 AOA 定位中线阵列信号处理也发表了综述性的论文。近来,Van Trees[5] 出版了针对天线阵列信号处理的一本著作。基于 TOA 及其导数(DTOA、EOTD)的定位方法广泛地应用在手机定位、雷达系统以及水声信号处理等领域。在水声信号处理领域,匹配域处理(MFP)是常用的辐射源定位方法。在给定传感器阵列输出信号的情况下[9,10],MFP 被认为是辐射源位置的最大后验概率估计。MFP 的另一种解释,认为 MFP 是众所周知的波束形成技术在宽带信号处理、非平面波、未知环境参数下的扩展[11]。大多数关于 MFP 的论著着重于单辐射源定位。

本章我们将讨论一种方法,该方法综合利用所有基站所有传感器收集到的信号解决辐射源定位问题,这一点有悖于传统的 AOA/TOA 定位方法。传统定位方法由两部分组成:①AOA/TOA 独立观测;②基于第一步的结果实施定位运算。传统方法属于分散式处理的范畴。

Wax 和 Kailath[12]讨论了多传感器观测宽度信号时的特征值结构算法,前提要求阵列之间两两互不相干,但在空域上具有理想的相干性。Stoica 等人[13]提出该算法的变形:分散式处理的直接估计算法(MODE)。Weinstein[14]讨论了相当于宽带单阵列集中式处理的成对处理思路。结果表明成对处理能在高信噪比下使用,并不会引起性能的显著下降。近来,Koaick 和 Sadler[15]就分布式多阵列对单一宽带信号的定位给出了性能分析,他们的前提是阵列之间空域理想相干,阵列之间频率选择性相干。该方法依赖于阵列的方位测量结果,以及各阵列观测信号的延时估计值。

在文献[16]中已经说明,很明显各个基站独立地测量 AOA/TOA 并非最优,因为独立观测忽略了测量要针对同一个辐射源展开这一前提条件。此外,各个基站分布在不同的地理位置,往往期望信号在某些基站显得非常微弱或检测不到。因此,系统必须设法保证用作定位的 AOA/TOA 测量值均针对同一辐射源。在同信道同时刻信号存在的情况下,定位系统遇到一个匹配问题:要决定基站得到的多个 AOA/TOA 测量值是和哪个辐射源相对应。

我们提出的直接位置估计(DPD)算法利用了射频信号理想传播的假设。我们假设到达每个基站的视距传播经历了未知且复杂的衰减。我们还假设所有基站按照 GPS 标准达到时间同步(大约 50ns)。该方法隐含使用每个基站的阵列响应以及各站信号的到达时间。接着我们推导辐射源位置的最大似然估计(MLE)。然而,在存在多个辐射源的情况下,需要对 MLE 的代价函数进行多维搜索。因此,如果存在多个未知波形信号的情况下,我们将采用 Schmidt[17]的思想,即大家熟知的 MUSIC 算法。对于多个波形已知信号,我们采用文献[18]的思想简化代价函数。我们将会证明,如果辐射源和基站均处于同一平面,则通过二维搜索足以定位所有辐射源。对于更一般的情况,采用三维搜索即可。相对于 AOA,DPD 算法的另一个优点是可定位辐射源数目要多于各基站传感器的数目。在 AOA/TOA 定位中,只需要将测量值传输给中心处理单元,不同的是,DPD 方法要求将接收信号(可能是采样信号)传输到中心处理单元,这就是采用 DPD 的代价。本章将重点讨论多信号的情况。

在 11.2 节中,我们对使用到的模型做出定义,11.3 节说明波形已知和波形未知情况下的算法,11.4 节通过一些数值实例证明方法的有效性,11.5 节给出结论。附录部分包括 Cramer - Rao 界的推导、算法性能分析以及频域模型的讨论。

11.2　数学基础

考虑 Q 个辐射源、L 个基站侦收信号的情况,每个基站配置了包括 M 个单元的天线阵列,信号带宽小于信号越过阵列孔径的传输时间的倒数。采用 $D\times 1$ 的坐标向量 $\boldsymbol{P}_q$ 表示第 q 个辐射源的位置。显然,对于平面的情况,$D=2$,一般情况,$D=3$。由第 l 个基站阵列接收信号的复包络表示为

$$\boldsymbol{r}_l(t)=\sum_{q=1}^{Q} b_{lq}a_l(P_q)s_q[t-\tau_l(P_q)-t_q^{(0)}]+n_l(t)\quad 0\leqslant t\leqslant T \tag{11.1}$$

其中,$\boldsymbol{r}_l(t)$是与时间有关的 $M\times 1$ 向量;$\boldsymbol{b}_{lq}$是未知的复数标量,表示第 q 个辐射源和第 l 个基站之间的信道衰减;$a_l(P_q)$是位置 P_q 处的辐射源在第 l 个天线阵列上的响应;$s_q[t-\tau_l(P_q)-t_q^{(0)}]$是第 q 个信号的波形,于 $t_q^{(0)}$ 时刻发出,传播延时 $\tau_l(P_q)$;$n_l(t)$表示阵列的观测噪声和干扰。

观测信号可以分成 K 段,每段长度 $T/K\gg\max\{\tau_l(P_q)\}$。感兴趣的传输时延的最大值是两基站之间的传输时间。例如,两基站之间最大距离 10km,则$T/K\gg 34\mu s$,大概 7ms 的 T/K 刚好满足要求。参考文献[5]以及附录 11.D 中对这一模型进行了进一步的论述。前提是总观测时间 T 足够长,而且辐射源固定不动。否则,定位精度就会下降。对每段数据进行傅里叶变换,结果如下:

$$r_l(j,k)=\sum_{q=1}^{Q} b_{lq}a_l(P_q)s_q(j,k)\mathrm{e}^{-\mathrm{j}\omega_j[\tau_l(P_q)+t_q^{(0)}]}+n_l(j,k) \tag{11.2}$$
$$j=1,2,\cdots,J;k=1,2,\cdots,K$$

其中,$r_l(j,k)$表示第 k 段观测信号在频率 ω_j 上的傅里叶系数;$s(j,k)$是第 k 段信号的第 j 个傅里叶系数;$n_l(j,k)$代表噪声信号第 k 段数据第 j 个傅里叶系数。

为了方便公式展开,我们定义如下向量和标量:

$$\bar{s}_q(j,k)\overset{\Delta}{=}s_q(j,k)\mathrm{e}^{-\mathrm{i}\omega_j t_q^{(0)}} \tag{11.3}$$
$$\bar{\boldsymbol{a}}_l(j,P_q,b_{lq})\overset{\Delta}{=}b_{lq}a_l(P_q)\mathrm{e}^{-\mathrm{i}\omega_i\tau_l(P_q)}$$

可以看到,有关辐射源位置的所有信息均包含在向量$\bar{\boldsymbol{a}}_l(j,P_q,b_{lq})$之中。通过变形得到下面有关$\bar{\boldsymbol{a}}_l(j,P_q,b_{lq})$的方程:

$$\boldsymbol{r}_l(j,k)=\sum_{q=1}^{Q}\bar{\boldsymbol{a}}_l(j,\boldsymbol{p}_q,b_{lq})\bar{s}_q(j,k)+\boldsymbol{n}_l(j,k) \tag{11.4}$$

写成矩阵形式,式(11.4)变为

$$\begin{cases} \boldsymbol{r}_l(j,k) = \boldsymbol{A}_l \bar{\boldsymbol{s}}(j,k) + \boldsymbol{n}_l(j,k) \\ \boldsymbol{A}_l(j) \overset{\Delta}{=} [\bar{\boldsymbol{a}}_l(j,\boldsymbol{p}_1,b_{l1}),\cdots,\bar{\boldsymbol{a}}_l(j,\boldsymbol{p}_Q,b_{lQ})] \\ \bar{\boldsymbol{s}}(j,k) \overset{\Delta}{=} [\bar{s}_1(j,k),\cdots,\bar{s}_Q(j,k)]^{\mathrm{T}} \end{cases} \tag{11.5}$$

因为所有基站对应的$\bar{\boldsymbol{s}}(j,k)$都相同,我们将所有基站的观测向量级联起来并形成如下方程,其中包括所有的数据以及定位系统的所有信息:

$$\begin{cases} \boldsymbol{r}(j,k) = \boldsymbol{A}(j)\bar{\boldsymbol{s}}(j,k) + \boldsymbol{n}(j,k) \\ \boldsymbol{r}(j,k) \overset{\Delta}{=} [\boldsymbol{r}_1^{\mathrm{T}}(j,k),\cdots,\boldsymbol{r}_L^{\mathrm{T}}(j,k)]^{\mathrm{T}} \\ \boldsymbol{n}(j,k) \overset{\Delta}{=} [\boldsymbol{n}_1^{\mathrm{T}}(j,k),\cdots,\boldsymbol{n}_L^{\mathrm{T}}(j,k)]^{\mathrm{T}} \\ \boldsymbol{A}(j) \overset{\Delta}{=} [\boldsymbol{A}_1^{\mathrm{T}}(j),\cdots,\boldsymbol{A}_L^{\mathrm{T}}(j)]^{\mathrm{T}} \end{cases} \tag{11.6}$$

11.3 定 位

本节我们将讨论一些有潜力的定位算法,包括用于通常情况下未知波形信号,以及少数情况下已知波形信号的情况。我们利用文献中提供的结果,介绍其用于 AOA 时需要进行的修正。

11.3.1 未知波形信号

本节中我们假定接收机事先不知道波形,这是大多数应用的情况。在适当的假设下,直接写出式(11.6)中给出的观察值概率密度函数作为未知参数的函数。

未知参数包括:

(1) 复数信号的 QJK 快照,$\{\bar{\boldsymbol{s}}(j,k)\}$;

(2) 基站侧信号的$(L-1)Q$复数衰减因子,$\{b_{lq}\}$;

(3) 每个发射机的二维实数位置向量,$\{\boldsymbol{p}_q\}$。

这样,我们就得到$2QJK+2(L-1)Q+2Q$中所有的实数未知参数。MLE 因此要求在参数空间上进行多维复数搜索。

对于一个单独的源,文献[19]中给出了一个 MLE,由一个 D 维搜索替代多维搜索。在多源情况下,为了避免多维搜索,我们按照以下步骤给出 MUSIC 算法[17]。首先,

$$\begin{cases} \boldsymbol{R}(j) \triangleq E[\boldsymbol{r}(j,k)\boldsymbol{r}^{\mathrm{H}}(j,k)] = \boldsymbol{A}(j)\Lambda(j)\boldsymbol{A}^{\mathrm{H}}(j) + \eta\boldsymbol{I} \\ \Lambda(j) \triangleq E[\bar{\boldsymbol{s}}(j,k)\bar{\boldsymbol{s}}^{\mathrm{H}}(j,k)] \\ E[\boldsymbol{n}(j,k)\boldsymbol{n}^{\mathrm{H}}(j,k)] = \eta\boldsymbol{I} \end{cases} \tag{11.7}$$

假设噪声是空时白噪声,在传感器之间以及在频率之间是不相关的,也和

信号无关,具有零均值,方差为 η。$\boldsymbol{A}$ 的列向量和 $\boldsymbol{R}(j)$ 的噪声子空间是正交的,且包含在信号子空间中。

根据 MUSIC 算法,我们提出代价函数:

$$F(\boldsymbol{p},\boldsymbol{b}) \triangleq \sum_j \bar{\boldsymbol{a}}^{\mathrm{H}}(j,\boldsymbol{p},\boldsymbol{b})\boldsymbol{U}_s(j)\boldsymbol{U}_s^{\mathrm{H}}(j)\bar{\boldsymbol{a}}(j,\boldsymbol{p},\boldsymbol{b})$$
$$\bar{\boldsymbol{a}}(j,\boldsymbol{p},\boldsymbol{b}) \triangleq [\bar{\boldsymbol{a}}_1^{\mathrm{T}}(j,\boldsymbol{p},\boldsymbol{b}_1),\cdots,\bar{\boldsymbol{a}}_L^{\mathrm{T}}(j,\boldsymbol{p},\boldsymbol{b}_L)]^{\mathrm{T}} \tag{11.8}$$
$$\boldsymbol{b} \triangleq [b_1,\cdots,b_L]^{\mathrm{T}}$$

这里,$\boldsymbol{U}_s(j)$ 是 $ML\times Q$ 矩阵,包括对应 Q 最大特征值 $\boldsymbol{R}(j)$ 的特征向量。这里,p 和 b 分别代表未知位置和衰减的可变向量。向量 $\bar{\boldsymbol{a}}(j,\boldsymbol{p},\boldsymbol{b})$ 包括未知位置上的未知复数衰减系数 L。$F(\boldsymbol{p},\boldsymbol{b})$ 的最小点依赖于所有未知的、$2(L-1)+D$ 维搜索。

为了减少搜索,我们使用以下方法表示 $\bar{\boldsymbol{a}}(j,\boldsymbol{p},\boldsymbol{b})$:

$$\bar{\boldsymbol{a}}(j,\boldsymbol{p},\boldsymbol{b}) = \Gamma(j)\boldsymbol{H}\boldsymbol{b}$$
$$\Gamma(j) \triangleq \mathrm{diag}\{\boldsymbol{a}_1^{\mathrm{T}}(\boldsymbol{p})\mathrm{e}^{-\mathrm{i}\omega_j\tau_1(p)},\cdots,\boldsymbol{a}_L^{\mathrm{T}}(\boldsymbol{p})\mathrm{e}^{-\mathrm{i}\omega_j\tau_L(p)}\} \tag{11.9}$$
$$\boldsymbol{H} \triangleq \boldsymbol{I}_L \otimes \boldsymbol{1}_M$$

这里,$\Gamma(j)$ 是一个对角线矩阵,它的阵元代表所有基站上响应向量的阵元;$\boldsymbol{I}_L$ 表示 $L\times L$ 恒等矩阵;$\boldsymbol{1}_M$ 代表一个 $M\times 1$ 的 1 列向量;$\otimes$表示 Kronecker 积。将式(11.9)代入式(11.8),得到

$$F(\boldsymbol{p},\boldsymbol{b}) = \boldsymbol{b}^{\mathrm{H}}\boldsymbol{H}^{\mathrm{H}}[\sum_j \Gamma^{\mathrm{H}}(j)\boldsymbol{U}_s(j)\boldsymbol{U}_s^{\mathrm{H}}(j)\Gamma(j)]\boldsymbol{H}\boldsymbol{b} \tag{11.10}$$

为了得到唯一解,我们假定 $\boldsymbol{b}$ 的范数是 1。因此,对于任何假定位置 $\boldsymbol{p}$,$F(\boldsymbol{p},\boldsymbol{b})$ 相应于矩阵 $\boldsymbol{D}(\boldsymbol{p})$ 最大特征值的最大值由下式定义:

$$\boldsymbol{D}(\boldsymbol{p}) \triangleq \boldsymbol{H}^{\mathrm{H}}[\sum_j \Gamma^{\mathrm{H}}\boldsymbol{U}_s(j)\boldsymbol{U}_{\mathrm{s}}^{H}(j)\Gamma]\boldsymbol{H} \tag{11.11}$$

因此,式(11.10)简化为

$$F(\boldsymbol{p}) = \lambda_{\max}[\boldsymbol{D}(\boldsymbol{p})] \tag{11.12}$$

这里,式(11.12)的右侧表示 $\boldsymbol{D}(\boldsymbol{p})$ 的最大特征值,矩阵 $\boldsymbol{D}(\boldsymbol{p})$ 是被观察数据[例如 $\boldsymbol{U}_s(j)$]的函数,矩阵表示在每个基站上对发射机的响应,定位于 p。很明显,式(11.12)的最大值只需要一个 D 维搜索,值得注意的是 $\boldsymbol{D}(\boldsymbol{p})$ 的尺寸是 $L\times L$,它通常非常小。

显然,我们可以调整许多已知算法来处理遇到的问题,包括常规波形、Capon的方法、Min－Norm 等。

11.3.2　已知波形信号

在特定应用中,发送波形对定位系统来说是已知的。例如,在蜂窝系统中,周期性发送同步和训练序列,这是预先知道的。此外,检查一个数字调制信号

数据序列并基于已知的调制机制来恢复复杂信号的包络是可行的。在本节中,我们研究已知波形的位置确定问题,按照文献[18]中的表达式步骤开始。

假定噪声 $\boldsymbol{n}(j,k)$ 是一个循环对称的复杂高斯随机向量,均值为0,且其二阶统计量由下式给出:

$$\begin{cases} E\{\boldsymbol{n}(j,k)\}\boldsymbol{n}^{\mathrm{H}}(j,l)\} = \eta \boldsymbol{I}\delta_{ij}\delta_{kl} \\ E\{\boldsymbol{n}(j,k)\}\boldsymbol{n}^{\mathrm{T}}(j,l)\} = 0 \end{cases} \tag{11.13}$$

定义信号采样协方差为

$$\hat{\boldsymbol{R}}_{ss}(j) \triangleq \frac{1}{K}\sum_{k=1}^{K} \bar{\boldsymbol{s}}(j,k)\,\bar{\boldsymbol{s}}^{\mathrm{H}}(j,k) \tag{11.14}$$

进一步假定 $K\to\infty$,信号的采样协方差是对角线的。

阵列输出向量 $\boldsymbol{r}(j,k)$ 的对数似然函数是成比例的:

$$\begin{aligned} F &= \sum_{j=1}^{J} \frac{1}{K}\sum_{k=1}^{K} \| \boldsymbol{r}(j,k) - \boldsymbol{A}(j)\bar{\boldsymbol{s}}(j,k) \|^2 \\ &= \sum_{j=1}^{J} \frac{1}{K}\sum_{k=1}^{K} [\boldsymbol{r}(j,k) - \boldsymbol{A}(j)\bar{\boldsymbol{s}}(j,k)]^{\mathrm{H}}[\boldsymbol{r}(j,k) - \boldsymbol{A}(j)\bar{\boldsymbol{s}}(j,k)] \\ &= \sum_{j=1}^{J} \frac{1}{K}\sum_{k=1}^{K} \boldsymbol{r}^{\mathrm{H}}(j,k)\boldsymbol{r}(j,k) - \boldsymbol{r}^{\mathrm{H}}(j,k)\boldsymbol{A}(j)\bar{\boldsymbol{s}}(j,k) - \bar{\boldsymbol{s}}^{\mathrm{H}}(j,k)\,\boldsymbol{A}^{\mathrm{H}}(j)\boldsymbol{r}(j,k) \\ &\quad + \bar{\boldsymbol{s}}^{\mathrm{H}}(j,k)\,\boldsymbol{A}^{\mathrm{H}}(j)\boldsymbol{A}(j)\,\bar{\boldsymbol{s}}^{\mathrm{H}}(j,k) \end{aligned} \tag{11.15}$$

定义

$$\hat{\boldsymbol{R}}_{sr}(j) \triangleq \frac{1}{K}\sum_{k=1}^{\mathrm{K}} \bar{\boldsymbol{s}}(j,k)\,\boldsymbol{r}^{\mathrm{H}}(j,k) \tag{11.16}$$

将式(11.14)和式(11.16)代入式(11.15)且忽略第一项,它是常量,得到

$$\begin{aligned} F_1 &= \left[\sum_{j=1}^{J} \frac{1}{K}\sum_{k=1}^{K} - \bar{\boldsymbol{s}}(j,k)\boldsymbol{r}^{\mathrm{H}}(j,k)\boldsymbol{A}(j) - \boldsymbol{A}^{\mathrm{H}}(j)\boldsymbol{r}(j,k)\,\bar{\boldsymbol{s}}^{\mathrm{H}}(j,k) + \boldsymbol{A}^{\mathrm{H}}(j)\boldsymbol{A}(j) \right. \\ &\quad \left. \bar{\boldsymbol{s}}(j,k)\,\bar{\boldsymbol{s}}^{\mathrm{H}}(j,k) \right] \\ &= \mathrm{tr}\left[\sum_{j=1}^{J} - \hat{\boldsymbol{R}}_{sr}(j)\boldsymbol{A}(j) - \boldsymbol{A}^{\mathrm{H}}(j)\,\hat{\boldsymbol{R}}_{sr}^{\mathrm{H}}(j) + \boldsymbol{A}^{\mathrm{H}}(j)\boldsymbol{A}(j)\,\hat{\boldsymbol{R}}_{sr}(j) \right] \\ &= \mathrm{tr}\left[\sum_{j=1}^{J} - \hat{\boldsymbol{R}}_{ss}(j)\,\hat{\boldsymbol{R}}_{ss}^{-1}(j)\,\hat{\boldsymbol{R}}_{sr}(j)\boldsymbol{A}(j) - \boldsymbol{A}^{\mathrm{H}}\,\hat{\boldsymbol{R}}_{sr}^{\mathrm{H}}(j)\,\hat{\boldsymbol{R}}_{ss}^{-1}(j)\,\hat{\boldsymbol{R}}_{ss}(j) + \boldsymbol{A}^{\mathrm{H}}(j) \right. \\ &\quad \left. \boldsymbol{A}(j)\,\hat{\boldsymbol{R}}_{ss}(j) \right] \end{aligned} \tag{11.17}$$

注意:

$$\mathrm{tr}[\hat{\boldsymbol{R}}_{ss}(j)\,\hat{\boldsymbol{R}}_{ss}^{-1}(j)\,\hat{\boldsymbol{R}}_{sr}(j)\boldsymbol{A}(j)] = \mathrm{tr}[\hat{\boldsymbol{R}}_{ss}(j)\,\hat{\boldsymbol{R}}_{sr}^{-1}(j)\boldsymbol{A}(j)\,\hat{\boldsymbol{R}}_{ss}(j)] \tag{11.18}$$

$$F_1 = \mathrm{tr}\left\{\sum_{j=1}^{J}[-\hat{\boldsymbol{R}}_{ss}(j)\hat{\boldsymbol{R}}_{sr}(j)\hat{\boldsymbol{R}}_{sr}(j)\boldsymbol{A}(j) - \boldsymbol{A}^{\mathrm{H}}(j)\hat{\boldsymbol{R}}_{sr}^{\mathrm{H}}(j)\hat{\boldsymbol{R}}_{ss}^{-1}(j) + \boldsymbol{A}^{\mathrm{H}}(j)\boldsymbol{A}(j)]\hat{\boldsymbol{R}}_{ss}(j)\right\} \tag{11.19}$$

定义

$$\hat{\boldsymbol{A}}(j) = \hat{\boldsymbol{R}}_{sr}^{\mathrm{H}}(j)\hat{\boldsymbol{R}}_{ss}^{-1}(j) \tag{11.20}$$

极小化 F_1 等价于极小化下式：

$$\begin{aligned} F_2 &= \mathrm{tr}\left\{\sum_{j=1}^{J}\hat{\boldsymbol{A}}^{\mathrm{H}}(j)\hat{\boldsymbol{A}}(j) - \hat{\boldsymbol{A}}^{\mathrm{H}}(j)\hat{\boldsymbol{A}}(j) - \boldsymbol{A}^{\mathrm{H}}(j)\hat{\boldsymbol{A}}(j) + \boldsymbol{A}^{\mathrm{H}}(j)\boldsymbol{A}(j)]\hat{\boldsymbol{R}}_{ss}(j)\right\} \\ &= \mathrm{tr}\left\{\sum_{j=1}^{J}[\boldsymbol{A}(j)\hat{\boldsymbol{A}}(j)]^{\mathrm{H}} + [\boldsymbol{A}(j)\boldsymbol{A}(j)]\hat{\boldsymbol{R}}_{ss}(j)\right\} \end{aligned} \tag{11.21}$$

显然，$\hat{\boldsymbol{A}}^{\mathrm{H}}(j)\hat{\boldsymbol{A}}(j)$项是常量，可以加到代价函数上。

由于我们假定信号是不相关的，$\hat{\boldsymbol{R}}_{ss}(j)$是渐近对角线，代价函数能被去耦。

$$F_3 = \sum_{q=1}^{Q} F_3(q) \tag{11.22}$$

$$F_3(q) \triangleq \sum_{j=1}^{J} \| \bar{\boldsymbol{a}}(j,\boldsymbol{p}_q,\boldsymbol{b}_q) - \hat{\boldsymbol{a}}_q(j) \|^2$$

其中，$\bar{\boldsymbol{a}}(j,\boldsymbol{p}_q,\boldsymbol{b}_q)$和$\hat{\boldsymbol{a}}_q(j)$分别表示$\boldsymbol{A}(j)$和$\hat{\boldsymbol{A}}(j)$的第 q 列。

$F_3(q)$的最小化如下：

$$F_3(q) = \sum_{j=1}^{J} \| \bar{\boldsymbol{a}}(j,\boldsymbol{p}_q,\boldsymbol{b}_q) - \hat{\boldsymbol{a}}_q(j) \|^2 = \sum_{j=1}^{J} \| \Gamma_q(j)\mathrm{Hb}_q - \hat{\boldsymbol{a}}_q(j) \|^2 \tag{11.23}$$

最小化代价函数向量 $\boldsymbol{b}$ 由下式给出：

$$\hat{\boldsymbol{b}}_q = \left(\sum_j \boldsymbol{H}^{\mathrm{H}}\Gamma_q^{\mathrm{H}}(j)\Gamma_q(j)\mathrm{H}\right)^{-1}\boldsymbol{H}^{\mathrm{H}}\sum_j \Gamma_q^{\mathrm{H}}(j)\hat{\boldsymbol{a}}_q(j) \tag{11.24}$$

在式(11.23)中用 $\hat{\boldsymbol{b}}$ 取代 $\boldsymbol{b}$，得到仅依赖于 $\boldsymbol{b}$ 的代价函数。代价函数能被简化，通过假设

$$\| \boldsymbol{a}_l(j) \| = 1;\ \forall j,l,\boldsymbol{p} \tag{11.25}$$

得到

$$\sum_j \boldsymbol{H}^{\mathrm{H}}\Gamma_q^{\mathrm{H}}(j)\Gamma_q(j)\mathrm{H} = \boldsymbol{I}_L \tag{11.26}$$

定义向量

$$\boldsymbol{w}_q \triangleq \sum_j \Gamma_q^{\mathrm{H}}(j)\hat{\boldsymbol{a}}_q(j) \tag{11.27}$$

将式(11.27)和式(11.26)代入式(11.24)，然后代入式(11.23)，得到

$$F_3(q) = \sum_{j=1}^{J} \| \Gamma_q(j) \mathrm{HH}^{\mathrm{H}} \boldsymbol{w}_q - \hat{\boldsymbol{a}}_q(j) \|^2 \tag{11.28}$$

很容易证明最小化式(11.28)等效于最大化下式：

$$\begin{aligned} F_4(q) &= \boldsymbol{w}_q^{\mathrm{H}} \mathrm{HH}^{\mathrm{H}} \boldsymbol{w}_q = \| \mathrm{H}^{\mathrm{H}} \boldsymbol{w}_q \|^2 \\ &= \sum_{l=1}^{L} \left| \sum_{j=1}^{J} \mathrm{e}^{\mathrm{i}\omega_j \tau_l(\boldsymbol{p}) \boldsymbol{a}_l^{\mathrm{H}}(\boldsymbol{p})} \boldsymbol{a}_l^{\mathrm{H}}(\boldsymbol{p}) \hat{\boldsymbol{a}}_q^{(l)}(j) \right|^2 \end{aligned} \tag{11.29}$$

其中，$\hat{\boldsymbol{a}}_q^{(l)}(j)$是$\hat{\boldsymbol{a}}_q(j)$的第l列(即和第l个基站相关的子向量)。

注意：式(11.29)标明代价函数事实上是 L 个特定代价函数的和，每个特定代价函数和特定基站相关。这就是 DPD 比在每个基站上独立的最大化代价函数的方法好的原因。

这样我们就能够通过简单的 D 维搜索定位每个辐射源。

11.4 数值举例

为了检验所提出的方法和传统 AOA 方法的性能，我们进行了大量的蒙特卡罗仿真，举例如下。

我们使用两种不同的技术定位辐射源：

(1) 分别使用 MUSIC 或者波束形成算法在每个基站上进行 AOA 估计；

(2) 根据前面章节所描述的算法进行 DPD。

基于均方根误差的性能估计如下：

$$\mathrm{RMS} = \sqrt{\frac{1}{N}\sum_{i=1}^{N}\left((\hat{x}_i - x_t)^2 + (\hat{y}_i - y_t)^2\right)}$$

其中，(x_t, y_t)是发射机位置；$(\hat{x}_t, \hat{y}_i)$是第 i 个位置估计；N 是试验的次数。

11.4.1 例1

考虑三个分别位于(2,-2)、(2,0)和(2,2)的基站，和一个单独位于(0,1.5)的发射机，所有坐标单位为千米。被发射的信号由窄带随机高斯波形进行振幅调制。信号对于接收机是未知的。每个基站带有三个天线阵元的均匀线性阵列。每个位置测定是基于 200 个快拍，在每个频率上 4.5ms(即 $K=200$，$J=1$)。快拍长度保证由于有限长度 FFT 减少引入的误差比信号低 30dB。SNR(基站接收最强信号时)为 3~23dB，2dB 步进。在每个 SNR 值上，我们执行 100 次试验，以保证获得性能的统计特性。衰减向量为 $\boldsymbol{b} = [1, 0.8, 0.4]^{\mathrm{T}}$。

图 11.1 显示出试验结果，试验使用了式(11.12)，在附录 11.B 中导出的 Cramer-Rao边界，在附录 11.C 中进行了性能分析结果。该图表明 DPD 算法优于在每个基站上独立进行 AOA 估值的传统方法。DPD 的优点在于低 SNR。在高 SNR 时，两种方法给出的曲线与理论边界值重合。

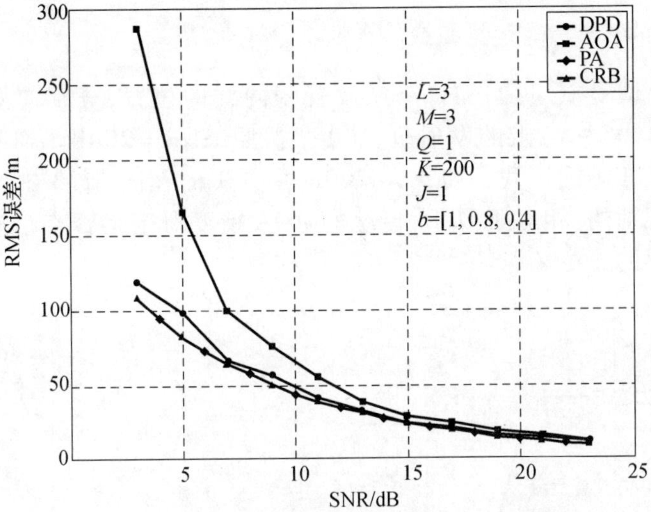

图 11.1　DPD 和传统 AOA 的 RMS 误差、Cramer - Rao 边界以及对三个基站、一个特定的源和未知波形的性能分析结果

11.4.2　例 2

第二个试验中，我们仍将基站放于相同的坐标位置，使用两个发射机分别位于(0,1.5)和(0,-1.5)。在图 11.2 中显示出了每个源的结果，再次看出低 SNR 时，DPD 优于其他算法，而在高 SNR 时所有方法等效。在很高的 SNR 时，建模误差将影响性能。建模误差包括有限长度 FFT、校准误差、同步误差、传播误差等。

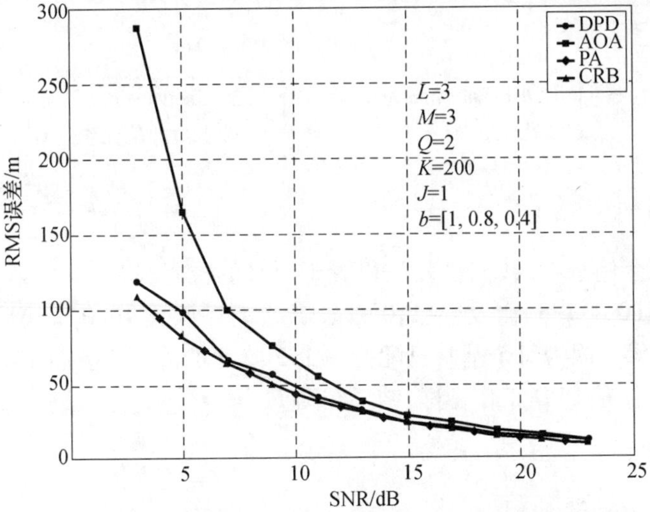

图 11.2　DPD 和传统 AOA 的 RMS 误差、Cramer - Rao 边界以及三个基站、两个源、未知波形时的定位性能分析

11.4.3 例3

第三个试验中,我们仍将基站放置于同样的位置,分别使用两个位于(0, +Y)和(0, -Y)上的发射机,100 个快照,SNR = 20dB。到所有基站的信道衰减是相等的。我们将 Y 从 200m 变到 1m,在图 11.3 中给出结果曲线。如所预期的,相对于 DPD,传统的 AOA 精度对于是否有距离很近的源是非常敏感的。

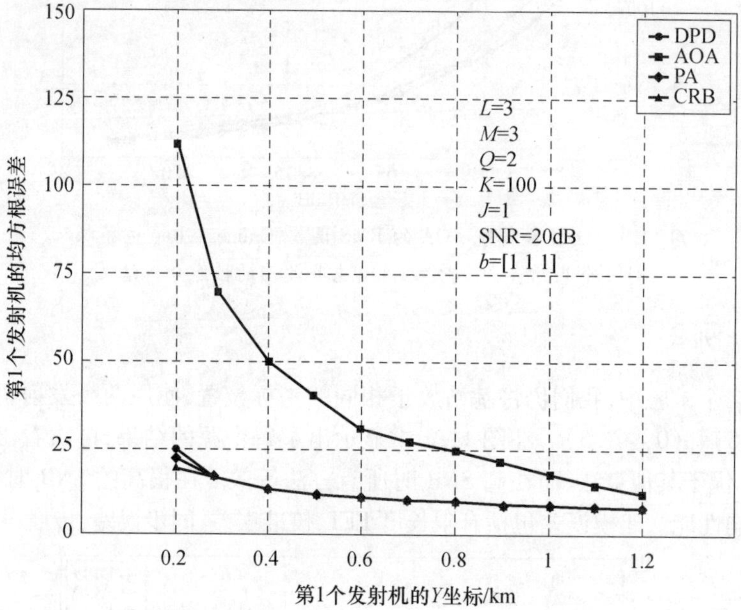

图 11.3 DPD 和传统 AOA 的 RMS 误差、Cramer - Rao 边界,以及三个基站、两个源在间隔增加、波形未知时的性能分析

11.4.4 例4

在第四个例子中,我们将基站仍置于原来的位置,将 3 个发射机分别放置在(0,1.5)、(0, -1.5)以及(-1,0)上。每个基站收集 1000 个快照,所有基站上的衰减相等。因为每个基站只配备一个 3 阵元的阵列,传统的基于MUSIC的 AOA 失败。但是 DPD 工作良好,结果在图 11.4 中显示。

11.4.5 例5

第五个试验中,我们使用4 个基站,分别位于(-2, -2)、(-2,2)、(2, -2)和(2,2),一个单独位于(1,1)的源。每个基站装备有 5 个阵元的圆形阵列,波形

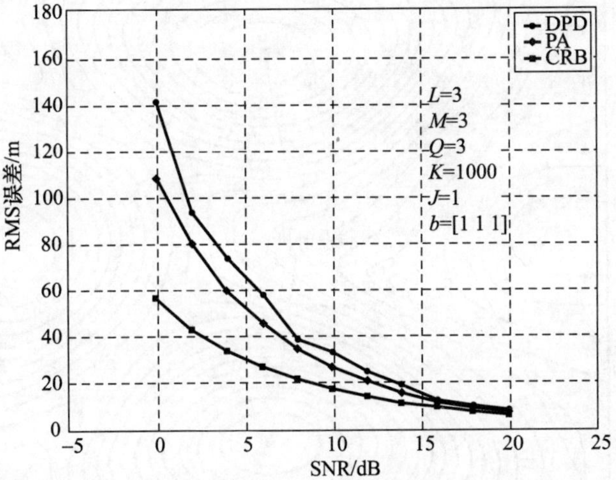

图 11.4　DPD 的 RMS 误差、Cramer－Rao 边界以及三个基站、三个源和未知波形的性能分析结果

未知,快照的数量是 1000。到两个基站的衰减是 0dB,到另外两个基站的衰减是 -10dB。图 11.5 中给出了定位精度结果。图 11.6 中显示出代价函数在未知波形的、4 个基站、每个基站配有三个阵元的阵列、三个发射机条件下是如何查找的。相对于所提出的方法,传统的 AOA 方法不能处理三个发射机(每个发射机带 3 个阵元)。

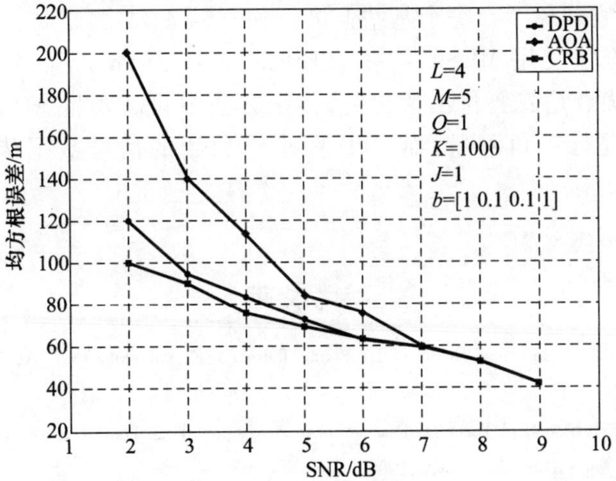

图 11.5　用于未知波形的 DPD 和传统 AOA 的 RMS 误差，4 个基站，每个基站配备 5 阵元圆阵

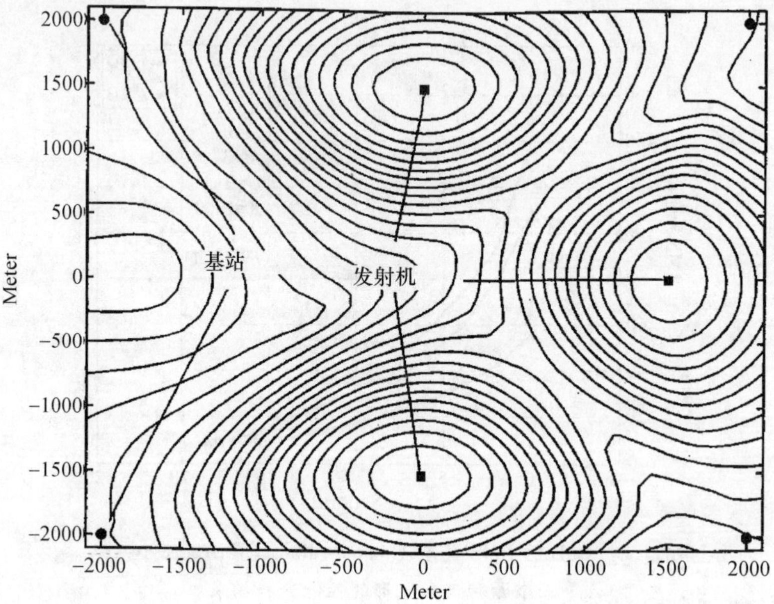

图 11.6 用于未知波形的代价函数等高线描述,4 个基站,3 个发射机

11.5 结 论

我们提出了用于定位多个窄带无线频率源的直接定位技术。此项技术能够比传统的 AOA 方法定位更多的源。此外,DPD 提供比传统的 AOA 更好的精度,并且它避免了在每个基站上进行独立的 AOA 测定时会出现的问题。本节提出的方法使用 MUSIC 方法,以降低未知波形情况下算法的复杂性。DPD 的这些优点是需要付出代价的,传统方法中只需要将 AOA 估值传送给中心处理器进行三角测量,而 DPD 要求将原始的信号数据传送给通用处理器。

参考文献

[1] Stansfield R G. Statistical Theory of DF Fixing. Journal IEE, vol-94, Part 3A, No. 15,1947, pp. 762-770.

[2] Torrieri D L. Statistical Theory of Passive Location Systems. IEEE Trans. on Aerospace and Electronic Systems, vol-AES-20, No. 2,1984.

[3] Krim H, Viberg M. Two Decades of Array Signal Processing Research. IEEE Signal Processing Magazine, vol-13, No. 4,1996.

[4] Wax M. Model-Based Processing in Sensor Arrays. in Adances in Spectrum Analysis and Array Pro-

cessing, vol - Ⅲ, S. Haykin, (ed.), Englewood Cliffs, NJ: Prentice Hail, 1995.

[5] Van Trees H L. Detection, Estimation, and Modulation Theory, Part Ⅳ: Optimum Array Processing. New York: John Wiley & Sons, 2002.

[6] Liberti J C, and T. S. Rappaport, Smart Antennas for Wifeless Communications: IS - 95 and Third Generation CDMA Applications, Upper Saddle River, NJ: Prentice Hail, 1999.

[7] Skolnik M I. Introduction to Radar Systems, 3rd ed. New York: McGraw - Hill, 2000.

[8] Carter G C, ed. Coherence and Time Delay Estimation. New York: IEEE Press, 1993.

[9] Shorey J A, Nolte L W. Wideband Optimal a Posteriori Probability Source Localization in an Uncertain Shallow Ocean Environment. J. Acoust - Soc - Am., vol. 103, No. 1, 1998.

[10] Harrison B F. An L^{o} - Norm Estimator for Environmentally Robust, Shallow - Water Source Localization. J. Acoust - Soc - Am., vol - 105, No. 1, 1999.

[11] Baggeroer A B, Kuperman W A, Mikhalevsky P N. An Overview of Matched Field Methods in Ocean Acoustics. IEEE J. of Oceanic Engineering, vol - 18, No. 4, 1993, pp. 401 - 424.

[12] Wax M, Kailath T. Decentralized Processing in Sensor Arrays. IEEE Trans - on Acoustics, Speech, and Signal Processing, vol - ASSP - 33, No. 4, 1985, pp. 1123 - 1129.

[13] Stoica P, Nehorai A, Sodersrom T. Decentralized Array Processing Using the MODE Algorithm. Circuits Systems, and Signal Processing, vol - 14, No. 1, 1995, pp. 17 - 38.

[14] Weinstein E. Decentralization of the Gaussian Maximum Likelihood Estimator and its Applications to Passive Array Processing. IEEE Trans. 071 Acoustic Speech, and Signal Processing, vol - ASSP - 29, No. 4, 1981, pp. 945 - 951.

[15] Kozick R J, B. M. Sadler. Source Localization with Distributed Sensor Arrays and Partial Spatial Coherence. IEEE Trans. Sig. Proc., vol - 52, No. 3, 2004, pp. 601 - 615.

[16] Wax M, Kailath T. Optimum Localization of Multiple Sources by Passive Arrays. IEEE Trans. on Acoustics, Speech, and Signal Processing, vol - ASSP31, No. 5, 1983, pp. 1210 - 1217.

[17] Schmidt R O. Multiple Emitter Location and Signal Parameter Estimation. IEEE Trans. on Antennas and Propagation, vol - 34, No. 3, 1986, pp. 276 - 280.

[18] Li J, et al. Computationally Efficient Angle Estimation for Signals with Known Waveforms. IEEE Trans. on Signal Processing, vol. 43, No. 9, 1995, pp. 2154 - 2163.

[19] Weiss A J. Direct Position Determination of Narrowband Radio Frequency Transmitters. IEEE Signal Processing Letters, Vol. 11, No. 5, 2004, pp. 513 - 516.

[20] Porat B, Friedlander B. Analysis of the Asymptotic Relative Efficiency of the MUSIC Algorithm. IEEE Trans. on Acoustics, Speech, and Signal Processing, vol. 36, No. 4, 1988, pp. 532 - 544.

[21] Brandwood D H. A Complex Gradient Operator and Its Application in Adaptive Array Theory. Proc. Inst. Elec. Eng., vol. 130, Parts F and H, No. 1, 1983, pp. 11 - 16.

[22] Weiss A J, Friedander B. Performance Analysis of Spatial Smoothing with Interpolated Arrays. IEEE Trans. on Acoustics, Speech, and Signal Processing, vol - 41, No. 5, 1993, pp. 1881 - 1892.

附录 11. A　用于未知波形的 Cramer - Rao

为了便于查找,将式(11.6)重写如下:

$$\boldsymbol{r}(j,k) = \boldsymbol{A}(j)\bar{\boldsymbol{s}}(j,k) + \boldsymbol{n}(j,k) \tag{11.A.1}$$

未知参数 $\boldsymbol{P}$ 和 $\boldsymbol{B}$ 定义为

$$\begin{aligned}\boldsymbol{P} &\triangleq [\boldsymbol{P}_1, \boldsymbol{P}_2, \cdots, \boldsymbol{P}_Q] \\ \boldsymbol{B} &\triangleq [\boldsymbol{b}_1, \boldsymbol{b}_2, \cdots, \boldsymbol{b}_Q] \\ \boldsymbol{b}_q &\triangleq [b_{1,q}, b_{2,q}, \cdots, b_{L,q}]^{\mathrm{T}}\end{aligned} \tag{11.A.2}$$

对数似然函数由下式给出：

$$\ln L = \text{const} - \frac{1}{\eta}\sum_{j,k} \| \boldsymbol{r}(j,k) - \boldsymbol{A}(j)\bar{\boldsymbol{s}}(j,k) \|^2 \tag{11.A.3}$$

很容易证明以下导出式：

$$\frac{\partial \ln L}{\partial P_{nq}} = \frac{2}{\eta}\mathrm{Re}\left[\sum_{j,k} \bar{\boldsymbol{s}}_q^*(j,k) \frac{\partial \boldsymbol{a}_q^{\mathrm{H}}(j)}{\partial P_{nq}} \boldsymbol{n}(j,k)\right] \tag{11.A.4}$$

这里，P_{na} 是矩阵 P 的 n、q 项，$\boldsymbol{a}_q(j)$ 是 $\boldsymbol{A}(j)$ 的第 q 列。定义矩阵

$$\boldsymbol{D}_n(j) \triangleq \left[\frac{\partial \boldsymbol{a}_1(j)}{\partial P_{n1}}, \frac{\partial \boldsymbol{a}_2(j)}{\partial P_{n2}}, \cdots, \frac{\partial \boldsymbol{a}_Q(j)}{\partial P_{nQ}}\right] \tag{11.A.5}$$

$$\boldsymbol{X}(j,k) \triangleq \mathrm{diag}[\bar{\boldsymbol{s}}(j,k)]$$

将式(11.A.4)写成

$$\frac{\partial \ln L}{\partial \boldsymbol{P}_n} = \frac{2}{\eta}\mathrm{Re}\left\{\sum_{j,k} \boldsymbol{X}^{\mathrm{H}}(j,k)\boldsymbol{D}_n^{\mathrm{H}}(j)\boldsymbol{n}(j,k)\right\} \tag{11.A.6}$$

其中，$\boldsymbol{Pn}$ 是 P 的第 n 列。

现在定义以下变量：

$$\begin{cases}\bar{\boldsymbol{C}}_n(j) \triangleq \left[\dfrac{\partial \boldsymbol{a}_1(j)}{\partial \bar{\boldsymbol{b}}_{n1}}, \dfrac{\partial \boldsymbol{a}_2(j)}{\partial \bar{\boldsymbol{b}}_{n2}}, \cdots, \dfrac{\partial \boldsymbol{a}_Q(j)}{\partial \bar{\boldsymbol{b}}_n Q}\right] \\ \tilde{\boldsymbol{C}}_n(j) \triangleq \left[\dfrac{\partial \boldsymbol{a}_1(j)}{\partial \tilde{\boldsymbol{b}}_{n1}}, \dfrac{\partial \boldsymbol{a}_2(j)}{\partial \tilde{\boldsymbol{b}}_{n2}}, \cdots, \dfrac{\partial \boldsymbol{a}_Q(j)}{\partial \tilde{\boldsymbol{b}}_n Q}\right] = i\bar{\boldsymbol{C}}_n(j)\end{cases} \tag{11.A.7}$$

可以写作：

$$\begin{cases}\dfrac{\partial \ln L}{\partial \bar{\boldsymbol{B}}_n} = \dfrac{2}{\eta}\mathrm{Re}\left[\sum_{j,k} \boldsymbol{X}^{\mathrm{H}}(j,k)\bar{\boldsymbol{C}}_n^{\mathrm{H}}(j)\boldsymbol{n}(\mathrm{j},\mathrm{k})\right] \\ \dfrac{\partial ln\ \mathrm{L}}{\partial \tilde{\boldsymbol{B}}_n} = \dfrac{2}{\eta}\mathrm{Im}\left[\sum_{j,k} \boldsymbol{X}^{\mathrm{H}}(j,k)\bar{\boldsymbol{C}}_n^{\mathrm{H}}(j)\boldsymbol{n}(j,k)\right]\end{cases} \tag{11.A.8}$$

其中，$\bar{\boldsymbol{B}}_n$、$\tilde{\boldsymbol{B}}_n$ 分别是 $\boldsymbol{B}$ 的第 n 列的实部和虚部。

Fisher 信息矩阵(FIM)由下式给出：

$$\begin{cases}\mathrm{FIM}_{11}(n,m)\triangleq E\left(\dfrac{\partial\ln L}{\partial\bar{\boldsymbol{B}}_n}\right)\left(\dfrac{\partial\ln L}{\partial\bar{\boldsymbol{B}}_m}\right)^{\mathrm{T}}=\dfrac{2}{\eta}\mathrm{Re}\left[\sum_{j,k}\boldsymbol{X}^{\mathrm{H}}(j,k)\bar{\boldsymbol{C}}_n^{\mathrm{H}}(j)\bar{\boldsymbol{C}}_m(j)\boldsymbol{X}(j,k)\right]\\ \mathrm{FIM}_{12}(n,m)\triangleq E\left(\dfrac{\partial\ln L}{\partial\bar{\boldsymbol{B}}_n}\right)\left(\dfrac{\partial\ln L^{\mathrm{T}}}{\partial\tilde{\boldsymbol{B}}_m}\right)=-\dfrac{2}{\eta}\mathrm{Im}\left[\sum_{j,k}\boldsymbol{X}^{\mathrm{H}}(j,k)\bar{\boldsymbol{C}}_n^{\mathrm{H}}(j)\bar{\boldsymbol{C}}_m(j)\boldsymbol{X}(j,k)\right]\\ \mathrm{FIM}_{22}(n,m)\triangleq E\left(\dfrac{\partial\ln L}{\partial\tilde{\boldsymbol{B}}_n}\right)\left(\dfrac{\partial\ln L}{\partial\tilde{\boldsymbol{B}}_m}\right)^{\mathrm{T}}=\dfrac{2}{\eta}\mathrm{Re}\left[\sum_{j,k}\boldsymbol{X}^{\mathrm{H}}(j,k)\bar{\boldsymbol{C}}_n^{\mathrm{H}}(j)\bar{\boldsymbol{C}}_m(j)\boldsymbol{X}(j,k)\right]\end{cases}\tag{11.A.9}$$

其中，$\mathrm{FIM}_{i,j}(n,m)$代表了 $\mathrm{FIM}_{i,j}$的 n、m 子块。

$$\begin{cases}\mathrm{FIM}_{31}(n,m)\triangleq E\left(\dfrac{\partial\ln L}{\partial\boldsymbol{P}_n}\right)\left(\dfrac{\partial\ln L}{\partial\bar{\boldsymbol{B}}_m}\right)^{\mathrm{T}}=\dfrac{2}{\eta}\mathrm{Re}\left[\sum_{j,k}\boldsymbol{X}^{\mathrm{H}}(j,k)\boldsymbol{D}_n^{\mathrm{H}}(j)\bar{\boldsymbol{C}}_m(j)\boldsymbol{X}(j,k)\right]\\ \mathrm{FIM}_{32}(n,m)\triangleq E\left(\dfrac{\partial\ln L}{\partial\boldsymbol{P}_n}\right)\left(\dfrac{\partial\ln L^{\mathrm{T}}}{\partial\tilde{\boldsymbol{B}}_m}\right)=-\dfrac{2}{\eta}\mathrm{Im}\left[\sum_{j,k}\boldsymbol{X}^{\mathrm{H}}(j,k)\boldsymbol{D}_n^{\mathrm{H}}(j)\bar{\boldsymbol{C}}_m(j)\boldsymbol{X}(j,k)\right]\\ \mathrm{FIM}_{33}(n,m)\triangleq E\left(\dfrac{\partial\ln L}{\partial\boldsymbol{P}_n}\right)\left(\dfrac{\partial\ln L}{\partial\boldsymbol{P}_m}\right)^{\mathrm{T}}=\dfrac{2}{\eta}\mathrm{Re}\left[\sum_{j,k}\boldsymbol{X}^{\mathrm{H}}(j,k)\boldsymbol{D}_n^{\mathrm{H}}(j)\boldsymbol{D}_m(j)\boldsymbol{X}(j,k)\right]\end{cases}\tag{11.A.10}$$

CRB 边界由 Fisher 信息矩阵转化获得。

附录 11.B　未知高斯波形的 CRB

众所周知，零均值高斯信号的 Fisher 信息矩阵由下式给出：

$$[\mathrm{FIM}]_{i,j}=\mathrm{tr}\left(\boldsymbol{R}^{-1}\frac{\partial\boldsymbol{R}}{\partial\theta_i}\boldsymbol{R}^{-1}\frac{\partial\boldsymbol{R}}{\partial\theta_j}\right)\tag{11.B.1}$$

其中，R 为观测协方差；θ_i 是第 i 个参数。一个指定频率的协方差矩阵是

$$\boldsymbol{R}=\boldsymbol{A}\Lambda\boldsymbol{A}^{\mathrm{H}}+\eta\boldsymbol{I}\tag{11.B.2}$$

未知参数是式(11.A.2)中定义的 P、B 和 Λ。我们经常使用符号 e_n 来表示单位矩阵的第 n 列向量。首先注意：

$$\begin{aligned}\mathrm{tr}\left(\boldsymbol{R}^{-1}\frac{\partial\boldsymbol{R}}{\partial\Lambda_i}\boldsymbol{R}^{-1}\frac{\partial\boldsymbol{R}}{\partial\Lambda_j}\right)&=\mathrm{tr}(\boldsymbol{R}^{-1}\boldsymbol{A}\boldsymbol{e}_i\boldsymbol{e}_i^{\mathrm{T}}\boldsymbol{A}^{\mathrm{H}}\boldsymbol{R}^{-1}\boldsymbol{A}\boldsymbol{e}_j\boldsymbol{e}_j^{\mathrm{T}}\boldsymbol{A}^{\mathrm{H}})\\&=(e_j^{\mathrm{T}}\boldsymbol{A}^{\mathrm{H}}\boldsymbol{R}^{-1}\boldsymbol{A}\boldsymbol{e}_i)(e_j^{\mathrm{T}}\boldsymbol{A}^{\mathrm{H}}\boldsymbol{R}^{-1}\boldsymbol{A}\boldsymbol{e}_j)\\&=(e_j^{\mathrm{T}}\boldsymbol{A}^{\mathrm{H}}\boldsymbol{R}^{-1}\boldsymbol{A}\boldsymbol{e}_i)(e_j^{\mathrm{T}}\boldsymbol{A}^{\mathrm{H}}\boldsymbol{R}^{-1}\boldsymbol{A}\boldsymbol{e}_i)^*\end{aligned}\tag{11.B.3}$$

这样，与信号协方差的对角线元素相关的 FIM 由下式给出：

$$\mathrm{FIM}_{\Lambda\Lambda}=(\boldsymbol{A}^{\mathrm{H}}\boldsymbol{R}^{-1}\boldsymbol{A})\times(\boldsymbol{A}^{\mathrm{H}}\boldsymbol{R}^{-1}\boldsymbol{A})^*\tag{11.B.4}$$

其中，× 表示元素逐一相乘。

可以写成

$$\mathrm{tr}\left(\boldsymbol{R}^{-1}\frac{\partial\boldsymbol{R}}{\partial b_{ql}}\boldsymbol{R}^{-1}\frac{\partial\boldsymbol{R}}{\partial b_{km}}\right)=\mathrm{tr}[\boldsymbol{R}^{-1}(\bar{\boldsymbol{C}}_l\boldsymbol{e}_q\boldsymbol{e}_q^{\mathrm{T}}\boldsymbol{\Lambda}\boldsymbol{A}^{\mathrm{H}}+\boldsymbol{A}\boldsymbol{\Lambda}\boldsymbol{e}_q\boldsymbol{e}_q^{\mathrm{T}}\bar{\boldsymbol{C}}_l^{\mathrm{H}})\boldsymbol{R}^{-1}(\bar{\boldsymbol{C}}_m\boldsymbol{e}_k\boldsymbol{e}_k^{\mathrm{T}}\boldsymbol{\Lambda}\boldsymbol{A}^{\mathrm{H}}+\boldsymbol{A}\boldsymbol{\Lambda}\boldsymbol{e}_k\boldsymbol{e}_k^{\mathrm{T}}\bar{\boldsymbol{C}}_m^{\mathrm{H}})]\tag{11.B.5}$$

重新调整各项,得到

$$\operatorname{tr}\left(\boldsymbol{R}^{-1}\frac{\partial \boldsymbol{R}}{\partial \bar{b}_{ql}}\boldsymbol{R}^{-1}\frac{\partial \boldsymbol{R}}{\partial \bar{b}_{km}}\right)=\operatorname{tr}(\boldsymbol{R}^{-1}\overline{\boldsymbol{C}}_l\boldsymbol{e}_q\boldsymbol{e}_q^{\mathrm{T}}\boldsymbol{\Lambda}\boldsymbol{A}^{\mathrm{H}}\boldsymbol{R}^{-1}\overline{\boldsymbol{C}}_m\boldsymbol{e}_k\boldsymbol{e}_k^{\mathrm{T}}\boldsymbol{\Lambda}\boldsymbol{A}^{\mathrm{H}}) \\ +\operatorname{tr}(\boldsymbol{R}^{-1}\overline{\boldsymbol{C}}_l\boldsymbol{e}_q\boldsymbol{e}_q^{\mathrm{T}}\boldsymbol{\Lambda}\boldsymbol{A}^{\mathrm{H}}\boldsymbol{R}^{-1}\boldsymbol{A}\boldsymbol{\Lambda}\boldsymbol{e}_k\boldsymbol{e}_k^{\mathrm{T}}\overline{\boldsymbol{C}}_m^{\mathrm{H}}) \\ +\operatorname{tr}(\boldsymbol{R}^{-1}\boldsymbol{A}\boldsymbol{\Lambda}\boldsymbol{e}_q\boldsymbol{e}_q^{\mathrm{T}}\overline{\boldsymbol{C}}_l^{\mathrm{H}}\boldsymbol{R}^{-1}\overline{\boldsymbol{C}}_m\boldsymbol{e}_k\boldsymbol{e}_k^{\mathrm{T}}\boldsymbol{\Lambda}\boldsymbol{A}^{\mathrm{H}} \\ +\operatorname{tr}(\boldsymbol{R}^{-1}\boldsymbol{A}\boldsymbol{\Lambda}\boldsymbol{e}_q\boldsymbol{e}_q^{\mathrm{T}}\overline{\boldsymbol{C}}_l^{\mathrm{H}}\boldsymbol{R}^{-1}\boldsymbol{A}\boldsymbol{\Lambda}\boldsymbol{e}_k\boldsymbol{e}_k^{\mathrm{T}}\overline{\boldsymbol{C}}_m^{\mathrm{H}}) \quad (11.\mathrm{B}.6)$$

利用轨迹操作,得到

$$\operatorname{tr}\left(\boldsymbol{R}^{-1}\frac{\partial \boldsymbol{R}}{\partial \bar{b}_{ql}}\boldsymbol{R}^{-1}\frac{\partial \boldsymbol{R}}{\partial \bar{b}_{km}}\right)=(\boldsymbol{e}_k^{\mathrm{T}}\boldsymbol{\Lambda}\boldsymbol{A}^{\mathrm{H}}\boldsymbol{R}^{-1}\overline{\boldsymbol{C}}_l\boldsymbol{e}_q)(\boldsymbol{e}_q^{\mathrm{T}}\boldsymbol{\Lambda}\boldsymbol{A}^{\mathrm{H}}\boldsymbol{R}^{-1}\overline{\boldsymbol{C}}_m\boldsymbol{e}_k) \\ +(\boldsymbol{e}_k^{\mathrm{T}}\overline{\boldsymbol{C}}_m^{\mathrm{H}}\boldsymbol{R}^{-1}\overline{\boldsymbol{C}}_l\boldsymbol{e}_q)(\boldsymbol{e}_q^{\mathrm{T}}\boldsymbol{\Lambda}\boldsymbol{A}^{\mathrm{H}}\boldsymbol{R}^{-1}\boldsymbol{A}\boldsymbol{\Lambda}\boldsymbol{e}_k) \\ +(\boldsymbol{e}_k^{\mathrm{T}}\boldsymbol{\Lambda}\boldsymbol{A}^{\mathrm{H}}\boldsymbol{R}^{-1}\boldsymbol{A}\boldsymbol{\Lambda}\boldsymbol{e}_q)(\boldsymbol{e}_q^{\mathrm{T}}\overline{\boldsymbol{C}}_l^{\mathrm{H}}\boldsymbol{R}^{-1}\overline{\boldsymbol{C}}_m\boldsymbol{e}_k) \\ +(\boldsymbol{e}_k^{\mathrm{T}}\overline{\boldsymbol{C}}_m^{\mathrm{H}}\boldsymbol{R}^{-1}\boldsymbol{A}\boldsymbol{\Lambda}\boldsymbol{e}_q)(\boldsymbol{e}_q^{\mathrm{T}}\overline{\boldsymbol{C}}_l^{\mathrm{H}}\boldsymbol{R}^{-1}\boldsymbol{A}\boldsymbol{\Lambda}\boldsymbol{e}_k) \quad (11.\mathrm{B}.7)$$

再次重新调整各项得到

$$\operatorname{tr}\left(\boldsymbol{R}^{-1}\frac{\partial \boldsymbol{R}}{\partial \bar{b}_{ql}}\boldsymbol{R}^{-1}\frac{\partial \boldsymbol{R}}{\partial \bar{b}_{km}}\right)=(\boldsymbol{e}_k^{\mathrm{T}}\boldsymbol{\Lambda}\boldsymbol{A}^{\mathrm{H}}\boldsymbol{R}^{-1}\overline{\boldsymbol{C}}_l\boldsymbol{e}_q)(\boldsymbol{e}_q^{\mathrm{T}}\boldsymbol{\Lambda}\boldsymbol{A}^{\mathrm{H}}\boldsymbol{R}^{-1}\overline{\boldsymbol{C}}_m\boldsymbol{e}_q)^* \\ +(\boldsymbol{e}_k^{\mathrm{T}}\overline{\boldsymbol{C}}_m^{\mathrm{H}}\boldsymbol{R}^{-1}\overline{\boldsymbol{C}}_l\boldsymbol{e}_q)(\boldsymbol{e}_q^{\mathrm{T}}\boldsymbol{\Lambda}\boldsymbol{A}^{\mathrm{H}}\boldsymbol{R}^{-1}\boldsymbol{A}\boldsymbol{\Lambda}\boldsymbol{e}_q)^* \\ +(\boldsymbol{e}_k^{\mathrm{T}}\boldsymbol{\Lambda}\boldsymbol{A}^{\mathrm{H}}\boldsymbol{R}^{-1}\boldsymbol{A}\boldsymbol{\Lambda}\boldsymbol{e}_q)(\boldsymbol{e}_q^{\mathrm{T}}\overline{\boldsymbol{C}}_m^{\mathrm{H}}\boldsymbol{R}^{-1}\overline{\boldsymbol{C}}_l\boldsymbol{e}_q)^* \\ +(\boldsymbol{e}_k^{\mathrm{T}}\overline{\boldsymbol{C}}_m^{\mathrm{H}}\boldsymbol{R}^{-1}\boldsymbol{A}\boldsymbol{\Lambda}\boldsymbol{e}_q)(\boldsymbol{e}_k^{\mathrm{T}}\boldsymbol{\Lambda}\boldsymbol{A}^{\mathrm{H}}\boldsymbol{R}^{-1}\boldsymbol{A}\boldsymbol{\Lambda}\boldsymbol{e}_q)^* \quad (11.\mathrm{B}.8)$$

最后得到

$$\operatorname{tr}\left(\boldsymbol{R}^{-1}\frac{\partial \boldsymbol{R}}{\partial \bar{\bar{b}}_{ql}}\boldsymbol{R}^{-1}\frac{\partial \boldsymbol{R}}{\partial \bar{\bar{b}}_{km}}\right)=2\operatorname{Re}[(\boldsymbol{e}_k^{\mathrm{T}}\boldsymbol{\Lambda}\boldsymbol{A}^{\mathrm{H}}\boldsymbol{R}^{-1}\overline{\boldsymbol{C}}_l\boldsymbol{e}_q)(\boldsymbol{e}_q^{\mathrm{T}}\overline{\boldsymbol{C}}_m^{\mathrm{H}}\boldsymbol{R}^{-1}\boldsymbol{A}\boldsymbol{\Lambda}\boldsymbol{e}_q)^*]+ \\ 2\operatorname{Re}[(\boldsymbol{e}_k^{\mathrm{T}}\overline{\boldsymbol{C}}_m^{\mathrm{H}}\boldsymbol{R}^{-1}\overline{\boldsymbol{C}}_l\boldsymbol{e}_q)(\boldsymbol{e}_q^{\mathrm{T}}\boldsymbol{\Lambda}\boldsymbol{A}^{\mathrm{H}}\boldsymbol{R}^{-1}\boldsymbol{A}\boldsymbol{\Lambda}\boldsymbol{e}_q)^*] \quad (11.\mathrm{B}.9)$$

这样,FIM 的相应的块由下式给出:

$$\begin{cases}\mathrm{FIM}_{\bar{B}_m,\bar{B}_l}=2\operatorname{Re}[(\boldsymbol{\Lambda}\boldsymbol{A}^{\mathrm{H}}\boldsymbol{R}^{-1}\overline{\boldsymbol{C}}_l)\times(\overline{\boldsymbol{C}}_m^{\mathrm{H}}\boldsymbol{R}^{-1}\boldsymbol{A}\boldsymbol{\Lambda})^*+(\overline{\boldsymbol{C}}_m^{\mathrm{H}}\boldsymbol{R}^{-1}\overline{\boldsymbol{C}}_l)\times(\boldsymbol{\Lambda}\boldsymbol{A}^{\mathrm{H}}\boldsymbol{R}^{-1}\boldsymbol{A}\boldsymbol{\Lambda})^*] \\ \qquad\qquad =2\operatorname{Re}[(\boldsymbol{A}_1^{\mathrm{H}}\overline{\boldsymbol{C}}_l)\times(\overline{\boldsymbol{C}}_m^{\mathrm{H}}\boldsymbol{A}_1)^*+(\overline{\boldsymbol{C}}_m^{\mathrm{H}}\boldsymbol{R}^{-1}\overline{\boldsymbol{C}}_l)\times\boldsymbol{A}_2{}^*] \\ \mathrm{FIM}_{\bar{B}_m,\bar{B}_l}=2\operatorname{Re}[(\boldsymbol{A}_1^{\mathrm{H}}\tilde{\boldsymbol{C}}_l)\times(\overline{\boldsymbol{C}}_m^{\mathrm{H}}\boldsymbol{A}_1)^*+(\overline{\boldsymbol{C}}_m^{\mathrm{H}}\boldsymbol{R}^{-1}\overline{\boldsymbol{C}}_l)\times\boldsymbol{A}_2{}^*] \\ \mathrm{FIM}_{\bar{B}_m,\bar{B}_l}=2\operatorname{Re}[(\boldsymbol{A}_1^{\mathrm{H}}\tilde{\boldsymbol{C}}_l)\times(\tilde{\boldsymbol{C}}_m^{\mathrm{H}}\boldsymbol{A}_1)^*+(\tilde{\boldsymbol{C}}_m^{\mathrm{H}}\boldsymbol{R}^{-1}\tilde{\boldsymbol{C}}_l)\times\boldsymbol{A}_2{}^*] \\ \mathrm{FIM}_{P_m,P_l}=2\operatorname{Re}[(\boldsymbol{A}_1^{\mathrm{H}}\boldsymbol{D}_l)\times(\boldsymbol{D}_m^{\mathrm{H}}\boldsymbol{A}_1)^*+(\boldsymbol{D}_m^{\mathrm{H}}\boldsymbol{R}^{-1}\boldsymbol{D}_l)\times\boldsymbol{A}_2{}^*] \\ \mathrm{FIM}_{P_m,\bar{B}_l}=2\operatorname{Re}[(\boldsymbol{A}_1^{\mathrm{H}}\overline{\boldsymbol{C}}_l)\times(\boldsymbol{D}_m^{\mathrm{H}}\boldsymbol{A}_1)^*+(\boldsymbol{D}_m^{\mathrm{H}}\boldsymbol{R}^{-1}\overline{\boldsymbol{C}}_l)\times\boldsymbol{A}_2{}^*] \\ \mathrm{FIM}_{P_m,\bar{B}_l}=2\operatorname{Re}[(\boldsymbol{A}_1^{\mathrm{H}}\tilde{\boldsymbol{C}}_l)\times(\boldsymbol{D}_m^{\mathrm{H}}\boldsymbol{A}_1)^*+(\boldsymbol{D}_m^{\mathrm{H}}\boldsymbol{R}^{-1}\tilde{\boldsymbol{C}}_l)\times\boldsymbol{A}_2{}^*]\end{cases} \quad (11.\mathrm{B}.10)$$

其中

$$
\begin{aligned}
&\boldsymbol{A}_1 \triangleq \boldsymbol{R}^{-1}\boldsymbol{A}\boldsymbol{\Lambda} \\
&\boldsymbol{A}_2 \triangleq \boldsymbol{\Lambda}\boldsymbol{A}^{\mathrm{H}}\boldsymbol{R}^{-1}\boldsymbol{A}\boldsymbol{\Lambda}
\end{aligned} \tag{11.B.11}
$$

也能得到

$$
\begin{aligned}
&\operatorname{tr}\left(\boldsymbol{R}^{-1}\frac{\partial \boldsymbol{R}}{\Lambda_i}\boldsymbol{R}^{-1}\frac{\partial \boldsymbol{R}}{\partial \bar{b}_{km}}\right) \\
&= \operatorname{tr}[\boldsymbol{R}^{-1}\boldsymbol{A}\boldsymbol{e}_i\boldsymbol{e}_i^{\mathrm{T}}\boldsymbol{A}^{\mathrm{H}}\boldsymbol{R}^{-1}(\overline{\boldsymbol{C}}_m\boldsymbol{e}_k\boldsymbol{e}_k^{\mathrm{T}}\boldsymbol{\Lambda}\boldsymbol{A}^{\mathrm{H}}+\boldsymbol{A}\boldsymbol{\Lambda}\boldsymbol{e}_k\boldsymbol{e}_k^{\mathrm{T}}\overline{\boldsymbol{C}}_m^{\mathrm{H}})] \\
&= \operatorname{tr}(\boldsymbol{R}^{-1}\boldsymbol{A}\boldsymbol{e}_i\boldsymbol{e}_i^{\mathrm{T}}\boldsymbol{A}^{\mathrm{H}}\boldsymbol{R}^{-1}\overline{\boldsymbol{C}}_m\boldsymbol{e}_k\boldsymbol{e}_k^{\mathrm{T}}\boldsymbol{\Lambda}\boldsymbol{A}^{\mathrm{H}}+\boldsymbol{R}^{-1}\boldsymbol{A}\boldsymbol{e}_i\boldsymbol{e}_i^{\mathrm{T}}\boldsymbol{A}^{\mathrm{H}}\boldsymbol{R}^{-1}\boldsymbol{A}\boldsymbol{\Lambda}\boldsymbol{e}_k\boldsymbol{e}_k^{\mathrm{T}}\overline{\boldsymbol{C}}_m^{\mathrm{H}}) \\
&= (\boldsymbol{e}_k^{\mathrm{T}}\boldsymbol{\Lambda}\boldsymbol{A}^{\mathrm{H}}\boldsymbol{R}^{-1}\boldsymbol{A}\boldsymbol{e}_i)(\boldsymbol{e}_i^{\mathrm{T}}\boldsymbol{A}^{\mathrm{H}}\boldsymbol{R}^{-1}\overline{\boldsymbol{C}}_m\boldsymbol{e}_{\mathrm{k}})+(\boldsymbol{e}_{\mathrm{k}}^{\mathrm{T}}\overline{\boldsymbol{C}}_m^{\mathrm{H}}\boldsymbol{R}^{-1}\boldsymbol{A}\boldsymbol{e}_i)(\boldsymbol{e}_i^{\mathrm{T}}\boldsymbol{A}^{\mathrm{H}}\boldsymbol{R}^{-1}\boldsymbol{A}\boldsymbol{\Lambda}\boldsymbol{e}_k) \\
&= (\boldsymbol{e}_i^{\mathrm{T}}\boldsymbol{A}^{\mathrm{H}}\boldsymbol{R}^{-1}\boldsymbol{A}\boldsymbol{\Lambda}\boldsymbol{e}_k)^*(\boldsymbol{e}_i^{\mathrm{T}}\boldsymbol{A}^{\mathrm{H}}\boldsymbol{R}^{-1}\overline{\boldsymbol{C}}_m\boldsymbol{e}_k)+(\boldsymbol{e}_i^{\mathrm{T}}\boldsymbol{A}^{\mathrm{H}}\boldsymbol{R}^{-1}\boldsymbol{A}\boldsymbol{\Lambda}\boldsymbol{e}_k)(\boldsymbol{e}_i^{\mathrm{T}}\boldsymbol{A}^{\mathrm{H}}\boldsymbol{R}^{-1}\overline{\boldsymbol{C}}_m\boldsymbol{e}_k) \\
&= 2\operatorname{Re}[(\boldsymbol{e}_i^{\mathrm{T}}\boldsymbol{A}^{\mathrm{H}}\boldsymbol{R}^{-1}\boldsymbol{A}\boldsymbol{\Lambda}\boldsymbol{e}_k)^*(\boldsymbol{e}_i^{\mathrm{T}}\boldsymbol{A}^{\mathrm{H}}\boldsymbol{R}^{-1}\overline{\boldsymbol{C}}_m\boldsymbol{e}_k)]
\end{aligned} \tag{11.B.12}
$$

这样,FIM 的相关块由下式给出:

$$
\begin{cases}
\mathrm{FIM}_{\Lambda\bar{B}_{\mathrm{m}}} = 2\operatorname{Re}[(\boldsymbol{A}^{\mathrm{H}}\boldsymbol{R}^{-1}\boldsymbol{A}\boldsymbol{\Lambda})^* \times (\boldsymbol{A}^{\mathrm{H}}\boldsymbol{R}^{-1}\overline{\boldsymbol{C}}_m)] \\
\qquad\qquad = 2\operatorname{Re}[(\boldsymbol{A}^{\mathrm{H}}\boldsymbol{A}_1)^* \times (\boldsymbol{A}^{\mathrm{H}}\boldsymbol{R}^{-1}\overline{\boldsymbol{C}}_m)] \\
\mathrm{FIM}_{\Lambda\tilde{B}_{\mathrm{m}}} = 2\operatorname{Re}[(\boldsymbol{A}^{\mathrm{H}}\boldsymbol{A}_1)^* \times (\boldsymbol{A}^{\mathrm{H}}\boldsymbol{R}^{-1}\overline{\boldsymbol{C}}_m)] \\
\mathrm{FIM}_{\Lambda\mathrm{P}_{\mathrm{m}}} = 2\operatorname{Re}[(\boldsymbol{A}^{\mathrm{H}}\boldsymbol{A}_1)^* \times (\boldsymbol{A}^{\mathrm{H}}\boldsymbol{R}^{-1}\boldsymbol{D}_m)]
\end{cases} \tag{11.B.13}
$$

CRB 是由完整的 Fisher 信息矩阵转换获得。

附录 11.C　未知波形的 DPD 性能分析

本附录中,我们介绍用于未知信号的小误差分析算法。虽然算法在信号统计特性方面没有任何要求,但为了更便于分析,我们假设被传输的信号统计独立、零均值、联合高斯分布,因此满足

$$
E[\bar{s}_q(j,k)\bar{s}_p^{\mathrm{H}}(m,l)] = \Lambda_{q,q}(j)\delta_{q,p}\delta_{j,m}\delta_{k,l} \tag{11.C.1}
$$

为了方便分析,我们首先回顾提出算法的一些定义。

如前所述,该算法基于 $\boldsymbol{D}$ 的最大特征值的最大化,这里:

$$
\begin{aligned}
&\boldsymbol{D} = \boldsymbol{H}^{\mathrm{H}}\boldsymbol{T}\boldsymbol{H} \\
&\boldsymbol{T} = \triangleq \sum_{j=1}^{J}\sum_{q=1}^{Q}\Gamma^{\mathrm{H}}(j)\boldsymbol{u}_q(j)\boldsymbol{u}_q^{\mathrm{H}}(j)\Gamma(j)
\end{aligned} \tag{11.C.2}
$$

其中,$\boldsymbol{u}_q(j)$ 表示样本协方差矩阵 $\hat{\boldsymbol{R}}(j)$ 的第 q 个特征向量,对应第 q 个特征值 γ_q,这里假设 $\gamma_1 \geqslant \gamma_2 \geqslant \gamma_{ML}$。

利用厄米特矩阵 $\boldsymbol{D}$ 的特征值分解值,得到

$$
\begin{cases}
\boldsymbol{D} = \boldsymbol{W}\boldsymbol{\Phi}\boldsymbol{W}^{\mathrm{H}} \\
\boldsymbol{W} \triangleq [\boldsymbol{w}_1,\cdots,\boldsymbol{w}_L] \\
\boldsymbol{\Phi} \triangleq \operatorname{diag}\{\lambda_1,\cdots,\lambda_L\}
\end{cases} \tag{11.C.3}
$$

其中 $\boldsymbol{w}_j,\boldsymbol{\lambda}_j$ 是第 j 个特征向量/特征值对，并且 $\boldsymbol{\lambda}_1 \geqslant \cdots \geqslant \boldsymbol{\lambda}_L$。这样，有$\boldsymbol{\lambda}_{\max} \equiv \boldsymbol{\lambda}_1$。

p_q 的协方差计算依赖于估计的特征向量$\{\hat{\boldsymbol{u}}_q, 1 \leqslant q \leqslant Q\}$。理想情况下，$\hat{\boldsymbol{u}}_q = \boldsymbol{u}_q, 1 \leqslant q \leqslant Q$，且代价函数的本地最大值在源位置的真值$\{\boldsymbol{p}_q\}_{q=1}^{Q}$上产生。实际上特征向量 $\hat{\boldsymbol{u}}_q$ 是扰动的，因此，本地最大值在 $\hat{\boldsymbol{p}}_q$ 处产生，它并不等于源的真实位置。$\hat{\boldsymbol{p}}_q$ 的扰动协方差和 $\hat{\boldsymbol{u}}_q$ 的扰动协方差相关，由以下公式导出：

$$\begin{cases} \text{cov}(\hat{\boldsymbol{p}}_q) = \left(\dfrac{\partial^2 \boldsymbol{\lambda}_1}{\partial \boldsymbol{p}^2}\right)^{-1} \left(\dfrac{\partial^2 \boldsymbol{\lambda}_1}{\partial \boldsymbol{p} \partial \xi}\right) \text{cov}(\hat{\xi}) \left(\dfrac{\partial^2 \boldsymbol{\lambda}_1}{\partial \boldsymbol{p} \partial \xi}\right)^{\mathrm{T}} \left(\dfrac{\partial^2 \boldsymbol{\lambda}_1}{\partial \boldsymbol{p}^2}\right)^{-\mathrm{T}} \\ \xi \triangleq (\xi_1^{\mathrm{T}}, \cdots, \xi_Q^{\mathrm{T}})^{\mathrm{T}} \\ \xi_q \triangleq [\xi_q^{\mathrm{T}}(0), \cdots, \xi_q^{\mathrm{T}}(J)]^{\mathrm{T}} \\ \xi_q(j) \triangleq [\bar{\boldsymbol{u}}_q^{\mathrm{T}}(j), \tilde{\boldsymbol{u}}_q^{\mathrm{T}}(j)]^{\mathrm{T}} \end{cases} \tag{11. C. 4}$$

其中：

$$\bar{\boldsymbol{u}}_k(j) \triangleq \text{Re}[\boldsymbol{u}_k(j)]; \tilde{\boldsymbol{u}}_k(j) \triangleq \text{Im}[\boldsymbol{u}_k(j)]$$

我们注意到式(11. C. 4)的右边由 $\boldsymbol{p}_q$、$\boldsymbol{u}_q(j)$ 的真值导出。

协方差矩阵 $\text{cov}(\xi)$ 的$(k,1)$子矩阵 $\text{cov}(\hat{\xi}_k, \hat{\xi}_l)$ 由文献[20,22]给出：

$$\text{cov}(\hat{\xi}_k, \hat{\xi}_l) = \frac{1}{2} \begin{Bmatrix} \text{Re}[\text{cov}(\hat{\boldsymbol{u}}_k, \hat{\boldsymbol{u}}_l) + \text{cov}(\hat{\boldsymbol{u}}_k, \hat{\boldsymbol{u}}_l^*)] - \text{Im}[\text{cov}(\hat{\boldsymbol{u}}_k, \hat{\boldsymbol{u}}_l) - \text{cov}(\hat{\boldsymbol{u}}_k, \hat{\boldsymbol{u}}_l^*)] \\ \text{Im}[\text{cov}(\hat{\boldsymbol{u}}_k, \hat{\boldsymbol{u}}_l) + \text{cov}(\hat{\boldsymbol{u}}_k, \hat{\boldsymbol{u}}_l^*)] \text{Re}[\text{cov}(\hat{\boldsymbol{u}}_k, \hat{\boldsymbol{u}}_l) - \text{cov}(\hat{\boldsymbol{u}}_k, \hat{\boldsymbol{u}}_l^*)] \end{Bmatrix} \tag{11. C. 5}$$

其中，$\text{cov}(\hat{\boldsymbol{u}}_k, \hat{\boldsymbol{u}}_t)$ 和 $\text{cov}(\hat{\boldsymbol{u}}_k, \hat{\boldsymbol{u}}_l^*)$ 是块对角线矩阵，第 j 个块由文献[20]给出：

$$\begin{aligned} \text{cov}[\hat{\boldsymbol{u}}_k(j), \hat{\boldsymbol{u}}_l(j)] &= \frac{\gamma_k(j)}{K} \delta_{kl} \sum_{\substack{i=1 \\ i \neq k}}^{ML} \frac{\gamma_i(j)}{[\gamma_k(j) - \gamma_i(j)]^2} \boldsymbol{u}_i(j) \boldsymbol{u}_i^{\mathrm{H}}(j) \\ \text{cov}[\hat{\boldsymbol{u}}_k(j), \hat{\boldsymbol{u}}_i^*(j)] &= -(1 - \delta_{kl}) \frac{\gamma_k(j) \gamma_l(j)}{K[\gamma_k(j) - \gamma_l(j)]^2} \boldsymbol{u}_l(j) \boldsymbol{u}_k^{\mathrm{T}}(j) \end{aligned} \tag{11. C. 6}$$

为方便起见我们使用定义：

$$\begin{aligned} \boldsymbol{\Omega} &\triangleq \left(\frac{\partial^2 \boldsymbol{\lambda}_1}{\partial \boldsymbol{p}^2}\right) \\ \boldsymbol{\Psi} &\triangleq \left(\frac{\partial^2 \boldsymbol{\lambda}_1}{\partial \boldsymbol{p} \partial \xi}\right) \text{cov}(\hat{\xi}) \left(\frac{\partial^2 \boldsymbol{\lambda}_1}{\partial \boldsymbol{p} \partial \xi}\right)^{\mathrm{T}} \end{aligned} \tag{11. C. 7}$$

11. C. 1　$\boldsymbol{\Omega}$ 的表达式

首先引用

$$\frac{\partial \lambda_1}{\partial p_k} = \sum_{m,n=1}^{L} \frac{\overline{\partial \lambda_1}}{\partial \boldsymbol{D}_{m,n}} \frac{\partial \boldsymbol{D}_{m,n}}{\partial p_k} = \sum_{m,n=1}^{L} \boldsymbol{W}_{n,1} \boldsymbol{W}_{m,1}^* \frac{\partial \boldsymbol{D}_{m,n}}{\partial p_k} \tag{11. C. 8}$$

其中，p_k 是向量 $\boldsymbol{p}$ 的第 k 个元素，$\bar{\partial} f/\bar{\partial}\alpha$ 是 Brandwood 偏导[21]；复变量的实值函数的导数，共轭 $f(\alpha,\alpha^*)$ 是相对于 α 把 $\alpha*$ 作为常量。我们使用从文献[22,(A,12)]中得到的结果来表示 $\bar{\partial}\boldsymbol{\lambda}_1/\bar{\partial}\boldsymbol{D}_{m,n}$。

使用式(11.C.8)，可以将 Ω 的(k,l)项写为

$$\frac{\partial^2 \boldsymbol{\lambda}_1}{\partial p_1 \partial p_k} = \sum_{m,n=1}^{L} \frac{\partial \boldsymbol{W}_{n,1} \boldsymbol{W}_{m,1}^*}{\partial p_1} \frac{\partial \boldsymbol{D}_{m,n}}{\partial p_k} + \boldsymbol{W}_{n,1} \boldsymbol{W}_{m,1}^* \frac{\partial^2 \boldsymbol{D}_{m,n}}{\partial p_l \partial p_k} \tag{11.C.9}$$

使用式(11.C.2)得到以下导数表达式：

$$\begin{cases} \dfrac{\partial \boldsymbol{D}_{m,n}}{\partial p_k} = 2\mathrm{Re}\left[(\boldsymbol{e}_m \otimes 1_M)^{\mathrm{T}} \dfrac{\partial \boldsymbol{T}}{\partial p_k} (\boldsymbol{e}_m \otimes 1_M) \right] \\ \dfrac{\partial^2 \boldsymbol{D}_{m,n}}{\partial p_1 \partial p_k} = 2\mathrm{Re}\left[(\boldsymbol{e}_m \otimes 1_M)^{\mathrm{T}} \dfrac{\partial \boldsymbol{T}}{\partial p_1 \partial p_k} (\boldsymbol{e}_m \otimes 1_M) \right] \end{cases} \tag{11.C.10}$$

以及

$$\frac{\partial \boldsymbol{W}_{l,1}}{\partial p_k} = \sum_{m,n} \frac{\bar{\partial} \boldsymbol{W}_{l,1}}{\bar{\partial} \boldsymbol{D}_{m,n}} \frac{\partial \boldsymbol{D}_{m,n}}{\partial p_k} = \sum_{m,n} \left[\sum_{j=2}^{L} \frac{\boldsymbol{W}_{n,1} \boldsymbol{W}_{m,j}^* \boldsymbol{W}_{l,j}}{\boldsymbol{\lambda}_1 - \boldsymbol{\lambda}_j} \right] \frac{\partial \boldsymbol{D}_{m,n}}{\partial p_k} \tag{11.C.11}$$

其中，$\bar{\partial}\boldsymbol{W}_{l,1}/\bar{\partial}\boldsymbol{D}_{m,n}$ 使用文献[22,(A,18)]的结果表示。

将式(11.C.9)代入式(11.C.10)和式(11.C.11)，得到 $\dfrac{\partial^2 \boldsymbol{\lambda}_1}{\partial p_l \partial p_k}$ 的显式表达。

11.C.2 $\boldsymbol{\Psi}$ 的表达式

首先引用

$$\frac{\partial^2 \boldsymbol{\lambda}_1}{\partial \xi_1 \partial p_k} = \left[\left(\frac{\partial^2 \boldsymbol{\lambda}_1}{\partial \bar{\boldsymbol{u}}_l \partial p_k} \right)^{\mathrm{T}}, \left(\frac{\partial^2 \boldsymbol{\lambda}_1}{\partial \bar{\boldsymbol{u}}_l \partial p_k} \right)^{\mathrm{T}} \right]^{\mathrm{T}} \tag{11.C.12}$$

使用式(11.C.8)，得到

$$\begin{cases} \dfrac{\partial^2 \boldsymbol{\lambda}_1}{\partial \bar{\boldsymbol{u}}_l \partial p_k} = \displaystyle\sum_{m,n} \dfrac{\partial \boldsymbol{W}_{n,1} \boldsymbol{W}_{m,1}^*}{\partial \bar{\boldsymbol{u}}_l} \dfrac{\partial \boldsymbol{D}_{mn}}{\partial p_k} + \partial \boldsymbol{W}_{n,1} \boldsymbol{W}_{m,1}^* \dfrac{\partial^2 \boldsymbol{D}_{mn}}{\partial \bar{\boldsymbol{u}}_l \partial p_k} \\ \dfrac{\partial^2 \boldsymbol{\lambda}_1}{\partial \bar{\boldsymbol{u}}_l \partial p_k} = \displaystyle\sum_{m,n} \dfrac{\partial \boldsymbol{W}_{n,1} \boldsymbol{W}_{m,1}^*}{\partial \tilde{\boldsymbol{u}}_l} \dfrac{\partial \boldsymbol{D}_{mn}}{\partial p_k} + \partial \boldsymbol{W}_{n,1} \boldsymbol{W}_{m,1}^* \dfrac{\partial^2 \boldsymbol{D}_{mn}}{\partial \tilde{\boldsymbol{u}}_l \partial p_k} \end{cases} \tag{11.C.13}$$

其中，式(11.C.13)中的导数由下式得到：

$$\begin{cases} \dfrac{\partial \boldsymbol{W}_{l,1}}{\partial \bar{\boldsymbol{u}}_k} = \displaystyle\sum_{m,n} \dfrac{\bar{\partial} \boldsymbol{W}_{l,1} \boldsymbol{W}_{m,1}^*}{\partial \boldsymbol{D}_{m,n}} \dfrac{\partial \boldsymbol{D}_{m,n}}{\partial \bar{\boldsymbol{u}}_k} \\ \dfrac{\partial \boldsymbol{W}_{l,1}}{\partial \tilde{\boldsymbol{u}}_k} = \displaystyle\sum_{m,n} \dfrac{\bar{\partial} \boldsymbol{W}_{l,1} \boldsymbol{W}_{m,1}^*}{\partial \boldsymbol{D}_{m,n}} \dfrac{\partial \boldsymbol{D}_{m,n}}{\partial \tilde{\boldsymbol{u}}_k} \\ \dfrac{\partial \boldsymbol{D}_{m,n}}{\partial \bar{\boldsymbol{u}}_l} = \left[\dfrac{\partial \boldsymbol{D}_{m,n}}{\partial \bar{\boldsymbol{u}}_l(0)}, \dfrac{\partial \boldsymbol{D}_{m,n}}{\partial \bar{\boldsymbol{u}}_l(1)}, \cdots, \dfrac{\partial \boldsymbol{D}_{m,n}}{\partial \bar{\boldsymbol{u}}_l(J)} \right] \\ \dfrac{\partial \boldsymbol{D}_{m,n}}{\partial \tilde{\boldsymbol{u}}_l} = \left[\dfrac{\partial \boldsymbol{D}_{m,n}}{\partial \tilde{\boldsymbol{u}}_l(0)}, \dfrac{\partial \boldsymbol{D}_{m,n}}{\partial \tilde{\boldsymbol{u}}_l(1)}, \cdots, \dfrac{\partial \boldsymbol{D}_{m,n}}{\partial \tilde{\boldsymbol{u}}_l(J)} \right] \end{cases} \tag{11.C.14}$$

$\bar{\partial}\boldsymbol{W}_{l,1}/\bar{\partial}\boldsymbol{D}_{m,n}$在式(11. C. 11)中得到。

还可以得到

$$\begin{cases}\dfrac{\partial \boldsymbol{D}_{m,n}}{\partial \bar{\boldsymbol{u}}_l(j)}\boldsymbol{u}_l^{\mathrm{H}}(j)\Gamma(j)\boldsymbol{E}_{n,m}\Gamma^{\mathrm{H}}(j)+\boldsymbol{u}_l^{\mathrm{T}}(j)\Gamma^*(j)\boldsymbol{E}_{n,m}\Gamma^{\mathrm{T}}(j)\\ \dfrac{\partial \boldsymbol{D}_{m,n}}{\partial \tilde{\boldsymbol{u}}_l(j)}=i[\boldsymbol{u}_l^{\mathrm{H}}(j)\Gamma(j)\boldsymbol{E}_{n,m}\Gamma^{\mathrm{H}}(j)-\boldsymbol{u}_l^{\mathrm{T}}(j)\Gamma^*(j)\boldsymbol{E}_{n,m}\Gamma^{\mathrm{T}}(j)]\\ \boldsymbol{E}_{nm}\triangleq(e_n\otimes 1_M)(e_n\otimes 1_M)^{\mathrm{T}}\end{cases}\tag{11. C. 15}$$

以及

$$\begin{cases}\dfrac{\partial^2 \boldsymbol{D}_{m,n}}{\partial \bar{\boldsymbol{u}}_l\partial p_k}=\left[\dfrac{\partial^2 \boldsymbol{D}_{m,n}}{\partial \bar{\boldsymbol{u}}_l(0)\partial p_k},\cdots,\dfrac{\partial^2 \boldsymbol{D}_{m,n}}{\partial \bar{\boldsymbol{u}}_l(J)\partial p_k}\right]\\ \dfrac{\partial^2 \boldsymbol{D}_{m,n}}{\partial \tilde{\boldsymbol{u}}_l\partial p_k}=\left[\dfrac{\partial^2 \boldsymbol{D}_{m,n}}{\partial \tilde{\boldsymbol{u}}_l(0)\partial p_k},\cdots,\dfrac{\partial^2 \boldsymbol{D}_{m,n}}{\partial \tilde{\boldsymbol{u}}_l(J)\partial p_k}\right]\end{cases}\tag{11. C. 16}$$

使用式(11. C. 10),前面等式的各项可以表示为

$$\begin{cases}\dfrac{\partial^2 \boldsymbol{D}_{m,n}}{\partial \bar{\boldsymbol{u}}_l(j)\partial p_k}=\boldsymbol{u}_l^{\mathrm{H}}(j)\left[\Gamma(j)\boldsymbol{E}_{nm}\dfrac{\partial\Gamma^{\mathrm{H}}(j)}{\partial p_k}+\dfrac{\partial\Gamma(j)}{\partial p_k}\boldsymbol{E}_{nm}\Gamma^{\mathrm{H}}(j)\right]\\ \qquad\qquad+\boldsymbol{u}_l^{\mathrm{T}}(j)\left[\Gamma^*(j)\boldsymbol{E}_{nm}\dfrac{\partial\Gamma^{\mathrm{T}}(j)}{\partial p_k}+\dfrac{\partial\Gamma^*(j)}{\partial p_k}\boldsymbol{E}_{mn}\Gamma^{\mathrm{T}}(j)\right]\\ \dfrac{\partial^2 \boldsymbol{D}_{mn}}{\partial \tilde{\boldsymbol{u}}_l(j)\partial p_k}=i\boldsymbol{u}_l^{\mathrm{H}}(j)\left[\Gamma(j)\boldsymbol{E}_{nm}\dfrac{\partial\Gamma^{\mathrm{H}}(j)}{\partial p_k}+\dfrac{\partial\Gamma(j)}{\partial p_k}\boldsymbol{E}_{nm}\Gamma^{\mathrm{H}}(j)\right]\\ \qquad\qquad-\mathrm{u}_l^{\mathrm{T}}(j)\left[\Gamma^*(j)\boldsymbol{E}_{nm}\dfrac{\partial\Gamma^{\mathrm{T}}(j)}{\partial p_k}+\dfrac{\partial\Gamma^*(j)}{\partial p_k}\boldsymbol{E}_{mn}\Gamma^{\mathrm{T}}(j)\right]\end{cases}\tag{11. C. 17}$$

将式(11. C. 14)和式(11. C. 17)代入式(11. C. 13)中,进行简单的代数处理得到

$$\begin{cases}\dfrac{\partial^2\lambda_1}{\partial\bar{\boldsymbol{u}}_l(j)\partial p_k}=\boldsymbol{u}_l^{\mathrm{H}}(j)\boldsymbol{Z}_k+\boldsymbol{u}_l^{\mathrm{T}}(j)\boldsymbol{Z}_k^*=2\mathrm{Re}[\boldsymbol{u}_l^{\mathrm{H}}(j)\boldsymbol{Z}_k]\\ \dfrac{\partial^2\lambda_1}{\partial\tilde{\boldsymbol{u}}_l(j)\partial p_k}=i[\boldsymbol{u}_l^{\mathrm{H}}(j)\boldsymbol{Z}_k+\boldsymbol{u}_l^{\mathrm{T}}(j)\boldsymbol{Z}_k^*]=-2\mathrm{Im}[\boldsymbol{u}_l^{\mathrm{H}}(j)\boldsymbol{Z}_k]\\ \boldsymbol{Z}_k\triangleq\displaystyle\sum_{m=1}^{L}\sum_{n=1}^{L}\boldsymbol{X}_{n,m}^k+\boldsymbol{W}_{n1}(n)\boldsymbol{W}_{m1}^*\boldsymbol{Y}_{n,m}^k\\ \boldsymbol{X}_{nm}^k\triangleq\displaystyle\sum_{r=1}^{L}\sum_{l=1}^{L}\left[\sum_{j=1}^{L}\dfrac{\boldsymbol{W}_{l1}\boldsymbol{W}_{m1}^*+\boldsymbol{W}_{mj}\boldsymbol{W}_{n1}}{\boldsymbol{\lambda}_1-\boldsymbol{\lambda}_j}\right]\Gamma\boldsymbol{E}_{li}\Gamma^{\mathrm{T}}(e_m\otimes\boldsymbol{J}_M)\dfrac{\partial\boldsymbol{T}}{\partial p_k}(e_m\otimes\boldsymbol{J}_M)^{\mathrm{T}}\\ \boldsymbol{Y}_{nm}^k\triangleq\Gamma\boldsymbol{E}_{nm}\dfrac{\partial\Gamma^{\mathrm{H}}}{dp_k}+\dfrac{\partial\Gamma}{dp_k}\boldsymbol{E}_{nm}\Gamma^{\mathrm{H}}\end{cases}\tag{11. C. 18}$$

由于 $\gamma_k(j)=\eta(Q+1\leqslant k\leqslant ML)$，我们将 $\boldsymbol{\Psi}$ 的 (m,n) 元素使用文献[20]表示为

$$\begin{aligned}\boldsymbol{\Psi}_{m,n} &= \frac{\partial^2\lambda_1}{\partial\xi_m\partial p_k}\mathrm{cov}(\hat{\xi}_k,\hat{\xi}_l)\frac{\partial^2\lambda_1}{\partial\xi_n\partial p_k}\\ &= \frac{2\eta}{N}\mathrm{Re}\Big[\sum_{j=1}^{J}\sum_{k=1}^{Q}\sum_{j=Q+1}^{ML}\frac{\gamma_k(j)}{[\gamma_k(j)-\eta]^2}\boldsymbol{u}_k^{\mathrm{H}}(j)\boldsymbol{Z}_m\boldsymbol{u}_l(j)\boldsymbol{u}_l^{\mathrm{H}}(j)\boldsymbol{Z}_n\boldsymbol{u}_k(j)\Big]\end{aligned} \tag{11.C.19}$$

使用式(11.C.19)和式(11.C.9)的结果，可以用式(11.C.4)表示矩阵 $\mathrm{cov}(\hat{\boldsymbol{p}}_i)$。

11.C.3　特殊例子：均匀线性阵列

迄今为止，我们已经考虑了一般的矩阵配置，在本节中，将得到 M 个元素的均匀线性阵列的表达式。在第 1 个基站上的第 m 个阵元的坐标是 $x=(m-1)\Delta\cos\phi_l$；$y=(m-1)\Delta\sin\phi_l$；这里 Δ 是元素空间，ϕ_l 是和 x 轴成逆时针方向的夹角。

第 1 个基站的导向向量：

$$\boldsymbol{a}_l(\boldsymbol{p})=(1\quad \mathrm{e}^{\mathrm{j}k\Delta\cos\theta'_l}\quad\cdots\quad \mathrm{e}^{\mathrm{j}k(M-1)\Delta\cos\theta'_l})^{\mathrm{T}} \tag{11.C.20}$$

其中，$k=2\pi/\lambda$ 是信号波数量，λ 是波长；θ'_l 是从 (x_t,y_t) 发射机到位于 (x_l,y_l) 的第 1 个基站的信号得到达方向(和阵列基线相关)。另外，在发射机和基站之间的时延 $\tau_l=d_l/c$，这里 $d_l=\sqrt{(x_t-x_l)^2+(y_t-y_l)^2}$ 是发射机到第 1 个基站的距离，c 是传播速度。

注意，信号到达第 1 个基站相对于 x 轴的到达角度是 $\theta_l=\theta'_l+\phi_l$。

操控向量和 x 轴的导数是

$$\frac{\mathrm{d}\boldsymbol{a}_l}{\mathrm{d}x}=-\mathrm{j}k\Delta\sin\theta_j\frac{\mathrm{d}\theta_l}{\mathrm{d}x}\boldsymbol{a}_l^{\mathrm{T}}\overline{\boldsymbol{M}},\ \frac{\mathrm{d}\boldsymbol{a}_l}{\mathrm{d}y}=-\mathrm{j}k\Delta\sin\theta_j\frac{\mathrm{d}\theta_l}{\mathrm{d}x}\boldsymbol{a}_l^{\mathrm{T}}\overline{\boldsymbol{M}} \tag{11.C.21}$$

其中，$\overline{\boldsymbol{M}}\triangleq\mathrm{diag}(0,1,\cdots,M-1)$ 且

$$\frac{\mathrm{d}\theta_l}{\mathrm{d}x}=\frac{\mathrm{d}\theta_l}{\mathrm{d}x}=-\frac{\sin\,\theta_l}{\mathrm{d}_l},\ \frac{\mathrm{d}\theta_l}{\mathrm{d}y}=\frac{\mathrm{d}\theta_l}{\mathrm{d}y}=-\frac{\cos\,\theta_l}{\mathrm{d}_l} \tag{11.C.22}$$

以及

$$\begin{aligned}\frac{\mathrm{d}^2\boldsymbol{a}_l}{\mathrm{d}x^2}&=-\mathrm{j}\frac{k\Delta}{d_l^2}\boldsymbol{a}_l^{\mathrm{T}}\overline{\boldsymbol{M}}[\sin(\theta'_l+\theta_l)\sin(\theta_l)\boldsymbol{I}-\mathrm{j}k\Delta\sin^2\theta'_l\sin^2\theta_l\overline{\boldsymbol{M}}]\\ \frac{\mathrm{d}^2\boldsymbol{a}_l}{\mathrm{d}y^2}&=-\mathrm{j}\frac{k\Delta}{d_l^2}\boldsymbol{a}_l^{\mathrm{T}}\overline{\boldsymbol{M}}[\cos(\theta'_l+\theta_l)\cos(\theta_l)\boldsymbol{I}-\mathrm{j}k\Delta\sin^2\theta'_l\cos^2\theta_l\overline{\boldsymbol{M}}]\\ \frac{\mathrm{d}^2\boldsymbol{a}_l}{\mathrm{d}x\mathrm{d}y}&=\mathrm{j}\frac{k\Delta}{d_l^2}\boldsymbol{a}_l^{\mathrm{T}}\overline{\boldsymbol{M}}[\sin(\theta'_l+\theta_l)\cos(\theta_l)\boldsymbol{I}-\mathrm{j}(1/2)k\Delta\sin^2\theta'_l\sin^2\theta_l\overline{\boldsymbol{M}}]\end{aligned} \tag{11.C.23}$$

至此完成性能分析。

附录11.D 有限长度观察值的频域表达

考虑在指定基站的观察值 $s(t)$,$0\leqslant t\leqslant T_1$;以及在不同基站的观察值 $s(t-D)$,$0\leqslant t\leqslant T_1$。这些信号的傅里叶变换如下:

$$S_1 = \int_0^{T_1} s(t)\mathrm{e}^{\mathrm{i}\omega t}\mathrm{d}t$$
$$S_2 = \int_0^{T_1} s(t-D)\mathrm{e}^{\mathrm{i}\omega t}\mathrm{d}t = \mathrm{e}^{-\mathrm{j}\omega D}\int_{-D}^{T_1-D} s(\sigma)\mathrm{e}^{-\mathrm{i}\omega\sigma}\mathrm{d}\sigma \tag{11.D.1}$$

S_1 和 S_2 之间的关系如下:

$$S_2 = \mathrm{e}^{-\mathrm{i}\omega D}(S_1+\Delta)$$
$$\Delta \triangleq \int_{-D}^{0} s(\sigma)\mathrm{e}^{\mathrm{i}\omega t}\mathrm{d}\sigma - \int_{T_1-D}^{T_1} s(\sigma)\mathrm{e}^{-\mathrm{i}\omega\sigma}\mathrm{d}\sigma \tag{11.D.2}$$

大部分情况下,我们使用近似值 $S_2 \cong \mathrm{e}^{-\mathrm{i}\omega D}S_1$,假定 $\Delta \lll S_1$,很容易验证 S_1 和 Δ 之间的能量比为

$$\frac{E(|S_1|^2)}{E(|\Delta|^2)} = \frac{T_1}{2D} \tag{11.D.3}$$

用于一个具有平坦谱密度的随机信号。这样,为了得到 20dB 的比率,需要的观测长度 T_1将是 $200D$。文章中,每个快照的长度是 $T_1 = T/K$。

第12章 不确定情况下的到达方向估计

12.1 简 介

智能天线通常应用于无线通信、卫星导航、雷达和电子战系统中。特别地，许多关键任务中都会使用DOA估计，比如波束形成和干扰消除、辐射源或目标定位以及跟踪。

信号以确定的序列或随机过程为模型，噪声以随机过程为典型模型。当为随机过程模型时，在信号特征提取、估计过程以及存在误差的系统中都要使用统计学方法。当为确定模型和方法时，也会使用矩阵扰动理论中的工具。

在智能天线系统中，信号处理算法设计的一个主要目标是在给定应用中达到性能最优化。制定最优化标准时同样需要使用统计学方法，如最小均方误差和极大似然函数。当精确的假定应用在传播环境、信号源、传感器部署、干扰和噪声模型上时，需要执行最优化处理。最优化估计过程的缺点是其对于与假定模型的微小偏离过于敏感。事实上，基本的假定可能不正确，最优化处理会导致结果准确性的明显降低。在存在误差的状态下可靠执行的过程称为稳健性处理。当需要在错误的信号和噪声模型中或非理想传播模型中进行可靠处理时，稳健性处理方法将代替最优化处理方法。

在本章中，我们假定测向时的信号和噪声模型存在误差。实际上，导致模型误差的因素包括：阵列响应或口径误差；传播环境带来的信号波形的失真；数据量过小；时变的传播环境；干扰；错误的噪声模型。

特别地，本章将考虑所谓的高分辨率测向算法。这些方法普遍使用了阵列输出协方差矩阵、特征向量构成的子空间，以及这些子空间的投影矩阵。这已证明是正确的，因为子空间与那些包含未知到达角度的阵列导向向量构成的子空间有关。因此，我们特别关注协方差矩阵和它的特征向量。子空间方法和最大似然方法是基于子空间和投影矩阵技术的主要方法。

本章包含以下内容：首先提出用于到达角估计的基本信号模型和基本假设。考虑辐射信号模型、阵列配置以及传播环境的偏差，简要复习存在偏差情况下可靠的阵列配置和到达方向的估计方法；其次考虑噪声模型的偏差；介绍高斯噪声下的接近最优的稳健处理过程和非高斯噪声下高可靠性的稳健处理过程，这些过程的稳健性通过影响函数来描述；最后给出稳健的到达角估计实例。

12.2 基本 DOA 估计信号模型

本章我们描述 DOA 估计中的基本信号模型和基本假设。出于简洁性考虑假定 ULA。我们假定信号模型为 K 个不相关的标准窄带满秩信号发射到 $M(K<M)$ 个传感器阵列。这些源假定为窄带并且出于同一个点源。接收到的信号向量 $z(n)$ 是一个 M * 1 的复向量,其表达式如下:

$$z(n)=\boldsymbol{A}s(n)+\boldsymbol{w}(n) \tag{12.1}$$

其中,$\boldsymbol{A}$ 是一个 $M\times K$ 的矩阵,例如

$$A=[\boldsymbol{a}(\theta_1),\boldsymbol{a}(\theta_2),\cdots,\boldsymbol{a}(\theta_k)]$$

其中,$\boldsymbol{a}(\theta_k)$ 是与第 k 个信号 DOAθ_k 相对应的 M×1 的阵列导向向量,K 向量

$$s(n)=[s_1(n),s_2(n),\cdots,s_k(n)]^{\mathrm{T}}$$

是入射信号的向量;$\boldsymbol{w}(n)$ 是一个 M×1 的复噪声向量。

假定对于任意具有 K 个截然不同的 θ_i 的集合,矩阵 $\boldsymbol{A}$ 为满秩。当阵列为一个 ULA 时,阵列导向向量的表达式如下:

$$\boldsymbol{a}(\theta)=[1,\mathrm{e}^{2\pi\mathrm{j}(d/\lambda)\cos[\theta]},\cdots,\mathrm{e}^{2\pi\mathrm{j}(M-1)(d/\lambda)\cos[\theta]}]$$

其中,d 为阵元间距;λ 为波长。角度是相对于连接阵列单元的连线的夹角。如果测量相对于阵列的侧面的角度,应用 $-\sin(\theta)$ 代替。导向向量的元素值取决于阵列结构。当 ULA 具有相同的阵列元素时,矩阵 A 为一个范德蒙德(Vandermonde)矩阵。系统布置如图 12.1 所示。

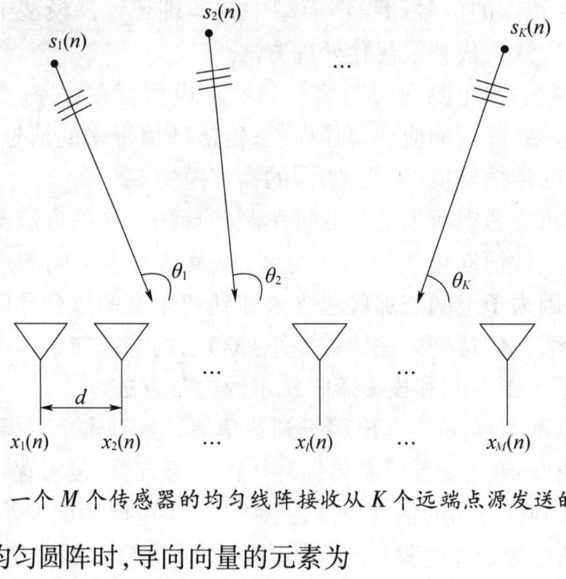

图 12.1 一个 M 个传感器的均匀线阵接收从 K 个远端点源发送的平面波

当阵列为均匀圆阵时,导向向量的元素为

$$a(\theta,\phi)=\begin{Bmatrix} e^{j\omega\frac{r}{c}\sin\phi\cos(\theta-\gamma_0)} \\ e^{j\omega\frac{r}{c}\sin\phi\cos(\theta-\gamma_1)} \\ \vdots \\ e^{j\omega\frac{r}{c}\sin\phi\cos(\theta-\gamma_{M-1})} \end{Bmatrix}$$

其中，$\omega=2\pi\cdot f'$ 为角频率；r 为阵列的半径。

$$\gamma_i=\frac{2\pi i}{M}$$

γ_i 是阵元的角方位（从 x 轴以逆时针旋转计算）；c 为光速；方位和俯仰角分别用 θ_1 和 Φ_1 表示。

假定信号为一个零均值宽平稳时间序列（即随机序列），噪声是与信号不相关的空时白噪声。$\boldsymbol{Z}(n)$ 的协方差矩阵（如果存在）为

$$\sum=E[z(n)z^{\mathrm{H}}(n)]=A\sum{}_s A^{\mathrm{H}}+\sigma^2 I$$

其中，$\sum_s=E[s(n)s^{\mathrm{H}}(n)]$ 是 $K*K$ 的满秩信号协方差矩阵，假定信号是不相关的；σ^2 为噪声方差；上标 H 为共轭转置矩阵；$\boldsymbol{I}$ 表示单位矩阵。阵列协方差矩阵的特征值表示为

$$\sum=U\Lambda U^{\mathrm{H}}$$

其中，Λ 是特征值的对角矩阵；矩阵 $\boldsymbol{U}$ 包含相应的特征向量。如果 $M>K$，我们将得到一个低秩的信号模型，$\sum$ 的 $M-K$ 个最小特征值等于 σ^2。相应的特征向量与矩阵 $\boldsymbol{A}$ 的各列正交。这 $M-K$ 个特征向量 $\boldsymbol{U}_n$ 构成的噪声子空间，K 个特征向量 $\boldsymbol{U}_s$ 构成的信号子空间，与 K 个最大特征值对应。$\boldsymbol{A}$ 的列向量构成相同的子空间。高分辨率方法将会明确利用该特性，高分辨率方法包括 MUSIC 和 ESPRIT，以及使用信号或噪声子空间的投影矩阵的最大似然方法。例如，MUSIC方法是基于信号子空间中的信号与 $\boldsymbol{U}_n$ 构成的整个噪声子空间正交这一性质的。借助于矩阵符号，在正确的 DOA 上 $\theta_i(i=1,\cdots,K)$ 可以用 MUSIC 伪谱表示：

$$V_M(\theta)=\frac{1}{a^{\mathrm{H}}(\theta_i)U_nU_n^{\mathrm{H}}a(\theta_i)}$$

对于其他 $\theta\neq\theta_i$，表达式中的分母值大于 0。K 个到达角的估计值可以由 K 个伪谱的峰值得出。

传统的 DOA 估计技术基于空间谱估计、MVDR 方法以及包括不同子空间和最大似然方法的高分辨率算法，广泛使用阵列协方差矩阵和它的结构。例如，与信号和噪声模型中基本假设的偏差会反映在阵列协方差矩阵和它的特征值—特征向量分解中。因此，协方差矩阵 $\sum$ 在我们的研究中扮演非常重要的

角色。在 DOA 估计中,偏差会导致附加的方差值,并且它们会导致估计的偏差增大,降低阵列的分辨率。此外,到达阵列的一些信号可能根本不能被检测到。估计信号的个数以及噪声和信号子空间的维数也是重要的课题,它与稳健的估计噪声、方差和特征值密切相关,甚至基本假定未必有效。通常使用类似 MDL 的方法。由于篇幅所限,本文不涉及使用稳健方法进行信号个数的估计。

12.3 信号模型和系统参数中的偏差

在本章中,我们考虑信号模型偏差以及阵列配置和传播环境与假定的偏差的影响,这些偏差将导致 DOA 估计的系统误差、估计方差过大以及高分辨率特性的损失。本章只简要论述该问题,因为偏差模型中的估计性能可参考相关书籍[1,5]。特别地,我们主要研究在波束形成和空间谱估计中模型偏差的影响。

12.3.1 误差源

一些常见的模型误差如下所示:

(1) 信号模型误差:信号可能不是窄带;它们可能不是出于同一个点源;辐射源可能不是远场的;平面波的假定可能是无效的。

(2) 阵列模型误差:传感器增益和相位响应误差、阵元位置误差或变化、互耦误差。

(3) 传播模型误差:传播媒介可能不是质地均匀的,传播环境可能是变化(比如,由于气候),散射环境可能比较多或在改变,它们可能不是视距的,可能存在一个本地的散射体,可能存在由多径引起的信号相关。

一些误差与角度有关,一些与角度无关。此外,可用的观测点太少也是一个问题,因为当理论的协方差矩阵不可知时,必须使用阵列协方差矩阵的估计样本。特别地,子空间方法可能受限于样本空间太小,因为信号协方差矩阵和阵列协方差矩阵都假定为满秩的,并且需要足够多的样本个数以达到这个秩的值。所有这些误差都将导致阵列协方差矩阵出现扰乱,进而导致特征值构成的子空间出现扰乱。扰乱显然会导致到达角估计值出现误差。不同算法中考虑偏差和方差中的误差影响详见文献[1,7,8],其中导出了误差表达式。对于足够小的误差,可以找到一级泰勒级数[8],并且建立起 CRB。

12.3.2 改进稳健性

显然,一些阵列和传播环境模型误差可以通过校正阵列的精度来处理。然而,可通过校正处理的情况与使用智能天线系统的条件显然不同,存在自动校准过程[9],该过程使得阵列在使用时可以进行校准。众所周知,某些阵列配置比其他阵列配置对校准误差更敏感。

例如,ESPRIT算法中使用的两个子阵列配置只需要局部校准,并且与假定精确的已校准MUSIC算法比较,误差校准更稳定。最近,提出了一种称为RARE的技术,该技术在容许的子阵列配置和部分阵列校准的需求上比ESPRIT技术更加灵活[10]。

若信号不是窄带的,在估计中将会带来不确定性,这是由于不同的频率具有不同的延迟。结果得到一个角估计区间,而不是一个点估计。此问题可以通过载频域中处理来解决,它是将此问题化简为许多窄带问题,或者通过空时处理来解决,一条L系数的抽头延迟线与每一个阵列元相关联。每一个空时快拍为一个$ML\times1$的向量。

与远场和点源的假定相背离可能会导致阵列响应超出假定的形式。这些误差的产生是由于缺乏对物理问题的理解。纠正这些误差需要改变阵列配置。一个简单方法是假定这些误差是随机的、独立的及零均值的。因此,它们通过提高噪声方差来降低SNR。如果预先知道信号源不是点源,或者信号中存在一个明显的角度扩展,就需要使用信号探测的技术[11,12]。

一个确定性模型需要考虑大量参数关联的离散波束,一个随机建模方法使用角度分布模型来得到平均角的极大似然估计和平均角的散射点(scatter)。

当假定为随机误差时,扰动可能使用阵列协方差矩阵[8]表示为矩阵形式:

$$\hat{\sum} = (\boldsymbol{I}+\boldsymbol{\Delta})\left[(\boldsymbol{A}+\tilde{\boldsymbol{A}})\sum\nolimits_s(\boldsymbol{A}+\tilde{\boldsymbol{A}})^{\mathrm{H}}+\sigma^2(\boldsymbol{I}+\tilde{\sum}\nolimits_v)\right](\boldsymbol{I}+\boldsymbol{\Delta})^{\mathrm{H}}$$

其中,矩阵$\boldsymbol{\Delta}$与影响数据中信号和噪声成分的误差有关;与单位矩阵响应的偏差包含在矩阵$\tilde{\boldsymbol{A}}$中。这个矩阵表达了阵元位置的扰动、增益误差和传感器的相位响应的扰动及互耦。$\tilde{\sum}_v$表示噪声协方差矩阵与单位矩阵$\boldsymbol{I}$的偏差。可以采用文献[8]中介绍的一阶分析方法,或者矩阵扰动理论中的分析工具研究扰动对信号子空间和噪声子空间的影响。一种方便的方法可以通过下面公式的奇异值分解获得:

$$\hat{\boldsymbol{U}}_s^{\mathrm{H}}\boldsymbol{U}_s$$

其中,$\hat{\boldsymbol{U}}_s$和$\boldsymbol{U}_s$为受扰的和真实的信号子空间特征向量。$\hat{\boldsymbol{U}}_s$和$\boldsymbol{U}_s$中基向量的校正角可以由$\arccos(\gamma_i)$得到,其中γ_i为$\hat{\boldsymbol{U}}_s^{\mathrm{H}}\boldsymbol{U}_s$的单数值。显然,如果最大的规范角$\arccos(\gamma_i)$很小,真实的和受扰的子空间彼此会很接近。

针对阵列和信号模型误差,存在一些可靠的阵列处理技术。波束空间处理使子空间方法对模型误差更加不敏感。被观测数据在使用子空间方法前通过一个波束形成器进行预处理。

对于由多径或干扰引起的相干源，许多高分辨方法将不可用。可以再次使用空间滤波预处理技术[14]来建立信号协方差矩阵 $\sum_s$ 的秩。最大似然方法也可以处理相干源。

阵列和信号模型误差可以通过 MUSIC 中适当的权值和子空间自拟合算法来重点考虑，例如，加权 MUSIC[8]引入了使用伪谱表达的加权矩阵：

$$\boldsymbol{V}_M(\theta, W) = \frac{1}{\boldsymbol{a}^{\mathrm{H}}(\theta_i)\boldsymbol{U}_n\boldsymbol{W}\boldsymbol{U}_n^{\mathrm{H}}\boldsymbol{a}(\theta_i)}$$

并且可以选择权值，以便使估计的方差最小化。显然，当 $\boldsymbol{W}=\boldsymbol{I}$，就得到了传统的 MUSIC 算法。另外，加权子空间拟合算法（WSF）为

$$\hat{\theta} = \arg\min_{\theta}\mathrm{Tr}\{\boldsymbol{\Pi}_A^{\perp}\hat{\boldsymbol{U}}_s\boldsymbol{W}\hat{\boldsymbol{U}}_s^{\mathrm{H}}\}$$

其中，$\boldsymbol{\Pi}_A^{\perp}=\boldsymbol{I}-\boldsymbol{\Pi}_A$ 是一个噪声子空间的投影矩阵，$\boldsymbol{\Pi}_A=\boldsymbol{A}[\boldsymbol{A}^{\mathrm{H}}\boldsymbol{A}]^{-1}\boldsymbol{A}^{\mathrm{H}}$ 用来降低模型误差带来的影响[15,16]。再次将特征向量加权以使方差最小化。

基于估计的特征值和特征向量，最优加权矩阵为

$$\hat{\boldsymbol{W}}_{\mathrm{opt}} = (\hat{\boldsymbol{\Lambda}}_s - \hat{\sigma}^2\boldsymbol{I})^2\hat{\boldsymbol{\Lambda}}_s^{-1}$$

其中，$\hat{\boldsymbol{\Lambda}}_s$ 为与 $\hat{\boldsymbol{U}}_s$ 相对应的 $\hat{\sum}$ 的特征向量。模型误差影响加权。详细的推导和进一步的参考内容见文献[15]。

12.4 噪声模型中的误差

本章介绍噪声模型的偏差，定性和定量地研究偏离基本噪声模型的影响，描述具有所需稳健性的稳健估计过程。如果信号处理过程对于与假定噪声过程具有微小偏差不敏感，那么它是稳健的。典型地，这些偏差以离群点形式发生，就是说这些观测值不遵循大多数数据的样式。导致偏差的其他原因包括噪声模型类别选择误差和噪声环境的错误假定。阵列和信号模型中的误差以及传播环境和噪声模型中可能的误差，突出了通过物理测量使假定有效的重要性。设定许多假定是为了简化接收机的算法设计，例如，通过假定为高斯分布的功率谱密度，导出的算法通常会得到易于计算的线性结构，因为高斯的线性变化仍是高斯的。

由于多种原因，阵列处理应用的噪声可能“重尾”（heavy - tailed），典型地，人为干扰呈重尾（heavy - tailed）分布。在室外无线信道中，经常会遇到重尾噪声[4,7]。用于描述人为或自然噪声的 Middleton A 级和 B 级噪声具有一个重尾（heavy - tailed）成分，导致了在高斯噪声假定下的最大似然方法性能严重损失。

12.4.1 定量和定性的稳健性

接下来，我们在介绍一些符号定义后，描述定量和定性的稳健性测量。我

们使用 $\hat{\boldsymbol{S}} \in \mathrm{PDH}(M)$ 来表示一个基于 $\mathbb{C}^M$ 中的快拍集合 $Z_N = \{\boldsymbol{z}_1, \cdots, \boldsymbol{z}_N\}$ 的散射矩阵估计，PDH(M)表示所有正定厄米特 $M \times M$ 矩阵。术语散射矩阵用来说明噪声分布，这里没有定义二阶矩。例如，对称 α 稳定分布和柯西分布属于这类分布。我们用 $\hat{S}(\boldsymbol{Z}_N)$ 表示是 $\hat{\boldsymbol{S}}$ 基于集合 $\boldsymbol{Z}_N$。我们使用大写黑体字母表示随机向量。我们要求 $\hat{S}$ 是仿射同变的。对于任意 $M \times M$ 非奇异矩阵 $\boldsymbol{B}$，变换数据 $\boldsymbol{B}\boldsymbol{Z}_N = \{\boldsymbol{B}\boldsymbol{z}_1, \cdots, \boldsymbol{B}\boldsymbol{z}_N\}$ 的估计值为

$$\hat{S}(\boldsymbol{B}\boldsymbol{Z}_N) = \boldsymbol{B}\hat{\boldsymbol{S}}(\boldsymbol{Z}_N)\boldsymbol{B}^{\mathrm{H}}$$

假定 $F \in F$，F 表示 $\mathbb{C}^M$ 上分布的一个大的子集。“大”的含义是指对于未知总体和与集合 Z_N 相关的经验分布 F_N，包含接近真实的模型数据。然后，映射 $C: F \to \mathrm{PDH}(M)$ 是一个与 $\hat{\boldsymbol{S}}$ 对应的统计函数，$\hat{\boldsymbol{S}} = \boldsymbol{C}(F_N)$。仿射同变表示在中心复椭圆对称(CES)分布 F，

$$\boldsymbol{C}(F) = \sigma \boldsymbol{S}$$

对于一些正数 σ，其值依赖于函数 C 和中心 CES 分布 F。CES 分布在文献[19]中有详细介绍，它是通过一个散射矩阵 $\boldsymbol{S}$ 来表示的，当 CES 分布的协方差矩阵 $\sum$ 存在时，矩阵 $\boldsymbol{S}$ 与其成比例。例如，多元复高斯分布和柯西分布就是这类分布中比较著名的分布。这里，“中心”是指 CES 分布的位置或对称中心 $\boldsymbol{\mu}$ 假定已知或固定。不失一般性，我们假定 $\boldsymbol{\mu} = 0$。

1. 定量稳健性

转折点的概念用于表达定量的稳健性，它通过造成估计崩溃的坏值的最小拐点来定义。在协方差估计方面，它指来自所有 N 个观测值的最少 k 个观测值，这些观测值可以得到所有边界范围内的最大特征值，或者得到任意地接近于0的最小特征值。这使得矩阵用于散射矩阵估计的中止点(有限样本)可以定义为

$$\varepsilon^* = \min_{1 \leqslant K \leqslant N} \left\{ \frac{K}{N} \middle| \sup_{Z_{N,k}} D[\hat{S}(Z_N), \hat{S}(Z_{N,k})] = \infty \right\}$$

其中，$Z_{N,k}$ 是一个恶化了的样本，它通过用任意的值替换 Z_N 中的 k 个观测值来获得，并且取所有可能集合 $Z_{N,k}$ 的上界。上文的 $D(,)$ 是两个正定的厄米特矩阵不同之处的测度，定义为：

$$D(A,B) = \max[\,|\lambda_1(A) - \lambda_1(B)|, |\lambda_M(A)^{-1} - \lambda_M(B)^{-1}|\,]$$

其中，$\lambda_1(A) \geqslant \cdots \geqslant \lambda_M(A)$ 为矩阵 $\boldsymbol{A} \in \mathrm{PDH}(M)$ 的排序的特征值。特定的不同之处的测度介绍详见文献[20]。这里，中止点以特征值来定义，但是也可以建立对于特征向量的相似概念。中止点总是低于50%，并且它通常依赖于维数。对于中止点的其他定义和详细描述见文献[2,3,20]。

2. 定性稳健性

一个估计算法的定性的可靠性可以通过影响函数(IF)来描述。一个 IF 给

出极小扰动对估计算法的影响[3]。一个稳健的估计算法应该有一个有界的和连续的IF。不严格地说,有界是指任意点上的少量错误不能对估计有任意大的影响。连续是指集合中的小的改变只能够导致估计中小的改变。

一个影响函数本质上是一个估计算法功能版本的一阶导数。如果我们将在 z 上的点集合表示为 Δ_z,并且被破坏的分布为 $F_\varepsilon=(1-\varepsilon)F+\varepsilon\Delta_z$,那么 F 上的一个函数 T 的IF为

$$\mathrm{IF}(z;T,F)+\lim_{\varepsilon\downarrow 0}\frac{T(F_\varepsilon)-T(F)}{\varepsilon}=\frac{\partial}{\partial\varepsilon}T(F_\varepsilon)\bigg|_{\varepsilon=0}$$

可以将影响函数描述为 z 点上一个极小的错误对估计算法的影响,通过大量错误集合来作为其衡量标准。影响函数的全面介绍详见文献[3]。

对于任意仿射同变散射矩阵函数 $C(F)\in\mathrm{PDH}(k)$,存在一个函数 $\alpha,\beta:\mathbb{R}^+\to\mathbb{R}$,一个CES分布 F 上C(F)的影响函数为

$$\mathrm{IF}(z;C,F)=\alpha(r)S^{1/2}[\boldsymbol{u}\boldsymbol{u}^{\mathrm{H}}-(1/M)I]S^{1/2}+\beta(r)S$$

其中,$r^2=z^{\mathrm{H}}S^{-1}$,$\boldsymbol{u}=S^{-1/2}\boldsymbol{z}/\boldsymbol{r}$。上式表示如果当且仅当相应的"权函数"$\alpha$ 和 β 是有界的,那么散布函数的影响函数是有界的。详细介绍和实例请参见文献[21]。

散射矩阵函数 $C(F)$ 的影响函数的相关知识允许我们获得特征向量函数和特征值函数的影响函数。比如,对应一个单一的特征值 λ_i,$C(F)$ 的特征向量函数 $g_i(F)$ 的影响函数在文献[21]中给出:

$$\mathrm{IF}\,(z,g_i,F)=\frac{\alpha(r)}{\sigma}\sum_{\substack{j=1\\j\neq 1}}^{M}\frac{\sqrt{\lambda_j\lambda_i}}{\lambda_i-\lambda_j}u_j u_i^{*}\gamma_j$$

其中,$\gamma_1,\cdots,\gamma_M$ 表示散射矩阵 $\boldsymbol{S}$ 的特征向量。特征向量以及特征向量所构成的子空间在智能天线算法中十分重要。影响函数和中止点可以用一个明确的方式描述一个阵列处理过程中的定性和定量的稳健性。

12.4.2 稳健性过程

下面,给出质量和数量稳健的DOA估计方法的例子。第一类方法源于非参数的统计学,也考虑半参数的 M - 估计和随机的 ML - 估计。稳健性方法也可被用于减少建模误差的影响。协方差和子区间稳健性估计可被用于波束域方法,以及使用部分校准矩阵的方法(如:ESPRIT),通过构造稳健估计协方差矩阵的秩可进行空间平滑[17,22]。

1. 无参数统计

我们从给出多变量空间标记和秩概念的定义开始。对于 M - 变量的复杂数据集合,$\boldsymbol{z}(1),\cdots,\boldsymbol{z}(N)$,空间秩函数为

$$\boldsymbol{r}(\boldsymbol{z}) = \frac{1}{N}\sum_{i=1}^{n}\boldsymbol{s}[\boldsymbol{z}-\boldsymbol{z}(i)]$$

其中，s 是空间标记函数

$$\boldsymbol{s}(\boldsymbol{z}) = \begin{cases}\dfrac{\boldsymbol{z}}{\|\boldsymbol{z}\|}, & \boldsymbol{z}\neq 0\\ 0, & \boldsymbol{z}=0\end{cases}$$

其中，$\|\boldsymbol{z}\| = (\boldsymbol{z}^{\mathrm{H}}\boldsymbol{z})^{1/2}$。空间标记协方差矩阵定义为

$$\sum\nolimits_{\mathrm{SCM}} = \frac{1}{N}\sum_{i=1}^{n}\boldsymbol{s}[\boldsymbol{z}(i)\boldsymbol{s}^{\mathrm{H}}[\boldsymbol{z}(i)]$$

空间 Kendall 的 τ 协方差矩阵（TCM）和空间秩协方差矩阵（RCM）分别定义为

$$\sum\nolimits_{\mathrm{TCM}} = \frac{1}{N^2}\sum_{i=1}^{N}\sum_{j=1}^{N}\boldsymbol{s}[\boldsymbol{z}(i)-\boldsymbol{z}(j)]\boldsymbol{s}^{\mathrm{H}}[\boldsymbol{z}(i)-\boldsymbol{z}(j)]$$

$$\sum\nolimits_{\mathrm{RCM}} = \frac{1}{N}\sum_{i=1}^{n}\boldsymbol{r}[\boldsymbol{z}(i)\boldsymbol{r}^{\mathrm{H}}[\boldsymbol{z}(i)]$$

由此可见，这些协方差矩阵估计结果收敛于特征向量的估计和子区间伴随矩阵的估计[22]。因此，这些估计值可被插入任何子区间估计值，例如 MUSIC，并且通过在这些协方差矩阵上执行空间平滑，也可以处理相干源。

2. M－估计

下面给出一个导出稳健的 M－估计的说明性例子。

定义

离散 M－估计量 $\hat{S}\in\mathrm{PDH}(M)$，基于抽样 $z_1,\cdots,z_N\in\mathbb{C}^M$ 的解

$$S = \mathrm{ave}\{v(d_i^2)\boldsymbol{z}(i)\boldsymbol{z}^{\mathrm{H}}(i)\}$$

其中，ave{ } 表示括号内表达式的平均值；$i=1,\cdots,N$；$d_i^2 = \boldsymbol{z}^{\mathrm{H}}(i)S^{-1}z(i)$；$v$ 是 $[0,\infty]$ 上的实值函数。

首先，我们注意到估计 $\hat{\boldsymbol{S}}$ 是几何变化的。对应于 M 估计量 $\hat{\boldsymbol{S}}$ 的统计函数 $C(F)\in\mathrm{PDH}(k)$，作为模拟方法被定义

$$C(F) = E\{v\{\boldsymbol{Z}^{\mathrm{H}}C(F)^{-1}Z]\boldsymbol{ZZ}^{\mathrm{H}}\}$$

注意，$\hat{\boldsymbol{S}} = C(F_N)$。很容易证明 $C(F) = \sigma\sum$（也就是，当它存在时与协方差矩阵成比例）。标量 $\sigma > 0$ 依赖于估计量和 CES 的分布 F。

在 CES 分布 F 下的离散 M－函数 $C(F)$ 的影响函数在前面章节中给出[21]：

$$\alpha(r)\propto v(r^2/\sigma)r^2 \text{ 和 } \beta(r)\propto v(r^2/\sigma)r^2 - M\sigma$$

因而，如果 $v(r^2)r^2$ 是连续有界的，M－函数 $C(F)$ 的影响函数是连续有界的。

我们现在考虑一个有趣的特殊情况——复 t_1M－估计量[21,23,24]。这是一个使用加权函数获取的 M－估计量

$$v(d^2)=(2M+1)/(1+2d^2)$$

如果基本分布是复多变量柯西分布，加权函数的选择服从离散矩阵 $\boldsymbol{S}$ 的 ML - 估计。可以发现实际的估计使用下面的迭代算法会很方便。给出一个初始估计 $\sum_0 \in \mathrm{PDH}(M)$，定义

$$\sum\nolimits_{m+1}=\mathrm{ave}\{v[\boldsymbol{z}^{\mathrm{H}}(i)S_m^{-1}\boldsymbol{z}(i)]\boldsymbol{z}(i)\boldsymbol{z}^{\mathrm{H}}(i)\} \tag{12.2}$$

详情参看文献[23,25]。在文献[23]中，t_1M - 估计量被用于各样传感器阵列信号处理应用。因为 $v(r^2)r^2$ 是平滑有界的，t_1M - 估计量的 IF 是平滑有界的，因此，它的特征向量和特征值函数也是有界的。图 12.2 例举了常规协方差矩阵估计量的特征向量的影响函数，并且绘制了 t_1M - 估计量。常规协方差矩阵显然有一个无界的影响函数，尽管如前面所示 t_1M - 估计量的影响函数是平滑有界的。

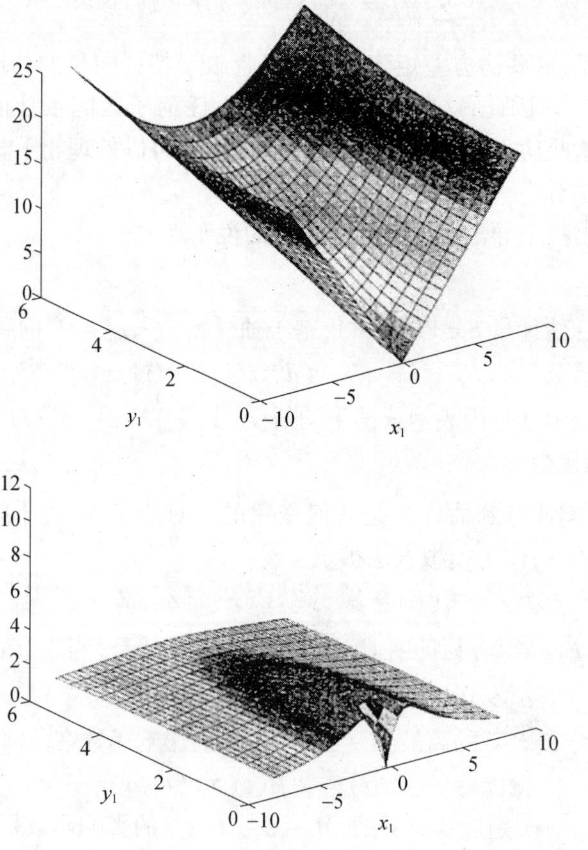

图 12.2 双变量复杂正态分布($\lambda_1=1,\lambda_2=0.6$)时的 $\|\mathrm{IF}(z;\boldsymbol{g}_1,F)\|$ 常规协方差估计量(a)和 t_1M - 估计量(b)。此处，$\mathbf{z}=[z(1),z(2)]^{\mathrm{T}}$，$z(2)$ 固定，$z(1)$ 变化

对具有不同直率的复杂 t 分布，使用最大似然准则推导获得稳健估计量，有两个期望的属性：它们是高稳健的；并且即使在复杂高斯情况下也具有非常接近最优状态的合理大小的矩阵。估计量的效率作为矩阵大小的函数而快速增长。

3. 随机最大似然

在传统随机 ML(SML)方法[6]中，噪声和信号分布模型为复圆高斯，$z(i)\sim\mathbb{C}N_k(0,\sum)$。回想 $\sum=\mathrm{Cov}[z(i)]$。信号参数 $\theta=(\theta_1,\cdots,\theta_k)$，信号协方差矩阵 $\sum_s\in\mathrm{PDH}(K)$，且噪声变量 $\sigma^2\in\mathbb{R}^+$ 由下列式构成：

$$\left\{\hat{\theta},\hat{\sum}_s,\hat{\sigma}_2\right\}=\arg\min_{\theta,\sum_s,\sigma^2}\left\{\log\left[\det(\sum)\right]+\mathrm{Tr}\left[\sum^{-1}\hat{\sum}\right]\right\}$$

其中

$$\hat{\sum}=\frac{1}{N}\sum_{i=1}^{n}z(i)z^{\mathrm{H}}(i)$$

虽然是最优的(如果模型正确)，SML方法的缺点是它导致了困难的多维非线性优化问题，并且它对重尾噪声非常敏感。为获得 DOAs 的稳健估计量，可以使用复杂的多变量 t 分布，定义1为一个(稳健的)矩阵输出模型分布。这样，如果我们建模 $z(i)\sim\mathbb{C}t_{M,v}(0,S)$，那么信号参数的 ML－估计由下式得到：

$$\left\{\hat{\theta},\hat{\sum}_s,\hat{\sigma}^2\right\}=\arg\min_{\theta,\sum_s,\sigma^2}\{\log[\det(\boldsymbol{S})]+[(2M+v)/2]\mathrm{ave}[\log(1+2z_i^{\mathrm{H}}S^{-1}z_i/v)]\}$$

注意，在上表达式中离散矩阵 $\boldsymbol{S}$ 被用来替代协方差矩阵 $\sum$，因为二阶分布没定义。在重尾模型下的随机 ML 估计也在文献[17,26]考虑。

12.5　矩阵处理举例

我们现在证明基于稳健协方差估计的 MUSIC DOA 估计量的稳健性。使用8阵元($M=8$)，阵元间间距等于 $\lambda/2$ 的 ULA。两个非相关信号($K=2$)，SNR＝20dB，以 DOAs $\theta_1=-2°$和 $\theta_2=+2°$(侧边)入射到阵列。在我们的研究中，由多变量复杂高斯和柯西分布产生 $N=300$ 快照。协方差矩阵的采样和 t_1M 估计量被用于估计噪声子空间。图12.3描述了与被仿真的复杂高斯和柯西快照的离散矩阵的两个估计量相关的 MUSIC 伪谱。我们注意到协方差矩阵的采样 $\hat{\sum}$ 和离散矩阵 t_1M 估计量可在高斯情况下解两个源，但在柯西情况下协方差矩阵采样不能解出源(也就是丢解)。然而，离散矩阵的稳健 t_1M 估计量产生具有高精度的 DOAs 的可靠估计。

给出使用单位圆阵(UCA)的另一个稳健性例子。使用波束空间转换，为导向向量矩阵产生了一个具有范特蒙德结构的虚矩阵。使用了在文献[27]中为圆阵导出的归一的根—MUSIC 算法。作为转换的副产物,进行了空间平滑,可以处理相干信号源时提高稳健性。另外,用估计标记协方差矩阵(在本章较早提出)代替常规采样协方差矩阵可以获取处理重尾噪声的稳健性。下面说明该方法的稳健性。此处加性噪声被假定为复杂柯西分布,在高斯情况下的 SNR 将为 10dB。这是一个非常重要的情况,因为在柯西噪声情况下甚至没有定义噪声的分布。图 12.4 绘制了 UCA 归一的根—MUSIC 零点,使用了常规的采样协方差矩阵和稳健的空间信号协方差矩阵估计。DOA 是 $\phi=280°$,稳健方法能够非常可靠地发现信号,而常规的估计方法完全失败。

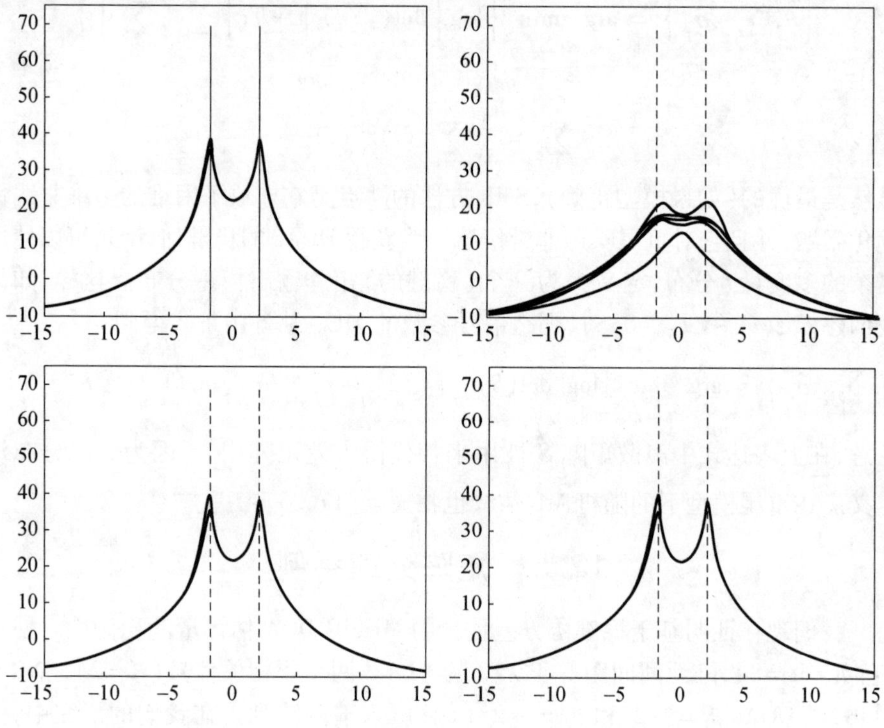

图 12.3 基于采样协方差矩阵的 MUSIC 伪谱(上行)和离散矩阵的 t_1M 估计量(下行),数据源位复常态(第一列)和柯西(第二列)分布下产生的五次仿真数据集

最后,我们考虑一个相干源和重尾噪声(即,具有指数 α 特征的对称 α 稳态噪声)同时出现的例子。图 12.5 显示了在 $\alpha=2$ 和 $\alpha=1$ 情况下的五次估计结果。在高斯噪声情况下,两个算法的性能几乎一样。首先在前后空间平滑对每个子矩阵使用稳健 RCM 协方差估计,然后使用常规 MUSIC 算法,两种算法即使在重尾噪声条件下都能可靠地估计到达角。然而,标准空间平滑 MUSIC 算法在重尾噪声(即 $\alpha<2$)情况下会失败。

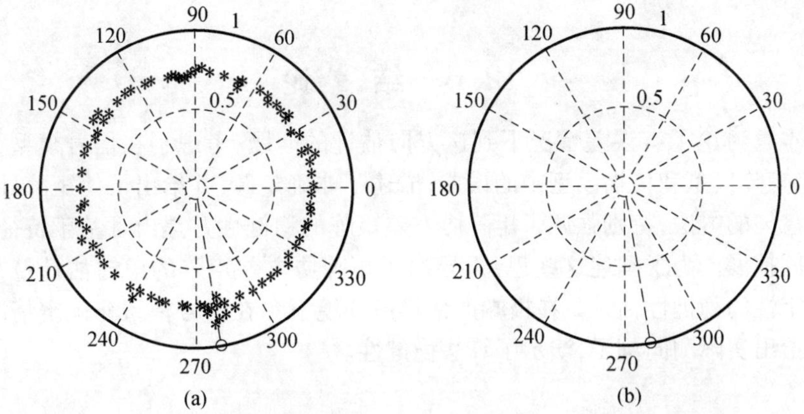

图 12.4　在柯西噪声环境下 UCA 归一的根 - MUSIC 算法的零点

(a)使用常规采样协方差矩阵估计量的结果;(b)使用稳健的空间信号协方差矩阵估计量的结果。稳健方法可靠地得到到达角,并且根集中在实际到达角的附近;基于常规协方差矩阵的估计方法完全失败,因为根分散在整个单位圆。一共使用了 200 快照,$r = \lambda$,$N = 19$UCA 阵元。

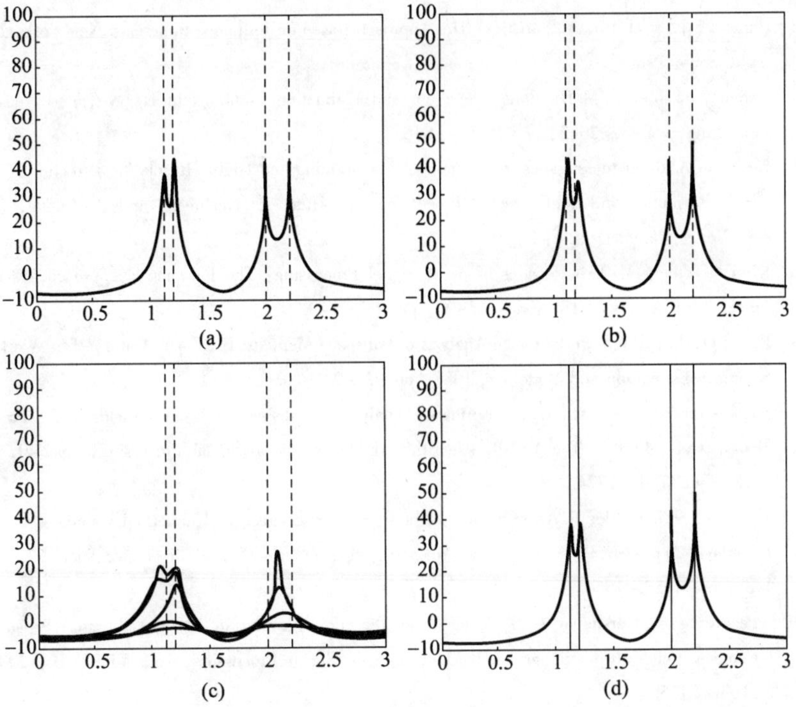

图 12.5　α 稳态噪声条件下 DOA 估计结果

(a)空间平滑 MUSIC,$\alpha = 2$;(b)基于 RCM 空间平滑 MUSIC,$\alpha = 2$;(c)空间平滑 MUSIC,$\alpha = 1$;(d)基于 RCM 空间平滑 MUSIC,$\alpha = 1$。ULA 的大小是 8,子矩阵的大小是 6。DOA 为 65°,70°,115°和 127°

12.6 结 论

本章讨论了有误差情况下到达方向估计的问题；考虑了在信号模型、噪声模型、矩阵模型和传播模型中的误差；描述了非确定源，并给出了使矩阵处理过程更稳健的方法；特别强调了矩阵协方差矩阵的稳健性并提出了基于特征向量子空间扩展。为了阐述这些思想，导出了矩阵协方差矩阵的稳健估计量，并给出了定性的稳健性估计。在极端严格噪声环境下和在信号模型非确定情况下，通过给出实际测向例子，演示了算法稳健性。

参考文献

[1] Godara, L. Smart Antennas, Boca Raton, FL: CRC Press, 2004.

[2] Kassam S A, Poor H V. Robust Techniques for Signal Processing: A Survey. IEEE Proc., vol. 73, No. 3, 1985, pp. 433 - 481.

[3] Hampel F R, et al. Robust Statistics: The Approach Based on Influence Functions. New York: John Wiley & Sons, 1986.

[4] Swami A, Sadler B M. On Some Detection and Estimation Problems in Heavy Tailed Noise. Signal Processing, vol. 82, 2002, pp. 1829 - 1846.

[5] Geshman A. Robustness Issues in - Adaptive Beamforming and High - Resolution Direction Finding. in High - Resolution and Robust Signal Processing, Y. Hua, A. Geshman, and Q. Cheng, (eds.), New York: Marcel Dekker, 2004.

[6] Krim H, Viberg M. Two Decades of Array Signal Processing: The Parametric Approach. IEEE Signal Processing Mag., vol. 13, No. 4, 1996, pp. 67 - 94.

[7] Rao B D, Hari K V S. Performance Analysis of Subspace Methods. IEEE 4th Annual ASSP Workshop on Spectrum Estimation and Modeling, 1988, pp. 92 - 97.

[8] Swindlehurst A L, Kailath T. A Performance Analysis of Subspace - Based Methods in the Presence of Model Errors, Part I: The MUSIC Algorithm. IEEE Trans. on Signal Processing, vol. 40, No. 7, 1992, pp. 1758 - 1774.

[9] Weiss A J, Friedlander B. Array Shape Calibration Using Sources in Unknown Locations - A Maximum Likelihood Approach, IEEE Trans. on Acoustics, Speech) and Signal Processing, vol. 37, No. 12, 1988, pp. 1958 - 1966.

[10] Pesavento M, Gershman A B, Wong K M. Direction Finding in Partly Calibrated Sensor Arrays Composed of Multiple Subarrays. IEEE Trans. on Signal Processing, vol. 50, No. 9, 2002, pp. 2103 - 2115.

[11] Pedersen K 1, Mogensen P E, Fleury B H. A Stochastic Model of the Temporal and Azimuthal Dispersion Seen at the Base Station in Outdoor Propagation Environments. IEEE Trans. on Vehicular Technology, vol. 49, No. 2, 2000, pp. 437 - 447.

[12] Ribeirio C, Ollila E, Koivunen V. Propagation Parameter Estimation in MIMO Systems Using Mixture of

Angular Distributions Model. IEEE ICASSP 2005, Philadelphia, PA, 2005, pp. 885 – 888.

[13] Zoltowski M D, Kautz G M, Silverstein S D. Beamspace Root – MUSIC. IEEE Trans. on Signal Processing, vol. 41, No. 41, 1993, pp. 344 – 364.

[14] Pillai S U, Kwon B H. Forward/Backward Spatial Smoothing Techniques for Coherent Signal Identification. IEEE Trans. 011 Acoustics, Speech, and Signal Processing, vol. 37, No. I, 1989, pp. 8 – 15.

[15] Jansson M, Swindlehurst A L, Ottersten B. Weighted Subspace Fitting for General Array Error Models. IEEE Trans. on Signal Processing, vol. 46, No. 9, 1998, pp. 2484 – 2498.

[16] Swindlehurst A L, Kailath T. A Performance Analysis of Subspace – Based Methods in the Presence of Model Error. Ⅱ. Multidimensional Algorithms. IEEE Trans. on Signal Processing, vol. 41, No. 9, 1993, pp. 2882 – 2890.

[17] Kozick R J, Sadler B M. Maximum – Likelihood Array Processing in Non – Gaussian Noise with Gaussian Mixtures. IEEE Trans. on Signal Processing, vol. 48, No. 12, 2000.

[18] Middleton D. An Introduction to Statistical Communication Theory, 1st ed. New York: Wiley – IEEE Press, 1996.

[19] Krishnaiah P, Lin J. Complex Elliptically Symmetric Distributions. Comm. Statist. – Th. and Meth., vol. 15, 1986, pp. 3693 – 3718.

[20] Lopuhaa H P, Rousseeuw P J. Breakdown Points of Affine Equivariant Estimators of Multivariate Location and Scatter. The Annals of Statistics, vol. 19, 1991, pp. 229 – 248.

[21] Ollila E, Koivunen V. Influence Functions for Array Covariance Matrix Estimators. Proc. IEEE Statistical Signal Processing Workshop (SSP′03), 2003, pp. 462 – 465.

[22] Visuri S, Oja H, Koivunen V. Direction of Arrival Estimation Based on Nonpara – metric Statistics. IEEE Trans. on Signal Processing, vol. 49, No. 9, 2001, pp. 2060 – 2073.

[23] Ollila E, Koivunen V. Robust Antenna Array Processing Using M – Estimators of Pseudo – Covariance. Proc. IEEE International Symposium 011 Personal, Indoor and Mobile Radio Communication (PIMRC′03), Beijing, China, 2003.

[24] Ollila E, Koivunen V. Robust Space – Time Scatter Matrix Estimator for Broadband Antenna Arrays. in Proc. IEEE VTC2003 Fall, Orlando, FL, October 6 – 9, 2003.

[25] Kent J T, Tyler D E. Redescending M – Estimates of Multivariate Location and Scatter. The Annals of Statistics, vol. 19, 1991, pp. 2012 – 2119.

[26] Williams D B, Johnson D H. Robust Estimation of Structured Covariance Matrices. IEEE Trans. on Signal Processing, vol. 41, No. 9, 1993, pp. 2891 – 2906.

[27] Belloni F, Koivunen V. Unitary Root – MUSIC Technique for Uniform Circular Array. IEEE ISSPIT 2003, 2003, pp. 451 – 454.

第 13 章 DOA 天线阵的耦合模型

13.1 简 介

基于接收信号协方差矩阵特征值分解的测向技术已经进行过广泛的讨论[1-3],大多数技术需要关于天线特性的精确知识。尽管测向技术特征结构方面已经具有大量的知识,但由于校准与整个系统的数据收集相关,实际系统的应用仍然受限。可以使用一个初始校准表来解决阵列接收信号缺乏精确知识的问题。例如,天线在阵列中的位置改变导致实际 DOA 和估计 DOA 之间的不匹配。这些与多种形式阵列误差估计和存在不精确的已知协方差矩阵的相关问题的广泛处理已经在文献[4,5]完成。

除了初始阵列校准的问题,还存在阵列校准维护的问题。从电磁的角度来说,阵列天线间的互相耦合使阵列的初始校准不再有效。互耦的存在使得不可能通过阵列校准来满足 DOA 技术特征结构需要的精度,减少互耦对于使 DOA 技术有用非常重要。

为减小互相耦合的影响,提出了很多技术,这些技术可以按照解决问题的方式分类。有些技术从信号处理的角度出发,自身不处理互相耦合的问题,但是从信号处理角度看它会引起全局效应。这种情况下,假设一个互耦阵列,在线性阵列中绑定 Toeplitz 结构,在圆形阵列绑定圆形结构,矩阵结构可以是 Toeplitz或者圆形。在实践中,耦合参数的真实值随假定参数而变,并且会出现随时间而变。通过这个假想矩阵,可以确定 DOA 和具有假想结构的互耦。

第二类方法是研究矩阵的电磁模型,从真实天线电压或电流估计互耦矩阵,然后确定到达角。

下面使用两个方法来确定天线阵阵元间的电磁(EM)耦合矩阵:无限阵列和有限相位阵列。前一方法很好地全面建模了一个大但有限的主要阵元的矩阵,并且隐含包括了阵元之间的互耦作用。紧接着使用具有等间距阵元的天线阵自校,使用测量到的耦合[7]进行自校。自校在所有阵元具有相同的不随阵元位置变化的插入辐射模式(即阵元辐射模型在其他阵元在一个无限阵列中的表现)的假定下完成。然而,此方法并不考虑边缘效应。此外,并不知道一个有限阵列到底需要多大才可以被充分建模。最后一个主题在自适应阵列应用中特别关键。因而,有限相位阵列的耦合研究比无限阵列研究更实际。然而,有限阵列的分析相当困难[8]。

本章提出了一个在 DOA 侦察系统中使用的计算有限阵列天线中的导向向量的模型。在大多数情况下，此模型用于设计 DOA 数学算法以尽可能简化实际天线的复杂度，避免在数学设计中不感兴趣但在实际系统导向向量(SV)计算中仍然重要的参数。

在此，模型考虑了所有电磁天线参数并且尽量设计一个仅用于天线和接收子系统[9]的线性行为的通用公式。噪声信号假定为随机高斯过程、无色频谱，并且信道间不相关。模型从远源平面波前到近源球面波前都可适用。另外，尽管在窄带情况下表达式受限，模型可工作于窄带或宽带输入信号。

一旦介绍了模型，多种原因的导向向量误差的影响都可被分析，如增益误差、辐射阵元位置误差、阵元间互耦或靠近天线的干扰阵元。最后讨论补偿矩阵模型的有效性，并且强调了公式中的近似结果。如第 19 章所述，矩阵的引入使得能够获得简洁和更深入校准方法的表达式。

13.2　天线导向向量模型

在一般的 DOA 系统，我们认为一组 P 天线放于记名位置 $\boldsymbol{r}_k = \{r_{kx}, r_{ky}, r_{kz}\}$，$k=1,\cdots,P$，认为一个场源被放置于位置 $\boldsymbol{r}_s = \{r_{kx}, r_{ky}, r_{kz}\}$，在天线阵产生电场，等价于一个球形波，用阵列形式描述如下：

$$\boldsymbol{E}_s(\vec{r},t) = \hat{\boldsymbol{\theta}} E_{\theta s}\left(t - \frac{|\boldsymbol{r}-\boldsymbol{r}_s|}{c}\right) + \hat{\boldsymbol{\phi}} E_{\phi s}\left(t - \frac{|\boldsymbol{r}-\boldsymbol{r}_s|}{c}\right) \tag{13.1}$$

其中，$\hat{\boldsymbol{\theta}}$ 和 $\hat{\boldsymbol{\phi}}$ 是球面坐标的单位向量；$E_{\theta s}(t)$ 和 $E_{\phi s}(t)$ 是瞬时电场成分；c 是光速。两个函数被认为是在波前球形表面与位置坐标相关的常量。

一个带限信号可以表示为低通滤波器响应在中心频率 f_c 处的函数。两个场极化成分受限于满足下列条件的相同的带宽 B：

$$B \leqslant \frac{c}{L} = f_c \frac{\lambda}{L} \tag{13.2}$$

其中，L 是阵列的最大维数；λ 是载波波长。源场强可以被写成低通复场强的函数：

$$\boldsymbol{E}_s(\boldsymbol{r},t) = \mathrm{Re}[\hat{\boldsymbol{e}}_s(t) E_s(t) \mathrm{e}^{(-\mathrm{j}k_0|\boldsymbol{r}-\boldsymbol{r}_s|)}] \tag{13.3}$$

其中，$k_0 = 2\pi/\lambda$ 是波数；$\hat{e}_s(t)$ 和 $E_s(t)$ 是极化的低通复成分和电场时间函数。

假定接收阵列的每个天线具有普遍的接收标准化复杂图表 $F_k(\theta,\phi)$ 和在频率 f_c 处接收单元极坐标向量 $\hat{\boldsymbol{e}}_k(\theta,\phi)$，$f_c$ 在源信号带宽中是常数。这些标准化条件可表示如下：

$$\int |F_k(\theta,\phi)|^2 \mathrm{d}\Omega = 1 \quad |\hat{e}_k(\theta,\phi)|^2 = 1 \tag{13.4}$$

其中,Ω 是波束立体角变量。

伴随场在阵元终端产生的信号通常用快拍向量 $\boldsymbol{x}(t)=\{x_1,x_2,...,x_p\}^t$ 表示。这些信号可以选电压、电流、线波传输或者任何其他可被在输出终端测量的复杂的电参数。对天线公式,所有这些参数是等价的,并且通过独立于源位置、极化或场强且只依赖于在天线终端使用的负载阻抗的常量参数相关联。如果离开天线终端的激励波在阻抗为 Z_0 的传播线路上被测量,可将输出信号写为

$$x_k(t) = E_s(t)[\hat{e}_s(t)\cdot\hat{e}_k(\theta_{sk},\phi_{sk})]\frac{\lambda\rho_k}{\sqrt{2\eta_0}}F_k(\theta_{sk},\phi_{sk})\mathrm{e}^{(-\mathrm{j}\omega_c,\tau_{sk})} \tag{13.5}$$

其中,方向(θ_{sk},ϕ_{sk})与指向阵列每个辐射源的向量$(\boldsymbol{r}_s-\boldsymbol{r}_k)$方向一致;$\rho_k$ 对于无源天线是一个复天线效率常量或者对于有源天线是天线增益;$\eta_0=120\pi$ 是在自由空间的波阻抗;$\omega_c=2\pi f_c$ 是载波脉冲角频率;τ_{sk}是光速 c 时从辐射源到天线阵元相对于原点坐标的传播时间:

$$\tau_{sk}=\frac{|\boldsymbol{r}_s-\boldsymbol{r}_k|-|\boldsymbol{r}_s|}{c} \tag{13.6}$$

通常,假设为远场平面波,天线阵列每个天线阵元和整个阵列都满足该假设。条件表达式为

$$|\boldsymbol{r}_s|\geqslant\frac{\lambda^2}{L} \tag{13.7}$$

在这种情况下,每个阵元输出信号可写为

$$x_k(t) = E_s(t)[\hat{e}_s(t)\cdot\hat{e}_k(\theta_{sk},\phi_{sk})]\frac{\lambda\rho_k}{\sqrt{2\eta_0}}F_k(\theta_{sk},\phi_{sk})\mathrm{e}^{(\mathrm{j}k_0\vec{r}_s\vec{r}_k)} \tag{13.8}$$

其中,方向(θ_s,ϕ_s)对所有阵元都相同,相位因子可以写成到达方向的函数:

$$k_0\hat{r}_s\boldsymbol{r}_k = k_0[r_{kx}\sin(\theta_s)\cos(\phi_s)+r_{ky}\sin(\theta_s)\sin(\phi_s)+r_{kz}\cos(\theta_s)] \tag{13.9}$$

相位因子表示由于天线物理位置引发的每个天线与原点坐标的相位差。

因为表达方法的原因,阵列信号被表示为 $P\times1$ 快拍向量,通常写为

$$\boldsymbol{x}(t)=\begin{bmatrix}x_1(t)\\ \cdots\\ xp(t)\end{bmatrix}=E_s(t)\frac{\lambda}{\sqrt{2\eta_0}}\begin{bmatrix}\rho_1[\hat{e}_s(t)\cdot\hat{e}_1(\theta_{s1},\phi_{s1})]F_1(\theta_{s1},\phi_{s1})\mathrm{e}^{(-\mathrm{j}\omega_c\tau_{s1})}\\ \cdots\\ \rho_p[\hat{e}_s(t)\cdot\hat{e}_p(\theta_{sp},\phi_{sp})]F_p(\theta_{sp},\phi_{sp})\mathrm{e}^{(-\mathrm{j}\omega_c\tau_{s1})}\end{bmatrix} \tag{13.10}$$

从该方程式中可看出,除了常极化波$(\hat{e}_s)$,快拍通常不能被写为一个实际天线的复杂度。通常,通信系统可以在同一个载波上支持双极化波,并且对每个极化采用独立调制样式产生一个随时间变化的单位极化向量:

$$\boldsymbol{E}(t)=\hat{\boldsymbol{\theta}}\boldsymbol{E}_\theta(t)+\hat{\boldsymbol{\phi}}\boldsymbol{E}_\phi(t)=\hat{\boldsymbol{e}}(t)\boldsymbol{E}(t)$$

其中，$\hat{\boldsymbol{\theta}}$ 和 $\hat{\boldsymbol{\phi}}$ 表示两个线性极化直角向量。可选择任何一对直角向量写电场。使用该向量分解，快拍向量可写为

$$\boldsymbol{x}(t) = \frac{\lambda}{\sqrt{2\eta_0}}E_{s\theta}(t)\begin{bmatrix}\rho_1[\hat{\theta}\cdot\hat{e}_1(\theta_{s1},\phi_{s1})]F_1(\theta_{s1},\phi_{s1})\mathrm{e}^{(-\mathrm{j}\omega_c\tau_{s1})}\\ \cdots \\ \rho_p[\hat{\theta}\cdot\hat{e}_p(\theta_{sp},\phi_{sp})]F_p(\theta_{sp},\phi_{sp})\mathrm{e}^{(-\mathrm{j}\omega_c\tau_{s1})}\end{bmatrix} + \frac{\lambda}{\sqrt{2\eta_0}}E_{s\phi}(t)\begin{bmatrix}\rho_1[\hat{\phi}\cdot\hat{e}_1(\theta_{s1},\phi_{s1})]F_1(\theta_{s1},\phi_{s1})\mathrm{e}^{(-\mathrm{j}\omega_c\tau_{s1})}\\ \cdots \\ \rho_p[\hat{\phi}\cdot\hat{e}_p(\theta_{sp},\phi_{sp})]F_p(\theta_{sp},\phi_{sp})\mathrm{e}^{(-\mathrm{j}\omega_c\tau_{s1})}\end{bmatrix} \quad (13.11)$$

所有这些参数可以通过归类到一个函数，该函数描述了从方向(θ_s,ϕ_s)方向入射到阵列的每个源的行为：

$$\boldsymbol{x}(t) = E_{s\ \theta}(t)\begin{bmatrix}f_{s1\theta}\\ \cdots \\ f_{sP\theta}\end{bmatrix} + E_{s\phi}(t)\begin{bmatrix}f_{s1\phi}\\ \cdots \\ f_{sP\phi}\end{bmatrix} = E_{s\theta}(t)\boldsymbol{f}_{s\theta} + E_{S\phi}(t)\boldsymbol{f}_{s\varphi} = E_s\boldsymbol{f}_s \quad (13.12)$$

其中，$\boldsymbol{f}_{sk\theta}$和$\boldsymbol{f}_{sk\phi}$通常是与时间无关的复函数，描述了第 k 个天线阵元在源 s 方向上对每个极化单元的行为；向量$(\boldsymbol{f}_{s\theta},\boldsymbol{f}_{s\phi})$表示在每个极化单元对方向 s 的导向向量；向量$\boldsymbol{f}_s=\hat{\theta}\boldsymbol{f}_{s\theta}+\hat{\phi}\boldsymbol{f}_{s\varphi}$是具有实际空间矢量的列向量。

特别的，若阵列中的所有辐射源相同、同向，并且源足够远以至于可以被所有阵列阵元看作是从相同方向发射信号，导向向量表示为位置相位因子和一个幅度和相位的函数。该函数影响噪声和输入信号模型，但在许多数学证明中可被忽略。在这些情况下只用一个独立于到达方向的复增益常量来作为 RF 信道增益。

$$x_k(t) = f_s(t)\mathrm{e}^{(\mathrm{j}\omega_c\tau_{sk})} = f_s(t)\mathrm{e}^{(\mathrm{j}k_0\hat{r}_s\vec{r}_k)} \quad (13.13)$$

其中，

$$f_s(t) = \rho E_s(t)[\hat{e}_s(t)\hat{e}(\theta_s,\phi_s)]\frac{\lambda}{\sqrt{e\eta_0}}F(\theta_s,\phi_s)$$

对所有阵列阵元来说 $\hat{e}$ 和 F 是通用极化和模式函数。

函数$f_s(t)$是独立于每个阵列阵元索引 k 的，并且与低通复源信号成比例。有趣的是函数$f_s(t)$不仅包含接收信号的幅度和相位，也包括天线接收此信号的能力，依赖于到达方向和极化方式。那么，导向向量可写为

$$\vec{\boldsymbol{f}}_s = \frac{\rho\lambda}{\sqrt{2\eta_0}}\hat{e}(\theta_s,\phi_s)F(\theta_s,\phi_s)\begin{bmatrix}\mathrm{e}^{(-\mathrm{j}\omega_c\tau_{s1})}\\ \cdots \\ \mathrm{e}^{(-\mathrm{j}\omega_c\tau_{sp})}\end{bmatrix} = \frac{\rho\lambda}{\sqrt{2\eta_0}}\hat{e}(\theta_s,\phi_s)F(\theta_s,\phi_s)\,\boldsymbol{a}_s \quad (13.14)$$

其中，$\boldsymbol{a}_s$ 表示由于阵元位置引起的导向向量相位因子。

若所有天线阵元天线图相同，均为全方向传感器，则通常采用信号处理群，除了与噪声相关的幅度或与相干信号相关的相位，对它们的数学推导不包含限制。快照最终简化为如下公式：

$$\boldsymbol{x}(t)=f_s(t)\cdot\boldsymbol{a}_s \tag{13.15}$$

13.3 导向向量误差以及它们在 DOA 估计中的影响

如果阵列与理想的阵列不同，就会严重降低 DOA 估计的性能。性能的下降主要是由于导向向量误差的存在以及阵列里天线之间的互相耦合。导向误差可能是由于当没有误差存在时实际 DOA 和理想的 DOA 不匹配的情况下由视线误差(look - direction - error)所引起的。这些误差中的一部分可以利用初始阵列校准来降低，但很难克服，因为它们依赖于信号实际到达的方向。这些随机错误可能来自于天线和发送/接收模块之间的电子线路的缓变、天线位置的随机变化(例如由于天线放置的环境的振动)、阵列的电磁环境的变化。如果把互相耦合带来的变化排除在外，那么在导向向量估计中三个更为普遍的随机误差是：

(1) 接收系统中的增益(幅度和相位)误差；

(2) 阵元中的位置误差；

(3) 元器件和极化方式的差异。

那么，对于第一种情况，在每一个 Rx 的增益可以写为

$$\rho_i=\rho_0(1+\Delta\rho_i)=\rho_0(1+\Delta a_i)\cdot \mathrm{e}^{\mathrm{j}\Delta\varphi_i} \tag{13.16}$$

这里，Δa_i 是增益振幅误差；$\Delta\rho_i$ 是在 Rx 的零均值相位误差。如果能够计算出在接收链路中包含所有增益误差的矩阵，那么将得到以下的对角线矩阵：

$$\boldsymbol{G}=\rho_0\mathrm{diag}[(1+\Delta\rho_1),\cdots,(1+\Delta\rho_1)]=\rho_0(\boldsymbol{I}+\Delta\boldsymbol{G}) \tag{13.17}$$

另外两种误差原因依赖于到达的方向。简单来说，假设我们的信号环境是由一个期望信号通过 θ_1、$(p-1)$ 干扰信号以及白噪声组合而成。那么阵的快照可以表示为

$$\boldsymbol{x}(t)=f_s(t)\cdot\boldsymbol{a}_s+\boldsymbol{v}(t)=f_s(t)\cdot\boldsymbol{a}_s+\sum_{k=2}^{p}f_{sk}(t)\cdot\boldsymbol{a}_{sk}+\boldsymbol{n}(t) \tag{13.18}$$

这里，$\boldsymbol{v}(t)$ 表示干扰信号加上噪声向量。如果在阵列中有随机错误，那么 DOA 技术将不能检测到实际期望的方向，但是它将检测到其他的方向。实际有效信号的导向向量不再是 $\boldsymbol{a}_s$，而由下式给出

$$\tilde{\boldsymbol{a}}_s=\boldsymbol{a}_s+\boldsymbol{\Delta} \tag{13.19}$$

这里，$\boldsymbol{\Delta}$ 表示所有的随机误差，可以假定为零均值的高斯随机向量。

Capon 方法[10]是最简单的 DOA 方法之一，能够被用来检测与导向向量$\boldsymbol{a}_s$相对应的到达的方向、Capon 的波束形成，被认为是最小差异的无失真响应滤波器，试图减小由噪声和来自 θ_1 之外的其他方向信号所产生的能量，同时能够在有效方向 θ_1 上维持固定的增益，可以表示为

$$P(\boldsymbol{w}) = \frac{1}{N}\cdot\sum_{t=1}^{N}\boldsymbol{w}^{\mathrm{H}}\cdot\boldsymbol{x}(t)\cdot\boldsymbol{x}^{\mathrm{H}}(t)\cdot\boldsymbol{w} = \boldsymbol{w}^{\mathrm{H}}\cdot\hat{\boldsymbol{R}}_{xx}\cdot\boldsymbol{w}$$

$$\min[P(\boldsymbol{w})]$$

$$\text{subject } \boldsymbol{w}^{\mathrm{H}}\cdot\boldsymbol{a}(\theta_1) = 1 \tag{13.20}$$

其中，$P(\boldsymbol{w})$是在阵列的输出上测量的能量；$\boldsymbol{w}$ 是加权向量，用来减小来自噪声和干扰信号的能量；$\hat{\boldsymbol{R}}_{xx}$是一个协方差矩阵的自然估计；优化的加权向量可以由拉格朗日乘法器得到，结果为

$$\boldsymbol{w}_{\mathrm{CAP}} = \frac{\hat{\boldsymbol{R}}_{xx}^{-1}\cdot\boldsymbol{a}_s(\theta_1)}{\boldsymbol{a}_s^{\mathrm{H}}(\theta_1)\cdot\hat{\boldsymbol{R}}_{xx}^{-1}\cdot\boldsymbol{a}_s(\theta_1)} \tag{13.21}$$

在 MVDR 波束形成中随机误差带来的影响的细节分析已经在文献[11]中有详细的描述。把式(13.19)代入式(13.21)的结果为

$$\boldsymbol{w}_{\mathrm{CAP}} = \frac{[\hat{\boldsymbol{R}}_{xx}^{-1}\cdot\boldsymbol{a}_s(\theta_1) + \hat{\boldsymbol{R}}_{xx}^{-1}\cdot\Delta]}{\tilde{\boldsymbol{a}}_s^{\mathrm{H}}(\theta_1)\cdot\hat{\boldsymbol{R}}_{xx}^{-1}\cdot\tilde{\boldsymbol{a}}_s(\theta_1)} \tag{13.22}$$

协方差矩阵可以写为

$$\begin{aligned}\hat{\boldsymbol{R}}_{xx} &= \boldsymbol{a}_s(\theta_1)\cdot\boldsymbol{a}_s^{\mathrm{H}}(\theta_1)\frac{1}{N}\sum_{t=1}^{N}|f_s(t)|^2 + \boldsymbol{a}_s(\theta_1)\cdot\frac{1}{N}\sum_{t=1}^{N}f_s^*(t)\cdot\boldsymbol{v}^{\mathrm{H}}(t)\\&\quad + \frac{1}{N}\sum_{t=1}^{N}f_s(t)\cdot\boldsymbol{v}(t)\cdot\boldsymbol{a}_s^{\mathrm{H}}(\theta_1) + \frac{1}{N}\sum_{t=1}^{N}\boldsymbol{v}(t)\cdot\boldsymbol{v}^{\mathrm{H}}(t)\\&= \hat{\sigma}_{s1}^2\cdot\boldsymbol{a}_s(\theta_1)\cdot\boldsymbol{a}_s^{\mathrm{H}}(\theta_1) + \boldsymbol{a}_s(\theta_1)\cdot\hat{r}^{\mathrm{H}} + \hat{r}\cdot\boldsymbol{a}_s^{\mathrm{H}}(\theta_1) + \hat{\boldsymbol{Q}}\end{aligned} \tag{13.23}$$

经过一些数学变换，Capon 加权向量表示为

$$\begin{aligned}\boldsymbol{w} \approx &\frac{\hat{\boldsymbol{Q}}^{-1}\cdot\boldsymbol{a}_s(\theta_1)}{\boldsymbol{a}_s(\theta_1)\cdot\hat{\boldsymbol{Q}}^{-1}\cdot\boldsymbol{a}_s^{\mathrm{H}}(\theta_1)} - \left[\boldsymbol{I} - \frac{\hat{\boldsymbol{Q}}^{-1}\cdot\boldsymbol{a}_s(\theta_1)\cdot\boldsymbol{a}_s^{\mathrm{H}}(\theta_1)}{\boldsymbol{a}_s(\theta_1)\cdot\hat{\boldsymbol{Q}}^{-1}\cdot\boldsymbol{a}_s^{\mathrm{H}}(\theta_1)}\right]\cdot\hat{\boldsymbol{Q}}^{-1}\\&\cdot[(\hat{\sigma}_{s1}^2 - \hat{\boldsymbol{r}}^{\mathrm{H}}\cdot\hat{\boldsymbol{Q}}^{-1}\cdot\hat{\boldsymbol{r}})\cdot\boldsymbol{\Delta} - \hat{\boldsymbol{r}}\end{aligned} \tag{13.24}$$

这个表达式清楚地表示了将 $\boldsymbol{w}$ 分解为期望值和由随机导向向量以及有限数量样本所带来的不期望的扰动。对于在期望信号中的低 SNR，导向向量误差没有影响，而且能够适当的估计到达的方向；但是，对于高的 SNR，导向向量误差有着关键的影响，可以引起对期望的 DOA 的不正确的估计。

如果预先不知道到达方向，那么这些误差就不能够被补偿，在这种意义上，

Kim[12]提出了一个矩阵补偿算法来获得一个等效的能够补偿角度误差的导向向量。当然这种矩阵补偿只对有限的方向或有限的向量有效,这依赖于误差的数量。在本章中,当能够预先知道信号的到达方向时,使用矩阵补偿来处理空间基准算法。在 DOA 系统中这个方向是未知的,而且除了其他的方向扫描算法(例如 Capon),不能使用算法。

13.4 耦合模型

非耦合模型假设单独的天线在空间中独立工作时能够保持它们自身的接收或发射模式以及阻抗。

在各种天线阵中总是存在阵元耦合。在许多阵列计算中如曲线拟合或者是增益计算,耦合的影响是次要影响,除了一些特定的方向(例如盲点)或者一些特定的反馈方案(例如高输入反射)。当在一些特定的域(例如低旁瓣电平,宽波束扫描,或者是高精度 DOA)里要求高性能时,天线阵的耦合模型将是至关重要的。耦合模型特征对于维持系统性能质量是非常重要的。

正如 Kelly[13] 和 Mailloux[14] 所描述,耦合在两种方式上改变接收阵的行为:

(1) 它改变在阵元终端的等效发电器的阻抗,依赖于天线阵的其他的负载阻抗(有源阻抗)。

(2) 它独立地改变来自各阵元的场强图和极化向量。

这两种变化可以通过对发射或接收天线阵元的场强图的分析来建模。保持阵元的负载阻抗为常数而且与参考阻抗 Z_0 相等,阵元接收图不会改变,而且可以由每一个天线阵元计算,满足这个条件对于有源 DOA 系统不是非常难,这里接收链路加载天线阵元。

在每一个天线终端输入阻抗的改变能够被简单地建模为无源的多极电路,这里 P 个天线终端形成多极电路的 P 个端口。散射参数可以被用来建模多极电路,而且可以计算接收或发射天线阵的有源输入阻抗或者是反射系数,作为一个生成器或者连接到端口的负载的函数。图 13.1 表示了这一行为。

如果输入波形向量被定义为 $\boldsymbol{a}=(a_1,a_2,\cdots,a_p)^t$,而且接收到的或者是发射波向量被定义为 $\boldsymbol{b}=(b_1,b_2,\cdots,b_p)^t$,那么耦合阵元之间的关系可以被表示为

$$\boldsymbol{b} = \boldsymbol{S}_a\boldsymbol{a} \tag{13.25}$$

这里,$\boldsymbol{S}_a$是散射参数方阵 $P\times P$。这个散射矩阵或任意等效的矩阵[例如阻抗($\boldsymbol{Z}_a$)或导纳($\boldsymbol{Y}_a$)],可以简单地在天线终端上测量。

对于接收天线来说,终端由一个等效输入反射系数(Γ_k)与接收机连接,所以能够通过对角矩阵 $\boldsymbol{\Gamma}_{\mathrm{L}}$来写出第二个关系:

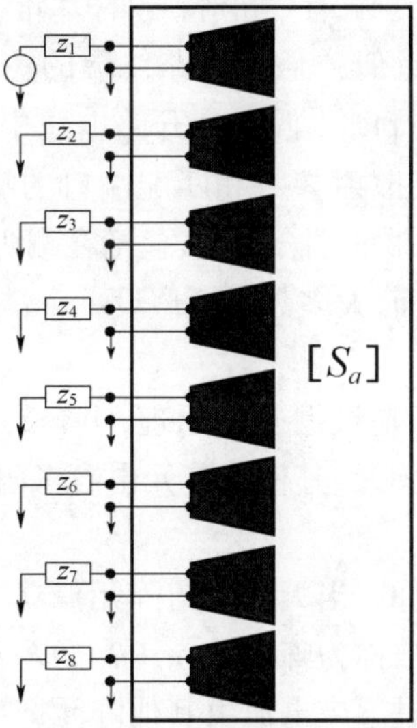

图 13.1　多极网络的一个天线阵的体系模块示意图

$$\boldsymbol{a} = \boldsymbol{\Gamma}_{\mathrm{L}}\boldsymbol{b},\boldsymbol{\Gamma}_{\mathrm{L}} = \begin{bmatrix} \boldsymbol{\Gamma}_1 & \cdots & 0 \\ \vdots & \ddots & \vdots \\ 0 & \cdots & \boldsymbol{\Gamma}_P \end{bmatrix} \tag{13.26}$$

一旦负载阻抗确定了(归一化的阻抗 $Z_k = Z_0$ 或者 $\Gamma_k = 0$),每个阵元有源图是常数,而且不依赖于方向、功率或者天线阵所引入的信号数量。这并不意味着这些图对于所有的阵元都相等,或者能够从天线阵的每一个阵元测量。有源图必须考虑所有的天线阵元负载、机械支持结构以及其他的扰动对象,例如天线屏蔽器、有限的增长平面等。

如果式(13.12)是等效输出电压波形系数($\boldsymbol{b}$)的活动图公式,那么,我们可以为通用接收天线阵建立一个模型:

$$\boldsymbol{b} = \boldsymbol{S}_a\boldsymbol{a} + E_{s\theta}\boldsymbol{f}_{s\theta} + E_{s\phi}\boldsymbol{f}_{s\phi} \text{ 或 } \boldsymbol{b} = (\boldsymbol{I} - \boldsymbol{S}_a\Gamma_{\mathrm{L}})^{-1}[E_{s\theta}\boldsymbol{f}_{s\theta} + E_{s\phi}\boldsymbol{f}_{s\phi}] \tag{13.27}$$

其中,向量$\boldsymbol{f}_{s\theta}$和$\boldsymbol{f}_{s\phi}$为在这种情况下天线阵元中每一个极化成分图。

下一个要解决的问题关系到在有源图中的天线阵元的影响、从单个阵元测量的有源图的模型,以及其他扰动对象对有源图的影响。

Wasylkiwskij[15]说明了从最小散射天线(MSA)阵元图中获得耦合参数(Z)的可能性。这些特殊类型的天线没有任何损耗,而且当加上一些特定的阻抗时不会干扰引入的域。如果加载一个开路电路时,典型的最小散射天线(CMSA)会表现出这种特性。实际的天线,如偶极子,经常被认为与 MSA 特征相同,在耦合计算参数[16,17]获得好的效果。这个近似值假设在天线辐射域里只有一个工作模型,而且对于这些终端有一个特定的基准面,一些作者,例如 Lo 和 Vu[18],清楚地表达了这个近似:“假设开路终端的一个阵元对于天线阵中的其他对象没有任何影响”。Gupta[19]假设在开路电路中的感应电压与引入的场强成比例。Steyskal[20]对使用散射参数和匹配端口的喇叭天线做了同样的近似。Haro[21]演示了一个更为完整的耦合模型,包括在喇叭簇中的高阶模型以及有限的地平面。在信号处理方面,大多数作者假设一个耦合矩阵 $\boldsymbol{C}$ 总是能够描述任何情况下的耦合行为[22,23]。

接收天线很难建模,但是根据互易原理,很容易将其看为发射阵。当发生器连接到天线阵的第一个阵元,其他的阵元由参考阻抗 Z_0 加载,通过几个机制就可以创建辐射域。

(1) 首先,也是最重要的,当天线中的阵元孤立于其他阵元时,产生相同的电流分布。电流产生的域被称为阵元域$[\hat{e}_A(\theta,\phi)F_A(\theta,\phi)]$。

(2) 另一个机制是通过感应电流由其他阵元产生的阵元,可以由一些耦合系数建模,这通常与在终端上测量到的不同。

(3) 通常,其他极化或者更高阶模式可以通过阵元对阵元之间的耦合感应来产生。这些模式通常在孤立的阵元中不会出现,但在辐射体组合的时候出现。

(4) 由其他结构感应的电流例如支持金属齿、屏蔽器、地平面边缘等,能够更改域图。

在无源天线结构里有一个线性行为,这些辐射机制可以由一系列的耦合系数所模拟。假设辐射域是由工作在主模式下的辐射体所产生的,或者是工作在更高阶模式,或者由其他环境结构模式带来的辐射域,由天线阵的辐射域可以总结为

$$\vec{E}(\theta,\phi) = \sqrt{2\eta_0}\,\frac{\mathrm{e}^{(-\mathrm{j}k_0 r)}}{r}\sum_{n=1}^{N} b_n^e \hat{e}_{An}(\theta,\phi)F_{An}(\theta,\phi)\mathrm{e}^{[-\mathrm{j}\omega_c,\tau_n(\theta,\phi)]} \tag{13.28}$$

该影响见图 13.2,这里下标 A_n 是 $n=1$ 到 p 独立于空间的阵元的主辐射模式,

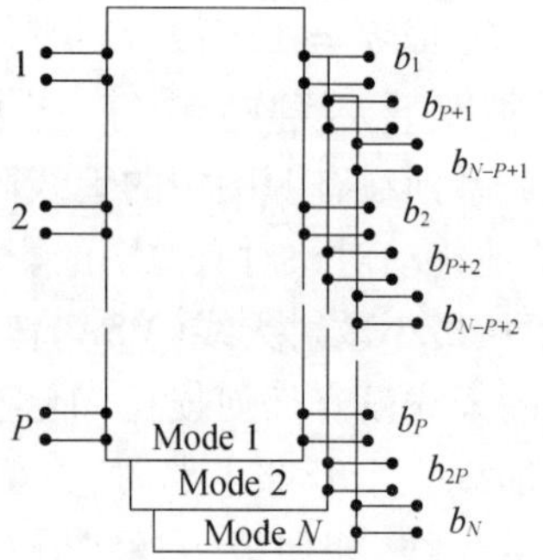

图 13.2 一个有 N 个辐射模式的多极网络天线阵的示意图

$n=p+1$ 到 N 更高阶模式或者结构模式；参数 b_n^e 表示在特定模式和阵元下辐射的域的复系数。

在阵列的第 p 个阵元反馈和保持其余具有参考阻抗负载的情况下，可以用一个线性关系建立辐射系数与辐射源的关系，例如 $b_n^e = s_{p,n}^e a_p$。

对于一个单位的输入能量（$a_p=1$），第 p 个的活跃模式可以写为

$$\rho_p \hat{e}_p(\theta,\phi) F_p(\theta,\phi) \mathrm{e}^{[-\mathrm{j}\omega_c \tau_p(\theta,\phi)]} = \sum_{n=1}^{N} s_{p,n}^e \hat{e}_{An}(\theta,\phi) F_{An}(\theta,\phi) \mathrm{e}^{[-\mathrm{j}\omega_c \tau_n(\theta,\phi)]} \tag{13.29}$$

这里，ρ_p 是一个效率因子；F 是一个归一化的图。如果能够应用迭代，那么整个辐射域可以合并，由矩阵形式表示为

$$\boldsymbol{b}_e = \boldsymbol{S}_e \boldsymbol{a} \tag{13.30}$$

这里，$\boldsymbol{b}_e = (b_1^e, b_2^e, \cdots, b_N^e)$ 表示 N 个阵元的一个向量；$\boldsymbol{S}_e$ 是一个有 N 行 P 列的矩形阵；$\boldsymbol{a}$ 是在天线终端的反馈电压波向量。

在接收模式中，天线阵实际上与在发射模式下工作是相同的，而且可以写成双向等式，根据散射参数和电压波形，能够将接收波 $\boldsymbol{b}$ 向量写为

$$\boldsymbol{b} = \boldsymbol{S}_r \boldsymbol{a}_e \tag{13.31}$$

这里，$\boldsymbol{b}$ 是输出向量描述终端的接收电压波形；$\boldsymbol{a}_e = (a_1^e, a_2^e, \cdots, a_N^e)^t$ 表示引入到天线阵的域；$\boldsymbol{S}_r = \boldsymbol{S}_e^t$ 是一个表示作为主命令和更高命令模式辐射的函数的活跃域矩阵。从这个假设来看，计算接收信号 $\boldsymbol{x}(t)=\boldsymbol{b}$ 的活跃模式，这里 $\boldsymbol{a}_e$ 是一个 N 维向量，阵元 a_n^e 与入射域有关：

$$a_n^e = \frac{\lambda}{\sqrt{2\eta_0}} \vec{E}_s(t) \hat{e}_{An}(\theta,\phi) F_{An}(\theta,\phi) \mathrm{e}^{[-\mathrm{j}\omega_c \tau_n(\theta,\phi)]} \tag{13.32}$$

一般来说，不考虑单一阵元模式和辐射体的活跃模式之间的变化，不太可能得到一个耦合模式来补偿一个单一的方阵。

特殊情况下，在窄带互耦阵元中，当辐射体中只有一个辐射模式活跃而其他模式可以忽略时会发生。此时活跃模式可以写为一个耦合方阵的函数 $\boldsymbol{S}_e$、公共极化和域模式函数 $\hat{e}_A$ 和 F_A：

$$\rho_p \hat{e}_p(\theta,\phi) F_p(\theta,\phi) \mathrm{e}^{[-\mathrm{j}\omega_c \tau_p(\theta,\phi)]} = \hat{e}_A(\theta,\phi) F_A(\theta,\phi) \sum_{n=1}^{p} S_{p,n}^e \mathrm{e}^{[-\mathrm{j}\omega_c \tau_n(\theta,\phi)]} \tag{13.33}$$

在这种情况下，导向向量可以被写为位置导向向量和耦合矩阵的矩阵乘积，对于在位置 s 的资源来说：

$$\boldsymbol{f}_s = \hat{e}_{As} F_{A_s} \boldsymbol{S}_r \boldsymbol{a}_s \tag{13.34}$$

可以由式（13.12）得到快拍：

$$\boldsymbol{x}(t) = \boldsymbol{b} = E_s(t)\,(\boldsymbol{I} - \boldsymbol{S}_a\boldsymbol{\Gamma}_L)^{-1}\boldsymbol{f}_s = f_s(t)\,(\boldsymbol{I} - \boldsymbol{S}_a\boldsymbol{\Gamma}_L)^{-1}\,\boldsymbol{S}_r\,\boldsymbol{a}_s \tag{13.35}$$

矩阵 $\boldsymbol{C} = (\boldsymbol{I} - \boldsymbol{S}_a\boldsymbol{\Gamma}_L)^{-1}\boldsymbol{S}_r$表示耦合,而且可以在 DOA 计算中的通用信号处理过程中计算和补偿。可以看出这个矩阵不依赖于引入的信号方向或者是极化方式,而仅仅依赖于阵列耦合和电阻负载。

当在阵列中有多于一个辐射模式时,不可能建立一个简单的矩阵等式,其模型更为复杂。一个简单的选择是考虑将所有的更高阶模式作为新的阵元,创建一个更大的天线阵矩阵。不同的是快拍只是得到阵列信号的一部分,而且起反作用的阻抗关闭了更高阶模型。

13.5 在 DOA 估计中的耦合影响

在 DOA 算法中使用的信号模式当一组 M 个信号到达天线,而且当考虑接收机噪声时,可以写为

$$\boldsymbol{x} = \boldsymbol{A}_s \cdot \boldsymbol{s} + \boldsymbol{n} \tag{13.36}$$

其中,$\boldsymbol{x}_{p\times1}$是快照,而且能够代表任意的电压或电流;$\boldsymbol{A}_{sP\times M}$是各种阵列,在 M 个到达的方向上是一组导向向量;$\boldsymbol{s}_{M\times1}$是一个信号向量;$\boldsymbol{n}_{p\times1}$是一个噪声向量,假设是内部的高斯白噪声,而且,不受互耦的影响。当存在时,合成快照将通过耦合矩阵 $\boldsymbol{C}$ 被修改:

$$\boldsymbol{x} = \boldsymbol{C} \cdot \boldsymbol{A}_s \cdot \boldsymbol{s} + \boldsymbol{n} \tag{13.37}$$

导致协方差矩阵

$$\boldsymbol{R}_{xx} = E[\boldsymbol{x} \cdot \boldsymbol{x}^{\mathrm{H}}] = \boldsymbol{C} \cdot \boldsymbol{A} \cdot E[\boldsymbol{s}(t) \cdot \boldsymbol{s}^{\mathrm{H}}(t)] \cdot \boldsymbol{A}_s^{\mathrm{H}} \cdot \boldsymbol{C}^{\mathrm{H}} + \sigma^2\boldsymbol{I} \tag{13.38}$$

这里必须要指出两点要注意:①信号特征向量作为多种阵列不跨过相同的子空间,但是其中一个由矩阵 $\boldsymbol{C} \cdot \boldsymbol{A}_s$扩展,需估计耦合矩阵,而且将它引入到 DOA 算法中来避免它的降级。②对于阵元被分开的足够远的情况下,矩阵 $\boldsymbol{C}$ 变为对角矩阵。这个矩阵将被用在对应特征结构算法中来补偿互相耦合影响。本征空间波束或 DOA 估计算法,例如 MUSIC[1],只需要用 $\boldsymbol{C} \cdot \boldsymbol{A}_s$来取代理想的多种阵列,矩阵 $\boldsymbol{C}$ 可以通过 EM 仿真或者是在排列里直接测量的方法获得,如第 19 章中所述。

下面介绍在 DOA 估计算法中补偿互耦影响的另一个算法[24]。在这种方法中,通过接收快照中耦合矩阵的转置来引入正确的快照。这个正确的快照($\boldsymbol{x}_{\mathrm{corr}}$)以及它的相关矩阵可以由下式表示:

$$\boldsymbol{x}_{\mathrm{corr}} = \boldsymbol{C}^{-1} \cdot \boldsymbol{x} = \boldsymbol{C}^{-1} \cdot \boldsymbol{C} \cdot \boldsymbol{A}_s \cdot \boldsymbol{s} + \boldsymbol{C}^{-1} \cdot \boldsymbol{n} = \boldsymbol{A}_s \cdot \boldsymbol{s} + \boldsymbol{C}^{-1} \cdot \boldsymbol{n} \tag{13.39}$$

$$\boldsymbol{R}_{xx} = E[\boldsymbol{x}_{\mathrm{corr}} \cdot \boldsymbol{x}_{\mathrm{corr}}^{\mathrm{H}}] = \boldsymbol{A}_s \cdot E[\boldsymbol{s} \cdot \boldsymbol{s}^{\mathrm{H}}] \cdot \boldsymbol{A}_s^{\mathrm{H}} + \sigma^2\boldsymbol{C}^{-1} \cdot (\boldsymbol{C}^{-1})^{\mathrm{H}} \tag{13.40}$$

可以看出这些表达式的应用通过相关矩阵$[\boldsymbol{C}^{-1} \cdot (\boldsymbol{C}^{-1})^{\mathrm{H}}]$会引入一个有色的噪声。它的影响将依赖于耦合程度。这个公式需要求解一个无显著特点的特

征值，这将增加计算量。

13.6　误差补偿

下面通过两个试验来说明互耦影响以及使用本文提出的模型的补偿技术。

试验 1：

考虑在 H 平面放置的有 7 个矩形片的 ULA，共振片工作在 3.5GHz，通过一个同轴探针输入信号，图 13.3 是用来评估互相耦合影响的线性阵列，谐振片工作在 3.5GHz。

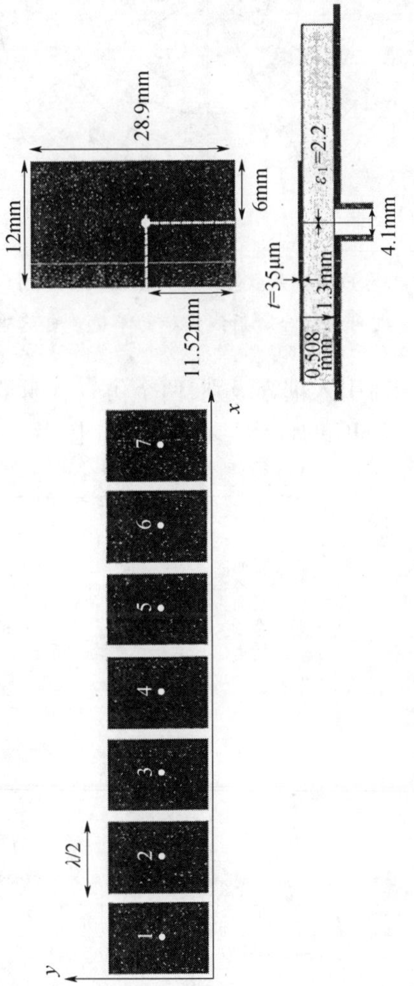

图 13.3　用于评估互耦矩阵的线性阵示意图，线性阵在 3.5GHz 谐振

对于一个 $\lambda/2$ 的间距，图 13.4 描述了整个阵列的耦合系数的模块和相位。每一个 C_{ij} 是耦合矩阵的 (i,j) 项，表示在阵中从阵元 j 到 i 的信号耦合的数量。可以看出对于这个阵，最大的耦合系数模数小于 0.07。

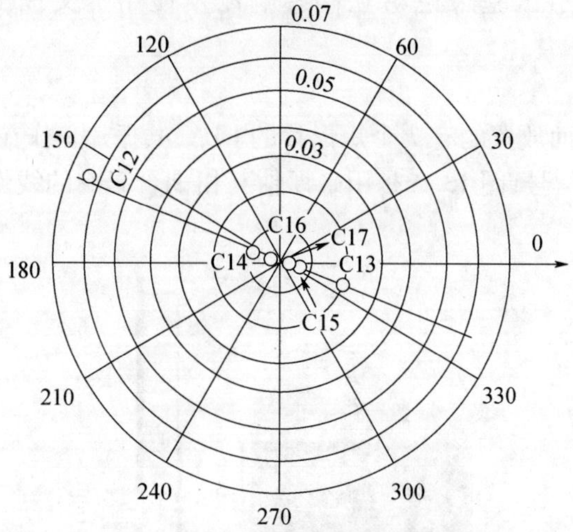

图 13.4 阵中片之间的耦合系数。C_{ij} 是耦合矩阵的 (i,j) 项，表示在两级中 i 和 j 之间的耦合。射线坐标的单位是自然单位。

当在估计到达方向时引入耦合级别，两个仿真表明了在互相耦合存在并没有采用修正技术时的 MUSIC 的性能。在图 13.5 中，片之间的距离设为 $\lambda/4$；而

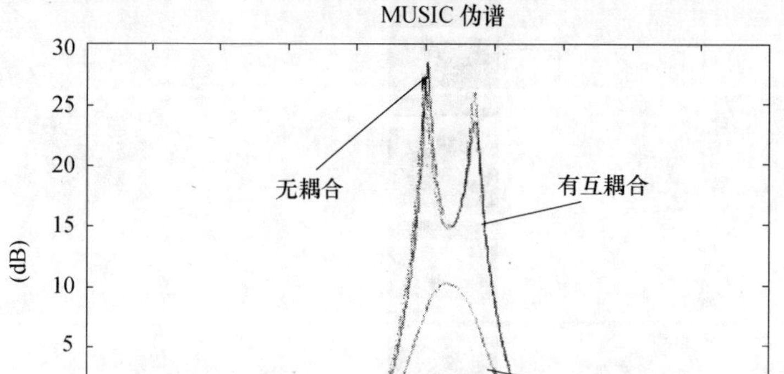

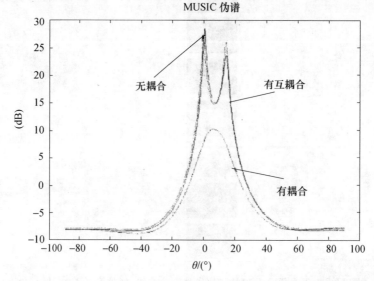

图 13.5 H 平面上间距为 $\lambda/4$ 的七贴片 ULA 的 DOA 估计，包括耦合效果

在图 13.6 中，设为 $\lambda/2$。所有的图都由 100 个采样点得到，SNR = 10dB，θ = 0.5°；阻抗为 100Ω，阵的平面假设为水平（ϕ = 0°）。可以看出耦合影响造成到达方向估计不正确（对于 $\lambda/4$ 间距是 0°和 14°，对于 $\lambda/2$ 间距是 0°和 6°）。在 DOA 估计算法中引入耦合矩阵能够正确辨别信号方向，如图 13.5 和图 13.6 所示。

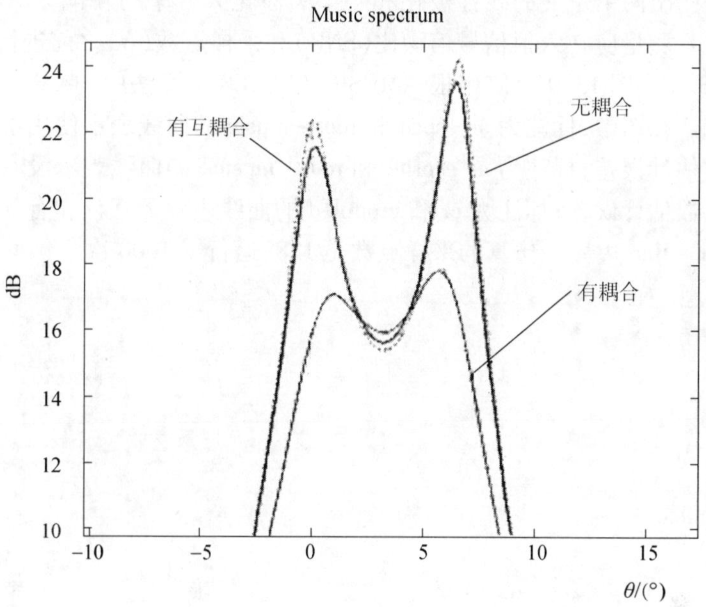

图 13.6　与图 13.5 相同，阵元间距离为 $\lambda/2$

试验 2：

为了看到补偿耦合评估的性能，在线性阵（由四个双极性片天线组成的线性阵）中使用了根—MUSIC 和 ESPRIT。采用这种天线可获得线性极化方式、圆极化或其他极化方式的组合的数据。这个场景将由两个入射源组成，源相距足够远，以至于 DOA 可以被完全的估计。阵中片之间的距离是 $\lambda/2$。图 13.7 表示四个双极性片天线阵，这个阵的工作频率是 1.8GHz。

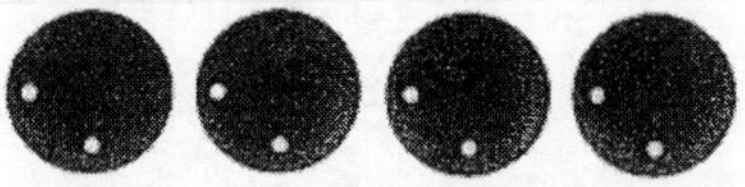

图 13.7　四单元双极化贴片阵列

根据式(13.37)和式(13.39)，比较 DOA 算法，基于式(13.37)直接收集的数据和式(13.39)中修正的收集的数据。将基于 Cramer – Rao 下限（CRLB）比

较,CRLB 组成绝对限。CRLB 的计算可在文献[25]中找到,理论值由下式给出:

$$\sigma_{\hat{\theta}} = \frac{6}{P^3 \cdot \mathrm{SNR} \cdot N} \tag{13.41}$$

其中,P 是阵中天线的数量;N 是 DOA 估计中的采样数。

已经测出两个正交的线性极化和一个圆极化天线中的互耦。DOA 参数估计的 RMSE 测量应在入射信号信噪比(SNR)和采样点数(N)之前进行。

图 13.8 和图 13.9 由使用根—MUSIC 和 ESPRIT 算法中的 CRLB 和 RMSE 的图组成。在图中,标注为 as esprit 和 root - music 的曲线表示使用了互耦修正后的参数估计误差;标注为 as esprit2 和 root - music2 的曲线表示没有使用互耦修正的参数估计误差;标注为 cr 和 croupled 的曲线表示无互耦和有互耦情况下的 Cramer - Rao 边界。仿真的采样点数是 128,运行了 1000 次。

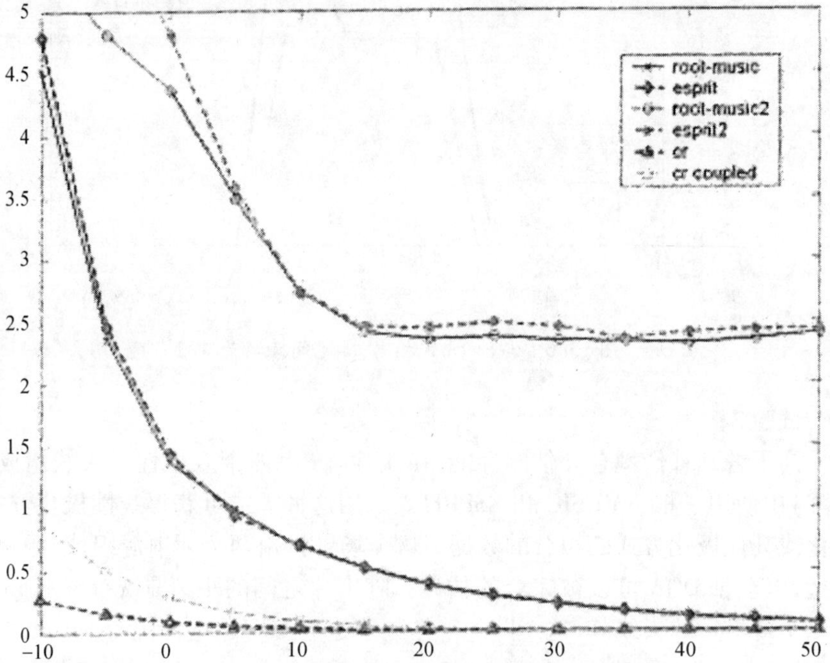

图 13.8 垂直极化 DOA 估计的 RMSE

该仿真采用 128 个采样点,估计次数为 1000 次。用于确定耦合矩阵的天线阵由四个圆形双极性天线组成。图 13.8 所示是线性垂直极化的估计结果,水平极化结果情况类似;图 13.9 则是圆极化的仿真结果。从这些图中可以看出:

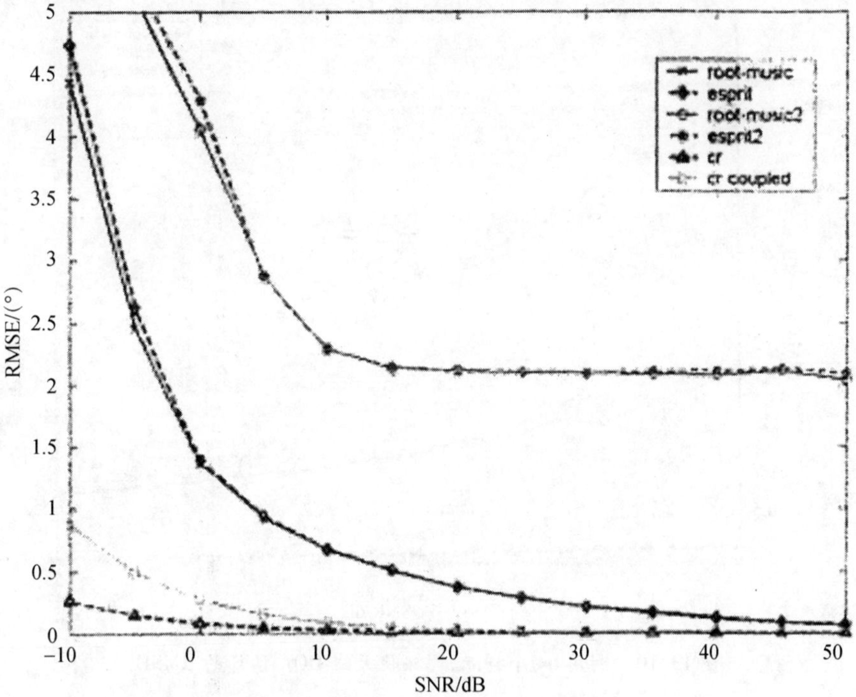

图 13.9　圆极化 DOA 估计的 RMSE

（1）当存在互耦时，ESPRIT 算法和 root－MUSIC 都无法实现对 DOA 的精确估计，当信噪比大于 10dB 时，随信噪比的增大估计结果呈现一固定的误差。这一点在 ESPRIT 算法中表现得尤为明显，这可能是四天线阵内在的恶劣条件所造成的。如果增加天线数量，误差将会减小。

（2）仿真结果表明，如果不采取防止耦合的措施，两种线性极化的性能没有显著区别。但是圆极化天线估计结果的 RMSE 却出现明显下降，这是由于当存在互耦时，天线的多极化造成估计结果的 RMSE 出现了下降。

（3）当采用了消除耦合的技术措施后，两种 DOA 估计算法的 RMSE 都有了显著下降，尽管采用圆极性天线的性能稍好于线性天线，但两种估计性能都达到了 CRLB 限。

图 13.10 和图 13.11 表明 DOA 估计的 RMSE 与估计时所采用的样点数无关。由于三种天线极化性能相似，因此采用圆极化天线进行仿真，对信噪比在 0～15dB范围内的估计性能进行了仿真。如图所示，可以得到下列结论：

（1）如果不采用防止耦合的技术措施，估计精度与所采用的样点数没有明显关系，但 DOA 的估计误差很大，因此算法不适于 DOA 的估计。

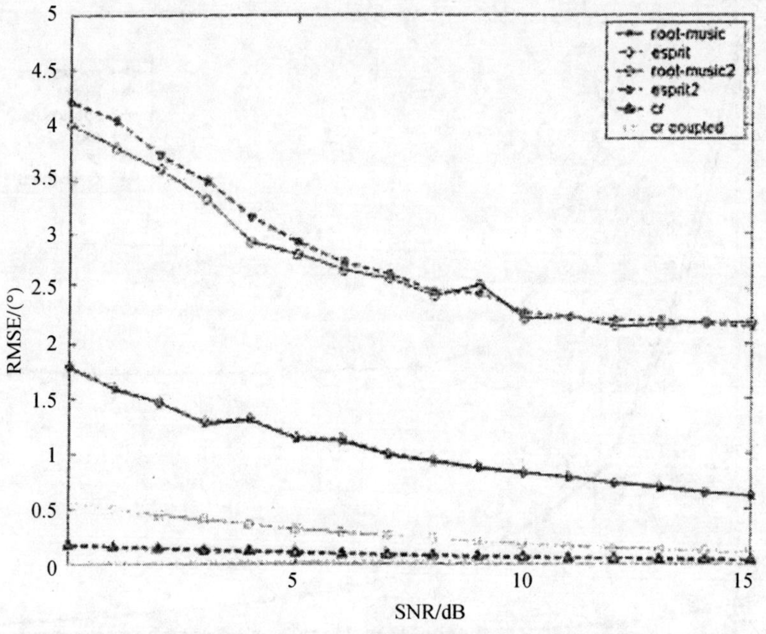

图 13.10 利用 64 个样点,圆极化天线 DOA 估计的 RMSE

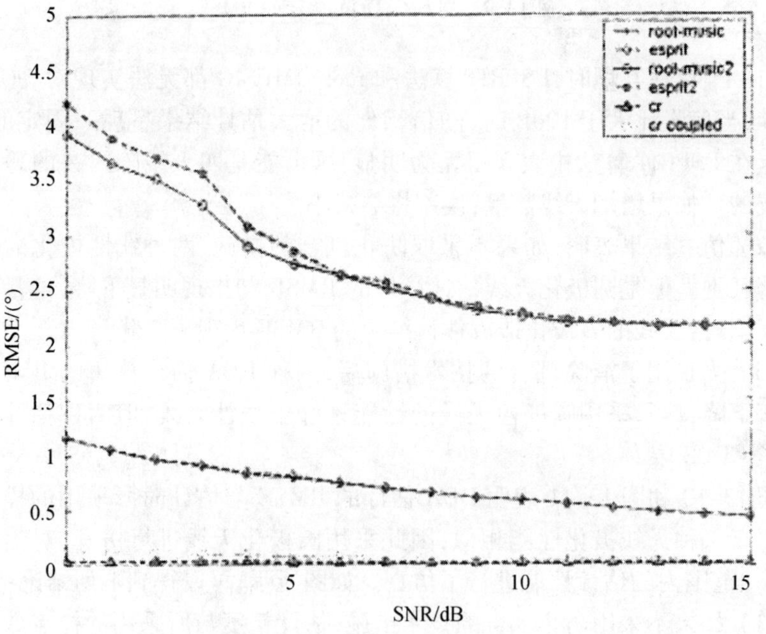

图 13.11 利用 256 个样点,圆极化天线 DOA 估计的 RMSE

（2）当采用了消除耦合的技术措施后，算法的估计性能接近 CRLB 限。估计所采用的样点数越多，估计性能越接近 CRLB 限，因此选取估计所采用的样点数时要综合考虑估计性能和所需要的计算量。对上面建议采用的天线阵采用 128 个样点进行估计就比较理想了。

13.7　结　论

本章给出导向向量模型，该模型综合考虑了可能的估计误差和实际天线中各辐射单元间的互耦问题。还给出了使用有源或嵌入式场形式来获得性能良好的线性阵列模式及描述比极性导向向量的一般需求。在单模式共振天线的特定情况下，使用耦合矩阵模型可以获得较好的近似值，该模型可用于估计入射信号的 DOA。当存在由于天线或 RF 电路非理想引入的随机误差时，第 13.3 节给出了它们对 DOA 估计所造成的影响，在该节中，对接收系统幅度和相位的误差、阵列单元的位置、以及辐射单元电场或极化方式所存在的差别等方面都进行了研究。第 13.4 节对接收天线各单元间的耦合的影响进行了研究，得到了表征这种耦合特征的矩阵。各天线单元的耦合对 DOA 估计的影响可用被有色噪声污染了的相关矩阵来表示。最后，第 13.5 节给出了一些示例，用来说明各单元耦合的影响，以及要得到准确 DOA 需要采取的补偿技术和措施。

参考文献

[1] Krim H, Viberg M. Two Decades of Array Signal Processing Research. IEEE Signal Processing Magazine, 1996.

[2] Van Trees H. Detection, Estimation, and Modulation Theory. New York: John Wiley & Sons, 2001.

[3] Haykin S. Advances in Spectrum Analysis and Array Processing, Vol. 2. Upper Saddle River, NJ: Prentice Hall, 1991.

[4] Swindlehurst A L, Kailath T. A Performance Analysis of Subspace – Based Methods in the Presence of Model Errors, Part Ⅰ: The MUSIC Algorithm. IEEE Trans. on Signal Processing, Vol. SP 40, 1992, pp. 1758 – 1774.

[5] Swindlehurst A L, Kailath T. A Performance Analysis of Subspace – Based Methods in the Presence of Model Errors: Part Ⅱ: Multidimensional Algorithms. IEEE Trans. on Signal Processing, Vol. SP 41, 1993, pp. 2882 – 2890.

[6] Friedlander B, Weiss A J. Direction Finding Techniques in the Presence of Mutual Coupling. IEEE Trans. on Antennas and Propagation, Vol. A – 39, 1991, pp. 273 – 284.

[7] Aumann H M, Fenn A J, Willwerth F G. Phased Array Antenna Calibration and Pattern Prediction Using Mutual Coupling Measurements. IEEE Trans. on Antennas and Propagation, Vol. AP – 37, 1989, pp. 844 – 851.

[8] Pozar D M. Finite Phased Arrays of Rectangular Microstrip Patches. IEEE Trans. on Antennas and

Propagation, Vol. AP – 34, May 1986, pp. 658 – 665.

[9] Segovia D, Martin R, Sierra M. Mutual Coupling Effects Correction in Microstrip Arrays for Direction of Arrival (DOA) Estimation. IEE Proc. on Microwave, Antennas and Propagation, Vol. 149 – 2, 2002, pp. 113 – 118.

[10] Capon J. High Resolution Frequency Wavenumber Spectrum Analysis. IEEE Proc., Vol. 57, No. 8, 1969, pp. 1408 – 1418.

[11] Wax M, AnuY. Performance Analysis of the Minimum Variance Beamformer in the Presence of Steering Vector Errors. IEEE Trans, Vol. SP 44, No. 4, 1996, pp. 938 – 947.

[12] Kim K, Sarkar T K, Salazar M. Adaptive Processing Using a Single Snapshot for a Nonuniformly Spaced Array in the Presence of Mutual Coupling and Near – Field Scatterers. IEEE Trans. on Antennas and Propagation, Vol. AP – 50, No. 5, 2002, pp. 582 – 590.

[13] Kelley D F, Stutzman W L. Array Antenna Pattern Modeling Methods that Include Mutual Coupling Effects. IEEE trans. on Antennas and Propagation, Vol. AP – 41, No. 12, 1993.

[14] Mailloux J R. Phased Array Antenna Handbook. Norwood, MA: Artech House, 1994.

[15] Wasylkiwskyj W, Kahn W K. Theory of Mutual Coupling Among Minimum – Scattering Antennas. IEEE Trans. On Antennas and Propagation, Vol. AP – 18, No. 2, 1970, pp. 204 – 216.

[16] Elliott R S, Stern G J. The Design of Microstrip Dipole Arrays Including Mutual Coupling, Part I: Theory. IEEE Trans. on Antennas and Propagation, Vol. AP – 29, No. 5, 1981, pp. 757 – 760.

[17] Stern G J, Elliott R S. The Design of Microstrip Dipole Arrays Including Mutual Coupling, Part II: Experiment. IEEE Trans. on Antennas and Propagation, Vol. AP – 29, No. 5, 1981, pp. 761 – 765.

[18] Lo K W, Vu T B. Simple S – Parameter Model for Receiving Antenna Array. Electronic Letters, Vol. 24, No. 20, 29, 1988, pp. 1264 – 1266.

[19] Gupta I J, Ksienski A A. Effect of Mutual Coupling on the Performance of Adaptive Arrays. IEEE Trans. on Antennas and Propagation, Vol. AP – 31, No. 5, 1983.

[20] Steyskal H, Herd J S. Mutual Coupling Compensation in Small Array Antennas. IEEE Trans. on Antennas and Propagation, Vol. 38, No. 12, 1990.

[21] Haro L, Besada J L, Galocha B. On the Radiation of Horn Clusters Including Mutual Coupling and the Effects of Finite Metal Plates: Application to the Synthesis of Contoured Beam Antennas. IEEE Trans. on Antennas and Propagation, Vol. AP – 41, No. 6, 1993, pp. 713 – 722.

[22] Hui H T. Compensating for the Mutual Coupling Effect in Direction Finding Base on a New Calculation Method for Mutual Impedance. IEEE Antennas and Wireless Propagation Letters, Vol. 2, 2003.

[23] Ludwig A C. Mutual Coupling, Gain, and Directivity of an Array of Two Identical Antennas. IEEE Trans. on Antennas and Propagation, Vol. AP – 24, No. 6, 1976, pp. 837 – 841.

[24] Pasala K M, Friel E M. Mutual Coupling Effects and Their Reduction in Wideband Direction of Arrival Estimation. IEEE Trans. on Aerospace Electronic Systems, Vol. AES – 30, 1994, pp. 1116 – 1122.

[25] Satish A, Kashyap R L. Maximum Likelihood Estimation and Cramer – Rao Bounds for Direction of Arrival Parameters of a Large Sensor Array. IEEE Trans. on Antennas and Propagation, Vol. AP – 44, No. 4, 1996, pp. 478 – 491.

第四部分

DOA 估计的特定应用

第14章 主波束干扰下目标角坐标系的最大似然估计:应用于原始数据

14.1 简 介

现代相阵雷达需要在自然和人为电磁干扰环境下实现对目标的检测、定位和跟踪。单脉冲是确定目标角坐标的传统方法,但该方法在干扰条件下无法正常工作。人为干扰有可能从某个方向干扰天线阵的主波束及其旁瓣。当主波束上存在直接的人为干扰时,就必须使用辅助天线使其在雷达主波束覆盖区域具有较高增益,以便在人为干扰的方向上形成一个零场强区域[2]。这样,单脉冲波束的和、差波束的形状在这种自适应处理下都将被严重扭曲,因此,传统的单脉冲技术将失去效力。

本章将介绍 MLE 技术及应用,该技术在存在主波束干扰(MBI)情况下仍能够确定目标的波达方向(TDOA)。其估计准确度所能达到的 CRLB 也将在本章介绍,本章给出了不同形式干扰下 TDOA 估计的 CRLB 所对应的封闭公式。

本章介绍了两类不同的高增益波束。第一类包括三种高增益波束、和波束以及两种差波束(方位角和仰角)。第二类波束是所谓的双差波束。

本章包含以下内容:

14.2 节介绍目标角坐标的 MLE 的概念;

14.3 节介绍目标角坐标的 CRLB 数学表达式;

14.4 节中介绍了利用 Newton - Raphson 递归实现 MLE,并且通过蒙特卡罗仿真该方法的估计均值和方差,并将仿真结果与 CRLB 进行比较;

14.5 节中利用记录下来的真实数据对该方法进行了检验;

14.6 节进行了总结。

14.2 目标角度坐标系估计的 MLE 算法

本节介绍在干扰条件下估计目标角坐标的 MLE 算法,该算法通过处理从高增益波束中采集到的数据获得目标的角坐标(θ,ϕ);详细介绍了接收雷达信号的数学模型和处理体制。

我们用向量 $\boldsymbol{V}(\theta,\phi)$ 表示方向(θ,ϕ)上的天线波束形状。考虑了两类波

束,第一类包括方位角上的和与差以及俯仰角上的差波束;第二类除了由相同的波束组成外还包括双差波束。该波束由 30 × 30 个辐射单元组成的平面天线阵形成,阵元间距是发射波长的 1/2, C 是载波的频率。该波束图如图 14.1 ~ 图 14.4所示。和波束的 3dB 带宽为 3.5°。角度估计的精度要达到和波束 3dB 带宽的 1/10,因此估计误差的标准方差不应超过 0.35°。

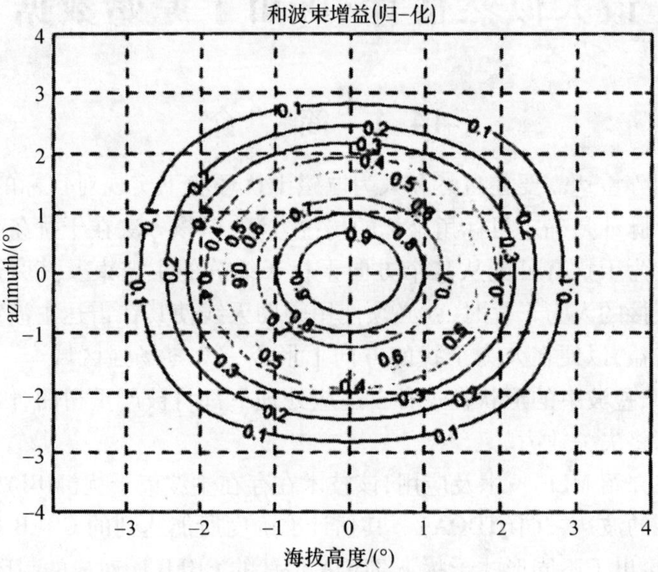

图 14.1 和波束图

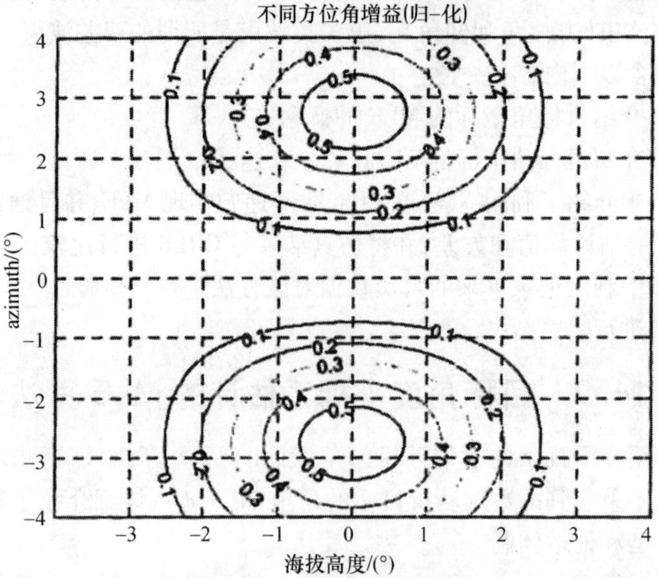

图 14.2 方位角差波束图

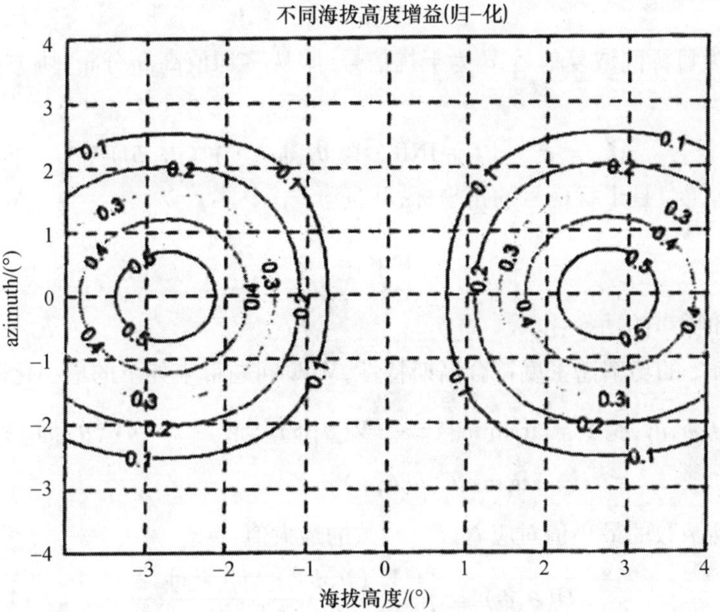

图 14.3 俯仰角差波束图

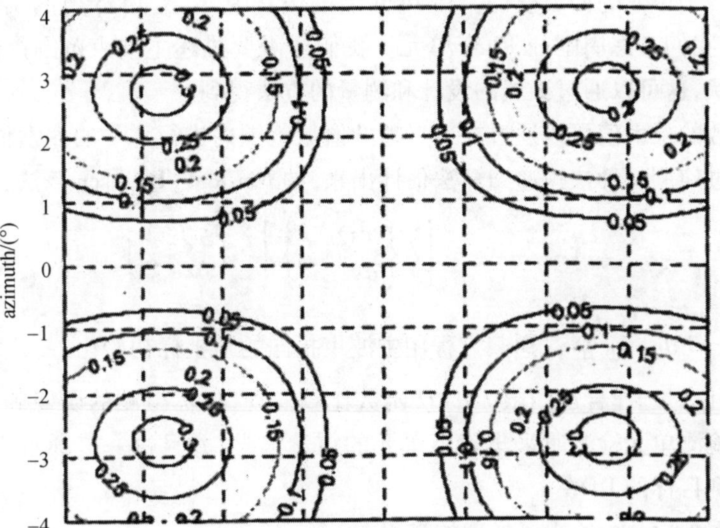

图 14.4 双差波束图

接收雷达回波可表示为

$$\boldsymbol{z} \equiv b\boldsymbol{V}(\theta_T,\phi_T) + \boldsymbol{d} \tag{14.1}$$

其中，b 为目标回波复信号；d 为干扰信号，服从零均值高斯分布；协方差阵表示 $\boldsymbol{M}_d$ 如下：

$$\boldsymbol{M}_d = \sigma_n^2 \cdot [\boldsymbol{I} + \mathrm{INR} \cdot \boldsymbol{V}(\theta_I,\phi_I) \cdot \boldsymbol{V}(\theta_I,\phi_I)^{\mathrm{H}}] \tag{14.2}$$

其中，(θ_I,ϕ_I) 是干扰信号的角坐标，并且

$$\mathrm{INR} = \frac{P_1}{\sigma_n^2}$$

是干扰和噪声的功率比。

由于 $\boldsymbol{z}$ 的功率谱密度符合高斯特性，MLE 问题带来如下的最小化问题：

$$\begin{aligned}(\hat{b},\hat{\theta}_T,\hat{\phi}_T) &= \arg\min_{b,\theta,\phi}\{[z - b\boldsymbol{V}(\theta,\phi)]^{\mathrm{H}}\boldsymbol{M}_d^{-1}[z - b\boldsymbol{V}(\theta,\phi)]\} \\ &= \arg\min_{b,\theta,\phi}F(b,\theta,\phi)\end{aligned} \tag{14.3}$$

上面提到函数的最小值对应着以下函数的最大值：

$$Q(\theta,\phi) = \frac{|\boldsymbol{V}^{\mathrm{H}}(\theta,\phi) \cdot \boldsymbol{M}_d^{-1} \cdot z|^2}{\boldsymbol{V}^{\mathrm{H}}(\theta,\phi) \cdot \boldsymbol{M}_d^{-1} \cdot \boldsymbol{V}(\theta,\phi)} \tag{14.4}$$

这种算法需要估计干扰的协方差矩阵，干扰协方差矩阵可以通过测试单元附近的各个单元的回波获得。在 14.4 节的仿真中，以及 14.5 节的实时数据的测试中，我们考虑周围的 15 个单元。我们还需要描述主波束范围内的静止波束的形状，这可以通过天线的设计和测量的方法得到。

函数的最大值可以通过在感兴趣的值域范围内进行详尽的搜索估计出来，或者通过使用一种快速递归算法估计出来，如 Newton－Raphson 算法：

$$\hat{\boldsymbol{x}}_{k+1} = \hat{\boldsymbol{x}}_k - \left[E\left\{\frac{\partial^2 Q}{\partial \boldsymbol{x}^2}\Big|_{\hat{x}_k}\right\}\right]^{-1}\left[\frac{\partial Q}{\partial \boldsymbol{x}}\Big|_{\hat{x}_k}\right] \tag{14.5}$$

其中，$\hat{\boldsymbol{x}}_k = [\hat{\theta}_k \quad \hat{\phi}_k]^{\mathrm{T}}$。递归方程用主波束指向的角坐标初始化。

而且，对选择合适门限 λ 的 Q 函数比较发现，目标检测的误警概率保持恒定。当检测单元检测时采集附近单元的雷达信号，并且进一步通过 MLE 算法处理得到目标的 DOA。

在图 14.5 中，给出了处理的流程图。

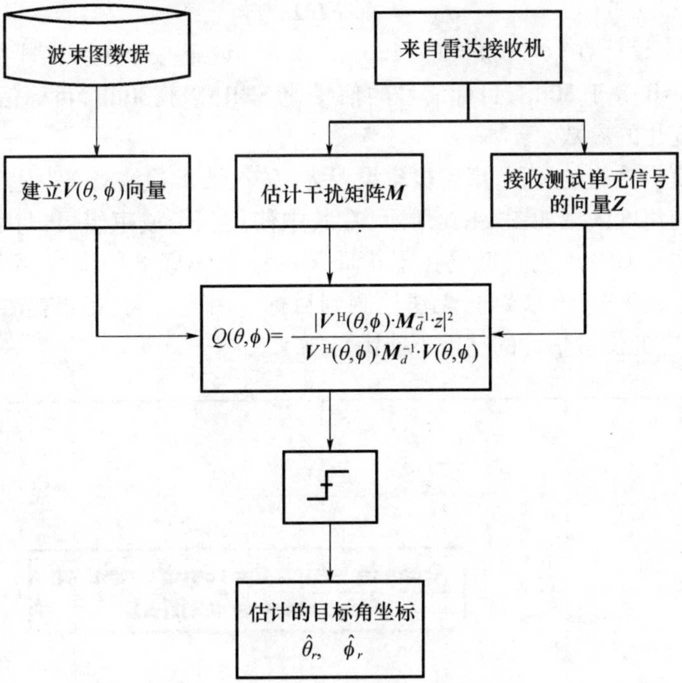

图 14.5　处理流程图

14.3　目标角坐标估计的 CRLB 值

为了计算 CRLB,使用 Fisher 信息矩阵(FIM)(见 14.8 节),FIM 定义如下:

$$\boldsymbol{FIM} = E\left\{\begin{bmatrix} \dfrac{\partial^2 F}{\partial \theta^2} & \dfrac{\partial^2 F}{\partial \theta \partial \phi} & \dfrac{\partial^2 F}{\partial \theta \partial b_{\mathrm{R}}} & \dfrac{\partial^2 F}{\partial \theta \partial b_{\mathrm{I}}} \\ \dfrac{\partial^2 F}{\partial \phi \partial \theta} & \dfrac{\partial^2 F}{\partial \phi^2} & \dfrac{\partial^2 F}{\partial \phi \partial b_{\mathrm{R}}} & \dfrac{\partial^2 F}{\partial \phi \partial b_{\mathrm{I}}} \\ \dfrac{\partial^2 F}{\partial b_{\mathrm{R}} \partial \theta} & \dfrac{\partial^2 F}{\partial b_{\mathrm{R}} \partial \phi} & \dfrac{\partial^2 F}{\partial {b_{\mathrm{R}}}^2} & \dfrac{\partial^2 F}{\partial b_{\mathrm{R}} \partial b_{\mathrm{I}}} \\ \dfrac{\partial^2 F}{\partial b_{\mathrm{I}} \partial \theta} & \dfrac{\partial^2 F}{\partial \phi \partial b_{\mathrm{I}}} & \dfrac{\partial^2 F}{\partial b_{\mathrm{I}} \partial b_{\mathrm{R}}} & \dfrac{\partial^2 F}{\partial {b_{\mathrm{I}}}^2} \end{bmatrix}\right\} \tag{14.6}$$

其中,b_{R}和 b_{I}分别是目标回波的实部和虚部。

目标方位角和俯仰角估计值的标准偏差的 CRLB 值可以通过以下公式得到:

$$\sigma_{\theta} = \sqrt{[\boldsymbol{FIM}^{-1}]_{1,1}} \tag{14.7}$$

$$\sigma_{\phi} = \sqrt{[FIM^{-1}]_{2,2}}$$

本节中,设计在$(\theta_I,\phi_I) = (-1.5°, -1.5°)$设置一个主波束干扰,干扰和噪声之比 INR 等于 30dB,目标信号的信噪比 SNR 等于 30dB,目标信号的角坐标是一个变化的参数。

为了模拟检测的过程,虚警概率设置为 10^{-6},要求检测概率设置为 80%。

目标的角度区域如图 14.6 所示,在其中使用三个波束组可以满足需要的检测概率和其 CRLB 值。仅仅在干扰周围的一个小区域内满足要求的 CRLB 值。在其他几乎整个区域内,无法检测到目标。因此,当目标以需要的概率被检测到时,它的位置估计的精度不能满足要求。

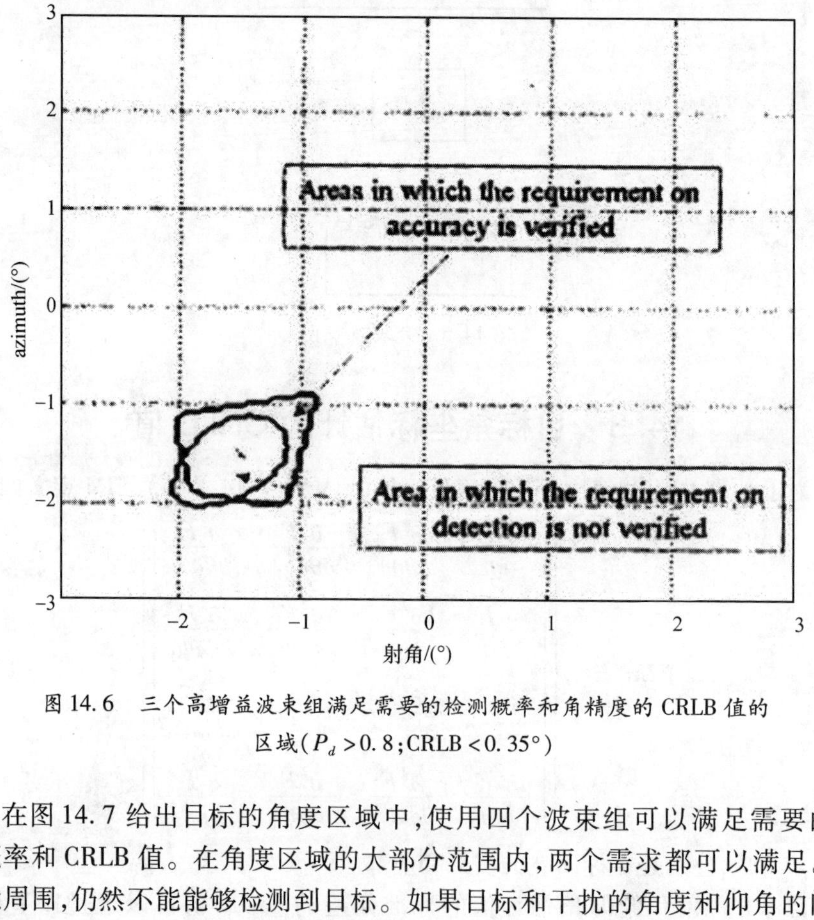

图 14.6　三个高增益波束组满足需要的检测概率和角精度的 CRLB 值的区域($P_d > 0.8$;CRLB $< 0.35°$)

在图 14.7 给出目标的角度区域中,使用四个波束组可以满足需要的检测概率和 CRLB 值。在角度区域的大部分范围内,两个需求都可以满足。在干扰周围,仍然不能能够检测到目标。如果目标和干扰的角度和仰角的间隔大于 0.5°,可以以需要的概率检测到目标,而且可以以需要的精度估计出其位置。

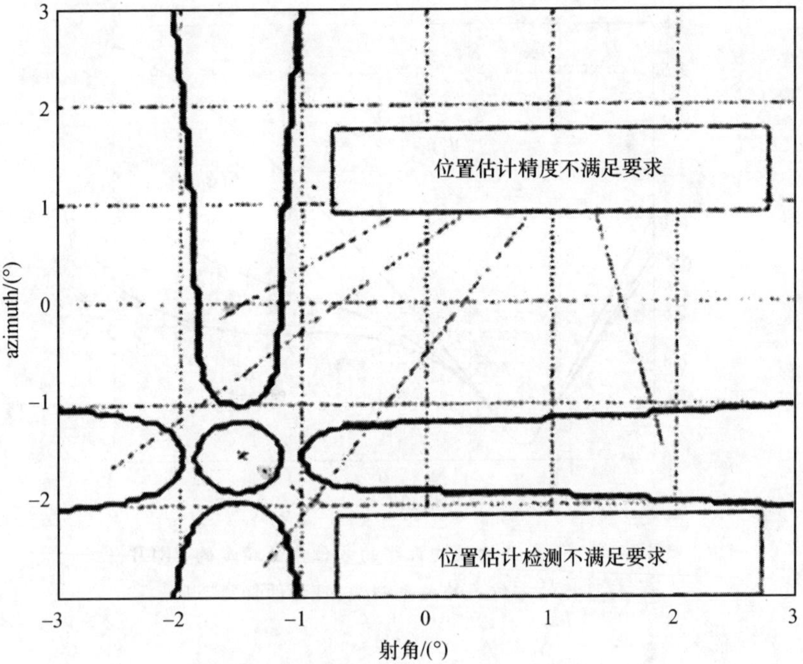

图 14.7　四个高增益波束组满足需要的检测概率和角精度的 CRLB 值的区域($P_d > 0.8$;CRLB < 0.35°)

在图 14.8 ~ 图 14.11 中,画出了 CRLB 曲线的更多细节。

图 14.8 和图 14.9 分别给出了针对三个波束组和四个波束组随目标方位角变化的方位角估计的 CRLB 值的变化关系。干扰方位角可以通过曲线的最小值点得到。这个最小值点与目标的俯仰角和算法使用波束的个数无关。对于其他的目标方位角的值,四个波束组的 CRLB 值小于三个波束组的。四个波束的曲线比三个波束的曲线更平坦。

图 14.10 和图 14.11 分别给出了针对三个波束组和四个波束组,方位角估计的 CRLB 值随目标俯仰角变化的关系。如果目标和干扰的俯仰角一致,CRLB 的值与算法使用波束的个数无关,而且它们均是四个波束组的最大点。对于目标的其他俯仰角的值,四个波束组的 CRLB 值小于三个波束组的 CRLB 值。

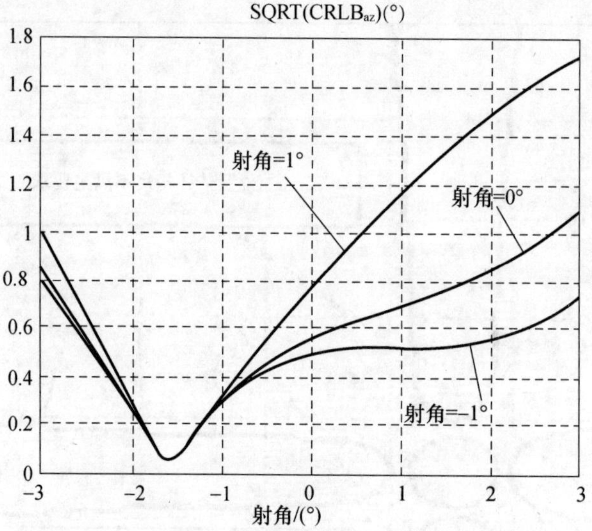

图 14.8　三个高增益波束组的方位角角精度的 CRLB 与目标的方位角的关系曲线,目标的仰角不同

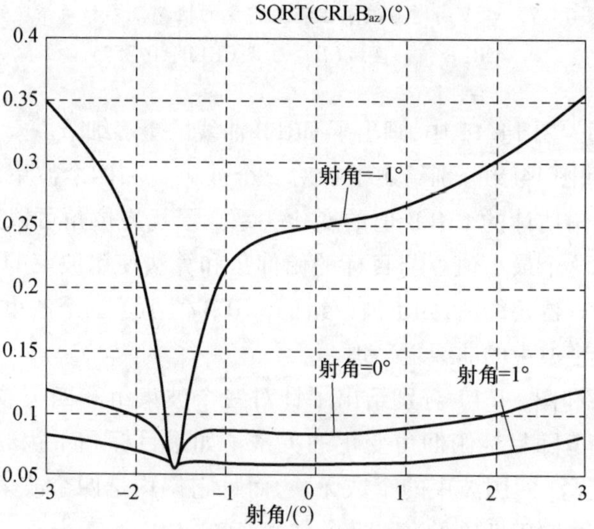

图 14.9　三个高增益波束组角精度的 CRLB 与目标的方位角的关系曲线,目标的仰角不同

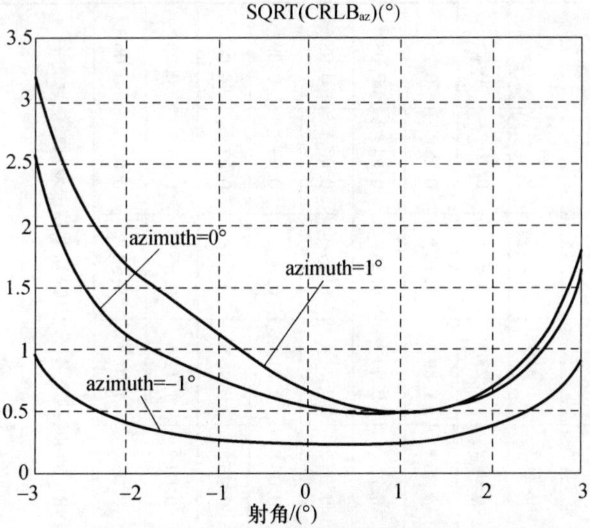

图 14.10　在不同目标方位角值的情况下,设置有三个高增益波束时,方位角精度的 CRLB 值与目标俯仰角的关系曲线

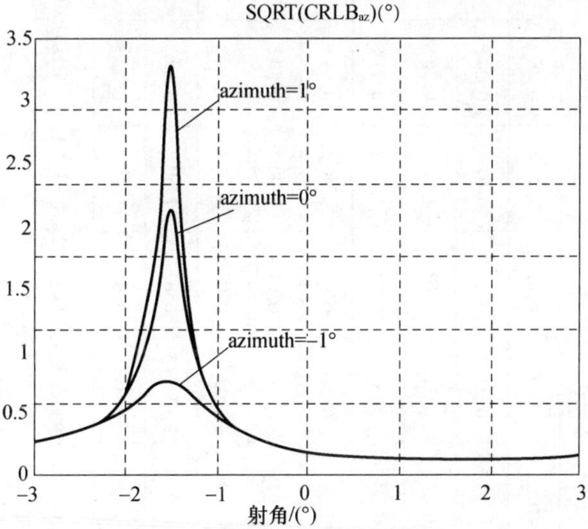

图 14.11　在不同目标方位角值的情况下,设置有三个高增益波束时,方位角精度的 CRLB 值与目标的俯仰角的关系曲线

14.4　MLE 算法仿真结果

使用不同的目标位置对 MLE 算法进行测试,将 100 次独立的蒙特卡罗试验的平均值作为结果,将得到的结果和表 14.1 中相应的 CRLB 值进行总结比较,目标在所有的试验中都可以检测到。

表 14.1 MLE 算法仿真的结果

θ_T	ϕ_T	$\theta_T-\hat{\theta}_T$（三个波束）	$\theta_T-\hat{\theta}_T$（四个波束）	$\phi_T-\hat{\phi}_T$（三个波束）	$\phi_T-\hat{\phi}_T$（四个波束）	σ_θ（三个波束）	$CRLB_\theta$（三个波束）	σ_θ（四个波束）	$CRLB_\theta$（四个波束）	σ_ϕ（三个波束）	$CRLB_\theta$（三个波束）	σ_ϕ（四个波束）	$CRLB_\theta$（四个波束）
-1°	-1°	-0.01°	-0.01°	-0.08°	0.01°	1.27°	0.28°	0.24°	0.21°	1.31°	0.28°	0.23°	0.21°
-1°	0°	0.15°	0.03°	0.23°	0.03°	0.82°	0.24°	0.10°	0.08°	1.23°	0.77°	0.26°	0.25°
-1°	1°	-0.12°	0.02°	0.30°	0.02°	1.43°	0.26°	0.06°	0.06°	1.89°	1.16°	0.28°	0.26°
0°	-1°	0.14°	0.00°	0.06°	0.03°	1.28°	0.77°	0.27°	0.25°	0.90°	0.24°	0.08°	0.08°
0°	0°	0.18°	0.03°	0.11°	0.02°	0.79°	0.55°	0.09°	0.08°	0.78°	0.55°	0.08°	0.08°
0°	1°	-0.24°	0.02°	0.21°	0.01°	0.90°	0.50°	0.05°	0.05°	1.21°	0.69°	0.09°	0.09°
1°	-1°	0.47°	-0.01°	0.03°	0.03°	1.70°	1.16°	0.30°	0.26°	0.96°	0.26°	0.07°	0.06°
1°	0°	0.48°	0.01°	-0.19°	0.02°	1.50°	0.69°	0.09°	0.09°	1.12°	0.50°	0.06°	0.05°
1°	1°	0.20°	0.01°	0.05°	0.02°	1.21°	0.52°	0.06°	0.06°	1.07°	0.52°	0.06°	0.06°

注：场景包括角坐标为(θ_T,ϕ_T)的一个目标和坐标$(\theta_T,\phi_T)=(-1.5°,-1.5°)$的 MBI；SNR = INR = 30dB；结果是经过 100 次蒙特卡罗试验仿真的平均值；在所有的试验中都检测到了目标

按预想的方法通过检测相应的 CRLB 值,使用三个波束估计目标的方位角和俯仰角的标准差常常不能令人满意。而且,坐标的估计并不总是无偏的,其标准差超过了相应的 CRLB 值。

通过使用四个波束估计目标的方位角和仰角的标准差能满足需要,而且与相应的 CRLB 值几乎完全一致。

图 14.12 和图 14.13 给出了对 Q 函数(14.4)估计的两个例子,它们都基于 MLE 算法。两个图中的条件相同[SNR = INR = 30dB, $(\theta_I, \Phi_I) = (-1.5°, -1.5°)$, $(\theta_T, \Phi_T) = (+1°, +1°)$]。图 14.12 是三个波束的情况,图 14.13 是四个波束的情况。

两个函数在目标的位置都取到最大值,在干扰的位置取得“尖锐的”最小值。最大值的宽度表示了角度估计的精度。四个波束时的宽度实际上比三个波束时的要窄很多,表明其更精确。同样,“尖锐的”最小值表明 MLE 算法在两种情况下可以精确估计出干扰的位置。

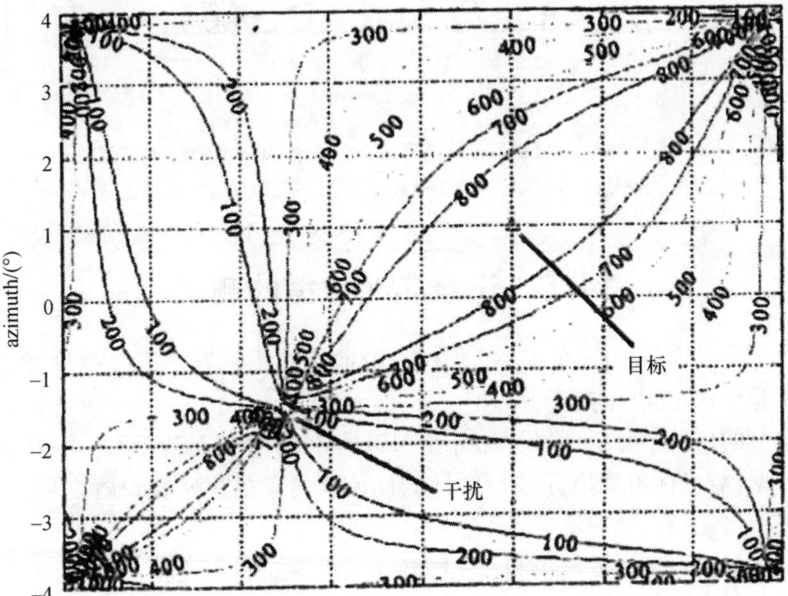

图 14.12　对 Q 函数的估计,使用三个波束对 100 次蒙特卡罗试验的结果取平均。目标的位置标记成三角形,干扰的位置标记成方形

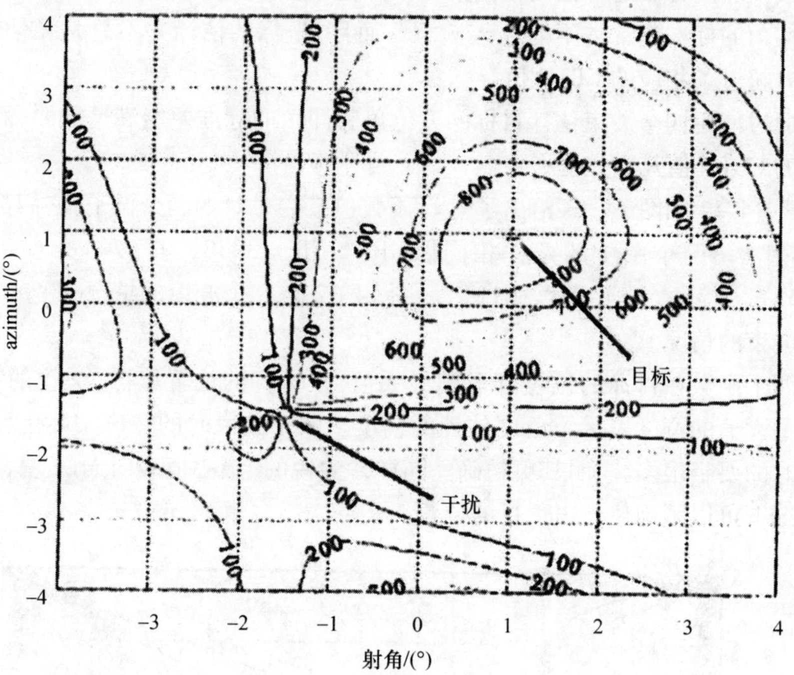

图 14.13 对 Q 函数的估计,使用四个波束对 100 次蒙特卡罗试验的结果取平均。目标的位置标记成三角形,干扰的位置标记成方形

14.5 记录实时数据的测试

为了测试 MLE 方法的有效性,在一个地点使用配置了三个高增益波束的地面试验台,C 波段相控阵雷达记录了几组数据[8,9]。

本节的目的是分析 MLE 算法,在 MBI 存在的情况下基于 C－PAR 采集的实际数据,对目标角度坐标进行估计的性能。简单描述实验设置之后,讨论了下面各项:

(1) 对仿真产生的波束和 C－PAR 实际波束进行了比较。

(2) 对产生的波束进行了相位补偿,使它和实际波束更一致。对补偿后估计得到的目标的坐标和未补偿的波束情况进行了比较。

(3) 使用同样的 MLE 算法对干扰位置进行了估计,并且对进行了补偿和未进行补偿的结果进行了比较。对补偿后估计重构场景的一致性进行了分析,并与目标和干扰的实际位置进行比较。

14.5.1　雷达捕获数据的描述

用于实时数据捕获的试验雷达为 C 波段无源相控阵雷达,它装备了一个多通道数字数据记录器(MDDR),可从三个接收信道同时获取数据。它的三个接收信道允许从和、俯仰差、方位差波束接收数据。它还可以在主天线的顶端安装两个低增益的辅助设备,来测试旁瓣补偿和旁瓣抑制[2,8,9];它还可以从和信道、两个差信道中的一个、两个低增益辅助信道中的一个采集数据,来测试雷达在主波束和旁瓣干扰混合存在条件下的情况。在干扰采集时,采集了几组数据用来测试 MLE 算法在 TDOA 估计中的性能。

14.5.2　数据捕获试验设置

进行了一系列试验来估计 C - PAR 在各种场景下的性能。使用一组合适位置的模拟干扰源和异频雷达收发机来得到需要的场景,天线是电动的或者手动的,指向需要的干扰发射源。图 14.14 给出了环境设置。

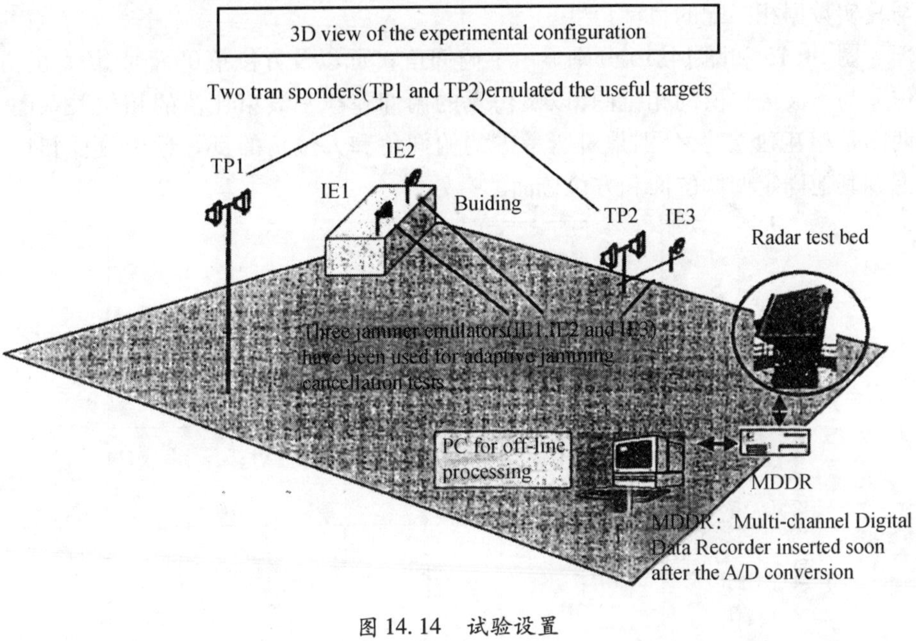

图 14.14　试验设置

两个异频雷达收发机(TP1 和 TP2)模拟有用的目标,三个模拟干扰源(IE1,IE2,IE3)来测试雷达在各种条件下的性能,目的是获得以下的目标:

(1) 雷达接收信道的特征;

(2) 同时消除两个连续噪声干扰(NLI);

(3) 一个 NLI 对主天线波束的影响;

(4) 同时消除两个连续 NLI,其角距离小于或大于雷达波束的宽度;

(5) 同时存在两个连续 NLI 情况下对目标的检测;

(6) 仅仅在相关重复干扰存在下的消隐概率;

(7) CRI 的消隐和 NLI 的消除;

(8) 同时通过 STAP 算法消除干扰和扰动;

(9) 主波束干扰条件下 TDOA 的 MLE 估计。

要求实际数据在依据 MDDR 的模/数(A/D)转换后可以同时存储在三个接收信道上。能够成功收集接近 3Gb 的数据。

14.5.3 理论与实际雷达波束比较

仿真了和差 C－PAR 波束比的相位与真实接收数据的 C－PAR 比存在的差异。这一假设能够证明对基于 14.2 节中描述的 MLE 算法的角度估计精度产生负面影响。如果使用一种较接近接收数据的波束模型,算法就能够正确估计与真实数据相匹配的目标角度。

图 14.15 和图 14.16 分别显示了俯仰角 0°面以及方位角 0°面时,仿真的方位差与和波束比值的相位图,以及仿真的俯仰差与和波束比值的相位关系图。两图是相互独立的,分别是对所考虑的俯仰角和方位角的良好近似,也同时考虑到其他固定俯仰位面和方位位面的有效性。

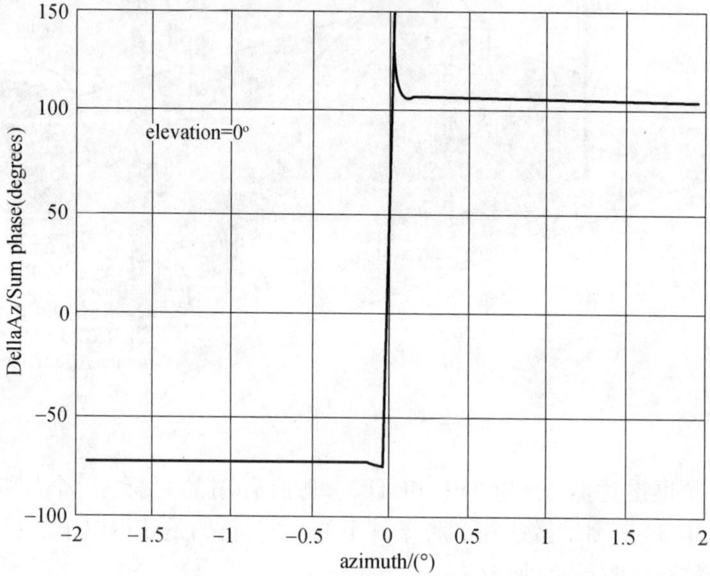

图 14.15 俯仰角为 0°时,仿真的方位差与和波束比值的相位与方位角关系图

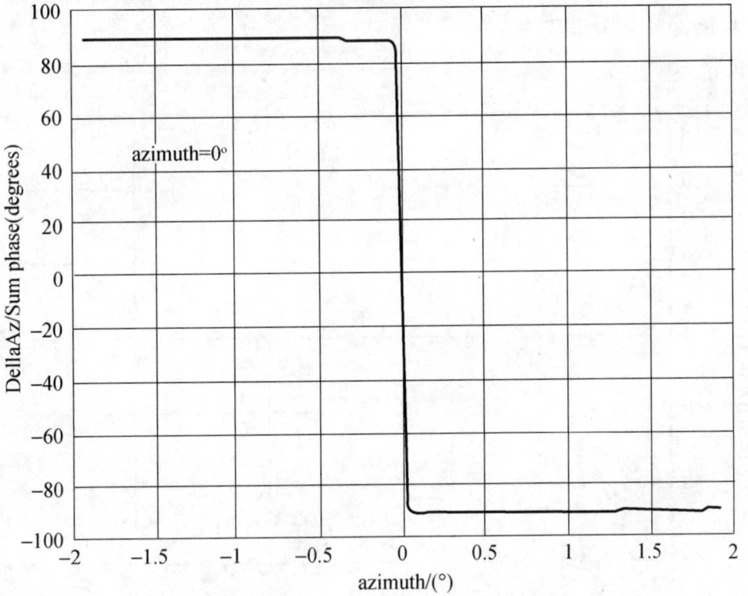

图 14.16 方位角为 0°时,仿真的俯仰差与和波束比值的相位与俯仰角关系图

图 14.15 中,方位差与和波束比值的相位在方位角为正值时等于 107.5°,在方位角为负值时等于 -72.5°。图 14.16 中,俯仰差与和波束比值的相位在俯仰角为正值时等于 -90.8°,在俯仰角为负值时等于 89.6°。两种情况下,相位跳变均为 180°,符合理论要求。

文献 P90803k 认为优先考虑 C-PAR 和差波束比值的相位。这篇文章中,方位差信号由和波束接收,俯仰差由 C-PAR 波束接收。场景包括 1 个目标和一个 MBI,这个目标由图 14.14 中的 TP2 雷达仿真得到,MBI 由图 14.14 中的 IE1 发射天线仿真得到。搜索相应的第 1 个和第 19 个脉冲重复时间(PRT)含有大概 1134 个采样点。

计算和差波束比值的相位,对第 1 个和第 19 个 PRT,从其中只存在干扰的第 600 ~ 700 的范围内抽取。结果如图 14.17 ~ 图 14.20 所示,其中的相位都是模 2π 的。

相位不是恒定的,它们由于样点间 INR 的轻微变化而有一些摆动。此外,需要注意方位差信道接收信号与和信道接收信号比值的相位的变化,从第 1 个 ~ 19 个 PRT(即 -150° ~ +30°,存在 180°跳变)。当天线旋转过程中,干扰通过方位差波束的零点时就会发生这种情况。因此,如理论分析一样,方位差信道接收信号与和信道接收信号之比的相位也会在干扰通过零点后产生 180°跳变。

除了噪声引起的小波动外，俯仰差信道接收信号与和信道接收到信号之比的相位实际上是保持恒定的。

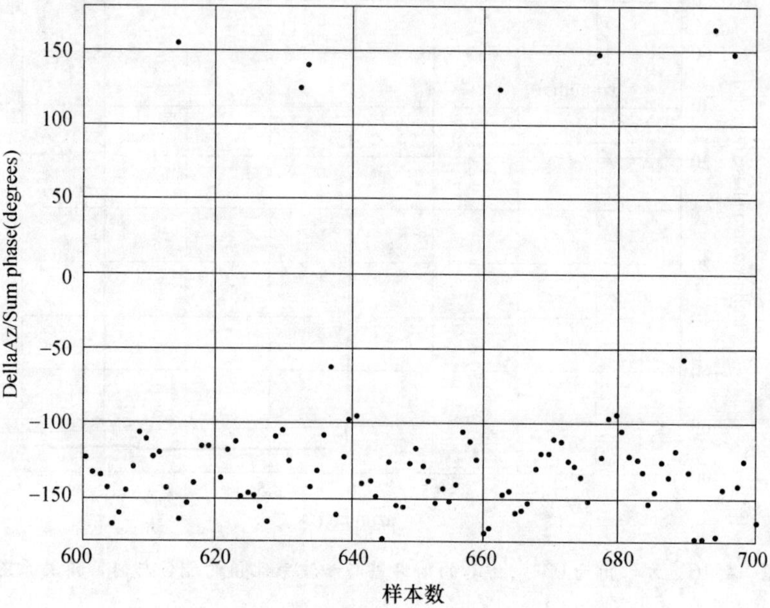

图 14.17　文章 P90803k 中方位差与和波束比值的相位，第一个 PRT 中含 1134 个采样点

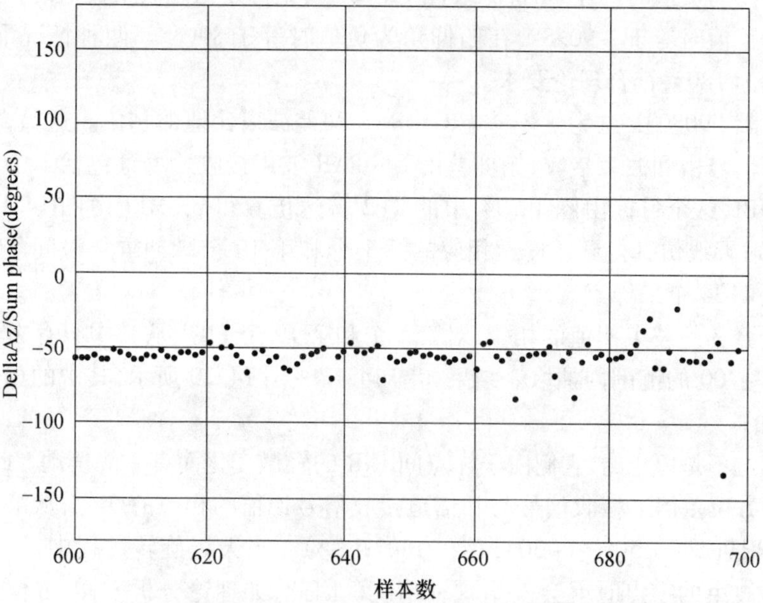

图 14.18　文章 P90803k 中俯仰差与和波束比值的相位，第一个 PRT 中含 1134 个采样点

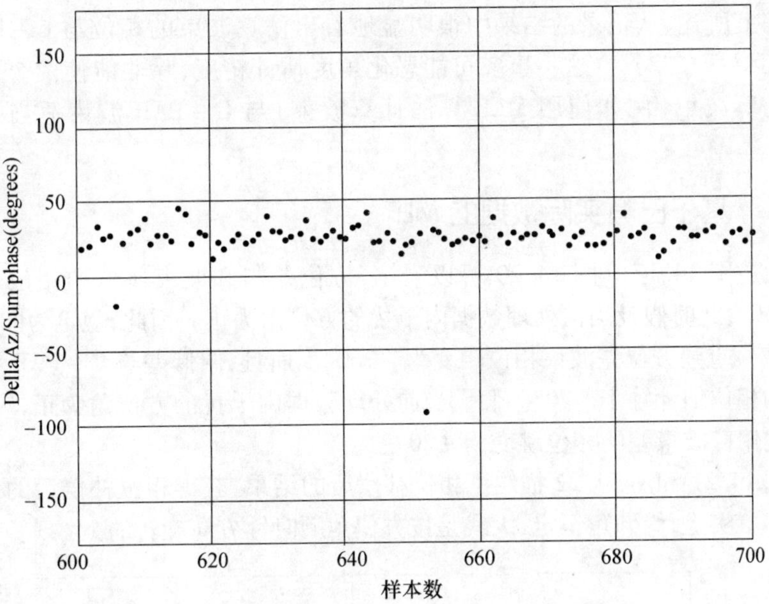

图 14.19　文章 P90803k 中方位差与和波束比值的相位,
第 19 个 PRT 中含 1134 个采样点

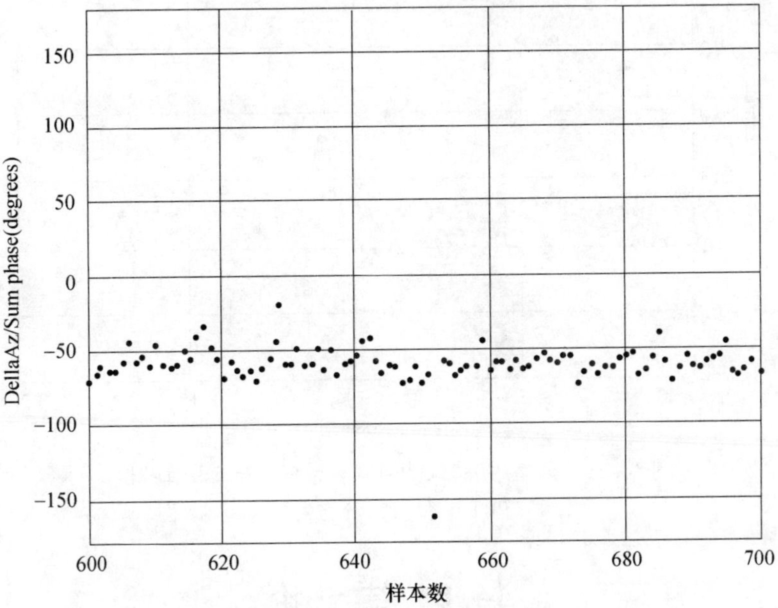

图 14.20　文章 P90803k 中俯仰差与和波束比值的相位,
第 19 个 PRT 中含 1134 个采样点

综上所述,从记录的结果中很明显地看出仿真波束的相位与 C - PAR 波束的相位存在差异。这一事实可能恶化角度估计精度,除非能使两个不同信道的仿真波束(例如使用 MLE 算法计算波束)与 C - PAR 波束适当的相位匹配。

14.5.4 基于已有实际数据的 MLE

通过图 14.17 ~ 图 14.20 可以看出,方位差与和波束比值的相位估计等于 - 150°,此时假设当前处理数据内干扰的方位角为正。因此,规定为匹配 C - PAR 波束重建方位差波束相位跳变为 - 260°。而且,俯仰差与 C - PAR 和波束比值的相位估计等于 - 70°。假设当前处理数据内干扰的方位角为正,因此,规定重建俯仰波束差的相位跳变为 + 20°。

图 14.21 和图 14.22 描绘了相位补偿后的结果,获得相位补偿后的估计更可靠。事实上,俯仰角恒定,天线是按方位角顺时针方向旋转的。

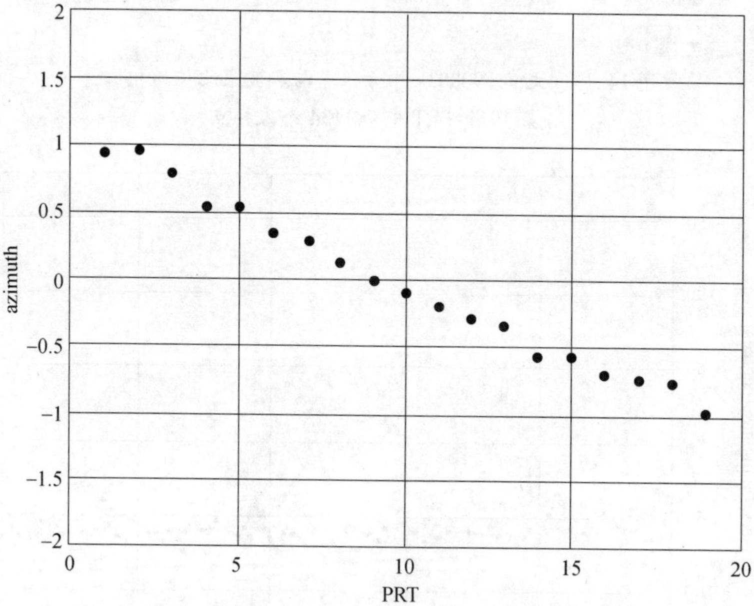

图 14.21 文章 P90803k 中目标方位角估计及相位补偿,PRT 中含 1134 个采样点

14.6 结 论

存在于一个 MBI 中的自由角度数目从三增加到四大大改善了 TDOA 的最大似然估计(MLE)的精度,当 SNR 与 INR 可比时也同样如此。如果目标与相

应的干扰机不太靠近,那么使用四波束装置(例如,和波束、方位角差波束、俯仰角差波束和双差波束)的最大似然估计(MLE)能够以需要的精度估计相应的目标角度。因此,这一估计非常接近通信的 CRLB。

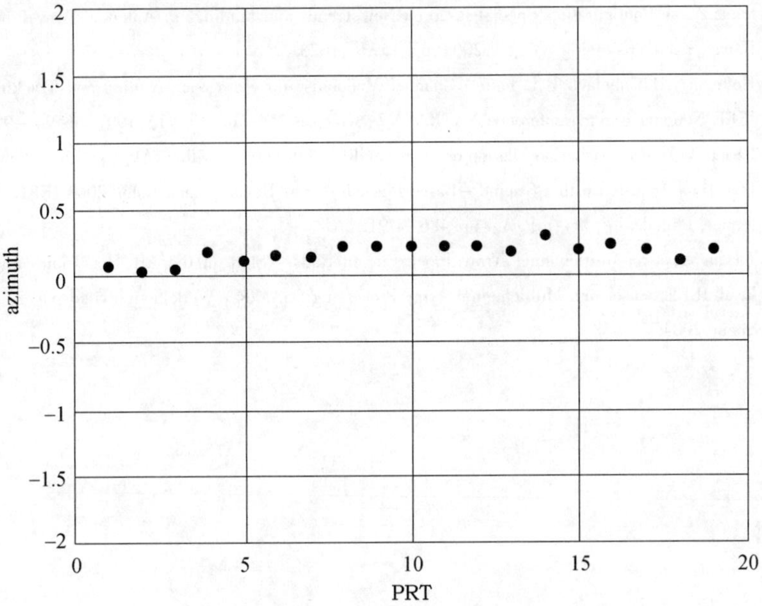

图 14.22　文章 P90803k 中目标俯仰角估计及相位补偿,
PRT 中含 1134 个采样点

从基于实际数据的测试实验,发现在现有的 MBI 的 TDOA 的最大似然估计需要天线波束模型的幅度和相位才能工作。对已有实际数据的分析表明,在重构模型中可能存在错误估计,这一问题已经由获得天线模型近似的相位参数解决了。已被证明,在现有的 MBI 中算法能够可靠估计相应的目标角度。

参考文献

[1] Skolnik M I. Radar Hundbook, 2nd ed. New York: McCraw – Hill, 1990, Ch. 18.

[2] Farina A. Anfennu – Based Signal Processing Techniques (or Radar Systems, Nowood, MA: Artech House, 1992.

[3] Langsford P, et al. Monopulx Direction Finding in Presence of Adaptive Nulling. IEE Colloquium. Advances in Adupfive Beumfonning, Romsey, United Kingdom, June13, 1995.

[4] Valcri M, et al. Monopulse Estimation of Target DOA in External Fields with Adaptive Arrays. 1996 IEEE Symposium of Phased Array Systems and Technology, Boston, MA, October 15 – 18, 1996, pp. 386 – 390.

[5] Farina A, Golino G, Timmoneri L. Maximum Likclihood Approach to the Estimate of Target Angular Coordinates under a Main Beam Interference Condition. CIE 2001 International Conference on Rodor, Bcijing, China, October 15 - 18, 2001, pp. 834 - 838.

[6] Farina A, Lornbardo P, Orrcnzi L. A Unified Approach to Adaptive Radar Processing with General Antenna Array Configuration. Special Issue on New Trends and Findings in Antenna Array Processing for Radar, Sigml Processing, Vol. 84, 2004, pp. 1593 - 1623.

[7] Hoffman J B, Gabelach B L. Four - Channel Monopulse for Main &am Nulling and Tracking. Proc. of IEEE Notional Radar Conference NATRAD'97, Syracuse, NY, May 13 - 15, 1997, pp. 94 - 98.

[8] Farina A, Timmoneri L. Cancellation of Cluner and EM Interference with STAP Algorithms. Application to Live Data Acquired with a Ground - Based Phased - Array Radar Demonstrator. 2004 IEEE Rodar Confermce. Philade. l ~ hi - a P. A,. pp. 486 - 491.

[9] Farina A, et al. Multichanncl Array Processing in Radar: Stare of the Art, Hot Topics and Way Ahead. IEEE Sensor and Multichannel Array Processing (SAM04) Workshop, invited paper, Barcelona, Spain, 2004.

第 15 章 用于听觉定位与空间选择性聆听的宽带测向

15.1 引 言

宽带信号的 DOA 估计和使用阵列传感器分离信号是一个很有挑战性的问题[1],在许多自然领域这一问题已经由自然现象阐述了。人造系统已经在各式各样的仿真模型建立并阐述了这一问题,例如通信系统、水下传感器阵列处理系统和音频领域麦克风阵列。在所有的仿真模型中,有大量的宽带信号发生源通过信道传播由大量传感器接收。信号源与信道的模型随相关的问题变化。

本章我们处理人类听力范围内的声源产生的声音模型和接收这些信号的麦克风阵列。我们实现了使用仅仅两个传感器来完成多于两个源的信源分离,这需要如下两个阶段:

(1) 源信号 DOA 估计;

(2) 从每个方向的入射信号中重构信号或提取信息。

自然生物应对声音领域的这些情况仅使用两个耳朵,这与传感器和声源个数至少相同的常规概念相违背[5-9]。例如,猫头鹰能够在近乎黑暗的环境中巡逻并精确捕获目标。在解决这一问题的信号处理文献中,也被认为是一个鸡尾酒会问题。基于文献[2,3]提出一种算法,分别在一定范围内阐述了这一问题,所需求传感器的最少个数的理论限制是不可违反的,算法要求从自然界接收的信号达到一种程度,这种程度的传感器和信号满足 DOA 估计和恢复信号的条件。这样似乎也解释了自然生物怎样完成信号处理,并已由神经系统科学的结论证明[5,10-12]。

15.2 仿真与典型事例

本章详细的模型描述涉及 K 个麦克风的 M 个声音源。传感器(麦克风)有效带宽 20Hz ~ 20kHz 由所有这些信源共享。如果信源是人的声音,类似鸡尾酒会问题,那么这些信源的有效带宽将减小到约 8kHz。

图 15.1 所示场景所对应的数学模型中,存在 M 个产生准平稳、宽带信号 $s_m(t)$ 的源。由于语音模型产生的参量是随音节改变的,假设信号是准平稳的。

大多数情况下，这些信号是通过 FIR 信道传输的，并由 K 个传感器采样接收。接收到的信号由 $y_k(t)$ 表示。从第 m 个源到第 k 个传感器的信道由 $h_{mk}(t)$ 表示。因此，模型为

$$y_k(t) = \sum_{m=1}^{M} h_{mk}(t) * s_m(t) \tag{15.1}$$

其中，$S_m(\omega)$ 和 $Y_k(\omega)$ 分别是时域 $s_m(t)$ 和 $y_k(t)$ 的频域表达式。如果信道是平稳的，其等效频域表达为 $H_{mk}(\omega)$。在时频域，等式可以写作

$$Y_k(\omega,\tau) = \sum_{m=1}^{M} H_{mk}(\omega) S_m(\omega,\tau) \tag{15.2}$$

当信源到传感的路径是平坦的波阵面时，那么信源到传感器阵元的每个信道都能指定用一个单一的参数来描述，即阵列信号源的 DOA。即使周围环境是弱反射的，如果信源间的角间距足够大，DOA 的描述是充分的。许多实际情况都满足该条件。

当信源数 M 小于或者等于传感器数 K 时，不同文献提出了多种测向方法，比如独立分量分析和波束形成[13-17]。在这里我们提出一种算法，在 $M>2$[2,3]，$K=2$ 时，该算法依然有效，如图 15.1 所示。

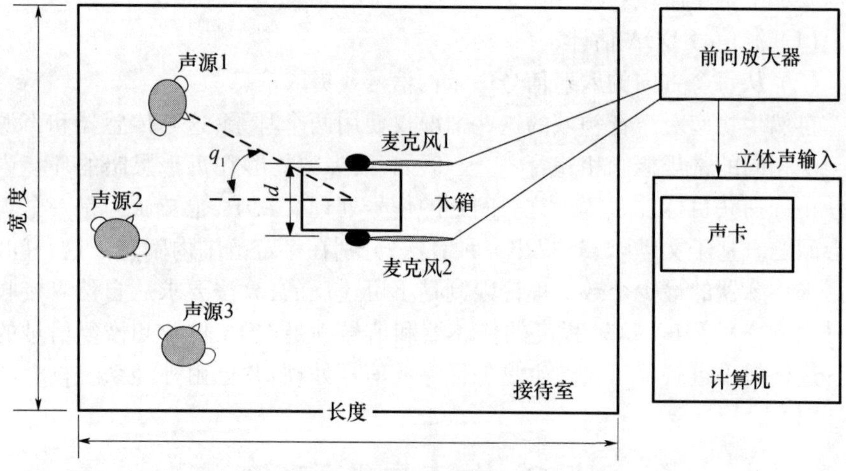

图 15.1 仿真俯视图，其中有大量讲话的人员

15.3 自然声音的特征

大多自然声音都是由结构的振动产生的，随后周围空气对其进行滤波。因而，在音频范围内，这些声音对应的频率表征了结构的物理特性。大多数自然

发音结构在大小、密度等物理特性方面各不相同。它们产生的声音所包含的频率成分通常具有明显的差异,大多互不重叠。有的声音随着时间推移,其对应频率在一定频带内变化,人的语音就具有这种特性[5,10,11]。但即使以语音为例,不同人的语音所对应的频率成分间也有足够的不重叠区域,这就使我们能够有选择性地聆听所希望听到的语音,即使它受到其他语音的干扰。图 15.2 显示了各种语音在任意时间的频谱。

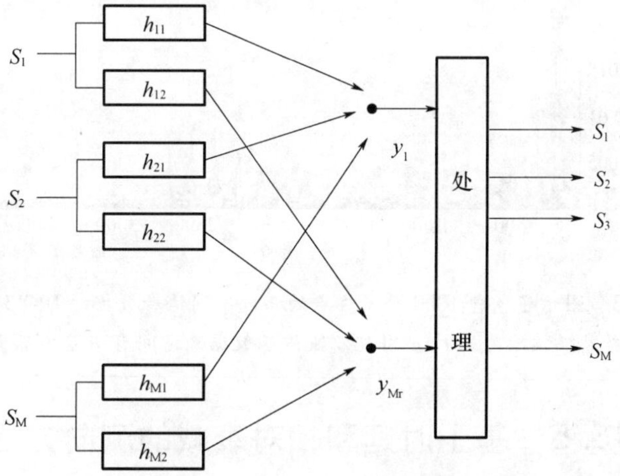

图 15.2　两个传感器接收 *M* 个信源的信号估计系统示意图

在当前一段处理时间内,如果某声音信号的主要频率成分未受到其他信号的干扰,则可以通过滤波将其单独恢复出来。对于感兴趣信号的某个频率,如果干扰信号在该频率处能量的总和低于感兴趣信号在该频率处能量的20%,则该频率是可恢复的。为了研究在混合语音环境中的可恢复性,以一段典型语音为例,当存在多个干扰源时,以可恢复频率的百分比来表征信号的可恢复性。

这些观察表明,当传感器数少于信源数时,对窄带 DOA 估计体制进行某些修改即可用于宽带 DOA 估计。

15.4　谱分解

对传感器接收到的信号进行谱分解,分解后谱分量用于 DOA 估计和信号重构。DFT 滤波器组是常用的谱分解方法,其长度和语音信号的短时平稳周期一致。如图 15.3 所示。

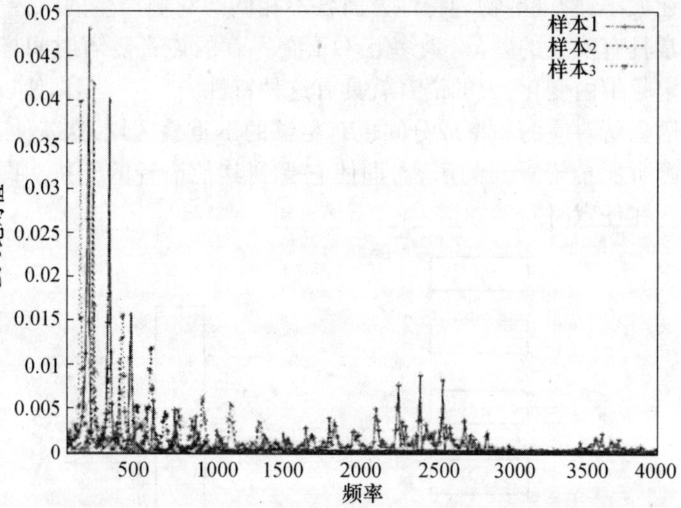

图 15.3 图示了包含 1000 个采样点的三段不同语音数据的 DFT 绝对值。语音数据采样频率为 8kHz。可见三段语音数据频谱间有明显的不重叠区域

15.5 基于时延和相对衰减的测向方法

如果只有两个传感器,而信源又多于两个,此时要求信源是宽带信号才能对其进行 DOA 估计。两个传感器间接收到的信号存在相对衰减。语音的频率覆盖范围为 3kHz,其宽带性质要求传感器的间距要高于奈奎斯特间距(对应语音的中频),这样才能使一些高带宽分量获得合理的角分辨率。对于处理带宽内的高频成分,要对其进行 DOA 估计,需要利用传感器间的相对衰减。当需要恢复在各传感器处有不同衰减的信号时,相对于只是利用时延参数,通过设计传感器间的相对衰减,可以改善信号干扰比(SIR)。只要信号在各传感器处衰减不同,即使它们具有相同频率也可对其测向,也就是说,在同一时刻到达同一个传感器的信号不具有可检测能量的相同频率。

15.5.1 常规方法

语音 DOA 估计常规方法如下所述:

(1) 将接收信号分解为短时谱分量。

(2) 利用各频率处的信号分解信息。由于头状结构的阴影效应,使得两个传感器间的信号相对衰减在某些频率比较大。根据这些频率处的相对衰减信息进行测向处理。

(3) 利用各频率处的信号分解信息。低端频率的阴影影响最小,根据传感

器间的时延信息进行测向处理。

（4）根据各频率处得到的测向结果估计信源数目及其方位角。

图 15.4 的框图显示了其步骤及信号流图。

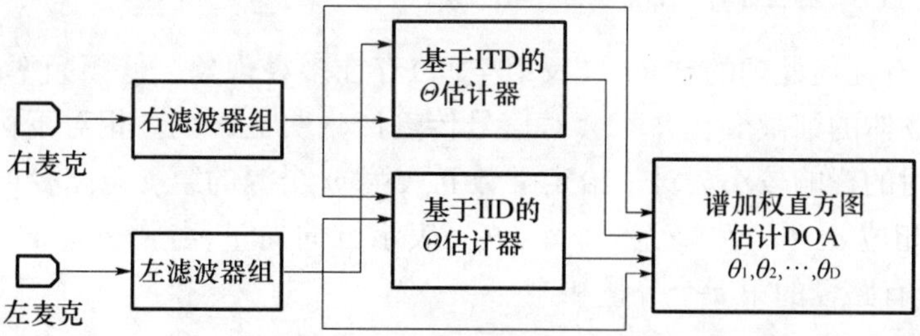

图 15.4　多语音源测向框图

15.5.2　利用传感器间的时延估计 DOA

利用子空间方法，如 MUSIC，或者各谱分量在期望频率处的相位差进行时延 DOA 估计。前者在文献[2]中得到应用，后者作为联合相位、衰减差估计的一部分用于文献[17]中。

正如前面所指出的，语音特性满足测向算法所需的非混叠频谱结构。然而并非完全如此，尽管大部分语音信息均位于频谱主瓣内，低幅度旁瓣的存在也会对测向造成干扰。图 15.5 显示了在不同干扰功率和干扰角度下 MUSIC 算法

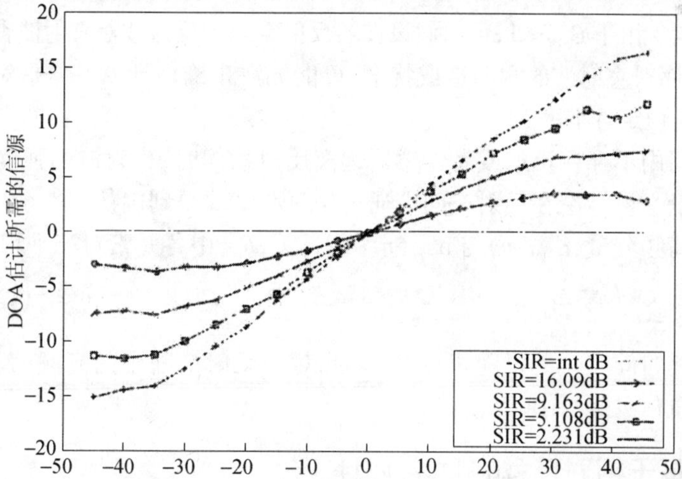

图 15.5　利用 MUSIC 算法对位于 0°方向的信号进行测向，干扰信号的方位和功率各不相同。注意到干扰的存在使得测向结果产生抖动，抖动随着 SIR 和信源间隔程度的减小而增加。干扰并没有使算法失效

的仿真性能。可以看到,当干扰信号功率低于感兴趣信号时,MUSIC 测向方法受到一定干扰。

15.5.3 在反射空间中的子空间方法

在没有任何处理的空间中(反射空间)存在多径现象。低频频率的波长很长,屋内物体的细微变化并不会对信号传输产生明显影响。相对于衍射,信号散射、反射的影响较小。对于给定常数 θ_{mp},第 m 个源的第 p 条路径的衰减 $\beta_{mp}(n)$ 及其相位 $\alpha_{mp}(n)$ 和 n 无关。$\boldsymbol{a}_1(\theta_{mp})$ 表示方向向量,各谱分量的波长用 λ_1 表示。所有路径的第 k 个分量和

$$\sum_p a_1(\theta_{mp})\beta_{mpl}(n)\mathrm{e}^{\mathrm{j}\alpha_{mpl}(n)}$$

可表示为

$$\sum_p \beta_{mpl}\mathrm{e}^{[\mathrm{j}2\pi kd\sin(\theta_{mpl})/\lambda_1+\alpha_{mpl}]} \tag{15.3}$$

假定 $s(n)$ 具有单位功率,$\boldsymbol{R}_{XX}=E\{\boldsymbol{x}_{1m}\boldsymbol{x}_{1m}^{\mathrm{H}}\}$中与第 m 个源相关的非对角线元素为

$$\sum_p \beta_{mpl}\mathrm{e}^{[\mathrm{j}2\pi k_i d\sin(\theta_{mp})/\lambda_1+\alpha_{mpl}]}\sum_{p'}\beta_{mp'l}\mathrm{e}^{[-\mathrm{j}2\pi k_q d\sin(\theta_{mp'})/\lambda_1+\alpha_{mp'l}]} \tag{15.4}$$

如果直射路径 $p=p_d$,满足 $\beta_{mp_dl}=1$,同时,$\beta_{mp_dl}\ll 1, p\neq p_d$,此时式(15.4)可表示为 $\exp[-\mathrm{j}2\pi(k_i-k_j)d\sin(\theta_{mp_d})/\lambda_1]+\rho_m$,其中 ρ_m 为复数,表示 $\boldsymbol{R}_{XX}$ 中除 $p=p'=p_d$ 外的和元素。由于 $\beta_{mpl}\ll 1$,可以假设在弱反射空间中反射波对直射波在低频处造成扰动,从而对直射波的测向造成扰动,可能无法正确估计 θ_{mp},但是对每个源的估计结果是恒定且唯一的。

当空间内不存在反射或者传感器远离反射物体时,直射波的强度通常远高于反射分量。该结论在反射空间中通过仿真和试验得到确认。

对于高频分量,$\alpha_{mpl}(n)$ 与 $\alpha_{mpl}(n+1)$ 无关,$\boldsymbol{R}_{XX}$ 中各元素对 n 平均后得到

$$\frac{1}{N}\sum_{\mathrm{n}}\left(\sum_p \beta_{mpl}\mathrm{e}^{[\mathrm{j}2\pi k_i d\sin(\theta_{mp})/\lambda_1+\alpha_{mpl}(n)]}\sum_{p'}\beta_{mp'l}\mathrm{e}^{[-\mathrm{j}2\pi k_j d\sin(\theta_{mp'})/\lambda_1+\alpha_n]}\right) \tag{15.5}$$

它是一个随时间变化的复随机变量,因此对于反射空间中的高频信号,无法利用相对相位信息进行 DOA 估计。

15.5.4 基于相对衰减的 DOA 估计

在指定频带内的基于相对衰减的测向算法是将到达各传感器的相对衰减换算为到达方向。它取决于麦克风间物体的物理尺寸、材质及形状。图 15.6 详述了试验所采用的结构,包括试验所用盒体的尺寸。根据测量结果估计各波

达方向在各频率处的相对衰减。图 15.7 显示了测得的不同角度和频率处的功率比。估计值 $\theta(1)$ 是绝对值比值的函数 $-\theta(1)=f[\,|X_2(1)|/|X_1(1)|\,]$。与人的头形相关的转移函数相似,对于麦克风之间的盒结构建议采用盒相关转移函数(BRTF),就可以得到如图 15.7 所示的两个麦克风采集信号的幅度谱之比。声源是一个从各个角度播放白噪声的扬声器,距麦克风与盒体位置 1m。可知:

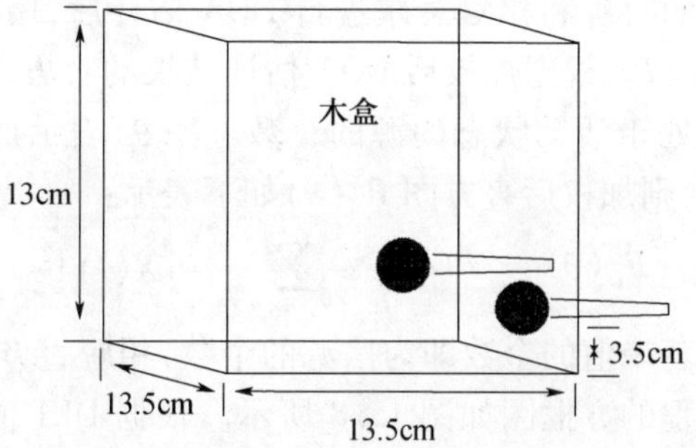

图 15.6　图示了本节试验中麦克风间物体的物理尺寸,尺寸大小与人头部相似,因为该试验中的测向方法主要是为了对双耳辨别方向的过程进行建模

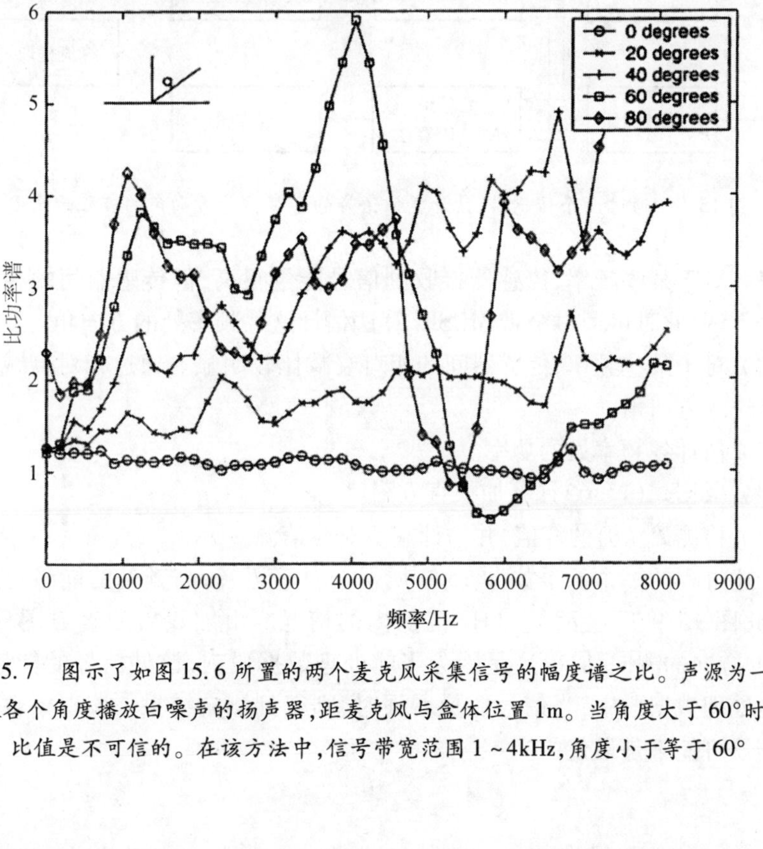

图 15.7　图示了如图 15.6 所置的两个麦克风采集信号的幅度谱之比。声源为一个从各个角度播放白噪声的扬声器,距麦克风与盒体位置 1m。当角度大于 60°时,比值是不可信的。在该方法中,信号带宽范围 1 ~ 4kHz,角度小于等于 60°

(1) 对于各方向,转移函数是唯一的。

(2) 对于高频分量,比值并不随方向角的增加而单调增加。

(3) 函数是平滑的,因而允许幅度谱估计存在误差。

(4) 在 1 ~ 4kHz 范围内、角度在 ±60°之间的测向结果是可信的。

15.6 谱加权 DOA 估计

根据各频率处的时延和相对衰减进行 DOA 估计后,用各频率处的谱功率对 DOA 估计结果加权。根据加权后 DOA 估计结果的直方图,可以检测当前处理数据块所对应的处于活动状态的源的个数。$\boldsymbol{P}(\theta)$ 表示加权前直方图,θ_h 表示直方图统计间隔,则加权后直方图 $\boldsymbol{P}_\omega(\theta)$ 如下表示:

$$\boldsymbol{P}_\omega(\theta) = \boldsymbol{P}(\theta) \sum_{l:\,|(\theta_1 - \theta < \theta_h/2)|} |\boldsymbol{X}(l)|^2 \tag{15.6}$$

加权直方图显著峰值的个数即为信源的个数,相应直方图的统计区间值即为信源方向。该过程的方框图如图 15.8 所示。根据 DFT 滤波器组的输出,进行宽带信源 DOA 估计处理步骤如下所述:

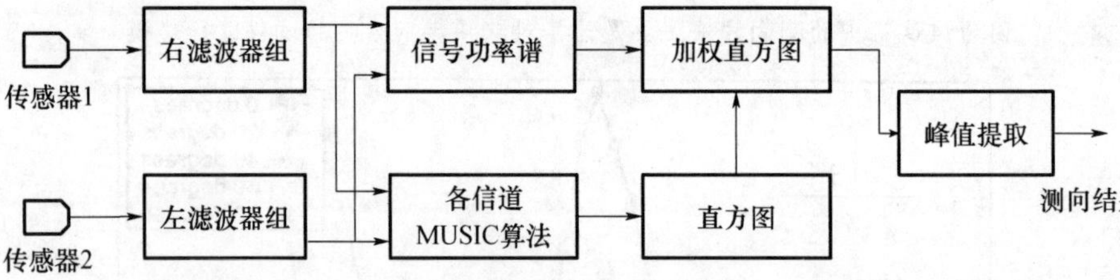

图 15.8 通过两个传感器,估计类似语音的宽带信号方向角的流程示意图

(1) 对于某些频率,传感器接收到信号能量很高,但传感器间的相对衰减可忽略不计,此时可通过窄带 MUSIC 算法估计这些频率处的方向角。

(2) 对于某些频率,传感器间的相对衰减比较明显。通过相对衰减估计这些频率处的方向角。

(3) 估计各频率处的功率。

(4) 根据式(15.6)计算加权直方图。

(5) 检测 $\boldsymbol{P}_\omega(\theta)$ 的峰值,并估计它所对应信源 DOA。

上述过程的一个例子如图 15.9 所示。对于语音,高频处的能量可忽略不计,因此图 15.9 只显示了 4kHz 范围内的情况。由加权后的直方图可知,没有 −40°方向的测向结果,这是因为当前处理数据段内,该处信号的能量过低。在其他处理数据段中,当信号能量增强时,则得到测向结果。该现象也说明了该检测器可能不是最优的。

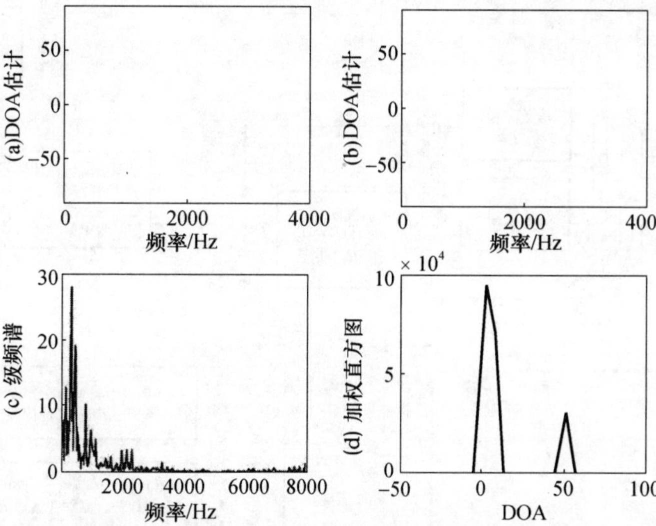

图 15.9　通过谱加权测向，处理的一段朗读文本的语音数据包括两个女声和一个男声。如图 15.1 所示，它们距结构体约 2m，方位角分别为 −40°、+40°和 0°。在(a)、(b)中，对于某些频率，由于低功率或者小信号而无法测向时，均用 −90°表示。(a)用 MUSIC 算法测向，(b)通过 MUSIC 和相对衰减测向，(c)估计幅度谱，(d)去掉小峰值后的加权测向直方图，测向结果由(b)得到，加权系数由(c)得到

15.7　信源分离算法

信源分离算法所用的 DOA 估计算法如下所述，其原理框图如图 15.10 所示。

选择 DFT 滤波器组作为耳蜗和耳蜗核的等效映射。该算法将从麦克风采集到的样本向量输入 DFT 滤波器组，并暂时存储计算结果。本试验并未采用基于 Mel 谱的滤波器组，尽管它可能会得到更好的结果。

当 DFT 滤波器组的输入样本点数多于块长 L 时，只对块内数据的 DFT 滤波器组的输出结果进行处理。步骤如下：

（1）估计每个频率 l 处的 DOA，$\hat{\theta}(l)$。如果无法估计 DOA，则赋值为 −90°。

（2）根据上步估计的参数做出判决：

① 如前所述，根据 $\hat{\theta}(l)$ 的谱加权直方图估计当前块内处于活动状态的信源 DOA；

② 如果当前块的 DOA 结果与截止到上一块数据所分析的结果$\{\theta_m\}$均不一致，则开始跟踪新信源。

（3）将各频率与已检测到的信源相关联，得到可用于各信源的掩模。该过

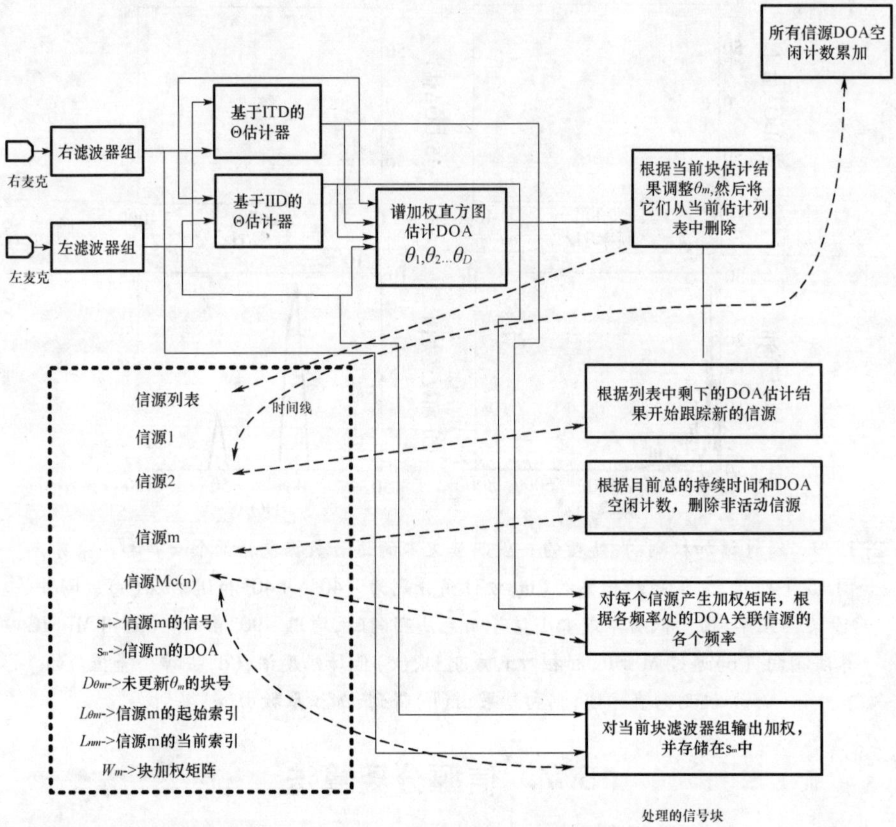

图 15.10 通过传感器间相对延迟估计出方位角后,算法详细流程示意图。只有已知方位角时,该算法才可用于信号分离。该方法可应用于类似头形结构的分析测量中

程需要利用测向结果,即如果$|\hat{\theta}(l)-\hat{\theta}_m|<\theta_{\text{thresh}}$,令$W_m(l)=1$,其中$\theta_{\text{thresh}}$为预设门限,该门限取决于影响 DOA 估计性能的反射和噪声。

(4) 将对应各信源的掩模($W\_\{m\}$)用于滤波器组输出,并对结果求和,可重构当前块各信源信号。

(5) 如果可从麦克风处得到更多样本,返回步骤(1)。

15.8 试验结果

下面分两步通过试验结果评估所提算法的性能,共进行了两组试验用于评估算法性能。

(1) 一组试验主要是在可控条件下验证基于测向的算法的原理。该组试验所用阵列数据由语音和正弦信号合成,其中语音数据来源于 TIMIT 数据库。由于信号未混合,算法性能可以定量表示。

（2）另一组试验采用真实的多人语音记录，流程与图 15.11 所示类似，算法性能通过听力测试评估。

图 15.11　带头状体录音设备的照片

15.8.1 试验所用的参数值

处理块长为 1024 个样本，用于 DOA 估计的直方图共有 19 个统计区间。当某一特定频率方位角与某方向间距在 20°以内时，将此特定频率归至该方向。1kHz 范围内的测向算法采用 MUSIC 算法。1～4kHz 范围内的测向算法采用相对衰减法。

在 1～4kHz 之间时，DOA 的估计值可以通过测试设备中的传感器之间的相对延迟来得到。第 m 个源的信号 DOA 表示为 $\theta_m(k+1)=0.9\theta_m(k)+0.1\hat{\theta}_m(k)$，这里 $\hat{\theta}_m(k)$ 是正在使用当前模块的第 m 个源信号到达角的估计值。

1. 综合阵列数据的性能

本节研究在各种仿真背景下声源分离算法的性能。首先检查源是封闭的情况下增加源的数量时的性能。为此，我们对在无回音条件下的阵列输出进行综合，在这些实验中，我们可以利用原始的无混杂的信号，这样就可以对性能进行计算。性能必须用下面的标准进行测量：

(1) 被恢复信号与原始信号的相似性,与把混合信号本身作为估计的情况进行比较。

(2) 在每一个被恢复序列中干扰信号的抑制,与把混合信号本身作为估计的情况进行比较。

设 $\boldsymbol{s}(n)=[s_1(n),s_2(n),\cdots,s_M(n)]$,这里 $\gamma_1(n)$ 是在第一个传感器上的混合输出,$\hat{\boldsymbol{s}}(n)=[\hat{s}_1(n),\hat{s}_2(n),\cdots,\hat{s}_M(n)]$ 是根据算法得到的估计值,为观测性能,我们作如下设定。

(1) 矩阵 $\hat{\mathbb{Q}}$ 的第 ij 个元素是

$$\hat{\mathbb{Q}} = E[s_i(n)s_j(n)] / \{E[s_i^2(n)]E[s_j^2(n)]\}^{0.5}$$

(2) 矩阵 $\hat{\mathbb{Q}}$ 的第 ij 个元素是

$$\hat{\mathbb{Q}}_{ij}^0 = E[s_i(n)\hat{s}_j(n)] / \{E[s_i^2(n)]E[\hat{s}_j^2(n)]\}^{0.5}$$

(3) 矩阵 $\hat{\mathbb{Q}}^0$ 的第 ij 个元素是

$$\hat{\mathbb{Q}}_{ij}^0 = E[s_i(n)\gamma_1(n)] / \{E[s_i^2(n)]E[\gamma_1^2(n)]\}^{0.5}$$

在理想情况下,$\hat{\mathbb{Q}}=\hat{\mathbb{Q}}$,这是一种完美的分离,如果源非相关,$\hat{\mathbb{Q}}$ 恒等。$\hat{\mathbb{Q}}$ 表示当混合本身被用于估计时的质量。把 $\hat{\mathbb{Q}}$ 到 $\hat{\mathbb{Q}}$ 的接近程度与 $\hat{\mathbb{Q}}^0$ 到 $\hat{\mathbb{Q}}$ 的接近程度进行比较,其结果就可以作为算法性能的一种衡量指标。用 $\|\hat{\mathbb{Q}}\|_F$ 表示闭合矩阵的 Frobenius 标准形式。为了把上面提到的相似性质量降低为一个数,可以分别使用 $\boldsymbol{Q}_e=|\hat{\mathbb{Q}}-\hat{\mathbb{Q}}|_F$ 和 $\boldsymbol{Q}_o=|\hat{\mathbb{Q}}-\hat{\mathbb{Q}}^0|_F$ 测量值,在这个测试中,$\boldsymbol{Q}_e$ 达到 0 时算法性能最好。如果混合本身被用作估计,$\boldsymbol{Q}_o$ 就代表性能。通过比较可以看到算法对信号源的恢复与干扰抑制的程度。理想情况下,当 $\boldsymbol{Q}_o$ 很大时仍希望 $\boldsymbol{Q}_e$ 达到 0。

2. 用作仿真的条件

在所有分析数据中,两个麦克风之间的距离是 0.05cm,假定采样速率为 44.1kHz。数据来自 TIMIT 数据库,数据段采样率为 8kHz,为了实现代码兼容,需要重采样至 44.1kHz,时间平均值作为数学期望的估计。

15.8.2 源是正弦曲线时的算法性能

为了判断算法是否是用于正弦曲线数据源,我们先产生接收三个源的两个传感器的混合输出。这三个源分别是 $\sin(2\pi\cdot 1,200t)$、$\sin(2\pi\cdot 650t)$、$\sin(2\pi\cdot 300t)$,并分别在 $-40°$、$0°$ 和 $+40°$ 的角度上。算法的性能见表 15.1。$\boldsymbol{Q}_e$ 的值比 $\boldsymbol{Q}_o$ 较小,由此可以看出算法的性能。

$$\hat{\boldsymbol{Q}} = \begin{bmatrix} 0.9419 & 0.3072 & 0.0840 \\ 0.1230 & 0.9150 & 0.3699 \\ 0.1053 & 0.2234 & 0.9639 \end{bmatrix}, \quad \hat{\boldsymbol{Q}}^{\circ} = \begin{bmatrix} 0.5766 & 0.5770 & 0.5770 \\ 0.5766 & 0.5770 & 0.5770 \\ 0.5766 & 0.5770 & 0.5770 \end{bmatrix}$$

性能测量：$\boldsymbol{Q}_e = 0.5707, \boldsymbol{Q}_o = 1.5915$

15.8.3 源数量增加时的算法性能

这个仿真研究分析当源的数量从两个增加到五个时算法的性能。用$\boldsymbol{Q}_e$ 和$\boldsymbol{Q}_o$ 表示的性能如图 15.12 所示。当源的数量增加时$\boldsymbol{Q}_e$ 增大，这意味着目标源的恢复会受到其他源的影响，这种影响变类似于干扰。$\boldsymbol{Q}_o$ 也有相似的走向趋势，这是由于混合信号有更多的干扰。$\boldsymbol{Q}_o/\boldsymbol{Q}_e$ 表示该算法的性能改善因数，可以观察出来当源的数量增加时该比值会减少。

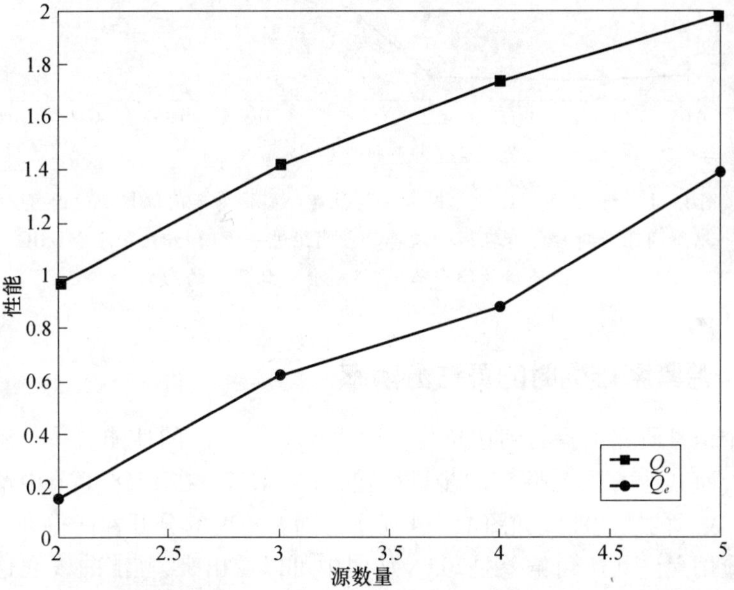

图 15.12　当源的数量增加时源分离算法的性能。$\boldsymbol{Q}_e$ 是被分离出来信号的质量，$\boldsymbol{Q}_o$ 表示混合信号的质量。$\boldsymbol{Q}_e$ 和$\boldsymbol{Q}_o$ 的高度差表示算法对性能改善的程度

15.8.4 传感器间距变化时的算法性能

传感器间距对到达角估计的分辨率和 MUSIC 可以被使用的最大可用频率有直接的影响。为了研究这些影响，我们以语音作为源来分析当传感器间距变化时算法的性能。源分别被固定在 $-50°$、$+5°$和 $+45°$，传感器间距从 $d=0\text{m}$ 变化到 $d=0.4\text{m}$。$\boldsymbol{Q}_e$ 和$\boldsymbol{Q}_o$ 的值如图 15.13 所示。

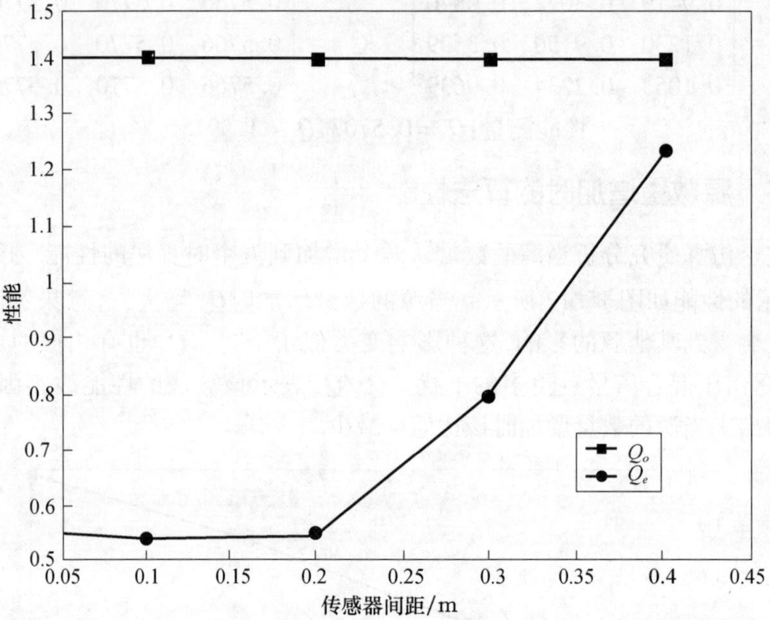

图 15.13 传感器间距变化时算法的性能。当传感器间隔较小的时候，增加间距会对性能有轻微的改善。当间距进一步增加时，由于 MUSIC 所能使用的频率降低，性能会受到严重的影响

15.8.5 源紧密排列时的算法分辨率

这个仿真研究了源的到达角变化时声源分离算法的性能。一个源被固定在 -30°，而其他的源按照 5°的步进变化，直到 +5°。在 15.8.1 节中给出的用 $\boldsymbol{Q}_e$ 和 $\boldsymbol{Q}_o$ 表示的性能曲线如图 15.14 所示。随着角度的分开性能得到提升。该算法的应用允许到达角偏差是20°。从图中可以看出来，性能曲线在这个角度处有一个跳变。随着角度从 0.95°变化到 0.15°，性能会随着 $\boldsymbol{Q}_e$ 逐渐提高。

15.8.6 用两个实际的传感器阵列在多语音场合下录音的声源分离性能组织

对于在两个麦克风之间有头状体和没有头状体的情形都已经作过实验，这两种情况的图形化顶视图见图 15.1。实验是在一个经过处理的大厅里进行的，房间的尺寸为：长 = 8m，宽 = 8m，高 = 4m。记录下来的混合信号和被分离信号数据可以从下面的网址得到：http://www.dsp.ece.iisc.ernet.in/~joby/audpro/。

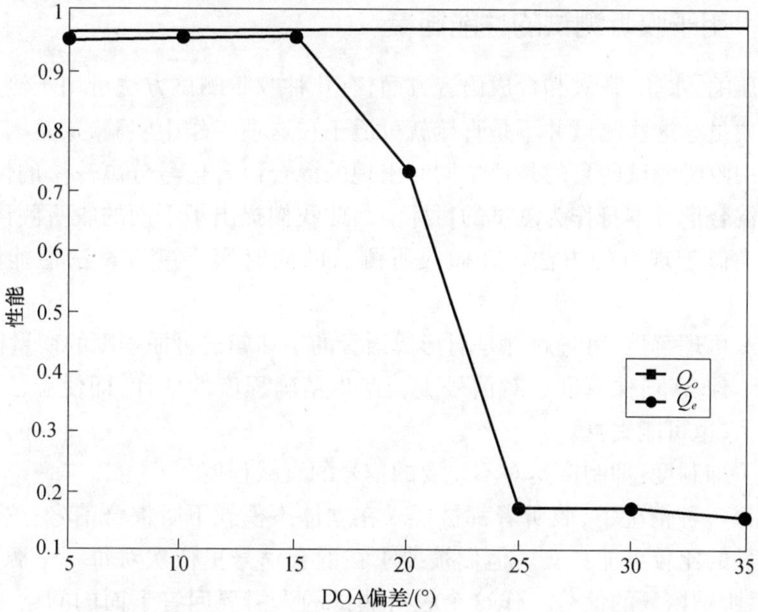

图 15.14　当两个源的间距增加时源分离算法的性能。Q_e 是被分离信号的质量，Q_o 是混合信号的质量。随着分开的程度增大性能也会增加。在算法的实现中，DOA 的允许偏差为20°，在这个偏差范围内每一个特定的源都有一个频率分量与之相关。从图中可以看到，对应于20°的位置在性能上有一个跃变。性能从 0.95 变到了 0.15

两个配对的 Sennheizer MBC 660 电容式麦克风用作传感器，一个 Yamaha MX 12/4 混合控制板用作立体声前置放大器。一台配有 Yamaha 公司 YMF－724 声卡和 512MB RAM 的 1.6GHz 奔 4 计算机用作记录和处理系统，记录和处理软件采用由印地安纳大学统计信号处理实验室开发的 SAA 软件（该软件可以从网址 http://www.dsp.ece.iisc.ernet.in/~joby/saajoby/得到），运行于 Redhat 9 Linux 下。这个软件包含了本章所提出的算法。所有的记录都是每个采样点 16 位。实验测量了 BRTF 值，白噪声通过一个 Creative Sound Blaster SBS320 扩音器被放大，处理模块有一个 23.2ms 的持续时间。

所有的记录都是阅读文本的语音，都是通过放置在与发声者差不多高的一对麦克风来记录的。实验是在一个经过处理的房间里做的。距离和角度都是近似的，因为允许被录音者站着或坐在座位上。当没有头状体的时候，两个麦克风之间的距离是 $d=13\text{cm}$；当有一个头状体的时候，两个麦克风之间的距离是 $d=17\text{cm}$。

15.8.7 用于收听测试的性能衡量

在压缩、水印、音效和合成语音方面，有几种收听测试方法可用于测试语音和音频质量。这些测试并不是直接就可适于在这项工作中实验，这是因为在这项工作中收听测试的目的是评估同时出现的混合语音信号分离算法的性能，而不是以混合信号本身作为测试的目标。因此我们提出了下面的收听测试方法，它有些类似于现有的方法。在做收听测试的同时用于度量算法性能的标准如下：

(1) 可理解性：可理解性是对形成语音的字和句的可懂程度的衡量标准。

(2) 保真度：保真度是对信号重新产生精确程度的估计，即使源信号是可理解的，它也可能失真。

(3) 抑制度：抑制度是对不想要的信号的衰减程度。

在每一种情况下，收听者都被要求在立体声模式下听混合信号，这样就对可分离性的比较更加真实。他们被要求在混合信号里依次对每一个源集中注意，然后听被恢复的信号。作这个收听测试的人需要回答下面的问题，以此来对混合信号中的每一个源的分离算法性能定级：

(1) 在听混合声音的时候，与相同的源相比较，被分离出来的源信号的可理解性如何？

(2) 在混合信号中的源信号保真度如何？

(3) 与在混合信号中所需要的信号相比，在被恢复信号中其他源信号被抑制的程度如何？

15.8.8 有头状体时的算法性能

这个实验测试当声源来自不同性别组合时有头状体的算法性能。收听测试的结果如表 15.1 所示。

表 15.1 在四种情况下算法输出的收听测试结果，通过 10 个人给出的定级再平均得到

情况	被恢复源 1 可理解度	保真度	抑制度 /%	被恢复源 2 可理解度	保真度	抑制度 /%	被恢复源 3 可理解度	保真度	抑制度 /%
1	75.5	54	62.5	50.5	41	47	—	—	—
2	73.8	57.5	59.5	71	54.5	54	—	—	—
3	43.2	37.5	44	64	54	53	—	—	—
4	71.8	53.5	52	68.8	54.5	50.5	65.5	52.5	46

对表中给出的四种情况说明如下：

情况 1：一个男性和一个女性读文本，坐在装置前大约 2m 远的位置，角度分别为 −40°和 +40°。

情况 2：两个女性读文本，坐在装置前大约 2m 远的位置，角度分别为 −40°和 +40°。

情况 3：两个男性读文本，坐在装置前大约 2m 远的位置，角度分别为 −40°和 +40°。

情况 4：两个女性和一个男性读文本，坐在装置前大约 2m 远的位置，角度分别为 −40°、+40°和 0°。

我们从表 15.1 中可以推定出性能是相当好的。一项观测结果是情况 3 的性能比其他的都要差，一个可能的原因是两个男性的声音对于许多处理模块而言在低频上有很大的重叠。（注：这个实验展示了对于在真实的场合中用两个麦克风阵列记录下来的混合语音信号，用所提出的算法进行分离的潜力。）

15.9 结 论

本章提出了一个估计 DOA 的算法，并将其应用于源分离算法中，应用背景就是只用两个麦克风阵列接收原声语音信号。

参考文献

[1] Laheld B, Cardoso J F. Adaptive Source Separation with Uniform Performance. Proc. EUSIPCO, Edinburgh, U. K. ,1994, pp. 183 – 186.

[2] Joseph J (Ph. D. thesis supervised by K. V. S. Hari). Why Only Two Ears? Some Indicators from the Study of Source Separation Using Two Sensors. Ph. D dissertation, Indian Institute of Science, Bangalore, India, 2004.

[3] Yilmaz Ö, Rickard S. Blind Separation of Speech Mixtures via Time – Frequency Masking. IEEE Trans. on Signal Processing, Vol. 52, No. 7, 2004, pp. 1830 – 1847.

[4] Shamsunder S, Giannakis G B. Modeling of Non – Gaussian Array Data Using Cumulants: DOA Estimation of More Sources with Less Sensors. Signal Processing, Vol. 30, 1993, pp. 279 – 297.

[5] Bregman A S. Auditory Scene Analysis. Cambridge. MA: MIT Press, 1999.

[6] Carr C E, Soares D. Evolutionary Convergence and Shared Computational Principles in the Auditory System. Brain Behav. Evol. ,2002, pp. 294 – 311.

[7] Moore D R, Schnupp J W H, King A J. Coding the Temporal Structure of Sounds in Auditory Cortex. Nature Neuroscience, Vol. 4, 2001, pp. 1055 – 1056.

[8] Shinn – Cunningham B, Kawakyu K. Neural Representation of Source Direction in Reverberant Space. Proc. of the 2003 IEEE Workshop on Applications of Signal Processing to Audio and Acoustics, 2003, pp. 79 – 82.

[9] Goldstein E B. Sensation and Perception, 6th ed. Pacific Grove, CA: Wadsworth, 2002.

[10] Cooke M. A Glimpsing Model of Speech Perception. ICPbS, 2003.

[11] Cooke M, Ellis D P. The Auditory Organization of Speech and Other Sources in Listeners and Computational Models. Speech Communication, Vol. 35, No. 3 – 4, 2001, pp. 141 – 177.

[12] Moore B C J. An Introduction to the Psychology of Hearing. New York: Academic Press, 1989.

[13] Buckley K M. Broadband Beamforming and the Generalized Sidelobe Canceler. IEEE Trans. on Acoustics, Speech, and Signal Processing, Vol. 34, 1986, pp. 1322 – 1323.

[14] Sydow C. Broadband Beamforming for a Microphone Array. JASA, Vol. 96, 1994, pp. 845 – 849.

[15] Wu Q, Wong K M. Blind Adaptive Beamforming for Cyclostationary Signals. IEEE Trans. on Speech, Vol. 44, 1996, pp. 2757 – 2767.

[16] Torkkola K. Blind Separation for Audio Signals – Are We There Yet. Proc. Workshop on Independent Component Analysis and Blind Signal Separation, 1999, pp. 44.

[17] Mansour A, Barros A K, Ohnishi N. Blind Separation of Sources: Methods and Applications. IEICE Trans. Fundamentals, E88 – A, 2000, pp. 1498 – 1512.

选择书目

Appplebaum S P. Adaptive Arrays with Main Beam Constraints. IEEE Trans. On Acoustics and Processing, Vol. AP24, 1976, pp. 650 – 662.

Brandstein M S. On the Use of Explicit Speech Modeling in Microphone Array Application. ICASSP, 1998, pp. 3613 – 3616.

Buckley K M, Griffiths L J. Broadband Signal Subspace Spatial – Spectrum (Bass – Ale) Estimation. IEEE Trans. On Signal Processing, Vol, 36, 1988, pp. 953 – 964.

Chocheyras Y, Kopp L. Limitations of Joint Space and Time Processing for Moving Source Localization with a Few Sensors. Proc. ICASSP, 1995, pp. 3559 – 3562.

Cooke M, Ellis D P. The Auditory Organization of Speech in Listeners and Machines. Tech. Rep. TR – 98 – 016, Berkeley, CA, 1998.

Cosi P, Zovato E. Lyon ' s Auditory Model Inversion: A Tool for Sound Separation and Speech Enhancement. Proc. Of ESCA Workshop on the Auditory Basis of Speech Perception, Keele University, 1996, pp. 194 – 197.

Emile B, Comon P. Estimation of Time Delays Between Unknown Colored Signals. IEEE Trans. On Signal Processing, Vol. 46, 1998, pp. 2012 – 2015.

Gardner W A, Chen C K. Signal – Selective Time Difference of Arrival Estimation for Passive Location of Manmade Signal Sources in Highly Corruptive Environments. IEEE Trans. On Signal Processing, Vol. 40, 1992, pp. 1168 – 1184.

Gold B, Morgan N. Speech and Audio Signal Processing, 1st ed. New York: John Wiley &Sons, 2002.

Haykin S. Adaptive Filter Theory, 3rd ed. Upper Saddle River, NJ: prentive Hall, 1996.

Ho K C, Chan Y T. Optimum Discrete Wavelet Scaling and Its Application to Delay and Doppler Estimation. IEEE Trans. On Signal Processing, 1998, pp. 2285 – 2290.

Hoang – Lan, Thi N, Jutten C. Blind Source Separation for Convolutive Mixtures. Signal Processing, Vol. 45,

1995, pp. 209 – 222.

Hu G, Wong D. Monoaural Speech Segregation Based on Pitch Tracking and Amplitude Modulation. Technical Report: OSU – CISR – 3/02 – TR6, 2002.

Jan E E, Flanagan J. Sound Capture from Spatial Volumes: Matched – Field Processing of Microphone Arrays Having Random Distributed Sensors. Proc. ICASSP, 1996, pp. 917 – 920.

Johnson D H. Array Processing, 1st ed. Upper Saddle River, NJ: Prentice Hall, 1993.

Kandel E R, Schwartz J H, Jessel T M. Principles of Neural Science, 4th ed. New York: McGraw – Hill, 2000.

Karjalainen M, Tolonen T. Multipitch and Periodicity Analysis Model for Sound Separation and Auditory Scene Analysis. International Conference on Acoustics, Speech and Signal Processing, Ⅱ, 1999, pp. 929 – 932.

Kellerman W. Strategies for Combining Acoustic Echo Cancellation and Adaptive Beamforming Microphone. ICASSP97, I, 1997, pp. 219 – 222.

Kennedy R A, Abhayapala T D, Ward D B. Broadband Near Field Beamforing Using a Radial Beampattern Transformation. IEEE Trans. On Signal Processing, Vol. 46, 1998, pp. 2147 – 2156.

Klapuri A P. Multipitch Estimation and Sound Separation by then Spectral Smoothness Principle. Proc. of ICASSP2001, 2002.

Knapp C H, Carter G C. The Generalized Correlation Method for Estimation of Time Delay. IEEE Trans. On Acoustics, Speech, and Signal Processing, Vol. 24, 1976, pp. 320 – 327.

Krolik J, Swingler D. Multiple Broadband Source Location Using Steered Covariance Matrices. IEEE Trans. On Signal Processing, Vol. 37, 1989, pp. 1481 – 1494.

Landone C, Sandler M. Issues in Performance Prediction of Surround Systems in Sound Reinforcement Applications. Proc. 2nd COST G – 6 Workshop on Digital Audio Effects (DAFX99), NTNU, Trondheim, Norway, December 1999.

Meddis R, O' Mard L. A Unitary Model of Pitch Perception. J. Acoust. Soc. Am., Vol. 102, 1997, pp. 1811 – 1820.

Michael H F S, Brandstein S. A Robust Method for Speech Signal Time – Delay Estimation in Reverberant Rooms. Proc. ICASSP, 1997, pp. 375 – 378.

Nakadai K, Okuno H G, Kitano H. Auditory Fovea Based Speech Separation and Its Application to Dialog System. Proc. of IEEE/RSJ IROS – 2002, 2002, pp. 1314 – 1319.

Oppenheim A V, Shaffer R W. Discrete Time Signal Processing. Upper Saddle River. NJ: Prentice Hall, 1996.

Pham D – T, Cardoso J – F. Blind Separation of Instantaneous Mixtures of Nonstationary Souces. IEEE Trans. On Signal Processing, Vol. 49, 2000, pp. 1837 – 1848.

Read H, Winer J, Schreiner C S. Functional Architecture of Primary Auditory Cortex. Current Opinion in Neurobiology, Vol. 12, pp. 433 – 440.

Roweis S T. One Microphone Source Separation. Neural Information Processing Systems, Vol. 13, 2000, pp. 889 – 896.

Sahlin H. Blind Separation by Second Order Statistics, Department of Signals and Systems. Chalmers University of Technology, 1998.

Schmidt R H. A Signal Subspace Approach to Multiple Emitter Location and Spectral Estimation. Ph. D. dissertation, Stanford University, Stanford, CA, 1981.

Seifritz E, et al. Spatio - Temporal Pattern of Neural Processing in the Human Auditory Cortex. Science, Vol, 297, 2002, pp. 1706 - 1708.

Shackleton T, et al. Interaural Time Difference Discrimination Thresholds ofr Single Neurons in the Inferior Colliculus of Guinea Pigs. J. Neuroscience, 2003, pp. 716 - 724.

Shinn - Cunningham B, Santarelli S, Kopco N. Tori of Confusion: Binaural Cue for Sources Within Reach of a Listener. JASA, Vol. 107, 2000, pp. 1627 - 1636.

Sofiene S G, Grenier Y. An Algorithm for Multisource Beamforming and Mutitarget Tracking. IEEE Trans. On Signal Processing, Vol. 44, 1996, pp. 1512 - 1522.

Vale C, Sanes D H. The Effect of Bilateral Deafness on Excitatory Synaptic Strength in the Auditory Midbrain. European Journal of Neuroscience, Vol. 16, 2002, pp. 2394 - 2404.

Veprek P, Scordilis M S. Analysis, Enhancement and Evaluation of Five Pitch Determination Techniques. Speech Communication, 2002.

Wang D L, Brown G J. Separation of Speech from Interfering Sounds Based on Oscillatory Correlation. IEEE Trans. On Neural Networks, Vol. 10, 1999.

Weinstein E, Feder M, Oppenheim A V. Multichannel Signal Separation by Decorrelation. IEEE Trans. On Speech and Audio Processing, Vol. 1, 1993, pp. 405 - 413.

第16章 机械扫描天线警戒雷达系统的多目标参数估计

16.1 引 言

本章的主题是对机械旋转天线监视雷达同一距离方位角单元内的多目标估计。在大多数现代雷达系统中，一般来说对目标回波的信号到达方向进行估计都是基于单脉冲测量技术的。如果我们想知道角坐标，只需要两个匹配的接收通道：和(Σ)与差(Δ)，信号到达方位就是这两个通道的输出函数。当多个目标存在于雷达同一距离方位单元的时候，单脉冲系统会得到错误的 DOA 测量，不能跟踪雷达天线主波束里面的任意一个目标。人们提出了一些方法来降低对于多目标信号测量的负面影响。Blair 等人开发出 DOA 估计子，它利用单脉冲比的实部、虚部和两种不确定 Swerling Ⅰ 和 Swerling Ⅲ目标的观测信号强度。Sinha 等提出了利用和、差通道的同相和正交分量的单脉冲 ML 因子，这个方法不能用来估计超过两个以上的 Swerling Ⅰ 和 Swerling Ⅲ类型的目标，也不能容易地测量两个以上的目标参数。为了得到一个计算相对简单的检测算法，我们推导出一个估算因子命名为 AML－RELAX，这个因子是基于 ML 技术和 RELAXation 方法的，利用了扫描天线主波束的数学模型和机械扫描天线，能够对目标的后向散射信号进行幅度调制。

本章的其余部分安排如下：在 16.2 节简单介绍了数学模型和问题的描述；16.3 节主要涉及了参数估算问题，ML 和渐进的 ML(大的采样数据的情况下)，ML(AML)估计因子在 16.3.1 小节中被推导出来，在 16.3.2 小节描述了一种有效的方法去实现 AML 因子，这个方法是基于 RELAXation 方法的，它减弱了 AML 的非线性多维度问题转为一种相对容易的估算问题，在这里，目标回波信号的到达方向和多普勒频率被分离开依次被估计；在 16.4 节中，通过和 CRLB 的比较，通过蒙特卡罗仿真定量分析了 AML－RELAX 算法的性能；16.5 节介绍了一些结论。

16.2 数学模型和问题描述

我们假定雷达的机械扫描天线是以恒定角速度旋转，并且指示单模式天线

波束模型为 $b(\theta)$，最大增益为 G_0，-3dB 的波束宽度为 θ_B，这就是说，到达角的表达式就为 $b_2=(\pm\theta_B/2)=G_0/2$。雷达天线的 -3dB 宽度在目标物上的照射时间就是返回的脉冲回波的个数 N 的对应时间 $N=\theta_B/(\omega_{RT})$，其中 T 是雷达脉冲的重复时间，脉冲重复频率 PRF 的倒数。假设有 M 个点目标，信号到达方向为 $\{\theta_{TGi}\}_{i=1}^{M}$，多普勒频率为 $\{f_{Di}\}_{i=1}^{M}$，这些在测试的距离－方位角单元中。数据向量 $\boldsymbol{z}$ 是在 TOT 时间内 N 个回波的数据组成的。向量 $\boldsymbol{z}$ 的第 n 个元素可以被表示为

$$z(n)=\sum_{i=1}^{M}b_iG(n,\theta_{TGi})\mathrm{e}^{\mathrm{j}2\pi f_{Di}n}+d(n)$$

其中，b_i 是第 i 个目标的复幅度；$G(n,\theta_{TGi})=b^2(\theta_{TGi}-n\omega_RT)$ 是双通道天线对第 n 个脉冲对第 i 个目标到达方向的增益；$\theta_{TGi}\in[0,\theta_B)$ 和 $f_{Di}\in[-0.5,0.5)$ 是第 i 个目标的多普勒频率相对于信号重复频率的归一化频率。假定 $\theta_{TGi}\in[0,\theta_B)$ 等效于在相邻的方位单元里没有干扰杂物。这个假定的介绍在文献[8]中进行讨论。表达式 $d_{(n)}$ 为干扰的模型，是由干扰和热噪声交叠组成的。

在下面的针对 $d_{(n)}$ 的两个假设后就是对问题所进行的分析。

(1) $d_{(n)}$ 是独立于信号成分的静态的复值过程。

(2) $d_{(n)}$ 满足所谓的混合条件[9]，描述 $d_{(n)}$ 的 k 阶累积量在延迟向量 $\boldsymbol{l}=(l_1,l_2,\cdots,l_{k-1})$ 的条件下，$c_{kd}(\boldsymbol{l})$ 要求是绝对可和的。

$$\sum_{l}|c_{kd}(\boldsymbol{l})|<\infty,\ \forall k$$

当 $k=2$ 时，干扰的自协方差序列 $c_{2d}(\boldsymbol{l})$ 是绝对可和的。混合条件要求分离开的取样是近似独立的并且满足在实际应用中有限长信号的存储。文献[8]中的二阶累积量被用来确定被推荐的估计因子的连续性。

在向量符号中，M 个目标的数学模型用 $\boldsymbol{z}=\boldsymbol{A}(\theta)\boldsymbol{b}+\boldsymbol{d}$ 来表示，其中 $\boldsymbol{z}=[z(0)\cdots z(N-1)]^{\mathrm{T}}$ 是 $N\times1$ 复数据矩阵，$(\cdot)^{\mathrm{T}}$ 表示矩阵的转置操作；$\boldsymbol{b}=[b_1b_2\cdots b_M]^{\mathrm{T}}$ 是 $M\times1$ 向量，用来表示未知的复幅度；$\boldsymbol{A}(\theta)=[\boldsymbol{a}(\theta_{TG1},f_{D1})\cdots\boldsymbol{a}(\theta_{TGM},f_{DM})]$ 是 $N\times M$ 的主矩阵；$\theta=[\theta_{TG1}\cdots\theta_{TGM}f_{D1}\cdots f_{DM}]^{\mathrm{T}}$ 是 $2M\times1$ 未知的 DOAS 和多普勒频率的向量；$\boldsymbol{a}(\theta_{TGi},f_{Di})$ 是 $N\times1$ 阶向量，它可以分解为 $\boldsymbol{a}(\theta_{TGi},f_{Di})=\boldsymbol{g}(\theta_{TGi})\odot\boldsymbol{p}(f_{Di})$，这个式子的元素由下面的式子给出：

$$[\boldsymbol{a}(\theta_{TGi},f_{Di})]_n=[\boldsymbol{g}(\theta_{TGi})]_n\cdot[\boldsymbol{p}(f_{Di})]_n=G(n-1,\theta_{TGi})\mathrm{e}^{\mathrm{j}2\pi f_{Di}(n-1)}\quad(16.1)$$

其中，$\odot$ 代表 Hadamard 乘积或者是单元相乘；$[g(\theta_{TGi})]_n=G(n-1,\theta_{TGi})$ 和 $[\boldsymbol{P}(f_{Di})]_n=\exp[\mathrm{j}2\pi f_{Di}(n-1)]$。注意到 $\boldsymbol{g}(\theta_{TGi})$ 是仅仅关于 θ_{TGi} 的函数，而 $\boldsymbol{p}(f_{Di})$ 是仅仅关于 f_{Di} 的函数。$N\times1$ 阶的干扰分量 $\boldsymbol{d}$ 是由热噪声 $\boldsymbol{n}$ 和干扰 $\boldsymbol{c}$ 组成的。热噪声可以被看作是复的零均值的高斯白噪声模型。为了简便起见，记 $\boldsymbol{n}\sim CN(0,\sigma_n^2\boldsymbol{I})$，其中 σ_n^2 是噪声分量，$\boldsymbol{I}$ 是 $N\times N$ 阶识别矩阵。干扰 $\boldsymbol{c}$ 是复高斯

模型的随机向量,零均值,自相关函数是 $E\{\boldsymbol{c}\boldsymbol{c}^{\mathrm{H}}\}=\sigma_c^2\boldsymbol{M}_c$,其中$(\cdot)^{\mathrm{H}}$是共轭转置运算,$\sigma_c^2$是各个干扰分量的方差,$\boldsymbol{M}_c$是归一化的自相关矩阵。这就是说,$[\boldsymbol{M}_c]_{i,i}=1,i=1,2,\cdots,N$。干扰的自相关矩阵是

$$\boldsymbol{M}_d=E\{\boldsymbol{d}\,\boldsymbol{d}^{\mathrm{H}}\}=\sigma_c^2\boldsymbol{M}_c+\sigma_n^2\boldsymbol{I}=\sigma_d^2\boldsymbol{M}$$

其中,$\sigma_d^2=\sigma_c^2+\sigma_n^2$ 是总的干扰功率,$\boldsymbol{M}$ 是归一化的干扰自相关矩阵,且由下面的式子决定:

$$\boldsymbol{M}=\frac{\mathrm{CNR}}{\mathrm{CNR}+1}\boldsymbol{M}_c+\frac{1}{\mathrm{CNR}+1}\boldsymbol{I}$$

在上面的式子中,CNR 是干扰和噪声的能量比,可定义为 $\mathrm{CNR}=\sigma_c^2/\sigma_n^2$。换言之,$\boldsymbol{d}\sim CN(0,\sigma_d^2\boldsymbol{M})$。我们注意到假设1表示 $\boldsymbol{M}$ 是一个矩阵。总结如下:这里的目的是估计两个相邻目标的参数 $\boldsymbol{b}$ 和 $\boldsymbol{\theta}$,多普勒频率,信号的到达角,这些都是基于对连续 N 个采样数据$\{z(n)\}_{n=0}^{N-1}$进行观测的结果。在这里我们假定目标数量 M 提前是未知的,或者是已经被估计出来的。对矩阵 $\boldsymbol{M}$ 进行估算的算法见参考文献[11]。

16.3 估计算法

为了获取天线主瓣的模型和天线其后的幅度调制对每一个目标信号的后向散射造成的影响,由这些来估计目标的参数。这个基本的思想最先出自于参考文献[12],这个是基于单个信号的。在文献[6]中,提出并分析了对单个信号的信号到达方向的的线性算法。这个方法被文献[7]和[8]继承并讨论在同一距离方位角单元中多个信号的信号到达方向的估计。

16.3.1 渐进的最大似然估计

给定条件参数 $\boldsymbol{b}$ 和 $\boldsymbol{\theta}$,数据向量 z 是复高斯分布,其概率密度函数为

$$p_{z|\boldsymbol{b}}(z|\boldsymbol{b};\theta)=\frac{1}{(\pi\alpha_d^2)^N|\boldsymbol{M}|}\exp\left[-\frac{[z-\boldsymbol{A}(\theta)\boldsymbol{b}]^{\mathrm{H}}\boldsymbol{M}^{-1}[z-\boldsymbol{A}(\theta)\boldsymbol{b}]}{\sigma_d^2}\right] \tag{16.2}$$

概率密度函数取决于已知向量 $\boldsymbol{b}$ 和 $\boldsymbol{\theta}$。对 $\boldsymbol{b}$ 和 $\boldsymbol{\theta}$ 参数的估计没有先验信息,它们可以被视为未知的关键常量,这点出自文献[13]和文献[14]。ML 估计是考虑到参数 $\boldsymbol{b}$ 和 $\boldsymbol{\theta}$ 通过扩展 LF$p_{z|\boldsymbol{b}}(z|\boldsymbol{b};\theta)$最大化而得到的。最大化 LF 可以等效为二次式$[z-\boldsymbol{A}(\theta)\boldsymbol{b}]^{\mathrm{H}}\boldsymbol{M}^{-1}[z-\boldsymbol{A}(\theta)\boldsymbol{b}]$的最小值。经过一系列的推导运算,可以得到

$$\hat{\boldsymbol{\theta}}_{ML}=\arg\max_{\theta} z^{\mathrm{H}}\boldsymbol{M}^{-1}\boldsymbol{A}\,(\boldsymbol{A}^{\mathrm{H}}\boldsymbol{M}^{-1}\boldsymbol{A})^{-1}\boldsymbol{A}^{\mathrm{H}}\boldsymbol{M}^{-1}z \tag{16.3}$$

$$\hat{\boldsymbol{b}}_{ML}=(\boldsymbol{A}^{\mathrm{H}}\boldsymbol{M}^{-1}\boldsymbol{A})^{-1}\boldsymbol{A}^{\mathrm{H}}\boldsymbol{M}^{-1}z \tag{16.4}$$

其中,为了简便起见,省略了 $\boldsymbol{A}(\boldsymbol{\theta})$ 对参数 $\boldsymbol{\theta}$ 独立的推导。式(16.3)和式(16.4)表示首先要推导 $\hat{\boldsymbol{\theta}}_{ML}$ 然后再推算出 $\hat{\boldsymbol{b}}_{ML}$,后者的推导是基于前者推导的结果。推导 $\hat{\boldsymbol{\theta}}_{ML}$ 需要得到 $2M$ 维的非线性最大似然函数:

$$F_N(\boldsymbol{\theta}) = \boldsymbol{z}^{\mathrm{H}} \boldsymbol{M}^{-1} \boldsymbol{A} (\boldsymbol{A}^{\mathrm{H}} \boldsymbol{M}^{-1} \boldsymbol{A})^{-1} \boldsymbol{A}^{\mathrm{H}} \boldsymbol{M}^{-1} \boldsymbol{z}$$

其中 $\boldsymbol{\theta} = [\theta_1 \cdots \theta_M f_1 \cdots f_M]^{\mathrm{T}}$ 代表参数向量。写在下方的 N 表示这个函数取决于采样点数 N。

当仅仅有一个目标出现在距离方位角单元中的时候,$\boldsymbol{\theta}$ 是一个 2×1 的向量,$\boldsymbol{b}$ 是一个标量,那么方程(16.3)和方程(16.4)中的估算因子就变为

$$(\hat{\theta}_{ML}, \hat{f}_{ML}) = \arg \max_{\theta, f} \frac{|\boldsymbol{z}^{\mathrm{H}} \boldsymbol{M}^{-1} \boldsymbol{a}(\theta, f)|^2}{\boldsymbol{a}^{\mathrm{H}}(\theta, f) \boldsymbol{M}^{-1} \boldsymbol{a}(\theta, f)} \tag{16.5}$$

$$\hat{b}_{ML} = \frac{\boldsymbol{a}^{\mathrm{H}}(\hat{\theta}_{ML}, \hat{f}_{ML}) \boldsymbol{M}^{-1} \boldsymbol{z}}{\boldsymbol{a}^{\mathrm{H}}(\hat{\theta}_{ML}, \hat{f}_{ML}) \boldsymbol{M}^{-1} \boldsymbol{a}(\hat{\theta}_{ML}, \hat{f}_{ML})} \tag{16.6}$$

其中,$\boldsymbol{a}(\theta, f) = g(\theta) \odot \boldsymbol{p}(f)$ 是在 16.2 节中介绍的目标决定向量,有助于以后为了确定下式的研究:

$$\Gamma_N(\theta, f) = \frac{|\boldsymbol{z}^{\mathrm{H}} \boldsymbol{M}^{-1} [g(\theta) \odot \boldsymbol{p}(f)]|^2}{[g(\theta) \odot \boldsymbol{p}(f)]^{\mathrm{H}} \boldsymbol{M}^{-1} [g(\theta) \odot \boldsymbol{p}(f)]} \tag{16.7}$$

这就是对于单信号情况下的 LF。因此,

$$(\hat{\theta}_{ML}, \hat{f}_{ML}) = \arg \max_{\theta, f} \Gamma_N(\theta, f)$$

是针对单信号情况的 ML 估算因子。ML 估算因子需要 $2M$ 维的最大似然函数。这个最大似然函数的计算是相当繁琐的,而且不是实时的。因此,有必要找到一个运算不是很复杂的次优算法。估算因子式(16.3)是推导基于 M 个 2 维最大似然方程来推算次优估算算法的出发点,在这里而不是 $2M$ 维的最大似然函数方程 $F_N(\theta)$。假定多普勒频率是相互分离开的,就是说 $|f_{Di} - f_{Dj}| \geqslant 1/N$,当 $i \neq j$ 时,在文献[8]证明了:

$$\lim_{N \to \infty} N^{-1} F_N(\boldsymbol{\theta}) = \lim_{N \to \infty} N^{-1} G_N(\boldsymbol{\theta}) = \lim_{N \to \infty} \sum_{i=1}^{M} N^{-1} \Gamma_N(\theta_i, f_i)$$

基于以上的观测,我们提出通过解决下式来估算:

$$\hat{\theta}_{\mathrm{AML}} = \underset{(\theta_1, \theta_2, \cdots, \theta_M, f_1, f_2, \cdots f_M,)}{\operatorname{argmax}} \sum_{i=1}^{M} \Gamma_N(\theta_i, f_i) \tag{16.8}$$

我们把式(16.8)作为 AML 估算因子。通过 $\Gamma_N(\theta_i, f_i)$ 的 M 个峰值的坐标来计算 $\boldsymbol{\theta}$ 的估计。这个式子的运算量要少于 ML 估算因子。而且代替了式(16.3)所要求的 $2M$ 维非线性搜索运算,因为 2 维最大似然函数要对 M 个峰值的坐标进行搜索运算。AML 估算因子的连续性在文献[8]中被证明。通过

利用式(16.3)中的$\hat{\boldsymbol{b}}_{ML}$可以确定。图 16.1 画出了以 θ 和 f 为自变量的 $\Gamma_N(\theta,f)$ 的图像。

信号参数是:当 $\boldsymbol{\theta}_{TG1}=0.9°$,$\boldsymbol{\theta}_{TG2}=1.5°$ 和 $N=16$,$\theta_B=2°$,$G_0=1$,$f_{D1}=-0.3$,$f_{D2}=-0.3$,$SDR_1=SDR_2=20dB$,$CNR\to\infty$ -(i. e. ,$\boldsymbol{M}=\boldsymbol{I}$)的情况是非常相似的,在这里就不赘述了。当频率没有被分离好的时候,新的问题就出现了。这就是在$|f_{Di}-f_{Dj}|\geqslant 1/N,i\neq j$ 的的条件下。在这样的情况下,K 出现了最大值,当 K 小于 M 时 K 就是不同的多普勒频率个数。

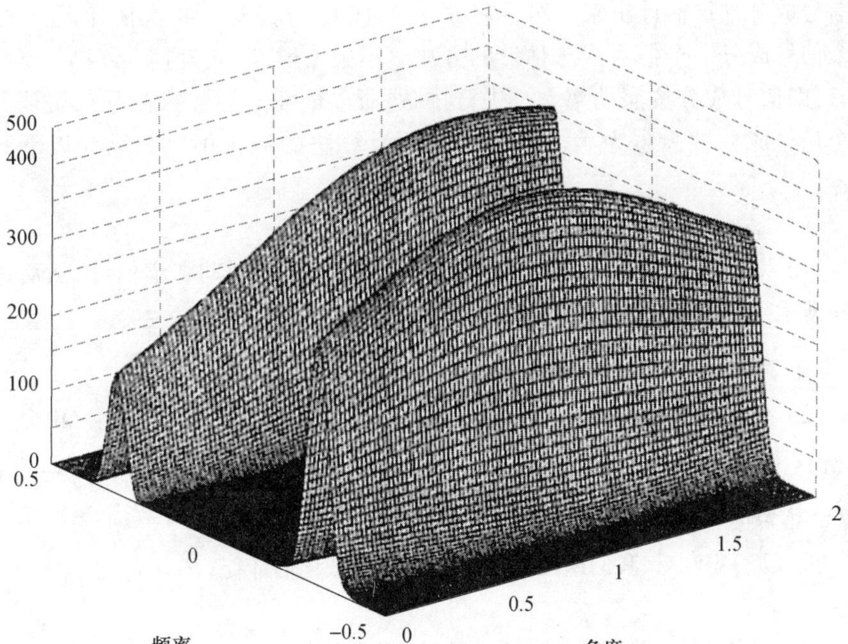

图 16.1　当$|f_{Di}-f_{Dj}|\geqslant 1/N$ 时的 $\Gamma(\theta,f)$ 图

16.3.2　AML - RELAX 估计因子

为了进一步降低运算的复杂度,我们提出了一个基于 RELAX 方法的解决办法,它能有效地实现式(16.8)。总之,要考虑到(θ_1,f_1),(θ_2,f_2),…,(θ_M,f_M)这些都最大化。尽管如此,当 N 趋向于无穷大,$N^{-1}\Gamma_N(\theta,f)$接近不为零仅当$f=\{f_{Di}\}_{i=1}^{M}$成立的时候为零,不论 θ 的值和$(\theta_{TGi})_{i=1}^{M}$的值为多少。这就意味着可以首先通过对白化的数据进行傅里叶变换后对其的谱峰位置进行估计然后估计$(\theta_{TG1},f_{D1})_{i=1}^{M}$。下来我们可以把$\{\hat{f}_{Di}\}_{i=1}^{M}$代入到 AML 或者 ML 估计因子中,这样就可以得到了多普勒频率估计$\{\theta_{TG1}\}_{i=1}^{M}$。在文献[8]中论述了通过对式(16.7)

中的似然函数$\Gamma_N(\theta,f)$进行M个一维非线性最大似然估计对M个先后到达的信号用AML方法进行多普勒频率估计来依次计算$f=\hat{f}_{D1},\hat{f}_{D2},\cdots,\hat{f}_{DM}$。下面这些方法被用来推导基于relaxation方法的算法。RELAX算法最大的特点就是能对多个信号的谱峰的搜索进行分离在两维似然函数进行两维非线性最大似然函数估计问题中。实际上，在下面的解释中，我们只进行一维最大似然估计。粗略地来讲，RELAX方法首先估计功率最强的信号。然后它将最强功率的那部分成分从数据点中去除，再估计功率次强的信号，如此反复这样的过程，直到M个信号成分都被估计出来。然后它对每一对(θ_{TGi},f_{Di})进行再次估计，还是采取一个信号成分一个信号成分估计的方法。不失一般性，假设$|b_1|\geqslant|b_2|\geqslant\cdots\geqslant|b_M|$，即信号成分按照功率大小进行排队，所以最强的信号标志为1，最弱的第M个信号成分被标志为M。AML－RELAX算法的流程可以总结为以下几个步骤。

步骤0.　最强成分参数的粗估计

(1) 对白化的数据$\boldsymbol{w}=\boldsymbol{L}^{\mathrm{H}}\boldsymbol{z}$，其中$\boldsymbol{M}^{-1}=\boldsymbol{L}\boldsymbol{L}^{\mathrm{H}}$进行周期图谱估计，然后进行谱峰搜索到最高的峰得到最强功率信号频率的估计。

$$\hat{f}_{D1}=\arg\max_{f}|\boldsymbol{w}^{\mathrm{H}}\boldsymbol{p}(f)|^2, f\in(-0.5,0.5] \tag{16.9}$$

(2) 估计功率最大的信号分量的复幅度b_1和信号达到方向θ_{TG1}，用ML估计方法式(16.5)和式(16.6)对单个分离的信号分量进行估计。然后，注意到$\hat{f}_{Di}$被用来得到第一次粗估计当$m-1$个信号分量被估计后移除出数据点后，当第一次粗估计$\{\hat{f}_{Dm},\hat{\theta}_{TGm},\hat{b}_m\}$得到后，我们返回到步骤$m$去重复细化估计$\{\hat{f}_{Dk},\hat{\theta}_{TGk},\hat{b}_k\}_{k=1}^{m}$。

步骤1.

(1) 设定$l=1$，计算数据序列$z_1(n)$，定义如下：

$$z_l(n)=z(n)-\sum_{\substack{k=1\\k\neq l}}\hat{b}_k G(n,\hat{\theta}_{TGk})\mathrm{e}^{\mathrm{j}2\pi\hat{f}_{Dk}n}, n=0,1,\cdots,N-1 \tag{16.10}$$

为了计算式(16.10)，我们用前面推导的式子，当$k\neq1$的时候，P是我们已经估计出来的信号分量的个数，它在不同步骤中是不同的值。

(2) 用式(16.5)当$\theta=\hat{\theta}_{TG1}$采取ML算法估计$f_{D1}$。参见式(16.11)。利用在前面步骤已经得到的DOA估计，代替未知的信号到达角。最后，再次利用对单个信号进行估计的ML方法式(16.6)估计信号的到达角和信号的复幅度。

步骤2.

(1) 设定$l=2$，利用式(16.10)和前面步骤所得到的$\{\hat{f}_{Dk},\hat{\theta}_{TGk},\hat{b}_k\}_{k=1}^{P}$来计算数据向量$\boldsymbol{z}_2$。$P$是已经估计出来的信号分量的个数。通过对数据向量$\boldsymbol{z}_2$进

行和数据向量 z_1 相同方法的处理计算 $\{\hat{f}_{D2},\hat{\theta}_{TG2},\hat{b}_2\}$。参看步骤 0 和步骤 1 的第(2)部分。

(2) 设置 $l=2$,利用前面推导出来的 $\{\hat{f}_{Dk},\hat{\theta}_{TGk},\hat{b}_k\}_{k=1}^{P}$ 和式(16.10)来计算 z_1,在步骤 1 中再次通过数据 z_1 确定 $\{\hat{f}_{D1},\hat{\theta}_{TG1},\hat{b}_1\}$。

(3) 重复上述的两步直到实际的收敛为止。收敛与否可以用下面的代价函数进行衡量:

$$\mathrm{CF}(\{\hat{f}_{Dk},\hat{\theta}_{TGk},\hat{b}_k\}_{k=1}^{P}) = \sum_{n=0}^{N-1}\left|z(n) - \sum_{k=1}^{P}\hat{b}_k G(n,\hat{\theta}_{TGk})\mathrm{e}^{\mathrm{j}2\pi\hat{f}_{Dk}n}\right|^2 \quad (16.11)$$

可以通过 j 次和 $j+1$ 次之间的重复式(16.11)代价函数的相对改变来检验收敛情况。在数据仿真中,当相对的变化小于 $\xi=10^{-4}$时,中止重复过程。

步骤 m .

(1) 设定 $l=m$,利用 $\{\hat{f}_{Dk},\hat{\theta}_{TGk},\hat{b}_k\}_{k=1}^{P}$ 通过式(16.10)来计算 z_m,利用 z_m 计算 $\{\hat{f}_{Dm},\hat{\theta}_{TGm},\hat{b}_m\}$,就像在步骤 1 中所示的一样。

(2) 设定 $l=1$,利用 $\{\hat{f}_{Dk},\hat{\theta}_{TGk},\hat{b}_k\}_{k=1}^{P}$ 通过式(16.10)来计算 z_1,利用 z_1 计算 $\{\hat{f}_{D1},\hat{\theta}_{TG1},\hat{b}_1\}$,就像在步骤 1 中所示的一样。

(3) 设定 $l=2$,利用 $\{\hat{f}_{Dk},\hat{\theta}_{TGk},\hat{b}_k\}_{k=1}^{m}$ 通过式(16.10)来计算 z_2,利用 z_2 计算 $\{\hat{f}_{D1},\hat{\theta}_{TG1},\hat{b}_1\}$,就像在步骤 1 中所示的一样。

(m) 设置 $l=m-1$,利用 $\{\hat{f}_{Dk},\hat{\theta}_{TGk},\hat{b}_k\}_{k=1}^{P}$ 通过式(16.10)来计算 z_m-1,利用z_m-1 计算 $\{\hat{f}_{Dm-1},\hat{\theta}_{TGm-1},\hat{b}_{m-1}\}$,就像在步骤 1 中所示的一样。

($m+1$) 重复上述的 m 个子步骤直到实际的收敛为止。

步骤 M .

这是最后一个步骤,包含了 $M+1$ 个子步骤。通过在步骤 m 中设置 $m=M$,可以得到详细信息。

上述步骤计算中所有的非线性搜索都是一维的,这保证了 ML 算法和 AML 算法的计算量的减少。实际中,我们用两个独立的一维搜索来代替两维搜索,先估计多普勒频率,然后分别估算信号的 DOA。

16.4　性能分析

现在来分析 AML - RELAX 算法的性能。经过蒙特卡罗仿真可以得到 RMSE,通过和 Cramer - Rao 界下界的均方根进行比较。在文献[8]中有 Cramer - Rao界的推导。RMSE 是通过 104 次独立的蒙特卡罗仿真后所推导出来的。对归一化频率估计的 RMSE 明显是无量纲的,$\{f_{Di}\}$是相对于雷达脉冲重

复频率的归一化频率。信号到达方向的 RMSE 是用度来衡量的。在蒙特卡罗仿真中,信号方位角波束宽度是在 $\theta_B=2°$,增益 $G_0=1$ 的条件下界定的,单方向天线波束模式被假定为高斯模型[12]。自协方差函数假定是指数形式的,所以 $[\boldsymbol{M}_c]_{ij}=\rho^{|i-j|}$,$0\leqslant\rho\leqslant1$,$\rho$ 是一步延迟的相关系数。现在来研究两个目标在相同的一个距离、方位单元,不知道确定的幅度的情况。参考条件和下面的一组系数相关:

方位角 -3dB 波束宽度:$\theta_B=2°$;

考虑的脉冲数量:$N=16$;

目标物的个数:$M=2$;

来波信号到达方向:$[\theta_{TG1}\quad\theta_{TG2}]=[0.9°\quad1.5°]$;

多普勒频率:$[f_{D1}\quad f_{D2}]=[-0.3\quad0.3]$;

信号功率之比:$\text{SDR}=\text{SDR}_1=\text{SDR}_2=20\text{dB}$;

一步延迟相关系数:$\rho=0.9$。

下面对函数进行分析,这个函数的自变量是 N,SDR($\text{SDR}=\text{SDR}_1=\text{SDR}_2$),$\text{SDR}_2$(保持 SDR_1 为常数),CNR,θ_{TG2} 和 f_{D2}。

通过对白化数据进行周期图变换可以得到比较粗略的目标多普勒频率的估计,这点在 AML-RELAX 算法的步骤 0 中已经论述。$f\cong\{f_{Dk}\}_{k=1,2}$ 的周期图变换有两个峰值。因此,第一步对目标的多普勒频率进行粗测很有必要。通过 FFT 可以得到方程(16-9)的最大值。信号是补零得到的 $N_{zp}=2^{14}=16384$ 点数据。用这种方法非线性搜索的步进最终精度值大约可以达到 $N_{zp}^{-1}=6.1\cdot10^{-5}$。当 DOA 已知的情况下,用式(16-5)对单个目标的 ML 频率估算也可以做到。关于 DOA 的估计,一旦 $\hat{f}_{Dk}$ 的估计得到了,$\hat{\theta}_{TGk}$ 就可以被推导出来,单个目标的 ML 函数的最大值 $\hat{\theta}_{TGk}=\arg\max\limits_{\theta}\Gamma(\theta,\hat{f}_{Dk}]$ 的计算通过两个连续的一维变换得到了。第一步粗略的估计通过 100 个点就可以进行。然后,用一次和以前粗测类似的方法进行一次精细搜索。用这种方法最后一步 DOA 的非线性搜索的精度大约可以达到 10^{-4}。

图 16.2 和图 16.3 研究了干噪比对估计精确度的影响。

所有的干扰信号功率保持为常数 $\sigma_d^2=1$,干扰一步延迟相关系数设定在 $\rho=0.9$。最坏的情况是当信号成分仅仅只有热噪声。针对最坏的情况推导出的结果如图 16.4 ~ 图 16.13 所示。

在图 16.4、图 16.5 研究了在各个变量如 $\text{RMSE}(\hat{f}_{Dk})$,$\text{RMSE}(\hat{\theta}_{TDk})$,$\sqrt{\text{CRLB}(f_{Dk})}$ 和 $\sqrt{\text{CRLB}(\theta_{TGk})}$ 对从两个信号在多普勒频率域关系的角度来作为衡量两个信号区分程度的函数。

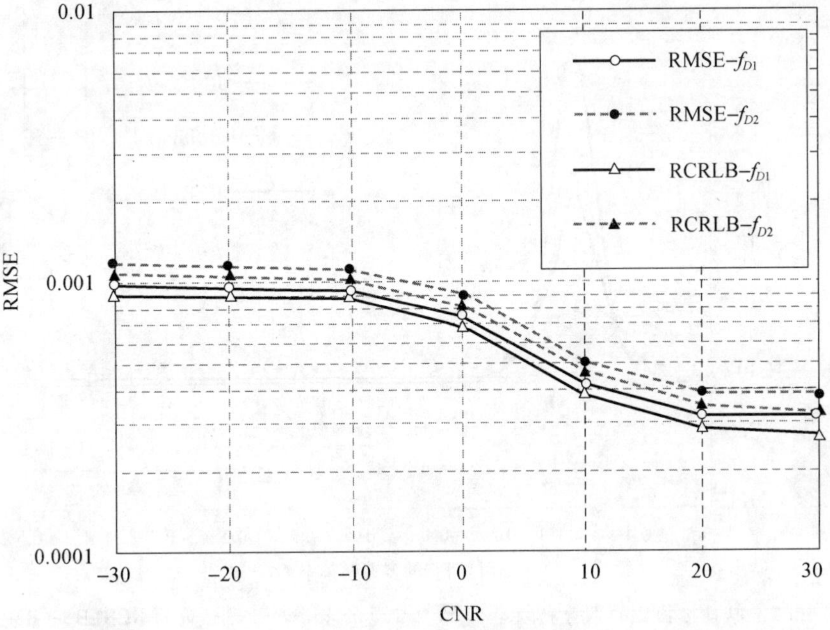

图 16.2　以 CNR 为自变量的多普勒频率估计的 RCRLB 和 RMSE

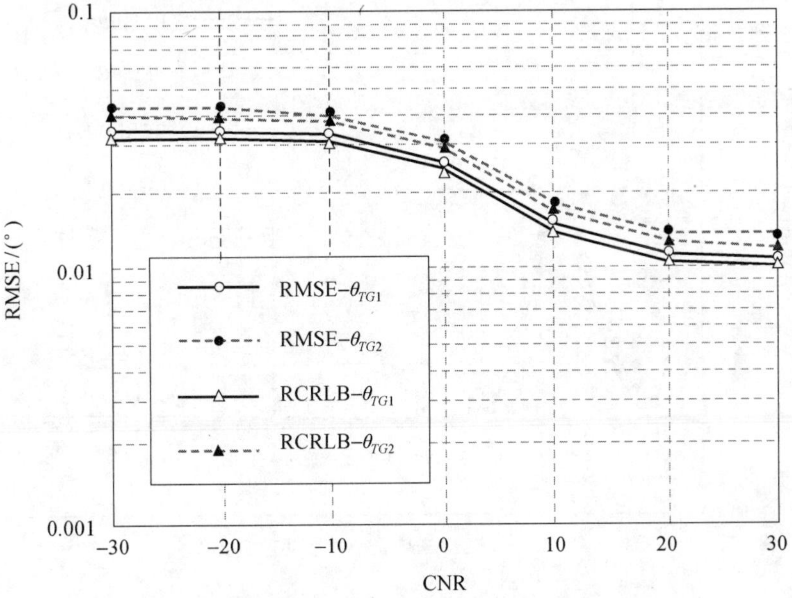

图 16.3　以 CNR 为自变量的 DOA 估计的 RCRLB 和 RMSE

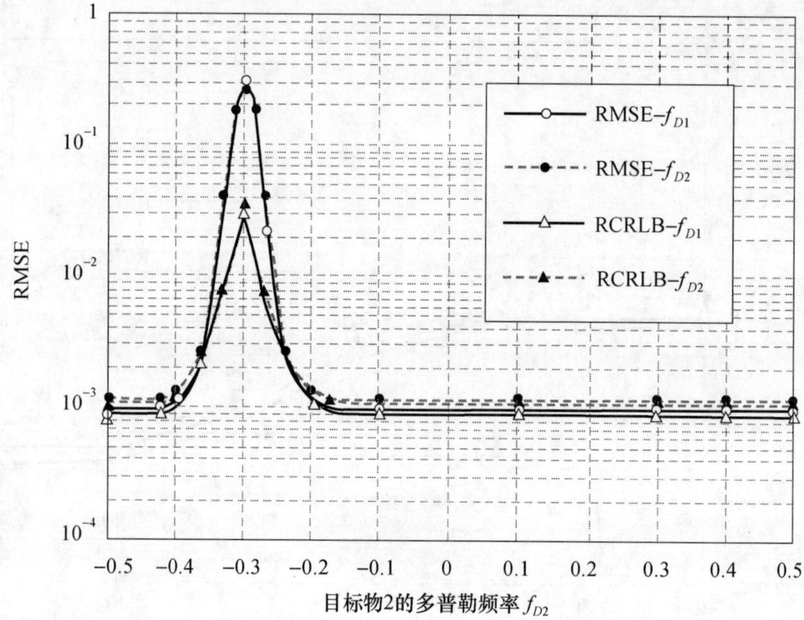

图 16.4 以目标物 2 的多普勒频率 f_{D2} 为自变量的多普勒频率估计的 RCRLB 和 RMSE

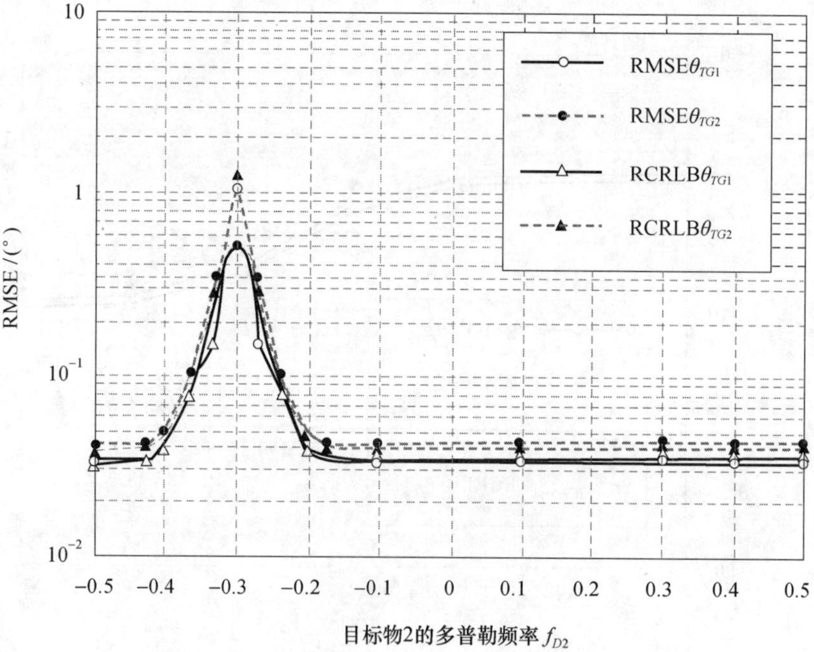

图 16.5 以目标物 2 的多普勒频率为自变量的 DOA 估计的 RCRLB 和 RMSE

我们计算当 f_{D2} 的值逐渐接近 f_{D1} 的值的情况下的 RMSE，数据结果显示当 $|f_{D1}-f_{D2}|<1/N=0.0625$ 情况下，RMSE($\hat{f_{Dk}}$)和 RCRLB 分开了。在这样的情况下，可以说 AML－RELAX 方法不能解决两个目标在同一距离方位角单元的情况下区分问题。关于 DOA 估计，实际情况是 RMSE 要小于 CRLB，仅仅是因为 CRLB 没有考虑到估计间隔被限制在有限的 $I\in[0°,\theta_B)$。所以，RMSE 界在随机变量 I 均匀化分布的情况下要高一些。

在图 16.6 和图 16.7 中，改变目标 2 的信号达到方向，同时保持目标 1 的信号达到方向不变。

结果显示目标物 1 的参数的估计值不受 θ_{TG2} 的实际值的影响，即使在 $\theta_{TG1}=\theta_{TG2}$ 的情况下也是如此。由此可知，只要多个目标的多普勒频率的差别大于 $1/N$，它们的方位角就会表现出来一个微小的差别，这样目标就可以被分开。显然，当 $\theta_{TG2}=\theta_B/2=1°$ 时，RMSE($\hat{\theta}_{TG2}$)是最小的。因为当 θ_{TG2} 偏离这个值时，由于幅度调制的影响，SDR 会进一步降低。

图 16.8 和图 16.9 对脉冲个数 N 和性能之间关系的函数进行了分析。

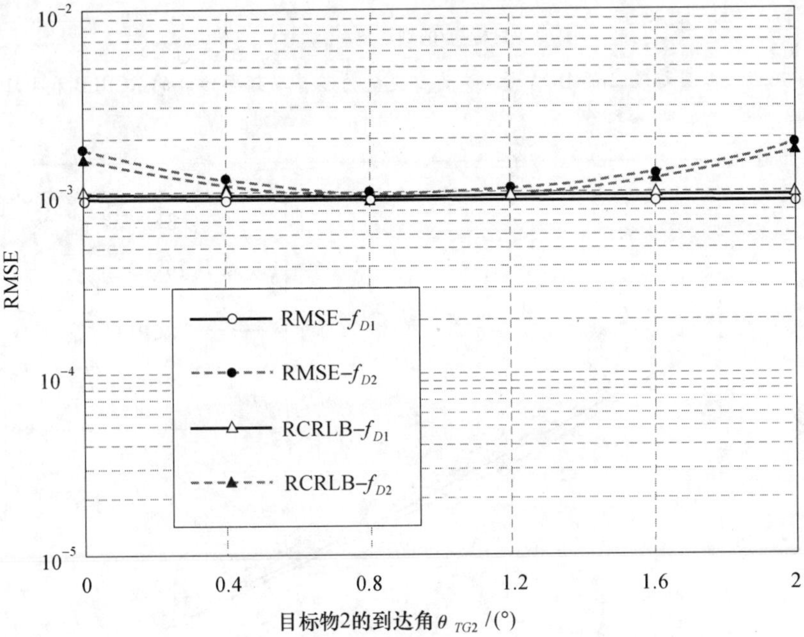

图 16.6　以目标物 2 的 DOA 量 θ_{TG2} 为自变量的多普勒频率估计的 RCRLB 和 RMSE

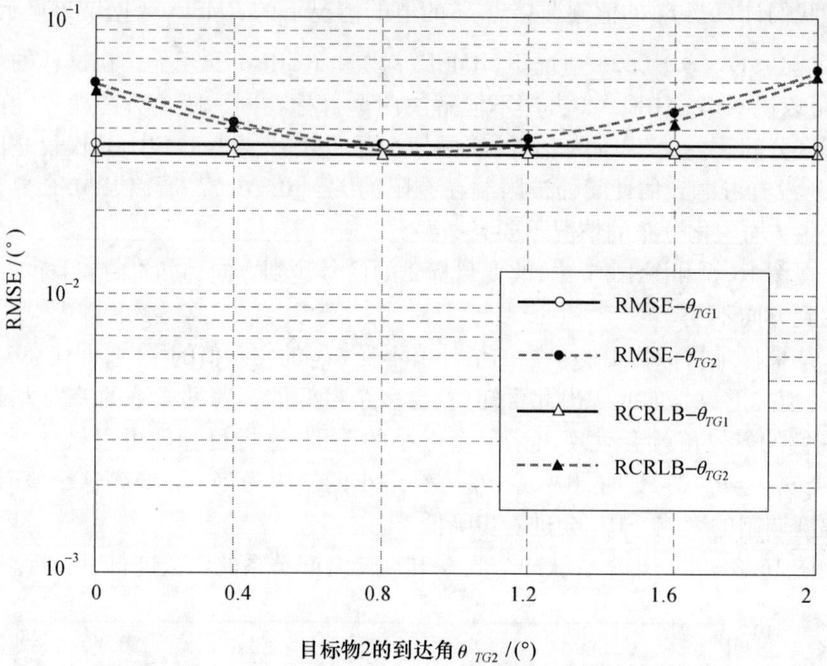

图 16.7 以目标物 2 的 DOA 量 θ_{TG2} 为自变量的多普勒频率估计的 RCRLB 和 RMSE

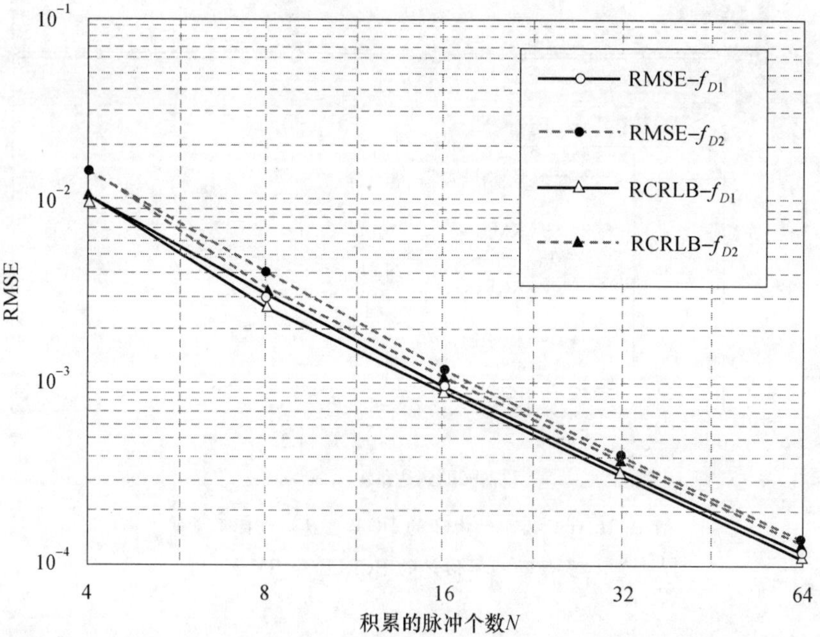

图 16.8 以积累的脉冲个数 N 为自变量的多普勒频率估计的 RCRLB 和 RMSE

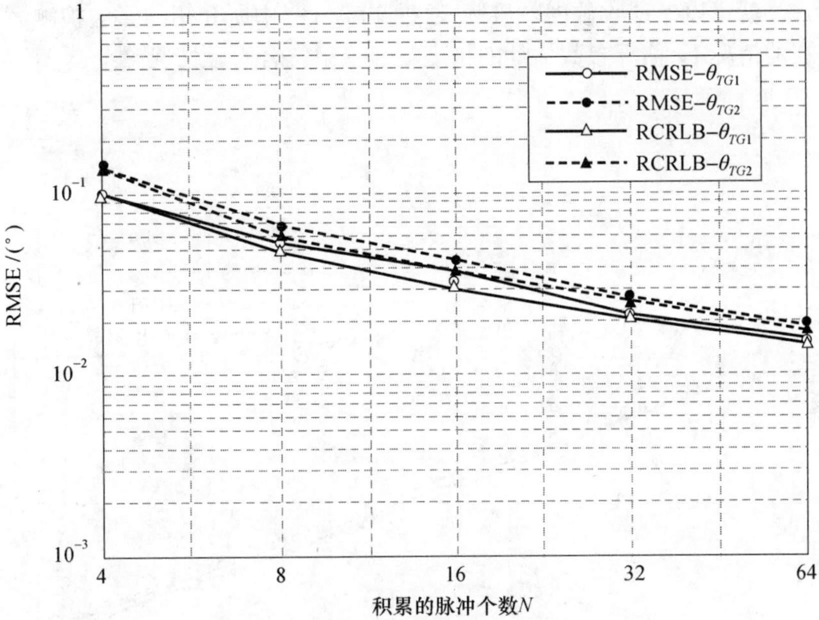

图16.9　以积累的脉冲个数 N 为自变量的DOA估计的RCRLB和RMSE

当 $N>16$ 时,估计的精度非常接近于RCRLB;随着 N 增加,RMSE逐渐接近于RCRLB。图16.10比较了当 $SDR=SDR_1=SDR_2$ 的条件下,AML-RELAX算法的 $RMSE(\hat{f_{Dk}})$ 和CRLB的均方根。

由于门限的影响,在SDR<5dB的情况下,是一个明显的非线性估计因子。在SDR≥5dB的情况下,RMSE非常接近于RCRLB。图16.11中的曲线意味着AML-RELAX算法的性能非常接近于CRLB。在SDR≥5dB的情况下,可以得到 $RMSE(\hat{\theta}_{TGk})\leqslant\theta_B/10=0.2°$。

作为常见的准则来说,在典型值SDR=13dB的情况下,单脉冲信号的估计标准差是波束宽度的1/10[14]。在图16.12和图16.13中,我们改变了目标2的SDR,保持目标1的SDR为恒定值。

结果很有意思,当SDR≥5dB的情况下,第二个目标信号的存在没有影响到第一个目标信号参数估计的准确性。这样相互不影响的效果就是从RELAX算法中得到的。

总而言之,数据分析结果表明,除了在很苛刻的条件下(例如SDR<5dB,对非线性估计因子来说已知的极限影响条件或者说两个目标的多普勒频率非常的接近 $|f_{D1}-f_{D2}|<1/N$),目标多普勒频率和信号达到方向估计的RMSE非常接近于RCRLB。为了估计AML-RELAX算法的计算复杂度,我们计算了达到收敛要求的平均迭代次数。当两个目标存在,无论SDR的值是多少,三四次的

重复计算就可以保证收敛度。显然,通过文献[11]中所介绍的算法检测多个信号存在的情况下,估算参数估计的精度就显得很符合实际情况。

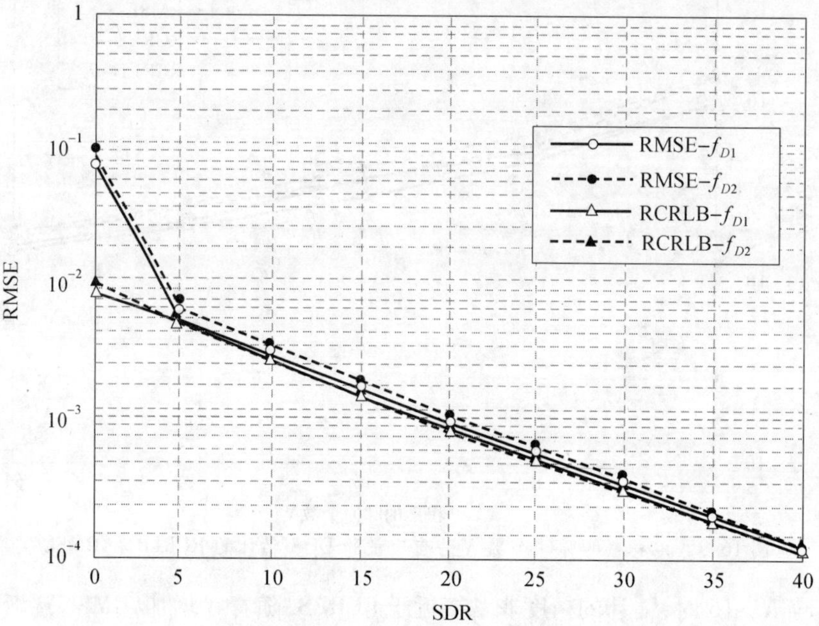

图 16.10 以 SDR 为自变量的多普勒频率估计的 RCRLB 和 RMSE

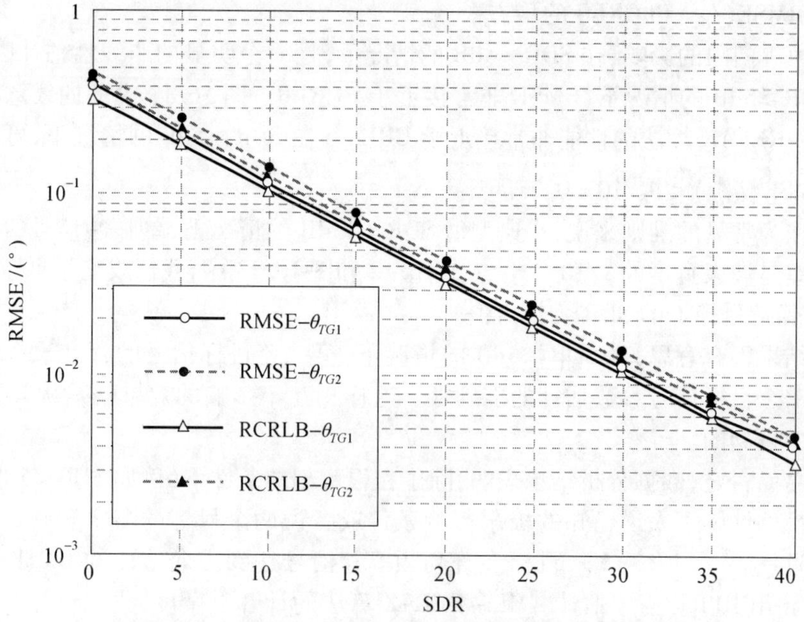

图 16.11 以 SDR 为自变量的 DOA 估计的 RCRLB 和 RMSE

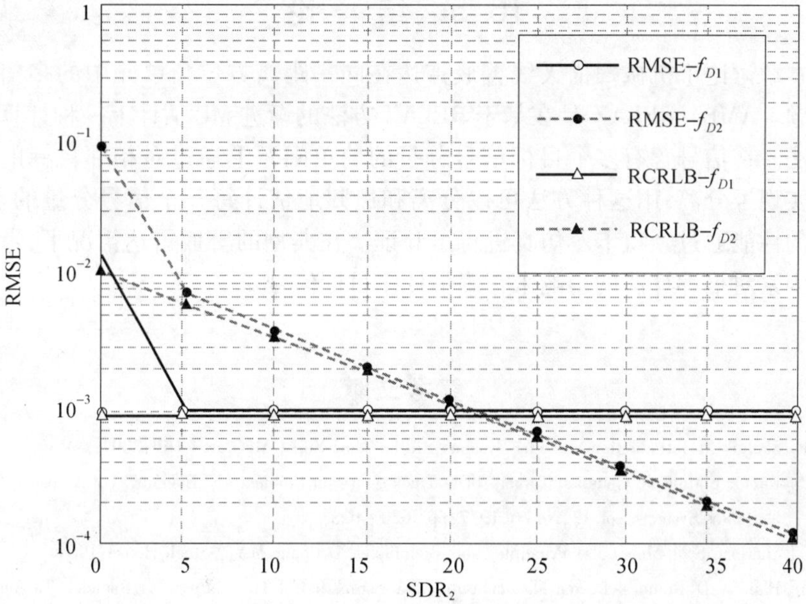

图 16.12　以 SDR_2 为自变量的多普勒频率估计的 RCRLB 和 RMSE

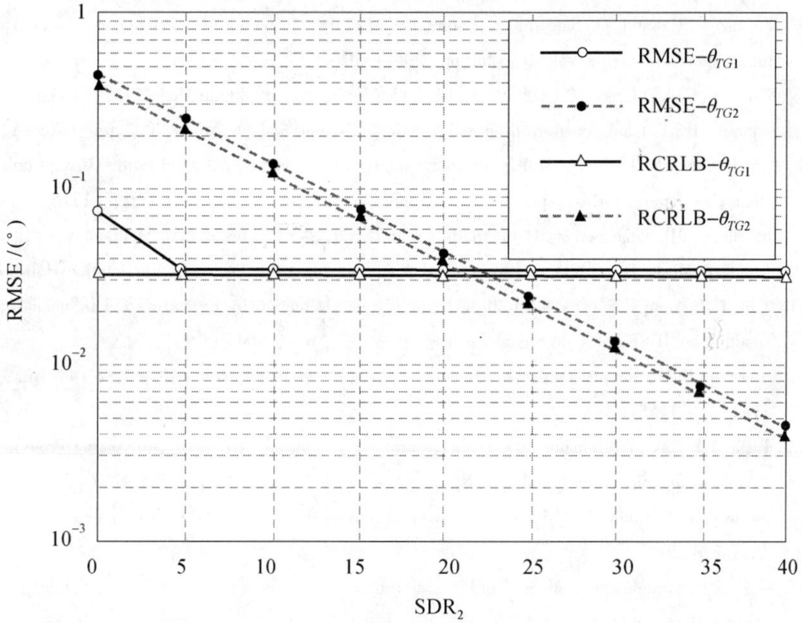

图 16.13　以 SDR_2 为自变量的 DOA 估计的 RCRLB 和 RMSE

16.5 结 论

本章讨论了机械扫描天线警戒雷达在同一距离方位角单元中的多信号分离问题。AML - RELAX 是在基于 RELAX 方法的渐进 ML 估计上一种计算有效的方法。在信号含有多个目标信号分量的简单问题上通过对相邻目标的参数估计实现了分离,用这种方法可以分离和递归地估计每一个信号分量的参数。算法的性能通过蒙特卡罗仿真进行了验证。在典型的警戒雷达情况下,考虑了不同因素对推荐算法的影响来正确估计多目标信号。

参考文献

[1] Skolnik M. Introduction to Radar Systems,3rd ed. New York: McGraw - Hill,2001.

[2] Kantcr I. Multiple Gaussian Targcts: The Track - on Jam Problem. IEEE Trans. On Aerospace and Electronics Systems,vol. 13,No. 6,1977,pp. 620 - 623.

[3] Sherman S M. Monopulse Principles and Techniques. Dcdham,MA: Artcch House,1984.

[4] Blair W D,Brandt - Pcarcc M. Monopulx DOA Estimarion of Two Unresolved Raylcigh Targets,IEEE Trans. on Aerospace and Electronics Systems,vol. 37,No. 2,2001,pp. 452 - 468.

[5] Sinha A,Kirubarajan T,Bar - Shalom Y. Maximum Likelihood Angle Extractor for Two Closely Spaced Targets. IEEE Trans. on Aerospace and Electronics Systems,vol. 38,No. 1,2002,pp. 183 - 203.

[6] Farina A,Gabatcl G,Sanzullo R. Estimation of Target Direction by Pseudo - Monopulse Algorithm. Signal Processing,vol. 80,2000,pp. 295 - 310.

[7] Farina A,Gini F,Grcco M. DOA Estimation by Exploiting the Amplitude Modulation Induced by Antenna Scanning. IEEE Tram. on Acrospace and Electronic Systems,vol. 38,No. 4,2002,pp. 1276 - 1286.

[8] Gini F,Grcco M,Farina A. Mulriple Radar Targets Estimation by Exploiting Induced Amplitude Modulation. EEE Trans. on Aerospace and Electronic Systems,vol. 39,No. 4,2003,pp. 1316 - 1332.

[9] Brillinger D R. Time Series: Data Analysis and Theory. San Francisco,CA: Holdenday,1981.

[10] Stoica P,Moses R. Introduction to Spectral Analysis. Upper Saddle River,NJ:Prcntice Hall,1997.

[11] Gini F,Bordoni F,Farina A. Multiple Radar Targets Detection by Exploiring the Induced Amplitudc Modulation. IEEETrans. on Signal Processing,vol. 52,No. 4,2004,pp. 903 - 913.

[12] Swerling P. Maximum Angular Accuracy of a Pulsed Search Radar. IRE Proc. ,vol. 44,No. 9,1956, pp. 1146 - 1155.

[13] Ziskind I,Wax M. Maximum Likelihood Localization of Multiple Sources by Alternating Projection. IEEE Trans. on Acourtics,Speech and Signol Processing,vol. 36,No. 10,1988,pp. 1553 - 1560.

[14] Winh W - D. Radar Techniques Using Array Antennas. London,England: The Institution of Electrical Engineers,2001.

[15] Kay S M. Fundamentals of Statirtiul Signal Processing,Estimation Theory. Upper Saddle River,NJ: Prcntice Hall,1993.

[16] Li J,Stoica P. Efficient Mixed - Spectrum Estimation with Applications to Target Featured Extraction. IEEE Trans. on Signal Processing,vol. 44,No. 2,1996,pp. 281 - 295.

第 17 章 UWB 双向信道建模中的联合 DOA/DOD/DTOA 估计系统

17.1 简 介

人们已经深入研究高速数据近程无线传输，UWB 通信系统作为能满足这一需求的有前途的技术已经引起了广泛关注。要构造一个有效和高效的 UWB 系统，必须对传输信道作深入的研究。虽然在 IEEE 802.15.3a 与 4[1,2] 中，已对个人用户网络的高低速率信道模型标准进行了规范，将发射天线和接收天线也纳入了信道模型，但是在 UWB 系统中，波形的失真与辐射明显取决于天线的频率特性。换句话说，天线的改变会导致信道的显著变化。因此，传输信道应该与天线分离，特别是对天线性能评估时，这一概念被称为双向信道[3,4]，并且这一概念已经被广泛应用到 MIMO 系统[5,6]的标准信道模型中。同时，因为被认为是经典的单输入/单输出(SI SO)系统，这一概念在 UWB 系统中并没引起足够的重视。

双向信道的建模涵盖了各个传输中的通道，每条路径由 DOA、信号发出方向(DOD)和信号到达时间延迟(DTOA)表征。在传统宽带建模中，通道中复杂多样的振幅被近似认为是不变的，但是在模拟 UWB 信号在通道中的损耗时，考虑到幅度对频率的依靠会进一步提高模型的准确性。

在理论和试验计划上已经确立宽带信道中的双向传输信道[7-11]，采用了使用稳健的波束形成技术、以牺牲分辨率为代价的非参数谱估计[7]。通道模型是一个参变量的模型，因此可以配置高度可行性参量估计技术。最初在文献[8,9]中应用了多维西 ESPRIT，然而补偿天线互耦之后需要进行平滑预处理，并且几何序列被限定为线性与矩形。因此，基于 ML 估计的方法更受欢迎[10,11]。

将传统多频率传输与 UWB 传输比较会发现，前者在信号带宽 B 与天线尺寸大小 A 之间有如下关系：

$$B\frac{A}{c}\ll 1 \tag{17.1}$$

其中，c 为光的传输速度。很显然，UWB 传输并不满足上面的条件。

对于 UWB 信道，利用 Sensor - CLEAN 算法估计 DOA 与 TDOA，还可以估计入射波形[12,13]。这些结果与设计者的目的非常相似，但是这样并没有将双向模型这种情况考虑进去。

本章描述了 UWB 双向信道模型的联合 DOA/DOD/DTOA 估计系统,该系统包含向量网络分析仪(VNA)和两个超宽带天线的位置调节器。如前所述,基于 ML 的估计器用于提取路径参数,还特别考虑了平面波模型不再适用的短距离情况。

本章包含以下部分:第 17.2 节描述传输系统;UWB 系统的多通道参数模型将在第 17.3 节作详细介绍;17.4 节介绍一种基于 ML 的信道参数估计方案;17.5 节中将为读者提供试验结果,17.6 节给出本章小结。

17.2 UWB 双向信道语音系统

为了建立 UWB 双向信道模型,有必要测量空间转移函数在超宽带宽上的分布情况。图 17.1 中描述了 UWB 双向信道的建议系统[14,15]。这里作者选取了一个 VNA 模型来估计极限带宽时的传输性能,因为该模型拥有一个成熟的校准功能。对于空间取样来说,配置天线阵列很困难,因为 UWB 天线与信号波长的关系很密切,即使在最低频率下也是如此[16,17],并且栅栏效应不能被有效抑制。此外,天线之间的相互耦合不能忽略,而且还需要进行补偿。因此,作者决定在发射机(Tx)和接收机(Rx)都使用天线位置调节器,这样就建立了一个合成天线阵。为了得到足够的 SNR,在 Rx 天线与 VNA 输入端口之间插入低噪声前置放大器。

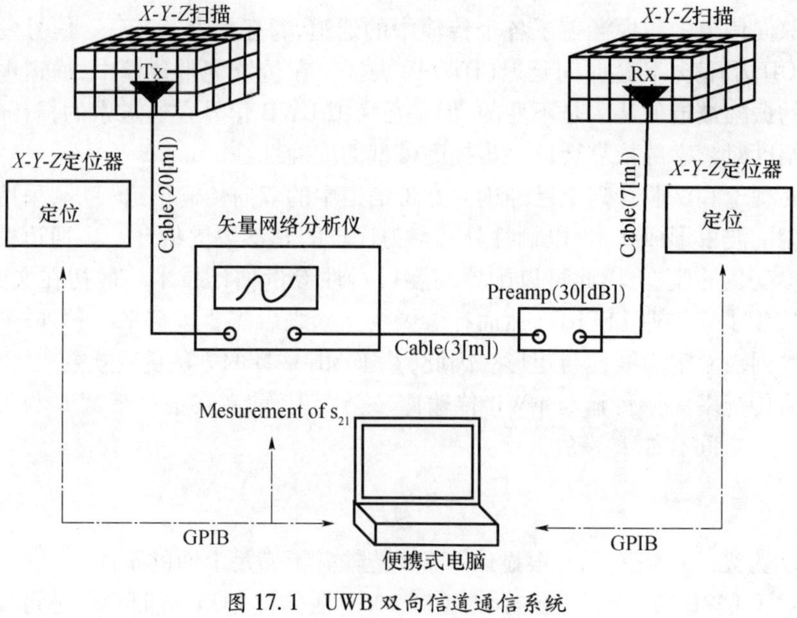

图 17.1 UWB 双向信道通信系统

在该系统中,每个天线远程位置调节器都有三条轴线。它要花费数小时的时间进行扫描才能实现一个足够大的合成天线阵列。因此,这个系统不适合用来估算时变信道。另一方面,系统结构的配置(如天线的形状)和基础模块的数量都可以灵活配置。

用一台个人电脑控制天线远程位置调节器,并且可以通过通用接口总线(GPIB)实现 VIN 的转移功能。

系统的校准分两次进行。首先,通过 VNA 内部功能实现端口之间(port – to – port)的校准。接下来,在开阔空间通过连接 Tx 和 Rx 天线来进行背靠背(back – to – back)的校准。如果天线输入阻抗与电缆阻抗匹配良好,则第二步可以省略,并且可以提前预知天线的合成增益。

17.3　UWB 的参数化多路径建模

17.3.1　多路径模型

射线路经模型建立在一种高频信号的近似值上,它应用于散射物体远大于信号波长时。在这个模型中,每条传播路径都有独立的且不依赖于频率的 DOA、DOD、DTOA 和依附于频率的复幅度。

坐标轴定义如图 17.2 所示,其中 x、y 表示水平方向的轴线,z 表示垂直于 x、y 平面的轴线,$0\leqslant\phi\leqslant 2\pi$ 为方位角,$-\pi\leqslant\Psi\leqslant\pi$ 为仰角。在发送端方向向量由原点指向 DOD,反之在接收端方向向量由原点指向 DOA。$D_{\alpha\beta}(f,\boldsymbol{\Omega}_\alpha)$ 表示在频率为 f、方向为 $\boldsymbol{\Omega}_\alpha=[\psi_\alpha,\phi_\alpha]$ 时的天线的复增益。下角标 $\alpha=t$ 或 r 分别对应于发送端和接收端,下角标 $\beta=\psi$ 或 ϕ 分别表示竖直或水平极化成分。需要注意的是互易性保证了以下关系式成立:

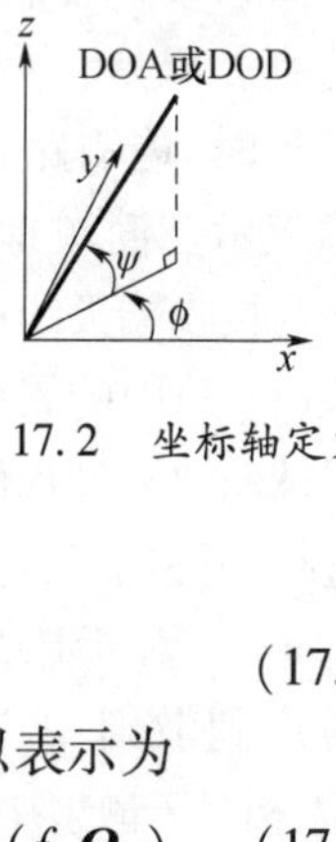

图 17.2　坐标轴定义

$$D_{r\beta}(f,\boldsymbol{\Omega})=D_{r\beta}^{*}(f,\boldsymbol{\Omega}) \tag{17.2}$$

第 1 条路径上传输特性函数(包括发送端和接收端)可以表示为

$$b_l(f)=b_0(f,\tau_l)\sum_{\beta_r=\psi,\phi}\sum_{\beta_t=\psi,\phi}\gamma\beta_r\beta_t l(f)D_{r\beta_r}(f,\boldsymbol{\Omega}_{\tau l})D_{t\beta_\tau}(f,\boldsymbol{\Omega}_{tl}) \tag{17.3}$$

这里,η 表示 DTOA;$\boldsymbol{\Omega}_{tl}$表示 DOD;$\boldsymbol{\Omega}_{rl}$表示 DOA;$\gamma\beta_r\beta_t l(f)$ 表示 1 条路径上的复散射增益;$b_0(f,\tau)$ 为自由空间复路径增益,其定义由 Friis 传递函数的复数形式给出:

$$b_0(f,\tau)=\frac{1}{4\pi f\tau}\exp(-\mathrm{j}2\pi f\tau) \tag{17.4}$$

假定合成天线阵列由并行传输天线实现,第 m_τ 个接收端 Rx 天线相位中心

是其沿着几何向量 $\boldsymbol{r}_{rm_t}$ 的空间相移。

$$\boldsymbol{r}_{rm_t} = \hat{\boldsymbol{x}} x_{rm_t} + \hat{\boldsymbol{y}} y_{rm_t} + \hat{\boldsymbol{z}} z_{rm_t} \tag{17.5}$$

这里，$\hat{\boldsymbol{x}}$、$\hat{\boldsymbol{y}}$ 和 $\hat{\boldsymbol{z}}$ 分别对应于 x、y 和 z 方向的单位几何向量。这样，接收端天线的复增益 $D_{r\beta m_t}(f,\Omega_r)$ 就可以表示为

$$D_{r\beta m_t}(f,\boldsymbol{\Omega}_r) = D_{r\beta}(f,\boldsymbol{\Omega}_r)\exp\left(\mathrm{j}\frac{2\pi f}{c}\boldsymbol{r}_{rm_\tau}\cdot\hat{\boldsymbol{\omega}}_r\right) \tag{17.6}$$

在式(17.6)中，$\hat{\boldsymbol{\omega}}_r$ 为指向 DOA 的单位几何向量：

$$\hat{\boldsymbol{\omega}}_r = \hat{\boldsymbol{x}}\cos\psi_r\cos\phi_r + \hat{y}\cos\psi_r\sin\phi_r + \hat{z}\sin\psi_r \tag{17.7}$$

发送端天线的复增益也可以从式(17.2)中推导出来。

17.3.2 子带模型

在实际应用中，散射系数 $\gamma\beta_r\beta_t l(f)$ 当带宽足够宽的时候并没有剧烈的变化。因此，整个 UWB 信道可以被分为 i 个子频带，并且 $\gamma\beta_r\beta_t l(f)$ 在每个子频带进行约束仿真。

17.3.3 球面波模型

式(17.3)中假设传输路经可以被近似为在接收端和发送端的平面波而进行仿真。但是，当发送端与接收端的距离很短时或者散射点距离接收端或发送端很近时，传输路径就不适合用平面波模型表示。简单地说，如果假设发射端天线与接收端天线被完全隔离开，那么在等式(17.3)中的累加项就会减少为一项。如果球面波模型仅用于接收端，那么在对它进行描述时，除了要考虑到 DOA$\boldsymbol{\Omega}_{\tau l} = \{\psi_{\tau l} + \phi_{\tau l}\}$ 和 DTOAτl (图 17.3)之外，还要考虑到散射中心的曲率半径 $R_{\tau l}$。因此，以相对于散射中心为原点的方向向量 $\boldsymbol{R}_{\tau l}$ 可以表示为

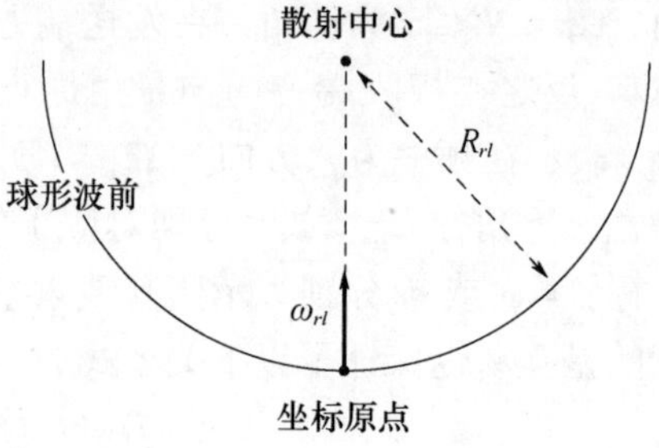

图 17.3 球型波模型及参数

$$\boldsymbol{R}_{rl} = R_{rl}\hat{\boldsymbol{\omega}}_{rl} \tag{17.8}$$

这种情况下，式(17.3)中对于天线发送端 m_t 和天线接收端 m_r 调整为

$$b_{lm_rm_r}(f) = b_0(f,\tau_l)\gamma_l(f)D_r(f,\boldsymbol{\Omega}_{tl})D_t(f,\boldsymbol{\Omega}_{tl})\exp\left[\mathrm{j}\frac{2\pi f}{c}(\|\boldsymbol{R}_{rl}-\boldsymbol{r}_{rm_t}\| - \boldsymbol{R}_{rl})\right]$$

$$\exp\left(-\mathrm{j}\frac{2\pi f}{c}\boldsymbol{r}_{tm_t}\cdot\hat{\boldsymbol{\omega}}_{tl}\right) \tag{17.9}$$

虽然在表面上看模型(17.9)可以直接演化为 Tx,但是这样也会产生矛盾。图 17.4 和图 17.5 展示了两种不同的机制。图 17.4 展示了当天线 Rx 散射中心独立于接收端 Tx 天线位置的情况。具体地说,拐角的衍射就可以被归结到该范畴。这个模型可以很容易的延伸到 Tx。

图 17.5 展示了散射中心随 Tx 天线位置变化的情况。在这个例子中考虑到了镜面反射。不幸的是,我们无法预知哪条路径满足这个模型,同样也不能预知下一条路径。因此,当使用球面波模型时,无法联合估计 DOD 和 DOA。

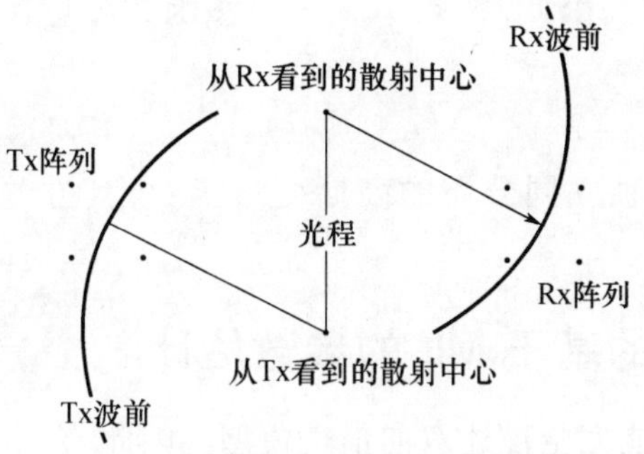

图 17.4　双向球型波模型可用的情况

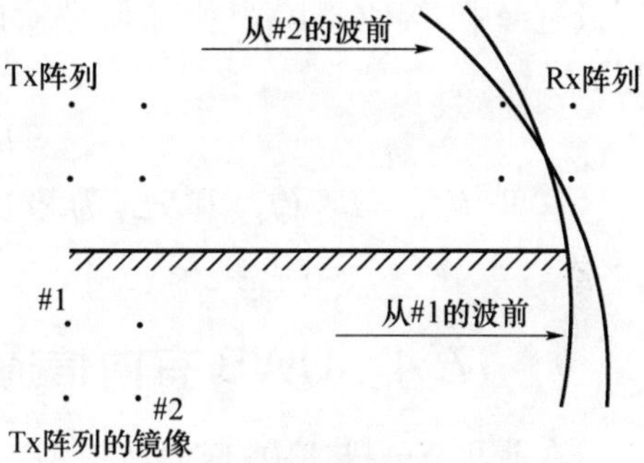

图 17.5　双向球型波模型不可用的情况

17.3.4　两条单向测量、配对和集群

为了介绍球面波模型,作者提供了一个包含两个步骤的计划,即通过 Tx 阵列和单个 Rx 天线测量 DOD,同时通过单个 Tx 天线和 Rx 阵列测量 DOA。

由 UWB 的本身性质可知时延可以精确估算,因此 DOD 和 DOA 通过时延可以被关联起来。尽管如此,在某些情况下,在延迟时间相同时可以估算多一个路径的情况。图 17.6 展示了在同一 DTOA 下探测两条路径的情况,每对 DOD 和 DOA 的传输路径都可被追踪。TDOA 的计算要根据射线传输的距离,并将 TDOA 的值与估算值相比较就可以选择出最佳的 DOD - DOA 对。

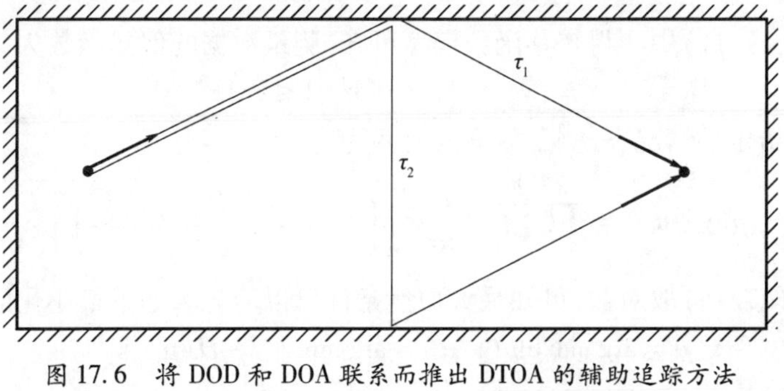

图 17.6　将 DOD 和 DOA 联系而推出 DTOA 的辅助追踪方法

在实际应用中,几条信道具有相似的传输特性,我们把这些信道称作一个群[19]。尽管如此,一个 DOD 延迟群之内和一个 DOA 延迟群之内更难配成一对。因此,可将跟踪应用于群间,而不是将其应用到单个路径。现有研究应用了启发式求解法。

对于接收端的单向模型,多通道函数转移模型可以表示为

$$H_{m_t}(f) = \sum_{l=1}^{L} b_{lm_t}(f) \tag{17.10}$$

测量过程中,接收端噪声扰乱信号输出。因此,在频率 k 处转移函数测量模型为

$$y_{m_t k} = H_{m_t k} + n_{m_t k} \tag{17.11}$$

这里,$H_{m_t k} = H_{m_t}(f_k)$ 和 $n_{m_t k}$ 为相互独立同分布的高斯变量函数,其方差为 σ^2。

17.4 UWB 有向信道的基于 ML 的参数估计

在前几节的描述中,球面波模型不能完全描述双向信道模型。因此,在本节中仅对接收端单向模型进行参数估计,接收端 Rx 的单向信号模型也可以直接推导出来。

17.4.1 极大似然参数估计

ML 估计的过程就是找到合适的参数而使似然函数最大化。似然函数即为通过观察采样数据而得到的条件概率,假设 PDF 为预先已知的参数。

我们定义 l 通道的参数形式为 u_l,即

$$\boldsymbol{\mu} l = [(\gamma li)_{i=1}^{I}, \psi_{rl}, \phi_{rl}, R_l, \tau_l] \tag{17.12}$$

这里,γli 为函数 $\gamma l(\mathrm{f})$ 在第 i 个子频段的值。因此,整个 $\boldsymbol{\mu}$ 信道参数可表示为

$$\boldsymbol{\mu} = \bigcup_{l=1}^{L} \boldsymbol{\mu} l \tag{17.13}$$

由式(17.11)中测得转移函数模型可知,测量数据的似然函数为

$$\boldsymbol{y} = \{ y_{m_t k} \mid 1 \leqslant m_r \leqslant \boldsymbol{M}_r, 1 \leqslant k \leqslant K \} \tag{17.14}$$

在参数 $\boldsymbol{\mu}$ 给定的情况下,测量数据的概率为

$$p(\boldsymbol{y} \mid \boldsymbol{\mu}) = \prod_{k=1}^{K} \prod_{m_t=1}^{M_t} \left[\frac{1}{\pi\sigma} \exp\left(- \frac{| y_{m_t k} - H_{m_t k}(\boldsymbol{\mu}) |^2}{\sigma^2} \right) \right] \tag{17.15}$$

对式(17.15)取对数,可知最大似然条件可以简化为如下最小化问题:

$$\boldsymbol{\mu} = \arg \max_{\mu} \ln p(\boldsymbol{y} \mid \boldsymbol{\mu}) = \arg \min_{\mu} \| \boldsymbol{y} - \boldsymbol{H}(\boldsymbol{\mu}) \|^2 \tag{17.16}$$

式(17.16)同时需要求解$(2I+4)L$ 维,计算量巨大。

17.4.2 数学期望最大化算法

EM 算法用于减少多维同时发生的 ML 估计[20]。EM 运算法则可从不完整数据 y 估计出完整的数据$\boldsymbol{x}_l$,其表达式为

$$\boldsymbol{x}_l = \boldsymbol{h}_l + b_l(\boldsymbol{y} - \boldsymbol{H}) \tag{17.17}$$

在式(17.17)中,考虑到了来自外界的高斯白噪声(例如高斯变量的总和仍然符合高斯分布)。b_l 为一正数,满足以下关系式:

$$\sum_{l=1}^{L} b_l = 1 \tag{17.18}$$

就是说,在实际中,设所有 l 的初始值为 $1/L$。这使完整数据$\boldsymbol{x}_l$ 的条件费舍尔信息最大化成为可能[21]。就目前的情况来看,测量得到的数据是不完整的数据,而且每一通道的完整数据并不能通过试验直接得到。完整数据的最大对数似然函数可以近似地表示为

$$\arg\max_{\boldsymbol{\mu}} p(\boldsymbol{x}_l|\boldsymbol{\mu}) = \arg\min_{\boldsymbol{\mu}l} \| \boldsymbol{x}_l - \boldsymbol{h}_l(\boldsymbol{\mu}l) \|^2 \tag{17.19}$$

并发搜索的维数减少到$(2I+4)$。式(17.19)等式右边为一最小二乘方问题,可以通过匹配滤波器解决。定义导向向量

$$a_{m_rk}(\mu_l) = b_0(f_k, \tau_l) D_r(f_k, \boldsymbol{\Omega}_r) \exp\left[\mathrm{j}\frac{2\pi f}{c}(\| \boldsymbol{R}_{rl} - \boldsymbol{r}_{rm_r} \| - R_{rl}) \right] \tag{17.20}$$

这里

$$\boldsymbol{\mu}_l = \{\psi_{rl}, \phi_{rl}, R_l, \tau_l\} \tag{17.21}$$

为第 l 个信道的参数子集,不包括复增益。于是式(17.19)的右半部分的最小化问题可以被改写为

$$\boldsymbol{\mu}_l = \arg\max_{\boldsymbol{\mu}_l} \frac{|\boldsymbol{a}^{\mathrm{H}}(\boldsymbol{\mu}_l)\boldsymbol{x}_l|}{\sqrt{\boldsymbol{a}^{\mathrm{H}}(\boldsymbol{\mu}_l)\boldsymbol{a}(\boldsymbol{\mu}_l)}} \tag{17.22}$$

它相当于输出端的匹配滤波器,复增益$\hat{\gamma}_{li}$的估计定义为

$$\hat{\gamma}_{li} = \frac{\boldsymbol{a}_i^{\mathrm{H}}(\boldsymbol{\mu}_l)\boldsymbol{x}_{li}}{\boldsymbol{a}_i^{\mathrm{H}}(\boldsymbol{\mu}_l)\boldsymbol{a}_i(\boldsymbol{\mu}_l)} \tag{17.23}$$

这里,$\boldsymbol{a}_i(\boldsymbol{\mu}_l)$和 $\boldsymbol{x}_{li}$分别为对应于第 i 个子频带的向量 $\boldsymbol{a}_i(\boldsymbol{\mu}_l)$和 $\boldsymbol{x}_{li}$的导向向量。

17.4.3 SAGE 算法

等式(17.22)仍然需要一个并发的四维搜索。广义空间交互型 EM 算法(SAGE)可以进一步把整个 EM 算法的搜寻空间划分为隐藏的数据空间[21,22]。在目前的情况下,该搜索算法步骤如下:

$$\hat{\psi}_{rl} = \arg\max_{\psi_{rl}} \frac{|\boldsymbol{a}^{\mathrm{H}}(\psi_{rl},\phi_{rl},R_l,\tau_l)\boldsymbol{x}_l|}{\sqrt{\boldsymbol{a}^{\mathrm{H}}(\psi_{rl},\phi_{rl},R_l,\tau_l)\boldsymbol{a}(\psi_{rl},\phi_{rl},R_l,\tau_l)}} \tag{17.24}$$

$$\hat{\phi}_{rl} = \arg\max_{\phi_{rl}} \frac{|\boldsymbol{a}^{\mathrm{H}}(\hat{\psi}_{rl},\phi_{rl},R_l,\tau_l)\boldsymbol{x}_l|}{\sqrt{\boldsymbol{a}^{\mathrm{H}}(\hat{\psi}_{rl},\phi_{rl},R_l,\tau_l)\boldsymbol{a}(\hat{\psi}_{rl},\phi_{rl},R_l,\tau_l)}} \tag{17.25}$$

$$\hat{R}_l = \arg\max_{R_l} \frac{|\boldsymbol{a}^{\mathrm{H}}(\hat{\psi}_{rl},\hat{\phi}_{rl},R_l,\tau_l)\boldsymbol{x}_l|}{\sqrt{\boldsymbol{a}^{\mathrm{H}}(\hat{\psi}_{rl},\hat{\phi}_{rl},R_l,\tau_l)\boldsymbol{a}(\hat{\psi}_{rl},\hat{\phi}_{rl},R_l,\tau_l)}} \tag{17.26}$$

$$\hat{\tau}_l = \arg\max_{\tau_l} \frac{|\boldsymbol{a}^{\mathrm{H}}(\hat{\psi}_{rl},\hat{\phi}_{rl},\hat{R}_l,\tau_l)\boldsymbol{x}_l|}{\sqrt{\boldsymbol{a}^{\mathrm{H}}(\hat{\psi}_{rl},\hat{\phi}_{rl},\hat{R}_l,\tau_l)\boldsymbol{a}(\hat{\psi}_{rl},\hat{\phi}_{rl},\hat{R}_l,\tau_l)}} \tag{17.27}$$

最后,通过式(17.23)获得 $\hat{\gamma}_{li}$。注意,最初的参数 μ_l 必须十分精确。可以通过在 L 信道重复做以上的步骤来更正参数的估计直到最大似然估计或参数估计收敛为止。

17.4.4 连续干扰对消类型的方法

对数似然函数最大极值化中,当采样数据足够大时,采用连续干扰对消类型的方法比较适合[10,23]。在这一过程中,最强的波形被检测到并且在连续的测量数据中被移除。当波形的数量等同于一个时这一过程就等同于 EM 算法。因此,由式(17.17)可知,完整的数据准确等同于不完整的数据。图 17.7 给出了搜寻执行过程的一个范例。该图解结合了基于 EM 算法的粗略的全局网状搜索和基于 SAGE 算法的精细的局部搜索。在粗略的全局网状搜索中,我们找到包含对数似然函数极大值点的区域。在搜寻区域指定后,在指定区域内执行精确的局部搜索以获得一个精确的峰值。

SIC 的迭代过程会一直持续到波数达到预定值或剩余功率低于阈值,虽然信道数量的确认仍然是一个公开的难题。前一种解决方法可以得出稳定的参数结果和不受估算波形数量所影响的范围。

SIC 方案的最大缺点就是误差传播,特别是在大量信道被侦测到的情况下。幸运的是,UWB 信道时域上的高分辨率性使得误差传播显著减弱,因此可以很精确地进行信道的侦测和移除。

另一方面,精确的搜寻是必要的,这样可以避免因旁路的影响导致信道的错误侦测。图 17.7 中粗略的全局网状搜索更容易侦测到伪信道。考虑到搜寻的计算量和侦测精度两者之间的平衡,全局网格的大小必须小于匹配滤波器在延迟和角域中的波束宽度的 1/2。

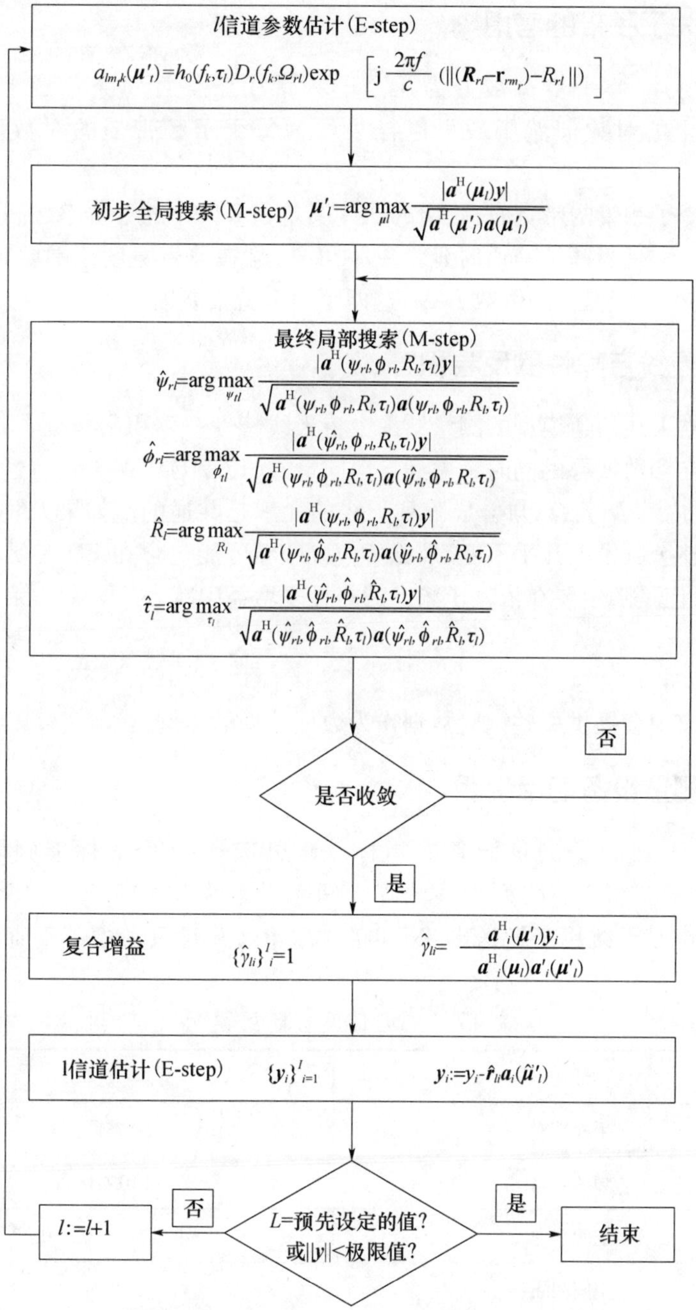

图 17.7　UWB 信道参数估计的 SAGE 算法中的 SIC 流程

17.4.5 关于子带的考虑

如前所述,整个带宽被分为几个子频带用于估计每条信道上的频谱。整个频带上的对数似然函数可以被表示为每个子频带上的对数似然函数之和。

在选择子频带的带宽时,频谱的估计误差和 DTOA 的分辨率之间存在着平衡关系。特别是当两条信道时延上密不可分,且在波束宽度范围内时,若子频带带宽 Δf 小于延迟差的倒数 $1/\Delta t$,这两个信道就不能被分离。

17.4.6 天线方向性的反卷积

从独立天线信道模型的测量结果中将天线特性解卷积出来是十分必要的。我们应该在参数搜寻的同时考虑到导向向量式(17.20)中的天线特性。尽管如此,天线方向性 $D(f,\boldsymbol{\Omega})$ 与合成阵列天线的元素是共通的。如果天线方向性的群延迟在整个频带上几乎不变,那么 $D(f,\boldsymbol{\Omega})$ 不可能包含在 EM 参数搜索的导向向量中,但是随后要在依赖于频率的路径复增益中减去。

17.5 试 验

在本节中会提供一些试验数据作为数据处理的实例。

17.5.1 测量设备使用说明

表 17.1 列出了测量设备的指标。这里选择 FCC 的标准频段用来测量[24]。在低频端合成阵列天线的阵元间距设置为 0.49λ 以满足采样定理。垂直的双锥型天线用于发送端 Tx 和接收端 Rx,并且只考虑了垂直 - 垂直极化对的情况。

表 17.1 测量设备使用说明

带宽	3.1 ~ 10.6GHz
采样频率	751
频率间隔	10MHz
空间采样	在两端都为 10 × 10 × 7
空间间隔	48mm
天线类型	双锥型[17]
极化	垂直 - 垂直

（续）

VNA IF 带宽	100Hz
在 VNA 接收端的 SNR	约 30dB
子频带	3GHz

延迟、俯仰角、方位角的估计分辨率如下所示：

$$\Delta\tau = \frac{1}{f_{\max} - f_{\min}} \tag{17.28}$$

$$\Delta\psi = \arcsin\frac{\lambda\max}{L_z} \tag{17.29}$$

$$\Delta\phi = \arcsin\frac{\lambda\max}{L_x} \tag{17.30}$$

这里，L_x 和 L_z 分别为阵列的水平方向和垂直方向的大小，

$$\lambda_{\max} = \frac{c}{f_{\min}} \tag{17.31}$$

其中，$\lambda_{\max}$为频带中最长的波长；$f_{\min}$和$f_{\max}$分别为最低和最高的频率。在表 17.1 的情况下，它们分别为 0.13ns、13.1°和 19.9°。

17.5.2　测量环境

测量在一空房间中进行，没有家具。图 17.8 展示了房间的布局。方位角的确定依据瞄准线（LOS），并且 Tx 端和 Rx 端是不同的。

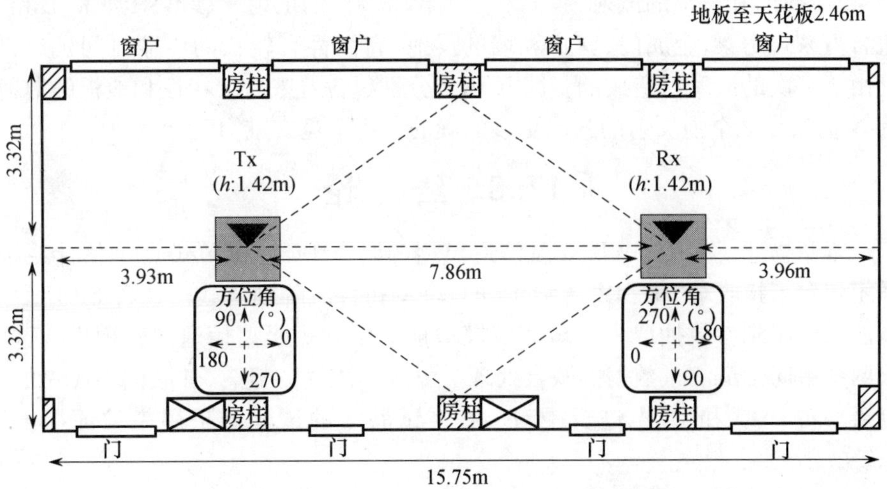

(a)

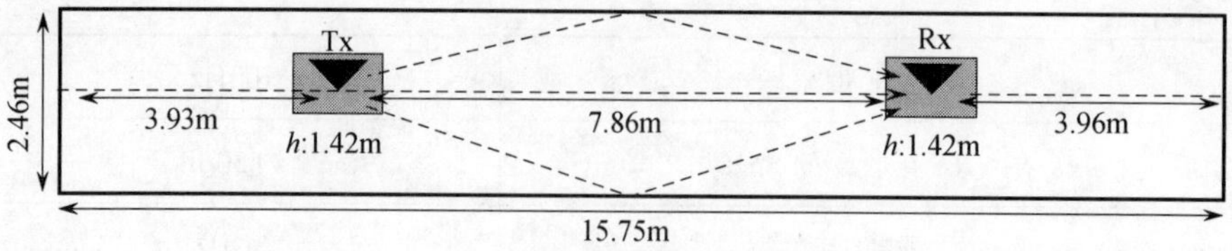

(b)

图 17.8 测量环境

(a)顶视图;(b)侧视图。

17.5.3 结果

在测量得到的数据中,如前几章所述,信道的参数和频谱可由基于 SIC 的 EM 算法估算出。在 Tx 端和 Rx 端分别抽取了 120 个信道。在提取信道之后,还有约 30% 的残余功率。剩余的部分被认为是不可模拟的漫反射分量,如式(17.20),并且整个信道模型式(17.10)通过修正用以包括这些部分。相似的成分还存在于其他的测量中[11,25],漫反射分量可以通过不同的模型进行建模。这方面的建模仍然是一个公开的难题。

图 17.9 和图 17.10 分别展示了接收端 Rx 和发送端 Tx 抽取路径的角延迟域,很明显地侦测到的信道在角延迟域形成团簇。基于 DOD、DOA 和 DTOA 的启发式集群化已经加以利用,但是这些团簇还和空间中的散射物有关。例如簇 A 和 B 中就包含房屋柱子上的散射,这些都是强反射簇。簇 B、C 和 E 包含来自房梁、金属门和窗户的散射,簇 F 和 J 包含着墙壁的散射。簇 G、H、I、K、L 和 M 包含着来自房梁、金属门、窗户和墙的反射,它们都有较长的传输时间延迟,这是由于多次的漫反射造成的。簇 N 和 P 分别包含着来自天花板和地板的散射。簇 N 仍然是一个强反射的簇。更多的簇的分析请见文献[17]。

17.6 结　论

本章描述了基于 UWB 双向信道模型的联合 DOA/DOD/DTOA 估计系统,系统包含了接收端 Rx 和发送端 Tx 的 VNA 和合成阵列天线。一种 SIC 型 EM 算法被应用到参数抽取中。球面波模型被应用到短距离信道的建模中。这要求两个单向信道测量数据的联合处理。引入了团簇的概念,并联同 DTOA 的高分辨率对 DOD 和 DOA 进行配对。在空试验室的试验结果用来验证提出的系统。

该系统被广泛应用于室内环境下的 MIMO 信道模型的建立、科学和技术研究领域与欧洲的联合行动 273“迈向了移动宽带多媒体网络”。

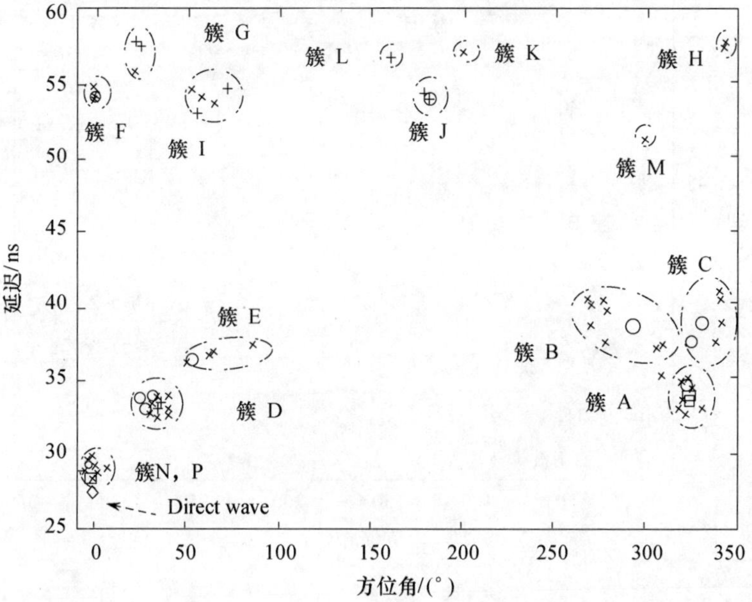

(a)

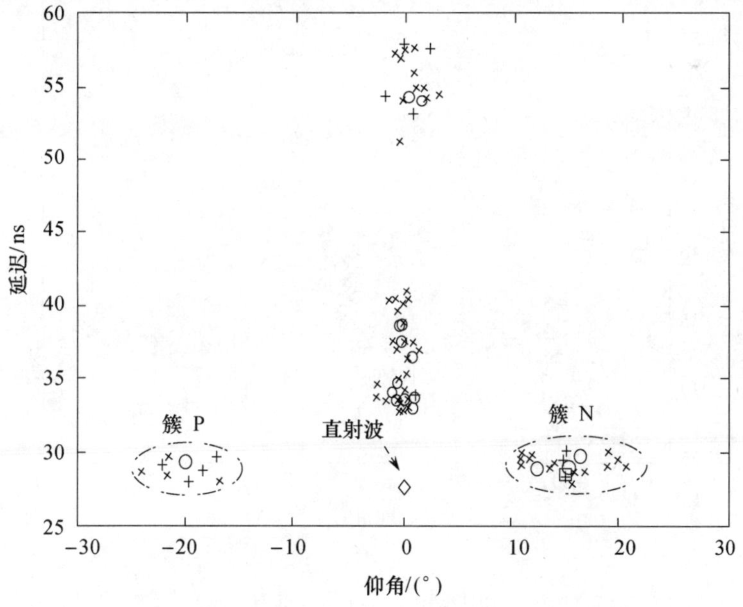

(b)

图 17.9 发送端信道群

(a)方位角延迟；(b)仰角延迟。

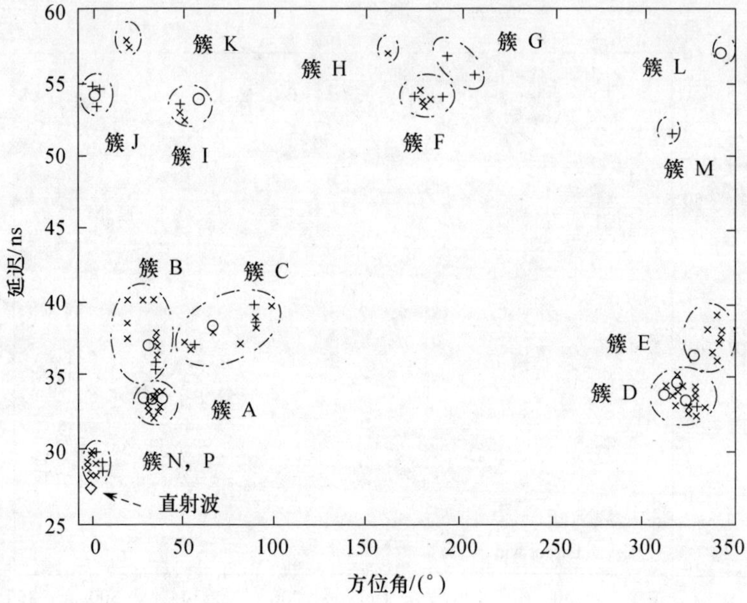

(a)

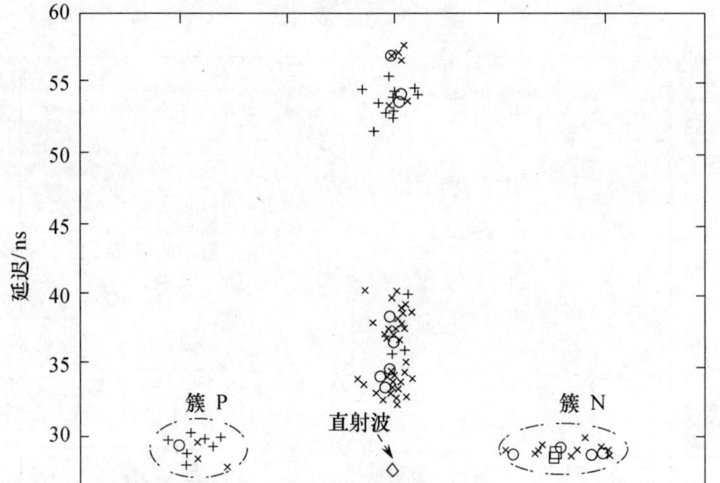

(b)

图 17.10 接收端信道群
(a)方位角延迟;(b)仰角延迟。

参考文献

[1] Foerster J. Channel Modeling Sub – Committee Report Final. IEEE 802. 15 Working Group Document, IEEE P802. 15 – 03/490r0, 2002.

[2] Molisch A F, et al. IEEE 802. 15. 4a Channel Model – Final Report. IEEE 802. 15 Working Group Document, IEEE P802. 15 – 04/662r0, 2004.

[3] Zwick T, et al. A Stochastic Spatial Channel Model Based on Wave – Propagation Modeling. IEEE J. of Selected Areas in Communications, vol. 18, No. 1, 2000, pp. 6 – 15.

[4] Steinbauer M, Molisch A F, Bonek E. The Double Directional Mobile Radio Channel. IEEE Antennas and Propagation Magazine, vol. 43, No. 4, 2001, pp. 51 – 63.

[5] Erceg V, et al. TGn Channel Models. IEEE 802. 11 Working Group Document, IEEE 802. 11 – 03/940r4, 2004.

[6] Technical Specification Group Radio Access Network. Spatial Channel Model for Multiple Input Multiple Output (MIMO) Simulations (Release 6). 3GPP Specifications, 3GPP TR 25. 996 V6. 1. 0, 2003.

[7] Kalliola K, et al. 3 – D Double – Directional Radio Channel Characterization for Urban Macrocellullar Applications. IEEE Trans. on Antennas and Propagation, vol. 51, No. 11, 2003, pp. 3122 – 3133.

[8] Richter A, et al. Joint Estimation of DOD, Time – Delay, and DOA for High – Resolution Channel Sounding. Proc. Of 2000 Spring IEEE Vehicular Technology Conference, Tokyo, Japan, May 2000, pp. 1045 – 1049.

[9] Sakaguchi K, Takada J, Araki K. A Novel Architecture for MIMO Spatio – Temporal Channel Sounder. IEICE Trans. on Electronics, vol. E85 – C, No. 3, 2002, pp. 436 – 441.

[10] Fleury B H, Jourdan P, Stucki A. High – Resolution Channel Parameter Estimation for MIMO Applications Using the SAGE Algorithm. Proc. of 2002 International Zurich Seminar on Broadband Communications, Zurich, Switzerland, February 2002, pp. 30 – 1 – 30 – 9.

[11] Thomae R S. et al. Multidimensional High – Resolution Channel Sounding Measurement. Proc. of 2004 IEEE Instrumentation and Measurements Technical Conference, Como, Italy, May 2004, pp. 257 – 262.

[12] Cramer R J, Scholtz R A, Win M Z. Evaluation of an Ultra – Wide – Band Propagation Channel. IEEE Trans. on Antennas and Propagation, vol. 50, No. 5, 2002, pp. 561 – 570.

[13] Poon A S Y, Ho M. Indoor Multiple Antenna Channel Characterization from 2 to 8 GHz. Proc. Of 2003 IEEE International Conference on Communications, Anchorage, AK, May 2003, pp. 3519 – 3523.

[14] Haneda K, Takada J, Kobayashi T. Double Directional LOS Channel Characterization in a Home Environment with Ultrawideband Signal. Proc. of 7th International Symposium on Wireless Personal Multimedia Communications, Abano Terme, Italy, September 2004, pp. 214 – 218.

[15] Tsuchiya H, Haneda K, Takada J. UWB Indoor Double – Directional Channel Sounding for Understanding the Microscopic Propagation Mechanisms. Proc. of 7th International Symposium on Wireless Personal Multimedia Communications, Abano Terme, Italy, September 2004, pp. 95 – 99.

[16] Taniguchi T, Kobayashi T. An Omni – Directional and Low – VSWR Antenna for the FCC – Approved UWB Frequency Band. Proc. Of 2003 IEEE AP – S International Symposium, OH, June 2003, pp. 460 – 463.

[17] Promwong S, Hachitani W, Takada J. Free Space Link Budget Evaluation of UWB – IR Systems. Proc.

of 2004 International Workshop on Ultra Wideband Systems Joint with Conference on Ultra Wideband Systems and Technologies, Kyoto, Japan, May 2004, pp. 312 - 316.

[18] Ohmae A, Takahashi M, Uno T. Localization of Sources in the Finite Distance Using MUSIC Algoritbm by the Spberical Mode Vector. Technical Report of IEICE, AP2003 - 64, SAT2003 - 64/SAT2003 - 56/MW2003 - 70/OPE2003 - 57, July 2003.

[19] Saleh A A M, Valenzuela R A. A Statistical Model for Indoor Multipart Propagation. IEEE J. of Selected Areas in Communications, vol. 5, No. 2, 1987, pp. 128 - 137.

[20] Dempster A P, Laird N M, Rubin D B. Maximum Likelihood from Incomplete Data Via the EM Algorithm. J. of Royal Statistical Society, Series B, vol. 39, No. 1, 1977, pp. 1 - 38.

[21] Fleury B H, et al. Channel Parameter Estimation in Mobile Radio Environments Using the SAGE Algorithm. IEEE. of Selected Areas in Communications, vol. 17, No. 3, 1999, pp. 434 - 449.

[22] Fessler J A, Hero A O. Space - Alternating Generalized Expectation Maximization Algorithm. IEEE Trans. on Signal Processing, vol. 42, No. 10, 1994, pp. 2664 - 2677.

[23] Haneda K, Takada J. High - Resolution Estimation of NLOS Indoor MIMO Channel with Network Analyzer Based System. Proc. of 14th Personal Indoor and Mobile Radio Communications, Beijing, China, September 2003, pp. 675 - 679.

[24] Radio Frequency Devices. Federal Communications Commission Rules, Part 15, 2003.

[25] Molisch A F. A Generic Model for MIMO Wireless Propagation Channels in Macro and Microcells. IEEE Trans. on Signal Processing, vol. 52, No. 1, 2004, pp. 61 - 71.

[26] COST 273 Web site, http://www. lx. it. pt/cost273/.

第 18 章　通过利用信号特性的常规方法改进

阵列处理技术基本上依靠到达传感器阵列信号的空间特性。在雷达、声纳、电信等应用领域,通过减小干扰和背景噪声,可以把感兴趣信号的许多特征提取出来。这些系统通常采用调制信号。大多数调制通信信号表现出周期平稳或周期相关性,这与来自于频率和波特率的潜在周期相符合。本章估计通信系统领域的到达信号的 DOA,在该领域几乎所有的信号都表现出周期平稳的特性。

本章对周期平稳性做了简要介绍,并且给出了一个阵列模型用来说明信号特性,介绍了几个利用信号周期平稳性改善到达角估计性能的测向算法。为了说明这些技术的优点,在本章里也做了一些仿真。

18.1　周期平稳

周期平稳性是加德纳首先引入到阵列处理技术中的[2],我们可以在文献里找到一些算法,这些算法使用了周期平稳用以改善传统算法[3-5]的性能。这些算法要求估计反映入射信号周期平稳性的周期相关矩阵,取代了传统方法中使用的天线输出信号的相关矩阵。由于它将应用在雷达和无线通信领域,这里假设它们具有一定的波特率或者是载波调制信号。

信号 $s(t)$ 的周期自相关函数和其共轭分别定义为以下无限长时间的平均:

$$\boldsymbol{R}_{ss}^{\alpha}(\tau)=\left\langle \boldsymbol{s}\left(t+\frac{\tau}{2}\right)\boldsymbol{s}^{*}\left(t-\frac{\tau}{2}\right)\mathrm{e}^{-\mathrm{j}2\pi\alpha t}\right\rangle \tag{18.1}$$

和

$$\boldsymbol{R}_{ss^{*}}^{\alpha}(\tau)=\left\langle \boldsymbol{s}\left(t+\frac{\tau}{2}\right)\boldsymbol{s}\left(t-\frac{\tau}{2}\right)\mathrm{e}^{-\mathrm{j}2\pi\alpha t}\right\rangle \tag{18.2}$$

如果存在周期频率为 α,特定延迟 τ 时 $R_{ss}^{\alpha}(\tau)$ 或 $R_{ss^{*}}^{\alpha}(\tau)$ 不等于零,则称 $s(t)$ 是周期平稳的。依赖于使用的调制类型,周期频率 α 通常等于 2 倍的载频,成倍于波特率、扩频码的重复频率、码片速率或它们的组合。此外,一些信号具有非零周期相关性和其共轭,例如:二进制相位键控(BPSK),移位四进制相移键控(OQPSK)或最小键控(MSK)。

考虑周期平稳信号的向量 $\boldsymbol{s}(t)$,下面分别给出周期自相关矩阵和其共轭:

$$\boldsymbol{R}_{ss}^{\alpha}(\tau)=\left\langle \boldsymbol{s}\left(t+\frac{\tau}{2}\right)\boldsymbol{s}^{\mathrm{H}}\left(t-\frac{\tau}{2}\right)\mathrm{e}^{-\mathrm{j}2\pi\alpha t}\right\rangle \tag{18.3}$$

和

$$\boldsymbol{R}_{ss^*}^{\alpha}(\tau)=\left\langle \boldsymbol{s}\left(t+\frac{\tau}{2}\right)\boldsymbol{s}^{\mathrm{T}}\left(t-\frac{\tau}{2}\right)\mathrm{e}^{-\mathrm{j}2\pi\alpha t}\right\rangle \tag{18.4}$$

注意,在实际中,用有限长时间平均算子估计这些相关矩阵。

18.2 数据模型

考虑一个 M 阵元的天线阵列,假设 K 个电磁波以方向角 $\theta_k(k=1,\cdots,K)$ 入射到该天线阵列,而且假设信号为窄带信号。假设 K_α 信号源发出周期平稳信号,周期频率为 α,$K_\alpha\leqslant K$。在下面的讨论中,向量 $\boldsymbol{s}(t)$ 仅仅包含 K_α 个周期频率为 α 的信号,所有其他 $K-K_\alpha$ 信号(例如那些没有周期频率 α 的)连同噪声用 $\boldsymbol{i}(t)$ 表示。基于这个假设,天线阵列接收到的来自窄带发射源的信号可以写为

$$\boldsymbol{z}(t)=\boldsymbol{A}\boldsymbol{s}(t)+\boldsymbol{i}(t) \tag{18.5}$$

其中,向量是 $\boldsymbol{s}(t)=[\boldsymbol{s}_1(t),\cdots,\boldsymbol{s}_{k_\alpha}(t)]^{\mathrm{H}}$ 包含有周期频率 α 的时间信号;向量 $\boldsymbol{i}(t)$ 包含干扰源和噪声;矩阵 $\boldsymbol{A}=[\boldsymbol{a}(\theta_1),\cdots,\boldsymbol{a}(\theta_{k_\alpha})]$ 包含了感兴趣的到达信号的导向向量。接收信号以采样间隔 t_n 采样了 N 点($n=1,\cdots,N$)。

周期自相关矩阵和其共轭在周期频率为 α 特定的延迟为 $\boldsymbol{\tau}$ 时不为零,其估计为

$$\boldsymbol{R}_{zz}^{\alpha}(\tau) = \frac{1}{N}\sum_{n=1}^{N}\boldsymbol{z}(t_n+\tau/2)\,\boldsymbol{z}^{\mathrm{H}}(t_n-\tau/2)\,\mathrm{e}^{-\mathrm{j}2\pi\alpha t_n} \tag{18.6}$$

和

$$\boldsymbol{R}_{zz^*}^{\alpha}(\tau)\ \frac{1}{N}\sum_{n=1}^{N}\boldsymbol{z}(t_n+\tau/2)\,\boldsymbol{z}^{\mathrm{T}}(t_n-\tau/2)\,\mathrm{e}^{-\mathrm{j}2\pi\alpha t_n} \tag{18.7}$$

18.3 高分辨率算法

18.3.1 周期 MUSIC 算法

本节讨论信号的选择测向方法。利用我们感兴趣信号的周期平稳性,该算法可以增强有用信号并减弱干扰和背景噪声。这一理论仅仅需要信号一些基本的先验信息,例如调制类型、波特率、和载波频率。这一理论依赖于 MUSIC 方法原理,并且在周期相关矩阵 $\boldsymbol{R}_{zz}^{\alpha}(\tau)$(或 $\boldsymbol{R}_{zz^*}^{\alpha}(\tau)$)考虑了周期平稳性。与 MU-

SIC 算法中利用协方差矩阵相反[6]，周期 MUSIC 算法利用的周期相关矩阵（式(18.6)或式(18.7)）一般不是共轭矩阵。周期 MUSIC 算法采用周期相关矩阵的奇异值分解，而不用特征值分解，并且遵循以下原则：矩阵$\boldsymbol{R}_{zz}^{\alpha}(\tau)$（或$\boldsymbol{R}_{zz^*}^{\alpha}(\tau)$）左边的零空间与信号源的导向向量是正交的。在有限的采样时间内，算法执行过程如下：

(1) 通过式(18.6)估计矩阵$\boldsymbol{R}_{zz}^{\alpha}(\tau)$或通过式(18.7)估计$\boldsymbol{R}_{zz^*}^{\alpha}(\tau)$。

(2) 估算矩阵的 SVD：

$$[\boldsymbol{E}_s \quad \boldsymbol{E}_N]\begin{bmatrix}\boldsymbol{\Sigma}_S & 0\\ 0 & \boldsymbol{\Sigma}_N\end{bmatrix}[\boldsymbol{V}_S \quad \boldsymbol{V}_N]^{\mathrm{H}}$$

这里，$[\boldsymbol{E}_s \quad \boldsymbol{E}_N]$和$[\boldsymbol{V}_S \quad \boldsymbol{V}_N]^{\mathrm{H}}$为单位矩阵，并且对角矩阵$\boldsymbol{\Sigma}_S$和$\boldsymbol{\Sigma}_N$的对角元素为递减的次序排列。当时间采样的数值趋近于无穷时$\boldsymbol{\Sigma}_N$趋近于 0。

(3) 找到$\|\boldsymbol{E}_N^{\mathrm{H}}\boldsymbol{a}(\theta)\|^2$的最小值或$\|\boldsymbol{E}_S^{\mathrm{H}}\boldsymbol{a}(\theta)\|^2$的最大值。

18.3.2　扩展的周期 MUSIC 算法

现在提出另一个信号选择测向算法，它是周期 MUSIC 算法的扩展。

1. 扩展的数据模型

将常规的阵列数据模型和它的共轭串接成一个扩展数据向量，该方法可以同时利用包含在周期相关矩阵式(18.6)和周期共轭相关矩阵式(18.7)中的信息。扩展数据向量定义如下：

$$z_{CE}(t) = \begin{bmatrix} z(t) \\ z^*(t) \end{bmatrix} \tag{18.8}$$

2. 扩展的自相关矩阵

该方法中，生成一个包含周期相关矩阵式(18.6)和周期共轭相关矩阵式(18.7)的周期相关矩阵。这个所谓的扩展周期相关矩阵描述如下：

$$\boldsymbol{R}_{CE}^{\alpha}(\tau) = \frac{1}{N}\sum_{n=1}^{N} \boldsymbol{I}_{2M}^{\alpha}(t_n)\, z_{CE}(t_n + \tau/2)\, z_{CN}^{\mathrm{H}}(t_n - \tau/2) \tag{18.9}$$

这里，矩阵$\boldsymbol{I}_{2M}^{\alpha}(t_n)$是时间 t 的函数，定义如下：

$$\boldsymbol{I}_{2M}^{\alpha}(t_n) = \begin{bmatrix} \boldsymbol{I}_M \mathrm{e}^{-\mathrm{j}2\pi\alpha t} & 0 \\ 0 & \boldsymbol{I}_M \mathrm{e}^{+\mathrm{j}2\pi\alpha t} \end{bmatrix} \tag{18.10}$$

$\boldsymbol{I}_M$ 是 M 维单位矩阵。扩展自相关矩阵定义如下：

$$\boldsymbol{R}_{CE}^{\alpha}(\tau) = \begin{bmatrix} \boldsymbol{R}_{zz}^{\alpha}(\tau) & \boldsymbol{R}_{zz^*}^{\alpha}(\tau) \\ \boldsymbol{R}_{zz^*}^{\alpha *}(\tau) & \boldsymbol{R}_{zz}^{\alpha *}(\tau) \end{bmatrix} \tag{18.11}$$

3. 扩展周期 MUSIC 算法

似于周期 MUSIC 算法通过计算$\boldsymbol{R}_{CE}^{\alpha}(\tau)$的 SVD,可以得到其信号子空间,它是与 K'_{α} 个非零奇异值相关的 K'_{α} 维奇异向量。这些奇异向量就是组成矩阵 $\boldsymbol{U}_s$ 的列向量。同理,一个左零空间可以由余下的 $2M-K'_{\alpha}$ 维与$\boldsymbol{R}_{CE}^{\alpha}(\tau)$的零奇异值相关的奇异向量张成,这些奇异向量是矩阵 $\boldsymbol{U}_N$ 的列向量。值得注意的是,在实际中是没有零奇异值的,只有比较小的奇异值,信号子空间的维数是根据 MDL 准则来判断的[7]。在由矩阵 $\boldsymbol{U}_S$ 的列向量张成的信号子空间中,周期平稳信号的秩为 2,其余信号的秩为 1。所以信号子空间的维数为 K'_{α},$K_{\alpha}\leqslant K'_{\alpha}\leqslant 2K_{\alpha}$。对于一组确定的参数$(\alpha,\tau)$来说,估计的辐射源个数为 N_s,$(M-1)\leqslant N_S\leqslant 2(M-1)$。这些扩展的数据模型允许信号辐射源的个数大于传感器的个数。

根据扩展的数据模型式(18.8),扩展的归一化导向向量可以写为

$$\boldsymbol{b}(\theta,\boldsymbol{c})=\begin{bmatrix}\boldsymbol{a}(\theta) & 0\\ 0 & \boldsymbol{a}^{*}(\theta)\end{bmatrix}\frac{\boldsymbol{c}}{\|\boldsymbol{c}\|} \tag{18.12}$$

其中,向量 $\boldsymbol{c}(2\times 1)$包含了未知的系数,这个向量就是由向量 $\boldsymbol{a}(\theta)$和向量$\boldsymbol{a}^{*}(\theta)$得到的单一导向向量,因此,可以同时利用周期自相关矩阵和周期共轭自相关矩阵中的信息。

根据基于子空间模型的算法,并使用这个扩展的导向向量,通过使以下函数最小化,可以给出以 θ 和 c 表示的 DOA 和 SOI 的值:

$$\overline{P}(\theta,\boldsymbol{c})=\|\boldsymbol{U}_N^{\mathrm{H}}\boldsymbol{b}(\theta,\boldsymbol{c})\|^2 \tag{18.13}$$

这个二维最小值问题可以转化为一维值搜索问题。本章提出的扩展周期 MUSIC 算法的空间谱可以很容易地给出:

$$P(\theta)=\frac{1}{\boldsymbol{a}^{\mathrm{H}}(\theta)\boldsymbol{U}_{N1}\boldsymbol{U}_{N1}^{\mathrm{H}}\boldsymbol{a}(\theta)-|\boldsymbol{a}^{\mathrm{T}}(\theta)\boldsymbol{U}_{N2}\boldsymbol{U}_{N1}^{\mathrm{H}}\boldsymbol{a}(\theta)|} \tag{18.14}$$

其中,$\boldsymbol{U}_{N1}$和 $\boldsymbol{U}_{N2}$是同维的子矩阵,其定义为

$$\boldsymbol{U}_N=[\boldsymbol{U}_{N1}^{\mathrm{T}}\quad \boldsymbol{U}_{N2}^{\mathrm{T}}]^{\mathrm{T}} \tag{18.15}$$

在这个循环算法中,用到了循环相关和共轭循环相关这两个矩阵,所以这个算法被称为扩展的循环 MUSIC 算法,扩展循环算法改善了分辨力和健壮性。

这个方法的最终表达式,和文献[9]中的表达式很相像,估计非圆辐射源的信号达到方向 DOA。尽管如此,这个方法仅适用于周期平稳信号。而且,文献[9]中介绍的测向算法没有信号分选能力,仅限于特定的非圆辐射源信号。相比而言,该扩展算法是一种没有特殊限制的信号分选算法。

更重要的是,当循环相关矩阵和共轭循环相关矩阵非零时,该扩展的循环

算法具有比循环 MUSIC 算法[3] 更好的估计性能，这点对大多数数字调制信号都适用。当这两个矩阵中任意一个为零时，这种扩展循环算法严格等同于循环 MUSIC 算法。

4. 仿真

为了展示该方法的性能，并与 MUSIC 算法和典型周期 MUSIC 算法进行比较，这里列出了一些仿真结果。

假设有一个等间距线阵，含有 $M=6$ 个阵元，间距为入射信号的半个波长。入射信号为 BPSK 周期平稳信号，信噪比 SNR 为 10dB。BPSK SOI 的比特率是 4Mb/s。其他信号可以看作是 3.2Mb/s 比特率的 BPSK 调制的干扰信号。为了正确地选择参数 α 和 τ，估计图 18.1 中周期相关函数的等级为 4Mb/s 的 BPSK 调制信号，采样频率为 32MHz，采样时长为 25μs。需注意的是，对于 BPSK 信号，其周期自相关函数和共轭周期自相关函数的等级是相同的。根据这个结果，取 $\alpha=4$MHz 和 $\tau=0.125$μs 来仿真上述算法和周期 MUSIC 算法。在下一个仿真中，平均时间设为 25μs，采样频率设为 32MHz。在两个周期相关矩阵中，干扰信号和噪声的影响理论上为零。

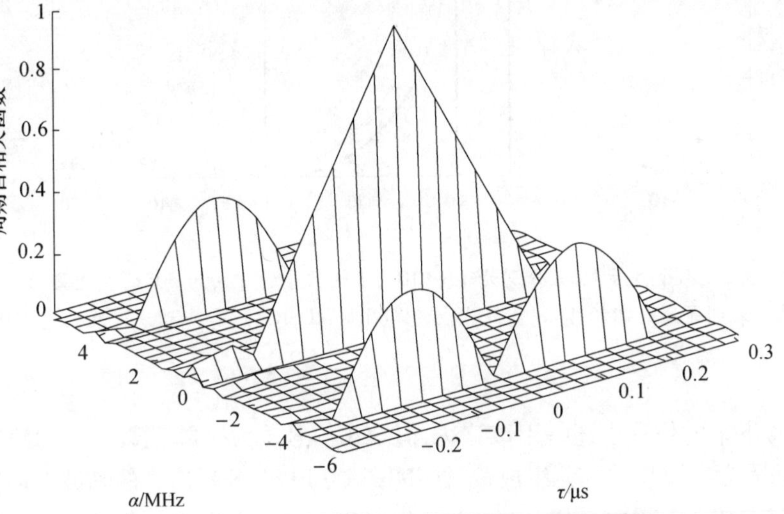

图 18.1　以 α 和 τ 为变量的 BPSK 周期自相关函数的幅度

本仿真主要测试了周期算法的信号分选特性和分辨力。两个 BPSK SOI 信号的来波方向分别是 5°和 10°，一个干扰信号的来波方向为 30°。空间谱估计的结果如图 18.2 所示。在 MUSIC 算法中，按照 MDL 准则计算的信号子空间的秩为 3，而在周期 MUSIC 算法中则为 2。ECM 方法能够很好地分选出两个 SOI 信号,忽略干扰信号。由于信号的选择性,周期 MUSIC 算法同样也忽略了干扰信号,但却不能区分两个 SOI 信号。由于利用了两种周期相关矩阵,ECM 算法的性能要优于周期 MUSIC 算法。利用了辐射源更多的信息,观测维数空间也加倍了。传统的 MUSIC 算法对三个信号都能够测向。

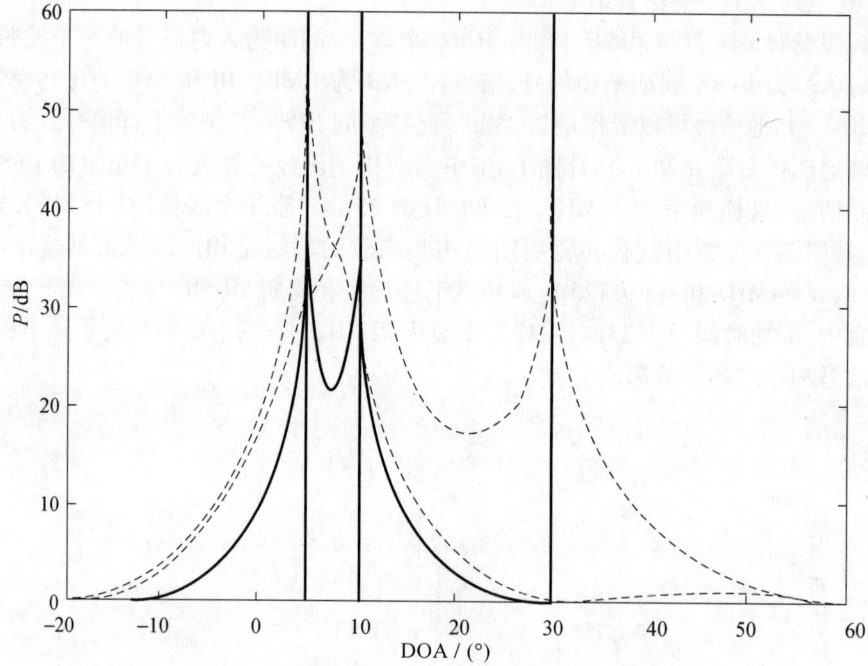

图 18.2 两个信号 DOA 分别为 5°和 10°,干扰信号的方向为 30°的空间谱估计,实线代表的是所介绍的方法,虚线代表的是周期 MUSIC 方法,点划线代表的是 MUSIC 算法

接下来的仿真中还是用该算法,但 SOI 信号数大于阵元数。均匀线阵仍由 6 个间隔为半波长的阵元组成,7 个 4Mb/s 的 BPSK SOI 信号的来波方向分别为 -70°, -50°, -30°, -10°,20°,40°和 -60°。3 个 3.2Mb/s 的 BPSK 干扰信号的来波方向分别为 -20°,0°和 30°。每个信号的信噪比都是 10dB。用 ECM 算法做了 20 次独立的仿真,如图 18.3 所示。每一次仿真都用 MDL 准则来估计信号子空间的秩,且每次的秩都是 7。图 18.3 说明 ECM 方法可以在 6 个阵元的情况下对 7 个 SOI 信号进行估计。正如期望的一样,3 个干扰信号对估计 7 个 SOI 信号的影响很小。

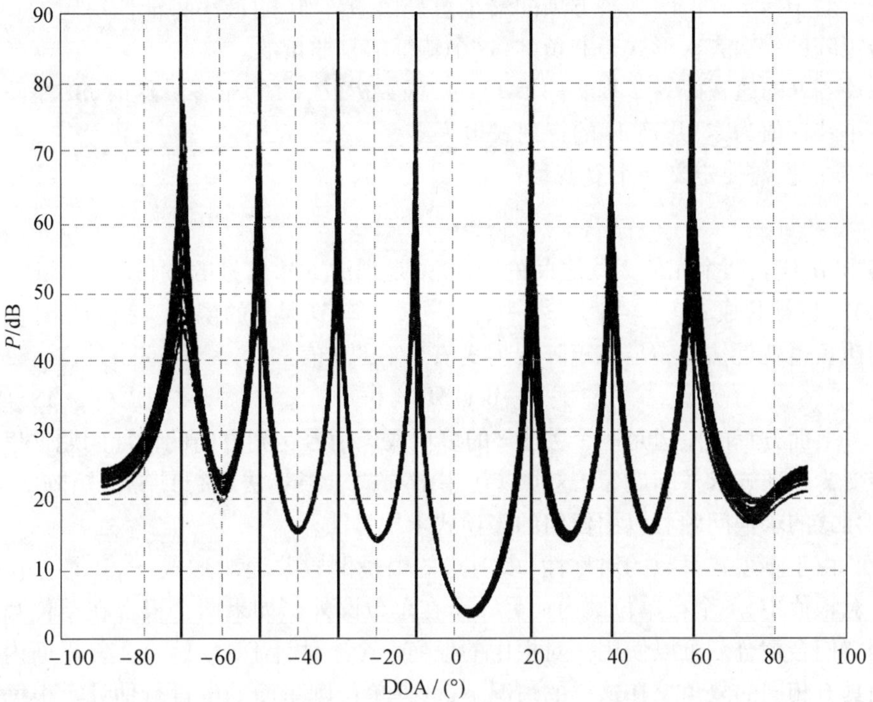

图 18.3　在存在 7 个 SOI 信号和 3 个干扰信号(干扰信号的方向分别为 −20°,0°和 30°)的环境下,运用扩展周期 MUSIC 算法进行的空间谱估计

18.3.3　根周期 MUSIC 算法

RCM 算法和 ECM 算法使用相同的数据模型。该算法来源于根 MUSIC 算法,且仅适用于均匀线阵。和 ECM 算法相比,RCM 算法有明显的优势,因为它不需要搜索整个的参数空间。然而,RCM 算法必须计算多项式的根,这仅仅需要很少的计算量。

正如之前所提,需要估计扩展周期协方差矩阵 $\boldsymbol{R}_{CE}^{\alpha}(\boldsymbol{\tau})$,并通过计算该矩阵的 SVD 来求取信号和噪声子空间。信号子空间的维数可以借助于 MDL 准则来估计。

根据子空间处理的准则,通过利用前面所定义的扩展流形向量 $\boldsymbol{b}(\theta,\boldsymbol{c})$(式(18.12))。SOI 信号的到达方向被下式的极小值所决定:

$$\overline{P}(\theta,\boldsymbol{c}) = \| \boldsymbol{U}_N^{\mathrm{H}}\boldsymbol{b}(\theta,\boldsymbol{c}) \|^2 = \boldsymbol{c}^{\mathrm{H}}\boldsymbol{M}\boldsymbol{c} \tag{18.16}$$

其中,$\boldsymbol{M}$ 是 2×2 的矩阵:

$$\boldsymbol{M} = \begin{bmatrix} \boldsymbol{a}^{\mathrm{H}}(\theta)\boldsymbol{U}_{N1}\boldsymbol{U}_{N1}^{\mathrm{H}}\boldsymbol{a}(\theta) & \boldsymbol{a}^{\mathrm{H}}(\theta)\boldsymbol{U}_{N1}\boldsymbol{U}_{N2}^{\mathrm{H}}\boldsymbol{a}^{*}(\theta) \\ \boldsymbol{a}^{\mathrm{T}}(\theta)\boldsymbol{U}_{N2}\boldsymbol{U}_{N1}^{\mathrm{H}}\boldsymbol{a}(\theta) & \boldsymbol{a}^{\mathrm{H}}(\theta)\boldsymbol{U}_{N1}\boldsymbol{U}_{N1}^{\mathrm{H}}\boldsymbol{a}(\theta) \end{bmatrix} \tag{18.17}$$

对于指定 θ 值的二次方项的最小值是由矩阵 $\boldsymbol{M}$ 的最小特征值决定的。因为矩阵的二次齐次形式是非负的,这个特征值是非负的。

当 θ 的值正好等于真实的 DOA 时,函数 $\overline{P}(\theta,\boldsymbol{c})$ 等于零。这时,$\boldsymbol{M}$ 矩阵的最小特征值为零,并且 $\boldsymbol{M}$ 的行列式也为零。

在此,需要定义一个复变量:

$$z = \mathrm{e}^{\mathrm{j}\frac{2\pi\delta}{\lambda}\sin(\theta)}$$

其中,σ 代表两个相邻天线之间的距离;λ 是来波 SOI 信号的波长。流形向量 $\boldsymbol{a}(\theta)$ 可以被写成 $\boldsymbol{a}(z)=[1,z,z^2,\cdots,z^{M-1}]^{\mathrm{T}}$,矩阵 $\boldsymbol{M}$ 是 z 的函数。我们估计信号到达角也就是估计满足使矩阵行列式值为零的 z 值:

$$\det\{\boldsymbol{M}\}=0 \tag{18.18}$$

上面方程的左边是一个关于 z 的多项式。信号达到方向的估计问题这里就转变为多项式求根问题了,这可以运用多项式求根算法进行计算。矩阵 $\boldsymbol{M}$ 的行列式的求根问题可以用任何的多项式求根算法。

由于多项式系数的对称性,多项式的根呈倒数共轭对形式:$z_i, 1/z_i^*$。在每一对根值中,一个在单位圆内而另一个在单位圆外。如果两个根都在单位圆上则它们会重合。可以使用一对根中的任何一个来估计 DOA,因为在复平面内它们具有相同的复角。在这样的情况下,选择单位圆里面的根进行估计。根据所定义的复数变量

$$z = \mathrm{e}^{\mathrm{j}\frac{2\pi\delta}{\lambda}\sin(\theta)}$$

SOI 信号来波所对应的多项式的根的模值应该为 1。由于噪声的存在,模值不一定为 1,但是接近 1。我们选择 K_α 个离单位圆最近的根来估计 DOA,然后可以得到信号的来波方向值为

$$\theta_k = \arcsin\left[\frac{\lambda}{2\pi\delta}\arg(z_k)\right] \tag{18.19}$$

多项式 $\det\{\boldsymbol{M}\}$ 的次数为 $4M-4$。所以,根的个数就是 $4M-4$。因为根成对出现,在某些情况下(如 BPSK 或 AM 信号),该算法能确定 $2(M-1)$ 个信号。需要注意的是,本算法能估计的信号数可以大于阵元数。

仿真

通过在极坐标平面下画出选中的根来比较 RCM 算法和经典的根 MUSIC 算法的性能。

2 个 BPSK SOI 信号分别从 $-3°$ 和 $+3°$ 入射,1 个 BPSK 干扰信号从15°入射,进行500 次蒙特卡罗仿真。图 18.4 显示了通过 RCM 算法选中的根的分布。图 18.5 显示了由经典的根 MUSIC 算法选中的根的分布。

这两个图表明 RCM 算法能更好地区分这两个 SOI 信号,对噪声不敏感。

CM 算法求得的多项式根全部集中在两个很小的区域内,而通过经典的根 MUSIC 算法求得的根更加分散,证明了推荐算法的估计结果是更加准确的。

由于采用了两个相关矩阵,周期算法比经典根 MUSIC 算法的性能更优良。用了更多的辐射源信息,观测空间的维数被加倍了。

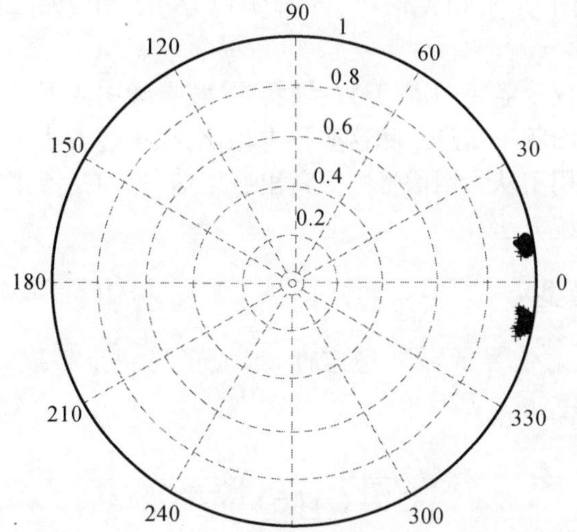

图 18.4　采用根周期 MUSIC 算法选择的多项式根

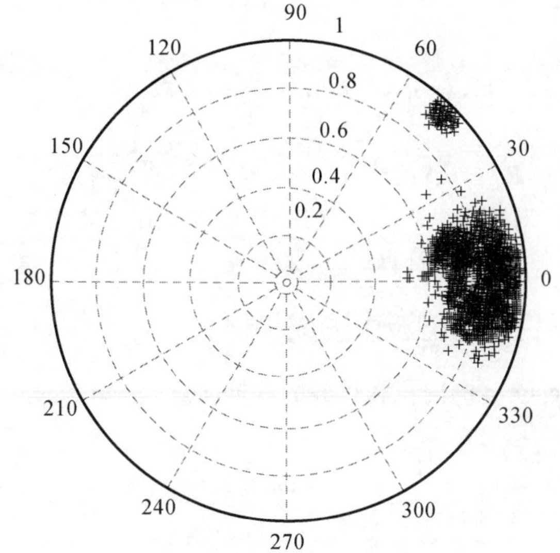

图 18.5　采用传统根 MUSIC 算法对多项式的根进行选择

18.4 非选择性波束形成技术

本节介绍两种利用来波信号的循环平稳性进行信号方位测定的算法，两种方法都是基于传统的波束形成原理。和基于特征值分解的方法比较，这两种算法可以适用于完全相关信号，并有实现方法简单和较高的计算效率等优点。

这两种方法仅仅需要知道信号的波特率、载波频率或者其他能反映期望信号潜在周期规律的频率信息。和这些技术相比，在这些方法中信号循环平稳的先验知识并不是用于从无用信号中分离出有用信号，而是不用明显增加计算复杂度就能优于传统方法。

18.4.1 数据模型

为了利用入射信号的循环稳定性，形成了另一个扩展观测向量。即向量 $\alpha\tau$：

$$z_{\alpha\tau}(t)=\begin{bmatrix} z(t) \\ z^*(t-\tau)\mathrm{e}^{\mathrm{j}2\pi\alpha(t-\tau/2)} \end{bmatrix} \tag{18.20}$$

相应的协方差矩阵是

$$\boldsymbol{R}_{\alpha\tau}=\langle z_{\alpha\tau}(t)z_{\alpha\tau}^{\mathrm{H}}(t)\rangle=\begin{bmatrix} \boldsymbol{R}_{zz} & \boldsymbol{R}_{zz^*}^{\alpha}(\tau) \\ \boldsymbol{R}_{zz^*}^{\alpha\mathrm{H}}(\tau) & \boldsymbol{R}_{zz}^* \end{bmatrix} \tag{18.21}$$

其中

$$\boldsymbol{R}_{zz^*}^{\alpha}(\tau)=\langle z(t)z^{\mathrm{T}}(t-\tau)\mathrm{e}^{-\mathrm{j}2\pi\alpha(t-\tau/2)}\rangle \tag{18.22}$$

并且

$$\boldsymbol{R}_{zz}=\langle z(t)z^{\mathrm{H}}(t)\rangle=\langle z(t-\tau)z^{\mathrm{H}}(t-\tau)\rangle \tag{18.23}$$

这个模型允许对这两个矩阵（式(18.21)）和共轭循环相关矩阵（式(18.20)）提供的信息同时进行协方差计算。

18.4.2 周期平稳信号的波束形成

用 $2M$ 元权向量 $\boldsymbol{\omega}$ 的内积和扩展的数据向量 $z_{\alpha\tau}(t)$ 来表达波束形成器的输出 $y(t)$：

$$y(t)=\boldsymbol{\omega}^{\mathrm{H}}z_{\alpha\tau}(t) \tag{18.24}$$

输出功率为

$$\langle|y(t)|^2\rangle=\boldsymbol{\omega}^{\mathrm{H}}\boldsymbol{R}_{\alpha\tau}\boldsymbol{\omega} \tag{18.25}$$

为了测量 DOA，必须对于 θ 使波束行程输出功率最大。对于任意角 θ，波束形成器的平均输出功率可表示为以下形式：

$$P_{BF\alpha\tau}(\theta)=\boldsymbol{a}^{\mathrm{H}}(\theta)\boldsymbol{R}_{zz}\boldsymbol{a}(\theta)+\left|\boldsymbol{a}^{\mathrm{T}}(\theta)\boldsymbol{R}_{zz^*}^{\alpha\mathrm{H}}(\tau)\boldsymbol{a}(\theta)\right| \tag{18.26}$$

应该注意的是，信号不是具有循环频率 α 和迟延参数 τ 的周期平稳信号时，矩阵 $\boldsymbol{R}_{zz^*}^{\alpha}(\tau)$ 为零，并且这个函数简化为传统的波束形成谱。

18.4.3　周期平稳信号的最小方差波束形成

另外还存在一种基于线性约束最小方差准则的测向方法。这个方法的基本思想是约束波束形成的响应，这样一来，来自于所关心方向的两个信号部分（如非共轭部分和共轭迟延部分）的贡献率就以特定的增益中通过；也就是说，所有的贡献率都将被归一化。权向量 $\boldsymbol{\omega}$ 用来根据响应约束最小化输出方差或者功率。这将起到保护期望信号共轭和非共轭部分的贡献率，同时使得来自其他非感兴趣方向的噪音和干扰信号的贡献率最小的作用。

根据此原则，最小方差波束形成输出功率谱定义为

$$P_{MV\alpha\tau}(\theta)=\left[\min_{c}\boldsymbol{b}(\theta,\boldsymbol{c})^{\mathrm{H}}\boldsymbol{R}_{\alpha\tau}^{-1}\boldsymbol{b}(\theta,\boldsymbol{c})\right]^{-1} \tag{18.27}$$

此处，$\boldsymbol{b}(\theta,c)$ 是在式(18.12)中定义的 $(2M\times1)$ 向量。在文献[14]中，对于一个固定的 θ，括号内的最小值可通过矩阵 $\boldsymbol{B}^{\mathrm{H}}\boldsymbol{R}_{\alpha\tau}^{-1}\boldsymbol{B}$ 最小特征量得出：

$$\boldsymbol{B}=\begin{bmatrix}\boldsymbol{a}(\theta) & 0\\ 0 & \boldsymbol{a}^*(\theta)\end{bmatrix}$$

$\boldsymbol{B}^{\mathrm{H}}\boldsymbol{R}_{\alpha\tau}^{-1}\boldsymbol{B}$ 是一个 2×2 维的厄米特矩阵，只需要低的计算成本来确定这个最小特征值。通过最小方差波束形成输出功率谱的最大值给出 DOA。

同上面的周期波束形成方法类似，在信号与循环频率 α 和迟延参数 τ 不能达到周期稳定时，矩阵 $\boldsymbol{R}_{zz^*}^{\alpha}(\tau)$ 等于零。在此情况下，由周期最小方差波束形成技术得出的谱就演变成了经典的 Capon 方法谱[15]。

18.4.4　讨论

上述两个算法互相比较，都能够用来有效地测算循环稳定信号来源的 DOA。利用周期平稳最小方差波束形成（$MV\alpha\tau$）方法比周期平稳波束形成（$BF\alpha\tau$）方法有更高的分辨率。然而，$MV\alpha\tau$ 算法的计算成本不具有吸引力，因为这个方法要求一个 $(2M\times2M)$ 空间矩阵的逆。相比传统的波束形成方法，$BF\alpha\tau$ 方法是一个基于周期平稳假设的波束形成方法。相比最小方差 Capon 方法，$MV\alpha\tau$ 是一个周期平稳最小方差波束形成技术。

这两个方法的一个共同点是，作为优化的方法，它们都要求周期共轭关系非零。所以 $BF\alpha\tau$ 和 $MV\alpha\tau$ 方法对于那些表现出共轭周期平稳性的信号，比如 BPSK、OQPSK、MSK 或 GMSK 调制信号，表现最佳。这种调制主要出现在陆地和/或卫星传输系统。

18.4.5 仿真

本节将比较 BF$\alpha\tau$ 和 MV$\alpha\tau$ 周期方法、传统的波束形成技术和 Capon 方法(不考虑周期平稳)得出的仿真结果。这些结果通过模拟一个有 6 个间距为 $\lambda/2$ 的传感器的线性均匀空间阵列得出。由每个传感器得出的数据样本数量为 100。在这个仿真中,接收信号是 8Mb/s OQPSK 调制信号。周期波束形成方法 BF$\alpha\tau$ 和 MV$\alpha\tau$ 用 $\alpha=4$MHz 和 $\tau=0$ 来仿真。

当两个 OQPSK 调制源施加到天线上,SNR = 10dB 时,采用 BF$\alpha\tau$ 波束形成方法的功率谱如图 18.6 所示。

源的 DOA 是 -8°和 +8°。由于仿真中所用的半功率波束宽度约为 20°,由 BF$\alpha\tau$ 方法得到的结果比较好。BF$\alpha\tau$ 方法适用于两个分开的源,而传统的波束形成方法做不到。

图 18.7 显示了当两个 OQPSK 调制源施加到天线上采取 MV$\alpha\tau$ 波束形成方法得到的功率谱,DOA 是 -6°和 +6°,SNR = 0dB。MV$\alpha\tau$ 方法适用于两个分开的源,相较于 Capon 方法更精确。

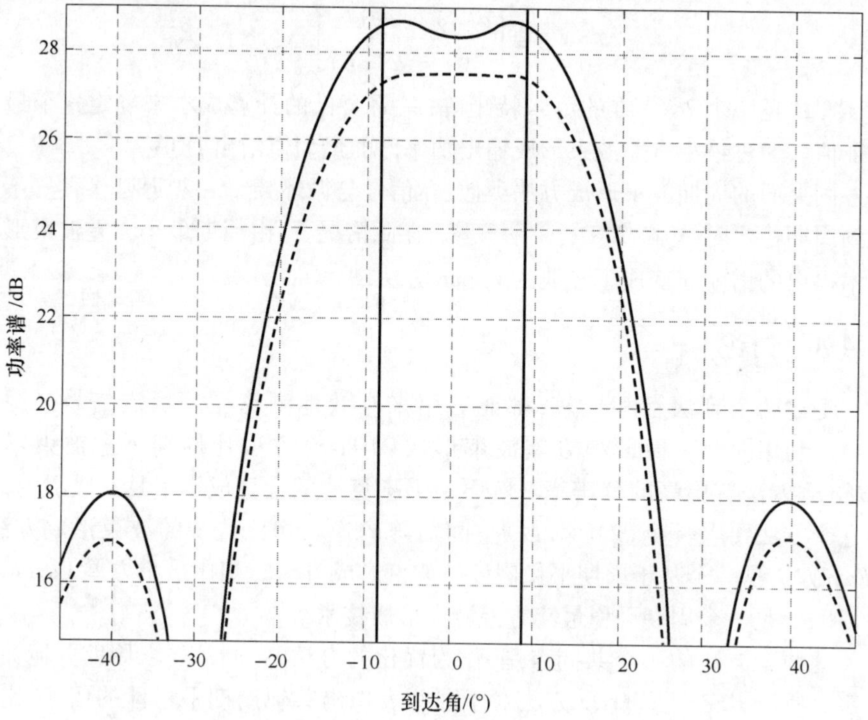

图 18.6 采用 BF$\alpha\tau$ 方法(实线)和传统的波束形成方法(虚线)进行 DOA 估计比较

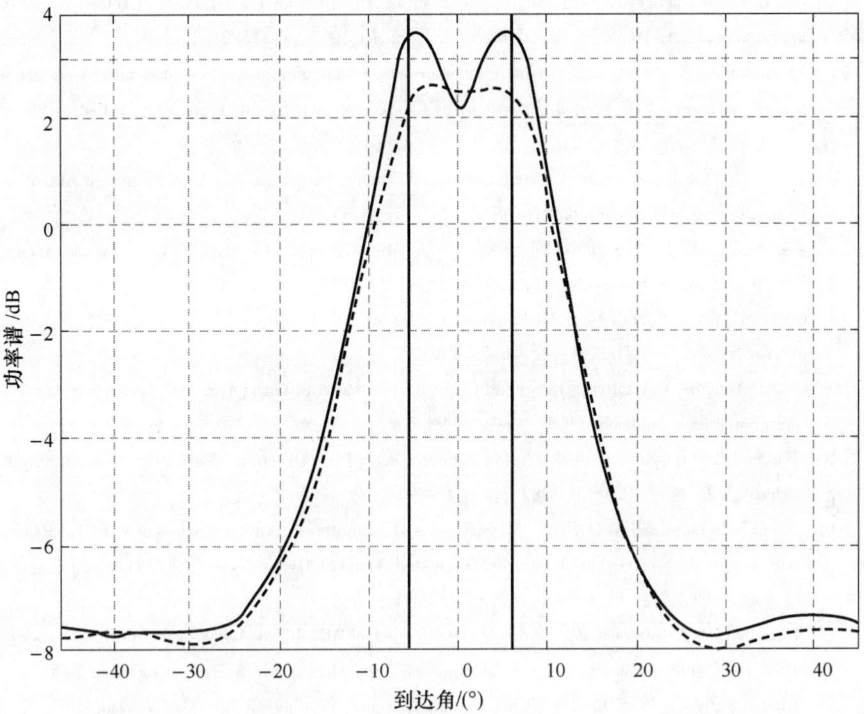

图18.7　采用MVατ方法(实线)和Capon方法(虚线)进行DOA估计

18.5　结　论

本章提出了几个利用信号特性的测向技术。这些方法比传统技术的估算结果有更好的表现,这都归功于利用了到达信号周期平稳特性的先验知识。另外一些针对非周期特性信号对传统方法的改进在文献[9,16,17]中被提出。在文献[9]中,MUSIC算法扩展到了非周期信号;在文献[16]中,Root - MUSIC技术被应用于非周期特性;在文献[17],ESPRIT技术针对非周期源进行了改进。

参考文献

[1] Gardner W A, et al. Cyclostationariry in Communications andSignal Processing. New York: IEEE Press, 1993.

[2] Gardncr W A. Simplification of MUSIC and ESPRIT by Exploitation of Cyclostationarity. IEEE Proc., vol. 76, No. 7, 1988, pp. 845 - 847.

[3] Schell S V, et al. Cyclic MUSIC Algorithms for Signal - Selective DOA Estimation. Proc. IEEE ICASSP, Glasgow, Scotland, 1989, pp. 2278 - 2281.

[4] Izzo L, Paura L, Poggi G. An Interfcrencc – Tolerant Algorithm for Localization of Cyclostationary – Signal Sources. IEEE Trans. on Signal Processing, vol. 40, 1992, pp. 1682 – 1686.

[5] Xu G, Kailarh T. Direction of Arrival Estimation Via Exploitation of Cyclo – stationariry – A Combination of Temporal and Spatial Processing. IEEE Trans. on Signal Processing, vol. 40, 1992, pp. 1775 – 1786.

[6] Schmit R O. Multiple Emincr Location and Signal Parameters Estimation. IEEE Trans. on Antennas and Propagation, vol. 34, 1986, pp. 276 – 280.

[7] Wax M, Kailath T. Detection of Signals by Information Theoretic Criteria. IEEE Trans. on Acousrics, Speech, and Signal Processing, vol. ASSP – 33, No. 2, 1985, pp. 387 – 392.

[8] Charge P, Wang Y, Saillard J. An Extended Cyclic MUSlC Algorithm. IEEE Trans. on Signal Processing, vol. 51, No. 7, July 2003, pp. 1695 – 1701.

[9] Galy J. Antcnne Adaptativc: Du Second Ordre aux Ordrcs Suptrieurs, Applications aux Signaux dc Ttlt-comrnunicarions. Toulouse, Ph. D. thesis, 1998.

[10] Barabell A J. Improving the Resolution Performance of Eigenstructure – Based Direction Finding Algorithms. Proc. IEEE ICASSP, 1983, pp. 336 – 339.

[11] Wong K T, Zoltowski M D. Root – MUSIC – Based Azimuth – Elevation Angle – of – Arrival Estimation with Uniformly Spaced but Arbitrarily Orientated Velocity Hydrophones. IEEE Trans. on Signal Processing, vol. 47, No. 12, 1999, pp. 3250 – 3260.

[12] Swindlehurst A L, Stoica P, Jansson M. Application of MUSIC to Arrays with Multiple Invariances. Proc. IEEE International Conference on Acoustics. Speech, and Signal Processing. June 2000.

[13] Charge P, Wang Y. A Roor – MUSIC – Like Direction Finding Method for Cyclostarionary Signals. EURASIP J. on Applied Signal Processing. No. 1, 2005, pp. 69 – 73.

[14] Charge P, Wang Y, Saillard J. Cyclostationariry – Exploiting Direction Finding 2005 Algorithms. IEEE Trans. on Aerospace and Electronic Systems, vol. 39, No. 3, 2003. pp. 1051 – 1056.

[15] Capon J. High Resolurion Frcquency – Wavenumber Spectrum Analysis. IEEE Proc., vol. 57, 1969, pp. 1408 – 1418.

[16] Charge P, Wang Y, Saillard J. A Noncircular Sources Direction Finding Method Using Polynomial Rooting. Elsevier Signal Processing, No. 81, 2001, pp. 1765 – 1770.

[17] Zoubir A, Charge P, Wang Y. Noncircular Sources Localization with ESPRIT. ECWT, Munich, Germany, 2003.

第五部分

试验设置及结果

第 19 章　DOA 天线阵测量和系统校准

本章描述了 DOA 应用中天线阵校准过程。第一部分研究在天线阵元的相位和增益未知时进行校准,以及阵元间耦合的影响(例如,阵元间电路耦合和自由空间耦合)。最后一部分是一个校准过程的实例。

19.1　导　言

在过去几年里[1-8],天线阵校准技术是天线阵列处理研究中非常活跃和重要的领域。在 DOA 应用中,当假设已知一部 priori 天线阵的多个参数已经没有多大意义时,校准高精度天线阵变得非常必要[9]。因此,未知增益、未知相位、互耦以及传感器位置误差的联合影响,将会降低天线阵列处理算法的性能[10]。互耦的影响在天线阵校准中变得尤为重要。在文献[11,12]中,广泛研究了对 DOA 估计的些影响。DOA 和使用部分校准天线阵方向向量估计的问题,以及天线阵自校问题,也得到了研究[13,14]。

本章讲述了相位、增益和互耦影响的校准方法。第一部分的重点是互耦模型和校准。互耦模型的输入阻抗通过一个 N 口网络来计算,N 口网络用阻抗(Z)或散射(S)矩阵来描述。如果每个阵元的有效辐射域是已知的,并考虑到每个阵元辐射域对全部阵列的影响,那么辐射域就可以计算出来[15]。如果已知等效输出模型和负载电路的有效输出阻抗,那么接收天线和 DOA 应用具有相同的模型。在大型天线阵中,多数阵元具有相似的条件,如类型、位置和负载。在天线阵列中,除了少数边沿阵元,多数都具有相同的有效阻抗。文献[16]描述了最小散射天线(MSA)的输入阻抗和辐射域直接的关系。在多数情况下,把实际天线假设为 MSA 具有不错的效果[17]。在其他情况下,再这样假设就会出现很多弊端,这时输入耦合矩阵($\boldsymbol{Z}$)和有效辐射域之间的关系变得不规则。在设计主动或自适应天线中的一个重要问题就是是否有可能构建一个 $N \times N$ 耦合矩阵($\boldsymbol{C}$)的耦合模型,这在文献[18]中进行了描述。本章针对这一带线性反馈网络的天线阵提出了一个矩阵模型[19]。该模型独立于反馈网络、反馈分配和收发电路[12]。在多数材料中,只用一个共振辐射模型来描述每个阵元的辐射域。在这种情况下,用一个 $2N \times 2N$ 的矩阵描述一个完整的天线阵列模型。基于该模型和反馈网络参数的应用,可以得到一个耦合 $\boldsymbol{C}$ 矩阵,来描述阵元耦合影响的特性。

本章分为四节,19.2 节解释了天线阵中不同阵元间耦合特性的电磁模型,该模型基于在第 13 章中描述的系统;19.3 节解释了确定之前模型参数的校准方法,并举例说明,19.4 节得出本章的主要思想。

19.2 方向向量模型

天线阵的特性由几个独立的阵元决定,安装在接收入射信号空间(r_k)的特定点上。假设把天线的理想行为看作理想电磁传感器,那么由每个天线阵元接收的信号通常都被处理。由此,引入了方向向量的经典定义,它提及了作为接收方向函数函数的天线阵行为,只考虑天线单元的位置。

$$\boldsymbol{a}_s = \begin{bmatrix} e^{(-j\omega_c\tau_{s1})} \\ \cdots \\ e^{(-j\omega_c\tau_{sP})} \end{bmatrix} \tag{19.1}$$

其中,$\boldsymbol{\tau}_{sk} = (|r_s - r_k| - |r_s|)/c$ 为电波从源到天线阵元 $k = (k = 1, \cdots, P)$ 的传输时间差;r_s 和 r_k 为源;$\omega_c = 2\pi f_c$,其中 f_c 为载波频率;c 为光速。

快照或输入信号向量 $x(t)$ 通常被写作

$$\boldsymbol{x}(t) = f_s(t)\boldsymbol{a}_s \tag{19.2}$$

其中,$f_s(t)$ 是复低通等效时域函数或源。

当所有阵元等长、同向,并连接到具有相同增益和相位特性的理想匹配网络上时,这种表示很准确。

然而,有几种原因导致从传感器接收来的信号不理想。原因之一就是不同天线反馈 RF 链之间的不平衡度(例如,幅度和相位的不同)。这种不平衡度在任意一种校准过程中都可以被修正,只要求用 N 个复数描述天线阵元的差异。如果用一个阵元作为参考,那么就需要 $N-1$ 个复数。这样,方向向量就写作定位方向向量与复增益因子对角矩阵的乘积。

$$\begin{bmatrix} \rho_1 e^{(-j\omega_c\tau_{s1})} \\ \cdots \\ \rho_1 e^{(-j\omega_c\tau_{sP})} \end{bmatrix} = \begin{bmatrix} \rho_1 & 0 & 0 \\ 0 & \ddots & 0 \\ 0 & 0 & \rho_P \end{bmatrix} \begin{bmatrix} e^{(-j\omega_c\tau_{s1})} \\ \cdots \\ e^{(-j\omega_c\tau_{sP})} \end{bmatrix} = \boldsymbol{G}\boldsymbol{a}_s \tag{19.3}$$

第二个因素是不同阵元间的互耦,或者是射频反馈电路,或者是近自由空间。修正这些因素的电磁全波特性通常很难,要求对天线结构进行完整的电磁分析。然而,正如第 13 章所述,当天线阵元的特性采用基本传输模型描述时,就可以获得一个耦合矩阵来修正方向向量。通过基本电路和传输模型测量,决定耦合矩阵最重要的因子。如果包含了 RF 增益,或者 RF 耦合问题,最终可以把方向向量写作全部耦合矩阵和定位方向向量的乘积。

$$\begin{bmatrix} c_{11} & \cdots & c_{1P} \\ \vdots & \ddots & \vdots \\ c_{P1} & \cdots & c_{PP} \end{bmatrix} \begin{bmatrix} \mathrm{e}^{(-\mathrm{j}\omega_c\tau_{s1})} \\ \cdots \\ \mathrm{e}^{(-\mathrm{j}\omega_c\tau_{sP})} \end{bmatrix} = \boldsymbol{C}\boldsymbol{a}_s \tag{19.4}$$

本节针对线性反馈网络的天线阵,提出了一个阵列模型。这个模型基于每个天线阵元只有一个基本模型域传输的假设。这个模型对许多资料中描述的天线都是正确的,包括其他共振天线。更一般的情况要求用公式描述阵元内部模型,根据到达方向,不仅包含定位相位因子,而且包含由模型变更引入的幅度和相位,导出方向向量修正公式,如文献[15]中描述。

在这个简单的例子中,采用一个 $2P$ 方阵描述天线阵特性。这种描述独立于反馈网络,反馈分配,甚至是一个收发应用电路[12]。基于该模型和一个反馈网络参数应用,得到耦合矩阵 $\boldsymbol{C}$ 来描述信号结构耦合的阵元的影响。通过测量每个对立天线布阵中阵元的传输模型,即可获得该模型的参数,如 19.3 节所描述的。这些测量被用于天线校准过程。

如果把输入波形向量定义为$[\boldsymbol{a}=(a_1,a_2,\cdots,a_p)^t]$,把接收或反射波向量定义为$[\boldsymbol{b}=(b_1,b_2,\cdots,b_p)^t]$,那么就可以把阵元耦合关系写作

$$\boldsymbol{b}=\boldsymbol{S}_a\boldsymbol{a} \tag{19.5}$$

这里,$\boldsymbol{S}_a$为 $P\times P$ 阵元方阵参数。

如第 13 章所述,天线阵的传播域由每个阵元基本传播域的和得到。如果假设所有阵元采用基本模型传播,所有阵元的模型相同,那么,天线阵的传播域可以描述为

$$\vec{E}(\theta,\phi) = \sqrt{2\eta_0}\,\frac{\mathrm{e}^{(-\mathrm{j}k_0r)}}{r}\,\hat{e}_A(\theta,\phi)F_A(\theta,\phi)\sum_{k=1}^{P} b_k^e\mathrm{e}^{[-\mathrm{j}\omega_c\tau_k(\theta,\phi)]} \tag{19.6}$$

这里,b_k^e 为每个阵元主模型激励系数。

对线性行为和阵元间的一些耦合求和,向量或传播系数 $\boldsymbol{b}_e=(b_1^e,b_2^e,\cdots,b_N^e)^t$ 必定与输入电压波形向量 $\boldsymbol{a}$ 通过一个耦合矩阵$\boldsymbol{S}_e$相关:

$$\boldsymbol{b}_e=\boldsymbol{S}_e\boldsymbol{a} \tag{19.7}$$

对接收天线是同样的,当天线从一个源 $\boldsymbol{S}$ 接收一个区域波形时,每一个阵元的等效产生器依赖于天线传播模型。这个模型可以类似地表述为基本模型的函数,给定终端($\boldsymbol{b}$)的一个输出向量,正比于输入域系数$\boldsymbol{a}_e=(a_1^e,a_2^e,\cdots,a_N^e)^t$:

$$\boldsymbol{b}=\boldsymbol{S}_r\boldsymbol{a}_e \tag{19.8}$$

$$a_k^e=\frac{\lambda}{\sqrt{2\eta_0}}\vec{E}_s(t)\hat{e}_A(\theta_s,\phi_s)F_A(\theta_s,\phi_s)\mathrm{e}^{(-\mathrm{j}\omega_c\tau_{sk})}=f_s(t)\mathrm{e}^{(-\mathrm{j}\omega_c\tau_{sk})} \tag{19.9}$$

如果考虑一个 P 元天线阵,它可以被描述为一个 $2P$ 端口网络,如图 19.1 所示,左侧输入端口表示阵元输入端接,右侧端口表示传播模式。输出到负载($\boldsymbol{b}_e$)的

波形描述传播域主模式的幅度和相位，产生器($\boldsymbol{a}_e$)描述天线输入域的幅度和相位[19]。与以前变量相关的矩阵等式表示为

$$\begin{pmatrix}\boldsymbol{b}\\ \boldsymbol{b}_e\end{pmatrix}_{(2N\times 1)}=\boldsymbol{S}_{(2N\times 2N)}\cdot\begin{pmatrix}\boldsymbol{a}\\ \boldsymbol{a}_e\end{pmatrix}_{(2N\times 1)}\Rightarrow\begin{matrix}\boldsymbol{b}=\boldsymbol{S}_a\cdot\boldsymbol{a}+\boldsymbol{S}_r\cdot\boldsymbol{a}_e\\ \boldsymbol{b}_e=\boldsymbol{S}_e\cdot\boldsymbol{a}+\boldsymbol{S}_s\cdot\boldsymbol{a}_e\end{matrix} \tag{19.10}$$

其中，$\boldsymbol{S}_a$ 为反射系数；$\boldsymbol{S}_e$ 为基本模型的传输参数；$\boldsymbol{S}_r$ 为模型接收耦合；$\boldsymbol{S}_s$ 为散射域。

在散射参数定义中，输入端以标准阻抗 Z_0 为参考，辐射端以自由空间阻抗 η_0 为参考。

当作为接收机进行操作时，是典型的 DOA 应用，式(19.10)被简化，因为我们只对首行感兴趣。端接以负载阻抗 Z_k 或等效输入响应系数 $\Gamma_k=(Z_k-Z_0)/(Z_k+Z_0)$连接到信宿，在这种情况下，得出第二个关系式：

$$\boldsymbol{a}=\Gamma_L\boldsymbol{b} \tag{19.11}$$

其中

$$\Gamma_{\mathrm{L}}=\begin{bmatrix}\Gamma_1 & \cdots & 0\\ 0 & \cdots & 0\\ 0 & 0 & \Gamma_P\end{bmatrix}$$

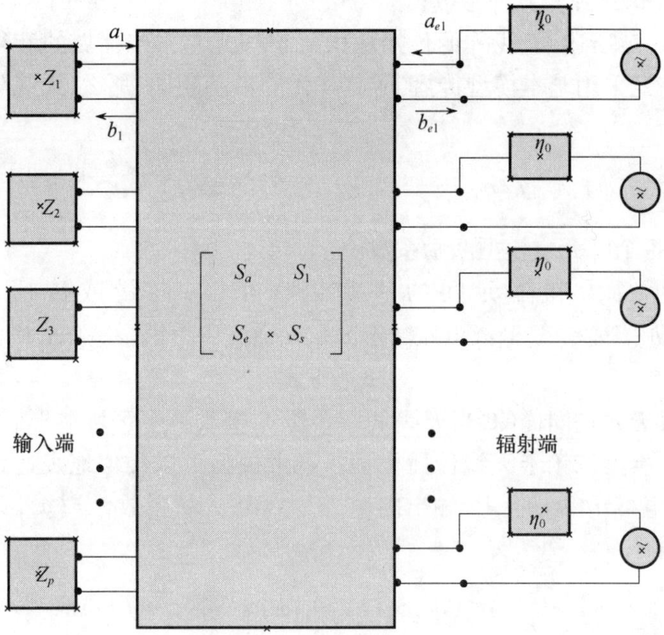

图 19.1 天线阵的散射矩阵

每个天线端的全部接收信号表示为全部传播天线阵元分布的总和：

$$\boldsymbol{b}=\boldsymbol{S}_a\boldsymbol{a}+\boldsymbol{S}_r\boldsymbol{a}_e=(\boldsymbol{I}-\boldsymbol{S}_a\Gamma_{\mathrm{L}})\boldsymbol{S}_r\boldsymbol{a}_e \tag{19.12}$$

接收信号向量用类似于式(19.12)的方法表示为接收域函数的函数，唯一的不同是方向向量要乘以耦合矩阵 $\boldsymbol{C}$。

$$\boldsymbol{b}=f_s(t)(\boldsymbol{I}-\boldsymbol{S}_a\Gamma_{\mathrm{L}})^{-1}\boldsymbol{S}_r\,\boldsymbol{a}_s=f_s(t)\boldsymbol{C}\,\boldsymbol{a}_s \tag{19.13}$$

在校准过程中，可以获得一个接收耦合矩阵($\boldsymbol{C}$)。

当包含反馈网络时，这个问题像两个级联的多极——第一个是反馈网络的，第二个是辐射天线元中的对偶。过程的完整结构(即具有辐射天线元的反馈网络)变得与前面的过程类似，但是产生了一个新的偶合矩阵。假定在接收点处的负载与参考阻抗完美匹配，则对偶矩阵是多极矩阵的函数：

$$\boldsymbol{C}=\boldsymbol{S}_g\,(\boldsymbol{I}-\boldsymbol{S}_a\boldsymbol{S}_c)^{-1}\boldsymbol{S}_r \tag{19.14}$$

这里，S_g 和 S_c 分别表示接收机 RF 电路的包括耦合在内的增益和反射，见图 19.2。

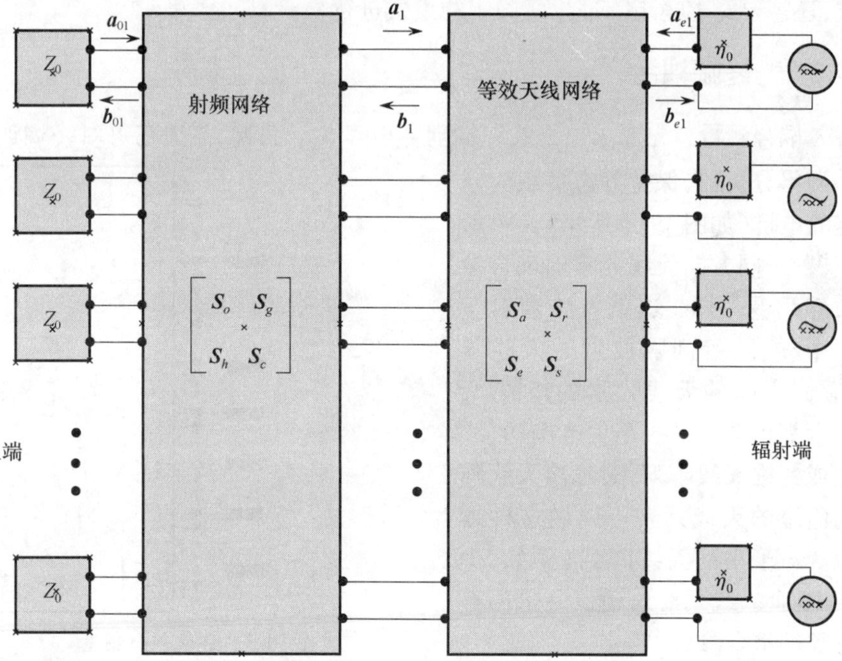

图 19.2　天线和 RF 子系统间耦合的矩阵表示

19.3　校准过程

本节讨论校准过程。在最简单的模型中，考虑所有的天线元是理想的传感器，并且所有的接收模式对于所有的辐射器是等价的，它们之间没有耦合。校准过程简化为测量所有接收机终端接收模式的相对幅度和相位。在这种情况下,式(19.3)适用。

测量有源或者嵌入式天线元模式总是需要检测每个辐射器中的故障。如果天线元间的辐射模式错误较大,那么矩阵 S_r 写作近似对角矩阵,并且只需考虑一个增益因子。在这种情况下,S'_a 矩阵的测量由向量网络分析仪实现,作为附加功能,普通天线元模式用于获得输出功率。如果考虑 RF 接收机之间的耦合,这个系统可以由矩阵 S_h 和 S_c 表示。这些参数可以通过向量网络分析器测量再次得到。

然而,如果对所有的天线元素天线模式都不一样,方向向量中的每个天线元模式都要单独进行考虑。若主模型耦合矩阵 S_r 导致模式发生比较大的变化,上节所述的模型就可以用来修正天线阵列,通过普通耦合矩阵 C 式(19.3)可以得到适当的补偿。在这种情况下,需要测量无回波系统中每个天线元素的射频模式,计算耦合矩阵 C_r。为了保证在耦合过程中没有出现其他的辐射模式,还需要对上述矩阵理论所确定的模式进行检验。

19.3.1 终端耦合

耦合测量首先要求出天线终端耦合矩阵 S_a。为此,需要在每对终端连接一个网络分析器,保持静态负载为指定的电抗(如图 19.3 所示)。一般地,置于同方向天线元素的耦合参数都几乎一样。这就意味着对于一个线性、等间隔放置的天线阵列,同方向的天线元素的矩阵 S_a 元素都相同。在一个大范围的、线性或二维天线阵列,对远离天线阵列边缘的天线元素可以做这种近似。对于小的天线阵列(例如,少于 10 个天线元素),建议测量所有有关的耦合参数。

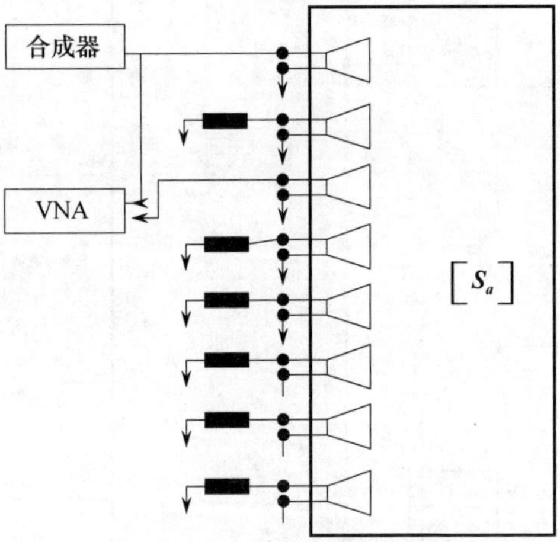

图 19.3 终端耦合测量

19.3.2 辐射模式测量

本节主要讨论在无回波环境中天线阵列辐射场的测量。每个天线阵列元素都处于测量探测天线的远端模式。系统允许对所考虑的两个参考天线元素和天线阵列接收到信号的相关幅度和相位进行测量。所测量的天线阵列安置在方位定位器上，因此可以在所有可能的到达方向角度上进行测量，如图 19.4 所示。

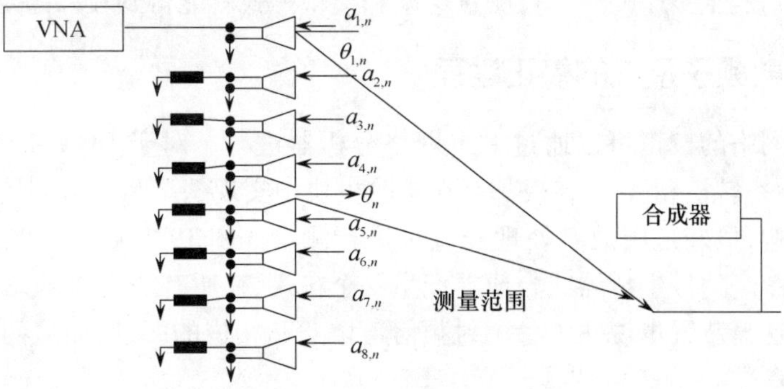

图 19.4　远端场天线校准系统

一旦对感兴趣的 DOA 的主模天线元素阵列进行了测量（$\hat{e}_A$ 和 F_A），要测量的天线阵列就可以得到同样的 DOA。采用内插的方法可以得到适当的值，并且通过关联角度位置 θ_n，就能得到等价的波向量 $a_e(\theta_n)$。对于特定的方向和输入场，向量分量可以写成式（19.9）的形式。

$$a_{k,n}^e = \lambda b_0 < \hat{e}_S(\theta_{k,n}^S)\hat{e}_A(\theta_{k,n}) > F_S(\theta_{k,n}^S)F_A(\theta_{k,n})\frac{e^{(-jk_0 r_{k,n})}}{r_{k,n}} \tag{19.15}$$

其中，$\hat{e}_S$ 为输入天线的极化向量；F_S 为相关场模式；$\theta_{k,n}^S$ 为根据在 n 位置上的天线元素 k 系统输入天线的角方位；常量 b_0 为发射端的幅度和相位。

在远场系统测量中，对所有的天线元素在 $\theta_{k,n}=\theta_n$，$\theta_{k,n}^S=0$ 时，所有的角方位都相同。需要指出的是，式（19.15）也考虑了辐射天线元素和耦合探针间的极化耦合。

每一个角方位都需要测量发送信号 $\boldsymbol{b}(\theta_n)$，并且通过对天线阵列元素进行同等数目独立的测量，利用式（19.8）可以得到耦合矩阵：

$$[\boldsymbol{b}_1\boldsymbol{b}_2\cdots\boldsymbol{b}_N] = \boldsymbol{B} = \boldsymbol{S}_r[\boldsymbol{a}_{e,1}\boldsymbol{a}_{e,2}\cdots\boldsymbol{a}_{e,N}] = \boldsymbol{S}_r\boldsymbol{A}_e \tag{19.16}$$

对不同角方位的选择是很严格的。为了解决这个问题，需要考虑多种独立的情况，这表明在 DOA 中不存在对称性。一般地，为了得到耦合矩阵 $\boldsymbol{C}_r$ 需要推导最优的过程，测量点的数目 N 要比天线元素的个数 P 大得多。

为了得到最小均值误差以确定差值的范数，利用所有的等式

$$\|\boldsymbol{B}-\boldsymbol{S}_r\boldsymbol{A}_e\| \tag{19.17}$$

结果可以写为

$$\boldsymbol{S}_r = (\boldsymbol{A}_e\boldsymbol{A}_e^{\mathrm{H}})^{-1}\boldsymbol{B}\boldsymbol{A}_e^{\mathrm{H}} \tag{19.18}$$

计算出矩阵 $\boldsymbol{S}_r$ 的参数后，就可以通过天线元素的辐射模式验证模型的效果。可以采取数学表达式(19.17)。但是若以归一化向量($\boldsymbol{a}$)作为输入激励，用式(19.7)得到 $\boldsymbol{b}_e$，式(19.6)测量结果和模型样式就能得到较好的统一。

19.3.3 射频子系统的校正过程

射频网络的校正可以通过一个网络分析器进行。对于 DOA 系统，在很多情形下，频率转换和 A/D 转换都是在接收模块中实现的。为了得到接收机信道的完整影响，最好是用数字处理器直接进行测量。图 19.5 展示了测量装置的排列原理图。信号生成器或合成器产生一个输入，在所有的 N 个终端对输出进行测量。这套装置也说明了各个射频信道增益和相位的区别，而这两个量也是最重要的参数。

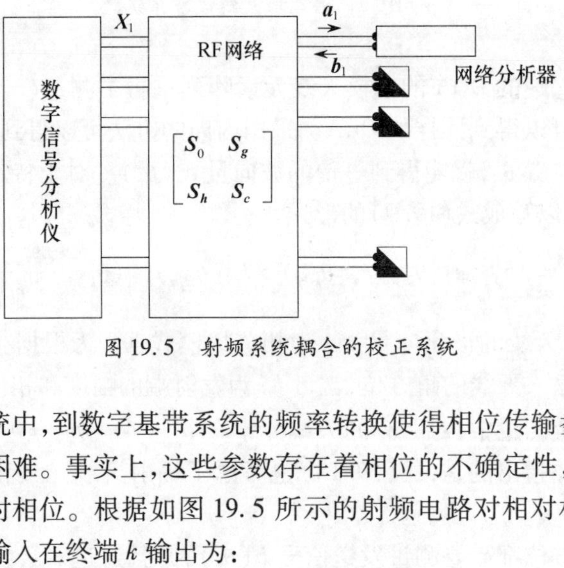

图 19.5 射频系统耦合的校正系统

在很多系统中，到数字基带系统的频率转换使得相位传输参数 $s_{g(k,k)}$ 绝对值的测量非常困难。事实上，这些参数存在着相位的不确定性，但是关键在于它们之间的相对相位。根据如图 19.5 所示的射频电路对相对相位进行测量，则对于特定的输入在终端 k 输出为：

$$\mathrm{e}^{\mathrm{j}\Phi_k}\boldsymbol{x}_k = \boldsymbol{S}_g\boldsymbol{b}_k \tag{19.19}$$

其中，$\boldsymbol{b}_k$ 为单位向量，$\boldsymbol{b}_k=(0,0,\cdots,1,\cdots,0)^t$；$\boldsymbol{\Phi}_k$ 为未知的参考向量，只有在我们锁定射频信号和本地转换振荡器时才可以对它进行测量。即使在这种情况下，如果在两次测量之间有任何没有锁定的过程，都不能保证测量结果。

如果将合成器的输出加到到所有的输入终端，由于未知的对角相位矩阵 $\boldsymbol{\Phi}$，最后的矩阵方程对 $\boldsymbol{S}_g$ 矩阵无解。

$$\boldsymbol{X\Phi} = \boldsymbol{S}_g\boldsymbol{B} \tag{19.20}$$

为了得到对射频接收机更深层次的理解，需要从大量的测量中得到数据。事实上，未知量是 P^2+P-1。如果对系统多做一次测量，就可以得到解决问题

所需的独立方程。测量方法见图 19.6,这里对所有的输入端施加同一个射频信号,产生一个附加项:

$$b_{P+1}=\sqrt{\frac{1}{P}}(1,1,\cdots,1,\cdots,1)^t$$

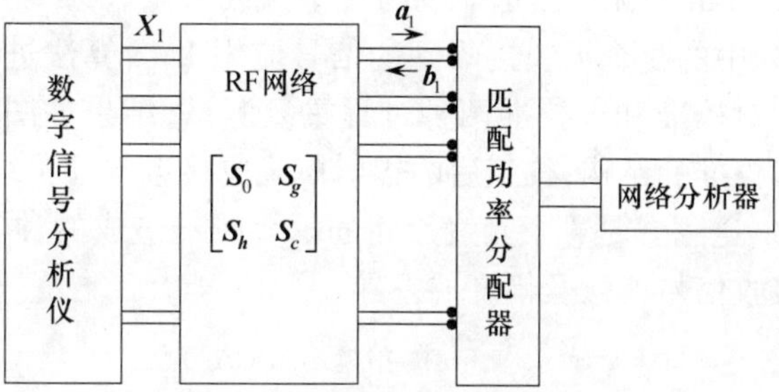

图 19.6　射频子系统中附加相位测量的耦合校正原理

完成所有的附加测量后,应用最小均方误差算法式(19.20)。然而,为了解决相位的不确定性,需要对所有的输入端进行组合测量。譬如,可以利用一个两路的功率分配器,对每两个连续终端的合并进行 $P-1$ 次的测量,如图 19.7所示。为了避免反射矩阵($\boldsymbol{S}_c$)在传输测量中的影响,有必要采用 Wilkinson 或 Magic – T 分配器作为匹配功率分配器。

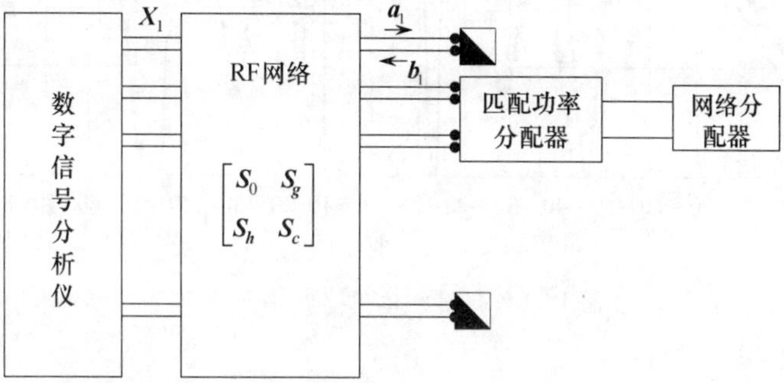

图 19.7　在连续输入端口下的附加相位测量

最后,矩阵 $\boldsymbol{S}_g$ 和 $\boldsymbol{\Phi}$ 可以通过一个最小化函数问题得到:

$$\min_{\boldsymbol{\Phi},\boldsymbol{S}_g}\|\boldsymbol{X\Phi}-\boldsymbol{S}_g\boldsymbol{B}\| \tag{19.21}$$

如果对所有的天线阵列和射频电路直接测量,对于一些相对于探针没有回波的天线位置可以得到瞬时向量,就能得到相同的等式。在这种情况下,为了得到式(19.14)给出的耦合矩阵,需要求解一个类似的最小均方方程。

$$\min_{\boldsymbol{\Phi},\boldsymbol{C}}\|\boldsymbol{X\Phi}-\boldsymbol{CA}_e\| \tag{19.22}$$

19.3.4 应用实例

作为一个实例,这个校准过程已经应用在一个类似的天线结构中。这个天线阵列由 4 个间隔一个波长的天线元构成,工作在 2GHz,激励信号与天线阵列的成 0°,由置于 6.5m 处无回波远端场的一个天线产生。为了分析校准过程的效果,需要对阵列中的每个天线接收到的信号应用 LMS 算法进行处理,正如智能天线的情况。对校准和未校准两种过程重复测试,结果如图 19.8 所示。结果表明相对于未校准的结构,校正后的辐射模式更接近与理论结果(例如,均匀激励天线模式)。这主要是 4 个天线元间的耦合校准造成的,同时 LMS 算法也可以纠正 4 个接收信号相位及幅度的差异。

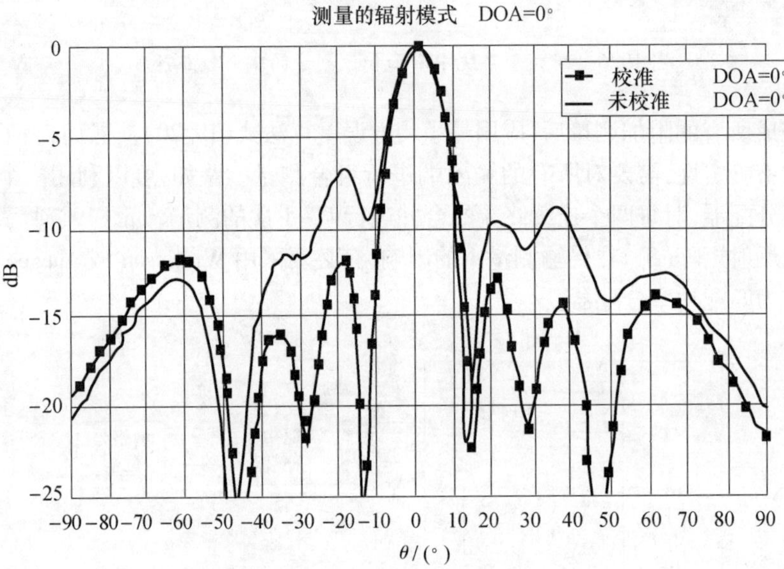

图 19.8 校准和未校准的辐射模式

19.4 结 论

本章给出了 DOA 系统的一些校准方法。表征天线 RF 系统的方向向量模型考虑一个真实天线单元阵列,包括各天线元之间的相互耦合以及不同 RF 链路的随机误差。为了简化这个模型,对每个天线元仅考虑基本电磁模式。最后表明这是对已定插入码或其他的谐振天线元素的一个很好的近似。给出的校准过程包括如何得到用于描述 DOA 系统的耦合矩阵不同天线元间的差别。根据自由空间中的耦合、射频电路中的耦合等类似的因素的影响,分别研究了一些情况。

本章没有研究自校准过程，它使用天线进行相容校准。天线性能的改变主要是由于接收机增益的变化、温度的改变、接收机的输入电抗或者辐射体位置的变化。Friedlander 和 Weiss[11] 介绍了一种自校准过程，这个过程需要初始校准矩阵 $\boldsymbol{C}$ 和 DOA 处理，例如 MUSIC，以接收到达天线阵列的信号。

参考文献

[1] Solomon I S D, et al. Receiver Array Calibration Using Disparate Sources. IEEE Trans. on Antennas and Propagation, vol. AP – 47, 1999, pp. 496 – 505.

[2] Chong Ng B, Samson See C M. Sensor – Array Calibration Using a Maximum – Likelihood Approach. IEEE Trans. on Antennas and Propagation, vol. AP – 44, 1996, pp. 827 – 835.

[3] Rockah Y, Schultheiss P M. Array Shape Calibration Using Sources in Unknown Locations – Part I: Far – Field Sources. IEEE Trans. on Acoustics, Speech, and Signal Processing, vol. ASSP – 35, 1987, pp. 286 – 299.

[4] Rockah Y, Schultheiss P M. Array Shape Calibration Using Sources in Unknown Locations – Part II: Near – Field Sourccs and Estimator Implementator. IEEE Trans. on Acoustics, Speech, and Signal Processing, vol. ASSP – 35, 1987, pp. 724 – 735.

[5] Steinberg B D. Microwave Imaging with Large Antenna Arrays. New York: John Wiley & Sons, 1983.

[6] Steinberg B D, Subbaram H. Microwave Imaging Techniques. New York: John Wiley & Sons, 1991.

[7] See C M S. Sensor Array Calibration in the Presence of Mutual Coupling and Unknown Sensor Gain and Phases. Electronic Lett., vol. 30, 1994, pp. 373 – 374.

[8] See C M S. Method for Array Calibrarion in High – Resolution Sensor Array Processing. Inst. Elect. Eng. Proc. Radar, Sonar, Navig., vol. 142, 1995, pp. 90 – 96.

[9] Porat B, Friedlander B. Accuracy Requirements in Off – Line Array Calibration. IEEE Trans. on Aerospace and Electronic Systems, vol. AES – 33, 1997, pp. 545 – 556.

[10] Weiss A J, Friedlander B. Comparison of Signal Estimation Using Calibrated and Uncalibrated Arrays. IEEE Trans. on Aerospace and Electronic Systems, vol. AES – 33, 1997, pp. 241 – 249.

[11] Friedlander B, Weiss A J. Direction Finding in Presence of Mutual Coupling. IEEE Trans. on Antennas and Propagation, vol. AP – 39, 1991, pp. 273 – 284.

[12] Segovia – Vargas D, Martin – Cuerdo R, Sierra – Perez M. Mutual Coupling Effects Correction in Microstrip Arrays for Direction of Arrival (DOA) Estimation. IEE Proc. on Microwave, Antennas, and Propagation, vol. 149, 2002, pp. 113 – 118.

[13] Weiss A J, Friedlander B. DOA and Steering Vector Estimation Using a Partially Calibrated Array. IEEE Trans. on Aerospace and Electronic Systems, vol. AES – 32, 1996, pp. 1047 – 1057.

[14] Ng B P. Array Shape Self – Calibration Technique for Direction Finding Problems. IEE Proc. – H, vol. 139, 1992, pp. 521 – 525.

[15] Mailloux J R. Phased Array Antenna Handbook. Norwood, MA: Artech House, 1994.

[16] Wasylkiwskyj W, Kahn W K. Theory of Mutual Coupling Among Minimum – Sacttering Anten-

nas. IEEE Trans. on Antennas and Propagation, vol. AP - 18, 1970, pp. 204 - 216.

[17] Gupta I J, Ksienski A A. Effect of Mutual Coupling on the Performance of Adaptive Arrays. IEEE Trans. on Antennas and Propagation, vol. AP - 31, 1983, pp. 785 - 791.

[18] Steiskal H, Herd J S. Mutual Coupling Compensation in Small Array Antennas. IEEE Trans. on Antennas and Propagation, vol. AP - 38, 1990, pp. 1971 - 1975.

[19] Fernandez J M, et al. Estimation of Patch Array Coupling Model Through Radiated Field Measurements. Microwave and Optical Technology Letters, vol. 43, 2004, pp. 59 - 64.

第20章 DOA估计中的ESPAR天线信号处理

对移动用户终端的高精度测向可以通过使用一个单端天线——电子操作无源阵列辐射天线(ESPAR)实现。ESPAR 天线的结构将和输出端的公式一起介绍。这个天线的主要特点是它仅需要一个接收机链,这就大大降低了成本、尺寸、复杂度和功率消耗。另一个特点是通过阵列元素间的电磁相互耦合实现信号的空间合并,这使得天线的小型化得以实现。这些特征使 ESPAR 天线特别适用于移动用户终端。然而,由于仅能观察到天线的单端输出信号,不能直接使用常用的阵列天线算法,因此,有必要研究一种专门用于 ESPAR 天线的信号处理算法。这将为 DOA 估计提供 ESPAR 天线信号处理算法。当天线在由电抗决定的一系列波束模式之间转换时,就可以对它的相关矩阵进行估计,然后就可以对相关矩阵应用 MUSIC 算法对入射信号进行 DOA 估计。我们也描述了 ESPAR 天线的3个实际应用:卫星姿态控制,无线定位和导航系统,无线 ad hoc 网络。结果显示对于常用的阵列天线,尤其是移动用户终端,使用 ESPAR 来估计 DOA 是一个不错的方法。

20.1 引　言

电磁波的定位在实际应用中起着重要的作用,如卫星控制、个人定位服务以及无线通信等。在过去的20年中,应用天线信号处理的定位研究已经在信号处理和无线通信领域引起了广泛的兴趣,确定了用于高精度 DOA 估计的理论和证明算法。例如,MUSIC 算法提供了电磁波特性的渐进无偏估计,如信号的个数和它们的 DOA[1]。虽然这些算法性能非常好,但是每个天线分支都要使用一个接收机链[2],使得成本提高。例如对于一个2元的阵列天线,所需的接收机硬件加倍,当需要降低系统复杂度时很难找到平衡。系统复杂度决定了阵列天线技术能否应用于用户终端。

模拟智能天线(例如 ESPAR 天线[3-9])仅仅使用一个有源接收机,大大降低了天线的费用、尺寸、复杂度和功率消耗,因此显示出了在移动用户终端巨大的应用前景。对于 ESPAR 天线,仅有一个辐射器连接到接收机上。这个有源辐射器被视为可变电抗的寄生辐射器包围着。天线的辐射方向可以通过改变电抗的值控制。在 ESPAR 天线中,信号合并不是在电路中完成,而是通过阵列元素在空间的电磁波耦合实现,这就保证了天线小型化。

ESPAR 天线数字自适应技术的概念可以上溯到 Harrington 模型[10]早期的工作,他认为可以通过改变元素的负载调整元素的“电长度”,这导致辐射模式的改变。Dinger 论证了利用平面无源天线元以实现抗干扰的反应方法[11,12]。另外一个和 ESPAR 天线有关的单端口方法寄生振子开关天线[13-18],利用寄生振子开关天线实现定向的详细资料可以参阅文献[13-16]。

然而,对于 ESPAR 天线,仅观测到了单端口的输出信号,而没有观测到周围寄生振子的信号。这和通常的天线阵列不同,通常的天线阵列在每个天线元上都可以观测到接收信号。这使得对阵列天线常用的一些算法无法应用于 ESPAR 天线。

本章描述用于实现对 DOA 高精度、高分辨率估计的 ESPAR 天线信号处理方法。关键是利用单输出端口的 ESPAR 天线在一系列天线模式之间转换时接收到的信号估计阵列的相关矩阵[19,20]。这是基于 ESPAR 天线的角度差异,目的是在假设信号周期性发射的前提下,基于连接到寄生振子上可变电抗,重构常规阵列的空间分集。如果可以得到相关矩阵,就能对其利用常规的 MUSIC 算法来估计多重入射信号的 DOA。这种 DOA 算法称为“电抗域 MUSIC 算法”。

本章结构如下:20.2 节描述 ESPAR 天线的基本结构和输出公式,然后给出 ESPAR 天线信号处理的信号模型。20.3 节解释如何从 ESPAR 天线的单端输出得到相关矩阵,然后给出可以用相关矩阵来估计无线电波 DOA 的电抗域 MUSIC 算法。一个计算机仿真和试验对提出的算法进行了检验。20.4 节给出了 ESPAR 天线在实际系统中的几个应用实例,如卫星姿态控制、无线定位、导航系统和无线 ad hoc 网络。

20.2 ESPAR 天线原理

本节描述 ESPAR 天线的结构,给出天线的输出公式,这个公式是负载电抗的非线性函数;也给出用于 ESPAR 天线信号处理的信号模型。

20.2.1 结构和公式

图 20.1 为 $M=6$ 时,$(M+1)$天线元的 ESPAR 天线。位于圆形平面中央的 #0 天线元是主辐射器。它是一个 0.25λ(λ 表示波长)长的单极天线,从同轴样式的底部进行激励。剩余的 M 个 0.25λ 长的无源单极天线对称地围绕在主辐射源周围,圆的半径为 $R=0.25\lambda$。每个天线元的终端都连接着一个可变电抗 $x_m(m=1,2,\cdots,M)$。在实际应用中,电抗 x_m 的值可能约束在一个特定的范围

内(例如, -300 ~ 300Ω)。向量

$$\boldsymbol{x}=[x_1,x_1,\cdots,x_M]^{\mathrm{T}} \tag{20.1}$$

称为电抗向量。电抗向量是一个变量,用于形成特定的电波,上标 T 是矩阵或向量的转置。注意在装配的 ESPAR 天线中,可以利用 x_m 的偏差电压 V_m 对它进行校正。通过控制 M 个偏差电压,进而控制电抗的值就可以提供可变的波束图。

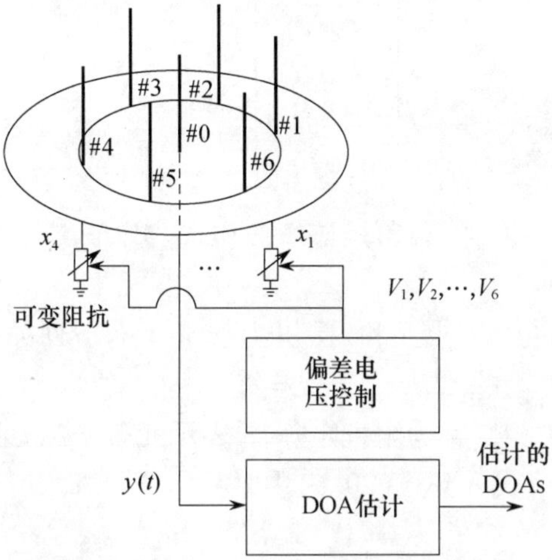

图 20.1　DOA 估计中的 ESPAR 天线应用

首先简要地将 ESPAR 天线的输出以这 M 个电抗[3,8,21]函数的形式进行推导。令 $\boldsymbol{s}(t)=[s_0(t),s_1(t),\cdots,s_M(t)]^{\mathrm{T}}$,其中元素 $s_m(t)$ 是 ESPAR 天线中第 m 个天线元接收到的射频信号。则单端口射频输出 $y(t)$ 可以写为

$$y(t)=\boldsymbol{i}^{\mathrm{T}}\boldsymbol{s}(t)+n(t) \tag{20.2}$$

这里,$\boldsymbol{i}=[i_0,i_1,\cdots,i_M]^{\mathrm{T}}$ 为射频电流向量,其中 i_m 对应于第 m 个元素;$n(t)$ 是加性高斯白噪声。准确地说,电流向量 $\boldsymbol{i}$ 应如文献[8]中描述的进行标准化以和实际维数相匹配,但是为了方便在本章直接使用。

然后,把电流向量作为电抗向量的函数的表示出来,如式(20.7)所示。简单的理解,假设 ESPAR 天线工作在发射模式,对上述表达式进行推导。由互易性定理可知,天线的接收状态下的辐射模式与发射状态下的辐射模式相同。因此,表达式(20.7)也适用于接收状态。

将射频电压向量记为 $\boldsymbol{v}=[v_0,v_1,v_2,\cdots,v_M]^{\mathrm{T}}$,加在电抗 x_m 上的射频电压为

$$v_m=-\mathrm{j}x_m i_m \quad m=1,2,\cdots,M \tag{20.3}$$

并且中心天线元上的射频电压为

$$v_0=V_s-Z_0 i_0 \tag{20.4}$$

其中，Z_0 是发射器的输出阻抗，或者是在接收模式下接收机的输入阻抗，并且不受天线元相互耦合的影响。Z_0 是一个常量，例如 $Z_0=50\Omega$。在式(20.4)中，V_s 是发射机的内部射频电压源。根据互易性定理，ESPAR 天线在接收模式下的辐射类型或阵列因子与发射模式下辐射类型一样。得到的阵列因子将不会受 V_s 的影响。把式(20.3)和式(20.4)写成一个向量的形式为

$$\boldsymbol{v}=\begin{bmatrix} V_s-Z_0 i_0 \\ -\mathrm{j}x_1 i_1 \\ -\mathrm{j}x_2 i_2 \\ \vdots \\ -\mathrm{j}x_1 i_1 \end{bmatrix}=V_s\boldsymbol{u}_0-\boldsymbol{X}_i \tag{20.5}$$

其中，$\boldsymbol{u}_0=[1,0,0,\cdots,0]^{\mathrm{T}}$；对角矩阵 $\boldsymbol{X}=\mathrm{diag}[Z_0,\mathrm{j}x_1,\mathrm{j}x_2,\cdots,\mathrm{j}x_M]^{\mathrm{T}}$ 称为电抗矩阵。

另一方面，射频电流向量 $\boldsymbol{i}$ 和射频电压向量 $\boldsymbol{v}$ 有下列关系：

$$\boldsymbol{v}=\boldsymbol{Z}\boldsymbol{i} \tag{20.6}$$

其中，$\boldsymbol{Z}=[z_{kl}]_{(M+1)\times(M+1)}$ 称为阻抗矩阵，z_{kl} 表示元素 k 和 $l(0\leqslant k,l\leqslant M)$ 之间的互阻抗。把式(20.5)代入到式(20.6)中，得

$$\boldsymbol{i}=V_s(\boldsymbol{Z}+\boldsymbol{X})^{-1}\boldsymbol{u}_0 \tag{20.7}$$

对于 $M=6$ 的 $(M+1)$ 天线元的 ESPAR 天线，阻抗矩阵 $\boldsymbol{Z}$ 由互阻抗的仅有的 6 个独立元素确定，可以做如下解释。根据互易性定理，类似与常规阵列天线，可以表示为

$$z_{kl}=z_{lk} \tag{20.8}$$

并且，ESPAR 天线的循环对称元素意味着

$$\begin{cases} z_{11}=z_{22}=z_{33}=z_{44}=z_{55}=z_{66} \\ z_{01}=z_{02}=z_{03}=z_{04}=z_{05}=z_{06} \\ z_{12}=z_{23}=z_{34}=z_{45}=z_{56}=z_{61} \\ z_{13}=z_{24}=z_{35}=z_{46}=z_{51}=z_{62} \\ z_{14}=z_{25}=z_{36} \end{cases} \tag{20.9}$$

方程(20.8)和(20.9)阻抗矩阵 $\boldsymbol{Z}=[z_{kl}]_{(M+1)\times(M+1)}$ 仅由互阻抗的 6 个元素决定：$z_{00},z_{10},z_{11},z_{21},z_{31},z_{41}$。6 个元素的值依赖于天线的物理结构（例如，半径，空间间隔和天线元的长度），因此在天线安装后为常量。

方程(20.7)源自 ESPAR 天线工作在发射模式下的假设。如上所述，互易性定理意味着式(20.7)也适用于接收模式。然而，在接收模式中，式(20.7)中的向量 $\boldsymbol{i}$ 并不是一个电流向量，但是由于它的作用就像是常规自适应阵列天

线[2]中的权向量，因此可以视为一个权向量。这就是为什么式(20.7)称为“等价向量模型”[21]。对等价向量模型的实际远场测量的试验论证可以参考[22]，结果显示从等价权向量模型的辐射模式到测量的远场结果[22]，相关系数范围为0.933~0.988。作为对等价权向量模型的补充，文献[23]中给出了一个等价导向向量模型，这个模型包括电流的分布函数和电介质的作用。

需要强调的是，不能直接测量式(20.2)中 ESPAR 天线元上接收到的信号向量 $\boldsymbol{s}(t)$。这和常规的自适应阵列天线不同，常规的自适应阵列天线可以观测到天线上的接收信号。对于 ESPAR 天线，仅可以测量到单端口的输出 $y(t)$。更困难的是，如式(20.7)所示，单端输出 $y(t)$ 是电抗 $x_m(m=1,2,\cdots,M)$ 的严格非线性函数，它包括一个很难处理的矩阵的逆，这使得很难对信号处理性能给出解析表达式。同时需要注意的是在式(20.7)中，和常规自适应阵列的权系数向量不同，每个等价权向量 $\boldsymbol{i}$ 的元素之间并非独立，而是彼此相互耦合的。上述讨论意味着对于 ESPAR 天线，直接使用为常规自适应阵列设计的大多数算法都是不切实际的。因此有必要研究针对 ESPAR 天线的单端信号处理算法。

20.2.2 信号模型

作为用于 ESPAR 天线信号处理的基础，本节描述接收信号的模型。

在信号处理之前，首先描述 ESPAR 天线的导向向量。考虑如图 20.2 所示 $(M+1)$ 个天线元的 ESPAR 天线，第 m 个天线元的放置位置与任意轴夹角为

$$\varphi_m=\frac{2\pi}{M}(m-1)\quad(m=1,2,\cdots,M)$$

当一个 DOA 的天线接收到的输入波前与同一个参考轴成 θ 角时，在接收的第 m 个阵元和第 0 个阵元对的信号之间有一个 $R\cos(\theta-\varphi_m)$ 空间延迟。

设波长为 λ，则这个空间延迟被转换成相位差，定义为

$$\frac{2\pi}{\lambda}R\cos(\theta-\varphi_m)$$

从而，当半径 $R=\lambda/4$ 时，ESPAR 天线在到达方向 θ 上的的导向向量被定义为

$$\boldsymbol{a}(\theta)=[1,\mathrm{e}^{\mathrm{j}\frac{\pi}{2}\cos(\theta-\varphi_1)},\mathrm{e}^{\mathrm{j}\frac{\pi}{2}\cos(\theta-\varphi_2)},\cdots,\mathrm{e}^{\mathrm{j}\frac{\pi}{2}\cos(\theta-\varphi_M)}]^{\mathrm{T}} \tag{20.10}$$

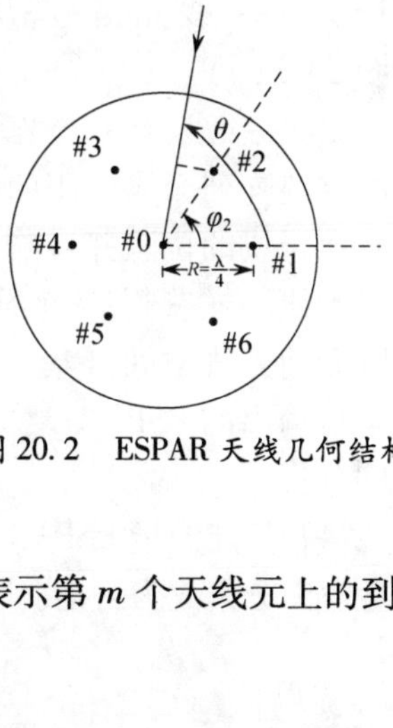

图 20.2 ESPAR 天线几何结构

我们能够将上面的简单的例子到扩展更一般的情况。如果一共有 Q 个信号 $u_q(t)$，到达角为 θ_q，$(q=1,2,\cdots,Q)$。设 $s_m(t)$，$(m=0,1,\cdots,M)$ 表示第 m 个天线元上的到达

信号,并设是 $s_m(t)$ 的 $\boldsymbol{s}(t)$ 的第 m 个列向量。信号 $s_m(t)$ 是所有 Q 个信号的叠加:

$$s_m(t) = \sum_{q=1}^{Q} a_m(\theta_q) u_q(t), m = 0,1,\cdots,M \tag{20.11}$$

其中,$a_m(\theta_q)$,$(m=0,1,\cdots,M)$ 是式(20.10)的第 m 部分,并用 θ_q 代替 θ,则天线上的列向量 $\boldsymbol{s}(t)$ 可以表达为

$$\boldsymbol{s}(t) = \sum_{q=1}^{Q} \boldsymbol{a}(\theta_q) \boldsymbol{u}_q(t) \tag{20.12}$$

其中,$\boldsymbol{a}(\theta_q) = [a_0(\theta_q), a_1(\theta_q), \cdots, a_M(\theta_q)]^{\mathrm{T}}$ 是式(20.10)中定义的导向向量,用 θ_q 代替 θ。根据式(20.2),ESPAR 天线的输出可以写为

$$y(t) = \boldsymbol{i}^{\mathrm{T}} \boldsymbol{s}(t) + n(t) = \sum_{q=1}^{Q} \boldsymbol{i}^{\mathrm{T}} \boldsymbol{a}(\theta_q) u_q(t) + n(t) \tag{20.13}$$

其中电流向量 $\boldsymbol{i}$ 和天线输出 $y(t)$ 是式(20.1)中电抗 x_m($m=1,2,\cdots,M$)的函数。

20.3 高精度 DOA 估计

本节解释如何获得一个 ESPAR 天线单口输出的相关矩阵,并从相关矩阵引出一个电抗域的 MUSIC 算法来估计 DOA。

20.3.1 单口天线的相关矩阵

在传统的阵列天线中,利用每个天线元上的测量信号产生相关矩阵。问题是对所有类型的单口输出天线(例如 ESPAR 天线),如何仅用一个输出端口产生相关矩阵。我们的目的是使用单口输出的 ESPAR 天线,产生传统阵列天线的空间分集。首先考虑传统的阵列天线,众所周知,传统阵列天线同时测量 M 个天线元信号,从而可以计算它们的相关矩阵,这是通常状况,见图 20.3(a)。

现在考虑只有一个阵元的天线。如果我们想要重复产生对具有 M 个阵元的传统阵列天线可用的空间分集,就必须在每次发送相同的信号后改变单个阵元天线的位置并对输出做 M 次测量,见图 20.3(b),那么就能像使用 M 阵元天线一样获得 M 个输出值。事实上,我们利用时间分集来重复产生 M 个阵元的天线空间分集。现在可以利用所有的输出来计算相关矩阵。现在对单口输出的 ESPAR 天线应用同样的推论,不同的是利用电抗域来重复产生空间分集。

尽管只能测量 ESPAR 天线的单口输出,但是它的 M 个可变电抗使得重复产生空间分集成为可能。首先设定一个电抗向量并测量输出;然后,改变加载

电抗,进而改变了天线方向图,发送相同信号后再次测量输出。通过反复这个过程 M 次,能够得到产生相关矩阵所需要的 M 个输出,见图 20.4[19]。

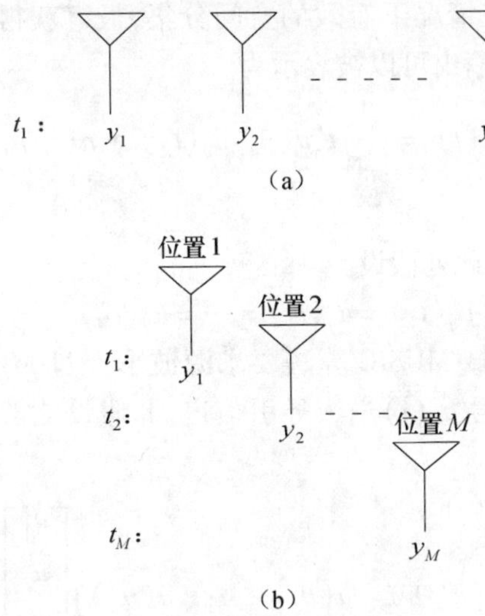

图 20.3　相关矩阵:(a)传统阵列天线,和空间域 $\boldsymbol{y}=[y_1,y_2,\cdots,y_M]^{\mathrm{T}}$,$\boldsymbol{R}=\boldsymbol{E}[\boldsymbol{y}\boldsymbol{y}^{\mathrm{H}}]$;(b)单个阵元天线,和时间域分解 $\boldsymbol{y}=[y_1,y_2,\cdots,y_M]^{\mathrm{T}}$,$\boldsymbol{R}=\boldsymbol{E}[\boldsymbol{y}\boldsymbol{y}^{\mathrm{H}}]$。

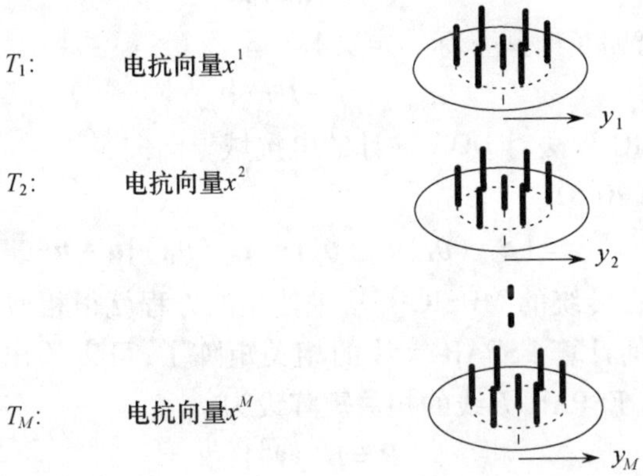

图 20.4　在电抗域 $\boldsymbol{y}=[y_1,y_2,\cdots,y_M]^{\mathrm{T}}$,$\boldsymbol{R}=\boldsymbol{E}[\boldsymbol{y}\boldsymbol{y}^{\mathrm{H}}]$ 中的相关矩阵

20.3.2　电抗域信号处理

ESPAR 天线阵元接收到的波形是入射波形和噪声的合并。因此,对于给定的一组电抗,可以计算等价的电流向量 $\boldsymbol{i}$,它是这些电抗的一个函数。然后,可以得到式(20.13)所示的 ESPAR 天线输出。

对于 ESPAR 天线，电抗域为[3,7,8,9]，因此使用电抗 $\boldsymbol{x}^m$ 来计算电流向量 $\boldsymbol{i}^m$ 并获得输出 y_m（见图 20.4）。通过改变电抗值，进而改变了天线方向图、权向量、M 次数，就能重复产生传统情况下有效的空间分集，最终获得用来计算相关矩阵的向量 $\boldsymbol{y}$。则 M 次测量输出可以被表示为

$$y_m(t_m) = \boldsymbol{i}^{\mathrm{T}}\boldsymbol{s}(t) + n(t) = \sum_{q=1}^{Q} \boldsymbol{i}_m^{\mathrm{T}}\boldsymbol{a}(\theta_q)u_q(t_m) + n(t_m), m = 1,2,\cdots,M \tag{20.14}$$

对于 $q=1,2,\cdots,Q$，此处假设

$$u_q(t_1) = u_q(t_2) = \cdots = u_q(t_M) \tag{20.15}$$

此假设暗示这里的电抗域 MUSIC 算法要求源波形经过 M 次采样后仍保持稳定。通过把一个周期信号 $u_q(t)$ 送入导引信道，此假设能够满足实际要求。从而导出输出向量

$$\begin{bmatrix} y_1 \\ y_2 \\ \vdots \\ y_M \end{bmatrix} = \begin{bmatrix} \boldsymbol{i}_1^{\mathrm{T}} \\ \boldsymbol{i}_2^{\mathrm{T}} \\ \vdots \\ \boldsymbol{i}_M^{\mathrm{T}} \end{bmatrix} [\, a(\theta_1) \quad a(\theta_2) \quad \cdots \quad a(\theta_M)\,] \begin{bmatrix} u_1 \\ u_2 \\ \vdots \\ u_Q \end{bmatrix} + \begin{bmatrix} n_1 \\ n_2 \\ \vdots \\ n_M \end{bmatrix} \tag{20.16}$$

或

$$\boldsymbol{y} = \boldsymbol{I}^{\mathrm{T}}\boldsymbol{A}\boldsymbol{u} + \boldsymbol{n} \tag{20.17}$$

为了简化表达，省略了时间下标。定义

$$\boldsymbol{a}_{\mathrm{rac}}(\theta_q) = \boldsymbol{I}^{\mathrm{T}}\boldsymbol{a}(\theta_q) \tag{20.18}$$

作为电抗域 MUSIC 算法对 DOA 估计的电抗域导向向量。

现在重写式(20.16)

$$\boldsymbol{y} = [\boldsymbol{a}_{\mathrm{rac}}(\theta_1)\boldsymbol{a}_{\mathrm{rac}}(\theta_2)\cdots\boldsymbol{a}_{\mathrm{rac}}(\theta_M)]\boldsymbol{u} + \boldsymbol{n} \tag{20.19}$$

这种形式方程和在传统的 MUSIC 算法中使用的方程就很相似了[1]。

现在知道如何计算 ESPAR 天线的相关矩阵了，可以给出一些电抗域 MUSIC 算法的解释。ESPAR 天线的相关矩阵设为

$$\boldsymbol{R} = \boldsymbol{E}[\boldsymbol{y}\boldsymbol{y}^{\mathrm{H}}] \tag{20.20}$$

其中，上标 H 表示共轭转置。在完成相关矩阵的特征分解后，通过选择由门限值 T_Q 所确定的最大的特征值 $\lambda_i(i=1,2,\cdots,Q)$，可以估计到达信号的数量。被选择的特征值的数量决定了到达信号 Q 的数量。则对应于噪声子空间的特征值数量为$(M-Q)$。因此，对于 $0° \leqslant \theta \leqslant 360°$ ESPAR 天线的 MUSIC 谱[1]为

$$P_{\mathrm{MU}}^{\mathrm{ESPAR}}(\theta) = \frac{1}{\boldsymbol{a}_{\mathrm{rac}}^{\mathrm{H}}(\theta)\boldsymbol{E}_N\boldsymbol{E}_N^{\mathrm{H}}\boldsymbol{a}_{\mathrm{rac}}(\theta)} \tag{20.21}$$

其中，E_N 是一个 $M\times(M-Q)$ 矩阵，它的列是 $(M-Q)$ 噪声特征向量 e_{Q+1}，e_{Q+2}，…，e_M。

现在很容易通过在 x 轴上寻找 MUSIC 谱最大值来估计 Q 个到达信号的波达方向。电抗域 MUSIC 算法的仿真评估在 20.3.3 节中进行，试验验证见 20.3.4 节，利用 Cramer - Rao 下界估计电抗域 MUSIC 估计误差方差的统计性能见文献[19,24]。

现在求到达信号的数量及其 DOA 估计，并利用它们获悉入射信号功率。假设 SOI 是大功率信号，求解 SOI 是很必要的。因为知道估计的 DOA，可以应用式(20.17)中的矩阵 $\boldsymbol{A}$，并用来计算入射信号的参数，该信号包括在入射信号的互功率和功率的 $Q\times Q$ 的矩阵 $\boldsymbol{P}$ 中[1]

$$\boldsymbol{P}=(\boldsymbol{A}^{\mathrm{H}}\boldsymbol{I}^{*}\boldsymbol{I}^{\mathrm{T}}\boldsymbol{A})^{-1}\boldsymbol{A}^{\mathrm{H}}\boldsymbol{I}^{*}(\boldsymbol{R}-\boldsymbol{\lambda}_{\min}\boldsymbol{I}_d)\boldsymbol{I}^{\mathrm{T}}\boldsymbol{A}(\boldsymbol{A}^{\mathrm{H}}\boldsymbol{I}^{*}\boldsymbol{I}^{\mathrm{T}}\boldsymbol{A})^{-1} \tag{20.22}$$

其中，$\boldsymbol{I}_d$ 为一个 $M\times M$ 的单位矩阵，并且 $\lambda_{\min}$ 为相关矩阵的最小特征值。上标 * 表示共轭。这和传统 MUSIC 算法表达形式几乎一样，唯一的不同是我们用矩阵 $\boldsymbol{I}^{\mathrm{T}}\boldsymbol{A}$ 代替了矩阵 $\boldsymbol{A}$。这个矩阵 $\boldsymbol{P}$ 的对角线包括每个入射信号的估计功率，因此在假设它的功率很强的情况下，就可以很容易求得 SOI。

20.3.3　计算机仿真

本节将评价上述的电抗域 MUSIC 算法。在接下来的仿真中，假设所有到达信号都有相同的载频，并且数据时钟严格同步。也要注意到达信号的数量 Q 是先验已知的。出于对 ESPAR 天线的实际配置需要，设置相关矩阵阶数 $M=6$。在绝大多数仿真中，没有特别声明时，需要 6×1000 个样本来计算式(20.20)中的相关矩阵和式(20.21)中的 MUSIC 谱，假设所有的源信号和式(20.15)中的一样都是周期的。

在这个仿真中，用一个移位电抗的方法来判定实际应用中电抗集合的值。对于式(20.21)中描述的电抗域 MUSIC 算法，电抗的每个集合都是独立选择的。然而，ESPAR 天线的结构是对称的，并且由于它的校准在[21,25-27]之间，在实际中很容易使用一组电抗(例如 $\boldsymbol{x}=[193.3,18.7,162.9,262.3,260.6,91.2]^{\mathrm{T}}$)，并且每次周期移动电抗的值时测量一个输出。电抗的移位给出了另外五个天线方向图。由于 ESPAR 天线的对称性，每个方向图也是其他方向图的移位。

第一个仿真是具体地展示如何从式(20.21)中的 MUSIC 谱估计 DOA 的一个例子。图 20.5 展示了 MUSIC 谱和四个入射信号的估计 DOA 的值，每个都有一个 5dB 的信噪比。事实上，四个峰值的 x 坐标值给出了 DOA 的估计值。电抗域 MUSIC 算法的平均精度小于 0.5°。另外，图 20.6 说明了天线接收到两个信号时的情况，两个信号角度相差10°，都是5dB的信噪比。结果表明电抗域MUSIC估计量在信噪比为5dB时分辨率为10°。

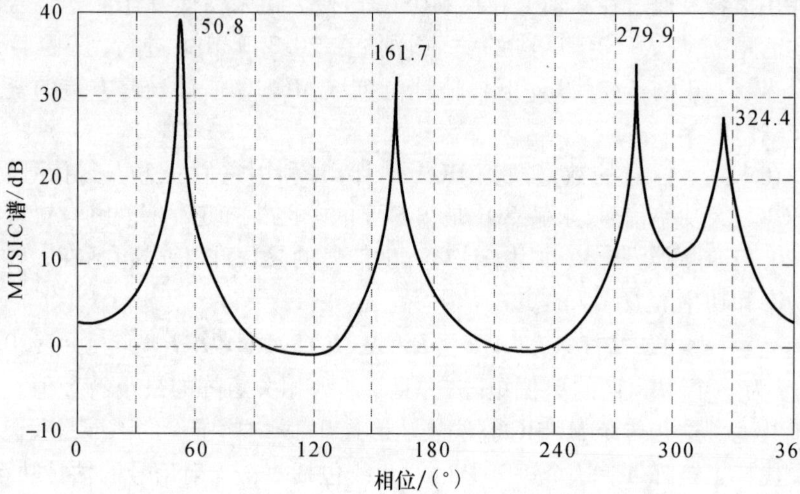

图20.5 估计 DOA = 50.8°,161.7°,279.9°和324.4°的MUSIC谱。入射信号的DOA分别是50°,162°,280°和325°,每个信号的信噪比为5dB

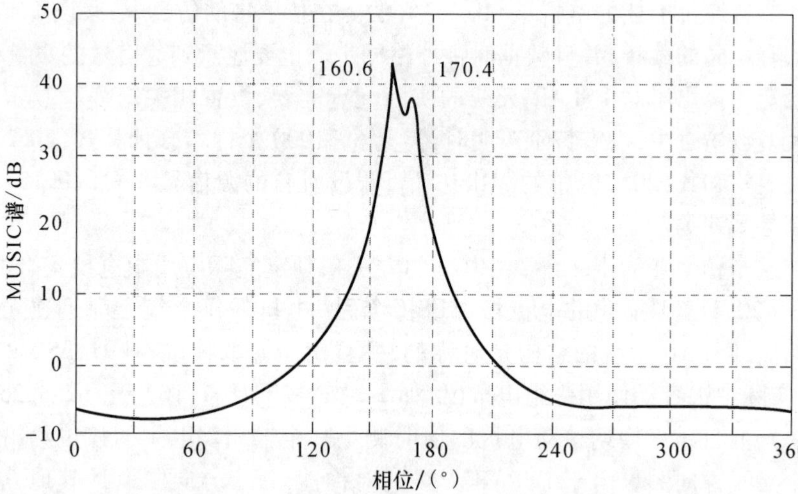

图20.6 估计 DOA = 160.6°和170.4°MUSIC谱。入射信号的DOA分别是160°和170°,每个信号的信噪比为5dB

第二个仿真要说明入射信号的信噪比对MUSIC谱上的影响。因此，展示并讨论入射信号的信噪比为20dB和0dB时的结果。图20.7分别展示了这两个信噪比时的 MUSIC 谱。通过这个曲线，可以清楚地看到当信噪比增加时，峰值变高并变得尖锐，因而精度提高了。在信噪比为 20dB 时，估计的精度为 0.1°。

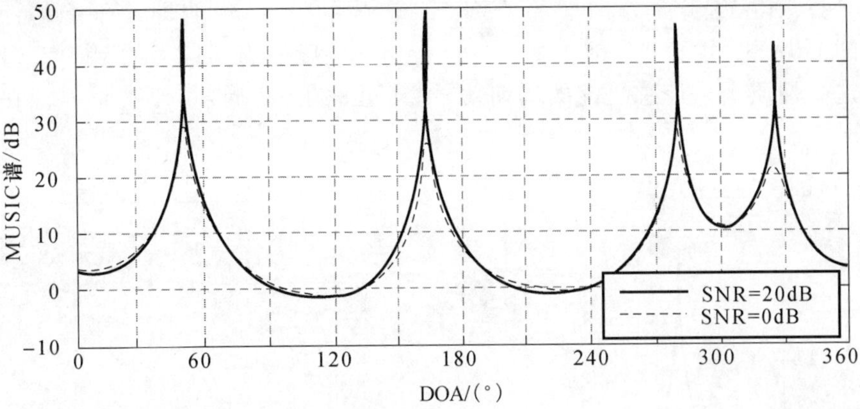

图 20.7　在信噪比为 20dB 和 0dB 时每个信号的 MUSIC 谱。入射信号 DOA = 50°，162.0°，280.0°和 325°。信噪比 20dB 时，DOA 的值分别为 49.9°，162.0°，280.0°和 325.1°；信噪比 0dB 时，DOA 值分别为 49.5°，162.5°，280.7°和 325.3°

第三个仿真的目的是判定 SOI，假设其功率高于其他入射信号。在实际中经常做这种假设。因为 MUSIC 谱并没有给出入射信号功率足够的信息，因此能够通过计算矩阵 $\boldsymbol{P}$ 的自相关，及式(20.22)所示互相关功率来估计每个信号的功率。矩阵 $\boldsymbol{P}$ 对角线上的元素给出了每个到达信号的功率估计。因此，$\boldsymbol{P}$ 对角线上最大值的位置暗示了 SOI。对于在表 20.1 中的仿真参数，计算矩阵 $\boldsymbol{P}$，得

$$\boldsymbol{P}=\begin{bmatrix}4.02 & 0.01 & 0.02 & 0.01\\ 0.02 & 3.15 & 0.02 & 0.02\\ 0.02 & 0.02 & 8.01 & 0.01\\ 0.01 & 0.02 & 0.01 & 5.00\end{bmatrix}$$

最高功率为 8.01，处在对角线的第三个位置上。因而，SOI 是第三个入射信号 DOA 的估计，其值为 180.3°。

表 20.1　对于影响信号的 DOA 的估计

到达信号				
信号数	1	2	3	4
信噪比/dB	3	2	6	4
DOA	10°	110°	180°	300°
DOA 估计值	10.2°	109.6°	180.3°	300.1°

在上面的仿真中,根据电抗域 MUSIC 算法,为了计算式(20.22)的相关矩阵 $\boldsymbol{R}$,所有的入射信号都是周期性发送的。在第四个仿真中,考虑对 ESPAR 天线仅周期发送一个信号的情况。其他信号都认为是来自未知源的干扰信号,因此是非周期的。MUSIC 谱(图 20.8)说明即使不能估计干扰的 DOA,也可以在当前仿真中估计有相同精度的周期信号的 DOA。可以用这个性质来估计感兴趣的周期信号,甚至是在(非周期)干扰信号存在的情况下。

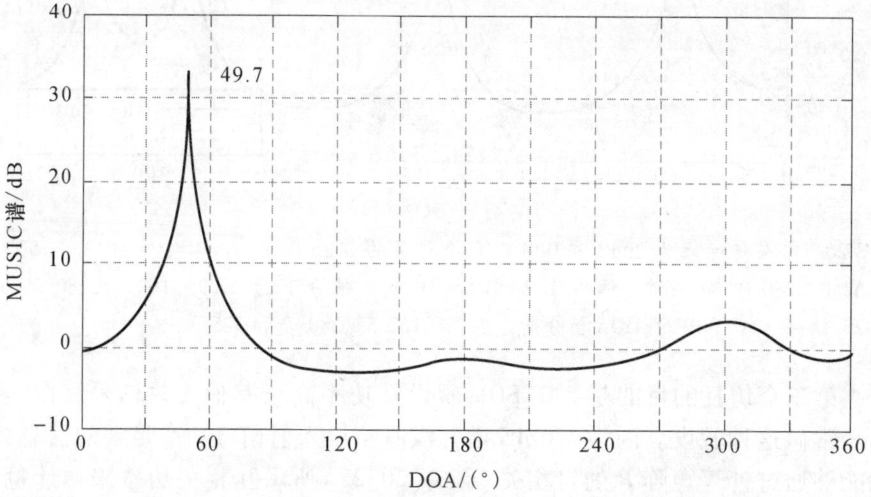

图 20.8 MUSIC 谱的 DOA 估计值为 49.7°,对于一个周期信号(DOA = 50°)、三个非周期干扰 DOA = 162°,280°和 325°。周期信号的信噪比为 5dB,每个干扰对噪声功率的比都是 5dB

第五个仿真的目的是研究式(20.1)电抗范围的影响。对于上面的仿真,电抗的范围设定在[−300Ω,300Ω]。然而,在实际情况下,譬如由于硬件设计,电抗的有效范围设定为[−93.6Ω,−4.8Ω]。在这个仿真中,应用的每组电抗都是在它相应范围内随机选取的。这里,想要看电抗域的 MUSIC 算法的有效范围是否没有衰减地保持了性能,甚至是一个很窄范围的电抗。图 20.9 展示了在当前电抗的窄谱内获得的 MUSIC 谱,它证明了电抗的窄谱也可以在没有很大的估计精度衰减的情况下给出 DOA 的估计。

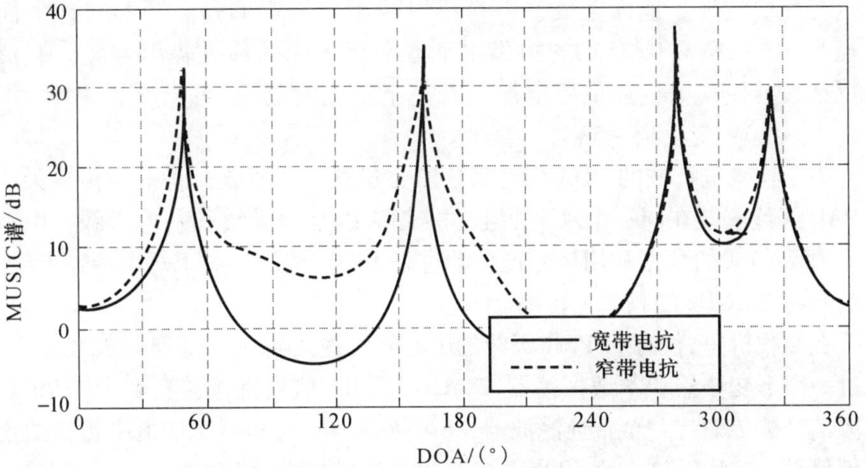

图 20.9　对于宽带和窄带电抗的 MUSIC 谱。在信噪比为 5dB 时，每个入射信号的 DOA 分别为 50°，162°，280°和 325°。对于一个窄的电抗范围[−93.6Ω，−4.8Ω]的估计的 DOA = 48.8°，160.4°，281.9°和 324.8°；在一个宽的电抗范围[−300Ω，300Ω]内的估计的 DOA = 50.2°，161.4°，279.6°和 325.4°

20.3.4　试验验证

在 20.3.3 节中，电抗域 MUSIC 算法是很有仿真价值的。本节列出了算法的试验结果，它在一个无回波的空间中证明了此算法。

20.3.4.1　天线结构和测量配置

在处理前，首先描述试验中使用装配的 ESPAR 天线和给定的测量参数。

一个 2.4GHz 的 ESPAR 天线[28]如图 20.10 和图 20.11 所示。7 个单极子天线阵元安排在一个限定的圆形平面结构上。中间的阵元是反馈阵元，其他的阵元是附加阵元，并在中心阵元周围做了一个 0.25 的环，其中 λ = 120 mm 是一个对应于 2.4GHz 带宽工作频率的自由空间的波长。每个附加阵元底部都有一个可变电抗。阵元上的偏置电压 V_m 用来校准电抗的值。通过控制 6 个偏置电压 V_m (m = 1，2，…，6)，进而控制电抗的值，从而

图 20.10　装配好的 7 阵元 ESPAR 天线

产生变化的波形。地面上安装一个槽以减小主波瓣仰角。圆形接地平面的半径为 0.5λ,槽高 0.25λ,它提供水平方向上天线的最大辐射增益。有负载的反馈设计使得电抗在偏置电压上有一个变化的范围,可以在 2.4GHz[28] 的频率上从 20V 变化到 -5V。

为了检验电抗域的 DOA 估计算法需要建立一个试验。将两个传输天线和 ESPAR 天线安装在同一个水平面上。传输天线是角天线和八木天线。由不同的 m 序列组成的数据利用信号产生器进行 BPSK 调制。对于每个传输天线,调制信号在 2.4GHz 的频率上传输。

在接收机里,仅有 ESPAR 天线的中心阵元连接到一个低噪声放大器模块。通过一个下变频器和本地振荡器,2.4GHz 的 RF 信号直接转变到中频 70MHz。中频信号被传输到一个带通滤波器,并被解调为同向和正交信道中传输的正交基带信号。然后通过一个 500kHz 速率的模数转换器,将基带信号进行 12bit 分辨率的数字化。一个基于 PC 的 ESPAR 控制器被用来设定 6 个偏置电压并反馈到 ESPAR 天线。偏置电压改变了电抗的值和 ESPAR 天线图样。通过设定一组偏置电压,例如 $V=[-0.5,20,20,20,20,20]$V,可以得到长度为 N 的样本的输出序列,其他的序列可以通过移动这组偏置电压得到。这些累计序列用来离线计算式(20.20)中的相关矩阵 $\boldsymbol{R}$。

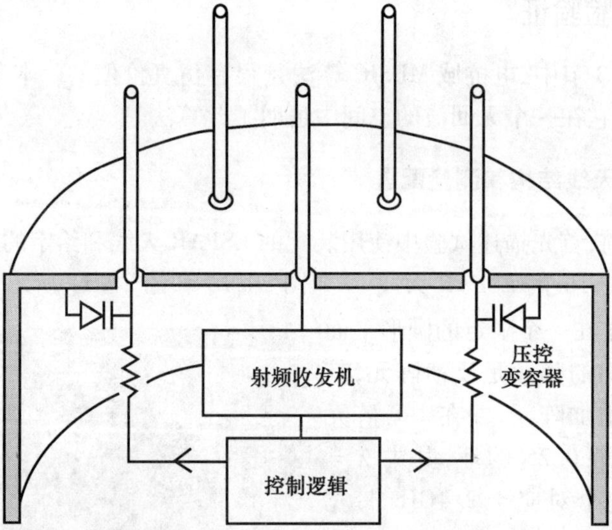

图 20.11 一个 7 阵元 ESPAR 天线的横截面

20.3.4.2 校准和 DOA 估计试验

为了计算式(20.21)的 MUSIC 谱,需要知道电抗域控制向量 $\boldsymbol{a}_{\text{rec}}(\theta)$ 的值,

其中 $0° < \theta < 360°$。由式(20.18)和式(20.7)可知，$\boldsymbol{a}_{\text{rec}}(\theta)$是一个阻抗矩阵 $\boldsymbol{Z}$ 和相关电抗(例如偏电压)的函数。这就意味着对于一部实际的 ESPAR 天线，MUSIC 谱估计的精度依赖于 $\boldsymbol{Z}$ 的估计。

现在考虑一个校准方案来直接获得 $\boldsymbol{a}_{\text{rec}}(\theta)$的实际估计值[20,29]。假设没有噪声，并且仅有一个(恒定)信号 $u(t)$(例如，$\forall t, u(t)=1$，且 $Q=1$)以 θ 方向到达天线。对于一个给定的偏电压向量 $\boldsymbol{V}^m = [V_1^m, V_2^m, \cdots, V_M^m]$(例如一个电抗向量 $\boldsymbol{x}^m$)，根据式(20.13)，在相位为 θ 时，天线输出 y_m 为

$$y_m = \boldsymbol{i}_m^{\text{T}} \boldsymbol{a}(\theta)$$

注意到通过测量天线输出的相位和功率可以获得 y_m 的值。对于一个给定的 θ

$$\boldsymbol{a}_{\text{rec}}(\theta) = [\boldsymbol{i}_1^{\text{T}}, \boldsymbol{i}_2^{\text{T}}, \cdots, \boldsymbol{i}_M^{\text{T}}]\boldsymbol{a}(\theta) = [y_1, y_2, \cdots, y_M]^{\text{T}}$$

这就意味着对于 $0° < \theta < 360°$，向量 $\boldsymbol{a}_{\text{rec}}(\theta)$可通过测量进行先验估计。对 DOA 的估计，可以根据天线输出的抽样值计算相关矩阵，通过本征频率得到矩阵 $\boldsymbol{E}_N$。然后，根据矩阵 $\boldsymbol{E}_N$ 和测量向量 $\boldsymbol{a}_{\text{rec}}(\theta)$，$0° < \theta < 360°$，能够计算式(20.21)的 MUSIC 谱并估计 DOA。根据试验[30]获得的相关矩阵计算的 MUSIC 谱，如图 20.12 和图 20.13 所示。图 20.12 说明当两个入射信号分别以 -135°和 0°入射时，估计的 DOA 为 -133°和 +1°。在图 20.13 中，MUSIC 谱展示当两个信号分别以 -45°和 0°入射时，两个峰值分别在 -46°和 2°。试验验证了电抗域 MUSIC 算法，并证明了可以在 2°的精度上对两个到达信号估计。注意：对 DOA 估计的波是在这里不相干的。通过 ESPAR 天线对相干波的 DOA 估计见文献[30-34]。

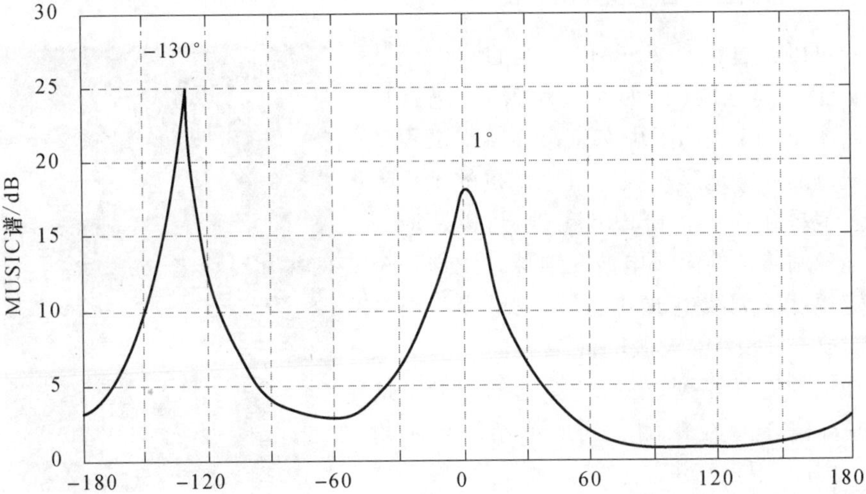

图 20.12　入射信号为 -135°和 0°的，通过 MUSIC 谱估计的 DOA 为 -133°和 1°

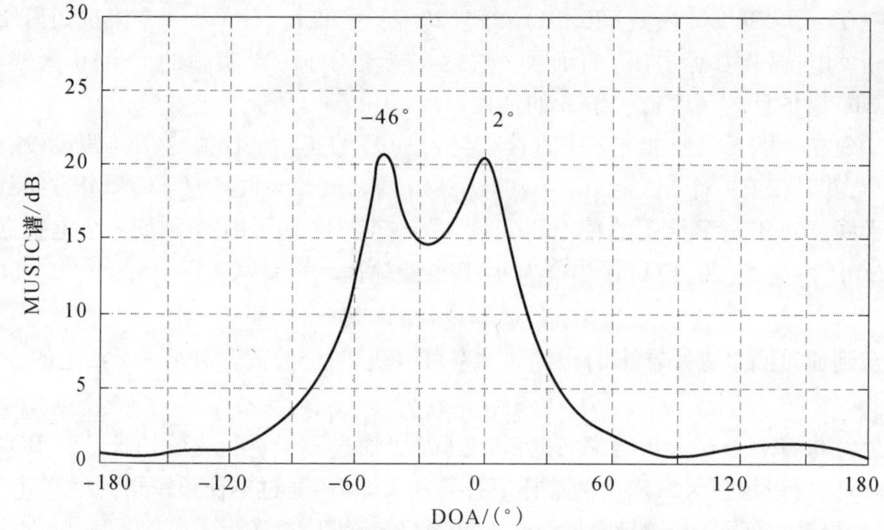

图 20.13 入射信号为 -45°和 0°的,通过 MUSIC 谱估计的 DOA 为 -46°和 2°

20.4 实际系统应用

因为 ESPAR 天线在未使用任何波形网络和多级射频回路的情况下提供了精确的函数性,因此使其可以应用于多种低成本的无线电系统。

20.4.1 卫星姿态和方向控制

可以通过设计 ESPAR 天线的测向函数对 E 卫星的方位(例如偏航和俯仰)进行控制。图 20.14 展示了由东京市立航空工程学院研制的一颗地震预报卫星原型机的工程模型。卫星载有一个 ESPAR 天线,可以感应到从地球站传来的无线电波。地球站发送一个恒定幅度的无线电波到卫星,卫星接收信号同时旋转 ESPAR 天线的波束方向。基于接收振幅的时间序列,卫星计算它的方向。这就意味着卫星在探测它到地球站的相对角度。因而,卫星知道了它的位置偏移,并反馈这个消息给位置控制装置来校准位置。实际的飞行模型将携带调频发射机用来进行电离层回波探测,这种探测据信能够检测到地震

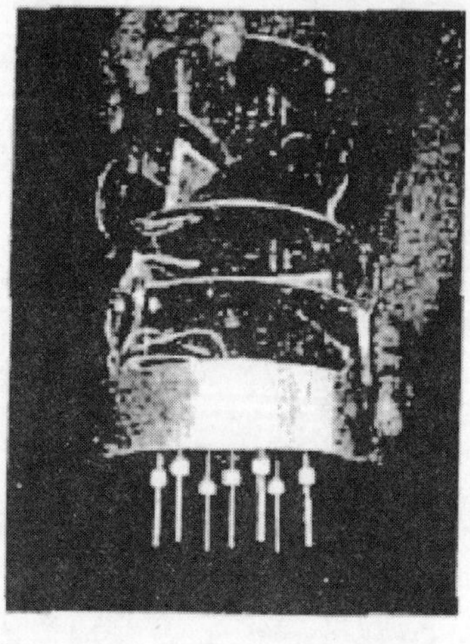

图 20.14 一颗地震预报卫星的原型工程样机

的征兆。

20.4.2 无线定位器和自动导引系统

ESPAR 天线测向函数的另外一个应用是无线自动导引系统[35]。图 20.15 展示了一个应用在自动导引车上的无线定位器,该系统由神户大学国际救援系统研究室研制,用来跟踪由蜂窝电话或无线 PDA 发送的信号。在一个发生了灾难的地区,救援设备呼叫遇难者的蜂窝电话。电话发送一个等幅波,定位器接收到这个波形的同时旋转安装在其上的 ESPAR 天线波束方向。基于接收振幅的时间序列,定位器判定遇难者蜂窝电话的方向,即定位器探测它与蜂窝电话的相对角度。从而,定位器反馈这个信息给履带车的控制装置来调整前进方向。即使遇难者不能回答这个呼叫,电话也会发送一个收到的应答。无线定位器获得它并检测到达方向。履带车就向这个方向移动一段距离。然后再次呼叫这个电话,获得应答信号,检测它的方向,再移动一段距离。此过程不断重复,直到车辆到达信号源(例如遇难者)。

图 20.15　无线定位器和自动导引车

20.4.3 无线自组织网络

一个无线自组织网络具备在没有基础设施的情况下两个节点间直接通信的能力,例如基站。在标准通信环境的实际通信中,由于发生动态改变时节点很容易移动,因此为了节点能够对立工作或与其他节点协调工作,有必要以其自身作为路由器独立运行。

然而,如果由于微波信号的衰减而导致节点间不能直接通信,则可通过另外节点作为中继节点,对终端节点使用多次反射通信的方法。找到最佳中继站是无线自组织网络中的一个关键的路由任务。传统方法是搜索非定向天线发射的数据包来搜索路由器,通过反复加载网络得到一个性能水平很低的结果。因此,所建议的方法是通过在同一个信道中的不同接口改进网络的性能。也就是说,方向波束在一组角度单元上有规律地移动,测量每个节点得到的信号强度来产生角度信噪比率表(AST)信息。基于以上信息,对中继站的系统搜索为直接波束通信提供了最佳微波信号环境。图 20.16 展示了已开发的测试系统,它由一个 ESPAR 天线、一个无线模块和一台笔记本电脑组成[37]。

图 20.16 由装备有无线终端的 ESPAR 组成的原型网络试验

20.5 结 论

通过采用单口天线 ESPAR 天线来研究移动用户终端的高精度方位探测。天线仅仅有一个散热片连接在接收机或发射机上,周围附加散热体被装载在不同的电抗体中。由负载电抗的变化得出波束的方向特性集合。然后利用这个集合估计 DOA 的混叠信号。天线的主要特点是它仅需要一条接收机链,这意味着能降低天线的成本、体积、复杂度和功耗。另外一个特点是它的信号合并是在空中靠阵列元素的电磁场耦合进行的,而不是在电路中,这使天线可以快速运行。

这里用 DOA 方法对 ESPAR 天线生成信号进行处理。利用天线的波束方向特性和对应的电抗对接收信号的相关矩阵进行估计,利用 MUSIC 算法通过相关矩阵估计 DOA 混叠信号。计算机仿真和试验已经成功地证明电抗领域的 MUSIC 算法对高精确度 DOA 估计的有效性。以下是 ESPAR 天线的三个实际应用:卫星姿势控制、无线定位器、导航系统和无限自组网。这些说明了使用了 DOA 估计的 ESOAR 天线有可能替代传统的阵列天线,特别是针对移动终端。

本章介绍了利用 DOA 估计处理 ESPAR 天线信号方法及应用,进一步讨论了 ESPAR 天线对波束模式的适用和 ESPRIT 基础技术。对 ESPAT 天线应用的优势感兴趣的读者可以参阅文献[3,5,8,28,38-40]。

致谢

感谢神户大学互联网系统维护试验室 Takamori 教授，Antenna Giken 的 Kawakami 博士，东京首都大学航空工程学院 Wakabayashi 教授。感谢他们提供 ESPAR 天线的图片和应用设计。

参考文献

[1] Schmidt R O. Multiple Emitter Location and Signal Parameter Estimation. IEEE Trans. on Antennas and Propagation, vol. AP – 34, No. 3, 1986, pp. 276 – 280.

[2] Nicolau E, Zaharia D. Adaptive Arrays. New York：Elsevier, 1989.

[3] Cheng J, Kamiya Y, Ohira T. Adaptive Beamforming of ESPAR Antenna Based on Steepest Gradient Algorithm. IEICE Trans. on Communications, vol. E84 – B, No. 7, 2001, pp. 1790 – 1800.

[4] Ohira T, Gyoda K. Handheld Microwave Direction – of – Arrival Finder Based on Varactor – Tuned Analog Aerial Beamforming. Proc. 2001 Asia – Pacific Microwave Conf Taipei, December 2001, pp. 585 – 588.

[5] Ohira T. Analog Smart Antennas：An Overview (Invited). IEEE Intl. Symp. Personal Indoor Mobile Radio Commun. (PIMR C2002), 4, Lisbon, Portugal, September 2002, pp. 1502 – 1506.

[6] Ohira T. Analog Renaissance in Adaptive Antennas. Progress in Electromagnetic Research Symp. (PIERS 2003), Singapore, January 2003, pp. 270.

[7] Ohira T. Reactance Domain Signal Processing in Parasite – Array Antennas (Invited). Asia – Pacific Microwave Conf (APMC 2003), WD6 – 1, 1, Seoul, Korea, November 2003, pp. 290 – 293.

[8] Ohira T, Cheng J. Analog Smart Antennas. Adaptive Antenna Arrays：Trends and Applications, Berlin：Springer Verlag, 2004, pp. 184 – 204.

[9] Ohira T, Iigusa K. Electronically Steerable Parasitic Array Radiator Antenna. Electronics and Communications in Japan (Part 2：Electronics), ECJB, Wiley Periodicals, vol. 87, No. 10, 2004, pp. 25 – 45.

[10] Harrington R F. Reactively Controlled Directive Arrays. IEEE Trans. on Antennas and Propagation, vol. AP – 26, No. 3, 1978, pp. 390 – 395.

[11] Dinger R J. Reactively Steered Adaptive Array Using Microstrip Patch Elements at 4 GHz. IEEE Trans. on Antennas and Propagation, vol. AP – 32, No. 8, 1984, pp. 848 – 856.

[12] Dinger R J. A Planar Version of a 4. 0 GHz Reactively Steered Adaptive Array. IEEE Trans. on Antennas and Propagation, vol. AP – 34, No. 3, 1986, pp. 427 – 431.

[13] Preston S T, et al. Base – Station Tracking in Mobile Communications Using a Switch Parasitic Antenna Array. IEEE Trans. on Antennas and Propagation, vol. AP – 46, No. 6, 1998, pp. 841 – 844.

[14] Preston S T, Thiel D V, Lu J W. A Multibeam Antenna Using Switched Parasitic and Switched Active Elements for Space – Division Multiple Access Applications. IEICE Trans. Electron., vol. E82 – C, No. 7, 1999, pp. 1202 – 1210.

[15] Scott N L, Leonard – Taylor M O, Vaughan R G. Diversity Gain from a Single Port Adaptive Antenna Using Switched Parasitic Elements Illustrated with a Wire and Monopole Prototype. IEEE Trans. on Antennas and Propagation, vol. AP – 47, No. 6, 1999, pp. 1066 – 1070.

[16] Svantesson T, Wennstrom M. High – Resolution Direction Finding Using a Switched Parasitic

Antenna. Proc. of 11th IEEE Signal Processing Workshop on Statistical Signal Processing, Singapore, 2001, pp. 508 – 511.

[17] Thiel D V, Smith S. Switched Parasitic Antennas for Cellular Communications. Norwood, MA: Artech House, 2001.

[18] Vaughan R. Switched Parasitic Elements for Antenna Diversity. IEEE Trans. on Antennas and Propagation, vol. AP – 47, No. 2, 1999, pp. 399 – 405.

[19] Plapous C, et al. Reactance Domain' MUSIC Algorithm for Electronically Steerable Parasitic Array Radiator. IEEE Trans. on Antennas Propagation, vol. AP – 52, No. 12, 2004, pp. 3257 – 3264.

[20] Taillefer E et al. Reactance – Domain MUSIC for ESPAR Antennas (Experiment). IEEE Wireless Communications and Networking Conference, vol. I, New Orleans, LA, March 2003, pp. 98 – 102.

[21] Ohira T, et al. Equivalent Weight Vector and Array Factor Formulation for ESPAR Antennas. IEICE Technical Report, vol. AP2000 – 44 (SAT2000 – 41, NW2000 – 41), 2000 (in Japanese).

[22] Han Q, Inagaki K, Ohira T. Array Antenna Characterization Technique Based on Evanescent Reactive – Nearfield Probing in an Ultra small Anechoic Box. IEEE MIT – S International Microwave Symp, IMS2003, vol. 3/3, TH4C – 3, June 2003, pp. 1841 – 1844.

[23] Iigusa K, Ohira T, Komiyama B. Equivalent Steering Vector for ESP AR Antennas and Its Derivation by Using Structure Parameters of Vector Effective Length. Proc. of the 2004 Int. Symp. on Antennas and Propagation, Sendai, Japan, August 17 – 21, 2004, pp. 1297 – 1300.

[24] Taillefer E, et al. Fisher – Cramer – Rao Lower Bound and MUSIC Standard Deviation Formulation for ESPAR Antennas. International Symp. on Antennas and Propagation, ISAP2004, 4D2 – 2, Sendai, Japan, August 2004, pp. 1301 – 1304.

[25] Chiba K, Yamada H, Yamaguchi Y. Experimental Verification of Antenna Array Calibration Using Known Sources. IEICE Technical Report, vol. AP2002 – 41, 2002, pp. 7 – 12 (in Japanese).

[26] Iigusa K, et al. ESPAR Antenna Parameters Fitting Based on Measured Data. IEICE Technical Report vol. AP2001 – 104 (RCS2001 – 143), 2001, pp. 93 – 100 (in Japanese).

[27] Iigusa K, Ohira T. Adjustable Impedance Matching for ESPAR Antenna. IEICE Technical Report, vol. SCE2002 – 14 (MW2002 – 14), 2002, pp. 71 – 76 (in Japanese).

[28] Cheng J, et al. Electronically Steerable Parasitic Array Radiator Antenna for Omni and Sector – Pattern Forming Applications to Wireless Ad Hoc Networks. IEE Proc. on Microwaves, Antennas, and Propagation, vol. 150, No. 4, 2003.

[29] Taillefer E, Hirata A, Ohira T. Direction – of – Arrival Estimation Using Radiation Power Pattern with an ESPAR Antenna. IEEE Trans. on Antennas and Propagation, vol. AP – 53, No. 2, 2005, pp. 678 – 668.

[30] Hirata A, et al. Reactance – Domain SSP MUSIC for an ESPAR Antenna to Estimate the DOAs of Coherent Waves. Proc. on the Wireless Personal Multimedia Conference (WPMC'03), vol. 3, Yokosuka, Japan, 2003, pp. 242 – 246.

[31] Hirata A, Yamada H, Ohira T. Reactance – Domain MUSIC DOA Estimation Using Calibrated Equivalent Weight Matrix of ESPAR Antenna. 2003 IEEE AP – S International Symp., Columbus, OH, June 2003, pp. 252 – 255.

[32] Hirata A, et al. Correlation Suppression Performance for Coherent Signals in RD – SSP – MUSIC with a 7 – Element ESPAR Antenna. European Conf Wireless Tech., ECWT2004, Amsterdam, October

2004, pp. 149 – 152.

[33] Ogawa Y, et al. Experiment of DOA Estimation with RD – CUBA – MUSIC Using 7 – Element ESPAR Antennas. International Symp. on Antennas and Propagation, ISAP2004, 4D2 – 4, Sendai, Japan, August 2004, pp. 1309 – 1312.

[34] Ikeda K, et al. DOA Estimation by Using MUSIC Algorithm with a 9 – Element Rectangular ESPAR Antenna. International Symp. on Antennas and Propagation, ISAP2004, 1A4 – 5, Sendai, Japan, August 2004, pp. 45 – 48.

[35] Shimizu T, Tawara S, Ohira T. A Proposal of Portable Wireless Locator and Foxhunting System: Handheld DOA Finder and Public Mobile Communication Infrastructure. International Symp. Wireless Personal Multimedia Communications(WPMC2003), Yokosuka, Japan, October 2003, pp. 372 – 376.

[36] Takamori T, et al. Development of UMRS(Utility Mobile Robot for Search) and Searching System for Sufferers with Cell Phone. SICE/RSJ Int'l Symp. Systems and Human Science(SSR200, Osaka, Japan, November 2003, pp. 47 – 52.

[37] Watanabe M, Tanaka S. Directional Beam MAC for Node Direction Measurement in Wireless Ad Hoc Network. EuMW2003, No. ECWT9 – 14, Munich, Germany, October 2003, pp. 155 – 158.

[38] Cheng J, et al. Adaptive ESPAR Antenna Experiments Using MCCC and MMC Criteria. IEICE General Conference 2002, vol. B – 1 – 117, Nagoya, Japan, March 2002, p. 133.

[39] Cheng J, et al. Blind Aerial Beamforming Based on a Higher – Order Maximum Moment Criterion(Part II: Experiments). Asia – Pacific Microwave Conference(APMC2002), vol. 1, Kyoto, Japan, November 19 – 22, 2002, pp. 185 – 188.

[40] Taillefer E, Chu E, Ohira T. ESPRIT Algorithm for a Seven – Element Regular Hexagonal Shaped ESPAR. European Conf. Wireless Tech. (ECWT2004), Amsterdam, October 2004.

第21章 脉冲多普勒雷达DOA估计新方法

本章提出了一种宽范围目标雷达回波的DOA估计算法。该改进算法是基于空间状态向量模式和双进程二维预滤波，最后结合高分辨率的MUSIC方法进行DOA估计。得出了一个化简的分辨率极限的理论值，并且对本算法的有效性进行理论和仿真的验证。对HF雷达海面杂乱回波信号进行试验来验证本算法。

21.1 导 言

在阵列信号传感器处理的过程中，特别是应用在雷达信号上，强背景噪声、杂波或干扰多目标DOA的侦测和估计受到越来越多的关注。高分辨率方法都是很有吸引力的，如MUSIC[1]、最小范数[2]和ESPRIT[3,4]，当信号足够精确时，它们所得的分辨率远超过传统的傅里叶界限，并且这些算法所需的计算量小于理想的最大似然函数方法[5]。另外，由于这些算法的估计过程中要利用接收信号斜方差矩阵的特征向量的最小(噪声子空间)或最大(信号子空间)特征值，因此只需要探测信号的二阶统计特征。子空间基础方法是渐进无偏估计，并且在应用的性能上有了很大改善。本章将重点研究MUSIC算法，这是一种发展前景很好的算法。

首先Kaveh和Barabell详细分析了MUSIC算法和最小范数算法[7]，在高斯白噪声的背景下用一些快拍和传感器数目及角度分离器来表示分辨率界限的近似模式。Stoica和Nehorai给出了一些MUSIC算法的更有效的分析[8]，他们直接表示出了DOA估计的误码率方差，并得出和比较了CRB，另外在文献[9,10]中表述了模式的误码率和和干扰。在实际中则需要加一些限制，如低信噪比、高相关信号、限制快照的数量、或模式误码率，这些都能使MUSIC算法性能严重下降甚至不合格[8-23]。研究人员做了大量工作提高促进MUSIC性能，使其适应各种环境。很多人进行空间平滑性研究[13-18]，其中Kirlin和Du[16-18]将互相关信息合并至协方差矩阵和空间平滑，得到了更好的角度分辨率。

另外一种值得注意的方法是把MUSIC算法与空间缓冲器结合，引出了号称波束空间MUSIC算法(BS-MUSIC)[19-22]，该算法计算中用了很少的维数，所以计算的复杂度明显下降。Xu和Buckley比较MUSIC元素空间得到了更低的误码率[21]。Lee和Wengrovitz通过BS-MUSIC给出了一个更低的分辨率界限。

本章介绍了在雷达方面利用的专有特点,提出了双重 cisoidal 雷达 DOA 估计的新算法。在没有噪声和杂波时,目标拥有一个多普勒源,在解调雷达回波中通常要对高杂波的雷达回波、长延迟雷达回波进行处理,以提高信号与噪声杂波比[23,24]。子空间方法仅在高频侦察雷达的高杂波数据的多普勒频域处理中有较好的性能[25,26]。这些方法的性能主要受限于可用的快照数量(通常一个多普勒处理后仅有一个快照值),另外一个缺点就是计算量大。

注意到多普勒处理是一个极窄带宽下的短时滤波,如通常的 FFT,本章结合状态空间实现更精确的模式接收阵列信号,并且使用一个双进程二维滤波器(空间和时间),随后输出用高分辨率的 MUSIC 算法进行 DOA 估计。更重要的是用线性转换器映射到一组在空间频域可选择的特殊信号上,这样可以在空间和时间域内消除或明显减弱其他的信号。该算法的主要优点是减少了信号、噪声和杂波间的时间和空间谱上的影响,得到了感兴趣的空间和频率谱。另外一个优点是当时间和空间谱不是白的时预滤波白化了噪声和杂波。我们所提供的算法是在近似 MUSIC 算法的基础上,但是还存在着其他的高分辨率算法,如最小范数算法或 ESPRIT 算法。在简要回顾了 MUSIC 和 BS - MUSIC 算法并构建符号表达式后,将详细解释多普勒雷达回波特征,描述它的空间状态模式并提出二维空间 - 时间基于预滤波的 MUSIC 算法。给出了新算法分辨率界限的理论出处,它与文献[22]中的通用结果一致。最后的仿真试验结果支持新算法。

21.2 回顾 MUSIC 和 BS - MUSIC 算法

本节简单地描述两种基础的阵列信号处理算法:传统的传感器 MUSIC 算法(或称为 MUSIC 谱算法)和 BS - MUSIC 算法。本章大写字母表示矩阵,小写字母表示向量,上标 T 和 H 分别表示转置和共轭转置。假设在 $t(t=1,2,\cdots,T)$ 时刻的快照 $\boldsymbol{y}(t)\in\mathbb{C}^{m}$,展开 ULA,远场平面入射波的传统窄带阵列模型为

$$\boldsymbol{y}(t)=\boldsymbol{A}\boldsymbol{s}(t)+\boldsymbol{n}(t) \tag{21.1}$$

这里,$\boldsymbol{n}(t)\in\mathbb{C}^{m}$ 是加性空间白噪声向量;$s(t)\in\mathbb{C}^{k}$ 代表 k 个相互独立且独立于噪声的散射源对信号的反射瞬时值;矩阵 $\boldsymbol{A}=[a(\theta_1),\cdots,a(\theta_k)]$ 是信号源方向向量,它的第 i 列表示为

$$\boldsymbol{a}(\theta_i)=\left[1,\mathrm{e}^{-\mathrm{j}2\pi\frac{d\sin(\theta_i)}{\lambda}},\cdots,\mathrm{e}^{-\mathrm{j}2\pi\frac{d\sin(\theta_i)}{\lambda}(m-1)}\right]^{\mathrm{T}} \tag{21.2}$$

其中,m 为传感器的数量;θ_i 为 DOA 的第 i 个信号源;λ 和 d 为各自的雷达载波波长和传感器间距。传感器阵列输出向量 $\boldsymbol{y}(t)$ 的斜方差矩阵 $\boldsymbol{R}_{yy}\in\mathbb{C}^{m\times m}$ 是

$$\boldsymbol{R}_{yy}=E\{\boldsymbol{y}(t)\boldsymbol{y}^{\mathrm{H}}(t)\}=\boldsymbol{A}\,\boldsymbol{R}_{ss}\boldsymbol{A}^{\mathrm{H}}+\sigma^2\boldsymbol{I}_{m\times m} \tag{21.3}$$

其中，σ^2 为噪声 $\boldsymbol{n}(t)$ 的方差；$\boldsymbol{R}_{ss}$ 为信号斜方差矩阵的满秩，是期望算子；$\boldsymbol{I}_{mm}$ 是 m 维的恒等矩阵。$\boldsymbol{R}_{yy}$ 的子空间分解是

$$\boldsymbol{R}_{yy} = \sum_{i=1}^{m} \lambda_i \boldsymbol{h}_i \boldsymbol{h}_i^{\mathrm{H}} = \boldsymbol{U}_s \Sigma_s \boldsymbol{U}_s^{\mathrm{H}} + \boldsymbol{U}_n \Sigma_n \boldsymbol{U}_n^{\mathrm{H}} \tag{21.4}$$

其中，$\lambda_1 \geqslant \cdots \geqslant \lambda_k \geqslant \lambda_{k+1} = \cdots = \lambda_m = \sigma^2$ 为 $\boldsymbol{R}_{yy}$ 的特征值；$\boldsymbol{h}_i$ 为对应的正交矩阵的特征值；$\boldsymbol{U}_s = [\boldsymbol{h}_1\ \boldsymbol{h}_2 \cdots \boldsymbol{h}_k]$ 表示 k 秩的扩展信号子空间；$\boldsymbol{U}_n = [\boldsymbol{h}_{k+1} \boldsymbol{h}_{k+2} \cdots \boldsymbol{h}_m]$ 是扩展噪声子空间；Σ_s 和 Σ_n 是对角矩阵和相应的特征值。在文献[1,12]证明了向量 $\boldsymbol{U}_n$ 的扩展子空间垂直于 $\{\boldsymbol{a}(\theta_1), \boldsymbol{a}(\theta_2), \cdots, \boldsymbol{a}(\theta_k)\}$，因此得出 MUSIC 空间谱为

$$P_{MU}(\theta) = \frac{1}{\boldsymbol{v}^{\mathrm{H}}(\theta) \boldsymbol{U}_n \boldsymbol{U}_n^{\mathrm{H}} \boldsymbol{v}(\theta)} = \frac{1}{D(\theta)} \tag{21.5}$$

$D(\theta)$ 定义为零频谱，得到向量 $\boldsymbol{v}(\theta)$ 为

$$\boldsymbol{v}(\theta) = \frac{1}{\sqrt{m}} \left[1, \mathrm{e}^{-\mathrm{j}2\pi \frac{d\sin(\theta)}{\lambda}}, \cdots, \mathrm{e}^{-\mathrm{j}2\pi \frac{d\sin(\theta)}{\lambda}(m-1)} \right]^{\mathrm{T}} \tag{21.6}$$

其中，$\boldsymbol{v}(\theta)$ 与信号源 DOA 的 θ_i 一致，它垂直于噪声子空间 $\boldsymbol{U}_n$，并且由 P_{MU} 理论得出其值为无穷。MUSIC 算法通过 P_{MU} 谱中 θ_s 最大值的的 k 估计信号源到达的方向。

BS－MUSIC 在目标方向的先验知识占优势，因此在 MUSIC 算法应用前先通过传感器快照进行波束格式预处理。这样需要的区域（扇域）的信号被保留，而来自其他方向的干扰和不需要的杂波被抑制，最后提高 SNCR。预处理后得到的数据转换为

$$\boldsymbol{x}(t) = \boldsymbol{B}^{\mathrm{H}} \boldsymbol{y}(t) \tag{21.7}$$

其中，$\boldsymbol{B}$ 为 $m \times m'$ 波束格式矩阵，表示向量 $\boldsymbol{y}(t)$ 从 m 维传感器空间转变为 m' 维波束空间（$m > m'$）。

本章采用离散椭圆序列波束格式，具有如下特性：

$$\boldsymbol{B}^{\mathrm{H}} \boldsymbol{B} = \boldsymbol{I}_{m' \times m'} \tag{21.8}$$

其中，向量 $\boldsymbol{B}$ 是正交的；$\boldsymbol{x}(t)$ 的斜方差矩阵 $\boldsymbol{R}_{xx} \in \mathbb{C}^{m' \times m'}$ 为

$$\boldsymbol{R}_{xx} = E\{\boldsymbol{x}(t) \boldsymbol{x}^{\mathrm{H}}(t)\} = \boldsymbol{B}^{\mathrm{H}} \boldsymbol{A} \boldsymbol{R}_{ss} \boldsymbol{A}^{\mathrm{H}} \boldsymbol{B} + \sigma^2 \boldsymbol{I}_{m' \times m'} \tag{21.9}$$

与式(21.3)类似，进行子空间分解

$$\boldsymbol{R}_{xx} = \sum_{i=1}^{m'} \lambda_{xi} \boldsymbol{h}_{xi} \boldsymbol{h}_{xi}^{\mathrm{H}} = \boldsymbol{U}_{xs} \Sigma_{xs} \boldsymbol{U}_{xs}^{\mathrm{H}} + \boldsymbol{U}_{xn} \Sigma_{xn} \boldsymbol{U}_{xn}^{\mathrm{H}} \tag{21.10}$$

其中，$\lambda_{x1} \geqslant \cdots \geqslant \lambda_{xk} \geqslant \lambda_{x(k+1)} = \cdots = \lambda_{xm'} = \sigma^2$ 是 $\boldsymbol{R}_{xx}$ 的特征值，并且 $\boldsymbol{h}_{xi}$ 是对应的特征向量。再一次 $\boldsymbol{U}_{xs} = [\boldsymbol{h}_{x1} \boldsymbol{h}_{x2} \cdots \boldsymbol{h}_{xk}]$ 满秩信号扩展子空间和 $\boldsymbol{U}_{xn} = [\boldsymbol{h}_{x(k+1)} \boldsymbol{h}_{x(k+2)} \cdots \boldsymbol{h}_{xm'}]$ 扩展噪声子空间。显然信号子空间 $\boldsymbol{U}_{xs}$ 是 $\boldsymbol{B}^{\mathrm{H}} \boldsymbol{A}$ 的向量空间扩展，

并且噪声子空间 $\boldsymbol{U}_{xn}$ 垂直于 $\boldsymbol{B}^{\mathrm{H}}\boldsymbol{A}$。由前面的观点得到 BS - MUSIC 的频谱:

$$P_{\mathrm{BMU}}(\theta)=\frac{1}{\boldsymbol{v}^{\mathrm{H}}(\theta)\boldsymbol{B}\,\boldsymbol{U}_{xn}\boldsymbol{U}_{xn}^{\mathrm{H}}\boldsymbol{B}^{\mathrm{H}}\boldsymbol{v}(\theta)}=\frac{1}{D_B(\theta)} \tag{21.11}$$

21.3　高频雷达模型

雷达信号处理问题关键是在窄带,表示为反弹信号的带宽比波阵面跨过阵列的时间倒数小。在高频雷达中,窄带回波被混在同相和正交相两路中,这需要在侦测前进行宽带多普勒分析(连续积分)。这里有个隐含的假设,认为目标在脉冲域产生离散 cisoidal 多普勒信号,连续积分后它的能量集中在一个限定数量的多普勒仓,并增强了 SNCR。利用目标信号的特征实现状态空间[29,30],并可以如下结合阵列模式。假设 m 传感器阵列反弹的 k 信号都 cisodial 各自的多普勒频率,假设连续积分时间足够长,式(21.1)可以表示为

$$y(t)\ =\ \sum_{i=1}^{k}\boldsymbol{a}(\boldsymbol{\theta}_i)\alpha_i\mathrm{e}^{\mathrm{j}\omega_i t}\ +\boldsymbol{n}(t) \tag{21.12}$$

其中,a_i 和 w_i 分别表示第 i 个信号源的复幅度和频率。阵列输出状态空间为

$$\boldsymbol{z}(t+1)=\boldsymbol{\Omega}\boldsymbol{z}(t) \tag{21.13}$$

$$y(t)=\boldsymbol{A}z(t)+\boldsymbol{n}(t)$$

其中,t 为离散时间指数,状态向量 $\boldsymbol{z}(t)\in\mathbb{C}^{k}$,并且 $\boldsymbol{\Omega}$ 定义为

$$\boldsymbol{z}(t)=[\alpha_1\mathrm{e}^{\mathrm{j}\omega_1 t},\alpha_2\mathrm{e}^{\mathrm{j}\omega_2 t},\cdots,\alpha_k\mathrm{e}^{\mathrm{j}\omega_k t}]^{\mathrm{T}} \tag{21.14}$$

$$\boldsymbol{\Omega}=\mathrm{diag}[\mathrm{e}^{\mathrm{j}\omega_1},\mathrm{e}^{\mathrm{j}\omega_2},\cdots,\mathrm{e}^{\mathrm{j}\omega_k}]$$

注意其与传统的 MUSIC 算法的主要区别是,在传统的 MUSIC 算法的第 i 个信号源只是简单的作为白随即过程 $s_i(t)$ 进行调制。在式(21.14)中用到了更多的信号知识。这些附带知识与信号的状态等式结合成波束空间滤波器,并且构建波阵面跨过阵列延迟来增强门限值和分辨率性能。

21.4　二维基于预滤波的 MUSIC 算法

本节介绍了一种新的方法,该算法将子空间法与双进程二维(空间与时间)预滤波器。通常的 MUSIC 算法中假设的白噪声条件被放宽,允许处理多普勒和空间域都是窄带结构的时间和空间有色杂波噪声。我们将通过推导和试验证明这一观点。

在状态空间模式下,传感器快照 $\boldsymbol{y}(t)$ 的斜方差矩阵表示如下,类似于式(21.13):

$$\boldsymbol{R}_{yy}=E\{\boldsymbol{y}(t)\boldsymbol{y}^{\mathrm{H}}(t)\}=\boldsymbol{A}\,\boldsymbol{R}_{zz}\boldsymbol{A}^{\mathrm{H}}+\sigma^2\boldsymbol{I}_{m\times m} \tag{21.15}$$

其中,$\boldsymbol{R}_{zz}$ 为一个对角矩阵,将在随后表达出来。接着通过阵列信号向量 $\boldsymbol{y}(t)$ 构造出一个新的 Nm 向量 $\boldsymbol{y}_N(t)$,如下:

$$\boldsymbol{y}_N(t)=[\boldsymbol{y}^{\mathrm{T}}(t)\boldsymbol{y}^{\mathrm{T}}(t+1)\cdots\boldsymbol{y}^{\mathrm{T}}(t+N-1)]^{\mathrm{T}} \tag{21.16}$$

显然,该向量状态空间为

$$\boldsymbol{y}_N(t)=\begin{bmatrix}\boldsymbol{A}\\ \boldsymbol{A\Omega}\\ \vdots\\ \boldsymbol{A\Omega}^{N-1}\end{bmatrix}\boldsymbol{z}(t)+\begin{bmatrix}\boldsymbol{n}(t)\\ \boldsymbol{n}(t+1)\\ \vdots\\ \boldsymbol{n}(t+N+1)\end{bmatrix}=\boldsymbol{\Omega}_N\boldsymbol{z}(t)+\boldsymbol{n}_N(t) \tag{21.17}$$

其中,$\boldsymbol{\Omega}_N\in\mathbb{C}^{N_m\times k}$,$\boldsymbol{n}_N(t)\in\mathbb{C}^{N_m}$。向量$\boldsymbol{y}_N(t)$的斜方差矩阵$\boldsymbol{R}_{y_Ny_N}$为

$$\boldsymbol{R}_{y_Ny_N}=E[y_N(t)y_N(t)^{\mathrm{H}}]=\boldsymbol{\Omega}_N\boldsymbol{R}_{zz}\boldsymbol{\Omega}_N^{\mathrm{H}}+\sigma^2\boldsymbol{I}_{Nm\times Nm} \tag{21.18}$$

其中,$\boldsymbol{R}_{zz}\in\mathbb{C}^{k\times k}$是$\boldsymbol{z}(t)$的斜方差矩阵。假设$a_i$是常数或者不相关的零均值的随即变量,$\boldsymbol{R}_{zz}$表示为

$$\boldsymbol{R}_{zz}=E\begin{bmatrix}|\alpha_1|^2 & \alpha_1\alpha_2^*\mathrm{e}^{\mathrm{j}(\omega_1-\omega_2)t} & \cdots & \alpha_1\alpha_k^*\mathrm{e}^{\mathrm{j}(\omega_1-\omega_k)t}\\ \alpha_2\alpha_1^*\mathrm{e}^{\mathrm{j}(\omega_2-\omega_1)t} & |\alpha_2|^2 & \cdots & \alpha_2\alpha_k^*\mathrm{e}^{\mathrm{j}(\omega_2-\omega_k)t}\\ \vdots & \vdots & \ddots & \vdots\\ \alpha_k\alpha_1^*\mathrm{e}^{\mathrm{j}(\omega_k-\omega_1)t} & \alpha_k\alpha_2^*\mathrm{e}^{\mathrm{j}(\omega_k-\omega_2)t} & \cdots & |\alpha_k|^2\end{bmatrix}$$

$$=\begin{bmatrix}\beta_1 & 0 & \cdots & 0\\ 0 & \beta_2 & \cdots & 0\\ \vdots & \vdots & \ddots & \vdots\\ 0 & 0 & \cdots & \beta_k\end{bmatrix} \tag{21.19}$$

其中,当a_i为随即变量时$\beta_i=\alpha_{\alpha_i}^2$,或者当$a_i$为指定的常数时$\beta_i=|\alpha_i|^2$。

需指出式(21.16)表达的模式是文献[31]中标准的STAP模式。然而STAP是通过计算假定的目标信号和可用的自由目标训练序列,得出适应的波束结构权值进行目标侦测。该方案假设多目标出现在所有的数据中。并且构建一个新的非满秩的斜方差矩阵,再用MUSIC算法估计目标的DOA。

令$\boldsymbol{B}$与式(21.7)中定义的空间波束格式矩阵$m\times m'$ DPSS一样,并定义一个类似于$\boldsymbol{B}$的$N\times N'$时间滤波矩阵$\boldsymbol{C}$[28]。第一个进程二维滤波矩阵定义为

$$\boldsymbol{D}=\boldsymbol{C}\otimes\boldsymbol{B} \tag{21.20}$$

其中,$\otimes$表示Kronecker乘积,并且$\boldsymbol{D}\in\mathbb{R}^{Nm\times N'm'}$,$\boldsymbol{C}^{\mathrm{H}}\boldsymbol{C}=\boldsymbol{I}_{N'\times N'}$。经二维预处理滤波器后数据变为

$$\boldsymbol{x}_N(t)=\boldsymbol{D}^{\mathrm{H}}\boldsymbol{y}_N(t)=(\boldsymbol{C}\otimes\boldsymbol{B})^{\mathrm{H}}\boldsymbol{\Omega}_N\boldsymbol{z}(t)+(\boldsymbol{C}\otimes\boldsymbol{B})^{\mathrm{H}}n_N(t) \tag{21.21}$$

其中,$\boldsymbol{x}_N(t)\in\mathbb{C}^{N'm'}$是变换后的数据向量。假设噪声向量于信号不相关,$\boldsymbol{R}_{x_Nx_N}\in\mathbb{C}^{N'm'\times N'm'}$表示$x_N(t)$的斜方差矩阵:

$$\begin{aligned}\boldsymbol{R}_{x_Nx_N}&=E[\boldsymbol{x}_N(t)\boldsymbol{x}_N(t)^{\mathrm{H}}]\\ &=(\boldsymbol{C}\otimes\boldsymbol{B})^{\mathrm{H}}\Omega_N\boldsymbol{R}_{zz}\Omega_N^{\mathrm{H}}(\boldsymbol{C}\otimes\boldsymbol{B})+\sigma^2(\boldsymbol{C}\otimes\boldsymbol{B})^{\mathrm{H}}\boldsymbol{I}_{Nm\times Nm}(\boldsymbol{C}\otimes\boldsymbol{B})\end{aligned} \tag{21.22}$$

首先考虑等式(21.22)右边第二项,可以等价表示为

$$\sigma^2(\boldsymbol{C}\otimes\boldsymbol{B})^{\mathrm{H}}\boldsymbol{I}_{Nm\times Nm}(\boldsymbol{C}\otimes\boldsymbol{B})=\sigma^2(\boldsymbol{C}^{\mathrm{H}}\boldsymbol{C})\otimes(\boldsymbol{B}^{\mathrm{H}}\boldsymbol{B})=\sigma^2\boldsymbol{I}_{N'm'\times N'm'} \tag{21.23}$$

在附录 A 中化简了式(21.22)第一部分,得到

$$(\boldsymbol{C}\otimes\boldsymbol{B})^{\mathrm{H}}\boldsymbol{\Omega}_N\boldsymbol{R}_{zz}\boldsymbol{\Omega}_N^{\mathrm{H}}(\boldsymbol{C}\otimes\boldsymbol{B})=\boldsymbol{G}\boldsymbol{G}^{\mathrm{H}} \tag{21.24}$$

其中

$$\boldsymbol{G}=\begin{bmatrix}\sqrt{\beta_1}\boldsymbol{B}^{\mathrm{H}}\boldsymbol{a}(\theta_1)\boldsymbol{c}_1^{\mathrm{H}}\boldsymbol{\omega}_1 & \sqrt{\beta_2}\boldsymbol{B}^{\mathrm{H}}\boldsymbol{a}(\theta_2)\boldsymbol{c}_1^{\mathrm{H}}\boldsymbol{\omega}_2 & \cdots & \sqrt{\beta_k}\boldsymbol{B}^{\mathrm{H}}\boldsymbol{a}(\theta_k)\boldsymbol{c}_1^{\mathrm{H}}\boldsymbol{\omega}_k\\ \sqrt{\beta_1}\boldsymbol{B}^{\mathrm{H}}\boldsymbol{a}(\theta_1)\boldsymbol{c}_2^{\mathrm{H}}\boldsymbol{\omega}_1 & \sqrt{\beta_2}\boldsymbol{B}^{\mathrm{H}}\boldsymbol{a}(\theta_2)\boldsymbol{c}_2^{\mathrm{H}}\boldsymbol{\omega}_1 & \cdots & \sqrt{\beta_k}\boldsymbol{B}^{\mathrm{H}}\boldsymbol{a}(\theta_k)\boldsymbol{c}_2^{\mathrm{H}}\boldsymbol{\omega}_1\\ \vdots & \vdots & \ddots & \vdots\\ \sqrt{\beta_1}\boldsymbol{B}^{\mathrm{H}}\boldsymbol{a}(\theta_1)\boldsymbol{c}_{N'}^{\mathrm{H}}\boldsymbol{\omega}_1 & \sqrt{\beta_2}\boldsymbol{B}^{\mathrm{H}}\boldsymbol{a}(\theta_2)\boldsymbol{c}_{N'}^{\mathrm{H}}\boldsymbol{\omega}_1 & \cdots & \sqrt{\beta_k}\boldsymbol{B}^{\mathrm{H}}\boldsymbol{a}(\theta_k)\boldsymbol{c}_{N'}^{\mathrm{H}}\boldsymbol{\omega}_k\end{bmatrix} \tag{21.25}$$

$\boldsymbol{c}_i$ 是矩阵 $\boldsymbol{G}$ 的第 i 列,$\boldsymbol{\omega}_i$ 定义为

$$\boldsymbol{\omega}_i=[1\quad \mathrm{e}^{\mathrm{j}\omega_1}\quad \mathrm{e}^{\mathrm{j}\omega_1(N-1)}]^{\mathrm{T}} \tag{21.26}$$

注意,在式(21.25)中$\boldsymbol{c}_i^{\mathrm{H}}\boldsymbol{\omega}_j$ 表示窗口 i 在信号 j 频率上的 DFT 变换。另外,$\boldsymbol{c}_i^{\mathrm{H}}\boldsymbol{\omega}_j$ 是输入与滤波器响应的卷积。用 ψ_{ij}表示$\boldsymbol{c}_i^{\mathrm{H}}\boldsymbol{\omega}_j$,得到生成矩阵,式(21.24)变为

$$(\boldsymbol{C}\otimes\boldsymbol{B})^{\mathrm{H}}\Omega_N\boldsymbol{R}_{zz}\Omega_N^{\mathrm{H}}(\boldsymbol{C}\otimes\boldsymbol{B})=\begin{bmatrix}\boldsymbol{B}^{\mathrm{H}}\left(\sum_{i=1}^{k}\beta_i|\psi_{1i}|^2\boldsymbol{a}(\theta_i)\boldsymbol{a}(\theta_i)^{\mathrm{H}}\right)\boldsymbol{B} & \boldsymbol{B}^{\mathrm{H}}\left(\sum_{i=1}^{k}\beta_i\psi_{1i}\psi_{2i}^*\boldsymbol{a}(\theta_i)\boldsymbol{a}(\theta_i)^{\mathrm{H}}\right)\boldsymbol{B} & \cdots & \boldsymbol{B}^{\mathrm{H}}\left(\sum_{i=1}^{k}\beta_i\psi_{1i}\psi_{N'i}^*\boldsymbol{a}(\theta_i)\boldsymbol{a}(\theta_i)^{\mathrm{H}}\right)\boldsymbol{B}\\ \boldsymbol{B}^{\mathrm{H}}\left(\sum_{i=1}^{k}\beta_i\psi_{2i}\psi_{1i}^*\boldsymbol{a}(\theta_i)\boldsymbol{a}(\theta_i)^{\mathrm{H}}\right)\boldsymbol{B} & \boldsymbol{B}^{\mathrm{H}}\left(\sum_{i=1}^{k}\beta_i|\psi_{2i}|^2\boldsymbol{a}(\theta_i)\boldsymbol{a}(\theta_i)^{\mathrm{H}}\right)\boldsymbol{B} & \cdots & \boldsymbol{B}^{\mathrm{H}}\left(\sum_{i=1}^{k}\beta_i\psi_{2i}\psi_{N'i}^*\boldsymbol{a}(\theta_i)\boldsymbol{a}(\theta_i)^{\mathrm{H}}\right)\boldsymbol{B}\\ \vdots & \vdots & \ddots & \vdots\\ \boldsymbol{B}^{\mathrm{H}}\left(\sum_{i=1}^{k}\beta_i\psi_{Ni}\psi_{1'i}^*\boldsymbol{a}(\theta_i)\boldsymbol{a}(\theta_i)^{\mathrm{H}}\right)\boldsymbol{B} & \boldsymbol{B}^{\mathrm{H}}\left(\sum_{i=1}^{k}\beta_i\psi_{N'i}\psi_{2i}^*\boldsymbol{a}(\theta_i)\boldsymbol{a}(\theta_i)^{\mathrm{H}}\right)\boldsymbol{B} & \cdots & \boldsymbol{B}^{\mathrm{H}}\left(\sum_{i=1}^{k}\beta_i|\psi_{N'i}|^2\boldsymbol{a}(\theta_i)\boldsymbol{a}(\theta_i)^{\mathrm{H}}\right)\boldsymbol{B}\end{bmatrix} \tag{21.27}$$

将式(21.23)和式(21.27)代入式(21.22),对$\boldsymbol{R}_{\boldsymbol{x}_N\boldsymbol{x}_N}$的 N'对角矩阵取平均(第二个进程的低通滤波器),得到斜方差矩阵 $\boldsymbol{R}$:

$$
\begin{aligned}
\boldsymbol{R} &= \frac{1}{N'}[\boldsymbol{B}^{\mathrm{H}}(\sum_{i=1}^{k}\beta_i\,|\,\psi_{1i}\,|^2\boldsymbol{a}(\theta_i)\boldsymbol{a}\,(\theta_i)^{\mathrm{H}})\boldsymbol{B} + \boldsymbol{B}^{\mathrm{H}}(\sum_{i=1}^{k}\beta_i\,|\,\psi_{2i}\,|^2\boldsymbol{a}(\theta_i)\boldsymbol{a}\,(\theta_{\mathrm{i}})^{\mathrm{H}})\boldsymbol{B} \\
&\quad + \cdots + \boldsymbol{B}^{\mathrm{H}}(\sum_{i=1}^{k}\beta_i\,|\,\psi_{N'i}\,|^2\boldsymbol{a}(\theta_i)\boldsymbol{a}\,(\theta_i)^{\mathrm{H}})\boldsymbol{B}] + \sigma^2\boldsymbol{I}_{m'\times m'} \\
&= \boldsymbol{B}^{\mathrm{H}}\Big[\sum_{i=1}^{k}\beta_i\Big(\frac{1}{N'}\sum_{j=1}^{N'}|\,\psi_{ji}\,|^2\Big)\boldsymbol{a}(\theta_i)\boldsymbol{a}\,(\theta_i)^{\mathrm{H}}\Big]\boldsymbol{B} + \sigma^2\boldsymbol{I}_{m'\times m'} \\
&= \boldsymbol{B}^{\mathrm{H}}\boldsymbol{A}\Omega'\boldsymbol{A}^{\mathrm{H}}\boldsymbol{B} + \sigma^2\boldsymbol{I}_{m'\times m'}
\end{aligned} \tag{21.28}
$$

其中

$$
\boldsymbol{\Omega}' = \mathrm{diag}\left[\beta_1\frac{1}{N'}\sum_{j=1}^{N'}|\,\psi_{j1}\,|^2 \quad \beta_2\frac{1}{N'}\sum_{j=1}^{N'}|\,\psi_{j2}\,|^2 \quad \cdots \quad \beta_k\frac{1}{N'}\sum_{j=1}^{N'}|\,\psi_{jk}\,|^2\right] \tag{21.29}
$$

从 DPSS 多级理论[27]得知，$\boldsymbol{\Omega}'$是时间域 DPSS 滤波器输出的斜方差矩阵。这里了解了双进程联合二维预滤波器在矩阵 $\boldsymbol{R}$ 中的应用。假设预滤波器的通带保持 k'个信号，$\boldsymbol{R}$ 矩阵的特征分解是

$$
\boldsymbol{R} = \sum_{i=1}^{m'}\lambda_{ri}\,\boldsymbol{h}_{ri}\,\boldsymbol{h}_{ri}^{\mathrm{H}} = \boldsymbol{U}_{rs}\boldsymbol{\Sigma}_{rs}\,\boldsymbol{U}_{rs}^{\mathrm{H}} + \boldsymbol{U}_{rn}\boldsymbol{\Sigma}_{rn}\,\boldsymbol{U}_{rn}^{\mathrm{H}} \tag{21.30}
$$

其中，$\lambda_{r1}\geqslant\cdots\geqslant\lambda_{rk'}\geqslant\lambda_{r(k'+1)}=\cdots=\lambda_{rm'}=\sigma^2$ 是矩阵 $\boldsymbol{R}$ 的特征值；$\boldsymbol{h}_{ri}$是相关垂直正交向量；$\boldsymbol{U}_{rs}=[\boldsymbol{h}_{r1}\boldsymbol{h}_{r2}\cdots\boldsymbol{h}_{rk'}]$是信号子空间的 k'扩展；$\boldsymbol{U}_{rn}=[\boldsymbol{h}_{r(k+1)}\,\boldsymbol{h}_{r(k+2)}\cdots\boldsymbol{h}_{rm'}]$是噪声子空间的扩展。

21.5 2DP-MUSIC 算法总结

(1) 由式(21.16)得出新的向量 $\boldsymbol{y}_N(t)$。

(2) 通过式(21.21)中第一个进程的二维预滤波器将 $\boldsymbol{y}_N(t)$转换为 $\boldsymbol{x}_N(t)$。

(3) 估计 $\boldsymbol{x}_N(t)$时间平均的斜方差矩阵

$$
\hat{\boldsymbol{R}}_{\boldsymbol{x}_N\boldsymbol{x}_N} = \frac{1}{T-N+1}\sum_{i=1}^{T-N+1}\boldsymbol{x}_N(t)\,\boldsymbol{x}_N\,(t)^{\mathrm{H}}
$$

其中，根据 Reed-Mallett-Brennan 准则，T/N 比 $2N'm'$大。

(4) 根据式(21.28)，由主对角矩阵$\hat{\boldsymbol{R}}_{\boldsymbol{x}_N\boldsymbol{x}_N}$经低通滤波得出矩阵 $\boldsymbol{R}$。

(5) 根据 SVD 分解估计信号子空间 $\boldsymbol{R}=\boldsymbol{U}_{rs}\boldsymbol{\Sigma}_{rs}\boldsymbol{U}_{rs}^{\mathrm{H}}+\boldsymbol{U}_{rn}\boldsymbol{\Sigma}_{rn}\boldsymbol{U}_{rn}^{\mathrm{H}}$，$\boldsymbol{U}_{rs}$的秩是 k'。

(6) 得到 MUSIC 空间谱

$$
P_{2-dMU}(\theta) = \frac{1}{\boldsymbol{v}^{\mathrm{H}}(\theta)\boldsymbol{B}\,\boldsymbol{U}_{rn}\boldsymbol{U}_{rn}^{\mathrm{H}}\boldsymbol{B}^{\mathrm{H}}\boldsymbol{v}(\theta)} = \frac{1}{D_{2-d}(\theta)}
$$

21.6 性能分析

本节分析了提出 2DP-MUSIC 算法的渐进性能（快照的数量由 T 趋向无

穷）。首先给出分辨率化减后推倒公式，它表现为两个相邻空间可分辨的最低界限。在 21.7 节中将比较这些模拟的渐进性能，以评估 T 取更小值时的精确度。在 21.7 节，还要给出 SNR 取临界值即分辨率为 1 时，通过蒙特卡罗模拟得到的 2DP – MUSIC 的误差。信噪比定义为 $\text{SNR} = P/\sigma^2$，队列信噪比（ASNR）定义为 mP/σ^2，其中 P 是信号功率。

为了公平进行性能分析，假设没有干扰和杂波存在，且背景噪声是高斯白噪声，仅存在两个相邻的空间源，其数据通过联合二维预滤波器。在这种假设下，2DP – MUSIC 比 MUSIC 和 BS – MUSIC 算法性能改善很小，等式(21.28)成为

$$\boldsymbol{R} = \boldsymbol{B}^{\mathrm{H}}\boldsymbol{A}\boldsymbol{\Omega}'\boldsymbol{A}^{\mathrm{H}}\boldsymbol{B} + \sigma^2 \boldsymbol{I}_{m' \times m'} = \boldsymbol{B}^{\mathrm{H}}\boldsymbol{R}'\boldsymbol{B} \tag{21.31}$$

其中，$\boldsymbol{R}'$ 相当于 MUSIC 感应器的斜方差矩阵。

由于两个信号都通过二维预滤波器，$\boldsymbol{R}'$ 和 $\boldsymbol{R}_{yy}$ 的数量级是相同的。首先了解 Kabeh 和 Barabell 的分析[7]，他们首先研究了 MUSIC 传感器的分辨率性能，总结在附录 21. B。不失一般性，用 $\boldsymbol{R}_{yy}$ 代替 $\boldsymbol{R}'$。必须指出，本节中的算法与式(21.9)中 BS – MUSIC 有着相同的假设条件。这样，期望 2DP – MUSIC 于 BS – MUSIC 有着相同的分辨能力。Lee 和 Wengrobitz[22] 已经推导出了 BS – MUSIC 的分辨率性能，但是利用了任意的阵列几何即一般的预波束结构、不相等的功率源，并且这个结果很难应用。由于我们采用特殊的 DPSS 波束结构统一的线性阵列，得到了一个不同的更简单的公式。以下将证明我们的理论结果是 Lee 的结果的特殊情况。

21.6.1　MUSIC、BS – MUSIC 和 2DP – MUSIC 样本零谱函数

由统计学性能分析，斜方差矩阵是不可用的，并且时间平均样本斜方差矩阵是

$$\begin{cases} \hat{\boldsymbol{R}}_{yy} = \dfrac{1}{T}\sum\limits_{t=1}^{T}\boldsymbol{y}(t)\,\boldsymbol{y}^{\mathrm{H}}(t) \\ \hat{\boldsymbol{R}}_{xx} = \dfrac{1}{T}\sum\limits_{t=1}^{T}\boldsymbol{x}(t)\,\boldsymbol{x}^{\mathrm{H}}(t) \\ \hat{\boldsymbol{R}}_{y_N y_N} = \dfrac{1}{T-N+1}\sum\limits_{t=1}^{T-N+1}\boldsymbol{y}_N(t)\,\boldsymbol{y}_N(t)^{\mathrm{H}} \end{cases} \tag{21.32}$$

其中，用“^”表示出现的估计量。

基于三个样本斜方差矩阵，得到 MUSIC、BS – MUSIC 和 2DP – MUSIC 相应的样本零谱 $\hat{D}(\theta)$、$\hat{D}_B(\theta)$ 和 $\hat{D}_{2-d}(\theta)$：

$$\hat{D}(\theta) = 1 - \boldsymbol{v}^{\mathrm{H}}(\theta)\Big(\sum_{i=1}^{k}\hat{\boldsymbol{h}}_i\,\hat{\boldsymbol{h}}_i^{\mathrm{H}}\Big)\boldsymbol{v}(\theta) \tag{21.33}$$

$$\hat{D}_B(\theta) = \boldsymbol{v}^{\mathrm{H}}(\theta)\,\boldsymbol{B}\boldsymbol{B}^{\mathrm{H}}\boldsymbol{v}(\theta) - \boldsymbol{v}^{\mathrm{H}}(\theta)\boldsymbol{B}\Big(\sum_{i=1}^{k}\hat{\boldsymbol{h}}_{Xi}\,\hat{\boldsymbol{h}}_{Xi}^{\mathrm{H}}\Big)\boldsymbol{B}^{\mathrm{H}}\boldsymbol{v}(\theta) \tag{21.34}$$

$$\hat{D}_{2-d}(\theta) = \boldsymbol{v}^{\mathrm{H}}(\theta)\boldsymbol{B}\boldsymbol{B}^{\mathrm{H}}\boldsymbol{v}(\theta) - \boldsymbol{v}^{\mathrm{H}}(\theta)\boldsymbol{B}\left(\sum_{i=1}^{k}\hat{\boldsymbol{h}}_{ri}\hat{\boldsymbol{h}}_{ri}^{\mathrm{H}}\right)\boldsymbol{B}^{\mathrm{H}}\boldsymbol{v}(\theta) \tag{21.35}$$

注意，式(21.34)与式(21.35)的区别在于特征向量$\hat{\boldsymbol{h}}_{Xi}$和$\hat{\boldsymbol{h}}_{ri}$，对应式(21.33)中的$\hat{\boldsymbol{h}}_i$。

21.6.2 2DP－MUSIC 零谱的期望

当指向向量与源方向向量相同时，基于采样零谱均值和方差，研究了谱的渐进统计特性，它们不会严格等于零。$\hat{D}_{2-d}(\theta)$的期望值为附录 21.A.3 的补充：

$$E\{\hat{D}_{2-d}(\theta)\} = D_{2-d}(\theta) + \sigma^2\boldsymbol{v}^{\mathrm{H}}(\theta)\boldsymbol{B}\left[\frac{\lambda_{r1}(m'-2)}{(\lambda_{r1}-\sigma^2)^2}\boldsymbol{h}_{r1}\boldsymbol{h}_{r1}^{\mathrm{H}} + \frac{\lambda_{r2}(m'-2)}{(\lambda_{r2}-\sigma^2)^2}\boldsymbol{h}_{r2}\boldsymbol{h}_{r2}^{\mathrm{H}}\right]\frac{\boldsymbol{B}^{\mathrm{H}}\boldsymbol{v}(\theta)}{T} \tag{21.36}$$

首先，我们找出$\boldsymbol{h}_{ri}$和$\boldsymbol{h}_i$之间的关系。由式(21.31)得到

$$\boldsymbol{R}\boldsymbol{B}^{\mathrm{H}}\boldsymbol{h}_i = \boldsymbol{B}^{\mathrm{H}}\boldsymbol{R}_{yy}\boldsymbol{B}\boldsymbol{B}^{\mathrm{H}}\boldsymbol{h}_i \tag{21.37}$$

这里，采用了 DPSS 波束形成矩阵$\boldsymbol{B}$，$\boldsymbol{B}$的各列是正交集，因为$\boldsymbol{B}$是由特征值分解形成的。换句话说，$\boldsymbol{B}$的各列构成了空间的近似正交基(即，空间域通带)，$\boldsymbol{B}\boldsymbol{B}^{\mathrm{H}}$是在这个空间上的投影矩阵。假设两个距离很近的源通过空间滤波，由$\boldsymbol{B}$张成的子空间包含$\boldsymbol{R}_{yy}$的信号子空间，所以有$\boldsymbol{B}\boldsymbol{B}^{\mathrm{H}}\boldsymbol{h}_i = \boldsymbol{h}_i$。然后有

$$\boldsymbol{R}\boldsymbol{B}^{\mathrm{H}}\boldsymbol{h}_i = \boldsymbol{B}^{\mathrm{H}}\boldsymbol{R}_{yy}\boldsymbol{h}_i = \boldsymbol{B}^{\mathrm{H}}\boldsymbol{\lambda}_i\boldsymbol{h}_i = \boldsymbol{\lambda}_i\boldsymbol{B}^{\mathrm{H}}\boldsymbol{h}_i \tag{21.38}$$

这意味着正交化的$\boldsymbol{B}^{\mathrm{H}}\boldsymbol{h}_i$是$\boldsymbol{R}$的特征向量：

$$\boldsymbol{h}_{ri} = \frac{\boldsymbol{B}^{\mathrm{H}}\boldsymbol{h}_i}{(\boldsymbol{h}_i^{\mathrm{H}}\boldsymbol{B}\boldsymbol{B}^{\mathrm{H}}\boldsymbol{h}_i)^{1/2}} = \boldsymbol{B}^{\mathrm{H}}\boldsymbol{h}_i \tag{21.39}$$

$\boldsymbol{R}$的特征值为

$$\lambda_{ri} = \lambda_i \tag{21.40}$$

其中，$i=1,2$。把式(21.39)和式(21.40)代入式(21.36)，可以得到

$$E\{\hat{D}_{2-d}(\theta_i)\} = D_{2-d}(\theta_i) + \sigma^2\boldsymbol{v}^{\mathrm{H}}(\theta_i)\left[\frac{\lambda_1(m'-2)}{(\lambda_1-\sigma^2)^2}\boldsymbol{h}_1\boldsymbol{h}_1^{\mathrm{H}} + \frac{\lambda_2(m'-2)}{(\lambda_2-\sigma^2)^2}\boldsymbol{h}_2\boldsymbol{h}_2^{\mathrm{H}}\right]\frac{\boldsymbol{v}(\theta_i)}{T} \tag{21.41}$$

其中，$i=1,2,\cdots,m$，$\theta_m=(\theta_1+\theta_2)/2$。注意当$i=1,2$时，$D_{2-d}(\theta_i)=0$，下式也成立：

$$\begin{aligned} D_{2-d}(\theta_m) &= 1 - \boldsymbol{v}^{\mathrm{H}}(\theta_m)\boldsymbol{B}\left(\sum_{i=1}^{2}\boldsymbol{h}_{ri}\boldsymbol{h}_{ri}^{\mathrm{H}}\right)\boldsymbol{B}^{\mathrm{H}}\boldsymbol{v}(\theta_m) \\ &= 1 - \boldsymbol{v}^{\mathrm{H}}(\theta_m)\boldsymbol{B}\boldsymbol{B}^{\mathrm{H}}\left(\sum_{i=1}^{2}\boldsymbol{h}_{ri}\boldsymbol{h}_{ri}^{\mathrm{H}}\right)\boldsymbol{B}\boldsymbol{B}^{\mathrm{H}}\boldsymbol{v}(\theta_m) = D(\theta_m) \end{aligned} \tag{21.42}$$

由式(21.41)、式(21.B.1)及式(21.B.2)得

$$E\{\hat{D}_{2-d}(\theta_i)\} = \frac{E\{\hat{D}(\theta_i)\}}{m-2}(m'-2)$$

$$\approx \frac{(m'-2)}{T}\left[\frac{1}{2(\text{ASNR})} + \frac{1}{(\text{ASNR})^2\Delta^2}\right] i=1,2 \tag{21.43}$$

$$E\{\hat{D}_{2-d}(\theta_m)\} - D_{2-d}(\theta_m) = [E\{\hat{D}(\theta_m)\} - D(\theta_m)]\frac{(m'-2)}{m-2} \tag{21.44}$$

由式(21.42)、式(21.44)及附录 21. B. 3 可以直接得到

$$E\{\hat{D}_{2-d}(\theta_m)\} \approx D_{2-d}(\theta_m) \approx \frac{1}{80}\Delta^4 \tag{21.45}$$

21.6.3　分辨门限

把分辨门限 $\xi_{T_{2-d}}$ 定义为 ASNR,其中

$$E\{\hat{D}_{2-d}(\theta_m)\} = E\{\hat{D}_{2-d}(\theta_1)\} = E\{\hat{D}_{2-d}(\theta_2)\} \tag{21.46}$$

由式(21.43)~式(21.46),有

$$\xi_{T_{2-d}} \approx \frac{1}{T}\left\{20(m'-2)\Delta^{-4}\left[1+\sqrt{1+\frac{T}{5(m'-2)}\Delta^2}\right]\right\} \tag{21.47}$$

由文献[22]中的结论校验式(21.47)结果,两者是一致的,文献[22]中推导了一个更普遍的门限表达式。比较式(21.47)和式(21.B.4),发现两者唯一的差别在于传感器 MUSIC 的因子 $m-2$,在我们的算法中用 $m'-2$ 替代了。因为通常情况下,波束的数量 m' 要远远小于传感器的数量 m,从而得到了一个低分辨率的门限。

21.7　仿　　真

本节将比较三种算法下,分辨概率、偏移以及 DOA 均方误差估计的仿真结果,并且给出它们性能的描述。在下面的两种仿真情形中,ULA 的 16 个传感器间隔半个雷达载波波长,对应波束带宽 0.3927,即 7.2°。参数设置为 $N=16$, $N'=2$,以及 $m'=5$。

在仿真 1 中,比较没有干扰和杂波情况下的算法,证实了在这种情况下,2DP-MUSIC 的分辨门限特性与 BS-MUSIC 的相类似,但有 1~2dB 的增益。在分辨门限的意义上,它们都优于 MUSIC。

在仿真 2 中,给出了当干扰远离我们感兴趣的空间-频率域时,2DP-MUSIC 相对于其他两种算法的增益。

仿真 1

在这种仿真下,考虑白高斯噪声背景下的两个期望目标。目标 1 位于归一化频率 =0.1,DOA =1°处;目标 2 位于归一化频率 =0.16,DOA = -1°处。两个信号

具有相同的功率,即相同的 SNR。两个目标信号都通过一个二维滤波器。

图 21.1 描述了基于 100 次独立试验这两个目标的分辨概率。在此仿真中,如果估计的峰值在偏离真实 DOA 1°(两个目标间隔的 1/2)的范围内,目标就被看作可分辨的。参数角度差 Δ 为 0.5065,m′选为 5。由式(21.47)预测的 2DP – MUSIC 的理论门限(ASNR)为 8.66dB,对应 SNR = –3.4dB。从图 21.1 明显可以看出,门限的仿真结果对应 0.33 ~ 0.5 范围内的分辨概率[7],在 0.3dB 范围内理论和实际吻合得很好。MUSIC 的理论门限 SNR 为 1.5dB,这与 1.5 dB 范围内的仿真结果匹配。

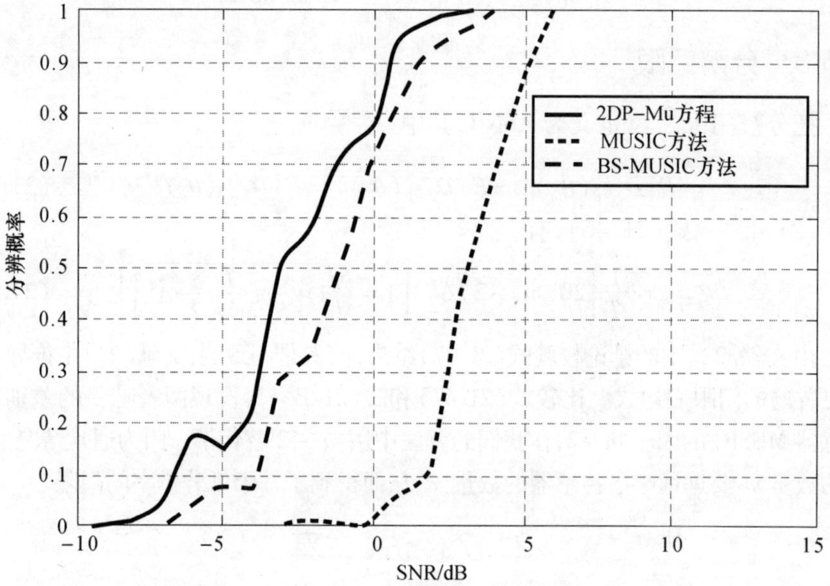

图 21.1 分辨概率 vs. SNR,100 次独立试验。

仿真 2

为了阐明我们提出算法的优势,在两种特定条件下,比较 2DP – MUSIC、MUSIC 和 BS – MUSIC 的估计方差:

(1) 干扰位于与目标相同的空间波束内,但是频率不同;

(2) 干扰与目标的频率相同,但在不同的空间波束内。

目标的仿真条件为 DOA = 1°,归一化频率 = 0.1,具有可变的 SNR。两个具有相同功率的干扰:一个位于 DOA = –1°,频率 = 0.9,INR = 10dB;另一个位于 DOA = –40°,频率 = 0.16,INR = 10dB。背景噪声为白高斯。

图 21.2 描述了当目标的 SNR 为 –5dB 时,2DP – MUSIC、MUSIC 和 BS – MUSIC 的空间谱。显然,MUSIC 和 BS – MUSIC 在低 SNR 下不适用。从图 21.3

可以看出，当 SNR 在 5dB 附近时，MUSIC 和 BS - MUSIC 具有门限，而 2DP - MUSIC 的 SNR 门限为 -5dB，性能提高了 10dB。

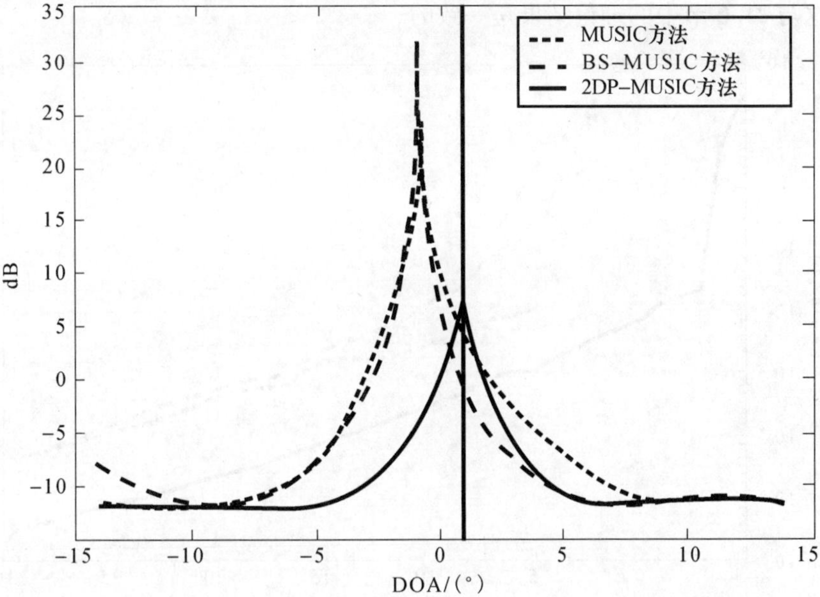

图 21.2　SNR = -5dB，实际 DOA = 1°时，2DP - MUSIC、MUSIC 和 BS - MUSIC 的伪空间谱

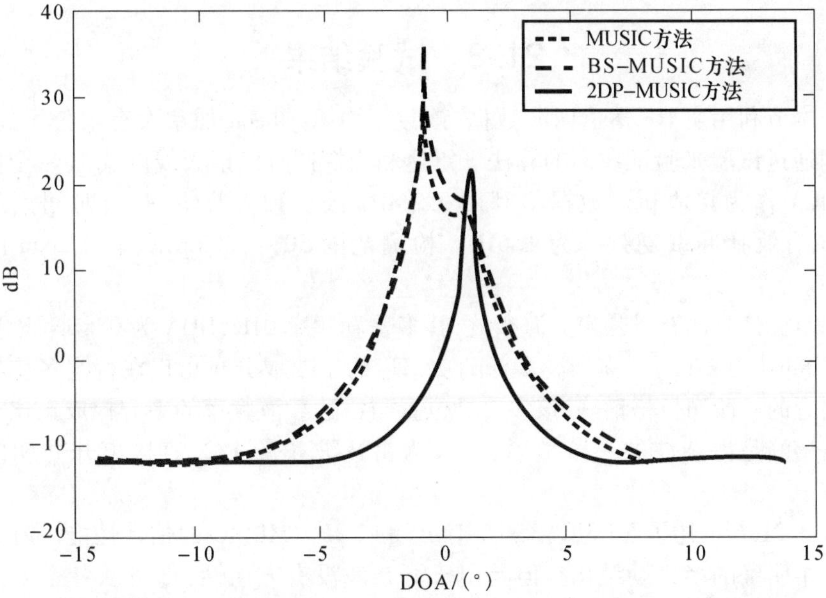

图 21.3　SNR = 5dB、实际 DOA = 1°时，2DP - MUSIC、MUSIC 和 BS - MUSIC 的伪空间谱

图 21.4 为均方误差，显然 2DP－MUSIC 总是比其他两种方法的估计误差小得多。注意，2DP－MUSIC 的性能曲线与 BS－MUSIC 的性能曲线形状非常相似，这与 21.6 节中的理论结果是一致的。

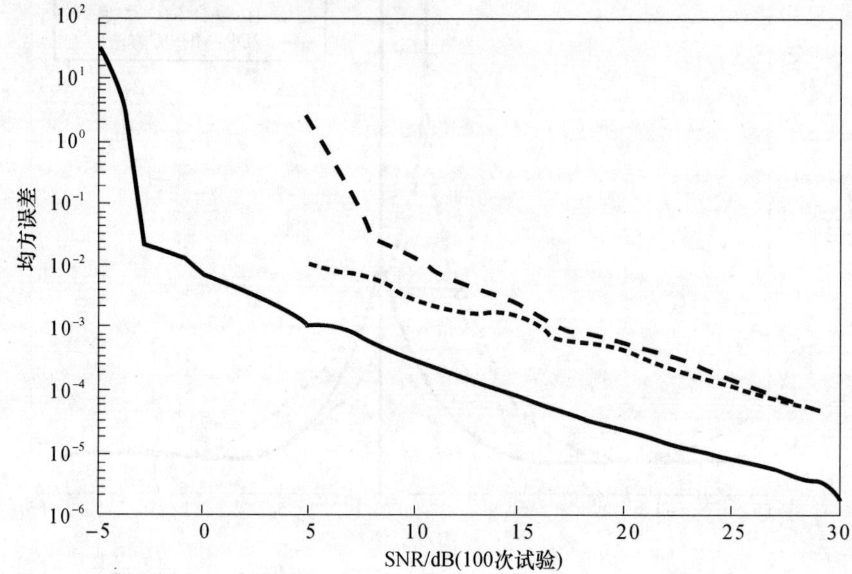

图 21.4　均方误差，100 次试验。实线：2DP－MUSIC；点划线：BS－MUSIC；虚线：MUSIC

21.8　试验结果

本节利用实 HF 雷达回波数据，该数据由 Raytheon 加拿大有限公司提供，他们通过试验来验证我们的算法。雷达利用探照灯发射天线以及 16－全向天线 ULA 作为接收机。数据集利用 3.2MHz 载波频率收集，驻留时间大约为 164s，有效脉冲重复频率为 1.6Hz。检测范围 50～300km，具有 1.5km 的分辨率。

目标信号的背景噪声为海杂波，其多普勒频率 0Hz，DOA 为 0°，SNCR 近似为 1.8dB（图 21.5）。海杂波多普勒功率谱的主要成分是出现在特定多普勒位置附近的一阶布拉格谱峰，该多普勒位置与雷达载波频率的平方根成正比。布拉格谱峰是海杂波的一阶散射，波长为雷达波长的 1/2，直接离开并朝向接收阵。

图 21.6 描述了 MUSIC、BS－MUSIC 和 2DP－MUSIC 的估计性能。海杂波有一个明确的多普勒结构。但是由于海杂波没有方向性（即可从各个方向到达），MUSIC 和 BS－MUSIC 失效。然而，2DP－MUSIC 利用海杂波的多普勒结构，可从时域对它抑制，从而得到正确的估计。

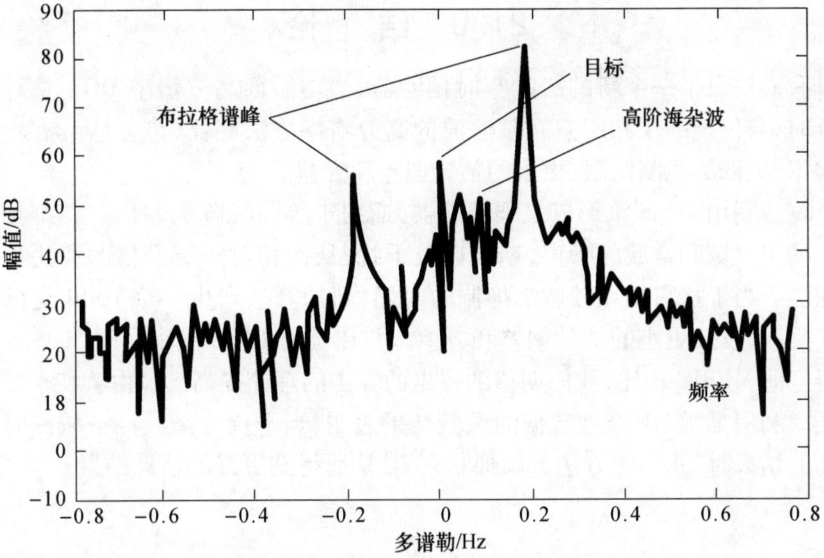

图 21.5　目标位于 100km 范围内,传感器 1 海杂波的多普勒谱

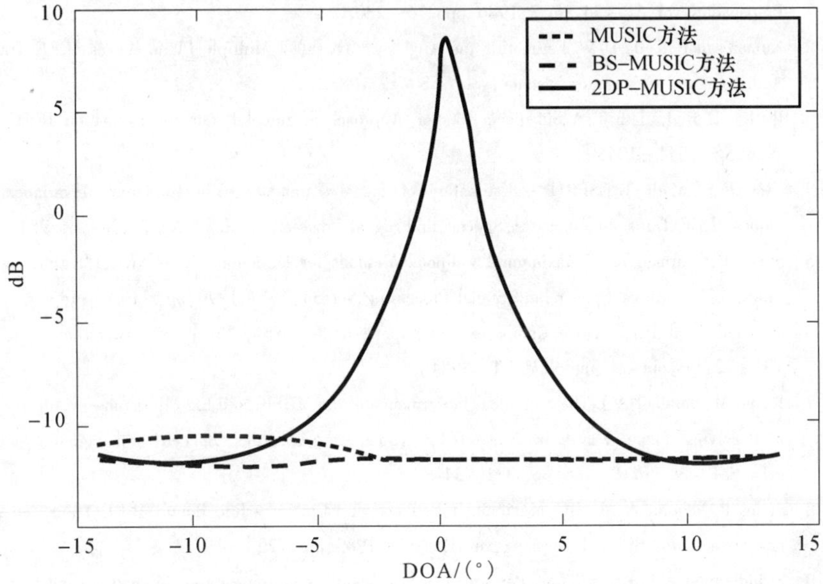

图 21.6　SCNR = 1.8dB、实际 DOA = 0°时,2DP - MUSIC、MUSIC 和 BS - MUSIC 的伪空间谱

21.9 结 论

我们提出了一个新的二阶空时预滤器,当与后面高分辨率 DOA 估计算法结合时,与传统的仅利用空间预滤波的高分辨率方法相比,该方法具有更高的分辨率、更低的检测门限、更小的估计偏差和方差。

算法利用 DPSS 来形成二维预滤器,适用于等距线阵的输出。二维预滤器同时滤出时域和空域的噪声、杂波以及干扰,从而相对于更严格的算法提高估计性能。当干扰只能在频域被抑制的时候,新的算法产生一个 10dB 更低的分辨率门限,以及更小的估计偏差和方差。与传统的 DPSS 波束空间 MUSIC 和传感器空间 MUSIC 相比,我们期望的提出的算法的理论提高已经由蒙特卡罗仿真验证。利用真实 HF 杂波数据的试验结果表明,当干扰或杂波在空域或时域有明确的结果时,我们的方法可以抑制它们,从而得到更好的估计结果。

参考文献

[1] Schmidt R O. Multiple Emitter Location and Signal Parameter Estimation. IEEE Trans. on Antennas and Propagation, vol. AP - 34, No. 3, 1986, pp. 276 - 280.

[2] Kumaresan R, Tufts D W. Estimating the Angles of Arrival of Multiple Plane Waves. IEEE Trans. on Aerospace and Electronics Systems, vol. AES - 19, 1983.

[3] Paulraj R R, Kailath T. A Subspace Rotation Approach to Signal Parameter Estimation. IEEE Proc., 1986, pp. 1044 - 1045.

[4] Roy R, Kailath T. ESPRIT - Estimation of Signal Parameters Via Rotational Invariance Techniques. IEEE Trans. on Acoustics, Speech, and Signal Processing, vol. 37, No. 7, 1989, pp. 984 - 995.

[5] Stoica P, Sharman K C. Maximum Likelihood Methods for Direction - of - Arrival Estimation. IEEE Trans. on Acoustics, Speech, and Signal Processing, vol. 38, No. 7, 1990, pp. 1132 - 1143.

[6] Barabell et al. Performance Comparison of Superresolution Array Processing Algorithm. Tech. Rep. TST - 72, Lincoln Laboratory, M. I. T., 1984.

[7] Kaveh M, Barabell A J. The Statistical Performance of the MUSIC and the Minimum - Norm Algorithms in Resolving Plane Waves in Noise. IEEE Trans. on Acoustics, Speech, and Signal Processing, vol. ASSP - 34, No. 2, 1986, pp. 331 - 341.

[8] Stoica P, Nehorai A. MUSIC, Maximum Likelihood and Cramer - Rao Bound. IEEE Trans. on Acoustics, Speech, and Signal Processing, vol. 37, No. 5, 1989, pp. 720 - 741.

[9] Swindlehurst A L, Kailath T. A Performance Analysis of Subspace - Based Methods in the Presence of Model Errors, Part I: The MUSIC Algorithm. IEEE Trans. on Signal Processing, vol. 40, No. 7, 1992, pp. 1758 - 1774.

[10] Zhou C, Haber F, Jaggard D L. A Resolution Measure for the MUSIC Algorithm and Its Application to Plane Wave Arrivals Contaminated by Coherent Interference. IEEE Trans. on Signal Processing, vol. 39, No. 2, 1991.

[11] Weiss A J, Friedlander B. Effects of Modeling Errors on the Resolution Threshold of the MUSIC Algorithm. IEEE Trans. on Signal Processing, 1994, pp. 1519 – 1526.

[12] Krim H, Viberg M. Two Decades of Array Signal Processing Research. IEEE Signal Processing Magazine, July, 1996, pp. 67 – 94.

[13] Wiener N. Extrapolation, Interpolation and Smoothing of Stationary Time Series. Cambridge, MA: MIT Press, 1949.

[14] Shan T J, Wax M, Kailath T. On Spatial Smoothing for Directions of Arrival Estimation of Coherent Signals. IEEE Trans. on Acoustics, Speech, and Signal Processing, ASSP – 33, April 1985, pp. 806 – 811.

[15] Friedlander B, Weiss A. Direction Finding Using Spatial Smoothing with Interpolated Arrays. IEEE Trans., AES. 28, April 1992, pp. 574 – 587.

[16] Kirlin R L, Du W. Improvement on the Estimation of Covariance Matrices by Incorporating Crosscorrelations. Radar and Signal Processing, IEE Proc. F, vol. 138, Issue 5, October 1991, pp. 479 – 482.

[17] Kirlin R L, Du W. Enhancement of Covariance Matrix for Array Processing," IEEE Trans. on Signal Processing, vol. 40, No. 10, October 1992, pp. 2602 – 2606.

[18] Kirlin R L, Du W. Improved Spatial Smoothing Techniques for DOA Estimation of Coherent Signals. IEEE Trans. on Signal Processing, vol. 39, No. 5, 1991, pp. 1208 – 1210.

[19] Bienvenu G, Kopp L. Decreasing High – Resolution Method Sensitivity by Conventional Beamformer Preprocessing. ICASSP, 1984, pp. 714 – 717.

[20] Buckley K, Xu X L. Spatial – Spectrum Estimation in a Location Sector. IEEE Trans. on Acoustics, Speech, and Signal Processing, vol. 38, No. 11, 1990, pp. 1842 – 1852.

[21] Xu X L, Buckley K. An Analysis of Beam – Space Source Localization. IEEE Trans. on Signal Processing, vol. 41, No. 1, 1993, pp. 501 – 504.

[22] Lee H B, Wengrovitz M S. Resolution Threshold of Beamspace MUSIC for Two Closely Spaced Emitters. IEEE Trans. on Acoustics, Speech, and Signal Processing, vol. 38, No. 9, 1990, pp. 1545 – 1559.

[23] Ralph A. Data Processing for a Groundwave HF Radar. GEC J. Res., vol. 6, No. 2, 1988, pp. 96 – 105.

[24] Sevgi L, Ponsford A M, Chan H C. An Integrated Maritime Surveillance System Based on High – Frequency Surface – Wave Radars, 1. Theoretical Background and Numerical Simulations. IEEE Antennas and Propagation Magazine, vol. 43, No. 4, 2001, pp. 28 – 43.

[25] Xie J, Yuan Y, Liu Y. Super – Resolution Processing for HF Surface Wave Radar Based on Pre – W hitened MUSIC. IEEE J. of Oceanic Engineering, vol. 23, No. 4, 1998, pp. 313 – 321.

[26] Wang J, et al. Small Ship Detection with High Frequency Radar Using an Adaptive Ocean Clutter Prewhitened Subspace Method. IEEE Sensor Array and Multichannel Signal Processing Workshop, Rosslyn, 2002, pp. 92 – 95.

[27] Percival D B, Walden A T. Spectral Analysis for Physical Applications: Multitaper and Conventional Univariate Techniques. Cambridge University Press, 1993.

[28] Bassias A, Kaveh M. Coherent Signal – Subspace Processing in a Sector. IEEE Trans. on Systen, Man, and Cybernetics, vol. 21, No. 5, 1991, pp. 1088 – 1100.

[29] Ogata K. Modern Control Engineering, 2nd ed. Upper Saddle River, NJ: Prentice Hall, 1990.

[30] Vi berg M, Stoica P. A Computationally Efficient Method for Joint Direction Finding and Frequency estimation in Colored Noise. Proc. 32nd Asilomar Conference on Signal, Systems, and Computers, Pacific

Cove, CA, November 1998, pp. 1547 - 1551.

[31] Ward J. Space - Time Adaptive Processing for Airborne Radar. MIT Lincoln Laboratory Technical Report 1015, December 1994.

附录21.A 式(21.24)的推导

$$
\begin{aligned}
&(\boldsymbol{C}\otimes\boldsymbol{B})^{\mathrm{H}}\boldsymbol{\Omega}_N\boldsymbol{R}_{zz}\boldsymbol{\Omega}_N^{\mathrm{H}}(\boldsymbol{C}\otimes\boldsymbol{B})\\
&=\begin{bmatrix} c(1,1)*\boldsymbol{B}^{\mathrm{H}} & c(2,1)*\boldsymbol{B}^{\mathrm{H}} & \cdots & c(N,1)*\boldsymbol{B}^{\mathrm{H}} \\ c(1,2)*\boldsymbol{B}^{\mathrm{H}} & c(2,2)*\boldsymbol{B}^{\mathrm{H}} & \cdots & c(N,2)*\boldsymbol{B}^{\mathrm{H}} \\ \vdots & \vdots & \ddots & \vdots \\ c(1,N')*\boldsymbol{B}^{\mathrm{H}} & c(2,N')*\boldsymbol{B}^{\mathrm{H}} & \cdots & c(N,N')*\boldsymbol{B}^{\mathrm{H}} \end{bmatrix}\begin{bmatrix}\boldsymbol{A}\\ \boldsymbol{A\Omega}\\ \vdots \\ \boldsymbol{A\Omega}^{N-1}\end{bmatrix}\boldsymbol{R}_{zz}\boldsymbol{\Omega}_N^{\mathrm{H}}(\boldsymbol{C}\otimes\boldsymbol{B})\\
&=\\
&\begin{bmatrix} \boldsymbol{B}^{\mathrm{H}}\boldsymbol{A}\left(\sum\limits_{i=1}^{N}c(i,1)*\boldsymbol{\Omega}^{i-1}\right) \\ \boldsymbol{B}^{\mathrm{H}}\boldsymbol{A}\left(\sum\limits_{i=1}^{N}c(i,2)*\boldsymbol{\Omega}^{i-1}\right) \\ \vdots \\ \boldsymbol{B}^{\mathrm{H}}\boldsymbol{A}\left(\sum\limits_{i=1}^{N}c(i,N')*\boldsymbol{\Omega}^{i-1}\right)\end{bmatrix}\begin{bmatrix}\beta_1 & 0 & \cdots & 0\\ 0 & \beta_2 & \cdots & 0 \\ \vdots & \vdots & \ddots & \vdots \\ 0 & 0 & \cdots & \beta_k\end{bmatrix}\begin{bmatrix} \boldsymbol{B}^{\mathrm{H}}\boldsymbol{A}\left(\sum\limits_{i=1}^{N}c(i,1)*\boldsymbol{\Omega}^{i-1}\right) \\ \boldsymbol{B}^{\mathrm{H}}\boldsymbol{A}\left(\sum\limits_{i=1}^{N}c(i,2)*\boldsymbol{\Omega}^{i-1}\right) \\ \vdots \\ \boldsymbol{B}^{\mathrm{H}}\boldsymbol{A}\left(\sum\limits_{i=1}^{N}c(i,N')*\boldsymbol{\Omega}^{i-1}\right)\end{bmatrix}^{\mathrm{H}}\\
&=\boldsymbol{GG}^{\mathrm{H}}
\end{aligned}
\tag{21.A.1}
$$

其中

$$
\boldsymbol{G}=\begin{bmatrix} \boldsymbol{B}^{\mathrm{H}}\boldsymbol{A}\left(\sum\limits_{i=1}^{N}c(i,1)*\boldsymbol{\Omega}^{i-1}\right) \\ \boldsymbol{B}^{\mathrm{H}}\boldsymbol{A}\left(\sum\limits_{i=1}^{N}c(i,2)*\boldsymbol{\Omega}^{i-1}\right) \\ \vdots \\ \boldsymbol{B}^{\mathrm{H}}\boldsymbol{A}\left(\sum\limits_{i=1}^{N}c(i,N')*\boldsymbol{\Omega}^{i-1}\right)\end{bmatrix}\begin{bmatrix}\sqrt{\beta_1} & 0 & \cdots & 0\\ 0 & \sqrt{\beta_2} & \cdots & 0 \\ \vdots & \vdots & \ddots & \vdots \\ 0 & 0 & \cdots & \sqrt{\beta_k}\end{bmatrix}
$$

$$
=\begin{bmatrix} \boldsymbol{B}^{\mathrm{H}}\boldsymbol{a}(\theta_1)\left(\sum\limits_{i=1}^{N}c(i,1)*\sqrt{\beta_1}\,\mathrm{e}^{\mathrm{j}\omega_1(i-1)}\right) \\ \boldsymbol{B}^{\mathrm{H}}\boldsymbol{a}(\theta_1)\left(\sum\limits_{i=1}^{N}c(i,2)*\sqrt{\beta_1}\,\mathrm{e}^{\mathrm{j}\omega_1(i-1)}\right) \\ \vdots \\ \boldsymbol{B}^{\mathrm{H}}\boldsymbol{a}(\theta_1)\left(\sum\limits_{i=1}^{N}c(i,N')*\sqrt{\beta_1}\,\mathrm{e}^{\mathrm{j}\omega_1(i-1)}\right)\end{bmatrix}
$$

$$
\begin{bmatrix}
\boldsymbol{B}^{\mathrm{H}}\boldsymbol{a}(\theta_2)\left(\sum_{i=1}^{N} c(i,1) * \sqrt{\beta_2}\mathrm{e}^{\mathrm{j}\omega_2(i-1)}\right) & \cdots & \boldsymbol{B}^{\mathrm{H}}\boldsymbol{a}(\theta_k)\left(\sum_{i=1}^{N} c(i,1) * \sqrt{\beta_k}\mathrm{e}^{\mathrm{j}\omega_k(i-1)}\right) \\
\boldsymbol{B}^{\mathrm{H}}\boldsymbol{a}(\theta_2)\left(\sum_{i=1}^{N} c(i,2) * \sqrt{\beta_2}\mathrm{e}^{\mathrm{j}\omega_2(i-1)}\right) & \cdots & \boldsymbol{B}^{\mathrm{H}}\boldsymbol{a}(\theta_k)\left(\sum_{i=1}^{N} c(i,2) * \sqrt{\beta_k}\mathrm{e}^{\mathrm{j}\omega_k(i-1)}\right) \\
\vdots & \ddots & \vdots \\
\boldsymbol{B}^{\mathrm{H}}\boldsymbol{a}(\theta_2)\left(\sum_{i=1}^{N} c(i,N') * \sqrt{\beta_2}\mathrm{e}^{\mathrm{j}\omega_2(i-1)}\right) & \cdots & \boldsymbol{B}^{\mathrm{H}}\boldsymbol{a}(\theta_k)\left(\sum_{i=1}^{N} c(i,N') * \sqrt{\beta_k}\mathrm{e}^{\mathrm{j}\omega_k(i-1)}\right)
\end{bmatrix}
$$

$$
= \begin{bmatrix}
\sqrt{\beta_1}\boldsymbol{B}^{\mathrm{H}}\boldsymbol{a}(\theta_1)\boldsymbol{c}_1^{\mathrm{H}}\omega_1 & \sqrt{\beta_2}\boldsymbol{B}^{\mathrm{H}}\boldsymbol{a}(\theta_2)\boldsymbol{c}_1^{\mathrm{H}}\omega_2 & \cdots & \sqrt{\beta_k}\boldsymbol{B}^{\mathrm{H}}\boldsymbol{a}(\theta_k)\boldsymbol{c}_1^{\mathrm{H}}\boldsymbol{\omega}_k \\
\sqrt{\beta_1}\boldsymbol{B}^{\mathrm{H}}\boldsymbol{a}(\theta_1)\boldsymbol{c}_2^{\mathrm{H}}\omega_1 & \sqrt{\beta_2}\boldsymbol{B}^{\mathrm{H}}\boldsymbol{a}(\theta_2)\boldsymbol{c}_2^{\mathrm{H}}\omega_2 & \cdots & \sqrt{\beta_k}\boldsymbol{B}^{\mathrm{H}}\boldsymbol{a}(\theta_k)\boldsymbol{c}_2^{\mathrm{H}}\boldsymbol{\omega}_k \\
\vdots & \vdots & \ddots & \vdots \\
\sqrt{\beta_1}\boldsymbol{B}^{\mathrm{H}}\boldsymbol{a}(\theta_1)\boldsymbol{c}_{N'}^{\mathrm{H}}\omega_1 & \sqrt{\beta_2}\boldsymbol{B}^{\mathrm{H}}\boldsymbol{a}(\theta_2)\boldsymbol{c}_{N'}^{\mathrm{H}}\omega_2 & \cdots & \sqrt{\beta_k}\boldsymbol{B}^{\mathrm{H}}\boldsymbol{a}(\theta_k)\boldsymbol{c}_{N'}^{\mathrm{H}}\boldsymbol{\omega}_k
\end{bmatrix}
\tag{21. A. 2}
$$

附录 21. B MUSIC 谱分辨率

假定在一个波束里仅存在两个距离很近的不相关源，分别位于 θ_1 和 θ_2 处[7]。定义$\hat{\boldsymbol{h}}_i=\boldsymbol{h}_i+\boldsymbol{\eta}_i$ 和$\hat{\lambda}_i=\lambda_i+\beta_i$，其中$\hat{\lambda}_i$ 和$\hat{\boldsymbol{h}}_i$ 分别为估计的协方差矩阵$\hat{\boldsymbol{R}}_{yy}$ 的第 i 个特征值和特征向量。下面的关系式成立：

$$E\{\hat{D}(\theta)\}=D(\theta)+\sigma^2\boldsymbol{v}^{\mathrm{H}}(\theta)\left[\frac{\lambda_1(m-2)}{(\lambda_1-\sigma^2)^2}\boldsymbol{h}_1\boldsymbol{h}_1^{\mathrm{H}}+\frac{\lambda_2(m-2)}{(\lambda_2-\sigma^2)^2}\boldsymbol{h}_2\boldsymbol{h}_2^{\mathrm{H}}\right]\frac{\boldsymbol{v}(\theta)}{T} \tag{21. B. 1}$$

$$E\{\hat{D}(\theta_i)\}=\overline{D(\theta_i)}\approx\frac{(m-2)}{T}\left[\frac{1}{2(\mathrm{ASNR})}+\frac{1}{(\mathrm{ASNR})^2\Delta^2}\right] \tag{21. B. 2}$$

$$E\{\hat{D}(\theta_m)\}\approx D(\theta_m)=\frac{1}{80}\Delta^4 \tag{21. B. 3}$$

其中，$i=1,2$，$\theta_m=(\theta_1+\theta_2)/2$，以及 $\Delta\overset{\triangle}{=}m2\pi\mathrm{d}[\sin(\theta_1)-\sin(\theta_2)]/2\sqrt{3}\lambda$。分辨率门限 ξ_T 被定义为 ASNR，其中 $E\{\hat{D}(\theta_m)\}=E\{\hat{D}(\theta_1)\}=E\{\hat{D}(\theta_2)\}$。对于 $T\gg1$，$\Delta\ll1$，$\mathrm{ASNR}\gg1$，有

$$\xi_T\approx\frac{1}{T}\left\{20(m-2)\Delta^{-4}\left[1+\sqrt{1+\frac{T}{5(m-2)}\Delta^2}\right]\right\} \tag{21. B. 4}$$

符号清单

$(\ )^{\mathrm{T}}$	转置
$(\ )^{\mathrm{H}}$	共轭转置
$\otimes$	Kronecker 积(张量积)
$\mathrm{E}\{\}$	期望算子
θ_i	信号到达方向
$\boldsymbol{\lambda}_i$	协方差矩阵的特征值
σ^2	噪声的方差
$\boldsymbol{a}(\theta)$	信号方向向量
$\boldsymbol{A}$	信号方向矩阵
$\boldsymbol{B}$	波束形成器矩阵
d	两个传感器间的距离
$\boldsymbol{h}_i$	协方差矩阵的特征向量
$\boldsymbol{I}$	单位矩阵
K	信号数
$\boldsymbol{n}(t)$	加性空间白噪声向量
M	阵列传感器(单元)数
m'	波束域的维数
P_{MU}	MUSIC 的空间谱
$\boldsymbol{R}$	协方差矩阵
$\boldsymbol{s}(t)$	信号向量
$\boldsymbol{U}_s$	信号子空间
$\boldsymbol{U}_n$	噪声子空间
$\boldsymbol{v}(\theta)$	导向向量
$\boldsymbol{W}$	波束形成器权向量
$\boldsymbol{x}(t)$	波束域中的向量
$\boldsymbol{y}(t)$	瞬时传感器阵列快拍输出
$\boldsymbol{y}_n(t)$	由 N 阵列信号向量 $\boldsymbol{y}(t)$ 形成的 $N\times m$ 向量

作者简介

Habti Abeida 分别于 2000 年和 2001 年在摩洛哥卡萨布兰卡的 Hassan Ⅱ大学和法国巴黎的 René Descartes 大学获得应用数学方向工程控制学位，并于 2002 年在法国巴黎的 Pierreet Marie Curie 大学获得统计学方向硕士学位。他目前正在法国 Evry 的国家通信数据加密试验室攻读应用数学和数字通信的博士学位。他的研究兴趣是统计信号处理。

Thushara D. Abhayapala 在跨学科工程方向获得了他的本科学位。他在澳大利亚国立大学(ANU)获得了通信工程方向的博士学位。在他攻读博士学位之前曾经在这个行业工作过两年。自 1999 年，他一直是澳大利亚国立大学的信息科学和工程学院的学术工作组成员。现在他是澳大利亚国立计算机技术研究所的高级研究员，研究方向包括通信系统中的信号处理，无线通信系统的空时信号处理，空时信道建模，MIMO 容量分析，空时接收机的设计，阵列信号处理和声频信号处理。Abhayapala 博士还是 12 名博士研究生和 3 名哲学硕士生的导师，他在国际会议和杂志上面拥有近 75 本合著，是 EURASIP 杂志在无线通信和网络方向(EURASIP JWCN)的编委会成员。

Yuri I. Abramovich 于 1967 年在乌克兰敖德萨工艺大学获得了无线电子方向荣誉工程学位，并于 1971 年在同一学校获得了理论无线电技术方向的候补科学学位(相当于博士学位)。在 1981 年他在列宁格勒航空学院取得了雷达和导航方向的科学博士学位。1968 年—1994 年，他先后担任了敖德萨工艺大学的研究员、教授以及科学和研究副院长。他还曾经在澳大利亚阿德莱德的传感器信号和信息处理合作研究中心(CSSIP)工作过。从 2000 年开始，Abramovich 博士已经是澳大利亚防御科学和技术组织(DSTO)(仅次于 CSSIP)的首席研究科学家。他的研究方向是信号处理(尤其是空时自适应处理，波束成形，信号检测和估计)及其在雷达(尤其是超视距雷达)、电子战以及通信方面的应用。他的邮箱地址是：Yuri. Abramovich@ dsto. defence. gov. au 。

Alon Amar 于 1997 年在 Technion - Israel 技术学院获得电子工程学士学位。于 2003 年在以色列的特拉维夫大学获得电子工程硕士学位。他目前在以色列的特拉维夫大学电子工程系统系攻读博士学位，兼任那里的助教。他的主要研究方向是定位、通信和估计理论中的统计和阵列信号处理。

Moeness G. Amin 于 1984 年在美国科罗拉多大学获得博士学位。自从

1985 年开始,他就是 Villanova 大学的教员,现在是电气和计算机工程系的教授,以及高级通信中心的主任。Amin 博士是电气电子工程协会的会员,他是 IEEE 三千周年奖章的获得者,2003—2004 年度 IEEE 信号处理学会卓越的演讲者;他还是富兰克林研究院科学和艺术委员会的委员,1997 年度 Villanova 大学突出研究奖以及 1997 年度 IEEE 费城区域服务奖的获得者。他在无线通信、时频分析、智能天线、宽带通信平台下的干扰抵消、数字化战场、测向、超视距雷达、雷达成像和信道均衡等领域拥有 280 多份出版物。

Santana Burintramart 于 1998 年在泰国 Nakhon – Nayok 的 Chulachomkloa 皇家军事学院获得学士学位,于 2004 年在纽约锡拉丘兹大学获得硕士学位,目前他正在这所大学的电子工程系攻读博士学位。从 1998 年开始,他是泰国皇家陆军(RTA)的一名成员。他目前的研究方向包括与智能天线问题相关的数字信号处理,以及空时自适应处理。

Christos N. Capsalis 于 1979 年在雅典国家科技大学(NTUA)获得了电气和机械工程的毕业证书,于 1983 年在雅典大学获得了经济学理学学士学位。于 1985 年在 NTUA 获得电子工程博士学位。他目前是 NTUA 的一名教授,电气和计算机工程学院长距离通信试验室的主任。Capsalis 教授在国际杂志上已经发表了 70 多篇论文。他目前的研究方向是卫星和移动通信、天线理论和设计以及电磁兼容。

Sathish Chandran 在英国的 Loughborough 大学获得微波通信工程博士学位,在英国的布拉德福大学获得无线电频率通信工程方向硕士学位,在印度的喀拉拉邦大学获得电子和通信工程方向工学学士。现在他是多家本地和国际公司的通信顾问,以及多个教育机构的教员助手。Chandran 博士一直是多家通信公司的无线电顾问。他被英国诺丁汉大学聘为博士后会员。他还被马来西亚的爱立信公司聘任,是马来西亚国际无线电科学联盟(URSI)的主席。他在他的专业领域出版了许多发行物,是《自适应天线阵列:趋势和应用》(Springer,2004)的编辑。他还是很多国际科学和技术杂志的编委会成员,以及很多国际会议的技术评论委员会委员。Chandran 博士是 IEE(英国)会员。

Pascal Chargé 于 2001 年在法国南特大学获得电子工程方向博士学位。到 2003 年为止,他已经是 IRCCyN 试验室电子系统、通信和信号处理部门的研究员。自 2003 年 9 月,他一直是图卢兹国家应用科学研究院(INSA)的助理教授,还是 LESIA 试验室的研究员。他的研究方向包括传感器阵列处理、统计信号处理,以及无线通信中的信号处理。

Jiunn – Tsair Chen 于 1998 年在斯坦福大学获得了博士学位。从 1999 年开始,他一直是新竹国立清华大学的教员,同时他还是该校电子工程系的助理教授。他目前的研究方向是无线通信、天线阵列信号处理、自适应信号处理，以及功率放大器线性化。

Jun Cheng 分别于 1984 年和 1987 年在中国西安电子科技大学通信工程专业获得学士和硕士学位，于 2000 年在日本京都同志社大学获得电子工程专业博士学位。1987—1994 年，他是西安电子科技大学信息工程系的助教和讲师。1995—1996 年，他是西安电子科技大学 ISN 国家重点试验室的助教。Cheng 博士最初在日本京都的 ATR 自适应通信研究试验室作为客座研究员，作为日本横须贺松下移动公司 R&D 中心（前身是松下电子通信公司的无线试验室）的主管工程师，并作为日本松下电子电气公司下一代移动通信发展中心的主管工程师。从 2004 年 4 月开始，他一直是日本同志社大学知识工程和计算机科学系的助理教授。他的研究方向是通信理论、信息论、编码理论、阵列信号处理，以及无线通信系统领域。

Jean Pierre Delmas 于 1973 年在法国里昂中央理工大学取得工程学位，于 1982 年在法国巴黎的里昂全国本地电讯取得了毕业证书，并在 2001 年在法国奥赛巴黎大学获得了监督研究教授（HDR）学位。从 1980 年开始在法国国家电信研究所工作，现在是那里的 CTTI 部门和 UMR - CNRS 5157 的教授。他的教学和研究方向是统计信号处理及其在通信与天线阵列的应用。他目前 IEEE 信号处理学报的副编辑。

Wen - Hsien Fang 于 1991 年在 Ann Arbor 密歇根大学获得博士学位。1991 年 9 月加入了台北国立台湾科技大学，任电子工程系的教授。他的研究方向包括无线通信的信号处理、快速算法及其超大规模集成电路应用，以及视频编码。

Alfonso Farina 于 1973 年在罗马大学的电子工程专业获得博士学位。在 1974 年，他加入了塞莱尼亚，即现在的马可尼系统公司，从 1988 年 5 月开始，他就是那里的负责人。从 2004 年开始，他成为主要技术办公室的成员，近期被任命为科技主管。Farina 博士在检测、信号、数据融合，以及雷达系统的图像处理方面做出了突出贡献。他还是很多课题的负责人，同时在地面监视、海军应用、机载早期预警和雷达成像等方面引导着国际舞台。从 1979 年开始，他一直是那不勒斯大学雷达技术方面的讲师，1985 年被任命为副教授。他发表了 330 多份出版物及以下的书籍和专论：《雷达数据处理》（第一和第二卷）（被翻译为中文和俄文），1985—1986；《最优雷达处理器》，1987；《雷达系统基于天线的信号处理技术》，1992。Farina 博士撰写了由海军研究试验室 M. I. Skolnik 博士编写的《雷达手册，第二版》（1990）中的第九章“电子反对抗（ECCM）技术”。他是很多国际雷达会议的主席。他还在意大利和国外的大学、研究中心进行授课。他经常在雷达的信号、数据和图像处理，尤其是多传感器融合、自适应信号处理，以及空时自适应处理(STAP)和检测方面的国际雷达会议上做指导。Farina 博士还是包括 IEEE,IEE,Elsevier 众多杂志的审稿人。他还与 IEE 的《电子和通信工程杂志(ECEJ)》的编委会合作。Farina 博士还是《信号处理》编委会的成员。他获得了很多的奖项。Farina 博士被任命为 NATO - SET(传感器和电子技术)专门小组的成员。他还是 IEEE 和 IEE 的会员。

Fulvio Gini 分别于 1990 年和 1995 年在意大利比萨大学获得电子工程方向工程博士和优等博士学位。1993 年他加入了比萨大学的“Ingegneria dell'Informazione”系,自 2000 年 10 月一直是那里的副教授。Gini 博士还是维吉尼亚大学电子工程系的客座研究员;国际会议的会议主席和两本指南的合著者,分别是 1999 年国际雷达会议上的《高分辨率雷达系统的一致性检测和融合》和 2000 年国际雷达会议上的《高级雷达检测和融合》。他还是 IEEE 信号处理学报的副编辑和 EURASIP JASP 编委会成员。他是 2001 年 IEEE 航空和电子系统协会巴里卡尔顿奖最佳论文奖的获得者,2003 年 IEE 信号处理突出贡献奖成就奖的获奖者,2003 年 IEEE 航空和电子系统协会针对年轻工程师的 Nathanson 奖获得者。他还是 2004 年信号处理杂志 EURASIP 特刊中出版的《雷达中天线阵列处理的新趋势和发现》的合作客座编辑,是 IEEE 信号处理杂志特刊中于 2006 年出版的《基于认知系统的自适应雷达检测、跟踪和分类》的合作客座编辑。他的研究方向是统计信号处理、估计、检测理论,尤其是记录实时海洋和陆地雷达杂波数据的建模和统计分析、非高斯信号检测和估计、多通信道干涉仪 SAR 数据的参数估计和数据提取、循环平稳信号分析、非平稳信号的估计,以及雷达信号处理的应用。他著作或者合著了 70 多篇杂志论文和约 70 篇会议论文。

Giovanni Golino 于 1998 年在罗马大学获得了电子工程专业的博士学位。1999 年,他加入了 AMS,在那里他成为了系统分析小组雷达技术 & 操作部门的雷达设计者。他实际的研究领域是高分辨率雷达、电子反对抗(ECCM)技术和传感器系统。

Alexei Y. Gorokhov 于 1993 年在乌克兰敖德萨工艺大学(OPU)获得硕士学位,并于 1997 年在法国巴黎的里昂中央理工大学取得博士学位。从 1993 年到 1994 年,他是敖德萨工艺大学研究试验室的研究工程师。从 1997 年 10 月,他在法国巴黎的德拉国家科学研究中心(CNRS)担任研究工作。2000 年 1 月到 2004 年 1 月,在离开 CNRS 很长一段时间后,他成为荷兰埃因霍温飞利浦研究试验室 DSP 小组的高级科学家。从 2004 年 1 月开始,他进入加利福尼亚州圣地亚哥的 QUALCOMM 公司,他研究的方向是无线通信、频谱分析、统计信号处理和信息理论。他当前的研究方向主要是差错控制编码、多用户均衡、无线通信中的天线分集。Gorokhov 博士的邮箱是:gorokhov@ qualcomm. com。

Maria Greco 于 1993 年毕业于意大利比萨大学的电子工程专业,并于 1998 年在这里获得通信工程博士学位。1997 年 12 月到 1998 年 5 月,作为访问学者,她在乔治亚州亚特兰大市的乔治亚州技术研究所工作,研究方向是非高斯背景下的雷达检测。1998 年,她进入比萨大学的工程系,自 2001 年 4 月,她一直是那里的助教。她的研究方向是统计信号处理、估计和检测理论。特别地,她的研究方向包括循环平稳信号分析、杂波模型、频谱分析、DOA 估计、非高斯杂波下的一致和非一致检测,以及 CFAR 技术。她从 2004 年 6 月开始就是 IEEE 的高级会员,是 IEEE、IEE 和 Elsevier 等多家杂志的审稿人。她和 P. Lombardo、F. Gini、A. Farina 和 B. Billingsley 还是 2001 年 IEEE 航天和电子系统协会巴里卡尔顿奖最佳文章奖的获奖者。

Katsuyuki Haneda 分别于 2002 年和 2004 年在日本东京科技学院获得学士和硕士学位。他目前的研究方向是无线传播、信道建模、阵列信号处理、MIMO 系统和超宽带无线电。他在第七届国际无线个人多媒体通信专题讨论会(WPMC 2004)上获得优秀学生论文奖。他是 IEICE 和 IEEE 的实习会员。

K. V. S. Hari 于 1983 年在印度海得拉巴市 Osmania 大学获得工学学士学位,于 1985 年在印度新德里的印度科技学院获得硕士学位,于 1990 年在加利福尼亚州立大学获得博士学位。从 1998 年 2 月起,他在印度班加罗尔的印度科学研究院(IISc)电子通信工程系作为助教。他的研究方向是统计信号处理。他一直在波达方向估计的空时信号处理算法、利用麦克风阵列的声学信号分离以及 MIMO 无线通信系统方面做研究。他还在 MIMO 无线信道测量和建模方面做过工作,并且合著了固定宽带无线通信系统的无线信道模型的 IEEE 802. 16(WiMax)标准。Hari 博士还分别在芬兰埃斯波的赫尔辛基科技大学、加利福尼亚州斯坦福大学和瑞典斯德哥尔摩的皇家科技学院做访问学者。他是 IISc 的电子和计算机工程系的助理教授和 Osmania 大学的科学家。他还在海得拉巴的电子防御研究试验室工作。他目前是 EURASIP 杂志信号处理方向的编委会成员。

Randy Haupt 是 IEEE 的会员,以及佩恩州应用研究试验室的高级科学家。他在密歇根州立大学获得电子工程博士学位,在东北大学获得电子工程的硕士学位,在新英格兰学院获得工程管理硕士学位,在 U. S. A. F 学院获得了电子工程学士学位。从 1999 年到 2003 年他是犹他州立大学的教授并是电子和计算机工程系的主任。他是美国空军学院电子工程系的教授,同时也是内华达州立大学电子工程系的主任。1997 年,他以中校军衔在美国空军学院退休。Haupt 博士是 OTH - B 雷达项目的工程师,他还是罗马空军发展中心的天线研究工程师。1993 年他成为联邦工程师，还是国际无线电科学联合会（Tau Beta Pi，Eta Kappa Nu）和电磁研究院的会员。他在天线、雷达横截面和数学方法方面出版了很多期刊文章、会议文章和书的章节，他还与人合著了《实践遗传算法，第二版》（Wiley & Sons，2004）。Haupt 博士在天线技术方面拥有 8 项专利。

Joby Joseph 于 1995 年在印度喀拉拉邦大学获得 ECE 方向的工学学士学位；分别于 1998 年、2004 年在位于印度班加罗尔的印度科技学院获得 ECE 方向的硕士学位以及博士学位。他现在是在马里兰的国家健康研究所的一名研究员。在 1990 年间，他获得了 DAAD 奖学金，并访问了德国凯泽斯劳滕大学的控制系统和信号理论小组，在那里他的研究方向是从肾脏的超声波扫描图像中自动提取诊断参数。他的研究方向是多输入/多输出信号处理、通过麦克风阵列的声源分离、神经网络的建模、图像处理和自适应信号处理。他还开发了一个开源的音频分析工具（SAA，SSPLab 音频分析器），在下面的网址可以看到相关的内容：http://www. dsp. ece. iisc. ernet. in/ ~joby/saajoby/。

Lance M. Kaplan 于 1989 年在北卡罗莱纳州杜克大学以优异成绩获得学士学位；分别于 1991 年和 1994 年在洛杉矶南加利福尼亚州立大学获得了电子工程方向硕士和博士学位。1987—1990 年，Kaplan 博士在乔治亚州科技研究所以技术助理的身份工作。1990—1993 年，他获得了国家科学基金研究生奖学金和 USC 院长优秀基金，并于 1993—1994 年在南加利福尼亚州立大学在信号和图像处理研究所以研究助理的身份工作。1994—1996 年，他在 Hughes 航空公司的侦察系统部门工作。1996—2004 年，他成为 Clark 亚特兰大大学工程系和物理系统理论研究中心（CTSPS）的教员。目前，他是美国军方研究试验室 EO/IR 图像处理分部的团队领导。Kaplan 博士还是 IEEE《航空与电子系统学报》EO/IR 系统的副主编。1999—2001 年他曾三次获得 Clark 亚特兰大大学电子工程系的教学优秀奖。他目前的研究方向是信号和图像处理、数据融合、自动目标识别、模型和合成以及多分辨率分析。

R. Lynn Kirlin 分别于 1962 年、1963 年和 1968 年在犹他州、怀俄明州立大学获得电子工程专业的工学学士、硕士和博士学位。他于 1963 年到 1966 年在马丁-玛丽埃塔和波音通信系统工作，1969 年在怀俄明州 Datel 计算机外围设备工作，1979 年在俄勒冈州浮点系统应用软件工作，目前在图森 Rincon 研究所工作。1969—1986 年他在怀俄明州立大学的电子工程系工作，1987—2002 年在加拿大维多利亚大学 ECE 系工作，现在是该校的名誉教授。他的主要研究和咨询协会包括统计阵列信号处理领域的美国和加拿大的海军组织和石油产业。1989—1991 年，他是 IEEE《信号处理学报》的副编辑。他合著的论文在 1998 年被评为地球物理学方面的优秀论文，他还是《地震信号处理中的协方差矩阵分析》的合编者和主要作者。他是 IEEE 的会员。

Visa Koivunen 于 1990—1994 年在 Oulu 大学的电子工程系获得名誉博士学位,并被评为优秀毕业生。Koivunen 博士是宾夕法尼亚大学的客座研究员,是 Oulu 大学的电子工程系一名职员,还是坦佩雷科技大学信号处理试验室的副教授。从 1999 年开始,他是芬兰赫尔辛基科技大学(HUT)电子和通信工程系信号处理专业的教授。他是由芬兰科学院提名为无线电通信工程 SMARD 中心的主要研究者之一。从 2003 年开始,他是宾夕法尼亚大学的兼职教授。Koivunen 博士的研究方向包括统计学、通信、传感器阵列信号处理。他在国际科学会议和期刊上发表的文章有 160 多篇。他是《信号处理》期刊编委会的成员。他还是 IEEE 信号处理通信技术委员会(SPCOM - TC)的会员和 IEEE 的高级会员。

Xiaoli Lu 于 2002 年在维多利亚大学获得电子工程硕士,并在同一研学校攻读博士学位。她主要的研究方向是统计信号处理、分类和最优化算法。她是 NSERC 奖金(国家)、Petch 研究奖学金和其他大学奖学金的获得者。她现在作为一名实习生在 Raytheon 加拿大公司工作。她是 IEEE 的会员。

Rodney A. Martin 是佩恩州应用研究试验室通信和航海部的助理工程师。他还在 ARL 工作的时候,就已经参与了众多天线和传播的计划,包括雷达检测相位阵的研发、一种基于 JAVA 的天线模型、共形天线分析软件、城市 RF 传播分析和分形天线工程。在上大学之前,马丁先生曾经在海军核计划中作为一名电工的助手工作了 6 年,其中的 4 年他在"鲟鱼"(637)潜艇内工作。他分别于 1999 年和 2001 年在宾夕法尼亚州立大学的电子工程专业获得学士和硕士学位。他的研究方向是天线设计、数值方法和计算电磁学。他也是 Eta Kappa Nu 的会员,工程学院院长奖学金的获得者。

James H. McClellan 于 1969 年在 Baton Rouge 路易斯安那州立大学获得电子工程学士学位,并于 1972 年和 1973 年在休斯顿赖斯大学分别获得了硕士和博士学位。1973—1982 年,他是马萨诸塞州科技学院林肯试验室的一名研究员,进而成为那里的教授。1982—1987 年,他在 Schlumberger Well Services 工作。从 1987 年开始,他在亚特兰大乔治亚州理工学院电子和计算机工程学院做教授,他目前担任该校信号处理方面的教授。他是《数字信号处理中的数论》、《信号处理中的计算机应用》、《初识 DSP:多媒体方法》和《信号处理概论》(这本书获得 2003 年度 McGraw - Hill Jacob Millman 创新教科书奖)的合著者。McClellan 教授于 1998 年在乔治亚州理工学院获得了 W. Howard Ector 杰出教师奖,于 2001 年获得了 IEEE 信号处理协会教育奖。在 IEEE 信号处理协会,他于 1987 年和 1996 年分别获得技术成果奖(因为 FIR 滤波器的设计)和协会奖。2004 年,他获得了 IEEE 的 Kilby 奖。他是 Tau Beta Pi 和 Eta Kappa Nu 的会员。

Stelios A. Mitilineos 于2001年10月在雅典国家技术大学(NTUA)获得了电子和计算机工程方向的文凭。他目前在同一所大学攻读电子工程的博士学位。他的主要研究方向是天线和传播、智能天线和移动通信以及电磁兼容性。

Baha Adnan Obeidat 于2002年在费城坦普尔大学获得电子工程学士学位，并于2004年在宾夕法尼亚州 Villanova 大学获得了电子工程硕士学位。他目前在 Villanova 大学攻读电子工程博士学位。他的研究方向是阵列处理、统计信号处理以及时频分析。

Takashi Ohira 于1983年在日本大阪大学获得通信工程工学博士学位。他在日本横须贺 NTT 无线系统试验室，在日本国家多波束通信卫星上开发了 GaAs MMIC 异频雷达收发机模块和微波波束网络。从1999年，他在日本京都 ATR 自适应通信研究试验室从事无线 Ad Hoc 网络和基于用户电子设备的微波模拟自适应天线的研究。目前，Ohira 博士是 ATR 波形工程试验室的主任。他还是 URSI 委员会 C 日本分会的主席。他是 IEEE 的会员。他合著了《单片电路微波集成电路》(IEICE,1997)。Ohira 博士于1986年获得了 IEICE Shinohara 奖，于1998年获得了日本 APMC 微波奖，2004年获 IEICE 电子协会奖。

Esa Ollila 于2002年在 Jyvǎskylǎ 大学获得统计学博士学位。目前，他在赫尔辛基科技大学的 SMARAD CoE 做博士后。他的研究方向是鲁棒非参量的多变元统计分析、阵列信号处理以及复值信号的统计学。

Stylianos C. Panagiotou 于2003年在雅典国家技术大学(NTUA)获得电子和计算机工程文凭，他目前在那里攻读电子工程博士学位。他的主要研究方向是多径传播、智能天线、无线 MIMO 系统以及天线的设计。

Tapan K. Sarkar 是锡拉库扎大学电子和计算机工程系的教授。他目前的研究方向是电磁学和信号处理在系统设计应用中出现的算子方程的数值求解。他自己编写或者合著了很多书籍，包括《电磁模型下的迭代和自适应有限元》(Artech House,1998)、《电磁学和信号处理方面的小波应用》(Artech House, 2002)、《智能天线》(John Wiley & Son,2003)和《无线的历史》(John Wiley & Son,2005)。他于1998年和2004年分别在法国 Clermont Ferrand 的 Blaise Pascal 大学和西班牙马德里大学获得荣誉博士。他于2000年在法国 Clermont Ferrand 获得城市友好勋章。

Daniel Segovia - Vargas 于1993年在马德里大学获得通信工程学位。1998年，他在马德里大学获得博士学位。1993—1998年，他在 Valladolid 大学的无线电通信和电子设计领域施教。现在，他是马德里卡洛斯Ⅲ大学的教授，负责天线、微波以及无线电通信课程。他的研究领域是印刷天线、有源和智能天线、他的研究领域还包括微波环路和天线新材料的设计。他在国际期刊和国际会议上已经发表了40多篇论文。他还是欧洲COST 260计划和COST 284计划的成员。他已经参加了有源和智能天线的多个研究项目。

Manuel Sierra - Castaner分别于1994年和2000年在西班牙马德里大学获得通信工程学位和博士学位。1997年,他是Alfonso X大学的助教,从1998年开始,他在马德里大学作为一名科研助理、助教和副教授。他是IEEE的会员。他目前的研究方向是平面天线和天线测量系统。

Manuel Sierra - Pérez分别于1975年和1980年在Universidad Politécnica de-Madrid获得硕士学位和博士学位。他于1990年在这所大学的信号系统和无线通信系担任全职教授。他目前的研究方向是无源和有源阵列天线,包括设计理论、测量和应用。1981—1982年,他被维吉尼亚的国家无线电天文学天文台(NRAO)聘为客座教授,1994—1995年被德科罗拉多大学聘为客座教授。从1978年开始,他是IEEE的会员。他是IEEE Joint AP/MTT Spanish Chapter的发起人和主席。他曾是IEEE西班牙分部的财务部长,目前是这一分部的副主席。

Apostolos I. Sotiriou于1999年7月毕业于萨洛尼卡亚里斯多德大学(AUTH),获得电子和计算机工程专业文凭。2001年4月,他加入COSMOTE MOBILE TELECOMMUNICATIONS S. A. 传输开发团队,他目前担任通信工程师。2002年2月,他开始在雅典国家技术大学(NTUA)攻读电子工程博士学位。他的主要研究方向是天线和传播、智能天线和蜂窝系统的性能问题。

Nicholas K. Spencer于1985年和1992年在堪培拉的澳大利亚国立大学分别获得了应用数学学士学位和计算数学硕士学位。他现在澳大利亚国防部、阿德莱德南澳大利亚弗林德斯大学、阿德莱德大学和堪培拉的澳大利亚遥感中心致力于计算科学和数学科学工作。目前他是澳大利亚位于阿德莱德的遥感信号和信息处理合作研究中心(CSSIP)的高级研究人员。他的研究方向包括阵列信号处理、并行计算和其他高性能计算、软件的最佳实施、人机接口、多级数值方法、物理系统的建模和仿真、理论天体物理学和蜂窝自动机。

Jun - ichi Takada分别于1987年、1989年和1992年在日本东京工业大学获得学士、硕士和博士学位。1992—1994年,他是日本千叶大学的助理研究员。从1994年开始,他是日本东京工业大学的一名副教授。他以前的研究覆盖了小天线、径向线槽天线、微波超媒质和电磁计算。他当前的研究方向是无线传播和信道建模、自适应阵列和分集天线、超宽带无线电、软件无线电和应用无线电设备和测量。他是与欧洲合作科学技术研究(COST)273号“面向移动宽带多媒体网络”行动的活跃分子。从2003年开始,他一直是日本国立通信和信息技术学院(NICT)超宽带研究所的兼职专业研究员,在那里他对传播测量和建模以及ITU - R的标准化超宽带信号的测量做出了很大贡献。他是IEEE、日本

IEICE、ACES 和泰国 ECTI 协会的会员。

Luca Timmoneri 于 1989 年在意大利的罗马大学获得电子工程博士学位。1989 年,他加入了 Selenia S. p. A. ,即现在的 Alenia Marconi Systems(AMS) ,他目前担任雷达技术部门雷达系统分析小组的负责人。他的研究方向包括合成孔径雷达(成像以及动态目标检测和成像)、机载预警和地基雷达的空时自适应处理,应用了 VLSI 和 COTS 设备的并行处理体系结构。目前他主要研究自适应信号处理、三维基于地面和舰船的相控阵雷达的检测和估计。他还特邀对期刊和会议录中的论文做过评论。他是三本关于自适应阵列和空时自适应处理教程的合著者之一,分别发表于 1995 年在华盛顿特区和 1999 年、2003 年在波士顿举办的国际 IEEE 雷达会议上。Timmoneri 博士由于技术创新,获得了 2002 年 AMS CEO 奖、2003 年 AMS MD 奖、2004 年 AMS CEO 奖以及 2004 年的 Finmeccanica 的技术创新一等奖。

Hiroaki Tsuchiya 于 2003 年在日本东京农业技术大学获得学士学位,于 2005 年在东京工大学获得硕士学位,目前他正在东京工业大学攻读博士学位。他的研究方向包括无线传输信道特性和超宽带无线电建模。现在他是日本 IEICE 的学士会员。

Pantelis K. Varlamos 于 2000 年 10 月毕业于雅典国立技术大学的电子和计算机工程专业。他目前正在该校攻读电子工程的博士学位,并获得了 Bodossakis 基金的奖学金支持。他的主要研究方向包括天线和传播、智能天线和电磁兼容。

Jian Wang 于 2001 年和 2004 年在维多利亚大学分别获得电子工程硕士和博士学位。他的主要研究方向包括统计、雷达和阵列信号处理。从 2003 年起,他一直在雷声加拿大公司工作。他是 IEEE 的会员。

Yide Wang 于 1984 年在北京邮电大学(BUPT)获得学士学位,于 1986 年和 1989 年在法国雷恩大学分别获得信号处理硕士和博士学位。他现在是法国南特大学工学院的教授。他的感兴趣的研究方向包括阵列信号处理、谱分析和移动无线通信系统。

Yung - Yi Wang 于 2000 年在中国台北的国立台湾科学技术大学获得博士学位。从 1994 年开始,他一直是台北圣约翰和圣玛丽技术研究院担任计算机通信系的副教授。王博士的研究方向包括统计信号处理、无线通信和阵列信号处理。

Anthony J. Weiss 于 1973 年在以色列工程技术学院获得学士学位,并于 1982 年和 1985 年在以色列的 Tel Aviv 大学分别获得电子工程的硕士和博士学位。1973—1983 年,他参与了众多通信、指挥控制和测向工程的研发。1985

年,他加入 Tel Aviv 大学电气工程系统系。1996—1999 年,他担任了系主任和 IEEE 以色列地区的会长。1996 年,他联合创办了无线网络有限公司,并作为首席科学家工作 6 年。1998—2001 年间,他还担任了 SigmaOne 通信有限公司的首席科学家。他的研究方向包括检测和估计理论、信号处理和传感器阵列处理及其在雷达和声纳方面的应用。Weiss 教授在专业期刊和会议上发表了 100 多篇论文,并拥有 9 项专利。他于 1983 年获得 IEEE 声学、语音和信号处理学会的高级奖章和 IEEE 三千周年奖章。从 1997 年起,他就是 IEEE 的会员,并于 1999 年成为 IEE 的会员。

Yeo - Sun Yoon 于 1995 年在韩国汉城的 Yonsei 大学获得电子工程学士学位,于 1998 年获得密歇根大学电子工程硕士学位。1999—2004 年,他作为一名科研助手在亚特兰大的乔治亚技术研究院的信号和图像处理中心(CSIP)工作,并且于 2004 年获得了电子工程博士学位。2000—2002 年,他在亚特兰大物理系统理论研究中心(CTSPS)担任科研助理一职。现在,他是韩国三星泰利斯公司的一名高级工程师。他的研究方向包括阵列信号处理、信号参数估计、跟踪式雷达信号处理。

Yimin Zhang 于 1988 年在日本获得 Tsukuba 大学的博士学位。他在 1988 年加入了中国南京东南大学无线电工程系。1995—1997 年,他在日本的川崎市担任日本通信试验室的技术主任,1997—1998 年他在日本京都的 ATR 自适应通信研究试验室做访问学者。从 1998 年至今,他在 Villanova 大学工作,目前在那里的高级通信中心担任科研助理教授。张博士的研究方向包括阵列信号处理、空时自适应处理、多用户检测、MIMO 系统、合作网络、盲信号处理、数字移动通信和时频分析。张博士是 IEEE 的高级会员。

内容简介

本书反映了近期DOA估计相关算法方面的工作,并举例说明了其优缺点,书中融合了一些科学家和工程师对来波方向估计问题的见解和经验。共包括五部分:一,纵览,讲述了用于来波方向估计的天线阵列,非均匀线阵对高斯信源的方位估计等;二,DOA估计方法,包括宽带信号的DOA估计,使用模型空间处理的相干宽带DOA估计,三维目标定位等;三,辐射源定位问题,包括多部无线电发射机的直接定位法,不确定情况下的到达方向估计,DOA天线阵的耦合模型等;四,DOA估计的特定应用,包括机械扫描天线警戒雷达的多目标参数估计,用于听觉定位于空间选择性聆听的宽带测向等;五,试验组织与结果,包括DOA天线阵测量和系统校准,DOA估计中的ESPAR天线信号处理等。

本书可以作为通信及相关专业工程师、研究人员、高年级本科生和研究生的详细参考书。